中国轻工业"十三五"规划教材

国家级精品资源共享课程配套教材

食品技术原理

（第三版）

张　民　主编

中国轻工业出版社

图书在版编目（CIP）数据

食品技术原理 / 张民主编. — 3 版. — 北京：中国轻工业出版社，2022.7

ISBN 978-7-5184-3821-1

Ⅰ．①食⋯　Ⅱ．①张⋯　Ⅲ．①食品加工—高等学校—教材　Ⅳ．①TS205

中国版本图书馆 CIP 数据核字（2021）第 277408 号

责任编辑：马　妍　潘博闻

策划编辑：马　妍　　　责任终审：白　洁　　封面设计：锋尚设计
版式设计：砚祥志远　　　责任校对：朱燕春　　责任监印：张　可

出版发行：中国轻工业出版社（北京东长安街 6 号，邮编：100740）
印　　刷：三河市万龙印装有限公司
经　　销：各地新华书店
版　　次：2022 年 7 月第 3 版第 1 次印刷
开　　本：787×1092　1/16　印张：31.25
字　　数：722 千字
书　　号：ISBN 978-7-5184-3821-1　定价：68.00 元
邮购电话：010-65241695
发行电话：010-85119835　　传真：85113293
网　　址：http://www.chlip.com.cn
Email：club@ chlip.com.cn
如发现图书残缺请与我社邮购联系调换
201477J1X301ZBW

本书编写人员

主　编　张　民　天津科技大学

副 主 编　隋文杰　天津科技大学

　　　　　刘　锐　天津科技大学

　　　　　胡爱军　天津科技大学

参编人员（排名以编写章篇作者出现先后为序）

　　　　　赵　征　天津科技大学

　　　　　阮美娟　天津科技大学

　　　　　赵国忠　天津科技大学

　　　　　吴　俊　中国人民解放军陆军勤务学院

　　　　　李书红　天津科技大学

　　　　　王稳航　天津科技大学

　　　　　吴　涛　天津科技大学

　　　　　李红娟　天津科技大学

　　　　　李文钊　天津科技大学

　　　　　杨　瑞　天津科技大学

第三版前言 | Preface

在各位编者的共同努力下，食品科学与工程类专业本科层次教材《食品技术原理》再版了。在第二版教材的修改中，为了使学生全面地理解食品原料和食品保藏与加工的关系，介绍了食品产后生理和加工；为适应我国低温处理技术向食品物流领域的拓展，增加了低温物流技术的基本知识；为适应生物技术在食品工业中所发挥的日渐重要的作用，在传统生物技术——发酵技术和酶技术的基础上，增加了现代生物技术的章节；在新型食品物理加工技术中以食品保藏为核心介绍了辐照、超高压、微波、脉冲电场等技术的研究进展和工业应用；同时，由于各高校已经普遍开设了"感官评价"的专门课程，并有多种相关教材面世，所以删除了相关内容。第二版教材对学生获得必要的食品基础知识，取得了良好的效果。

自第二版教材面世以来，我国食品科学技术和食品产业又取得了巨大的发展，食品专业的教学也在教育部本科教学与质量工程中出现了新的模式和方法，特别是新工科和新农学建设对食品科学与工程专业本科教材提出了更高的要求。基于此，本教材在第二版教材结构的基础上，进行了如下修改。

（1）在低温处理和保藏部分增加了玻璃态理论和分子移动性理论的相关知识。

（2）随着无菌加工技术发展与成熟，在预包装产品热杀菌技术上，拓展更新了无菌包装等高温杀菌知识。

（3）在新型食品物理加工技术中新增了超微粉碎与冷冻粉碎、挤压与膨化、气相爆破等技术原理与应用的介绍。

（4）更新了国家标准和行业标准的版本，对第二版教材中较为陈旧的设备和图片进行了更新或补充，并更新了部分技术的最新研究进展和工业应用。

为了利于学生开展自主学习，本书每章都提供了学习指导，指出需要掌握的主要内容；每章末尾附有复习思考题，以利于学生把握知识要点，思考问题，拓展思维。

本书绪论由赵征编写，第一篇第一章由张民编写，第一篇第二章由阮美娟、赵国忠编写，第一篇第三章由刘锐编写，第一篇第四章和第四篇由吴俊编写，第一篇第五章由隋文杰编写，第二篇第一章由李书红编写，第二篇第二章由王稳航编写，第二篇第三章由吴涛编写，第三篇第一、二章由胡爱军编写，第三篇第三章由李红娟编写，第五篇由李文钊、杨瑞编写，全书由张民、赵征审改定稿。

在本书的编写过程中，得到了各位编者所在单位的大力支持，特别是得到了赵征教授和上一届编委会的理解和关怀，在此表示衷心的感谢。

由于编者水平所限，书中难免会有不当之处甚至错误，恳请读者给以指正，编者将不胜感激。

编　者

2022. 1

目录 | Contents

第一篇　物理技术对食品的处理

第二篇　化学技术对食品的处理

第三篇　生物技术对食品的处理

第四篇　食品的包装与保藏

第五篇　食品货架期及其预测技术

绪论

人类文明的进化和食物密切相关。从远古至今，人类的食物不断发展，人们对于食物的认识不断加深，对食品的研究越来越深入。物理、化学、生物领域的科学和工程技术的发展，给食品不断注入新的内容，现代信息技术对知识的传播和对数据的加工促使食品技术呈现出迅速更新的态势。

一、 食品的定义、功能与特征

（一）食品的定义

可供人类食用或具有可食性的物质称为食物。我国在《食品工业基本术语》中规定："食品是可供人类食用或饮用的物质，包括加工食品、半成品和未加工食品，不包括烟草或只作药品用的物质"。在这个概念中食品包含了食物和食品，广义上食品的概念包括了可直接食用的制品以及食品原料、食品配料、食品添加剂等一切可食用的物质，同时也界定了食品的范围。如果细分食品和食物的概念，食物是指可供食用的物质，不一定进入流通领域；食品是指经加工和处理，作为商品可供流通的食物。

（二）食品的功能

人类的饮食不仅是为了饱腹，而且具有更多的作用。食品对于人类所发挥的作用称为食品的功能。食品的功能如下。

1. 营养功能

食品是为满足人体营养需求的最重要的营养源，提供了人体活动的化学能和生长所需要的化学成分。保持人类的生存是食品的第一功能——营养功能，也是最基本的功能。

食品中营养成分按大类主要有蛋白质、碳水化合物（糖类）、脂肪、维生素、矿物质、膳食纤维，此外，水和空气也是人体新陈代谢过程中必不可少的物质。一般在营养学中被列入营养素，但在食品加工中不视其为营养素。

一种食品最终营养价值不仅取决于营养素的全面和均衡，而且体现在食品原料的获得、加工、贮藏、生产和流通过程中的稳定性和保持率，以及体现在营养成分能否以在代谢中被利用的形式存在，即营养成分的生物利用度。

2. 感官功能

消费者对食品不仅满足于吃饱的需求，还要求在饮食的过程中同时满足视觉、触觉、味觉、听觉等感官方面的需求，消费者都存在爱好或嗜好，这是人类对食品的物理、化学、生理和心理的反应。食品的感官功能不仅是出于对消费者享受的需求，而且有助于促进食品的消化吸收。食品的感官功能通常体现在以下三个方面。

（1）外观　通常食品的外观包括大小、形状、色泽、光泽等。一般要求食品应大小适宜，造型美观，便于携带拿取，色泽悦目等。

（2）质构　质构是食品的内部组织结构，食品的质构指标包括硬度、黏性、韧性、弹性、酥脆度、稠度等。食品质构直接影响到食品入口后消费者的感受，进而影响消费者的接受程度。不同的消费者对食品质构的喜好有所不同，通常食品的质构针对特定的食品消费人群而定。

（3）风味　风味广义上指摄入口腔的食物使人的感觉器官，包括味觉、嗅觉、痛觉、触觉和温觉等所产生的感觉印象，即食物客观性使人产生的感觉印象的总和。这里的风味系指气味和滋味，气味有香气、臭味、水果味、腥味等，滋味有酸、甜、苦、辣、咸、麻、鲜以及多种滋味的复合滋味等。消费者对食品风味的需求具有很强的地域性。各种食物或食品形成了本身的特定风味。

3. 保健功能

食物的成分中除通常已知的大量营养素外，还含有少量或微量的生理活性物质如黄酮类、多酚、皂苷类化合物、肽类、低聚糖、多价不饱和脂肪酸类等，这些成分一般不属于营养素的范畴，但是有助于人体调节机体功能，被称为功能因子。这些成分有助于糖尿病、心血管病、肥胖患者等调节机体、增强免疫功能和促进康复或具有预防慢性疾病发生的功能，这就是食品的保健功能。这样的食品扩展了食品功能，适于特定人群食用，但不能治疗疾病。为了规范保健食品的制造和使用，原卫生部批准可以申报增强免疫力、抗氧化、辅助改善记忆等 27 项保健功能。

（三）食品的特性

从食品科学与工程专业的角度来看，食品要能大规模工业化生产并进入商业流通领域，必须具有下列三个特性。

1. 安全性

食品的安全性是食品最重要的特性。食品安全性是指食品必须无毒、无害、无副作用，应当防止食品污染和有害因素对人体健康的危害以及造成的危险性，不会因食用食品而导致食源性疾病、中毒和产生任何危害作用。在食品加工中，食品安全除与我国常用名词"食品卫生"为同义词外，还包括因食用而引起任何危险的其他因素，例如果冻体积过小引起婴幼儿咽噎危险，干燥食品包装中放有的干燥剂包被消费者误食等。

食品卫生学意义的指标反映导致食品不安全的微生物、化学、物理因素。微生物指标主要有细菌总数、致病菌、霉菌等；化学污染指标有重金属如铅、砷、汞等；农药残留和药物残留如抗生素类和激素类药物；物理性因素包括食品在生产加工过程中吸附、吸收外来的放射性物质，或混入食品的杂质超标，或食品形状引起食用危险等安全问题。此外，还有其他不安全因素，如疯牛病、禽流感、假冒伪劣食品、非法添加剂、食品添加剂的不合理使用以及对转基因食品存在的疑虑等。

世界各国政府均十分重视食品安全性的问题，并以立法的形式保障食品安全性。2009 年 6 月我国为保证食品安全，保障公众身体健康和生命安全，颁布《中华人民共和国食品安全法》，对食品的生产、包装、保藏、运输、销售提出了明确的卫生要求，对消费者的健康和权益提供了根本的法律保证。2013 年启动修订的《中华人民共和国食品安全法》，于 2015 年 10 月 1 日起正式施行。现行《中华人民共和国食品安全法》于 2021 年 4 月 29 日第二次修正。

2. 保藏性

为了保证持续供应和地区间流通以及保持最重要的食品品质和安全性，食品必须具有一定的保藏性，在一定的时期内食品应该保持原有的品质或加工时的品质或质量。食品货架期定义为食品的品质降低到不能被消费者接受的程度所需要的时间，货架期就是商品仍可销售的时间，又可称为保质期或保存期。

一种食品的货架期取决于加工方法、包装和贮藏条件等许多因素，如牛乳在低温比室温贮藏的货架期要长；超高温杀菌并无菌包装的牛乳可在室温下贮藏，比低温贮藏的巴氏杀菌牛乳货架期更长。食品货架期的长短可依据需要而定，应有利于食品贮藏、运输、销售和消费。

食品货架期是生产商和销售商必须考虑的指标以及消费者选择食品的依据之一，这是商业化食品所必备的要求。

3. 方便性

食品作为日常的快速消费品，具有方便性，便于食用、携带、运输、保藏及再加工。食品通过加工可以提供方便性，如液体食物的浓缩、干燥可以节省包装，为运输和贮藏提供方便性。在包装容器和外包装的发展反映了方便性这一特性，易拉罐、易拉盖、易开包装袋等方便了消费者的开启；大型散货包装的开发与应用，使制造企业降低了食品配料的运输成本，方便了制造过程，适应了大规模食品加工与制造的需求。净菜和半成品菜、速冻食品、罐头食品等则为家庭消费者和餐饮企业提供了方便，为家务劳动社会化和餐饮企业的发展提供了条件；快餐店、超市、便利店销售的快餐食品为家庭外的餐饮提供了快捷便利。这些类型的食品对制备供应速度、保藏条件和包装容器都有专门的要求。食品的方便性充分体现了食品人性化的一面，直接影响食品消费者的接受性。

这一特性与保藏性是食品工业或食品科学与工程专业中所称为的"食品"与餐饮企业或家庭所制作的"食品"的区别所在。需要指出的是，目前餐饮企业越来越多地使用食品工业的预制食品、配料和食品添加剂，提高加工的方便性和多样性。食品工业也从餐饮企业的需求和传统技艺中获得开发产品的动力，这两类食品企业出现了相互融合，互相促进的趋势。

食品技术原理从基本原理的角度展现了食品技术为食品安全性、保藏性和方便性所作出的贡献。

二、 食品技术发展简史

食品加工起源于原始社会的明火加热，熟制肉类、果实、根茎和植株，使其适于食用。当时的食物难以满足人类的需求，因为没有任何形式的保藏。进入农耕社会，食物开始需要储存和保藏。公元前 3000—公元前 1500 年，古埃及人发现了一些加工食物的方法，如干藏鱼类和禽类，酿造酒类，磨面，烘焙面包等。公元前 1500 年世界各地种植了今天多数的主要食用作物。公元 2 世纪在欧洲，罗马出现了第一台水磨和最早的商业烘焙作坊。

从公元 1000 年开始，欧洲迅速发展的贸易和连绵不断的战争促进了食品加工技术的交流。例如，奥斯曼帝国的征战把咖啡带到欧洲大陆。食品加工技术出现了专业化分工，出现了磨面作坊、干酪制造作坊、酿造作坊和蒸馏酒作坊等。许多加工业成为今日食品工业的前驱。在这个阶段，水力和畜力驱动的机械设备缩短了生产时间，减少了人力需求。城镇和城市的增加和扩展促进了食品保藏技术的发展，延长了食品的存储寿命，保证食品从乡村地区运输到城市，满足城市居民的需求。

食品加工的规模由于 18 世纪的工业革命而迅速扩大。1700 年，氯净化水、柠檬酸调味和保藏食品成为早期的科学发现。1795 年，法国人第一个用热空气干燥食品。1795 年，尼古拉·阿佩尔（Nicolas Appert）发明了罐头加工方法，给前线征战的法国军队提供了不易变质的食品。1842 年，美国注册了鱼的商业化冷冻专利。20 世纪 20 年代，柏宰（C. F. Birdseye）开发了将食品温度迅速降低到冰点以下的冷冻技术，开启了速冻食品的先河。19 世纪 60 年代，路易斯·巴斯德（Louis Pasteur）在研究啤酒和葡萄酒时发明了巴氏杀菌法。比奇洛（W. D. Bigelow）和鲍尔（C. O. Ball）在 1920 年、1923 年运用数学计算罐藏食品的杀菌温度和时间，1948 年斯坦博（C. R. Stumbo）和希克斯（E. W. Hicks）进一步提出了评价罐藏食品杀菌效果的 F 值，使预包装食品杀菌理论和技术更加完善。Dole、Tetra Pak 等企业在 20 世纪 40—50 年代开发推广了无菌加工和包装系统，科学家在 20 世纪 80 年代开始建立描述无菌加工连续杀菌的数学模型，进而促进了流体食品的大规模加工。在 19 世纪末，科学发现改变了小规模技艺型食品加工业的面貌，进入 20 世纪，在世界范围内，建立了我们今天所知道的食品工业。

20 世纪下半叶，随着科学技术的发展，挤压、微波、超高压、电脉冲等物理技术、生物技术、化学技术等为食品加工提供更多的加工手段。进入 21 世纪后，工业云、大数据、物联网等新一代信息技术在食品工业研发设计、生产制造、流通消费等领域得到应用，正在转化为食品产业的新产品、新技术和新业态。

我国食品加工和保藏的历史悠久，数千年来创造了许多食品品种和食品加工方法，为世界食品加工技术做出了重要的贡献。世界公认豆腐、豆浆、豆芽、豆酱是我国食品史上的"四大发明"。我国发明的豆腐、面条和馒头的加工技术传播到日本，进而普及到世界。我国在唐代开元年间（713—742 年）已能制作火腿，在公元 13 世纪流传到了欧洲。我国北魏—东魏时期贾思勰所著的《齐民要术》（成书于 533—554 年），总结了在此以前中国北方的农业科学技术，记载了许多食品加工方法如干制、腌制、酿造、制造奶酪的方法，对我国古代农业的发展产生了重大影响。明末清初的宋应星（1587—约 1666 年）所著的《天工开物》对中国古代的各项技术进行了系统的总结，构成了当时完整的农产品加工技术体系。该书在食品方面记载了谷物加工、制盐、榨油、制曲、制糖等多种方法。书中记述的许多生产技术，一直沿用到近代。我国各地都有传统名特优产品，很多有几百年的历史，一些民族和特色传统食品在当今我国人民的生活中还占有重要的位置，形成了相应的文化和历史。

我国食品加工技术曾长期停留在技艺传承的水平，没有跟上工业革命的步伐。我国的食品产业在改革开放以后取得了巨大的进步，发展成为我国国民经济中的第一大产业。

三、　我国食品工业的概况

现代的食品加工不再是传统的农副产品初级加工的概念范畴，而是指对可食资源的技术处理，以保持和提高其可食性和利用价值，开发适合人类需求的各类食品和工业产品。实际上，本书所指的食品加工包括了食品加工与制造，即所有各类食品的工业生产过程，由农业和渔业的种植业、养殖业、捕捞业，饲料业，食品加工、制造业，物流业，餐饮业和相关产业（如信息、机械、化工、包装、医药等）、部门（如进出口、监督、检测、教育、科研等）等所组成的农业生产－食品工业－流通体系，通常称为食品产业链，即我国现代化的食品体系。食品工业在这个体系中发挥着重要的作用。

我国自从改革开放以来，随着农业的不断增产和快速发展，一些大宗农产品的产量和人均占有量位于世界前列，食品工业总产值持续增长，食品工业企业生产集中度进一步提高。"十三五"以来，围绕食品产业发展的新趋势和新需求，中共中央、国务院发布了《"健康中国2030"规划纲要》和《健康中国行动（2019—2030年）》等文件，提出依靠科技创新引领现代食品产业技术转型升级，以实现我国食品工业科技领域向营养、安全、高效、节能等方面战略性转变的要求。科技部出台了《"十三五"食品科技创新专项规划》，国家重点研发计划中重点安排了"现代食品加工及粮食收储运技术与装备"等专项项目，有力增强了我国食品产业的自主创新能力和国际竞争力，整体缩小了我国食品加工技术与国际先进水平的差距，部分领域达到了国际领先水平。我国食品产业集群呈现出了良好的发展态势，产业规模不断壮大，产业结构持续优化，到2020年已实现全国规模以上食品企业主营业务收入突破15万亿元，实现利润总额6206.6亿元，并形成了一批具有较强国际竞争力的知名品牌、跨国公司和产业集群，推动了食品产业从注重数量增长向提质增效的全面转变。食品产业成为经济发展新的增长点，食品科技创新成为实施乡村振兴战略、提高产业竞争力、实现跨越式发展的重要推动力。

四、 食品技术原理的研究内容和范围

（一） 食品技术的概念

在国际食品科学领域中对食品技术的定义是：将食品科学原理应用于食品原料的加工处理，将其转变为高质量和稳定性的各种产品，进而包装和分销，以满足消费者对安全、卫生、营养和美味食品的需求。食品技术应用化学、物理学、生物学、生物化学、微生物学、营养学以及食品工程等各方面的基础知识，将其他技术如包装、工程、仪器、电子、农业和生物技术等整合应用到食品之中。有的定义中还特别提出食品技术是运用科学原理全面开发和制造食品，使其在全球销售的技术。

（二） 研究内容和范围

1. 根据食品原料的特性，研究食品的加工保藏

（1）食品原料的类别　食品加工原料的来源广泛、品种众多，有植物性原料、动物性原料、微生物来源的原料以及矿物性原料和化学合成原料，如食品配料或食品添加剂等。这些原料包括：活体食品原料、季节性和地区性食品原料、复杂性食品原料和易腐性食品原料等。

（2）引起食品变质的原因　食品变质主要包括食品外观、质构、风味等感官特征，营养价值、安全性和审美感觉下降等。在食品加工中引起食品变质的原因主要有下列三个方面，这是食品加工保藏原理的出发点。

① 生物因素：生物因素包括微生物、害虫和鼠害。食品在加工、贮藏、运输过程中，有害微生物会生长繁殖引起食品的腐败变质或产生质量危害。常见的污染食品的细菌有假单胞菌、微球菌、葡萄球菌、芽孢杆菌、芽孢梭菌、肠杆菌、弧菌、黄杆菌、嗜盐杆菌、嗜盐球

菌、乳杆菌等。霉菌对食品的污染多见于南方多雨地区，目前已知的霉菌毒素约 200 种，与食品质量安全关系较为密切的有黄曲霉毒素、赭曲霉毒素、杂色曲霉毒素等。霉菌及毒素对食品污染后可引起人体中毒或降低食品的食用价值。害虫和鼠害是引起食品变质的另一个生物因素，害虫和鼠害不仅是食品损耗加大的直接原因，而且由于害虫和鼠类繁殖迁移，以及它们排泄的粪便、分泌物、蜕变的皮壳和尸体还会污染食品，甚至传染疾病，损害食品的卫生质量，使其丧失商品价值，造成巨大的经济损失。

②酶的因素：绝大多数食品来源于生物界，尤其是鲜活食品和生鲜食品，在其体内存在着具有催化活性的多种酶类，食品在加工和贮藏过程中，由于酶的作用，特别是由于氧化酶类、水解酶类的催化会发生多种多样的酶促反应，造成食品色、香、味和质地的变化。另外，微生物也能够分泌导致食品发酵、酸败和腐败的酶类，与食品本身的酶类一起作用，加速食品变质腐败。常见的与食品变质有关的酶包括脂肪酶、蛋白酶、果胶酶、淀粉酶、过氧化物酶、多酚氧化酶等。酶的作用引起的食品腐败变质现象中较为常见的有果蔬的褐变和软烂、脂质的水解和氧化、虾的黑变、水产类的自溶作用等。

③物理化学因素：食品在热、冷、水分、氧气、光以及时间的条件下会发生物理化学变化。如在空气和光的条件下，由氧化反应引起油脂的氧化酸败、色素氧化变色、维生素氧化变质等。由于热、酸碱化合物或长时间的存放会发生一些影响食品质量的变化，如蛋白质变性、淀粉的老化、沉淀及破乳等。食品中有蛋白质和糖类化合物存在时，在受热时易发生美拉德反应引起褐变。挥发性风味物质易受热丧失。食品在失水和复水时会发生外观和质构的变化。

几乎所有的物理化学变化都是随时间的延长而严重，即食品质量随时间而下降。有些食品如干酪、香肠、葡萄酒和其他发酵食品加工之后经成熟陈化而改善风味和质地，但成熟陈化后的食品在贮藏中质量同样下降。

（3）食品保藏的途径　食品加工要针对引起食品腐败变质的原因，采取合理可靠的技术和方法来控制腐败变质，以保证食品的质量和达到相应的保藏期。对于由化学变化引起的食品变质如氧化、褐变，则可以根据化学反应的影响因素选择化学和物理的方法，对于生物类食品或活体食品加工与保藏主要有以下五类途径。

①运用无菌原理：即杀灭食品中腐败菌、致病菌以及其他微生物，或将微生物的数量减少到能使食品长期保存所允许的最低限度。这样的方法最经典的就是加热杀菌处理的罐藏技术，一般来说，凡是能将微生物杀死的条件可以使酶失活。此外还有辐照杀菌、过滤除菌、利用高压、电磁、脉冲、熏蒸等杀菌手段，其中一些方法由于没有热效应，又称冷杀菌。如果杀菌条件充足，食品也将获得预期的货架期。

②抑制微生物活动：利用某些物理、化学因素抑制食品中微生物和酶的活动，这是一种暂时性的保藏方法。如降低温度（冷冻）、脱水降低水分活度、利用渗透压、添加防腐剂、抗氧化剂等手段属于这类保藏方法。这样的保藏期比较有限。如要延长货架期，需要包装和贮藏条件的配合。

③利用发酵原理：发酵保藏又称生物化学保存，是用某些有益微生物的活动产生和积累的代谢产物如酸和抗生素来抑制其他有害微生物的活动，从而延长食品保藏期。食品发酵必须控制微生物的类型和环境条件，同时由于本身有微生物存在，其相应的保藏期不长，且对贮藏条件的控制有比较高的要求。

④维持食品最低生命活动：新鲜果蔬是有生命活动的有机体，当保持其生命活动时，果蔬本身则具有抗拒外界危害的能力，因而必须创造一种恰当的贮藏条件，使果蔬采后尽可能降低其物质消耗的水平如降低呼吸作用，将其正常衰老的进程抑制到最缓慢的程度，以维持最低的生命活动，减缓变质的进程。温度是影响果蔬贮藏质量最重要的因素，同时控制贮藏期中果蔬贮藏环境中适当的氧和二氧化碳等气体成分的组分是提高贮藏质量的有力措施。这种在低温下调节果蔬贮藏中气体成分的方法简称为气调贮藏，目前常用的有气调冷藏库贮藏法和薄膜封闭气调法。

⑤栅栏技术：1995 年，洛萨尔·莱斯特（Lothar Leistner）提出了栅栏效应（hurdle effect）。它的作用机制是利用食品中各种控制因子的交互作用控制腐败菌的生长繁殖，提高食品的安全性、品质和储藏性。这些控制因子称为栅栏因子。国内外已确定的栅栏因子包括温度、pH、水分活度、氧化还原电位、气调、包装、压力、辐照、物理加工法、微结构、竞争性菌群、防腐剂等。栅栏因子及其共同作用在内统一称为栅栏技术。栅栏技术包括了上述四种食品保藏途径。它的应用逐年增加，目前已经成为现代食品工业具有重要意义的保藏技术。

2. 研究加工对食品质量的影响

（1）加工对质量的有利影响　加工可以增强食品安全性、保藏性、营养和感官质量，例如肉制品腌制是用食盐、硝酸盐、亚硝酸盐、糖及其他辅料对原料肉进行处理的工艺过程，提高了肉制品的风味、色泽、持水性以及保藏性。大豆中含有抗营养因子，经加工除去，提高安全性。果蔬及其汁液脱水处理后可以提高固形物含量或浓度，提高保藏性和使用的方便性；食品蛋白质经酶水解可以增加消化吸收性和具有保健功能。

（2）加工对于质量的不利影响　加工对食品有很大的影响。一方面可以改善食品的质量，增强其保藏性，若加工不当，则会产生相应的质量问题。如牛乳经过长时间高温加热会引起美拉德反应，对产品色泽产生不利影响；高温处理或煮沸时，在与牛乳接触的加热面上形成乳石。乳石的形成不仅影响热效率，影响杀菌效果，而且造成乳固体量的损失，加热会破坏营养素和生理活性物质。

食品的加工就是要使营养素在加工和贮藏过程中损失最小，提高稳定性，当营养成分损失不可避免甚至很大时，法律允许加入一定量的营养成分以达到强化的目的。

食品加工对食品质量的影响是典型的复杂工程问题，选择加工工艺、技术和设备，需要综合考虑多方面因素。这就需要深入研究食品在加工过程中的生物、化学和物理变化，以及这些变化所带来的对于消费者生理和心理的影响，从而加工出安全、营养、令人愉悦的食品。计算热杀菌的动力学方法已经用于评价和预测加热和其他加工技术造成的营养物质和风味物质的损失。1962 年，曼菲尔德（Mansfield）提出了加热值（cooking value）的概念，加热值和杀菌值偶联使用可以优化热加工参数。

五、 食品技术原理的学习方法

食品技术原理课程要阐明食品加工和保藏中使用物理、化学和生物技术，控制微生物，保证食品安全的机理，研究在控制微生物的同时，尽可能多地保存食品营养，尽可能创造人类所认知的良好的食品感官品质的途径。研究不同的包装、储存条件对产品的安全性、稳定性所带来的影响。由此可见，学习食品技术原理应该站在培养解决复杂工程问题能力的高度。

食品技术原理是食品工艺学的基础，它是科学和工程学的紧密的结合。由于它主要阐述食品技术的原理，不像食品工艺学那样涉及具体产品，但是，这些原理对每一种具体的食品开发、工程设计都会发挥重要的基础性作用。本书的姊妹篇《食品工艺学》论述各类食品产品制造工艺，如果蔬加工工艺学、肉类加工工艺学、乳制品工艺学、饮料工艺学等。每个具体的工艺流程都必不可少地包括保藏技术，《食品技术原理》是设计食品工艺的重要理论依据，《食品工艺学》又提供了《食品技术原理》具体应用各种保藏技术的途径。两本教材在教学上相辅相成，互为支撑。

学习食品技术原理，需要有数学、物理、化学、生物学方面的基础知识，也需要有工程方面的基础知识。食品技术原理不同于食品工程原理，食品工程原理是基于化工原理而形成的针对食品工业单元操作的应用和扩展，因此，食品工程原理是更偏向于工程基础的课程，在内容上则以过程和设备作为研究的中心。食品技术原理则是既研究食品在加工和保藏中的变化及其基本理论，又利用食品工程原理（或化工原理）中的工程基础对工程实践方面加以综合和集成。

食品技术原理是一门实践性很强的课程，学生需要在实验、实习和课外科技实践活动消化理解并掌握课堂教学中所学的内容，发挥自主学习的主动性。教师需要在自主学习的框架之下，设计实验、实习、课程设计等实践环节，为学生创造解决复杂工程问题的环境，指导学生在理论基础上加以创造性的应用，使学生的思维想象具体化，得以提高实践能力。

近十几年来，网络技术和教学技术的发展，使教学和学习的模式发生着深刻的变化。食品科学与工程专业已就《食品技术原理》《食品工艺学》《食品保藏原理与技术》等课程建设了多门国家级精品课程和国家级精品资源共享课程，《食品技术原理（第二版）》是国家级精品资源共享课程的配套教材，目前进一步配合慕课而在线上和线下广泛传播。互联网学术期刊数据库和电子专业书籍为学习者提供了大量的学习资源。互联网上的科技视频几乎可以覆盖《食品技术原理》和《食品工艺学》的教学内容，帮助学习者建立食品加工与制造的形象思维。目前食品技术原理的学习正在向课堂学习、实践活动、网络学习的综合式自主学习的方向发展。

主要参考文献

［1］国家发展改革委员会 工业和信息化部．关于促进食品工业健康发展的指导意见［J］．轻工标准与质量，2017（1）：8-11.

［2］赵征，张民．食品技术原理［M］．2版．北京：中国轻工业出版社，2014.

［3］赵晋府．食品技术原理［M］．北京：中国轻工业出版社，2002.

［4］夏文水．食品工艺学［M］．北京：中国轻工业出版社，2007.

［5］曾名湧．食品保藏原理与技术［M］．北京：化学工业出版社，2014.

［6］中国食品科技发展报告编委会．中国食品科技发展报告［M］．北京：化学工业出版社，2009.

［7］Francis F J. Wiley Encyclopedia of Food Science and Technology［M］．Wiley，1999.

［8］梁永勉．中国农业科学技术史稿［M］．北京：中国农业出版社，1989.

第一篇

物理技术对食品的处理

第一章

CHAPTER

1

食品的低温处理

学习指导

　　本章应重点掌握食品物料产后的生理变化过程，以及食品冷藏、气调贮藏、冻藏和冷链的基本概念、基本原理；熟悉冷却、冷藏、气调贮藏、冻藏和冷链的常用方法；了解玻璃态和分子移动性理论在食品低温处理和保藏中的应用。

第一节　植物产品的采后生理

一、果蔬采收后的生长表现

　　具有休眠特性的鳞茎类、块茎类和块根类蔬菜收获后便转入休眠阶段。但对于没有休眠特性的果蔬，其生长旺盛的分生组织并未停止活动，条件适宜时，仍可利用自身营养物质进行代谢，这对于果蔬贮藏非常不利。果蔬采后的生长现象包括以下几种情况。

（一）叶子的持续生长

　　直根类蔬菜，如萝卜、甜菜等，采收后，生长阶段还未结束，顶芽仍处于活跃状态，贮藏温度稍高便会继续萌发新叶，消耗营养物质，造成糠心等不良现象。因此，收获后应切除其分生点，防止其继续生长。

（二）幼茎的伸长

　　芦笋、竹笋等蔬菜，茎部顶端有生长旺盛的生长点，贮藏时仍会继续生长，其生长速率与贮藏温度成正比。食用菌收获后菌柄部也可以继续伸长，随着温度的升高迅速开伞，菌褶变褐，品质下降，难以贮藏。有些蘑菇即使处于低温下，仍会开伞。

（三）种子的发育

　　果实在不完全成熟时采收，种子会继续生长发育。但不同果实的种子发育所需的营养物质来源不同，产生的影响也不同。仁果类水果（如苹果、梨、山楂等）和核果类水果（如桃、杏等）在生理成熟前采收，种子要经过后熟才具有发芽能力，种子发育所需的营养主要由种子的胚乳转移给胚，对果实品质影响不大；黄瓜、豌豆等蔬菜，种子发育直接从果肉中吸取营养，使果肉变为海绵状或革质，从而直接影响果实的食用品质。

（四）抽薹开花

收获时处于花蕾阶段的青花菜、金针菜，短期贮藏时，花蕾便会开放，降低产品的食用价值和商品价值。如青花菜在 20℃ 下，3d 便会开花；10℃ 低温下贮藏，则可使开花期延迟一个半月。大白菜在贮藏过程中叶球生长点也在孕育着花蕾和抽薹，使叶球外部的水分和营养物质向内部生长点转移，引起外叶脱落（脱帮），甚至因内部生长压力导致叶球破裂。

二、果蔬的采后生理

采收后的果蔬，仍然是有生命的活体，但其生理生化过程与采摘前有所不同，主要是分解代谢，即分解高分子化合物，形成简单分子，放出能量，并使果蔬的营养成分、风味、质地发生变化。

（一）呼吸作用

果蔬采收后，光合作用基本停止，呼吸作用就成为生命代谢活动的主导过程。呼吸与各种生理生化过程有着密切的联系，并制约着这些过程，从而影响到果蔬在贮藏中的品质变化，影响其生理机能和生理失调，影响后熟、衰老过程以及贮藏期，影响耐贮性和抗病能力。

1. 呼吸作用的类型

在呼吸作用过程中被氧化分解、消耗的物质称为呼吸基质。包括糖、有机酸、脂肪、蛋白质、氨基酸。其中最主要的是单糖。

呼吸作用分为有氧呼吸和无氧呼吸。以糖为基质时，两种呼吸总的反应式为：

有氧呼吸　　　　　　　　$C_6H_{12}O_6 + 6O_2 \longrightarrow 6CO_2 + 6H_2O + 2817kJ$

无氧呼吸　　　　　　　　$C_6H_{12}O_6 \longrightarrow 2C_2H_5OH + 2CO_2 + 117kJ$

有氧呼吸是植物的主要呼吸方式。无氧呼吸释放的能量较少，为获得同等数量的能量，就要消耗远比有氧呼吸更多的有机物。同时，无氧呼吸的最终产物为乙醇等，这些物质对细胞有一定毒性，如果积累过多，会引起细胞中毒甚至杀死细胞。控制适宜的低温和环境中适度的氧和二氧化碳的含量，是防止产生不正常无氧呼吸的关键。

2. 呼吸强度和呼吸熵

水果蔬菜呼吸作用强弱的指标是呼吸强度。呼吸强度通常以 1kg 水果或蔬菜 1h 所放出的 CO_2 的毫升数表示，或用吸入 O_2 的毫升数表示。果蔬在贮藏期间的呼吸强度直接影响着贮藏期的长短。呼吸强度大，消耗的养分多，会缩短贮藏期；呼吸强度过低，正常的新陈代谢受到破坏，也会缩短贮藏期。

衡量水果蔬菜呼吸特性的指标是呼吸熵。呼吸熵也称为呼吸系数，即水果蔬菜呼吸过程中释放出的二氧化碳（V_{CO_2}）与吸入的氧气（V_{O_2}）的体积比。用 RQ 表示：

$$RQ = \frac{V_{CO_2}}{V_{O_2}} \qquad\qquad (1-1-1)$$

RQ 通常是在有氧情况下测定（缺氧时，RQ 较大），同一底物，RQ 可表示呼吸状态（有氧和无氧）。RQ 因消耗的底物不同而不同。从呼吸系数可以推测被利用和消耗的呼吸基质。

葡萄糖的氧化：　　　　　　　$C_6H_{12}O_6 + 6O_2 \longrightarrow 6CO_2 + 6H_2O$

$$RQ = \frac{6V_{CO_2}}{6V_{O_2}} = 1 \tag{1-1-2}$$

脂肪（硬脂酸）的氧化：$C_{18}H_{36}O_2 + 26O_2 \longrightarrow 18CO_2 + 18H_2O$

$$RQ = \frac{18V_{CO_2}}{26V_{O_2}} = 0.69 < 1 \tag{1-1-3}$$

有机酸（醋酸）的氧化：$C_2H_4O_2 + 2O_2 \longrightarrow 2CO_2 + 2H_2O$

$$RQ = \frac{4V_{CO_2}}{V_{O_2}} = 4 > 1 \tag{1-1-4}$$

3. 呼吸消耗与呼吸热

呼吸消耗是指农产品在贮藏过程中由呼吸作用造成的干物质的净消耗。可以通过呼吸强度来计算呼吸消耗。

例如，甘蓝的呼吸强度为 24.8mg/（kg·h），若全部以葡萄糖为底物进行有氧呼吸，计算每千克甘蓝每天消耗的葡萄糖为多少？

解：
$$C_6H_{12}O_6 + 6O_2 \longrightarrow 6CO_2 + 6H_2O + 2821kJ$$
$$180 \qquad 44 \times 6 = 264$$

可得 264mg CO_2 约相当于 180mg $C_6H_{12}O_6$，所以 1mg CO_2 约相当于 0.682mg $C_6H_{12}O_6$。

则 1kg 甘蓝一天内呼吸消耗的葡萄糖量为：0.682×24.8×24 = 405.8mg。

当物质在体内氧化放能后，只有一小部分被利用，大部分则以热的形式释放出来，称为呼吸热。呼吸热会使贮藏环境的温度上升，不利于产品的贮藏。呼吸热可通过实验的方法测得，也可以参考文献数据，但由于环境的差异，文献数据往往与实际情况有差异。

4. 呼吸途径

果蔬的呼吸途径主要包括两个，一条是糖酵解-三羧酸循环-电子传递链（细胞色素系统）途径，即 EMP-TCA-ETC 途径；另一条是磷酸戊糖途径（HMP）。除了以上两个主要的呼吸途径以外，另外还有抗氰呼吸和诱导呼吸。

EMP-TCA-ETC 途径是呼吸的主途径，其功能是提供生命活动所需的能量（产生 ATP）和多种物质合成的原料，并与多种物质代谢相关联。

磷酸戊糖途径（HMP）的作用主要有两个，一是提供许多氧化合成反应所必需的 NADPH（还原型辅酶Ⅱ）；二是合成核酸、木质素、多酚类物质及其衍生物的原料。因此，采后生理更注重研究磷酸戊糖支路。

抗氰呼吸是指在电子传递链中，当电子传到细胞色素 b 以后不再沿原来的方向传递，而是转向另外的方向，但目前对抗氰呼吸末端氧化酶的性质仍不清楚。抗氰呼吸可促进成熟状态的到来，热量的产生可以促使挥发芳香气体的发散。随着果蔬进入成熟阶段，电子传递逐渐由细胞色素途径转移到抗氰途径，进入呼吸跃变期，抗氰呼吸所占比例逐渐降低。抗氰呼吸增强的后果之一是生热现象，在成熟期果实中有发热现象。

由于伤害引起的果蔬组织的呼吸强度的升高，称为伤呼吸。将果蔬切片后，由于伤呼吸，呼吸强度立刻升高几倍。陈化一段时间后，呼吸强度又比新鲜切片的呼吸强度升高几倍，这种在陈化以后发展的呼吸称诱导呼吸。

诱导呼吸与抗氰呼吸有密切的依赖关系，且诱导呼吸升高的程度基本与完整果实在自然状态下呼吸跃变的高峰接近，因此果蔬的诱导呼吸可能是在陈化过程中提前发生的呼吸跃变，并促使果蔬衰老现象的发生和发展。

在呼吸作用进行过程中有时会出现氧化磷酸化的解偶联，即在电子传递过程中氧化同磷酸化分开，只进行氧化而不进行磷酸化，因此，呼吸底物不断氧化分解，但不形成 ATP，释放的能量全部转化为呼吸热，造成细胞内 ATP 短缺，调节酶系统活性失去控制，呼吸底物无限制地以高速度分解氧化，而能量则大量转化为热能排出体外，这就是所谓的无效呼吸。逆境和组织衰老常会出现氧化磷酸化解偶联，所以这时常常呼吸加强，呼吸热增多。无效呼吸对于果蔬的贮藏会造成极为不利的影响。

5. 呼吸与贮藏运输的关系

（1）有氧呼吸和无氧呼吸　农产品采后进行哪种呼吸取决于空气中的含氧量。如图 1-1-1 所示，在无氧呼吸消失点以前，呼吸强度（CO_2 释放量）随 O_2 含量的降低而下降，即 O_2 含量的下降可抑制呼吸作用，但此时仍进行有氧呼吸。

图 1-1-1　果蔬的无氧呼吸消失点

但 O_2 含量降到一个转折点时，CO_2 释放量不但不再下降，反而会急速上升，此时 CO_2 释放量的增加是无氧呼吸的结果，所以，这个转折点是有氧呼吸与无氧呼吸的交界点，称为无氧呼吸的消失（灭）点。无氧呼吸消失点的 O_2 含量一般为 1%～5%。

因此，果蔬采后贮藏过程中应尽量使 O_2 含量处于无氧呼吸的消失点，这样既可以降低呼吸强度，又可以防止无氧呼吸的产生。

（2）呼吸失调与生理障碍　正常健康细胞中的各种生化过程之所以能有条不紊地按一定规律进行，重要的原因之一是参与各种过程的酶系统与作用的底物在细胞中有着特定的安排和空间分布。当细胞或细胞器进入衰老阶段或遭伤害，则这种规律性的空间分布被破坏，各种代谢过程就出现混乱现象，导致组织破坏，或加速细胞衰亡。

在正常的呼吸代谢过程中，一个反应环节能量转移系统之间是前后协调平衡的。如果在整个环节上酶或酶系统受到活化剂或抑制剂的作用，或因某种外界因素的影响而改变活性，原来的协调平衡关系受到破坏，呼吸反应就在这里受挫或中断，并积累氧化不完全的中间产物。这种物质的积累常常会使细胞中毒，或发生氧化磷酸化解偶联。

6. 影响呼吸的因素

（1）内部因素　影响呼吸强度的内部因素包括果蔬的品种及年龄、果蔬所属器官、果蔬的形态及其所处位置、果蔬品种本身的呼吸特点。

叶菜（特别是散叶型）和幼嫩蔬菜呼吸强度高，老龄菜比幼龄菜呼吸强度高；花和叶的呼吸强度最强，散叶型呼吸强度高于结球型；各类果蔬中，以块茎、鳞茎等地下器官的呼吸强度最低；叶菜以无氧呼吸为主，而地下的块茎、块根中无氧呼吸所占比重较大。

可将果蔬的呼吸类型分为三种（如图 1-1-2 所示）：渐降型（非跃变型）、暂升型（跃变型）、晚峰型。

果蔬生命的过程中（常压成熟阶段）出现呼吸强度起伏变化现象，称为呼吸漂移。有的果蔬，会出现漂移高峰值即呼吸高峰。

呼吸跃变型果蔬有苹果、梨、桃子、木瓜、甜瓜、番茄、香蕉、芒果、草莓等。这类果蔬有三个特点：①生长过程与成熟过程明显。呼吸高峰标志着果蔬开始进入衰老期，故保藏应在高峰期出现之前进行。②乙烯对其呼吸作用影响明显。乙烯会使果蔬的呼吸高峰提前出现。乙烯的催熟作用在高峰之前才有用。③高峰期的出现可以推迟。在高峰

图 1-1-2　果蔬的呼吸类型

期到来之前收获，通过冷藏、气调等方法可使呼吸高峰期推迟。呼吸高峰前不久的短暂期间鲜食为佳。

非跃变型果蔬有柑橘、橙、菠萝、柿子、柚子、桃、柠檬、樱桃、葡萄等。该类果蔬有如下特点：①生长与成熟过程不明显，生长发育期较长。②多在植株上成熟后收获，没有后熟现象。成熟后不久的短暂时期鲜食为佳。③乙烯作用不明显。乙烯可能有多次作用，但无明显高峰。

果实的呼吸漂移模式只表现了呼吸量的动态变化，其实在此过程中也有质的变化。许多研究结果表明：跃变型果实在跃变上升中，呼吸熵从 1 上升到 1.5 左右。一般而言，果蔬的呼吸强度规律为：浆果类>核果类>仁果类>柑橘类；叶菜类>果菜类>块茎、鳞茎、根茎类。

（2）外部因素　影响呼吸强度的外部因素包括温度、相对湿度、气体组成、机械损伤和病害、植物激素的应用。

温度是影响果蔬呼吸最重要的外界环境因素。正常温度范围内（5~35℃），呼吸强度随温度的上升而提高；温度过高时，呼吸强度经过短暂的提高后迅速下降，直到降为零；温度低于正常范围时，呼吸强度降低，可使跃变型果实的跃变高峰延迟出现，峰的高度降低，甚至不出现跃变高峰。但过低的温度会造成冷害。

轻微的干燥环境比湿润的环境有利于抑制呼吸。但薯类干燥时反而会提高呼吸强度，因而要求高湿度条件下贮藏。

适当降低 O_2 浓度可抑制呼吸强度，但不会引起无氧呼吸，过低的含量则发生缺氧障碍，一般 O_2 浓度不低于 1%~5%。提高空气中的 CO_2 含量，呼吸也会受到抑制，但 CO_2 含量过高又会使细胞中毒。

机械损伤和病害会增加呼吸强度。其原因包括四个方面：一是损伤破坏了细胞结构，增加了酶与反应底物接触的机会，同时加速了组织内外的气体交换；二是损伤会刺激果蔬生成乙烯而影响到呼吸；三是损伤会引起愈伤和修复反应，使磷酸戊糖途径增强，从而增强呼吸；四是损伤会伴随线粒体的生成，损伤与线粒体内蛋白质合成系统和细胞质核糖体上的合成都有关系，二者受伤后都变得活化了。

虫害与机械伤害基本上相同，病菌侵染激发了呼吸的保卫反应，从而使呼吸强度提高；利用植物激素调节果蔬的采后生理机能，可达到贮藏保鲜的效果。

（二）蒸腾作用

新鲜果蔬含水量高，细胞水分充足，膨压大，组织呈坚挺脆嫩的状态，具有光泽和弹性。在贮藏期间由于水分的不断蒸发，细胞的膨压降低，致使果蔬发生萎缩现象，光泽消

退，失去了新鲜感。

植物体及其各种器官，在整个生命期间总是不断地进行蒸发作用。果蔬在采收前，蒸发作用丧失的水分，可由根系从土壤中得到补偿；采收后的蒸发脱水通常不能得到补充，果蔬就逐渐失去新鲜度，并且带来一系列的不良影响。

1. 失重和失鲜

果蔬在贮藏中由于水分蒸发所引起的最明显的现象是失重和失鲜。失重即所谓"自然损耗"，包括水分和干物质两方面的损失，不同果蔬的具体表现有所不同。失鲜表现为形态、结构、色泽、质地、风味等多方面的变化，降低了食用品质和商品品质。

2. 破坏正常的代谢过程

细胞脱水、细胞液和原生质浓度增高，其中有些物质和离子，如 H^+、NH_3 等，它们的浓度可能增高到有害的程度，会引起细胞中毒。原生质脱水还可能引起一些水解酶的活性加强，加速有机物的分解，破坏原生质的正常状态。组织中水解过程加强，积累呼吸基质，又会进一步刺进呼吸作用。严重脱水会破坏原生质的胶体结构，扰乱正常代谢，改变呼吸途径，并会产生和积累代谢物质，如 NH_3 等，从而引起细胞中毒。

3. 降低耐贮性、抗病性

蒸发作用会引起正常的代谢作用破坏，水解过程加强，以及由于细胞膨压降低而造成的机械结构特性改变等，从而影响果蔬的耐贮性和抗病性。组织脱水程度越大，抗病性下降越剧烈。

水分蒸发的速度与果蔬的种类、品种、成熟度、表面细胞角质的厚薄、细胞间隙的大小、原生质的特性、比表面积的大小有着密切关系。此外，温度、相对湿度、空气流速、包装情况等外界环境条件也影响水分的蒸发。

4. "出汗"现象及其危害

当环境温度降到露点以下，过多的水气从空气中析出，在果面上、库顶、库壁、塑料薄膜内壁上凝结成水珠，这种现象称为"出汗"。

造成"出汗"的原因有很多，包括产品码垛大，不易通风散热，使产品或货堆内外产生温差，垛堆内暖湿空气移动到表层，易达到露点而"出汗"；同样，库温不稳，塑料薄膜袋内因产品呼吸产生的热高于薄膜外，薄膜层处于冷热交界处，都易造成"出汗"。

出汗会危害产品，如凝结水滴落到产品上，会造成酸害，这在薄膜贮藏中多有发生；另外，"出汗"还给有害微生物创造了生长繁殖条件，阻碍了薄膜内外水和气的交换，从而导致腐烂现象的增加。

（三）成熟、衰老生理

果蔬采收后仍进行着成熟、衰老过程，这是果蔬采后生理的中心问题。果蔬的贮藏技术则是以调整果蔬的成熟和衰老为基础的应用技术。了解掌握采收后果蔬的生理生化变化及其影响因素，对于延长产品贮藏寿命，提供了充分的可能性。

果实发育定型，细胞膨胀结束，果实的体积和质量基本不再增加就达到生长终点，进入成熟阶段。

1. 成熟、衰老中的合成、降解过程

果实成熟时呼吸跃变与相应变化如图 1-1-3 所示，与果实成熟有关的代谢过程如表 1-1-1 所示。

图 1-1-3　果实成熟时呼吸跃变与相应变化

表 1-1-1　　　　　　　　　　　　与果实成熟有关的代谢过程

降解代谢	合成代谢
解聚作用	氨基酸结合进入蛋白质
底物作用	核酸代谢
叶绿体结构消失	维持线粒体的完整性
色素破坏	氧化磷酸化
水解酶、酯酶、脱氢酶、氧化酶、磷酸酯酶、	形成磷酸酯
核糖核酸酶的作用	三羧酸循环和磷酸戊糖代谢途径的合成作用
	乙烯的生成

2. 乙烯的生物合成与作用

乙烯分子结构很简单，但在果实成熟中及蔬菜的采后生理中都有着特殊的重要性，因此，乙烯的代谢和作用成了大量研究的主题。

（1）乙烯的生物合成　果蔬中乙烯的生成量随果实的成熟而增加，生成量增加的时间比呼吸上升的时间稍微提前一些。关于植物体内乙烯的生物合成如图 1-1-4 所示。

（2）乙烯的作用和机理　乙烯对果蔬具有催熟作用，其作用机理主要有三个方面。一是乙烯作用于果皮细胞酶的活化系统，使酶由吸附状态变为溶液态，转向水解方向，导致呼吸增强，吸收大量氧气，促进果实后熟；二是乙烯加强原生质的透性，使氧气容易进入细胞，加强氧化过程，单宁和有机酸的消失加快，同时透性增加，也使酶的活性加强，风味降低或风味改进；三是果实中的乙烯从出现呼吸高峰前就作用于果实的细

图 1-1-4　乙烯的生物合成

胞膜，增加细胞膜的透性。

3. 成熟、衰老中的结构和生理生化变化

（1）果蔬成熟衰老过程中细胞的变化　果蔬在成熟衰老的过程中，一般随着果实的软化，细胞壁开始变薄，并且许多果蔬细胞发生了质壁分离。随着细胞壁的变薄，其硬度会下降。

（2）果实成熟衰老过程中呼吸作用的变化　器官衰老时，线粒体体积变小，内膜折皱，数目减少，使呼吸速率下降，但下降速率比光合作用慢。衰老时，氧化磷酸化解偶联，不能产生能量，相反，会消耗有机物。但果实成熟时则出现呼吸高峰，之后速度下降。

（3）果蔬成熟衰老过程中的生化变化

①蛋白质的合成与降解：果蔬在成熟过程中，蛋白质一方面被不断分解，另一方面其分解生成的氨基酸又不断合成新的蛋白质。在果实呼吸跃变初期有一个加速蛋白质合成的过程，这被认为是合成有关后熟酶的一种反应。但随着成熟度的增加，合成-水解作用最终向水解加强方向进行。

②核酸的代谢：核酸代谢也与成熟密切相关。果实成熟期间，RNA 合成增加，有新的 mRNA 转录并翻译形成新的蛋白质，从而奠定了果实成熟的物质转化基础。利用 RNA 合成抑制剂和蛋白质合成抑制剂可以抑制成熟的进程。

③磷脂与脂肪酸的代谢：植物组织的衰老与生物膜的降解有关。膜的完整性和功能丧失是衰老初期的基本特征。在衰老组织中或逆境下，组织中膜脂普遍存在着过氧化作用，也导致膜脂水平的下降。随着膜脂水平下降，膜结构遭到破坏，导致膜丧失选择透性与主动吸收的特性，膜透性增大，细胞内部的原生质外渗。同时由于膜脂过氧化作用，产生氢过氧化物和游离自由基。这些脂质经过氧化物和自由基进一步毒害细胞膜系统、蛋白质和 DNA，导致了细胞膜功能的丧失和细胞的降解死亡，促使了果实成熟衰老和品质下降。

4. 成熟、衰老的调节

（1）乙烯的调节作用　外源性乙烯可刺激跃变型果实生成内源性乙烯，所以只在跃变前期提供乙烯才能起到明显提早跃变高峰来临，促进后熟的作用。之后果蔬会产生大量内源性乙烯，外源性乙烯的作用不明显。

非跃变型果实也能生成内源性乙烯，但量极少，提供外源性乙烯也可促使呼吸升高，并起到脱涩、脱绿作用，但不能诱发内源性乙烯的生成。

（2）其他天然激素的调节作用　脱落酸（ABA）、生长素（IAA）、赤霉素（GA）、细胞分裂素（KI）等都可起到调节作用。如图 1-1-5 所示，Ⅰ类激素起促进生长防止衰老的作用，Ⅱ类激素起抑制生长和进入休眠或催衰作用，同类的各种激素间有联动作用，异类激素间有反馈或拮抗作用，正是激素的这种动态平衡调节控制着植物的发芽、生长、成熟、衰老、休眠等过程。

（3）钙（Ca）在调节成熟、衰老中的作用　钙不仅仅是植物生长发育所需的矿质元素，而且也是重要的生理功能调节物质，组织内钙含量同调节呼吸、推迟衰老、防止某些生理病害方面有着密切关系。

钙对植物衰老具有明显的延缓作用。完熟过程中果实的钙含量与果实采后呼吸速率呈负相关，并且钙能影响呼吸速率高峰出现的早晚进程和呼吸峰的大小。外源钙处理也同样能延缓果实成熟与衰老，并得到广泛应用。

图 1-1-5 两类激素在调节生长成熟中的联动和反馈关系

（四）休眠生理

1. 休眠的概念和类型

果蔬休眠是指某些果蔬在结束田间生长时，产品贮藏在一定的时期内停止生长而进入相对静止的状态，是为了渡过不良外界环境（如严寒、酷暑、干旱等）所具有的保护生命力和繁殖力的特性。

果蔬的休眠分有生理休眠和被迫休眠两类。生理休眠是在生长发育过程中形成的，并具有遗传性，具有这种休眠的果蔬在未渡过休眠期以前即使条件适宜也不可能萌发新芽。如马铃薯、洋葱、大蒜、姜等。强迫休眠是属于外界条件不适宜而进入被迫休眠，一旦外界条件适宜，则很快解除休眠状态。如大白菜、萝卜、菜花、莴苣等蔬菜及其他二年生蔬菜。

影响休眠的因素包括果蔬的种、品种、熟性（早、中、晚熟）、栽培条件、贮藏条件（温度、湿度、气体组成）等。

2. 休眠-发芽的生理生化特征

（1）休眠的生理特征 休眠期的生理特征包括，细胞进入休眠前先有一个原生质脱水的过程，积聚大量疏水性胶体；休眠中的细胞常出现质壁分离现象、胞间联丝消失、细胞核也有一些变化；原生质几乎不能吸水膨胀，电解质也很难通过，因而大大降低了休眠期细胞内外的物质交换，包括气体交换，所以休眠期呼吸和其他代谢活性都大幅下降；休眠中的细胞呈凸形质壁分离，非休眠期细胞呈凹形质壁分离，正在进入或脱离休眠的细胞呈混合型。

（2）休眠的生化特征 处于休眠中的果蔬几乎看不到碳水化合物的变化，当休眠结束前，果蔬体内的水解作用明显增强，抗坏血酸含量也明显增加；休眠到发芽之间的这个过渡阶段称作"休眠苏醒期"。苏醒期的呼吸和水解作用加强，为以后的发芽生长做了能量和物质准备。

（3）休眠-发芽的调节 休眠对贮藏有利，因此希望尽可能延长产品的休眠期，并且在休眠解除后继续保持在强制休眠状态。常见的延长休眠期的方法有：根据激素平衡调节机理，人工提供抑制剂类激素，改变内生激素平衡而延长休眠期，如用萘乙酸甲酯或萘乙酸乙酯；冷藏是最有效、方便、安全的抑制发芽的措施；低 O_2 和适当的高 CO_2 也有抑制发芽的效应；应用 γ 射线辐照能有效地抑制块茎、鳞茎类发芽，且所需剂量很低。

三、 果蔬的营养品质及其变化

（一）淀粉

水果随着果实成熟，水解酶活性逐步增强，淀粉逐步水解为低分子糖类，使果实变甜。比如，未成熟的香蕉中淀粉含量在 20% 以上，糖含量仅为 1%，而达到完熟时，淀粉含量下降至 1%，糖含量增至 19% 以上。一些富含淀粉的蔬菜，如马铃薯、甘薯、豆类、藕等，其淀粉含量一般与其成熟度成正比。由于淀粉在贮藏过程中容易发生转化,所以应控制在较低的贮藏温度下。

(二) 含氮物质

果蔬中的含氮物质相对量比较少,但种类比较多,主要包括蛋白质,其次为氨基酸、酰胺以及某些铵盐和硝酸盐。

果蔬中的含氮物质,尤其是蛋白质和氨基酸等,与果蔬的耐贮性密切相关。这些物质往往会导致果蔬发生非酶促褐变;贮藏过程中,如果缺乏必要的通风条件,管理技术措施不当,果蔬呼吸产生热量积累,会引起蛋白质变性,导致果蔬肉质变黑,品质下降。

(三) 脂类物质

大多数果蔬的脂质含量很低,如香蕉约 0.06%,葡萄约 0.2%,蔬菜一般为 0.5% ~ 1.0%。果蔬中的脂类物质包括油脂、蜡质、角质等物质,其中,蜡质、角质主要存在于果蔬表皮组织中,油脂则主要存在于果肉和种仁中。果肉中油脂含量较高的主要为核桃和鳄梨。

果蔬中脂类物质会在果蔬表面所形成蜡被和角质层,对于保护果蔬内部组织,减少水分蒸腾具有极为重要的意义。

(四) 维生素

果蔬是食物中维生素的主要来源。其中,抗坏血酸(维生素 C)是果蔬组织中主要的营养成分之一。抗坏血酸包括氧化型和还原型两种形式。二者的相互转化并不会造成抗坏血酸的损失。许多热带水果都是抗坏血酸的良好来源,但在较高温度下贮藏时,抗坏血酸的损失很快。随着温度的降低,抗坏血酸损失速率减慢。叶菜类蔬菜中,普通叶菜类蔬菜抗坏血酸在采后损失很快,而卷心菜由于叶子紧紧包裹,抗坏血酸损失较慢。

(五) 矿物质

矿物质(灰分)在果蔬组织中的含量较少,但它们在果蔬组织生理变化中起重要的作用,而且也是重要的营养成分之一。果蔬中的矿物质大部分与酸结合形成盐类(如磷酸盐、有机酸盐等),还有一部分参与高分子物质的构成,如蛋白质中的硫、磷和叶绿素中的镁等。矿物质较稳定,在贮藏中不易损失。

四、 果蔬的采后处理

(一) 采收成熟度的确定

由于果蔬供食用的器官不同,贮运加工对材料的要求也不同,因而采收成熟度的标准也各有差异。一般要求品质达到最高标准,但也要适当照顾产量。

水果都是以果实供食用,根据果实的成熟特征,一般可分为三个阶段,即采收成熟度、加工成熟度和生理成熟度。蔬菜的采收成熟度难一致,一般多采用以下方法来判断蔬菜的成熟度:蔬菜表面色泽的显现和变化、坚实度、糖和淀粉含量等。

(二) 果蔬采收后的必要处理

1. 预冷

蔬菜采收后高温对保持品质是有损害的,特别是在热天采收的时候。所有蔬菜采收后要经过预冷以除去田间热,减少水分的损失。

预冷的方法很多，最方便的就是放在阴凉通风的地方，使其自然散热。叶菜类用水喷淋冷却是有利的，不仅降温速度快，还可保持组织的新鲜度。用高速鼓风机吹冷风也可很快降温。

2. 果蔬的分级

果蔬分级的主要目的是为了便于贮藏、销售和包装，使之达到商业标准化。分级后的果蔬其品质、色泽、大小、成熟度、风味、营养成分、清洁度、损伤程度等基本一致，便于加工工艺的确定和保证加工产品的质量。分级处理对于提高商品果蔬的市场价值极为重要。

3. 催熟

某些果蔬，如番茄，为了提早应市、远销，或夏季温度过高，果实在植株上很难变红，或秋季为了避免冷害，都要在绿熟期采收，加工前要进行人工催熟。催熟后不但色泽变红，而且品质也有一定的改进，但不能达到植株上成熟那样的风味。催熟最好用乙烯处理，在一定的温度和湿度的室内进行。

4. 特殊处理

在果实表面涂布一层涂膜剂，在果实表面形成一层薄膜，可抑制果实内外的气体交换，降低呼吸强度，减少营养物质的消耗和水分的蒸发，达到保持果实饱满新鲜，增加光泽，改善外观，延长果实的贮藏寿命，提高果实的商品价值。由于果实有一层薄膜保护，也可以减少微生物的污染而造成的腐烂损失，但必须注意涂料层的厚度和均匀要适当。

5. 果蔬的包装

果蔬包装是标准化、商品化、保证安全运输和贮藏的重要措施。合理的包装可以减少运输中相互摩擦、碰撞、挤压而造成机械损失；降低病害蔓延和水分蒸发。

6. 果蔬的运输

果品在远途运输前需预先进行降温处理。蔬菜运输最好不要混装，因为各种蔬菜所产生的挥发性物质会相互干扰，尤其是能产生乙烯的菜，如番茄。微量的乙烯也可能使其他蔬菜早熟，如辣椒会过早变色。此外，蔬菜运输一定要有通风装置。

五、 采收后侵染控制

（一）低温贮藏

低温贮藏是推迟果蔬腐烂最有效的方法，其原因有二：低温延缓了果蔬的成熟和衰老，保持了其抗性；低温可直接抑制病原菌生长。但是低温贮藏只能将病害发展的时间推迟到贮藏后期，如将产品移到较高温度下病害会很快发展。例如，地霉（*Geotrichum*）和欧文菌（*Erwinnia*）在 0℃附近生长受到抑制，但产品转移到高温下或市场销售，病害发展很快。

在低温贮藏过程中，一定要注意避免温度的剧烈波动。例如，大部分苹果品种在 $-1 \sim$ 0℃，葡萄在 $-1 \sim 0.5$℃的温度下贮藏效果很好，但如果二者的贮藏温度上升到 $2 \sim 3$℃，或者产品没有冷却到要求的温度，苹果组织会变软，使贮藏期缩短。另外，温度的波动往往造成贮藏产品表面水分的凝结，也为霉菌孢子的萌芽、发展提供了有利条件。适当提高 CO_2 的浓度，降低 O_2 的浓度，有利于延长果蔬的贮藏时间。

（二）电离辐射

γ射线多采用 ^{60}Co 进行辐射，技术关键在于适宜的辐射剂量，只有在无损果蔬的风味、香气和质地的前提下抑制病原菌，才能获得良好的防腐效果。目前该方法在马铃薯、洋葱、大蒜、木瓜、芒果、草莓、蘑菇等果蔬上已得到应用。

（三）臭氧

臭氧（O_3）具有极强的氧化能力，它能破坏微生物的细胞膜，尤其在低温高湿条件下，对霉菌、酵母菌的抑制能力更显著。O_3 在苹果、梨、柑橘、西瓜、蒜薹等果蔬保鲜中都有应用。但臭氧只能杀灭果蔬表面的病原菌，对已侵入表皮内部的病原菌无抑制作用，对已腐烂部位的防腐作用也不大，略高的浓度还会造成对果蔬的伤害。据报道 3.25mg/kg 臭氧就会引起苹果伤害，1mg/kg 会引起桃伤害，0.5mg/kg 会引起草莓的伤害。

第二节　动物产品的产后生理

一、　畜肉和禽肉

（一）肉的形态学

食品原料品质的好坏对加工制品的影响很大，而原料品质与构成原料各个组成部分的情况有直接关系。从食品加工的角度介绍构成肉的各个组成部分的基本情况，称为肉的形态学。

肉是指屠宰后的畜、禽去除毛、皮、内脏、头、蹄等所得到的胴体。肉由肌肉组织、结缔组织、脂肪组织、骨骼组织组成。在食品加工中，将动物体主要可利用的部位做如下归纳。

肌肉组织：平滑肌、横纹肌（骨骼肌）、心肌。

结缔组织：皮、腱等。

脂肪组织：皮下脂肪、腹腔脂肪等。

骨骼组织：硬骨、软骨。

肉的质量好坏与肉的各种组织所占的比例有密切关系。一般，肌肉组织含量越高，营养价值也越高。各组织比例大致为：肌肉组织占 50%～60%，结缔组织占 9%～14%，脂肪组织占 20%～30%，骨骼组织占 15%～20%。此外，畜、禽的内脏及血液也可食用。

1. 肌肉组织

肌肉组织是构成肉的主要成分，是肉食原料中最重要的一种组织，也是决定肉质优劣的主要组成。肌肉组织在肉中所占比例，决定于畜禽的种类、品种、性别、年龄、肥育方法、使用性质（役用、肉用、乳用）、屠宰管理情况等。肌肉组织包括横纹肌、平滑肌、心肌。横纹肌的断面图如图 1-1-6 所示。

2. 结缔组织

结缔组织除形成肌肉的内、外肌束膜

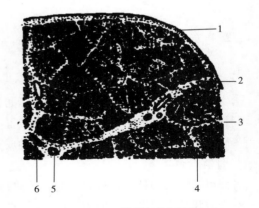

图 1-1-6　横纹肌的断面图
1—外肌束膜　2,3—内肌束膜
4—肌内膜　5—血管　6—神经

外，于骨骼的连接处，畜禽的皮肤、血管等很多部位也都存在。从肉中分离出来的结缔组织占胴体质量的 9%～14%。结缔组织分疏松结缔组织（也称蜂窝组织）、致密结缔组织和胶原纤维组织。

疏松结缔组织由细胞、无定形基质和纤维三部分组成，如图 1-1-7 所示。致密结缔组织的构成成分和疏松结缔组织是相同的，只是各种成分的量有所不同。在致密结缔组织中，基质少，纤维量多，结构较为紧密。淋巴结也属于结缔组织。在肉制品加工中，应除去淋巴结。在屠宰以后的兽医卫生检验中，淋巴结是病理检验的一个重要器官。

图 1-1-7　疏松结缔组织的结构
1—成纤维细胞　2—胶原纤维
3—弹性纤维　4—游走细胞

3. 脂肪组织

脂肪组织存在于动物体各个器官中，较多地分布在皮下、肾脏周围和腹腔内，它和肌肉一样也决定着肉的食用价值。脂肪组织是由退化的疏松结缔组织和大量的脂肪细胞组成的，如图 1-1-8 所示。脂肪细胞内脂肪滴、网状纤维膜、原生质及细胞核构成，如图 1-1-9 所示。

图 1-1-8　皮下脂肪组织脂肪细胞断面

图 1-1-9　脂肪细胞
1—脂肪滴　2—外围层　3—原生质　4—细胞质

屠宰时取下的脂肪组织称作生脂肪。脂肪的气味、颜色、密度、熔点等因动物种类、品种、饲料、个体发育状况及脂肪在体内的位置不同而有所差异。各种动物的特有气味，多数是由于脂肪中所含的脂肪酸以及其他脂溶性成分所造成的。

4. 骨骼组织

骨骼组织包括硬骨、软骨和骨髓，是动物机体的支柱组织。构成骨的基本组成是骨松质、骨密质和骨膜，如图 1-1-10 所示。此外，在关节处包有关节囊、关节软骨，在骨髓腔中充满骨髓。

骨骼组织在动物体内所占比重主要取决于畜禽的种类、品种、年龄、性别、肥度等。骨骼所占比例越大，食用价值越低。骨骼中含有大量胶原纤维，为 10%～32%，可从中提取明胶、软骨组织和制取软骨素。骨髓可用来提炼骨油。硬骨中含有很多钙质，将其加工成骨泥、骨粉，可用作钙营养强化剂。

图 1-1-10　管状骨的构造
1—关节囊　2—关节软骨　3—骨松质
4—骨髓腔　5—骨髓　6—骨密质　7—骨膜

（二）肉的物理性质

肉的物理性质主要包括密度、比热容、热导率、颜色、气味、坚实度等，这些物理性质与肉的形态学、畜禽种类、品种、肥育方法、部位、宰前状态、冷冻、新鲜度等各种因素有关。部分物理学性质的检验可以用来判定肉的品质优劣。

1. 密度、比热容、热导率

肉的密度随所含脂肪数量而异，脂肪含量越高，密度越小；肉的比热容与其形态组成和化学组成有关；由于肉为非等方性物质，在各个方向具有不同的热导率。

2. 颜色

肉的颜色是由肌肉组织和脂肪组织的颜色决定的。屠宰后的肌肉颜色主要取决于肌红蛋白的数量以及肌红蛋白和氧结合的程度，此外，还与畜禽的种类等前述因素以及屠宰加工状况（如放血）、成熟腐败等有关。几种畜肉的颜色如表 1-1-2 所示。

表 1-1-2　　　　　　　　　各种畜肉的颜色

品种		颜色	品种		颜色
牛	未阉老公牛	淡蓝色和暗红色	绵羊 山羊	幼羊	玫瑰色
	阉公牛	鲜红色		成年羊	淡红色、暗红色
	新生犊牛	淡玫瑰红色	猪	肥成年猪	淡红色
	肉用牛	鲜红色		未肥育猪	深红色
绵羊	老母羊	暗红色		未阉猪	深红色
	老公羊	暗红色		幼猪	淡红色、玫瑰色
	成年羊	鲜红色或砖红色			

3. 气味

各种畜禽肉具有各自独特的气味，气味的浓度和性质依所含的特殊挥发性脂肪酸的含量转移，且因畜禽种类等状况而有差异。家禽宰前饲养在有特殊气味的棚舍中，或饲料带有特殊气味，则肉中也会带有这种气味。在有其他气味的冷冻库房中存放时也会吸附其他气味。

4. 坚实度

肉的坚实度依畜禽的种类、年龄、性别等有所不同。未阉公牛肉是坚硬的、粗糙的，在肉的切面上呈粗粒状；阉过的公牛肉是致密、柔嫩油润的，在肉的切面上呈细粒状，且有明显的大理石纹；母牛肉很不结实，肉的切面上呈很粗的颗粒状；羊肉是致密的，肉的切面呈致密的颗粒状；猪肉柔软而致密，肉的切面呈细密的颗粒状。这些特性在四肢部位尤为突出。

（三）肉的化学组成

肉的化学成分主要包括糖类、脂肪、蛋白质、浸出物、矿物质、维生素和水分等。肉的组成随动物的脂肪和瘦肉的相对数量而改变，肥度高，则蛋白质和水分的含量就比较低。

联合国粮农组织（FAO）公布的肉类的一般组成如表 1-1-3 所示。

表 1-1-3　　　　　　　　　　各种肉类的一般组成　　　　　单位:%（质量分数）

名称	食用部分组成				
	糖类	蛋白质	脂肪	灰分	水分
牛肉（中等脂肪）	—	17.5	22.0	0.9	60.0
牛犊肉（中等脂肪）	—	18.8	14.0	1.0	66.0
猪肉（中等脂肪）	—	11.9	45.0	0.6	42.0
羊头（中等脂肪）	1.0	15.7	27.7	0.8	56.0
马肉（中等脂肪）	—	20.0	4.0	1.0	74.0
鸡	—	22.2	12.6	1.0	66.0
鸭	—	16.2	30.0	1.0	52.8

1. 糖类

糖类在动物组织中含量很少，它以游离或结合的形式广泛存在于动物组织或组织液中，例如，葡萄糖是提供肌肉收缩能量的来源，核糖则是细胞核酸的组成成分，而葡萄糖的聚合体——糖原则是动物体内糖的主要储存形式。

糖原也称动物淀粉，肌肉及肝脏是糖原的主要储存部位。糖原在肝脏中的含量可达 $2\%\sim8\%$。在动物体内不断地进行着糖原的合成与分解。宰后肌肉中糖原的分解代谢，在肉与肉制品的贮藏与加工中有重要意义。

2. 脂类

在动物体内脂肪分布很广。一般家畜体内脂肪含量为其体重的 $10\%\sim22\%$，肥育阶段可高达 30% 以上。动物脂肪富含硬脂酸、软脂酸和油酸，此外，尚有少量其他脂肪酸。动物脂肪内脂肪酸的组成如表 1-1-4 所示。

表 1-1-4　　　　　　　　　动物脂肪的脂肪酸构成　　　　　单位:%（质量分数）

脂肪酸	猪脂	牛脂	羊脂
月桂酸	—	0~0.2	—
豆蔻酸	0.7~1.1	2~8	1~4
软脂酸	26~32	24~33	20~26
硬脂酸	12~16	14~29	—
花生酸	—	0.4~1.3	—

续表

脂肪酸	猪脂	牛脂	羊脂
肉豆蔻酸	0~0.3	0.4~0.6	—
油酸	41~50	39~50	36~47
亚油酸	3~14	0~5	3~5
亚麻酸	0~1	0~0.5	—
花生四烯酸	0.4~3	0~0.5	—

此外，脂肪中还含有磷脂。磷脂在空气中极易氧化变色，并产生异味，加热会促进这种变化。如猪肉、牛肉的脑磷脂在加热时，会产生强烈的鱼腥味。磷脂变黑时，伴有酸败现象，严重影响产品质量。固醇和固醇酯也广泛存在于动物体中，瘦猪肉、牛肉和羊肉中总胆固醇的含量为 70~75mg/100g。

3. 蛋白质

哺乳动物的肌肉大约占动物体的 40%，肌肉中的蛋白质含量约为 20%。肌肉中的蛋白质因其生物化学性质或在肌肉组织中的存在部位不同，可以区分为肌浆蛋白质、肌原纤维蛋白质和间质蛋白质。

（1）肌浆蛋白质　肌浆是指肌细胞中环绕并渗透肌原纤维的液体和悬浮于其中的各种有机物、无机物以及亚细胞的细胞器如肌核、肌粒体、微粒体等。肌浆一般占肉蛋白质总量的 20%~30%，其中包括肌溶蛋白、肌红蛋白、肌球蛋白 X 以及肌粒中的蛋白质等。这些蛋白质易溶于水或低离子强度的中性盐溶液中，故常称之为肌肉的可溶性蛋白质。

（2）肌原纤维蛋白质　肌原纤维是骨骼肌的收缩单位，由细丝状的蛋白质凝胶组成。这些细丝平行排列成束，直接参与收缩过程，常称之为肌肉的机构蛋白质或肌肉的不溶性蛋白质。肌原纤维蛋白质占肌肉蛋白质总量的 40%~60%，它主要包括肌球蛋白、肌动蛋白，肌动球蛋白，此外尚有原肌球蛋白和 2~3 种调节性结构蛋白质。肌原纤维中的物质与肉的某些重要品质特性（如嫩度）密切相关。

（3）间质蛋白质　间质蛋白质也称基质蛋白质，主要存在于结缔组织中，它们均属于硬蛋白类，其中主要的是胶原蛋白和弹性蛋白。

① 胶原蛋白（collagen）：胶原蛋白在结缔组织中含量特别丰富，在肌腱等胶原纤维组织中占总固体量的 85%。胶原纤维广泛分布于皮、骨、腱、动脉壁以及哺乳动物肌肉组织的肌内膜、肌束膜和肌外膜之中，胶原蛋白是机体中最丰富的简单蛋白质，相当于机体总蛋白质的 20%~25%。

胶原蛋白中含有大量的甘氨酸，约占总氨基酸残基量的 1/3；脯氨酸和羟脯氨酸也较多。此外尚有少量的羟赖氨酸。后二者为胶原蛋白中特有的氨基酸，一般蛋白质多不含此二种氨基酸或含量甚微。

胶原蛋白质地坚韧，不溶于一般溶剂，但在酸和碱的环境中可膨胀。胶原蛋白不易被胰蛋白酶、糜蛋白酶所消化，可被胃蛋白酶及细菌所产生的胶原蛋白酶所消化。此外，胶原蛋白与水共热至 62~63℃时，发生不可逆收缩，于 80℃水中长时间共热，则形成明胶，易于消化。

② 弹性蛋白：弹性蛋白在很多组织中与胶原蛋白共存，它是构成黄色的弹性纤维的蛋白质，但在皮、腱、肌内膜、脂肪等组织中含量很少，而在韧带与血管（特别是大动脉壁）中含量最多，约占其弹性组织总固体量的 25%。弹性蛋白弹性较强，在化学上很稳定，不溶于水，即使在水中煮沸后，也不能分解成明胶。弹性蛋白不被结晶的胰蛋白酶、胰凝乳蛋白酶、胃蛋白酶所作用，但可被无花果蛋白酶、木瓜蛋白酶、菠萝蛋白酶和胰弹性蛋白酶所水解。

4. 浸出物

构成活体的物质有水、蛋白质、肽、各种低分子含氮化合物、脂类、糖类、无机物、色素、维生素、酸、醛、酮、醇等，从这些物质中除去蛋白质、脂类、色素等而剩余的肽、游离氨基酸和其他低分子含氮化合物、糖、酸（高分子脂肪酸除外的有机酸）等，易溶于无机或有机溶剂中，这些就是所谓的浸出物成分。无机盐和维生素一般不列入浸出物成分的。

5. 矿物质

肉类中矿物质（灰分）的含量一般为 0.8%~1.2%，矿物质含量主要与肉的水分及蛋白质部分有关，因此瘦肉要比脂肪组织含有更多的矿物质。肉中的锌对肉的持水性有影响。几种肉类的矿物质含量如表 1-1-5 所示。

表 1-1-5　　　　　　　　　　　　肉中的矿物质含量

名称	灰分含量/%	含量/（mg/100g）					
		Ca	P	Fe	Na	K	Mg
羊肉	1.2	10	147	1.2	75	295	15
猪肉	1.2	9	175	2.3	70	285	18
牛肉	0.8	11	171	2.8	65	355	18
小牛肉	1.0	11	193	2.9	90	320	15
鸡肉	1.1	11	190	1.5	42	340	24
鸭肉	1.1	11	145	4.1	45	325	18

6. 维生素

肉类中各种维生素含量如表 1-1-6 所示。

表 1-1-6　　　　　　　　　　100g 鲜肉中的维生素含量

种类	维生素 A/IU	维生素 B$_1$/mg	维生素 B$_2$/mg	烟酸/mg	泛酸/mg	生物素/μg	叶酸/μg	维生素 B$_6$/mg	维生素 B$_{12}$/μg	维生素 C/mg	维生素 D/IU
牛肉	微量	0.07	0.20	5	0.4	3	10	0.3	2	0	微量
小牛肉	微量	0.1	0.25	7	0.6	5	5	0.3	0	0	微量
猪肉	微量	1.0	0.20	5	0.6	4	4	0.6	2	0	微量
羊肉	微量	0.15	0.25	5	0.5	3	3	0.4	2	0	微量
肝（牛）	20000	0.30	0.30	13	8	100	100	0.7	50	30	45
鸡肉	微量	0.09	0.09	8.0	0.4	3	3	0.4	1.5	0	微量
鸭肉	微量	0.15	0.15	4.7	0.4	4	4	0.3	1.8	0	微量

7. 水

水是肉中含量最多的组成成分。畜禽越肥，水分的含量越少；老年动物比幼年者含量也较少，如小牛肉含水72%，成年牛肉则为45%。各种不同肥瘦的肉类含水量如表1-1-7所示。

表1-1-7　　　　　　　　　　　　不同肉的含水量

种类	肥度	含水量/%	种类	肥度	含水量/%
猪肉	肥	47.9	羊肉	中等	65.4
	中等	61.1		瘦	71.1
	瘦	68.5	鸡肉	肥	63.7
牛肉	肥	61.1		中等	70.0
	中等	68.5		瘦	70.8
	瘦	74.2	鸭肉	肥	48.2
羊肉	肥	60.3		中等	59.1

肉的持水性是指肉在冻结、冷藏、解冻、腌制、绞碎、斩拌、加热等加工处理过程中，肉的水分以及添加到肉中的水分的保持能力。持水性的高低直接关系到肉制品的质地，决定持水性的重要因素是凝胶结构和蛋白质所带净电荷的数量。因此，蛋白质的变性与否，与持水性有密切关系。

（四）肉的成熟

刚屠宰的动物的肉是柔软的，有很高的持水性，经过一段时间的放置，肉质会变粗糙，持水性也大为降低。继续延长放置的时间，则粗糙的肉又变成柔软的肉，持水性也有所恢复，而且风味也有明显的改善。肉的这种变化过程，称为肉的成熟。在肉的成熟过程中因糖原分解生成乳酸，使肉pH降低，故肉的成熟也称为排酸。

肉的成熟实际上是在动物体死亡后，体内继续进行着的生命活动作用的结果，它包括一系列的生物化学变化和物理化学变化，由于这种变化，肉类变得柔软，并具有特殊的鲜香风味。

肉的成熟大致可分为三个阶段，即僵直前期、僵直期、解僵期（僵直后期）。

1. 僵直前期

在此阶段，肌肉组织是柔软的，但是由于血液循环停止，肌肉组织供氧不足，糖原不能再完全氧化成二氧化碳和水，而是通过糖酵解生成乳酸。与此同时，肌肉组织中的三磷酸腺苷（ATP）和磷酸肌酸含量下降。随着乳酸的生成和积累，畜禽肌肉组织的pH由原来刚屠宰时的正常生理值7.0~7.4，逐渐降低到屠宰后的酸性极限值5.4~5.6。到此pH时，一般糖原已耗尽。当pH降至5.4后，由于糖酵解酶被钝化的原因，即使仍有糖原也不能再被分解。

屠宰后肉的pH下降速度和程度受许多因素的影响，如动物的种类、个体的差别、肌肉的部位以及入座前状况、环境温度等。环境温度对牛肉pH下降速度的影响如图1-1-11所示。

动物屠宰前的状况对屠宰后pH的下降有明显影响，若宰前处于饥饿状态或经剧烈挣扎

图 1-1-11 环境温度对宰后牛肉 pH 下降速度的影响

处于疲劳状态，则其糖原含量必然降低，糖酵解后所得的乳酸含量较低，极限 pH 较高。这样的肉品质较次，色较暗，组织干燥且紧密，易受微生物作用而腐败。畜肉在僵直形成期间的化学、物理变化如图 1-1-12、图 1-1-13 所示。

图 1-1-12 僵直形成期肉中的化学
和物理变化（1）

图 1-1-13 僵直形成期肉中的化学
和物理变化（2）

2. 僵直期

随着糖酵解作用的进行，肌肉 pH 降低，当达到肌原纤维主要蛋白质肌球蛋白的等电点时，因酸变性而凝固，导致肌肉硬度增加。此外，由于肌动球蛋白的收缩而导致肌纤维缩短和变粗，肌肉失去伸展性变得僵硬。

在僵直期，肉的持水性差，风味低劣，不宜作为肉制品的原料。僵直状态的持续时间（僵直期）与动物的种类、宰前状态等因素有关。禽肉的僵直期远短于畜肉。

3. 解僵期

解僵期是肉类成熟过程的后期阶段。在僵直期形成的乳酸、磷酸积聚到一定程度后，导致组织蛋白酶的活化而使肌肉纤维发生酸性溶解，并分解成氨基酸等具有芳香、鲜味的肉浸出物，肌肉间的结缔组织也因酸的作用而膨胀、软化，从而导致肌肉组织重新回软。在僵直期形成的肌苷酸（IMP）经磷酸酶作用后变为肌苷。肌苷进一步被核苷水解酶作用而生成次黄嘌呤，使肉的香味增加。随着僵直的解除，肉的持水性逐渐回升。

（五）肉的腐败

肉类因受外界因素作用而产生大量的人体所不需要的物质时，称为肉类的腐败，包括蛋白质的腐败、脂肪的酸败和糖的发酵几种作用。

1. 导致肉类腐败的因素

肉类的腐败是肉类成熟过程的继续。动物宰后，由于血液循环的停止，吞噬细胞的作用也即停止，这就使得细菌有可能繁殖和传播到整个组织中；另外，肉类自身含有的酶所引起的生化反应也是肉类腐败的重要因素之一。

2. 腐败肉的特征

由于腐败，蛋白质和脂肪发生了一系列变化，外观明显改变，色泽变成暗褐甚至黑绿色，表面黏腻，产生腐败臭气，失去弹性，有的放出气体，有的长霉。畜肉和禽肉鲜度感官鉴定的卫生标准如表 1-1-8 和表 1-1-9 所示。

表 1-1-8　　　　　　　　　　　　　鲜猪肉的感官指标

	一级鲜度	二级鲜度
色泽	肌肉有光泽，红色均匀，脂肪洁白	肌肉色稍暗，脂肪缺乏光泽
黏度	外表微干或微湿润，不粘手	外表干燥或粘手，新切面湿润
弹性	指压后的凹陷立即恢复	指压后凹陷恢复慢且不能完全恢复
气味	具有猪肉正常气味	稍有氨味或酸味
煮沸后肉汤	透明澄清，脂肪团聚于表面，具有香味	稍有浑浊，脂肪呈小滴形式浮于表面，无鲜味

表 1-1-9　　　　　　　　　　　　　鲜鸡肉感官指标

	一级鲜度	二级鲜度
眼球	眼球饱满	眼球皱缩凹陷，晶体稍浑浊
色泽	皮肤有光泽、因品种不同呈淡黄、淡红、灰白或灰黑色等，肌肉切面发光	肌肉色泽转暗，肌肉切面有光泽
黏度	外表微干或微湿润，不粘手	外表干燥或粘手，新切面湿润
弹性	指压后的凹陷立即恢复	指压后凹陷恢复慢且不能完全恢复
气味	具有鲜鸡肉正常气味	无其他异味，唯腹内有轻度不快味
煮沸后肉汤	透明澄清，脂肪团聚于表面，具特有香味	稍有浑浊，脂肪呈小滴形式浮于表面，香味差或无鲜味

二、蛋类

禽蛋是用途最多的一种天然食物。禽蛋从营养角度看是最完美的食品之一，也是世界各地区普遍食用的几种食品之一。

（一）蛋的构造

蛋由三个主要部分构成，蛋壳（shell）及其膜（membrane），蛋白（albumem）和蛋黄（yolk）。新鲜蛋的蛋壳、蛋白和蛋黄分别约占总质量的 11%、58%、31%。图 1-1-14 所示为蛋的构造。

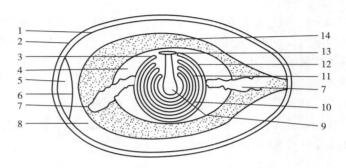

图 1-1-14　蛋的构造

1—蛋壳膜　2—蛋壳　3—内稠蛋白　4—内稀蛋白　5—气室　6—蛋白膜　7—系带　8—外稀蛋白
9—蛋黄芯　10—黄色蛋黄　11—白色蛋黄　12—蛋黄膜　13—胚盘　14—外稠蛋白

蛋壳的主要成分是碳酸钙，外表覆有一层胶质薄层（蛋白质）；蛋壳下面是外壳膜和内壳膜。新生鸡蛋温度较高，其内容物是饱和的，当蛋冷却后，内容物收缩，在内壳膜和外壳膜之间形成一个小空间（气室）。

鸡蛋的蛋白由 4 部分构成，由外向内，分别外稀蛋白（outer thin albumen）、外稠蛋白（outer firm albumen）、内稀蛋白（inner thin albumen）、系带层（chalaziferou layer）。系带层两端为像绳索一样的由稠蛋白绞成的带状物，称为系带（chalazaes）。系带在蛋黄的两边各有一条，为蛋黄提供了可以绕之旋转的轴，也起着约束蛋黄运动，使蛋黄保持在鸡蛋中心的作用。

（二）蛋的组成

鲜蛋的主要成分列于表 1-1-10 中。

表 1-1-10　　　　　　　　　　鸡蛋的组成

部位	比例/%	各成分含量/%			
		水	蛋白质	脂肪	灰分
全蛋	100	65.5	11.8	11.0	11.7
蛋白	58	88.0	11.0	0.2	0.8
蛋黄	31	48.0	17.5	32.5	2.0
蛋壳	11	碳酸钙	碳酸镁	磷酸钙	有机质
		94.0	1.0	1.0	4.0

（三）蛋的保藏

鲜蛋贮藏过程中质量持续下降、蛋白放出二氧化碳，通过蛋壳小孔（shell pores）逸出。

蛋黄吸收蛋白中的水分，同时脂类从蛋黄中缓慢地移动到蛋白中，改变了蛋白的性能。

控制温度是减少蛋的品质损害的最重要方法，贮藏的最佳温度应稍高于蛋的冰点，一般采用-1℃，相对湿度80%。也可采用其他方法作为辅助保藏手段，如蛋壳涂油处理会封闭蛋壳上的微孔，减少蛋白中二氧化碳的损失。

延长鸡蛋贮藏期的另一种方法为热稳定法（thermostabilization），即将鸡蛋浸在热水中或热油中一段时间，使蛋壳内表面凝固一薄层蛋白封闭蛋壳上的微孔，同时起到部分杀死蛋壳表面细菌的作用。蛋的保存还要注意风味问题，不要靠近苹果、橙子等有特殊风味的原料存放，以免吸收外来气味。

三、 水产原料

（一）水产原料的特性

1. 水产原料的多样性

水产原料来源包括有人工养殖和野生两种。种类包括节足动物、软体动物、棘皮动物、脊椎动物等。水产原料品种复杂，可食部分的组织、成分也不同。同一种类的鱼，由于鱼体大小、年龄、成熟期、渔期、渔场等不同，其组成也不同。

2. 鱼体大小、部位对成分的影响

鱼肉的组成因年龄、性别、大小、部位而异。脂肪一般在腹部和颈部含量多，背部、尾部含量少，水分的含量则相反。鱼体中除普通肉外，还有暗红色的肉称为血合肉。不同种类鱼的血合肉含量不同，一般中上层洄游性鱼的血合肉比例较高，底栖鱼较少。同一鱼体部位血合肉比例也不相同，越接近尾部血合肉比例越大。

3. 不同季节鱼体成分的变化

鱼体成分随季节有很大的变化，风味品质差异也很大。洄游鱼类在索饵洄游时，鱼体肥度增加，脂肪含量增加，味道鲜美；鱼体脂肪含量在产卵后迅速降低，风味也随之变差。贝类中牡蛎的蛋白质和糖原含量也随季节变化，冬季含量最多时，风味最好。

4. 容易腐败变质

鱼肉比畜肉更容易腐败变质，因为鱼类在渔获时容易造成死伤，鱼体组织比陆上动物脆弱，外皮薄，鳞片易脱落，易感染，鱼类渔获后不立即清洗处理，鱼体表面被覆的黏液是细菌的良好培养基，且常常带着容易腐败的内脏和鳃等运输。

（二）鱼肉的物理性质

1. 密度

鱼肉成分中水分占极大的比重，其密度与水相近，在 $1000kg/m^3$ 左右。鱼体不同部位的肉、脂肪含量不同的肉，其密度会有所增减。

2. 冰点

鱼肉中的水分呈溶液状态，冰点低于0℃，一般海水鱼的冰点为-2～-0.6℃，淡水鱼的冰点为-0.7～-0.2℃。

3. 比热容

一般无机物和有机物的水溶液的比热容大都小于水的比热容，其浓度越大，比热容越小。鱼肉的比热容为 $3.3494～3.7681kJ/(kg·K)$。

4. 结冰潜热

原料鱼的结冰潜热取决于原料组织中的水分含量。鱼肉的结冰潜热比水小，鱼肉水分含量为68%时，结冰潜热约为2.3027kJ/kg。

5. 热导率

鱼肉的热导率视鱼的种类而不同，可按一般食品的热导率0.4885W/（m·K）计算。

（三）鱼贝类的主要化学成分

鱼贝类组成成分含量随着年龄、性别、季节、营养状态的不同而有所差异，一般水分占70%~80%，蛋白质占15%~20%，脂肪占1%~10%，糖类占0.5%~1.0%，矿物质占1.0%~1.5%。

一般洄游鱼脂肪含量随季节的变化比底栖鱼大。例如，鲱含脂量为2%~22%，沙丁鱼为2%~12%，鲑为0.4%~14%。在积蓄脂肪的季节里，水分减少，反之，在脂肪减少的季节里，水分增加，两者之和多在80%左右。

鱼类和其他动物的不同点是含血合肉组织。血合肉的成分和普通肉很不相同，一般是水分和含氮量少，而脂肪、肌肉色素、结缔组织较多。

蛋白质、碳水化合物、灰分等的含量与脂肪和水分相比，变化较小。由于贝类是以糖原代替脂肪而成为储存物质，因而碳水化合物含量可达5%以上。

1. 蛋白质

鱼类肌肉中的蛋白质含量因种类及年龄的不同而不同，但受季节的影响很小，新鲜鱼肉中含15%~23%的蛋白质。

不同品种的鱼肉中蛋白质的氨基酸组成极其相似。甲壳类、软体动物中贝类和鱿鱼的特定氨基酸的含量与鱼肉间有一定的差异。

2. 脂肪

鱼类组织中有较多的脂肪，存在于皮下组织、肠间膜、脏器间的结缔组织、肝脏、头盖腔中；内脏中脂肪含量以肝脏为最多；肌肉组织中，一般腹肉比背肉、颈肉比尾肉、表层肉比内层肉、血合肉比普通肉的脂肪含量高。一些海产鱼贝类的脂肪中DHA（二十二碳六烯酸）、EPA（二十碳五烯酸）的含量如表1-1-11所示。

表1-1-11　　　　　　　　　　几种鱼贝类的DHA和EPA含量　　　　　　　　单位:%

名称	DHA	EPA	名称	DHA	EPA
太平洋鲱鱼油	12.9	2.3	南极磷虾	7.3	16.5
秋刀鱼油	11.4	5.1	墨鱼肝油	15.2	10.2

3. 浸出物的含量

肌肉浸出物的含量一般为2%~5%，分为含氮成分和不含氮成分，一般前者居多。含氮量以红肉鱼类为多；非蛋白态氮量以鲨、鳐类为多，并随墨鱼和甲壳类、红肉鱼类、白肉鱼类顺序依次减少；软体动物肌肉的浸出物含量有5%~6%；氮化合物及游离糖的含量如表1-1-12所示。

表 1-1-12　　　　　　　　　　　　　　　软体动物肌肉浸出物含量

种类	浸出物含量/%	浸出物态氮含量/（mg/100g）	氨态氮含量/（mg/100g）	游离糖含量（以葡萄糖计）/（mg/100g）
鱿鱼	5.08	509	201	35
鲍鱼	5.35	438	340	92
文蛤	5.81	496	242	240
姥蛤	6.34	573	409	329
牡蛎	5.24	348	271	263

4. 色素

（1）肌肉色素　红肉鱼中，除鲑、鳟类外，肌肉的红色素由肌红蛋白和血红蛋白构成，白肉鱼几乎不含红色素。鲑、鳟类的肌肉色素为脂溶性的类胡萝卜素类色素，大部分是虾青素。

（2）血液色素　鱼类的血液色素和哺乳动物一样为血红蛋白，软体动物（墨鱼、章鱼等）、节足动物（甲壳类的虾、蟹）的血色素主要为含铜的血蓝蛋白。还原型的血蓝蛋白为无色，氧化型的为蓝色。

（3）皮的色素　鱼皮中主要色素是黑色素、类胡萝卜素、胆汁色素等。有的鱼的表皮呈银光，主要是鸟嘌呤在尿酸中沉淀，受到光线折射的缘故。

（四）鱼贝类的死后变化

鱼贝类死后变化过程大致可分为僵直、自溶和腐败三个阶段。

1. 僵直期

一般鱼死后僵直持续时间比哺乳动物短。由于死亡前经历不同，僵直从死后 1~7h 开始，持续到 5~22h。疲劳的鱼比钩获的鱼死后僵直时间早，肉质也低劣，因此，对于渔获时疲劳的鱼，应立即处理，采用冰藏或低温贮藏。

2. 自溶期

经过死后僵直期后，肌肉逐渐变软，这是由于肌肉中酶的作用所致。自溶作用是指鱼体自行分解的过程。在自溶过程中，体内蛋白质逐渐分解成为氨基酸类物质，为腐败菌繁殖提供了有利条件。因此，在自溶阶段，鱼贝类的鲜度就已在下降。在低温保藏中，酶的活性受到抑制，可使自溶作用减缓甚至完全终止。

3. 腐败期

严格地说，鱼体微生物的繁殖分解实际上从死后即缓慢开始，是与死后僵直和自溶同时进行的。但是，僵直和自溶阶段，鱼体微生物的繁殖和含氮物的分解缓慢，微生物数量增加不多，特别在僵直阶段更是如此。到自溶后期，分解产物逐渐增多，微生物繁殖加快，到一定程度即进入腐败阶段。

腐败过程中，肌肉组织中的蛋白质、氨基酸被分解为氨、三甲胺、硫化氢、吲哚及尸胺等，当上述腐败产物积累到一定程度，鱼体即产生具有腐败特征的臭味，同时鱼体的 pH 也增加，从中性变成碱性。

（五）鲜度判定法

水产品种类繁多，因种类不同腐败进行的程度也不同，同一体内不同部位也有显著差别，所以鲜度判定应综合几种方法进行。

1. 感官法

感官检查的判定指标如表 1-1-13、表 1-1-14 所示。

表 1-1-13　　　　　　　　　　　　　　鱼类感官判定标准

项目	新鲜	较新鲜	不新鲜
眼部	眼球饱满、角膜透明、清亮	角膜起皱，稍变混浊，有时稍溢血发红	眼球塌陷，角膜混浊，眼腔被血浸润
鳃	色泽鲜红，鳃丝清晰，黏液透明无异味	开始变暗，呈暗红色或紫红色，黏液带有酸味	呈褐色至灰白色，附有浑浊黏液，带酸臭味和陈腐味
肌肉	坚实有弹性，以手指压后凹陷立即消失，肌肉的横断面有光泽，无异味	肌肉稍松软，手指压后凹陷不能立即消失，稍有酸腥味，横断面无光泽	松软无弹性，手指压后凹陷不易消失，易于骨刺分离，有霉味及酸味
体表	带透明黏液，鳞片鲜明有光泽，贴附鱼体牢固，不易脱落（鲳鲫例外）	黏液增加，不透明，有酸腥味，鱼鳞光泽较差，易脱落	黏液污秽，鳞无光泽易脱落，并有腐败味
腹部	完整不膨胀，内脏清晰可辨，无异味	完整，膨胀不明显，内脏清晰，稍有酸腥味	不完整、膨胀破裂或变软凹下，内脏黏液不清、有异味
水煮试验	鱼汤透明，油亮，气味良好	汤稍混浊，脂肪稍乳化、气味及口味较正常	汤混浊，脂肪乳化，气味和口味不正常

表 1-1-14　　　　　　　　　　软体、贝壳、蟹、虾类感官判定标准

项目	新鲜	不新鲜
软体类	色泽鲜艳，表皮呈原有色泽，黏液多，体形完整，肌肉柔软而光滑	色泽发红，无光泽，表面发黏，略有臭味
贝壳类	受刺激时贝壳紧闭，两贝壳相碰时发出实响	贝壳易张开，两贝壳相碰时发出空响或破坏
蟹类	蟹壳纹理清楚，用手指夹持背腹，两面平置，脚爪伸直不下垂，肉质坚实，体垂，气味正常	蟹壳纹理不清，蟹脚下垂并易脱落，体轻发出腐臭味
虾类	外壳光泽，半透明，肉质紧密，有弹性，甲壳紧密附着虾体，色泽气味正常	外壳失去光泽，浑浊，肉质松软、无弹性，甲壳与虾体分离，从头部起逐渐发红，头脚易脱落，散发氨臭味

2. 细菌学方法

测定鱼体的细菌数判定腐败程度，受采样部位的影响较大，且操作较复杂，易出现实验误差。一般以 1g 肌肉细菌数在 10^5 个以下为新鲜，$10^5 \sim 10^6$ 个为初期腐败，1.5×10^5 以上为腐败。

3. 物理学方法

物理学方法为根据鱼体硬度、鱼肉汁黏度、电阻、眼球水晶体浑浊度等进行测定的方法，但随鱼种、个体差异很大。

4. 化学方法

（1）测挥发性盐基氮（volatile basic nitrogen，VBN）量　采用凯氏半微量蒸馏法或康威氏微量扩散法测定鱼贝肉的 VBN 含量，极新鲜者为 $5 \sim 10mg/100g$，新鲜者为 $15 \sim 25mg/100g$，初期腐败者为 $30 \sim 40\ mg/100g$，腐败者为 $50mg/100g$ 以上。该法不适用于板鳃鱼类。

（2）测三甲胺　测定三甲胺含量，一般认为三甲胺含量在 $4 \sim 6\ mg/100mg$ 以上者为腐败。该法不适于淡水鱼。

（3）测 pH　鱼死后，鱼肉 pH 下降，达到最低值后，随着鲜度降低 pH 回升。当 pH 上升到 6.2 左右，认为是初期腐败。但是因鱼种、部位不同，初期腐败的 pH 也有差异。

第三节　食品的冷却与冷藏

一、　食品低温保藏的基本原理

食品的腐败变质主要是由于微生物的生命活动、食品中酶所催化的生物化学反应，以及其他非酶因素所造成的。食品低温保藏就是利用低温来控制微生物的生长繁殖、酶的活性及其他非酶变质因素，以达到延长食品贮藏期的方法。

（一）低温对微生物的影响

1. 低温与微生物的关系

任何微生物都有正常的生长和繁殖温度范围。根据微生物对温度的耐受程度，可将微生物分为低温细菌、中温细菌和高温细菌（表 1-1-15）。降低温度可减缓微生物生长和繁殖的速度，温度降低到最低生长点时，微生物就停止生长并出现死亡。不过，低温导致的微生物死亡速度远小于高温的效果。食品低温保藏时，细菌总数虽有所下降，但不能替代热处理的杀菌作用，因为低温并非有效的杀菌措施，其作用主要是延缓或阻止食品腐败变质。

表 1-1-15　　　　　　　　　微生物的适宜生长温度

类群	最低温度/℃	最适温度/℃	最高温度/℃	举例
低温细菌	$-10 \sim 5$	$10 \sim 20$	$20 \sim 40$	水和冷库中的微生物
中温细菌	$10 \sim 15$	$25 \sim 40$	$40 \sim 50$	腐败菌、病原菌
高温细菌	$40 \sim 45$	$55 \sim 75$	$60 \sim 80$	某些引起罐头食品腐败的微生物

食品经冷冻并维持在-18℃以下的条件贮藏，几乎可以阻止所有微生物的生长，但长期处于低温中微生物能产生新的适应性，从而产生微生物的生长和繁殖，并导致产品的变质。

2. 低温导致微生物活力减弱和死亡的原因

正常的微生物细胞内各种生化反应是相互协调一致的。但各种生化反应的温度系数各不相同，因而降温对各种生化反应速度的影响也各不相同，从而破坏了各种反应间的协调性，降温幅度越大，失调程度也越大，从而破坏了微生物的新陈代谢，降低了微生物的生理机能，甚至完全终止。

温度下降至冻结点以下时，微生物及其周围介质中水分被冻结，细胞质黏度增大，电解质浓度增高，pH和胶体状态改变，蛋白质变性，加之冻结的机械作用使细胞膜受损伤，从而导致微生物代谢活动受阻或死亡。

（二）低温对酶活性的影响

酶是食品腐败变质的主要因素之一。食品中的酶包括食品自身所含有的酶和微生物产生的酶。不同的酶有各自最适的温度范围，一般为30~40℃，动物体内的酶为37~40℃，植物体内的酶为30~37℃。一般，0~40℃范围内，温度每升高10℃，酶的作用速度将增加1~2倍；当温度高于60℃时，绝大多数酶的活性急剧下降；当温度达到80~90℃时，几乎所有的酶都失去活性。当温度低于最适温度范围时，每下降10℃，酶的活性会削弱1/3~1/2。当温度降到0℃时，酶的活性大部分被抑制。但酶对低温的耐受力很强，-20℃的低温并不能完全抑制酶的活性，因而，催化作用实际上也未停止，只是反应非常缓慢，但这足以达到长期贮藏食品的目的。所以商业上一般采用-18℃作为贮藏温度。实践证明，对于多数贮藏在-18℃的食品在几日至几个月内是安全的。

需要注意，对于冻制的植物性食品，在解冻时保持着活性的酶将重新活跃起来，加速食品变质。为了将冷冻（或速冻）、冻藏和解冻过程中食品内不良变化降低到最低的程度，植物性食品常经漂烫处理，预先将酶灭活，再行冻制。由于过氧化物酶的耐热性比较强，常以过氧化物酶的活性破坏程度作为漂烫所需时间的依据。

（三）低温对其他变质因素的影响

引起食品变质的原因除了微生物及食品中的酶引起的生化反应外，还有其他因素的影响，如氧化作用（油脂的酸败）、生理作用、蒸发作用、机械损害、低温冷害等，适当的低温处理可以使上述影响大大降低。但低温并不能完全抑制上述反应，即使在冻结点以下的低温，食品进行长期贮藏，其品质仍然会持续下降。

（四）植物性食品和动物性食品的低温保藏

低温保藏能有效地减缓酶和微生物的活动，是一种保存食品原有新鲜度的有效方法。但适宜的贮藏温度要根据食品种类和贮藏要求来确定。常见的食品大致可分为两类：贮藏期内仍然保持原有生命力的，如生鲜果蔬；已失去生命力的，如肉、禽、鱼以及一些果蔬加工制品。

1. 有生命的食品和无生命的食品的贮藏原理

果蔬采收后，仍然进行着呼吸作用。但呼吸作用所需营养成分的正常供应断绝，果蔬只能利用自身营养成分维持生命活动，直至营养消耗殆尽。低温保藏主要是保持果蔬的最低生命力，以利用自身免疫力防止微生物性腐败变质，并减缓其固有酶的活力，推迟成熟时间，达到延长贮藏时间的目的。但是，果蔬贮藏的温度不是越低越好，当温度低到一定程度时，一些果蔬就会出现品质快速劣变的现象。比如，瓜类和番茄在4℃时就会失去生命力。一般来说，番茄、香蕉、柠檬、南瓜、甘薯、黄瓜等只能在10℃以上贮藏。

无生命的食品比有生命的食物容易受到微生物的侵袭。为此，低温保藏的工艺要求就是要抑制所有能导致食品腐败变质的微生物的活动。另外，还要控制食品自身存在的酶，其中能催化食品水解和氧化的酶是最重要的控制对象。动物脂肪氧化的结果是食品酸败，酸败常成为影响新鲜或冻制动物性食品贮藏期的主要因素。不同来源的动物性食品中的脂肪酸种类和含量不同，从而导致食品的贮藏期存在差异性。例如，牛肉脂肪比较稳定，而猪肉和鱼的脂肪稳定性较差，因而牛肉的贮藏期就比猪肉和鱼长得多。

2. 食品低温保藏

食品低温保藏时，若采用不透气材料包装动物性食品，则因隔绝了空气和食品表面的接触，进一步降低食品的氧化速率。但新鲜果蔬不宜用不透气材料密封包装，因为密封包装会使果蔬窒息，从而使果蔬品质迅速恶化。

冷却和冷藏是低温保藏中一种行之有效的食品保藏方法。冷却是冷藏的必要前处理，其本质上是一种热交换过程，冷却的最终温度在食品的冰点以上。冷藏是冷却后的食品在冷藏温度（常在冰点以上）下保持食品品质的一个储藏方法。

果蔬食品的冷藏可尽量延缓它们的生命代谢过程，利用其本身的免疫性防止微生物的入侵和繁殖，推迟成熟时间，保持其新鲜程度。冷却肉的生产从胴体分割、剔骨、包装、运输、贮藏到销售的全过程应始终处于严格温度（-1~4℃）监控之下，尽可能地防止微生物污染。这样，不仅使微生物数量以及病原菌（肉毒梭菌、金黄色葡萄球菌等）产生的毒素量在卫生安全范围内，而且低温还可使肉的持水性、嫩度和鲜味等都得到最大限度的保持。

冷却和冷藏可以减缓食品的变质速度，但对大多数食品并不能像加热、脱水、辐射、发酵或冷冻所能做到的那样长时间地防止食品变质。如冷却肉上仍污染有一些低温细菌［如单核细胞增生李斯特氏菌（*Listeria monocytogenes*）和假单胞菌属（*Pseudomonas*）等］，它们在冷藏条件下仍然会大量生长和繁殖，最终导致冷却肉发生腐败变质。表1-1-16中指出了植物和动物组织在不同温度下的一般有效贮藏期。

冷藏温度的冷库常称为高温冷库，贮藏期一般从几天到数周，并随贮藏的食品种类及其进库时的状态而不同。如牲畜肉、鱼、家禽和某些水果、蔬菜等易腐食品的有效贮藏期为7~10d，而耐贮藏食品的贮藏期则可长达6~8个月甚至1年以上。

表1-1-16　　　　　　　　　　几种食品在不同温度下的储藏期　　　　　　　　单位：月

食品种类	贮藏温度/℃			
	-7	-12	-18	-23
猪肉	1.5以下	4	8~10	12~15
牛肉	2以下	6~8	16~18	18~24
羊肉	—	5.7	14~16	16~18
家禽	—	4	8~10	12~15
高脂鱼	0.8	4	6~8	10~12
低脂鱼	1.5	6	10~12	14~16

续表

食品种类	贮藏温度/℃			
	−7	−12	−18	−23
鲜虾	—	6	12	16~18
四季豆、青豌豆、菜花	—	4~6	8~12	16~18
甘蓝	0.5~1	6~8	14~16	24 以上
水果（浸在添加维生素 C 的糖水中）	—	3~4	8~10	12~24
橙汁	—	10	27	—

二、 食品冷却和冷藏时的变化

（一） 食品冷却的目的和温度范围

冷却是水果、蔬菜等植物性食品冷加工的常用方法。水果、蔬菜等植物性食品在储藏过程中由于呼吸作用而产生呼吸热，使其温度升高而加快衰老，因此，必须通过冷却来除去呼吸热。水果、蔬菜的冷却应及时进行，以除去田间热，使呼吸作用自采收后就处于较低水平，以保持水果、蔬菜的品质。对于草莓、葡萄、樱桃、生菜、胡萝卜等品种，采收后早一天处理，往往可以延长贮藏期 2~4 周。但是，马铃薯、洋葱等品种由于收获前生长在地下，收获时容易破皮、碰伤，因此需要常温下养好伤后再进行冷却储藏。

应当强调指出，果蔬类植物性食品的冷却温度不能低于发生冷害时的界限温度，否则会破坏果蔬正常的生理机能，导致冷害。

水产品的腐败变质是由于体内所含酶及微生物共同作用的结果。鱼类死亡后，其体温处于常温状态。由于其生命活动的停止，组织中的糖原进行无氧分解生成乳酸：

$$(C_6H_{10}O_5)_n + nH_2O \longrightarrow 2n\,(C_3H_6O_3) + 能量$$

在形成乳酸的同时，磷酸肌酸分解为无机磷酸和肌酸：

$$肌酸 \sim P + ADP \longrightarrow ATP + 肌酸$$

$$ATP \longrightarrow ADP + Pi + 30.54kJ$$

上述放热反应可导致鱼体温度升高 2~10℃，使酶和微生物的活力大大增强，从而加快鱼体的腐败变质。渔获后立即冷却到 0℃ 的鱼，第 7d 进入初期腐败阶段；而渔获后放置在 18~20℃ 鱼舱中的鱼，1d 后就开始腐败。可见，及早冷却与维持低温对水产品的储藏意义重大。

食品冷加工的温度范围大致可按表 1−1−17 来划分。

表 1−1−17   食品冷却和冻结的温度范围

	低温保鲜（冷却食品）	冰温保鲜（冰温食品）	微冻保鲜（微冻结食品）	冷冻保鲜（冻结食品）
温度范围	0~15℃	食品冰点~0℃	食品冰点至冰点以下 2~3℃	−12~−40℃
备注	冷却但未冻结	冷却但未冻结	部分冻结	冻结比例高

冷却食品的温度范围上限是15℃，下限是0~4℃。在此温度范围内，温度越低贮藏期越长的概念只适用于水产类和动物食品。对于植物性食品来说，其温度要求在冷害界限温度之上，否则会引起冷害，造成过早衰老或死亡。

微冻食品以前我国也称作半冻结食品，近几年基本上统一称为微冻食品。微冻是将食品品温降到比起冰点温度低2~3℃并在此温度下储藏的一种保鲜方法。与冷却方法相比较，微冻的保鲜期是冷却的1.5~2倍。

（二）食品的冷却介质

在食品冷却冷藏加工过程中，与食品接触并将食品热量带走的介质，称为冷却介质。冷却介质可转移食品放出的热量，使食品冷却或冻结，也有可能与食品发生负面作用，影响食品的成分与外观。

用于食品冷却加工的冷却介质有气体、液体和固体三种状态。冷却介质要满足以下条件：良好的传热能力；不能与食品发生不良作用，不得引起食品质量、外观的变化；无毒、无味；符合食品卫生要求，不会加剧微生物对食品的污染。

1. 气体冷却介质

常用的气体冷却介质有空气和二氧化碳。

（1）空气

①空气的性能特点：空气作为冷却介质，应用最为普遍，其优点如下。a. 成本低廉；b. 空气无色、无味、无臭、无毒，对食品无污染；c. 空气流动性好，容易形成自然对流、强制对流，动力消耗少；d. 除空气中的氧气对脂肪的氧化作用外，空气与食品不发生化学作用，不影响食品质量。

②空气作为冷却介质的缺点：a. 空气对脂肪性食品有氧化作用；b. 空气的导热系数小、密度小、对流传热系数小，故食品冷却速率慢。可通过加大风速提高对流传热系数；c. 空气通常处于不饱和状态，具有一定的吸湿能力。在用空气作为冷却介质时，食品中的水分会向空气中扩散引起食品的干耗。

③空气的状态参数：空气由干空气和水蒸气组成，所以空气又称为湿空气。与食品冷却冷藏有关的湿空气状态参数有空气的温度和相对湿度。空气的相对湿度表征了空气的吸湿能力，相对湿度越大，空气越潮湿，吸湿能力越差；相对湿度越小，空气越干燥，吸湿能力越强。食品冷藏过程中，相对湿度低，有助于抑制微生物的活动，但食品的干耗大；相对湿度高，可以减少食品的干耗，但微生物易于生长繁殖。因此，冷库中必须保持合理的相对湿度。

测量湿度的仪器称为湿度计。常用的湿度计有干湿球湿度计、露点湿度计、毛发湿度计、电阻湿度计等。

（2）CO_2 CO_2比空气重，比热容和热导率都比空气小，很少单独用作冷却介质，可与其他气体混合用于果蔬的气调储藏，起到调节果蔬呼吸作用的效果；CO_2可以抑制微生物尤其是霉菌和细菌的生命活动；在脂肪中的溶解性很好，可减小脂肪中的O_2含量，抑制氧化作用。

2. 液体冷却介质

与气体冷却介质相比，液体冷却介质具有以下优点：液体的热导率、比热容、密度、对流传热系数均大于气体，因此，食品冷却速度快，不会引起食品的干耗。

　　液体冷却介质的缺点：液体密度大、黏度大，强制对流消耗的动力多；容易引起食品外观的变化；成本高于空气介质。

　　常用的液体冷却介质有水、盐水、一些有机溶剂及液氮等。

　　（1）水　水作为冷却介质只能将食品冷却至接近0℃，因而限制了水作为冷却介质的使用范围。

　　（2）盐水　盐水作为冷却介质应用比较广泛，经常使用的盐水有 NaCl、$CaCl_2$、$MgCl_2$ 等。与食品冷藏关系密切的盐水的热物性主要是密度、冰点、浓度、比热容、热导率、动力学黏度等。各参数之间存在以下关系：盐水的比热容、热导率随着盐水浓度的增加而减小，随着盐水温度的升高而增大；盐水动力学黏度、密度随着盐水浓度的增加而增大，随着盐水温度的升高而减小。

　　在食品冷藏中，合理地选择盐水浓度非常重要，总的原则是：在保证盐水在盐水蒸发器中不冻结的前提下，尽量降低盐水的浓度。盐水浓度越大，黏度就越大，盐水循环消耗的动力就多。同时由于盐水比热容、热导率随着盐水浓度的增大而减小，盐水的对流换热系数减小，使降温过程中盐水的循环量增大，增加能耗。为了保证盐水在盐水蒸发器表面不结冰，通常使盐水的温度比制冷剂的蒸发温度低 6~8℃。

　　盐水在工作过程中，容易从空气中吸收水分，使盐水浓度逐渐降低，冰点升高。当盐水冰点高于制冷剂蒸发温度时，会在传热面上析出一层冰膜，降低蒸发器的传热效率。如果盐水在管内结冰，严重时会使管子破裂。因此，在盐水工作过程中，应定期检查盐水浓度，保证盐水处于规定浓度。

　　（3）有机溶剂　用作食品冷却介质的有机溶剂主要有甲醇、乙醇、乙二醇、丙二醇、甘油等。这些有机溶剂的特点是：低温时黏度增加小，对金属腐蚀性小，无臭，无毒，无味。除甘油、乙醇、丙二醇外，其他介质均不宜与食品相接处，只能作为间接冷却介质。

　　各液体冷却介质的性质如表 1-1-18 所示。

表 1-1-18　　　　　　　　冷却介质的含量及极限温度

冷却介质	含量/%	极限温度/℃	冷却介质	含量/%	极限温度/℃
食盐	23.0	-21.2	乙二醇	60.0	-46.0
氯化钙	29.0	-51.0	丙二醇	60.0	-60.0
氯化镁	21.6	-32.5	甘油	33.4	-44.4
甲醇	78.3	-139.9	蔗糖	62.4	-13.9
乙醇	93.5	-118.3	转化糖	58.0	-16.6

　　（4）液氮　液氮在常压下的沸点是-196℃，制冷能力为405kJ/kg。低温液氮的制冷能力大，在用液氮冻结食品时，除了利用液体的蒸发潜热外，还要想办法充分利用低温氮气的制冷能力。

　　3. 固体冷却介质

　　常用的固体冷却介质有冰、冰盐混合物、干冰、金属等。

　　（1）冰　冰有天然冰、机制冰、冰块、碎冰之分。根据需要可制成片状、雪花状、管状及小块状，使用方便。纯冰的熔点为0℃，通常只能制取4~10℃的低温，不能满足更低温的要求。

（2）冰盐混合物　将冰与盐均匀混合，即为冰盐混合物。除食盐外，与冰混合的盐还有氯化铵、氯化钙、硝酸盐、碳酸盐等。除冰外，干冰与有机溶剂也能组成冰盐混合物。各种冰盐混合物如表1-1-19所示。

表1-1-19　　　　　　　　　各种冰盐混合物及极限温度

冰盐混合物的成分	质量配比	极限温度/℃
冰或雪：食盐	2：1	−20
冰或雪：食盐：氯化铵	5：2：1	−25
冰或雪：食盐：氯化铵：硝酸钾	21：10：5：5	−28
冰或雪：硫酸	3：2	−30
冰或雪：食盐：硝酸铵	12：5：5	−32
冰或雪：盐酸	8：5	−32
冰或雪：硝酸	7：4	−35
冰或雪：氯化钙	4：5	−40
冰或雪：结晶氯化钙	2：3	−45
冰或雪：碳酸钾	3：4	−46

（3）干冰　与冰相比，干冰作为冷却介质有如下优点：制冷能力大，单位质量干冰的制冷能力是冰的2倍；常压下，干冰升华温度为−78.9℃，远比冰的熔点低，冷冻速度快；干冰升华为CO_2，不会使食品表面变湿，降低了食品表面的氧气浓度，能延缓氧化，抑制微生物。但干冰成本较高。

（4）金属　金属作为冷却介质，使用最多的是钢、铸铁、铜、铝及铝合金。金属冷却介质最大的特点是导热系数大，食品工业中广泛使用的是不锈钢。表1-1-20是金属的热导率与比热容。

表1-1-20　　　　　　　　　金属的热导率与比热容

金属	热导率/[W/(m·℃)]	比热容/[J/(kg·℃)]	金属	热导率/[W/(m·℃)]	比热容/[J/(kg·℃)]
铝合金	160	788	碳钢	65	460
铜	405	297	不锈钢	14	502

（三）食品冷却中的传热

食品的冷却过程是热量从食品中传递到冷却介质中，使食品温度下降的过程。根据热力学定义，热量总是从高温物体传递到低温物体，只要有温差存在，就会有热量传递的发生。传热有3种基本方式：对流、传导与辐射。食品在冷却过程中，食品表面与冷却介质之间的传热以对流换热和辐射换热为主，但食品内部的传热是以导热的方式进行的。

1. 食品冷却速率与时间

食品的冷却速度就是食品温度下降的速度。由于食品内各部位不同，在冷却过程中温度下降的速度也不同，整个食品的冷却速度只能以平均温度下降速度来表示。

2. 食品降温曲线

食品内部温度的分布是向上方凸的曲线，离表面越近，温度梯度越大，因此冷却速度也越大。图 1-1-15 表示平板状食品的表面温度（T_s）、中心温度（T_C）、表面与中心之间的温度（T_M）及平均温度（$\bar{T}$）的下降情况。由图可知，表面温度下降的速度最快，中心温度下降的速度最慢，特别是冷却的开始阶段，食品中心部位的温度下降得特别缓慢。

食品的冷却速度与冷却介质的温度有关，冷却介质温度越低，冷却速度越大。但当食品温度逐渐降低，与冷却介质之间的温差减小后，食品的冷却速度也减小了，食品的冷却速度随时间变化。

图 1-1-15　平板状食品的冷却曲线

3. 食品冷却时间计算公式

食品的冷却速度和时间与许多因素有关，经理论推导，各种形状的食品的计算公式如下。

（1）平板状食品

$$\bar{v} = (T_0 - T_r)\kappa\frac{\mu^2}{\delta^2}e^{-\kappa\frac{\mu^2}{\delta^2}t} \tag{1-1-5}$$

式中　δ——平板状食品的厚度，m；

　　　T_0——平板状食品的初温，℃；

　　　T_r——冷却介质的温度，℃；

　　　t——冷却时间，s；

　　　κ——导温系数（$\kappa=\dfrac{\lambda}{c\rho}$）；

　　　μ——常数，由$\dfrac{\alpha}{\lambda}\delta$的值决定。

如果把 κ 看成常数，则可根据上式推导出平板状食品从初始温度 T_0 下降到平均温度 T 时所需冷却时间的计算公式：

$$t = \frac{2.3\lg\dfrac{T_0 - T_r}{T - T_r}}{\kappa\dfrac{\mu^2}{\delta^2}} \tag{1-1-6}$$

对平板状食品，μ^2 可近似地表示为：

$$\mu^2 = \frac{10.7\frac{\alpha}{\lambda}\delta}{\frac{\alpha}{\lambda}\delta + 5.3} \qquad (1-1-7)$$

平板状食品冷却时间的近似计算公式:

$$t = \frac{c\rho}{4.65\lambda}\delta\left(\delta + \frac{5.3\lambda}{\alpha}\right)\lg\frac{T_0 - T_r}{T - T_r} \qquad (1-1-8)$$

(2)圆柱状食品 圆柱状食品的圆周面都一样地被冷却,圆柱状食品的冷却与平板状食品不同的是,传热面积随着半径发生变化,它内部的传热面积与半径成正比,其他均相同。圆柱状食品冷却时间的计算公式也可用式(1-1-6)来计算。圆柱状食品的 μ 与平板状食品一样,也是由 $\frac{\alpha}{\lambda}\delta$ 来决定的。

对圆柱状食品,μ^2 可近似地表示为:

$$\mu^2 = \frac{6.3\frac{\alpha}{\lambda}R}{\frac{\alpha}{\lambda}R + 3.0} \qquad (1-1-9)$$

将式(1-1-9)代入式(1-1-6)可得出计算圆柱状食品冷却时间的近似计算公式:

$$T = \frac{c\rho}{2.73\lambda}R\left(R + \frac{3.0\lambda}{\alpha}\right)\lg\frac{T_0 - T_r}{T - T_r} \qquad (1-1-10)$$

(3)球状食品 球状食品的表面都是一样地被冷却,球状食品的冷却与圆柱状食品相同的是,传热面积随着半径变化,它内部的传热面积与半径成正比,其他也相同。冷却时间的计算公式也与平板状食品相同,只是球状食品的 μ 与 $\frac{\alpha}{\lambda}\delta$ 的关系可近似地表示为:

$$\mu^2 = \frac{11.3\frac{\alpha}{\lambda}R}{\frac{\alpha}{\lambda}R + 3.7} \qquad (1-1-11)$$

将式(1-1-11)代入式(1-1-6)可得出计算球状食品冷却时间的近似计算公式:

$$t = \frac{c\rho}{2.73\lambda}R\left(R + \frac{3.7\lambda}{\alpha}\right)\lg\frac{T_0 - T_r}{T - T_r} \qquad (1-1-12)$$

(四)食品冷却与冷藏时的变化

1. 水分蒸发

食品在冷却时,其温度下降,汁液浓度增加,表面水分蒸发,出现干燥现象。食品中水分的减少不但会造成质量损失(俗称干耗),而且会使植物性食品失去新鲜饱满的外观,当减重达到5%时,果蔬会出现明显的凋萎现象。肉类食品在冷却储藏中也会因水分蒸发而发生干耗,同时肉的表面收缩、硬化,形成干燥皮膜,肉色也有变化。鸡蛋在冷却储藏中,因水分蒸发而造成气室增大,使蛋内组织挤压在一起而造成质量下降。为减少果蔬类食品在冷却时的水分蒸发,要根据原料蒸发特性控制适宜的温度、湿度及风速。表1-1-21是根据水分蒸发特性对果蔬类食品进行的分类。

表 1-1-21   水果、蔬菜类食品的水分蒸发特性

水分蒸发特性	水果、蔬菜的种类
A 型（蒸发小）	苹果、橘子、柿子、梨、西瓜、葡萄、马铃薯、洋葱
B 型（蒸发中）	白桃、栗子、无花果、番茄、甜瓜、莴苣、萝卜
C 型（蒸发大）	樱桃、杨梅、龙须菜、叶菜类、蘑菇

动物性食品在冷却储藏中因水分蒸发造成的干耗情况如表 1-1-22 所示。

表 1-1-22   冷却储藏中肉类胴体的干耗（质量分数）   单位：%

时间	牛	小牛	羊	猪	时间	牛	小牛	羊	猪
12h	2.0	2.0	2.0	1.0	48h	3.5	3.5	3.5	3.0
24h	2.5	2.5	2.5	2.0	8d	4.0	4.0	4.5	4.0
36h	3.0	3.0	3.0	2.5	14d	4.5	4.6	5.0	5.0

注：$T = 1℃$，$\varphi = 80\% \sim 90\%$，$v = 0.2 \mathrm{m/s}$。

肉类水分蒸发的量与冷却室内的温度、湿度及流速密切相关，并与原料种类、单位质量表面积、表面形状、脂肪含量有关。

2. 冷害

冷却贮藏时，有些果蔬的品温虽然在冻结点以上，但当贮藏温度低于某一界限温度时，果蔬正常的生理机能会遇到障碍而失去平衡，这种现象称为冷害。冷害症状随果蔬品种的不同而各不相同。表 1-1-23 列举了一些果蔬发生冷害的界限温度与症状。

表 1-1-23   常见水果、蔬菜的冷害界限温度与症状

种类	界限温度/℃	症状
香蕉	11.7 ~ 13.8	果皮变黑，催熟不良
西瓜	4.4	凹斑，风味异常
黄瓜	7.2	疤斑，水浸状斑点，腐败
茄子	7.2	表皮变色，腐败
马铃薯	4.4	发甜，褐变
番茄（熟）	7.2 ~ 10	软化，腐烂
番茄（生）	12.3 ~ 13.9	催熟果颜色不好，腐烂

另有一些果蔬在外观上看不出冷害的症状，但冷藏后再放到常温中，就丧失了正常的促进成熟作用的能力，也是冷害的一种。如香蕉放入低于 11.7℃ 的冷藏室内一段时间，拿出冷藏室后表皮变黑成腐烂状。而生香蕉的成熟作用能力则已完全失去。一般产自热带、亚热带的果蔬容易发生冷害。

果蔬需要在低于界限温度的环境中放置一段时间冷害才能显现，症状出现最早的品种是香蕉，黄瓜、茄子一般需要 10 ~ 14d。

3. 移臭（串味）

有强烈味道的食品，与其他食品放在一起冷藏时，其味道会传给其他食品。例如洋葱与苹果在一起冷藏时，臭味就会传到苹果上，使其品质下降。有时，冷藏室存放过具有强烈气味的食品后，室内留下的强烈气味会传给后续存储的食品。如放入洋葱后，虽然洋葱已出库，但其气味会传给随后存入的苹果。要避免上述情况，需要做到专库专用，或在一种食品出库后严格消毒和除味。另外，冷藏库还具有一些特有的臭味，俗称冷藏臭，这种冷藏臭也会传给冷却食品。

4. 生理作用

水果、蔬菜在收获后仍是有生命的活体。为了便于运输和贮藏，果蔬一般在尚未完全成熟时收获，收获后还有一个后熟过程。在冷却贮藏过程中，果蔬的呼吸作用、后熟作用仍在继续进行、体内各种成分也不断发生变化，如淀粉和糖的比例、糖酸比、维生素 C 的含量等，同时还可以看到颜色、硬度等的变化。

5. 脂类的变化

冷却贮藏过程中，食品中的油脂会发生水解、脂肪酸氧化、聚合等复杂变化，反应生成的低级醛、酮类物质会使食品的风味变差、味道恶化，使食品出现变色、酸败、发黏等现象。

6. 淀粉老化

淀粉在适当湿度下，在水中糊化而形成均匀的糊状溶液。但是在接近 0℃ 的低温范围内，糊化了的淀粉又会老化。老化的淀粉不易为淀粉酶作用，所以也不易被人体消化吸收。水分含量为 30%~60% 的淀粉容易老化，含水量在 10% 以下的干燥状态及在大量水中的淀粉则不易老化。

淀粉老化作用的最适温度是 2~4℃。例如，面包在冷却贮藏时，淀粉迅速老化，质构和味道变差；马铃薯在冷藏陈列柜中贮藏时，也会有淀粉老化现象的发生。当贮藏温度低于 -20℃ 或高于 60℃ 时，均不会发生淀粉老化。因为低于 -20℃ 时，淀粉分子间的水分急速冻结，形成了冰结晶，阻碍了淀粉分子间的相互靠近而不能形成氢键，所以淀粉不会老化。

7. 微生物的增殖

食品中的微生物主要有细菌、霉菌和酵母菌，按温度划分可分为低温细菌、中温细菌、高温细菌（表 1-1-14、图 1-1-16）。在冷却、冷藏时，细菌，特别是低温细菌的繁殖和分解作用并没有被充分抑制，其总量还是增加的，经过一定的时间仍会使食品腐败。

图 1-1-16　食品中毒细菌与低温细菌的繁殖温度区域

低温细菌的繁殖在 0℃ 以下变得缓慢，但要停止繁殖，一般温度要降到 -10℃ 以下；个别嗜冷细菌，在 -40℃ 仍有繁殖现象。图 1-1-17 是随着品温变化鳕鱼肉中低温细菌（无芽孢杆菌）的繁殖情况。

8. 冷却收缩

宰后的牛肉在短时间内快速冷却，肌肉会发生显著收缩现象，以后即使经过成熟过程，肉质也不会十分软化，该现象叫冷却收缩。一般，宰后 10h 内，肉温降低到 8℃ 以下，容易发生冷却收缩。不同原料产生冷却收缩的温度不同，成牛与小牛，或者同一头牛的不同部位的肉都有差异。例如成牛肉温低于 8℃，而小牛肉温低于 4℃ 时会发生冷却收缩。

图 1-1-17   不同品温鳕鱼肉中低温细菌（无芽孢杆菌）的繁殖情况

三、 食品的冷却

（一）冷却目的

食品冷却的目的就是快速排出食品内部的热量，使食品温度在尽可能短的时间内（一般数小时）降低到高于食品冻结温度的预定温度，以及时减缓食品中微生物的生长繁殖和生化反应速度，保持食品的良好品质，延长食品的贮藏期。

食品的冷却一般在食品的产地进行。易腐食品在刚采收或屠宰后就开始冷藏最为理想，在运输、堆放、保藏和销售期间也应始终保持在低温环境中。某些具有代谢活性的果蔬不仅通过呼吸放热，而且会造成营养和风味物质的变化。如采摘后 24h 冷却的梨，在 0℃ 下贮藏 5 周也不会腐烂，而采摘后经 96h 后才冷却的梨，在 0℃ 下贮藏 5 周就有 30% 的梨腐烂；甜玉米在 0℃ 贮藏 1d 时糖分消耗量为 8%，贮藏 4d 时糖分消耗量为 22%，而在 20℃ 贮藏 1d，糖分消耗量就达到 26%。所以采收后立即进行有效冷却能延长贮运时间，降低贮运中的消耗，提高贮藏的安全性，并允许在成熟度较高时采收，从而提高了食品产品的风味和品质。

经宰杀放血和简单处理后就直接上市的热鲜肉，由于屠宰后没有快速冷却，肉温常高达 37~40℃，正适于微生物的生长和繁殖，特别是沙门氏菌、大肠杆菌等嗜温性细菌的大量繁殖，造成严重的食品安全问题。所以屠宰后在 24h 之内，应使胴体的中心温度降到 0~4℃，以延长贮藏期，保证卫生安全。

总之，食品的冷却是食品保鲜的重要措施。为了控制食品品质的下降，常在果蔬采收后立即在田间或运输中进行预冷。动物屠宰后则在加工厂中立即进行冷却，随后进行冷藏或冻结。冷却处理情况对食品品质及其贮藏期有显著影响，冷却速度及最终冷却温度是抑制食品本身生化变化和微生物繁殖活动的决定性因素。而食品的冷却速度，取决于被冷却食品的厚度和热传导性能。胴体厚的部位，冷却速度曲线较为平缓，因此，在确定胴体冷却终点时，应以最厚的部位为准，即后腿的中心部位。猪胴体快速冷却曲线如图 1-1-18 所示。

图 1-1-18　猪胴体快速冷却曲线

（二）　食品冷却方法

常用的食品冷却方法有冷风冷却、冷水冷却、碎冰冷却、真空冷却等。具体使用时，应根据食品的种类及冷却要求选择适用的冷却方法。表 1-1-24 是上述冷却方法的一般使用对象。

表 1-1-24　　　　　　　　　　　　冷却方法与一般使用对象

冷却方法	肉	禽	蛋	鱼	水果	蔬菜	烹调食品
冷风冷却	○	○	○		○	○	○
冷水冷却		○		○	○	○	
碎冰冷却		○		○	○	○	
真空冷却						○	

1. 空气冷却法

空气冷却法是利用低温冷空气流过食品表面使食品温度下降的一种冷却方法。它的使用范围较广，常被用于水果、蔬菜、鲜蛋、乳品以及肉类、家禽等的冷却或冻结前的预冷处理。

空气冷却法可先用冰块或机械制冷使空气降温，然后冷风机将冷空气从风道中吹出，在冷却间或冷藏间中循环，吸收食品中的热量，促使其降温。空气冷却法的工艺效果主要决定于空气的温度、相对湿度和流速等。其工艺条件的选择要根据食品的种类、有无包装、是否易干缩、是否快速冷却等来确定。

（1）空气温度　空气温度越低，食品的冷却速度越快。但预冷食品时所采用的温度必须处在允许食品可逆变化的范围内，以便食品回温后仍能恢复它原有的生命力。为此，冷却香蕉、青番茄、柠檬等果蔬时空气温度应不低于10℃。一般食品预冷时所采用的空气温度不应低于冻结温度，以免食品发生冻结。

（2）空气相对湿度　预冷室内的相对湿度因预冷食品的种类（特别是有无包装）而异。用不透气的容器包装的食品预冷时，相对湿度影响不大。用潮湿容器包装的食品预冷时，预冷室内相对湿度首先就会上升，只有包装表面自由水分蒸发完后，室内的相对湿度才会迅速下降。未包装的食品预冷时因其温度和蒸气压较高，预冷初期会迅速失去水分，使预冷室内充满雾气，此时应加速空气流动，促使食品温度和水蒸气压尽快下降，以免水分损耗过多，造成食品萎缩。一般，容易干缩的食品预冷时应维持较高的相对湿度，或放在冰水中冷却，以减少水分损耗。基于相同的原因，鸡蛋有时先用轻质矿物油浸渍，再进行预冷。还有将食品和冰块混装在一起，在冷库内冷却，这样缓慢融化的冰块就能保持食品表面的湿润状态，以免过分脱水。

（3）空气流速　加速空气流动有利于及时带走水蒸气，以免食品表面聚积冷凝水。预冷室内空气流速一般为 1.5~5.0m/s，而快速冷却时空气流速应超过 5m/s。有时也采用空气自然对流进行预冷。

鲜蛋冷却应在专用的冷却间内完成。蛋箱码成留有通风道的堆垛，在冷却开始时冷却空气温度与蛋体温度相差不能太大，一般低于蛋体温度 2~3℃，随后每隔 1~2h 将冷却间温度降低 1℃左右，冷却间空气相对湿度在 75%~85%，流速在 0.3~0.5m/s。通常情况下经过 24h 的冷却，蛋体温度可达 1~3℃。

不同种类食品的冷却工艺不同。

果蔬的空气冷却可在冷藏库的冷却间内进行。冷风机将冷空气经风道吹出，冷空气流经库房内的果蔬表面吸收热量，回到冷风机的蒸发器中，将热量传递给蒸发器，空气温度降低后又被风机吹出。如此循环往复，维持果蔬的低温状态。冷风的温度可根据选择的贮藏温度进行调节控制。果蔬冷却初期空气流速一般在 1~2m/s，末期在 1m/s 以下，空气相对湿度一般为 85%~95%。根据果蔬的品种，将其冷却至适宜的冷藏温度，然后移至冷藏间冷藏。

畜肉的空气冷却是在一个冷却间内完成全部冷却过程，冷却空气温度为 0℃左右，风速为 0.5~1.5m/s。为了减少干耗，风速不宜超过 2m/s，相对湿度控制为 90%~98%，冷却终了，胴体后腿肌肉最厚处应降至 4℃以下，整个冷却过程应在 24h 内完成。

一般禽肉冷却时空气温度为 2~3℃，相对湿度为 80%~85%，风速约 1.0~1.2m/s。经 7h 左右可使禽胴体温度降至 5℃以下。若适当降低温度，提高风速，冷却时间可缩短至 4h 左右。

冷风冷却装置中的主要设备为冷风机。图 1-1-19 给出了 5 种不同吸、吹风形式的冷风机，根据冷风机的吸、吹风形式，可布置成不同的冷风冷却室。图 1-1-20 和图 1-1-21 为冷风冷却系统的示意图。

图 1-1-19　冷风机示意图

图 1-1-20　肉类冷风冷却装置简图

1—吊钩　2—风道　3—冷风机

图 1-1-21　冷风冷却系统示意图

　　肉类的冷却可采用变温快速二段冷却法：第一阶段在快速冷却隧道或冷却间内进行，空气流速为 2m/s，空气温度一般为 -1~5℃。经过 2~4h 后，胴体表面温度降到 -2℃，而后腿中心温度还有 16~20℃。然后在 -1~1℃ 的空气自然循环冷却间内进行第二阶段的冷却，经过 10~14h 后，半白条肉内外温度基本趋向一致，达到平衡温度 4℃ 时，即可认为冷却结束。整个冷却过程在 14~18h 可以完成。

　　最近国外推荐的二段冷却温度更低，第一阶段温度达到 -35℃，在 1h 内完成；第二阶段冷却室空气温度在 -20℃。整个冷却过程中，第一阶段在肉类表团形成不大于 2mm 的冻结层，此冻结层在 20h 的冷却过程中一直保持存在，研究认为这样可有效减小干耗。

　　二段冷却法的优点是干耗小，平均干耗量为 1%；肉品表面干燥，外观好，肉味佳，在分割时汁液流失量少。但由于冷却肉的温度为 0~4℃，在这样的温度条件下，不能有效地抑制微生物的生长繁殖和酶的作用，所以只能作为 1~2 周的短期贮藏。

冷风冷却也可用于冷却禽、蛋、调理食品等。通常把被冷却食品放于金属传送带上，可连续作业。冷却装置可使用图 1-1-21（5）所示系统。

冷风冷却可广泛用于不能用水冷却的食品，缺点是当室内相对湿度低时，被冷却食品的干耗较大。

2. 冷水冷却法

冷水冷却是通过低温水把被冷却的食品冷却到指定的温度的方法。冷水冷却可用于水果、蔬菜、家禽、水产品等食品的冷却，尤其适用于一些易变质的食品。冷水冷却时，水在预冷水箱中被制冷系统的蒸发器冷却，然后与食品接触，使之冷却。如不设预冷水箱，可把蒸发器直接设置于冷却槽内，此时，冷却池必须设置搅拌器，使冷却池内温度均匀。

冷水和冷空气相比有较高的传热系数，冷却速度快，不会产生干耗。但在机械制冷降温时，循环水中容易滋长微生物，并受到食品的污染，因此需要不断补充清洁水；另外，冷水冷却还会造成食品间的交叉感染。冰块冷却时水可以从冰的融化中不断得到补充，并让过量水自动外溢。水中的微生物也可以用杀菌剂（如含氧化合物）进行控制。冷水冷却有如下 3 种形式。

（1）浸渍式　被冷却食品直接浸在冷水中冷却，冷水被搅拌器不停地搅拌，以致温度均匀。

（2）洒水式　在被冷却食品的上方，由喷嘴把已冷却且有压力的水呈散水状喷向食品，达到冷却的目的。

（3）降水式　被冷却的水果在传送带上移动，上部的水盘均匀地像降雨一样地降水，这种形式适用于大量处理。

盐水也常用做冷却介质来冷却食品，它不宜和一般食品直接接触，只可用于间接接触的冷却，因为即使有微量盐分渗入食品内也会带来咸味和苦味。但用海水冷却鱼类，特别是在远洋作业的渔轮，采用降温后的无污染低温海水冷却鱼类，不仅冷却速度快，鱼体冷却均匀，而且也可降低成本。

3. 碎冰冷却

冰是一种很好的冷却介质，它有很强的冷却能力。在与食品接触过程中，冰融化成水要吸收 334.53kJ/kg 的相变潜热，使食品迅速冷却。冰价格便宜、无害，易携带和储藏。碎冰冷却能避免干耗现象。

用来冷却食品的冰有淡水冰和海水冰。一般淡水鱼用淡水冰冷却，海水鱼可用海水冰冷却。淡水冰分为机制块冰（块重 100kg 或 120kg，经破碎后用来冷却食品）、管冰、片冰、米粒冰等多种形式，按冰质可分成透明冰和不透明冰。不透明冰是因为形成的冰中含有许多微小的空气气泡而使其不透明。从单位体积释放的冷量来讲，透明冰要高于不透明冰。海水冰也有多种形式，主要以块冰和片冰为主，但要注意，不允许用被污染的海水及港湾内海水制冰。常用碎冰的体积质量和比体积如表 1-1-25 所示。

为了提高碎冰冷却的效果，要求冰要细碎，冰与被冷却食物的接触面积要大，冰融化后产生的水要及时排出。

在海上，渔获物的冷却一般有加冰法（干法）、水冰法（湿法）及冷海水法 3 种。

表 1-1-25　　　　　　　　　　常用碎冰体积质量和比体积

碎冰的规格	体积质量/（kg/m³）	比体积/（m³/t）
大冰块（约 10cm×10cm×5cm）	500	2.00
中冰块（约 4cm×4cm×4cm）	550	4.82
细冰块（约 1cm×1cm×1cm）	560	1.78
混合冰（大冰块和细冰块混合比 0.5~12）	625	1.60

　　加冰法要求在容器的底部和凹壁先加上冰，随后层冰层鱼、薄冰薄鱼。最上面的盖冰冰量要充足，冰粒要细，撒布要均匀，融冰水应及时排出以免对鱼体造成不良影响。

　　水冰法是在有盖的泡沫塑料箱内，以冰加冷海水来保鲜鱼货，海水必须先预冷到 -1.5~1.5℃，送入容器或舱中，再加鱼和冰，鱼必须完全被冰浸没。用冰量根据气候变化而定，一般鱼与水之比为（2~3）:1。为了防止海水鱼在冰水中变色，用淡水冰时需加盐，如乌贼鱼要加盐 3%。淡水鱼则可用淡水加淡水冰保藏运输，不需加盐。水冰法操作简便，用冰省，冷却速度快，但浸泡后肉质较软弱，易于变质，故从冰水中取出后仍需冰藏保鲜。此法适用于死后易变质的鱼类，如竹刀鱼。

　　冷海水法主要是以机械制冷的冷海水来冷却保藏鱼，与水冰法相似，水温一般控制在 -1~0℃。冷海水法可大量处理鱼，所用劳力少、卸货快、冷却速度快。缺点是有些水分和盐分被鱼体吸收后使鱼体膨胀，颜色发生变化，蛋白质也容易被损耗，另外因舱体的摇摆，鱼体易相互碰撞而造成机械伤害等。冷海水法目前在国际上被广泛地用作预冷手段。

　　4. 真空冷却

　　真空冷却又叫减压冷却，它的原理是水分在不同的压力下有不同的沸点（表 1-1-26）。

表 1-1-26　　　　　　　　　　水的压力与沸点

沸点/℃	压力/kPa	沸点/℃	压力/kPa
100	101.32	5	0.87
60	19.93	1	0.66
40	7.38	-5	0.40
20	2.34	-10	0.26
10	1.23	-30	0.038

　　真空冷却装置中配有真空冷却槽、制冷装置、真空泵等设备，详见图 1-1-22。设备中的制冷装置，不是直接用来冷却蔬菜的。由于水在 666.6Pa 压力、1℃ 下变成水蒸气时，其体积要增大近 20 万倍，此时即使用二级真空泵来抽，也不能使真空冷却槽内的压力维持在 666.6Pa。制冰装置的作用是让水蒸气重新凝结于蒸发器上而排出，保持了真空冷却槽内压力的稳定。

　　真空冷却主要用于蔬菜的快速冷却。收获后的蔬菜，经过挑选、整理，放入有孔的容器内，置于真空槽内，关闭槽门，启动真空冷却装置。当真空槽内压力降低至 666.6Pa 时，蔬菜中的水分在 1℃ 下迅速汽化。水变成水蒸气时吸收汽化潜热，使蔬菜本身的温度迅速下降到 1℃。图 1-1-23 是生菜的冷却曲线，生菜从常温 24℃冷却到 3℃，冷风冷却需要 25h，而真空冷却只需要 0.5h。

图 1-1-22 真空冷却装置示意图
1—真空泵 2—冷却器 3—真空冷却槽
4—膨胀阀 5—冷凝器 6—压榨机

图 1-1-23 生菜的冷却曲线
1—真空冷却 2—冷风冷却

真空冷却方法的优点是冷却速度快、冷却均匀，特别是对菠菜、生菜等叶菜效果最好。某些水果和甜玉米也可用此方法预冷；缺点是能耗大、设备投资和操作费用高，除非食品预冷的处理量很大、设备使用期限长，否则使用此方法并不经济。该方法一般用在离冷库较远的蔬菜产地。

四、 食品的冷藏

（一）空气冷藏法

空气冷藏法是传统冷藏法，是用空气作为冷却介质来维持冷藏库的低温，在食品冷藏过程中，冷空气以自然对流或强制对流的方式与食品换热，保持食品的低温。

1. 自然空气冷藏法

自然空气冷藏法是利用自然的低温空气贮藏食品。该方法需建立通风贮藏库，借助库内外空气的互换使室内保持一定的低温。该方法适用于寒冷季，一般当每年深秋气温下降后，将储藏库的门窗打开，放入冷空气，使室温降到所需温度，关闭门窗，即可装入果蔬进行贮藏。通风库效果不如冷库，但费用较低。如我国许多地方采用地下式通风库，库身 1/3 露于地面上，2/3 处于地面之下，用以贮藏苹果等。同时通风贮藏库的四周墙壁和库顶，具有良好的隔热效能，可削弱库外过高或过低温度的影响，有利于保持库内温度的稳定。

2. 机械空气冷藏法

目前大多数食品冷藏库多采用制冷剂机械冷藏的方法。制冷剂有氨、氟利昂、二氧化碳、甲烷等，其中，氨是工业化冷库中最常用的制冷剂。氨适合于作为-65℃以上温度范围内的制冷剂。现有密封技术可保证氨不泄漏，具有较强的可靠性和安全性。氨的气味较大，即使有少量的氨泄漏，也能提示检修人员及时修理。

机械空气冷藏法需要有制冷压缩机。以压缩式氨冷气机为例，其主要组成部分有：压缩机、冷凝器和蒸发器。用氨压缩机将氨压缩为高压液态，经管道输送进入冷库，在鼓风机排管内蒸发，成为气态氨时，便会大量吸热而使库内降温。将低压氨气输送返回氨压缩机，加压使之恢复为液态氨，并采用水冷法移去氨液化过程所释放的热量，如此反复循环，便将库房内热量移至库外。该制冷方式由机械完成，利用空气作冷却介质，故热传导较慢。

（二）空气冷藏工艺

食品冷藏的工艺效果主要决定于贮藏温度、空气相对湿度和空气流速等。工艺条件应根据食品种类、贮藏期长短和有无包装而有所差异。表1-1-27为部分食品的冷藏工艺要求。

表1-1-27　　　　　　　　部分食品的冷藏工艺要求

品名	最适条件		贮藏期	冻结温度/℃
	温度/℃	相对湿度/%		
苹果	-1.14~0.4	90	3~8个月	-1.6
西洋梨	-1.1~0.6	90~95	2~7个月	-1.5
桃子	-0.6~0	90	2~4周	-1.6
杏	-0.6~0	90	1~2周	-0.9
李子	-0.6~0	90~95	2~4周	-1.0
油桃	-0.6~0	90	2~4周	-0.8
樱桃	-1.1~0.6	90~95	2~3周	-0.9
柿子	-1.1	90	3~4个月	-1.3
杨梅	0	90~95	5~7d	-2.2
甜瓜	~2.2-4.4	85~90	15d	-0.8
西瓜	7.2~10.0	85~90	3~4周	-0.9
香蕉（绿果）	4.0~10.0	80~85	2~3周	-0.9
木瓜	13.3~14.4	85	1~3周	-0.8
菠萝	7.2	85~90	2~4周	-0.9
番茄（绿熟）	7.2~12.8	85~90	1~3周	-1.1
黄瓜	7.2~10.0	85~90	10~14d	-0.5
茄子	7.2~10.0	90~95	1周	-0.5
青椒	7.2~10.0	90	2~3d	-0.8
扁豆	0	90~95	7~10d	-0.6
菜花	0	90~95	2~4周	-0.6
白菜	0	90~95	2个月	-0.8
蘑菇	10.0	90	3~4d	-0.6

续表

品名	最适条件		贮藏期	冻结温度/℃
	温度/℃	相对湿度/%		
牛肉	3.3~4.4	90	3 周	-0.6
猪肉	-1.1~0	85~90	3~7d	-0.9
羊肉	0~1.1	85~90	5~12d	-2.2~1.7
家禽	-2.2~1.1	85~90	10d	-2.2~1.7
鲜鱼	0~1.1	90~95	5~20d	-3.9
蛋类	0.5~4.4	85~90	9 个月	-1.0~2.0
全蛋粉	-1.7~0.5	尽可能低	6 个月	-0.56
蛋黄粉	1.7	尽可能低	6 个月	—
奶油	7.2	85~90	9 个月	—

1. 贮藏温度

贮藏温度是冷藏工艺条件中最重要的因素。贮藏温度包括冷藏库内空气温度和食品温度，其中后者是主要因素。食品的贮藏期是贮藏温度的函数。在保证食品不冻结的情况下，冷藏温度越接近冻结温度则贮藏期越长，但对于易发生冷害的食品，要防止冷害的发生。

在冷藏过程中，任何温度变化都可能对食品造成不良影响。为了尽可能控制好温度变化，冷藏库应具有良好的绝热层，配置合适的制冷设备。温度变化对维持冷藏室内的相对湿度也很重要。温差加大，会使食品表面出现冷凝水，并导致发霉。

2. 空气相对湿度

冷藏室内空气的相对湿度对食品的耐藏性有直接的影响。相对湿度既不能过高也不能过低。低温的食品表面如与高湿空气相遇，会在食品表面凝结冷凝水，过多的冷凝水会导致食品发霉、腐烂。空气相对湿度过低，会使食品快速失水，出现萎缩。冷藏时大多数水果适宜的相对湿度为 85%~90%。绿叶蔬菜和根菜类蔬菜适宜的相对湿度可高至 90%~95%。而坚果适宜的相对湿度为 70%。干态颗粒食品（乳粉、蛋粉等），以及吸湿性强的食品（果干等）宜在非常干燥的空气中贮藏（表 1-1-27）。

3. 空气流速

冷藏室内的空气流速也极为重要。空气流速越大，食品和空气间的蒸气压差就越大，食品水分的蒸发率也就相应增大。如空气流速倍增，则水分的损耗将增大 1/3。在空气湿度较低的情况下，空气流速将对食品干耗产生严重的影响。只有相对湿度较高而空气流速较低时，才会使水分的损耗降到最低程度，但过高的相对湿度对食品品质也会造成不利影响。因此，空气流速的确定原则是，保证及时将食品所产生的热量（如生化反应热或呼吸热）和从外界渗入室内的热量带走，保持室内温度均匀的前提下，采用最低的空气流速，以最大限度降低食品的脱水干耗现象。冷藏食品若覆盖有保护层，室内的相对湿度和空气流速不再成为主要影响因素。如分割肉冷藏时常用塑料袋包装，或在其表面上喷涂不透水蒸气的保护层；番茄、柑橘一类果蔬也可浸涂石蜡，以减少水分蒸发，并增添光泽。

第四节　果蔬产品的气调贮藏

一、　气调贮藏原理

（一）气调贮藏的基本原理

气调贮藏是在冷藏的基础上，降低贮藏环境中的 O_2 含量，增加贮藏环境中 CO_2 的含量，以进一步提高贮藏效果的方法，简称 CA 贮藏（controlled atmosphere storage）。该方法产生于 20 世纪 40 年代，可用于果蔬和肉禽产品的贮藏。后来又出现了 MA 贮藏（modified atmosphere storage），是指利用包装等方法，使水果通过自身的呼吸，降低包装内 O_2 含量，提高 CO_2 含量，以改善贮藏效果的方法。

1. 气调贮藏的优缺点

气调贮藏可延长某些果蔬的贮藏期，改善贮藏效果，其优点包括：

（1）抑制果蔬中叶绿素的分解，保绿效果显著。

（2）抑制果蔬中果胶的水解，保持硬度效果好。

（3）抑制果蔬中有机酸的减少，较好地保持果蔬的酸度。

（4）抑制水果中乙烯的生成和作用，从而抑制水果的后熟。

此外，气调贮藏还有抑制马铃薯发芽、蘑菇开伞等效果。

气调贮藏的缺点包括：

（1）不能适用于所有的果蔬。即使适合气调贮藏的果蔬，因种类、品种不同，最适气体组成也不相同。

（2）气调库对气密性要求高，并需要调整气体组成的装置，因而建筑和设备费用较高，贮藏成本较高。

2. 气调贮藏中低氧浓度的生理作用

气调贮藏中采用低氧浓度可降低果蔬的呼吸强度和底物氧化速度；延缓后熟，延长贮藏期；延缓叶绿素的分解；减少贮藏过程中乙烯的生成量；延缓产品中不溶性果胶物质的分解。但过低的氧浓度会造成无氧呼吸，引起果蔬生理病害。所以，在贮藏中要根据果蔬的种类，选择适宜浓度的二氧化碳浓度。降低氧和提高二氧化碳浓度是气调贮藏的关键，高 O_2 促进果蔬成熟，高 CO_2 则抑制成熟，因此低 O_2 和高 CO_2 浓度能够抑制成熟作用。

乙烯是果蔬重要的催熟剂。由氨基环丙烷羧酸（aminocyclopropane-carboxylic acid）转变为乙烯必须有氧，降低氧浓度就能够减少乙烯的产生，例如 O_2 浓度为 2.5% 时，能够使乙烯的生成量减少一半。由于乙烯的产生必须有生长素的促进作用，而 CO_2 可通过阻止生长素的积累，抑制乙烯的产生；另外，CO_2 是乙烯的竞争抑制剂，可取代乙烯的受体位置，使乙烯失去作用。

高浓度的 CO_2（20%~50%）还可以抑制某些真菌孢子的萌发生长，但一般果蔬无法忍受如此高浓度的二氧化碳。

需要说明的是，良好的贮藏效果需要适宜的低 O_2 和高 CO_2 浓度与适宜的低温相互配合。

贮藏环境中的 O_2、CO_2 和温度以及其他影响果蔬贮藏效果的因素存在着显著的交互效应，因此适合某种果蔬长期贮藏的气体组合可能有很多个。

（二）气调贮藏的类型

气调贮藏可以分为人工气调贮藏（controlled atmosphere storage，CA）和自发气调贮藏（modified atmosphere storage，MA）。

1. 人工气调贮藏

人工气调贮藏是指根据产品的需要和人们的意愿来调节贮藏环境中的气体成分的浓度并保持稳定的一种气调贮藏方法。CA 由于 O_2 和 CO_2 的比例能够得到严格控制，而且能做到与贮藏温度密切配合，技术先进，因而贮藏效果好。

2. 自发气调贮藏

自发气调贮藏是利用果蔬本身的呼吸作用，使贮藏环境中的 O_2 减少，CO_2 增加的一种气调贮藏方法。当 CO_2 浓度过大时，可用气体洗涤器（也叫 CO_2 脱除器）除去；当 O_2 不足时，可吸入新鲜空气来补充。

气调贮藏经过几十年的不断探索和研究完善，特别是 20 世纪 80 年代以后有了新的发展，开发出一些有别于传统气调的新方法，如低氧 CA、低乙烯 CA、双维（动态、双变）CA（two dimensional CA）等，丰富了气调理论和技术，为生产实践提供了更多的选择。

（三）气调贮藏的条件

气调贮藏，在控制贮藏环境中 O_2 和 CO_2 含量的同时，还要控制贮藏温度，并使三者得到适当的配合。实践证明，在对果蔬进行气调贮藏时，在相对较高的温度下，也能够获得较好的贮藏效果。这是因为果蔬的新陈代谢，尤其是呼吸代谢受到了抑制。

任何一种果蔬产品，其抗逆性都有一定的限度。例如，一些品种的苹果常规冷藏的适宜温度是 0℃，如果对其进行气调贮藏，在 0℃ 下再加以高 CO_2 和低 O_2 环境条件，苹果可能会因承受不住这三方面的抑制而出现病症。因此，为避免 CO_2 伤害，在气调贮藏时，苹果的贮藏温度可提高到 3℃ 左右。绿熟番茄在 20～28℃ 下进行气调贮藏的效果，与其在 10～13℃ 普通空气中贮藏效果相仿。由于气调贮藏的贮藏温度相对较高，可以避免果蔬冷害的发生，因而对热带和亚热带果蔬有着非常重要的意义。

在贮藏中，低 O_2 能够起到延缓叶绿素分解的作用，配合适量的 CO_2 则保绿效果更好，这就是 O_2 与 CO_2 两因素的交互效应。当贮藏温度升高时，就会加速产品中叶绿素的分解，也就是高温的不良影响抵消了低 O_2 及适量 CO_2 保绿的作用。

一些刚采摘的果蔬对高 CO_2 和低 O_2 的耐受性强，在气调贮藏前如果给以高浓度的 CO_2 处理，对抑制产品的新陈代谢和成熟衰老有良好效果，因而有助于加强气调贮藏的效果。另外，气调贮藏前对产品用低 O_2 条件进行处理，也有助于果蔬气调贮藏效果的提升。

由于果蔬从健壮向衰老变化的过程中对气体成分的适应性也在不断变化，因而在不同的贮藏阶段也采用不同的适宜气调指标，从而有效延缓新陈代谢，提高贮藏品质，延长贮藏期的方法称为动态气调贮藏（dynamic controlled atmosphere，DCA）。如黄元帅苹果在相对湿度 98%，2℃ 下，第一个月维持 O_2：CO_2＝3：0，第二个月为 3：2，以后均为 3：5，贮藏 6 个月，比一直贮藏于 O_2：CO_2＝3：5 条件下的果实的呼吸强度更低，硬度和含酸量更高，各种营养成分的损耗更少。

表 1-1-28 列出了部分果蔬的气调贮藏条件。

表 1-1-28　　　　　　　　　　部分果蔬的气调贮藏条件

种类	温度/℃	相对湿度/%	O_2/%	CO_2/%	贮藏期
番茄	12	85~90	2~4	2~4	55~60d
花椰菜	0	95	2~4	8	3~4 个月
蒜薹	0	95 以上	2~5	0~8	8~9 个月
甜椒	8~12	80~90	2~5	0~5	60~70d
青椒	9	90~95	3	5	2 个月
辣椒	9~10	95	2~5	2~5	30d
芹菜	0	90~95	13~14	7~8	77d
香菜	1	95	13~14	4~5	4 个月
黄瓜	10~13	95	2~5	2~5	30~40d
胡萝卜	1	95	3	5~7	6 个月
生菜	1	95	3	5~7	10d
生姜	13	95	2~5	2~5	6~8 个月
马铃薯	3	85~90	3~5	2~3	8~10 个月
大蒜	0	85~90	3~5	3~5	7~8 个月
豌豆（带荚）	0	95~100	10	3	4 周
莴苣	0	90~95	3~5	2~3	2~3 周
家山药	3	90~95	4~7	2~4	8 个月
苹果	0~1	85~95	2~5	2~5	6~8 个月
巴梨	0	90~95	0.5~2	0	6~8 个月
沙梨	0	90~95	0.5~2	0	6~9 个月
香梨	−1	90	3~5	1~1.5	240d
20 世纪梨	0	85~92	5	4	9~12 个月
丁洋梨	0	95	4~5	7~8	3 个月
桃	0	85~90	3	5	6 周
猕猴桃	0~1	90~95	5	2	6~7 个月
樱桃	0~2	90~95	3	10	4 周
栗子	0.5	85 以上	2~5	0~5	6~8 个月
李子	0	80~95	3~5	2~5	1~1.5 个月
柿子	−1	90	3~5	8	3~4 个月
葡萄	−1	90	2	3	6 个月
草莓	0	95~100	10	5~10	4 周

续表

种类	温度/℃	相对湿度/%	O_2/%	CO_2/%	贮藏期
鲜枣	-2	90	3~4	1	2 个月
山楂	-1	90	5	3	7 个月
哈密瓜	3~4	70~80	3~5	1~1.5	4 个月
荔枝	1~3	90~95	5	5	45~60d
龙眼	0	90~95	5	5	3 个月
香蕉	12~14	90~95	2~3	0~5	2 个月
菠萝	7	85	2	0	40d
芒果	10~12	85	3~5	2.5~10	40d

二、 气调库及其设备

（一）气调库

气调贮藏的实施主要是封闭和调气两部分。调气是创造并维持产品所要求的气体组成。封闭则是杜绝外界空气对所创造的气体环境的干扰破坏。气调贮藏方法按其封闭的设施不同可分为气调贮藏库（简称气调库）贮藏法和塑料薄膜气调贮藏法。

1. 气调库的工作系统

一座完整的气调库应该由库体结构、气调、制冷和加湿系统构成，如图 1-1-24 所示。

图 1-1-24　气调库的构造示意图

a—气密筒　b—气密孔　c—观察窗

1—气密门　2—CO_2 吸收装置　3—加热装置　4—冷气出口　5—冷风管
6—呼吸袋　7—气体分析装置　8—冷风机　9—发生器　10—空气净化器

2. 气调保鲜库的构造及作用

气调贮藏库首先要有机械冷库的作用，具有冷库的保温系统和隔潮系统，另外还必须有密封的特性，以便能够创造一个气密环境，确保库内气体组成的稳定。

气调保鲜库是气调间和辅助建筑的总称，包含气调间、预冷间、常温穿堂、技术穿堂、月台、整理间、机房、配电室、控制室、值班室、泵房、水循环池等。此外，还有一些辅助设施，比如包装材料库、质检室、办公室、发电机房、车场、道路、绿化等。

（1）气调间 气调间是果蔬贮藏保鲜的场所，其作用是在低温高湿的贮藏环境中，适当降低 O_2 的浓度，提高 CO_2 的浓度，以抑制果蔬的呼吸强度，从而更好地延长贮藏期。

（2）预冷间 预冷间是用来对果蔬冷却加工的库房。果蔬产品在进行气调贮藏前，需要在预冷间内去除田间热，逐步降温冷却，防止某些生理病害。

（3）常温穿堂 常温穿堂就是果蔬进出各个气调间的通道，起到沟通各气调间，便于装卸果蔬的作用。在小型果蔬气调库中，因气调间数量少，可以不设常温穿堂，而是与月台或整理间合并，减少总投资。

（4）技术走廊 技术走廊是气调库特有的建筑形式之一，通常设置在常温走廊或整理间的上部。它的主要作用是使管理人员观察库内果蔬贮藏的情况和库内设备运行情况更加方便，也是制冷、气调、水电等管道及阀门安装、调试、操作、维修的场所。

（5）月台 气调库月台供装卸货物之用，有铁路月台与公路月台之分。小型气调库只设公路月台。

（6）整理间 果蔬入库前，需要进行挑选、分级、过磅、装箱，出库时需要挑选、包装、过磅。整理间是果蔬出入库期间的临时堆放场所，整理间一般要靠近气调间，与库内常温穿堂相通，以便货物进出库。

（7）机房 机房包括制冷机房、气调机房和加湿机房。机房内设施的布置必须符合工艺流程，流向应该通畅，连接管路要短，便于安装和操作管理，并应留有适当的面积用作设备部件拆卸检修，尽可能地使设备安装紧凑，并充分利用机房的空间，以节约建筑面积，降低建筑投资的费用。

（8）配电室及控制室 一般小型气调库配电室应尽量靠近机房，库内温度、湿度以及气体成分的检测、控制都在控制室里集中安装，便于操作管理。采用计算机操作和控制时，应在控制室内设置空调器。配电间及控制室对防火要求极为严格，室内通风、采光条件要好。

（9）循环水池 循环水池是用来提供和收集制冷系统、气调设备的冷却水、库房冷风机的冲霜用水。水池通常采用钢筋混凝土结构，在小型气调库中，也可采用玻璃钢水箱。水池或水箱应设补水、溢流和排污口措施。

3. 气调库的设计

（1）气调库的制冷系统设计依据 小型果蔬气调库单位制冷负荷估算如表 1-1-29 所示。

表 1-1-29　　　　　　　　　　小型果蔬气调库单位制冷负荷估算表

气调间规模	气调间温度/℃	单位制冷负荷/（W/t）	
		冷却设备负荷	机械负荷
100t 以下气调库	—	260	230
300t 气调库	0~2	230	210

（2）气调库气体系统的设计依据 要使气调库内达到所需的气体成分并保持相对稳定，除要求气调库具体有一定的气密性能外，还必须具备由相应的设备、管道及阀门等组成的气体调节系统。

① 自然降 O_2：在气调库严格的气密条件下，果蔬放入气调库后，库门封闭，果蔬与外界隔离。由于果蔬自身的呼吸作用，库内空气中的 O_2 浓度会逐渐降低。21d 后，基本可使库内 O_2 浓度降至 3% O_2 左右。

② 快速降 O_2：为了达到良好的气调贮藏效果，要求果蔬入库速度要快，以便让果蔬在尽可能短的时间内进入气调贮藏状态。一般采用专门的制 N_2 设备，其特点是降 O_2 速度快，时间短。一般需要 2~3d，甚至只需要 1d 就能把库内气体浓度降至规定范围。

（3）加湿系统的设计依据　与普通果蔬冷库相比，由于气调贮藏的贮藏期较长（通常为普通贮藏的 1.5~2 倍），果蔬水分蒸发较多。为了抑制果蔬贮藏中水分的蒸发，要求气调贮藏环境中具有最佳的相对湿度，这对于减少果蔬的干耗和保持果蔬的鲜脆有着重要的意义。

由于气调库的结构具有气密性，同时在整个运行期间不允许随便开门，外界对气调库内的湿度影响非常小。因此，影响库内相对湿度的因素主要有两个：一是果蔬释放的水蒸气；二是库内气体中的水蒸气在风机的冷却表面上发生的冷凝。

4. 气调库的建造

气调库的建筑结构可分为砌筑式（土建）和彩镀夹心板装配式两种。砌筑式气调库的建筑结构基本上与普通冷库相同，是用传统的建筑保温材料砌筑而成，或者将冷藏库改造而成。在库房的内表面增加一层气密层，气密层直接敷设在围护结构上。这种砌筑式气调库投资较小，但施工周期长。装配式气调库采用的彩镀夹心保温板由工厂生产，在施工现场进行拼装，建设周期短，投资比砌筑式略高，而气密层施工较砌筑式方便可靠。除砌筑式和装配式之外，还有一种气调库是夹套式，一般是在原冷藏库内加装一层气密结构，降温冷藏仍用原有的设施，气调则在这层气密结构内进行。

1000t 以上的大中型气调库包括气调间、预冷间、常温穿堂、技术走廊、整理间、制冷和气调机房及控制室、变配电间、泵房及月台等。此外还有办公室、库房、质检室、道路、围墙等辅助设施。

良好的气密性是气调贮藏的首要条件，满足气密性要求的措施是在气调库房的维护结构上敷设气密层，气密层的设置是气调贮藏库设计和建筑中的关键。气密层所用材料的选择原则是：材质均匀一致，韧性和机械强度大，性质稳定，能够抵抗微生物的侵染，可连续施工，黏结牢固。气调库建筑中作为气密材料的有钢板、铝合金板、铝箔沥青纤维板、胶合板、玻璃纤维、增强塑料及塑料薄膜，各种密封胶、橡皮泥、防水胶布等。

在建成的库房内现场喷涂泡沫聚氨酯（聚氨基甲酸酯），可以获得性能良好的气密结构，并兼有良好的保温性能，因此在生产中得到普遍应用。

气调贮藏库的气密特性使其库房内外容易形成一定的压力差。为保持库内压力的相对平稳，保障气调库的安全运行，库房设计和建造时应设置压力平衡装置。压力调节装置主要有压力平衡器和缓冲气囊（呼吸袋）。

另外，各种管道穿过墙壁进入库内的部位都需加用密封材料，不能漏气。

气调库运行期间，要求稳定的气体成分，管理人员不宜经常进入库房对产品、设备及库体状况进行检查。因此，气调库设计和建造时，必须设置取样（产品和气体）孔和观察窗。

5. 气调库的气密性检验

气调库要做到绝对的气密是很困难的，允许有一定的气体通透性，但不能超出标准。气调库建成后或在重新使用前都要进行气密性检验，检验结果如不符合规定要求，应当查明原因，进行修补，达到气密标准后才能使用。

（二）气调库的主要设备

1. 制冷设备

气调库设计，一般希望将库内温度波动控制在±0.5℃范围内，所以围护结构要有较大的热阻性，以减小外界的影响。此外，库内蒸发器的设计也应采用大面积低温差的冷风机方案。蒸发温度与库温之差应控制在5℃之内，以减小蒸发器的结霜量。为使气调过程中制冷机能够经济运行，气调库围护结构的隔热层应比一般高温库厚。

2. 加湿设备

由于气调库内果品的贮藏期长，充入的氮气也很干燥，果品水分蒸发较多，为降低贮藏环境与果品间的水蒸气分压差，抑制水分的蒸发，保持气调库中较高的相对湿度（95%左右），减少干耗，一般的气调库需要设置加湿器。加湿器分超声波和离心式两种。

3. 制氮降氧设备

可利用制氮机产生纯度为95%~98%的氮气，置换（稀释）气调库中的气体。目前气调库使用的制氮机有碳分子筛物理吸附式和中空纤维膜分离式两种，都是以空气为原料。前者利用双塔中的碳分子筛对氧、氮分子的不同吸附速率，通过加压来吸附氧，减压解吸氧，不断地在双塔中变压切换制氮。后者利用高分子材料制成的中空纤维膜，它由上万根乃至数十万根直径在$50~500\mu m$的中空纤维并列成束，两端均禁锢环氧树脂，形成膜滤芯，放入一外壳内，当有压缩空气通过时，由于氧、水蒸气透过膜的速率快，将氧气排放到大气中，而大部分氮气由于透过膜的速率慢而留在膜内，形成较高纯度的成品气。该设备具有结构简单、容易操作、制氮速度快、无易损运动部件、体积小、重量轻、噪声低等优点，是一种高效制氮设备。

4. 二氧化碳脱除机

果蔬在气调过程中，一般要求CO_2的浓度控制在1%~5%。当库内CO_2浓度过高时可用CO_2脱除机（又称洗涤器）降低CO_2浓度。

CO_2脱除机采用活性炭作为吸附剂，库内气体由风机抽入活性炭罐内吸附，经数分钟吸附饱和后，用空气脱附使活性炭再生，循环使用。活性炭吸附CO_2的量是温度的函数，并与CO_2的浓度成正比。通常以0℃、3%的CO_2为标准，用其在24h内的吸附量作为主要经济技术指标。

5. 乙烯脱除装置

一些果品（猕猴桃、香蕉等）对乙烯非常敏感，贮藏时必须把环境中的乙烯降至阈值以下，一般降至0.02mg/L；苹果、梨等采用低乙烯气贮藏，贮藏效果会大大提高；对乙烯不敏感的果品，气调贮藏不必安装乙烯脱除装置。

常用高锰酸钾作为强氧化剂来脱除乙烯，以氧化铅、分子筛等多孔性材料做载体，制成一次性使用的复合材料，放入库内、包装箱或闭路循环系统中，将乙烯脱除。

6. 自动控制设备

气调库在整个贮藏期内都必须精确测量和控制库内的气体成分，采用自动控制设备，通过一台计算机可控制几十间气调间，每间气调间都可以按果品的品种设定各自的气调参数，并能够进行自动巡回检测和自动调节，也可通过显示器监控整个气调工艺流程，所有设定和实时测定O_2、CO_2、温度、湿度等数据都具有显示储存、查询、报警、打印等功能。

7. 相关测试仪器

氧电极氧气测试仪的工作原理基于极谱电极原理，根据一定浓度电解质溶液中的电流−电压曲线证实，在一定电压范围内，电流和氧浓度成正比。氧电极传感器以铂为阴极（氧检定极），阳极为铅或银，聚四氟乙烯薄膜将阴极端与电解质隔开。其中氧的渗透量与薄膜内外的气体分压成正比。此传感器又称氧电池，是一种电化学扩散闲置型金属电池。用这种传感器制成的氧气测试仪，分辨率高达 0.1%，测试精度为 0.2%。

红外二氧化碳测试仪的工作原理是利用 CO_2 分子在特定波长上发生强烈的红外吸收，当一定强度的红外光通过一定浓度的待测的混合气体时，入射光强度与透过后的剩余强度差与 CO_2 浓度有一定关系。这种 CO_2 测试仪的分辨率可达 0.1%，测试的精度可达 0.2%。

三、 气调贮藏的管理

（一）气体指标

气调贮藏按人为控制气体种类的多少可分为单指标、双指标和多指标。

单指标是指仅控制贮藏环境中的某一种气体（如 O_2、CO_2 或 CO 等），而对其他气体不加调节。有些贮藏产品对 CO_2 很敏感，可采用 O_2 单指标，就是在气调贮藏中只控制 O_2 的含量，CO_2 被全部吸收。O_2 单指标是一个低指标，因为当没有 CO_2 存在时，O_2 影响植物呼吸的阈值大约为 7%，O_2 单指标必须低于 7% 才能有效地抑制贮藏产品的呼吸强度。对于多数果品蔬菜，单指标难以达到理想的贮藏效果。但这一方法管理简单，操作简便，容易推广。需要注意的是被调节气体浓度低于或超过规定指标时，有可能导致生理伤害的发生。属于这一类的有低 O_2 气调贮藏和利用贮前高 CO_2 后效应气调，短时间处理后在进行正常气调贮藏等。

双指标是指对常规气调成分的 O_2 和 CO_2 两种气体（也可能是其他的两种气体成分）均加以调节和控制的一种气调贮藏方法。依据气调时 O_2 和 CO_2 浓度的不同又有三种情况：O_2 + CO_2 = 21%，O_2 + CO_2 > 21%，O_2 + CO_2 < 21%。新鲜果蔬气调贮藏中以第三种的应用最为广泛。我国习惯上把气体含量在 2%~5% 称为低指标，5%~8% 称为中指标。一般低 O_2 低 CO_2 指标的贮藏效果较好。

第一种情况下新鲜果蔬要以糖为有氧呼吸的底物，呼吸熵约为 1。所以贮藏产品在密封空间内，呼吸消耗掉的 O_2 与释放出的 CO_2 的体积相等，也就是二者之和近似于 21%。如果气体组成被定为两种气体之和为 21%，例如 10% O_2、11% CO_2，或 6% O_2、15% CO_2，管理起来就很方便。只要把果蔬产品封闭后经一定时间，当 O_2 浓度降至要求指标时，CO_2 就会上升到要求的指标。此后定期或连续地从封闭贮藏环境中排出一定体积的气体，同时也充入等量的新鲜空气，就可以大体上维持气体配比。这是气调贮藏发展初期常用的指标。这种方法的缺点是，如果 O_2 较高（>10%），CO_2 就会偏低，不能充分发挥气调贮藏的优越性；如果 O_2 较低（<10%），又可能因 CO_2 过高而发生 CO_2 中毒现象。将 O_2 和 CO_2 控制在相接近的水平（二者各约 10%），简称高 O_2 高 CO_2 指标，可用于一些果蔬的贮藏，但是大多数情况下效果不如低 O_2 低 CO_2 好。这种指标对设备要求比较简单。

多指标不仅控制贮藏环境中的 O_2 和 CO_2，同时还对其他贮藏效果有关的气体成分如乙烯、CO 等进行调节。这种气调方法贮藏效果好，但调控气体成分的难度提高，对调气设备的要求也较高，设备的投资也较大。

（二）气体的调节

气调贮藏环境内从刚封闭时的正常气体成分转变到要求的气体指标，是一个降 O_2 和升 CO_2 的过渡期，可称为降氧期。降 O_2 之后，则是使 O_2 和 CO_2 稳定在规定指标的稳定期。降 O_2 期的长短以及稳定期的管理，关系到果蔬贮藏效果的好与坏。

1. 自然降 O_2 法（缓慢降 O_2 法）

自然降 O_2 法是通过封闭贮藏环境，依靠果蔬产品自身的呼吸作用使 O_2 浓度逐步减少，同时积累 CO_2，以达到调整气体环境的目的。

（1）放风法 每隔一定时间，当 O_2 降至指标的低限或 CO_2 升高到指标的高限时，开启贮藏帐、袋或气调库，部分或全部换入新鲜空气，然后再次封闭。

（2）调气法 双指标总和小于21%和单指标的气体调节，在将超过指标的 CO_2 在降氧期除去，当 O_2 降至指标范围后，定期或连续输入适量的新鲜空气，同时继续吸除多余的 CO_2，使两种气体能够稳定在要求的指标。

自然降 O_2 法中的放风法，在整个贮藏期间 O_2 和 CO_2 含量总在不断变动，实际不存在稳定期。在每一个放风周期内，两种气体都有一次大幅度的变化，对贮藏产品可能会带来很不利的影响。但整个周期内两种气体的平均含量比较接近，对于一些抗性较强的果蔬，如果采用这种气调法，其效果远优于常规冷藏法。

2. 快速降氧法

为了克服自然降氧法降氧速度慢的缺点，可通过丙烷气体的燃烧迅速减少氧气，增加 CO_2 气体。这个燃烧过程通常在气体发生器内进行。燃烧后生成的气体经冷却水冷却后，再送入库内。这种方法降氧速度快，对库房的气密性要求较低，中途可打开库门进出货。缺点是成本较高，需要消耗大量的燃料与冷却水，操作复杂。

3. 混合降氧法

由于用气体发生器降低 O_2 含量和增加 CO_2 含量要不断地供给丙烷等燃料，增加了运行费用。为了降低费用，可在开始时采用快速降氧法，使气调贮藏库内的气体组成迅速达到既定要求，然后再采用自然降氧法运行管理。

4. 充气置换降氧法

为了尽快达到水果气调贮藏所需的气体组成，可在贮藏开始时向库内充入 N_2 或 CO_2，同时将含氧气较多的库内气体通过另一管道排出，如此反复充放，可将库内 O_2 含量降至5%左右，然后通过水果自身的呼吸作用继续降低 O_2 浓度，提高 CO_2 浓度，以达到调节库内气体成分的目的。

5. 硅窗气调法

硅窗气调法就是在聚乙烯塑料薄膜帐上镶嵌一定比例面积的硅橡胶薄膜，然后将水果箱放在薄膜帐内。硅橡胶是一种有机硅高分子聚合物，其薄膜具有比聚乙烯薄膜大200倍的透气性能，具有气体透过选择性，O_2 和 CO_2 可在膜的两边以不同速度穿过，使塑料薄膜帐内 O_2 的浓度可自动维持在3%~4%，CO_2 浓度维持在4%~5%，很适合水果气调贮藏的要求。硅窗气调法可在普通的果蔬冷藏室中对水果进行气调贮藏，无须特殊设备，操作管理简单。

（三）气调库的管理

1. 温度、湿度管理

气调贮藏库的温度、湿度管理与机械冷库基本相同，可以借鉴。

塑料薄膜在封闭贮藏时，一方面是袋内部湿度比较高，另一方面产品仍然有较明显的脱水现象。而解决这一问题的关键在于力求保持库温的稳定，尽量减小封闭（帐）内外的温差。

2. 库房管理

库房管理的重点是围护结构气密性的检测和补漏。每年产品入库之前，应对气密性全面检查以便及时修补。在补漏结束后再对气调库进行整体加压实验，直到确认气密性达到工艺要求为止。

3. 安全管理

气调库安全管理主要包括设备安全管理、水电防火安全管理、库体安全管理和操作人员人身安全管理等。

（1）库体安全管理　库体安全管理除防水、防冻、防火之外，重点是防止温度效应。在库体进行降温试运转期间绝对不允许关门封库，因为过早封库，库内温度骤降，必然增大库内外压差，当压差达到一定程度时将会造成库体崩裂。正确的做法是在库温稳定在额定范围之后再封闭库门，进行正常的气调操作。

（2）人身安全管理　人身安全管理是指操作人员进入气调库的安全问题。进库人员必须戴好 O_2 呼吸器，并确认呼吸畅通后方可入库操作。入库必须二人同行，库外应留人观察库内操作人员的动向，以防万一。果蔬出库前必须打开库门自然通风 2d 以上或强制通风 2h 以上，确认库内 O_2 含量达到 18% 以上时方可入库。

第五节　食品的冻结

食品的冻结是指将食品的温度降低到食品冻结点以下的某一预定温度（一般要求食品的中心温度达到-15℃或以下），使食品中大部分水分以非液态的形式（冰晶或玻璃态）存在的一种食品冷加工方式。常见的冻结食品（frozen food）包括初加工品和加工品，前者包括经初加工的新鲜肉、禽、水产品、去壳蛋、水果、蔬菜等，后者包括面食、点心、冰淇淋、果汁以及种类丰富的预制冻结食品（prepared frozen food）和预调理冻结食品（precooked frozen food）等。合理冻结的食品在大小、形状、质地、色泽和风味方面一般不会发生明显的变化。目前冻结食品已经成为家庭、餐馆、食堂膳食中常见的食品物料。预制冻结或预调理食品具有方便、新鲜的优点，只要经解冻和加热即可食用。冻结食品的局限性在于需要制冷设备，如专用的冻藏库、机械制冷运输车、冷冻食品陈列柜、家用电冰箱等一系列的冷链设备，才能充分保证冻结食品的最终质量。

一、食品的冻结

食品的冻结是一种冷加工技术。鱼、肉、禽及加工食品没有生命，对微生物的侵入无抵御能力，也不能控制体内酶的作用，常温下易于腐败变质。而冻结处理则可使食品贮藏较长时间而不会腐败变质。

食品在冻结状态下，无流动的水分，微生物得不到赖以生存所必需的水分，且反应物质失去了借以扩散移动的介质，因此食品可较长时间的贮藏。一般情况下，防止微生物繁殖的临界温度是–12℃，实际经验表明大部分冻结食品当温度为–18℃时能贮藏一年而不失去商品价值，且贮藏温度越低，品质保持越好，贮藏期越长。食品冻结过程中如何把由冰结晶及低温造成的影响减小或抑制到最低程度，是冻结工序中必须考虑的技术关键。

（一）食品冻结理论

1. 冻结曲线

在低温介质中，随着冻结的进行，食品的温度逐渐下降。图1-1-25表示冻结期间食品的温度与时间的关系曲线。

图1-1-25　冻结曲线与冰结晶生成带

不论何种食品，其冻结曲线都是相似的。曲线分三个阶段。

第一阶段，食品的温度从初温降至食品的冻结点，这一阶段食品放出的热量较小，降温速度快，冻结曲线较陡。

第二阶段，食品的温度从食品的冻结点降低至–5℃左右，这时食品中大部分水结成冰，放出大量热量。整个冻结过程中食品的绝大部分热量在此阶段放出，食品降温速度慢，冻结曲线平坦。

第三阶段，食品的温度从–5℃左右继续下降至终温，此时放出的热量一部分是由于冰的降温，另一部分是由于残余少量的水继续结冰。这一阶段的冻结曲线也比较陡峭。

冻结曲线平坦段的长短与传热介质的传热快慢关系很大。传热介质传热快，则第二阶段短。图1-1-26为以冷盐水为传热介质的冻结曲线和以冷空气为传热介质的冻结曲线，可以看出，前者的食品冻结速度快；食品在冻结过程中，食品的不同部位温度下降速度不同，同一时刻的温度始终是食品表面最低，越接近中心层越高。

图1-1-26并未将食品中水分的过冷现象表示出来。实际上，在传热介质温度很低，食品表面传热系数很大的情况下，食品表面层中最初的冰晶形成的速度特别快，因此只有在很薄的食品表面层才会产生过冷现象，且持续时间很短。

计算冻结过程的放热量时，必须知道冻结终温。从图1-1-26可以看出，食品的表面、中心和所有中间各点上的冻结终温是不一样的，实际计算时只能采用平均冻结终温。当食品中心温度低于–5℃时，平均冻结终温可用食品表面冻结终温与食品中心冻结终温的算术平均值来表示。

图 1-1-26　以盐水和空气为冷冻介质的冷冻曲线
（1）在盐水中冻结　（2）在空气中冻结

2. 结晶条件和结晶曲线

（1）结晶条件　多数要进行冻结处理的食品含水量比较高，因此它们的冻结和水结冰的情况大致接近。但是食品中还含有可溶性溶质，故实际上更复杂。图 1-1-27 所示为牛肉薄片在 -18℃ 以下的冻结室冻结时，按不同的时间测得的牛肉薄片的温度变化和冻结水量的曲线。

牛肉薄片首先从它的初温下降到低于牛肉冻结点的过冷温度。然后随着热量的散发，开始出现稳定性晶核，或在振动的促进下牛肉薄片中的水分开始冻结形成冰晶体，并放出潜热，促使其温度回升，直到它的冻结点为止。从图 1-1-27 可以看出，当牛肉薄片的温度为 -4℃ 时，水分冻结量达 70% 左右；温度继续下降到 -9℃ 左右时，还有 3% 的水分未冻结；即使牛肉薄片的温度降低到 -18℃ 时，也不是全部水分都被冻结，还剩下少量未冻结的高浓度溶液。只有当食品的温度降低到低共熔点时，

图 1-1-27　牛肉薄片冻结时的过冷状态和冻结水量

食品中的水分才会全部冻结成固体。低共熔点就是在降温过程中，食品组织内的溶液浓度增加到一定程度后不再改变（即不再有冰晶体析出），水和它所溶解的盐类共同结晶并冻结成

固体时的温度。必须注意的是，食品中溶液的浓度只有递增到低共熔液所要求的浓度时才会在低共熔点冻结固化。食品的低共熔点为-65～-55℃，而冻结食品的温度仅为-30～-12℃，因此冻结食品中的水分并未完全被冻结。

（2）结晶曲线　水的冻结即是结晶的过程，在这个过程中有两种现象发生，一是晶核的形成，二是以晶核为中心的晶体的成长。冰结晶形成的过程也是这样，随着温度的降低，晶核生成数和晶体的成长有着各不相同的速度。图1-1-28为结晶生长曲线，简称结晶曲线。该曲线表明随温度不同，晶核生成数和晶体成长速度的情况。

图1-1-28　晶体生长曲线

当温度比较高时，产生的晶核数少，如在温度为 a 时的 aa 线上，晶核数少，而结晶成长的速度较快，晶核产生的速度落后于晶体成长的速度。这时的情况是少量的晶核和晶体的大量成长，结果是在这个温度下形成少量的大型结晶。bb 线上，晶核生成数很多，晶体成长速度也很快，所以这时的冰结晶状态将是大量的晶核和由晶核成长起来的大小参差不齐的结晶。cc 线上，则是晶核数相当多，而晶体成长慢，结果是较小的冰晶占有较大的数量。dd 线上是温度降低到一定的低温后逐渐转变为玻璃体状态。因此，仅形成极少量的晶核，不存在晶核的成长。结晶曲线作为一个动态的描述，说明了在不同冻结温度下冰结晶的形成和大小。

3. 冻结水量和冰结晶最大生成带

根据拉乌尔第二定律，冰点降低与溶质的浓度成正比，浓度每增加1mol/L，冰点下降1.86℃。食品中的水分不是纯水而是含有有机物和无机物的溶液，因此食品的温度要降到0℃以下才产生冰晶，此冰晶开始出现的温度就是食品的冻结点。由于不同种类食品中溶液的浓度不同，因此其冻结点也不相同的。一般食品的冻结点为-3～-0.6℃，如表1-1-30所示。

表1-1-30　　　　　　　　　　几种常见食品的冻结点

品种	冻结点/℃	含水量/%	品种	冻结点/℃	含水量/%
牛肉	-1.7～-0.6	71.6	葡萄	-2.2	81.5
猪肉	-2.8	60	苹果	-2	87.9
鱼肉	-2～-0.6	70～85	青豆	-1.1	73.4
牛乳	-0.5	88.6	橘子	-2.2	88.1
蛋白	-0.45	89	香蕉	-3.4	75.5
蛋黄	-0.65	49.5			

食品的水分冻结率指的是食品冻结过程中，在某一温度时食品中的水分转化成冰晶体的

量与在同一温度时食品内所含水分和冰晶体的总量之比：

$$\omega = m_2/(m_1 + m_2) \qquad (1-1-13)$$

式中　ω——食品的水分冻结率，%；

$\quad$ m_1——食品冻结至某一温度时食品内所含的水分的量，kg；

$\quad$ m_2——食品冻结至同一温度时食品内所形成的冰晶体的量，kg。

食品的水分冻结量常用根据实验数据得出的经验公式进行推算，当温度在-30℃以上时，此经验公式为：

$$\omega = \cfrac{A}{1 + \cfrac{B}{\lg\{(273-T) + [1 - (273 - T_d)]\}}} \qquad (1-1-14)$$

式中　ω——热力学温度为 T 时食品的水分冻结率，%；

$\quad$ T——冻结食品的热力学温度，K；

$\quad$ T_d——食品的冻结点的热力学温度，K；

$\quad$ A 和 B——常数，分别为 1.105 和 0.31（适用于肉类）。

如果食品的冻结点为-1℃左右，则式（1-1-14）可简化成：

$$\omega = \cfrac{A}{1 + \cfrac{B}{\lg(273 - T)}} \qquad (1-1-15)$$

大多数食品的含水量都比较高，而且大部分水分都在-5～-1℃的温度范围内冻结。这种大量形成冰结晶的温度范围称为冰结晶最大生成带。在冰结晶最大生成带，食品放出大量的潜热，使食品的温度下降得不明显。该阶段的热交换对食品冻结速度的影响很大。一般认为，食品的中心温度在冰结晶最大生成带的温度范围内（-5～-1℃）停留的时间不超过30min 就达到了快速冻结的要求。

4. 冰结晶的形成和分布

食品在冷冻时，不同部位的水分不会同时冻结，外部的液体会首先冻结，而且最初完全是纯水形成冰晶体。随着冰晶体的不断形成，食品中未冻结部分的溶液浓度会不断提高，最后在食品核心位置上还会有未冻结的高浓度溶液残留下来。如果温度降到足够低（达到低共熔点）时，食品也有全部冻结固化的可能。

动植物组织的水分存在于细胞和细胞间隙，或呈结合状态，或呈游离状态。在冻结过程中，当温度降低到食品的冻结点时，那些和亲水胶体结合较弱或存在于低浓度溶液中的部分水分，主要是处于细胞间隙内的水分，就会首先形成冰晶体，使冰晶体附近的溶液浓度增加，与细胞内的汁液形成渗透压力差；同时由于水结成冰，体积膨胀，对细胞会产生挤压作用；并且由于细胞内的汁液的蒸气压大于冰晶体的蒸气压，如表 1-1-31 所示，使细胞内的水分不断向细胞外转移，聚积在细胞间隙内的冰晶体周围，使细胞间隙内的冰晶体不断增大。

食品的冻结速度对冰结晶的大小、形状、数量和分布状况影响很大，如表 1-1-32、表 1-1-33 所示。

表 1-1-31　　　　　　　　几种温度下水与冰的蒸气压

温度/℃	水的蒸气压/Pa	冰的蒸气压/Pa	温度/℃	水的蒸气压/Pa	冰的蒸气压/Pa
0	610.5	610.5	-20	125.7	103.5
-5	421.7	401.7	-25	80.9	63.5
-10	286.5	260.0	-30	51.1	38.1
-15	191.5	165.5	-40	18.9	12.9

表 1-1-32　　　　　　　　龙须菜的冻结速度对冰晶大小的影响

冻结方法	冻结介质的温度/℃	冻结速度顺序	冰结晶的大小		
			长度/μm	宽度/μm	厚度/μm
液氮	-196	（1）	5~15	0.5~5	0.5~5
干冰	-80	（2）	29.2	18.2	6.1
盐水	-18	（3）	29.7	12.8	9.1
平板	-40	（4）	320.0	163.0	87.6
空气	-18	（5）	920.0	544.0	324.4

表 1-1-33　　　　　　　食品的冻结速度对冰晶大小、数量等的影响

冻结速度 -5~0℃通过时间	冰晶体				冰层推进速度 I 与水移动速度 W
	位置	形状	大小（直径×长度）	数量	
5s	细胞内	针状	（1~5）μm×（5~10）μm	极多	$I \gg W$
1.5min	细胞内	杆状	（0~20）μm×（20~50）μm	多数	$I > W$
40min	细胞内	柱状	（50~100）μm×100μm 以上	少数	$I < W$
90min	细胞外	块粒状	（50~200）μm×200μm 以上	少数	$I \ll W$

由表 1-1-33 可以看出，缓慢冻结时，冰结晶大多在细胞的间隙内形成，冰晶量少而粗大。而快速冻结时，冰结晶大多在细胞内形成，冰晶量多而细小。

5. 冻结速度的评价

溶液或液态食品开始冻结时，理论上只有纯溶剂在它的外层周围冻结，并形成脱盐（或较纯）的冰结晶，这就相应提高了冻结层附近的溶质浓度，这样就会在尚未冻结的溶液内产生浓度差和渗透压力差。因此，在浓度差的作用下，溶质就会向溶液中部扩散，而溶剂则在渗透压力差的作用下，逐渐向冻结层附近溶液浓度较高的方向转移。这样，随着冻结过程的进行，溶液或液态食品内不断进行着扩散渗透平衡。随着溶液温度的不断下降，未冻结层内的溶质浓度不断增加。又因为扩散作用是在溶液或液态食品开始冻结后才发生，冻结层分界面的位移速度 $\dfrac{\mathrm{d}x_d}{\mathrm{d}t}$ 必然大于溶质的扩散速度 $\dfrac{\mathrm{d}x_t}{\mathrm{d}t}$。这样，溶质在冻结溶液内的重新分布或分层化，完全取决于冻结层分界面的位移速度和溶质扩散速度的对比关系。冻结层分界面的位移速度越快，冻结溶液内的溶质分布就越均匀，然而在冻结引起扩散的情况下，即使冻结层

分界面高速度地位移，也难以使冻结溶液内的溶质达到完全均匀的分布。冻结层分界面的位移速度越慢，冻结溶液内的溶质分布就越不均匀，同样，即使冻结层分界面非常缓慢地位移，也很难使最初形成的冰晶体达到完全脱盐（或无溶质）的程度。

在食品缓慢冻结的过程中，当温度下降到食品的冻结点时，食品组织细胞间隙内的水分就会首先形成冰结晶，冰结晶附近的溶液浓度增加，与细胞内的汁液形成渗透压力差；同时由于水结成冰，体积膨胀，对细胞会产生挤压作用；另外细胞内汁液的蒸气压大于冰晶体的蒸气压，使细胞内的水分不断地向细胞外转移，这样就会使细胞内的溶液浓度不断增加，细胞内的原生质脱水后形成的高浓度电解质会引起蛋白质胶体溶液的变性作用。在食品冻结过程中从细胞内向细胞间隙内转移的这部分水分会在细胞间隙内冻结成冰晶体，当食品解冻时这些汁液很难被原生质重新吸收回去，从而形成汁液流失。

食品的冻结速度对这些从食品组织细胞内向细胞外转移的水分影响很大。冻结速度快，则食品组织细胞内向细胞外转移的水分少，能使细胞内那些尚处于原来状态的汁液迅速形成冰结晶，从而减少了对冷冻食品品质的影响。

大多数冻结食品只有在全部或几乎全部冻结的情况下，才能保证良好品质。食品内若还有未冻结的核心或部分未冻结区存在，就极易出现色泽、质地和其他方面的变质现象。残留的高浓度的溶液是造成部分冻结食品变质的主要原因。浓缩导致的主要危害大致如下：

（1）溶液中产生溶质结晶，例如冰淇淋冻结时会因为乳糖的浓度太高而产生乳糖结晶，其质地会出现沙粒感。

（2）在高浓度的溶液中若仍有大量的溶质未沉淀出来，蛋白质就会因盐析而变性。

（3）有些溶质呈酸性，浓缩后会使 pH 下降到蛋白质的等电点以下，导致蛋白质凝固。

综上所述，对冻结食品而言，大粒冰结晶和浓缩引起的危害都很大，因此快速冻结是保证冻结食品质量的重要因素。快速冻结的主要优点如下：

（1）食品冻结后形成的冰晶体颗粒小，对食品组织细胞的破坏性也小。

（2）食品组织细胞内的水分向细胞外转移较少，因而细胞内汁液的浓缩程度较小。

（3）食品的温度可以迅速降低到微生物的最低生长温度以下，阻止微生物对食品的分解作用，同时可以迅速降低食品中酶的活性，提高食品的稳定性。

快速冻结对于水果、蔬菜来说特别重要，因为果蔬的细胞壁很脆弱，它们在缓慢冻结时会受到严重损害。动物组织的细胞膜的韧性和弹性都比植物组织的好，肉类对冻结速度的敏感性不像水果、蔬菜那么强。家禽缓慢冻结时，外观容易变成暗黑色；水产品鱼虾类腐败变质速度较快，因此对家禽和水产品也应尽可能快速冻结。

有些食品本身虽不是由细胞构成，但冰结晶的形成对其品质同样有影响，例如冰淇淋的冻结泡沫体。缓慢冻结制成的冰淇淋，冰结晶颗粒大，质地粗糙，不像快速冻结制成的那么细腻，而且大粒冰晶体会破坏冰淇淋内的气泡，使冰淇淋在贮藏过程中出现容积收缩的缺陷。冰结晶颗粒的增大也有积极的一面，例如在果蔬汁的冷冻浓缩中，利用重结晶促进冰晶的成长以利于冰晶与液相分离。

（二）食品的玻璃态及其在冷冻食品中的应用

根据热力学观点，水存在着三种稳定状态：液态、固态和气态。一般来说，水在固态时，是以稳定的结晶态存在的。但在某些特定条件下降温使液态转变为固态时，会出现两种不同的状态——晶态（crystalline）和非晶态（non-crystalline），非晶态又称"无定形态"

（amorphous）。所谓无定形态是指物质所处的一种非平衡、非结晶状态，当饱和条件占优势并且溶质保持非结晶时，此时形成的固体就是无定形态。食品处于无定形态时，其稳定性不会很高，但却具有优良的食品品质。因此，食品冷冻加工的任务就是在保证食品品质的同时使食品处于亚稳态或处于相对于其他非平衡态来说比较稳定的非平衡态。

　　复杂的食品与其他生物大分子（聚合物）往往是以无定形态存在的。在食品冻结和冻藏加工过程中，食品中的水溶性成分容易形成镶嵌着冰晶的"玻璃态"。因此，有必要了解食品原料的玻璃态转化现象及产生的机理。

　　1. 基本概念

　　表观黏度大于 10^{12} Pa·s （水的黏度的 10^{15} 倍）的物质称为固体。自然界中固体主要有两种存在形式：晶体和玻璃体（也称非晶体）。物质中质点（原子、离子或分子及其基团）呈有序排列或具有格子构造特征的称为晶体。物质中质点不作规则排列或只具有"近程有序"，但不具有晶体的"远程有序"的结构特征的称为玻璃体。晶体和玻璃体在宏观上都呈现出固体的特征，具有确定的体积和形状，并对改变体积和形状有阻力。两者的本质区别在于其内部微观质点的排列有无周期性重复，在玻璃态固体材料中，原子、离子或分子的排列是无规则的。如图 1-1-29 所示，从微观角度上看，玻璃态物质的 X 射线散射曲线介于晶体曲线与液体曲线之间，并与液体曲线更相似，玻璃态和液态同属"近程有序，远程无序"的结构，只不过玻璃体比液体"近程有序"程度要高。但玻璃态固体不像液体那样会流动，却像晶体那样能够保持自己的形状。

图 1-1-29　气体、液体、玻璃和晶体的
X 射线散射曲线示意图

θ—散射角　λ—X 射线波长　I—散射线强度

　　液体固化可以通过两种途径实现。图 1-1-30 分别表示了这两条完全不同的固化途径。一是在冷却速率足够低的情况下不连续地固化成晶体，即结晶作用。结晶发生在凝固点（或熔点）温度 T_m，液体向晶体的转化可由晶态固体的体积突然收缩，即 $V-T$ 曲线的不连续来表明，这是经常采用的到达固态的路径。二是在足够高的冷却速率下连续地固化成非晶体（玻璃体），即玻璃化作用。此时液体遵循另一条途径到达固相，即经过 T_m 时并不发生相变，液相一直保持到较低的温度 T_g。这种发生在玻璃态转化温度 T_g 附近的液态向玻璃态的转化过程，并不存在体积的不连续性，而代之以 V（T）曲线的斜率的减小。几乎所有凝聚态物质，包括水和含水溶

图 1-1-30　两种固化途径

1,2—到达非结晶固态的途径,冷却速率 1>冷却速率 2
3—到达结晶态的途径

液都普遍具有玻璃态的形成能力。

由于玻璃态转变是一个非平衡的动力过程，所以玻璃态的形成主要取决于动力学因素，即冷却速率的大小。只要冷却速率"足够快"，且达到"足够低"的温度，几乎所有物质包括水和含水溶液在内的所有凝聚态物质都能从液体过冷到玻璃态固体。这里，"足够低"是指必须冷却到 $T<T_g$，"足够快"是指冷却过程迅速通过 $T_g<T<T_m$ 结晶区的时间必须很短，以至于不发生晶化，即冷却速率要快于结晶的成核速率和晶体的长大速率。实现"足够快"是可能的，因为结晶需要时间，即首先要形成晶化核心（成核过程），然后沿着晶核和液相的界面向外生长（晶核生长过程）。如果在形成临界晶核所需时间之前，温度能够降低到低于 T_g，或者说，冷却速率快于结晶的成核速率和晶体长大速率时，那么过冷液体最终将固化成玻璃体。

如图 1-1-30 所示，当冷却速率 1>冷却速率 2 时，有 $T_{g2}>T_{g1}$，即玻璃态转化温度 T_g 随冷却速率的增快而升高。同样地，加热时玻璃态转化温度 T_g 随加热速率的增快而升高。由此可见，玻璃态转化的动力学特征，不仅表现在非晶态固体的形成取决于"足够快"的冷却速率，而且还表现在玻璃化温度本身随冷却速率的变化而变化。因此，玻璃态转化温度是一个既与热力学有关又与动力学有关的参数。

二组分体系的状态如图 1-1-31 所示。

图 1-1-31　二组分体系的状态

T_m^1—熔点曲线　T_E—低共熔温度　T_m^2—溶解度曲线　T_g—玻璃化相变曲线　T_g^1—最大冷冻浓缩溶液

2. 食品聚合物的存在状态及分子运动模式

食品材料的分子与人工合成聚合物的分子间有着最基本、最普遍的相似性，食品和食品材料是典型的聚合物系统。随着温度由低到高，无定形食品聚合物经历玻璃态、橡胶态、黏流态三个不同的状态。

玻璃态是指既像固体一样具有一定的形状和体积，又像液体一样分子间排列只是"近程有序"，因此它是非晶态或无定形态。橡胶态是指大分子聚合物转变成柔软而具有弹性的固体（此时还未融化）时的状态，分子具有相当的形变，它也是一种无定形态。在受到外力作用时表现出很大形变，外力解除后形变可以恢复。根据链段运动状态的不同，橡胶态的转变过程又可细分为三个区域：①玻璃态转变区；②橡胶态平台区；③橡胶态流动区。黏流态是指大分子聚合物链段和整个分子链均能自由运动，表现出类似一般液体的黏性流动的状态。

不同的存在状态各自表现出不同的分子运动模式，分述如下（图 1-1-32）。

图 1-1-32　大分子聚合物体系温度
与流变性质的关系

G—弹性剪切模量，Pa　η_a—表观黏度，Pa·s

（1）玻璃态　当 $T<T_g$ 时，大分子聚合物的分子热运动能量很低，只有较小的运动单元，如侧基、支链和链节能够在小尺度的空间（即自由体积很小）运动，而分子链和链段均处于被冻结状态，形变很小，类似于坚硬的玻璃，因此称为玻璃态。

（2）玻璃态转变区　当 $T=T_g$ 时，分子热运动能量增加，链段运动开始被激发，玻璃态开始逐渐变到橡胶态，此时大分子聚合物处于玻璃态转变区域。玻璃态转变发生在一个温度区间内而不是在某一个特定的单一温度处。发生玻璃态转变时，食品体系不放出潜热，不发生一级相变，宏观上表现为一系列物理和化学性质的急剧变化，如食品体系的比体积、比热容、膨胀系数、导热系数、折光指数、黏度、自由体积、介电常数、红外吸收谱线和核磁共振吸收谱线宽度等都发生突变或不连续变化。

（3）橡胶态平台区　当 $T_g<T<T_m$ 时，分子的热运动能量足以使链段自由运动，但由于邻近分子链之间存在较强的局部性的相互作用，整个分子链的运动仍受到很大抑制，此时，聚合物柔软而具有弹性，黏度约为 10^7Pa·s，处于橡胶态平台区。橡胶态平台区的宽度取决于聚合物的分子质量，分子质量越大，该区域的温度范围越宽。

（4）橡胶态流动区　当 $T=T_m$ 时，分子热运动能量可使大分子聚合物整个分子链开始滑动，此时的橡胶态开始向黏流态转变，除了具有弹性外，出现了明显的无定形流动性，此时大分子聚合物处于橡胶态流动区。

（5）黏流态　当 $T>T_m$ 时，不仅大分子聚合物链段能自由运动，整个分子链都可以运动，出现类似一般流体的黏性流动，大分子聚合物处于黏流态。

3. 影响食品玻璃化温度的因素

（1）冷却历程对食品玻璃化温度的影响　玻璃化转变温度（T_g）随着冷却速率的变化而变化。冷却速率快，玻璃化转变温度较高；反之，冷却速率慢，则玻璃化转变温度较低。

（2）水对食品玻璃化温度的影响　对亲水性和含无定形区的高聚、低聚和单聚食品，水是一种特别有效的增塑剂。当水增加时，T_g 下降。一般每加入 1% 水，T_g 下降 5~10℃，这是混合物的平均相对分子质量降低导致的。要注意的是，水的存在并不一定产生增塑作用，水必须被吸收至无定形区时才会起作用。

（3）溶质的类型对食品玻璃化温度（T_g 和 T_g'）的影响　食品的玻璃化温度（T_g 和 T_g'）强烈地取决于体系的溶质种类和含水量，而观察到的 T_g' 则主要取决于溶质种类和仅稍微取决于最初的含水量。当相对分子质量较小时（<3000），食品的玻璃化温度（T_g 和 T'_g）随相对分子质量的提高而提高。当相对分子质量较大时（>3000），食品的玻璃化温度（T_g 和 T'_g）与相对分子质量无关。

4. 玻璃化温度与食品稳定性

玻璃态物质的黏度非常高，可以阻止所有分子的流动，控制各种变化。但对于混合组分形成的玻璃态，一些构成玻璃态的小分子物质仍然可以发生扩散作用，不过，由于此时分子的移动速率非常慢，所以大多数化学反应一般可忽略，但有些反应（如脂类的氧化反应），还可以缓慢地进行。由于食品在玻璃态时具有很高的黏度，未冻结的水分子被高黏度的食品体系所束缚，因此，这种水分不具有反应活性，使整个食品体系以不具有反应活性的非结晶性固体形式存在。因此，当食品温度在 T_g 以下时具有高度的稳定性。此时，食品的稳定性可采用（$T-T_g$）表示。其值越大，则稳定性越小；其值越小，则稳定性越大。

冷冻能有效保藏食品主要来自低温而不是冰的形成。对于存在细胞结构的食品和食品凝胶，冷冻将会出现两个非常不利的后果，其一，水转化为冰后，其体积会相应增加 9%；其二，在非冷冻相中非水组分被浓缩（处于商业上采用的所有保藏温度下的食品都含有非冷冻相）。

但是，当在食品的冷冻操作中，如果降温速度足够快，且温度足够低（低于 T_g），则食品中的水就会形成玻璃态，而不会形成冰晶，从而避免冷冻处理所造成的上述两个问题。因此，在食品的冷冻处理时，采用低于食品的玻璃化转化温度（T_g）的低温对于食品的品质至关重要。一些食品的 T_g 值如表 1-1-34 所示。由表可知，大部分食品的玻璃化转化温度都小于-18℃，高于-45℃，因此，当食品采用速冻时，大部分水分可形成玻璃态，并有一部分冰晶共存，但当食品于-18℃贮藏时，由于温度高于玻璃化转化温度，因此，水分会由玻璃态逐渐向冰晶转化，从而使食品品质逐渐劣化。

表 1-1-34　　　　　　　　　　　食品的玻璃化转化温度

食品	T_g/℃	食品	T_g/℃
果汁		新鲜蓝莓	-41
柑橘（各种试样）	-37.5±1.0	草莓表皮	-41 和-32
菠萝	-37	桃	-36
梨	-40	香蕉	35
苹果	-40	苹果（红元帅）	-42
梅	-41	苹果（Granny Smith）	-41
白葡萄	-42	蔬菜（新鲜或冷冻）	
柠檬（各种试样）	-43±1.5	番茄（新鲜，果肉）	-41
水果（新鲜）		甜玉米（新鲜胚乳）	-15
斯帕克尔草莓（心）	-41	甜玉米（超市新鲜）	-8
斯帕克尔草莓（边缘部分）	-39 和-33	热烫甜玉米	-10
斯帕克尔草莓（中间部分）	-38.5 和-33	马铃薯（新鲜）	-12
其他品种的草莓	-33 和-41	菜花（冷冻茎）	-25

续表

食品	T_g/℃	食品	T_g/℃
豌豆（冷冻）	-25	意大利波罗伏洛干酪	-13
青刀豆（冷冻）	-27	奶油干酪	-33
冬季菜花（茎、冷冻）	-27	鱼	
冬季菜花（头、冷冻）	-12	鳕鱼肌肉[1,2]	-11.7±0.6
菠菜（冷冻）	-17	鳕鱼肌肉（水不可溶部分）[1,3]	-6.3±0.1
冷冻甜食		鲽鱼肌肉[1,2]	-12.4±0.2
冰淇淋（香草）	-33~-31	鲽鱼肌肉（水不可溶部分）[1,3]	-7.5±0.4
冰奶冻（香草、软）	-31~-30	牛肉肌肉[1,3]	-12.0±0.3
干酪			
契达干酪	-24		

注：[1]采用 DSC 测定：将试样在-15℃回火 1h 后，以 5℃/min 的速度从-60℃扫描至 25℃。

[2]4 次重复测定平均值±SD。

[3]2 次重复测定平均值±SD。

5. 食品玻璃化温度的测定方法

食品玻璃化温度主要的测定方法包括：差示扫描量热法（DSC 法）、动态力学分析法（DMA 法）、动态力学热分析法（DMTA 法）。另外，热机械分析（TMA）、热高频分析（TDEA）、热刺激流（TSC）、松弛图谱分析（MA）、光谱法、电子自旋共振谱（ESR）、核磁共振（NMR）、磷光光谱法、高频光谱法等同样可以测定食品的玻璃化温度。

（三）食品在冻结时的变化

对冻结食品质量能产生较大影响的工艺条件主要有两个：冻结温度和冻结速度。

冻结食品的温度不能任意选择，对食品进行冻结必须选择一个合适的温度条件，冻结食品的终温确定需要考虑以下几个方面的因素。

（1）食品质量的安全性　有些嗜冷性微生物在-8℃下仍能缓慢生长；有些酶类在-10~-7℃水分没有完全冻结的条件下仍有活性；有些非酶变化在低温下仍能进行。从这些方面考虑，冻结温度越低，食品质量的安全性越有保障。

（2）冻藏、进出货及转运过程中温度波动　正常情况下冷库允许温度波动±1℃，在大批量的出货、进货或者货物转运情况下冷库允许温度波动±5℃，从这些方面考虑，冻结温度越低也同样能防止温度波动造成食品的不耐贮藏。

食品在冻结时由于水结成了冰晶，可能会引起的变化包括物理变化、化学变化、组织变化、生物和微生物的变化等。

1. 物理变化

（1）体积膨胀、产生内压　水在 4℃时体积最小，因而密度最大，为 1000kg/m³。如果把 4℃时的单位质量的水的体积定为 1，当高于或低于 4℃时单位质量的水的体积都要增大。0℃时水结成冰，其体积会增大至 4℃时水的 1.09 倍，约增加 9%，在食品中体积约增加 6%。不同温度时水和冰的比体积如表 1-1-35 所示。冰的温度每下降 1℃，其体积收缩 0.005%~

0.01%。即使温度降低至-185℃，也远比4℃时水的体积要大得多。二者相比，膨胀比收缩大得多，所以含水量高的食品冻结时体积会膨胀。比如牛肉的含水量为70%，水分冻结率为95%，则牛肉的冻结膨胀率为：0.70×0.95×0.09＝0.060或6.0%。

表1-1-35　　　　　　　　　　　　水和冰在不同温度时的比体积

状态	温度/℃	比体积/（m³/kg）	状态	温度/℃	比体积/（m³/kg）
水	100	1.043430×10⁻³	水	0	1.000132×10⁻³
水	20	1.000273×10⁻³	冰	0	1.090000×10⁻³
水	4	1.000000×10⁻³	冰	-185	1.085300×10⁻³

食品冻结时，首先是表面水分结冰，然后冰层逐渐向内部延伸。当内部的水分因冻结而体积膨胀时，会受到外部冻结层的阻碍，于是产生内压，即冻结膨胀压，纯理论计算其数值可高达8.7MPa。当外层受不了这样的内压时就会破裂，逐渐使内压消失。在采用温度很低的液氮冻结，食品的厚度较大时产生的龟裂就是此内压造成的。图1-1-33是厚27cm的牛肉在-37℃的冷空气中冻结时的冻结曲线与冻结膨胀压曲线。

从图1-1-33上可以看出，当食品通过-5～-1℃冰结晶最大生成带时，冻结膨胀压升高到最大值。外部肉质抵抗不住此压力时会产生龟裂，内压迅速下降。当食品厚度大、含水量高、表面温度下降极快时易产生龟裂。日本为了防止因冻结内压引起冻品表面的龟裂，在用-40℃的氯化钙盐水浸渍或喷淋冻结金枪鱼时，采用均温处理的二段冻结方式，先将鱼体降温至中心温度接近冻结点，取出放入-15℃的空气或盐水中使鱼体各部位温度趋于均匀，然后再用-40℃的氯化钙盐水浸渍或喷淋冻结至终点，可防止鱼体表面龟裂现象的发生。

此外，冻结过程中水变成冰晶后，体积膨胀使体液中溶解的气体从液相中游离出来，加大了食品内部的压力。冻结鳕鱼肉的海绵化，就是由于鳕鱼肉的体液中含有较多的氮气，随着水分冻结的进行成为游离的氮气，其体积迅速膨胀产生的压力将未冻结的水分挤出细胞外，在细胞外形成冰结晶。这种细胞外的冻结，使细胞内的蛋白质变性而失去保水能力，解冻后不能复原，成为富含水分并有很多小孔的海绵状肉质。严重的时候，用刀子切开后其肉的断面像蜂巢，食味变淡。

图1-1-33　牛肉冻结时的冻结曲线
与冻结膨胀压曲线

K—肉中心部分的冻结曲线　E—空气温度曲线
P—冻结膨胀压曲线　S—肉表面冻结曲线

（2）物理特性的变化

①比热容：比热容是单位质量的物体温度升高或降低1℃（或1K）所吸收或放出的热量。在一定压力下水的比热容为4.18kJ/（kg·℃），冰的比热容为2.0kJ/（kg·℃）。冰的比热容约是水的1/2。

食品的比热容随含水量而异，含水量多的食品比热容大，含脂量多的食品比热容小。对一定含水量的食品，冻结点以上的比热容要比冻结点以下的大，如表1-1-36所示。比热容大的食品在冷却和冻结时需要的冷量大，解冻时需要的热量也多。

表1-1-36　　　　　　　　　　常见食品的比热容

食品种类	含水量/%	比热容/［kJ/（kg·℃）］	
		冻结点以上	冻结点以下
肉（多脂）	50	2.51	1.46
肉（少脂）	70~76	3.18	1.71
鱼（多脂）	60	2.84	1.59
鱼（少脂）	75~80	3.34	1.80
鸡（多脂）	60	2.84	1.59
鸡（少脂）	70	3.18	1.71
鸡蛋	70	3.18	1.71
牛乳	87~88	3.93	2.51
稀奶油	75	3.55	2.09
奶油	10~16	2.68	1.25
水果蔬菜	75~90	3.34~3.76	1.67~2.09

食品比热容的近似计算公式（Siebel式）为：

$$c_f = 3.35\omega + 0.84 \quad （冻结点以上） \tag{1-1-16}$$

$$c_f' = 1.26\omega + 0.84 \quad （冻结点以下） \tag{1-1-17}$$

式中　ω——食品中水分的含量。

该近似计算式的计算值与实测值有很好的一致性。但在食品冻结过程中，随着时间的推移，冻结率在不断变化，会对食品的比热容带来影响。因此需要根据食品的品温求出冻结率，对比热容进行修正。

②热导率：构成食品主要物质的热导率如表1-1-37所示。水的热导率为0.6W/（m·℃），冰的热导率为2.21W/（m·℃），约为水热导率的4倍。其他成分的热导率基本上是一定的，但因为水在食品中的含量是很高的，当温度下降，食品中的水分开始结冰的同时，热导率就变大，食品的冻结速度加快。

表 1-1-37　　　　　　　　食品构成物质的密度与热的特性

物质	密度/（kg/m³）	比热容/[kJ/（kg·℃）]	热导率/[W/（m·℃）]	物质	密度/（kg/m³）	比热容/[kJ/（kg·℃）]	热导率/[W/（m·℃）]
水	1000	4.182	0.60	糖类	1550	1.57	0.25
冰	917	2.11	2.21	无机物	2400	1.11	0.33
蛋白质	1380	2.02	0.20	空气	1.24	1.00	0.025
脂肪	930	2.00	0.18				

　　冻结食品解冻时，冰层由外向内逐渐融化成水，热导率减少，热量的移动受到抑制，解冻速度就变慢。食品的热导率还受含脂量的影响，含脂量高则热导率小。此外，热导率还与热流方向有关，当热的移动方向与肌肉组织垂直时热导率小，平行时则大。

　　（3）体液流失　食品经过冻结、解冻后，内部冰晶融化成水，如不能被组织、细胞吸收恢复到原来的状态，这部分水分就分离出来成为流失液。流失液不仅是水，还包括溶于水的成分，如蛋白质、盐类、维生素类等。体液流失使食品的质量减少，营养成分、风味也受损失。因此，流失液的产生率成为评定冻品质量的指标之一。

　　解冻时水分不能被组织吸收，是因为食品中的蛋白质、淀粉等成分的持水能力，因冻结和冻藏中的不可逆变化而丧失，由保水性变成脱水性所致。体液的流出是由于食品组织在冻结过程中产生冰结晶受到的机械损伤所造成的。损伤严重时，食品组织间的空隙大，内部冰晶融化的水通过这些空隙向外流出；机械损伤轻微时，内部冰晶融化的水因毛细管作用被留在肉质中，加压时才向外流失。冻结时食品内物理变化越大，解冻时体液流失也越多。

　　一般来说，如果食品原料新鲜，冻结速度快，冻藏温度低且波动小，冻藏期短，则解冻时流失也少。若含水量多，流失液也多。如鱼和肉比，鱼的含水量高故流失液也多。叶菜类和豆类相比，叶菜类流失也多。经冻结前处理如加盐、糖、磷酸盐时流失液少。食品原料切得越细小，流失液也越多。

　　（4）干耗　食品冻结过程中，因食品中的水分从表面蒸发，造成食品的质量减少，俗称"干耗"。干耗不仅会造成企业很大的经济损失，还给冻品的品质和外观带来影响。例如日宰2000 头猪的肉联厂，干耗以 2.8% 或 3% 计算，年损失 600 多 t 肉，相当于 15000 头猪。

　　干耗发生的原因是冻结室内空气的水蒸气分压小于食品表面的水蒸气分压，在蒸气压差的作用下食品表面水分向空气中蒸发，食品表面层水分蒸发后内层水分在扩散作用下向表面层移动。由于冻结室内的空气连续不断地经过蒸发器，空气中的水蒸气凝结在蒸发器表面，减湿后常处于不饱和状态，所以冻结过程中干耗在不断进行着。

　　食品冻结过程中的干耗可用下式表示：

$$q_m = \beta A(p_f - p_a) \tag{1-1-18}$$

式中　q_m——单位时间内的干耗量，kg/h；

　　　β——蒸发系数，kg/（h·m²·Pa）；

　　　A——食品的表面积，m²；

　　　P_f——食品表面的水蒸气压，Pa；

　　　P_a——空气的水蒸气压，Pa。

式（1-1-18）表明，蒸气压差大，表面积大，则冻结食品的干耗也大。如果用不透气的包装材料将食品包装后冻结，由于食品表面的空气层处于饱和状态，蒸气压差减小，就可减少冻结食品的干耗。

此外，冻结室中的空气温度和风速对食品干耗也有影响。空气温度低，相对湿度高，蒸气压差小，食品的干耗也小。故降低冻结室的温度可减少食品的冻结干耗。一般风速加大，干耗增加。但如果冻结室内是高湿、低温，加大风速可提高冻结速度，缩短冻结时间，食品也不会过分干耗。

2. 组织变化

蔬菜、水果类植物性食品在冻结前一般要进行烫漂或加糖等前处理工序，因为植物组织在冻结时受到的损伤要比动物组织大。

植物细胞的构造与动物细胞不同。植物细胞内有大的液泡，它使植物组织保持高的含水量，但结冰时因为含水量高，对细胞的损伤大。植物细胞的细胞膜外还有以纤维素为主的细胞壁，而动物细胞只有细胞膜，细胞壁比细胞膜厚又缺乏弹性，冻结时容易被胀破，使细胞受损伤。此外，植物细胞与动物细胞内的成分不同，特别是高分子蛋白质、碳水化合物含量不同，有机物的组成也不一样。由于这些差异，在同样的冻结条件下，冰结晶的生成量、位置、大小、形状不同，造成的机械损伤和胶体损伤的程度也不同。

新鲜的水果、蔬菜等植物性食品是具有生命力的有机体，在冻结过程中其植物细胞会被致死，这与植物组织冻结时细胞内的水分变成冰结晶有关。当植物冻结致死后，因氧化酶的活性增强而使果蔬褐变。为了保持原有的色泽，防止褐变，蔬菜在速冻前一般要进行烫漂处理，而动物性食品因是非活性细胞则不需要此工序。

3. 化学变化

（1）蛋白质冻结变性　鱼、肉等动物性食品中，构成肌肉的主要蛋白质是肌原纤维蛋白质。在冻结过程中，肌原纤维蛋白质会发生冷冻变性，表现为盐溶液蛋白质的溶解度降低、ATP酶活性减小、盐溶液的黏度降低、蛋白质分子产生凝集使空间立体结构发生变化等。蛋白质变性后的肌肉组织，持水力降低、质地变硬、口感变差，作为食品加工原料时，加工适宜性下降。如用蛋白质冷冻变性的鱼肉作为加工鱼糜制品的原料，其产品缺乏弹性。

蛋白质发生冷冻变性的原因目前尚不十分清楚，但可认为主要是由下列的一个或几个原因共同造成的。

①冻结时食品中的水分形成冰结晶，被排除的盐类、酸类及气体等不纯物就向残存的水分移动，未冻结的水分成为浓缩溶液。当食品中的蛋白质与盐类的浓缩溶液接触后，就会因盐析作用而发生变性。

②慢速冻结时，肌细胞外产生大冰晶，肌细胞内的肌原纤维被挤压，集结成束，并因冰晶生成时蛋白质分子间失去结合水，肌原纤维蛋白质互相靠近、蛋白质的反应基团互相结合形成各种交联，因为发生凝集。

③脂类分解的氧化产物对蛋白质变性有促进作用。脂肪水解产生游离脂肪酸，但很不稳定，其氧化结果产生低级的醛、酮的产物，促使蛋白质变性。脂肪的氧化水解是在磷脂酶的作用下进行的，此酶在低温下活性仍很强。

④鳕鱼、狭鳕等鱼类的体内存在特异的酶的作用，它能将氧化三甲胺分解成甲醛和二甲基苯胺。甲醛会促使鳕鱼肉的蛋白质发生变性。

上述原因是互相伴随发生的，通常因食品种类、生理条件、冻结条件不同，而由其中一个原因起主导作用。

（2）变色　食品冻结过程中发生的变色主要是冷冻水产品的变色，从外观上看通常有褐变、黑变、褪色等现象。水产品变色的原因包括自然色泽的分解和产生新的变色物质两方面。自然色泽被破坏，如红色鱼皮的褪色、冷冻金枪鱼的变色等；产生新的变色物质，如虾类的黑变、鳕鱼肉的褐变等。变色不但使水产品的外观变差，有时还会产生异味，影响冻品的质量。

4. 生物和微生物的变化

（1）生物　生物是指小生物，如昆虫、寄生虫之类，经过冻结都会死亡。牛肉、猪肉中寄生的无钩绦虫、有钩绦虫等的包囊在冻结时都会死亡。猪肉中的旋毛虫的幼虫在-15℃下20d后死亡。大马哈鱼中的裂头绦虫的幼虫在-15℃下5d死亡。由于冻结对肉类所带有的寄生虫有杀死作用，有些国家对肉的冻结状态作出规定，如美国对冻结猪肉中旋毛虫的幼虫规定了温度和时间条件，如表 1-1-38 所示。联合国粮农组织（FAO）和世界卫生组织（WHO）共同建议，肉类寄生虫污染不严重时，须在-10℃温度下至少储存 10d。

表 1-1-38　　　　　　　　　　杀死猪肉中旋毛虫的幼虫温度和时间条件

肉的厚度/cm	时间/d		
	-15℃	-23.3℃	-29℃
<15	20	10	6
15~68	30	20	16

日本人有吃生鱼片的习惯。在荷兰，人们也常生吃鲱鱼。为了杀死鱼肉中寄生虫的幼虫，荷兰以法律的形式规定，用于生吃的鱼，厂商须履行在-20℃条件下冻结24h的义务。

（2）微生物　引起食物腐败变质的微生物有细菌、霉菌和酵母，其中与食品腐败和食物中毒关系最大的是细菌。微生物的生长、繁殖需要一定的环境条件，温度就是其中一个重要条件。当温度低于最适温度时，微生物的生长受到抑制；当温度低于最低温度时，微生物即停止繁殖。引起食物中毒的细菌一般是中温菌，在 10℃ 以下繁殖缓慢，4.5℃ 以下停止繁殖。霉菌和鱼类的腐败菌一般是低温菌，在 0℃ 以下繁殖缓慢，-10℃ 以下停止繁殖。

冻结阻止了微生物的生长、繁殖。食品在冻结状态下贮藏，冻结前污染的微生物数随着时间的延长会逐渐减少，但冻结不能杀死污染的微生物，只要温度回升，微生物就很快繁殖起来。所以食品冻结前要尽可能减少细菌污染，才能保证冻结的质量。

食品在-10℃时大部分水已冻结成冰，剩下的溶液浓度增高，水分活性降低，细菌不能繁殖。所以-10℃对冻结食品来说是最高的温度界限。国际冷冻协会（IIR）建议为防止微生物繁殖，冻结食品必须在-12℃以下贮藏。为防止酶及物理变化，冻结食品的冻藏品温必须低于-18℃。

冻结阻止了细菌的生长、繁殖，但由于细菌产生的酶和食品自身的酶还有活性，尽管活性很小可是还有作用，它使生化过程仍然缓慢进行，降低了食品的品质，所以冻结食品的贮藏仍有一定期限。

（四）食品冻结装置

用于食品的冻结装置多种多样，按使用的冷却介质以及与食品的接触状况可分为四类：吹风冻结装置、平板冻结装置、低温液体冻结装置和超低温液体冻结装置。

1. 吹风冻结装置

用冷空气作为冷却介质对食品进行冻结是现在应用最广泛的冻结方法。空气的热导率小，空气与食品之间的对流传热系数也小，因此食品在冷空气中冻结的时间较长。增大风速能使对流传热系数提高，从而提高冻结速度、缩短冻结时间。吹风冻结装置内的空气温度为 $-46 \sim -23℃$，风速为 $3 \sim 10m/s$。吹风冻结装置包括隧道式冻结装置、传送带式冻结装置、螺旋带式冻结装置和流态化冻结装置。

图 1-1-34　隧道式冻结装置

（1）隧道式冻结装置　这是一种多用途的冻结装置（图 1-1-34），它特别适用于产品繁多的生产单位。典型的产品有纸盒装的全鸡、菠菜和炖肉等包装产品，以及肉馅饼、肉丸等无包装产品。

如图 1-1-34 所示，被冻食品放在托盘内，托盘放在带轮子的搁架车上，每辆车上有 2×20 个托盘。搁架车由液压推动机构在轨道上依次推进冻结隧道。位于冷却器上的风机使冷空气向下流经搁架车上的食品，与食品热交换过的空气从搁架车上折回到风机处。当搁架车离开冻结隧道后，可将冻好的食品从托盘中取出，把搁架车送回装料站。

（2）传送带式冻结装置　这是一种连续式的冻结装置（图 1-1-35），适用于场地狭小的工厂，其典型产品是鱼条、鱼块、各种土豆制品等。

图 1-1-35　传送带式冻结装置

这种冻结装置是利用垂直冷气流强制通过食品，与之进行良好的热交换。由生产线来的食品应厚薄均匀地加到最上层的传送带上，否则在食品分布较薄处冷空气的阻力较小，大部分气流将由此通过，造成所谓气流短路。冻结装置内的空气强度为-40~-35℃，食品由进料口输入该装置的最上层传送带，经受冷气流的快速冷却，到该层末端时跌到第二层传送带上，又往回传送，逐渐冻结，到末端滑入第三层传送带上，直至冻好后从出料滑槽输出。

（3）螺旋带式冻结装置　这也是一种连续冻结装置（图1-1-36），适用于冻结时间为10~180min的各种食品，如肉馅饼、鱼糕、鱼条、鸡块、鱼块、盘菜、水果馅饼、汉堡、炸鸡、纸杯冰淇淋等，该装置占地面积小。

如图1-1-36所示，被冻食品直接放在传送带上，根据需要也可采用冻结盘（铝盘、塑料盘或纸盘），食品随着传送带进入冻结装置后，由下盘旋传动而上，并在传送过程中冻结，冻好的食品从出料口排出。由于传送带是连续的，它从出料口又折回到进料口。这种冻结装置的传送带的上升角度为2°，几乎接近水平。这种冻结装置有一个别出心裁的冷风循环系统，冷风可垂直向下吹过所有各层传送带，且直接从食品表面吹过，其干耗比一般冻结装置减少约50%。

图1-1-36　螺旋带式冻结装置

（4）流态化冻结装置　这是一种专用于食品单体速冻的装置（图1-1-37），所谓单体速冻是把食品一个个地冻结，而不互相冻成一团，冻品的质量好，分装和销售都比较方便。

如图1-1-37所示，在隔热的壳体中设置了长条形的金属制槽道，槽道底面开有许多小孔。槽道的侧面或下方设有蒸发器组和离心风机，-30℃左右的冷风以6~8m/s的风速从槽底小孔吹出，置于槽道内的待冻食品（形状和大小应比较均匀）被上升的冷气流吹动，悬浮在气流中而彼此分离，呈翻滚浮游状态，出现流态化现象。在一定的风速下，冷空气形成气垫，悬浮的食品颗粒好像流体般自由流动，当食品从进料口加入槽道后（槽道向出料口倾斜），就向低的一端移动，于是食品就在这低温气流中一边移动一边冻结。由于食品在冻结过程中呈悬浮分离状态，因而实现了单体速冻。

这种冻结装置适用于直径约40mm或长约125mm的食品，如豌豆、豆角、胡萝卜丁、整蘑菇或蘑菇片以及切成块、片、条状的蔬菜、草莓、蓝莓、无核小红葡萄、苹果片和菠萝片、炸土豆条、虾仁、肉丁和米饭等。

图1-1-37　流态化冻结装置

2. 平板冻结装置

平板冻结装置是以若干块平板蒸发器为主体组成的冻结设备（图 1-1-38）。它的工作原理是将食品放在各层金属平板之间，并借助油压系统使平板与食品紧密接触，此空心金属平板的通道内流动着低温工质（氨、氟利昂或盐水），由于金属平板有良好的导热性能，被夹紧的食品可被迅速冻结。当食品两面加压时（接触压力一般为 $6.865\times10^{3}\sim2.942\times10^{4}Pa$），其表面传热系数为 92.9~174.3W/（m²·K）。

图 1-1-38　卧式平板冻结装置

（1）冻结前　（2）冻结时

1—冷却板　2—螺栓　3—底栓　4—活塞　5—水压升降机　6—包装食品　7—板架

平板冻结装置主要适用于分割肉、鱼类、虾及其他小包装食品等的快速冻结。对厚度小于 50mm 的食品来说，冻结快、干耗小，冻品质量高。平板冻结装置有卧式和立式的两种，卧式平板冻结装置的冻结平板是水平安装的，一般有 6~16 块平板。立式平板冻结装置的平板直立平行排列，一般有 20 块平板。现在国外已创制出各种自动装卸料的平板冻结装置，降低了劳动强度，并提高了劳动生产率。

3. 低温液体冻结装置

低温液体的传热性能很好，液态介质还能和形态不规则的食品如龙虾、蘑菇等密切接触，冻结速度很快，若对低温液体再加以搅拌，则冻结速度还可进一步提高。

常用的低温液体有氯化钠、甘油和丙二醇溶液。例如 23% 的氯化钠溶液，温度可降低至 -21℃ 还不会冻结。盐水静止时的对流传热系数 $h=232.3$ ［W/（m²·K）］，流动时 $h=232.6+1419\upsilon$ ［W/（m²·K）］，其中 υ 为盐水流速（m/s）。

法国曾研制成一种独特的盐水冻结装置，如图 1-1-39 所示。该装置由玻璃钢制成，避免了腐蚀；冻结速度快，当盐水温度为 -20~-19℃ 时，对 25~40 条/kg 的沙丁鱼从初温 4℃ 冻至 -13℃，仅需 15min。

如图 1-1-39 所示，鱼在进料口同输送来的经过盐水冷却器冷却的冷盐水一起进入冻结器的底部，经冻结后的鱼因为相对密度减轻而上浮，随盐水流向冻结器的上部，由出料机构将鱼送至滑道，在这里鱼和盐水分离，冻好的鱼从出料口出去。盐水则进入除鳞器，除去鳞片等杂物后进入盐水冷却器中再冷却。

图 1-1-39　连续式盐水冻结装置

1—冻结器　2—冻鱼出料口　3—滑道(分离器)　4—进料口　5—盐水冷却器　6—除鳞器　7—盐水泵

使用这种盐水冻结装置，鱼体未冻结前会被盐水渗透，鱼体冻结后冰层会阻止盐的渗透。冻结速度越快，这种渗透就越少，咸味仅在 1~2mm 的表面层。

4. 超低温液体冻结装置

这种方法是采用沸点非常低的液化气体，如沸点为 -195.8℃ 的液氮和沸点为 -78.9℃ 的液态二氧化碳对食品进行冻结。

液氮的汽化潜热为 198.6kJ/K，质量热容为 1.033kJ/(kg·K)。每千克液氮与食品接触时可吸收 198.6kJ 的蒸发潜热，若再升温至 -20℃，还可吸收 181.6kJ 的显热，两者合计可吸收 380.2kJ 的热量。液态二氧化碳在大气压下于 -78.9℃ 蒸发沸腾，每千克可吸收 574.3kJ 的潜热。如蒸发后温度再上升到 -20℃，以质量热容 0.84kJ/(kg·K) 计算，还可吸收 49.5kJ 的显热，二者合计可吸收 623.8kJ 的热量。

液氮冻结装置呈隧道状，中间是不锈钢丝制的网状传送带，隧道外以聚氨酯泡沫塑料隔热（图 1-1-40）。待冻食品从传送带输入端输入，依次经过预冷区、冻结区和均温区，从另一端输出。在预冷区，搅拌风机使 -10~-5℃ 的氮与食品接触，预冷食品。排气风机则使氮气与食品的移动方向呈逆向流动，以充分利用氮气的冷量。食品进入冻结区后，受到雾化管喷出的雾化液氮喷淋而被冻结。液氮在冻结室外以 34.3kPa 的压力送入冻结区。在设计时必须保证液氮呈液滴状而不是呈气态和食品接触。食品通过均温区时，其表面和中心温度渐趋均匀一致。5cm 厚的食品经 10~30min 即可完成冻结，其表面温度为 -30℃，中心温度达 -20℃，每千克食品冻结的液氮耗用量为 0.7~1.1kg。液氮的冻结速度极快，在食品表面与中心会产生极大的瞬时温差，过厚的食品易造成龟裂，所以食品厚度一般应小于 10cm。

液氮冻结装置构造简单、使用寿命长，可实现超快速冻结，而且食品几乎不发生干耗，不发生氧化变色，适宜于冻结个体小的食品，但冻液的成本高。

图 1-1-40　喷淋式液氮冻结装置

二、　食品的冻藏

食品的冻藏指的是将经过冻结的食品放在低于食品的冻结点的某一合适温度下贮藏。

在贮藏期间已失去生命的食品，例如已屠宰的牲畜，属于死体。这类食品已失去免疫力，无法抵抗外界微生物的侵袭；同时由于机体死亡，组织内的自溶分解酶发挥作用，很容易导致这类食品在短期内分解变质。对于这类食品，冷却冷藏只是短期贮藏的手段。要达到长期贮藏的目的，就必须对这类食品进行冻结冻藏。也就是说，只有足够的低温（低于食品的冻结点）才能长期保藏这类食品。

（一）食品冻藏的技术管理

食品冻藏的技术管理主要是根据食品的种类、贮藏期的长短等选择合适的冻藏温度。在通常情况下，冻藏室的温度要保持在-18℃以下，温度波动不得超过1℃，在大批冻藏食品进出冻藏室过程中，冻藏室内的温度升高不得超过4℃。

食品短期冻藏的适宜温度一般为-18～-12℃，长期冻藏的适宜温度一般为-23～-18℃。含脂肪的食品冻藏时，温度一般宜在-23℃以下。经过冻结的食品进入冻藏室时，其平均温度应与冻藏温度相同，以免冻藏温度的回升。

如果将食品冻结到-18℃以下并在该温度下冻藏，能较好地保持食品的原始品质，并获得合适的贮藏期。有不少的方法能将食品冻结到-29℃甚至更低一些，费用也不贵，可是在贮藏、运输和销售过程中要维持-29℃以下的温度，则费用昂贵，所以实际上通常选用-18℃左右的冻藏温度。

冻结食品在冻藏时的质量管理，不仅要注意贮藏期（因为贮藏时间越长，冻品的品质降低量的累积也越多），更重要的是要注意冻藏温度及其波动对冻品质量的影响。从某种意义上来说，冻藏温度及其稳定性对冻品质量的影响不亚于冻结速度对冻品质量的影响。

（二）食品在冻藏时的变化

经过低温速冻后的食品必须在较低的温度下冻藏起来，才能有效保证其冻结时的高品质。冻结食品一般在-18℃以下的冻藏室中储藏。由于食品中90%以上的水分已冻结成冰，微生物已无法生长繁殖，食品中的酶也已受到很大的抑制，故可较长时间储藏。但是在冻藏过程中，由于冻藏条件的变化，比如冻藏温度的波动，冻藏期又较长，在空气中氧的作用下还会使食品在冻藏过程中缓慢地发生一系列的变化，使冻藏食品的品质有所下降。储藏时间对冷冻产品的结构和特性的影响是至关重要的。

1. 干耗与冻结烧

在冻藏室内，由于冻结食品表面的温度、室内空气温度和空气冷却器蒸发管表面的温度三者之间存在着温度差，形成了水蒸气压差，冻结食品表面如高于冻藏室内空气的温度，冻结食品进一步被冷却，同时由于存在水蒸气压差，冻结食品表面的冰结晶升华，这部分含水蒸气较多的空气，吸收了冻结食品放出的热量，密度减小向上运动，当流经空气冷却器时，就在温度很低的蒸发管表面水蒸气达到露点和冰点，凝结成霜。冷却并减湿后的空气因密度增大而向下运动，当遇到冻结食品时，因水蒸气压差的存在，食品表面的冰结晶继续向空气中升华。

这样周而复始，以空气为介质，冻结食品表面出现干燥现象，并造成质量损失，称为干耗。冻结食品表面冰晶升华需要的升华热是由冻结食品本身供给的，此外还有外界通过围护结构传入的热量。冻藏室内电灯、操作人员发出的热量等也供给热量。

当冻藏室的围护结构隔热不好、外界传入的热量多，冻藏室内收容了品温较高的冻结食品、冻藏室内空气温度变动剧烈、冻藏室内蒸发管表面温度与空气温度之间温差太大，冻藏室内空气流动速度太快等都会加剧冻结食品的干耗现象。开始时仅仅在冻结食品的表面层发生冰晶升华，食品表面出现脱水多孔层不断加深，造成质量损失，而且冰晶升华后留存的细微空穴大大增加了冻结食品与空气的接触面积。在氧的作用下，食品中的脂肪氧化酸败，表面发生黄褐变，使食品的外观损坏，食味、风味、质地、营养价值都变差，这种现象称为冻结烧。

冻结烧部分的食品含水量非常低，接近2%~3%，断面呈海绵状，蛋白质脱水变性，并易吸收冻藏库内的各种气味，食品质量严重下降。

为了减少和避免冻结食品在冻藏中的干耗与冻结烧，在冷藏库的结构上要防止外界热量的传入，提高冷库外墙围护结构的隔热效果。国外夹套冷库可以使由外围结构传入的热量在夹套中及时被带走，不再传入库内，使冻藏室的温度保持稳定。

对一般冷库来讲，要维护好冷库的外围结构，减少外界热量传入；将冷库的围护结构外表面刷白，减少进入库内的辐射热量；维护好冷藏门和风幕，在库门处加挂棉门帘或硅橡胶门帘，减少从库门进入的热量，减少开门的时间和次数，减少不必要进入库房的次数，库内操作人员离开时要随手关灯，减少外界热量的流入。在冷库内要减少库内温度与冻品温度和空气冷却器之间的温差，合理的降低冻藏室内的空气温度和保持冻藏室较高的相对湿度，温度和湿度不应有大的波动。

对于食品本身来讲，其性质、形状、表面积大小等对干耗与冻结烧都会产生直接的影响，但很难使它改变。从工艺控制角度出发，可采用加包装或镀冰衣和合理堆放的方法。冻结食品使用包装材料的目的通常有三个方面：卫生、保护表面和便于解冻。

包装通常有内包装和外包装之分，对于冻品的品质保护来说，内包装更为重要。由于包装把冻结食品与冻藏室的空气隔开，就可防止水蒸气从冻结食品中移向空气，抑制了冻品表面的干燥。为了达到良好的保护效果，内保护材料不仅应具有防湿性、气密性，还要求在低温下柔软，具有一定的强度和安全性。常用的内包装材料有聚乙烯、聚丙烯、聚乙烯-玻璃纸、聚乙烯-聚酯、聚乙烯-尼龙、铝箔等。食品包装时，内包装材料要尽量紧贴冻品，如果两者之间有空气间隙，水蒸气蒸发、冰晶升华仍可能在包装袋内发生。

镀冰衣主要用于冻结水产品的表面保护，特别是用于多脂肪鱼类。因为多脂肪鱼类含有大量高度不饱和脂肪酸，冻藏中很容易氧化而使产品发生油烧现象。镀冰衣可让冻结水产品的表面附着一层薄的冰膜，在冻藏过程中由冰衣的升华替代冻鱼表面冰晶的升华，使冻品表面得到保护。同时冰衣包裹在冻品的四周，隔绝了冻品与周围空气的接触，就能防止脂类和色素的氧化，使冻结水产品可做长期贮藏。冻鱼镀冰衣后再进行内包装，可取得更佳的冻藏效果。在镀冰衣的清水中加入糊料或被膜剂，如褐藻酸钠、羧甲基纤维素、聚丙烯酸钠等可以加强冰衣，使附着力增强，不易龟裂。对于采用冷风机的冻藏间来说，商品都要包装或镀冰衣。库内气流分布要合理，并要保持微风速（不超过 $0.2 \sim 0.4 \mathrm{m/s}$）。

冻藏室内要通过加大堆垛密度，加大堆垛体积来增大冻品的堆放密度。干耗主要发生在货堆周围外露部分，使货堆内部空气相对湿度接近饱和，对流传热受到限制，则不易出现干耗。提高冻藏库装载量也很重要。60t 容重，−10℃的冻藏库储藏牛肉，装满时每年的干耗量为 2%，堆装量为 20% 时干耗量则增至 8.4%。如果在货垛上覆盖帆布篷或塑料布，可减少食品干耗。

2. 冻藏食品的冰结晶的成长

在冻藏阶段，除非起始冷冻条件产生的冰晶总量低于体系热力学所要求的总量，否则在给定温度下，冰晶总量为一定值。同时冰晶数量将减少，平均尺寸将增大。这是冰晶与未冻结基质间表面能变化的结果，也是晶核生长需求的结果。无论是恒温还是变温条件，趋势是表面的冰晶含量下降。温度波动（如温度的上升）会使小冰晶的相对尺寸降低幅度比大冰晶的大。在冷却循环中，大横截面的冰晶更易截取返回固相的水分子。在冻藏阶段，冰晶尺寸的增大会产生损伤，从而使产品质量受损。再者，在冻藏过程中，相互接触的冰晶聚集在一起，导致其尺寸增大，表面积减小。当微小的冰晶相互接触时，此过程最为显著，一般情况是相互接触的冰晶会结合成一个较大的冰晶。

重结晶是冻藏期间反复解冻和再结晶后出现的一种结晶体积增大的现象。贮藏室内的温度变化是产生重结晶的原因。通常，食品细胞或肌纤维内汁液浓度比细胞外高，故它的冻结温度也比较低。贮藏温度回升时，细胞或肌纤维内部冻结点较低部分的冻结水分首先融化，经细胞膜或肌纤维膜扩散到细胞间隙内，这样未融化冰晶体就处于外渗的水分包围中。温度再次下降，这些外渗的水分就在未融化的冰晶体的周围再次结晶，增长了它的冰晶体积。

重结晶的程度直接取决于单位时间内温度波动次数和程度，波动幅度越大，次数越多，重结晶的情况也越剧烈。因此，即使冻结工艺良好，冰结晶微细均匀，但是冻藏条件不好，经过重复解冻和再结晶，就会促使冰晶体颗粒迅速增大，其数量则迅速减少，以致严重破坏了组织结构，使食品解冻后失去了弹性，口感风味变差，营养价值下降，如表 1−1−39 所示。

表 1-1-39　　　　　　　　冻藏过程中冰晶体和组织结构的变化情况

冻藏 时间/d	冰晶体 直径/μm	解冻后的 组织状态	冻藏 时间/d	冰晶体 直径/μm	解冻后的 组织状态
刚冻结	70	完全回复	30	110	略有回复
7	84	完全回复	45	140	略有回复
14	115	组织不规则	60	160	略有回复

即使在良好的冻藏条件下仍然难免会发生温度波动，冻藏室内的温度经常从最高到最低反复地进行。在-18℃的冻藏室内，温度波动范围即使只有3℃之差，对食品的品质仍然会有损害。温差超过5℃的条件下解冻将会加强"残留浓缩水"对食品的危害。在有限传热速率影响下，冻藏室的温度不论如何波动，食品内部常会出现滞后或惰性现象，故食品内部温度波动范围必然比冻藏室小。在-18℃的储藏室内温度波动范围虽然只有几摄氏度，但大多数冻制食品需要长期储藏，小冰晶向大冰晶以水蒸气的形式发生转移所产生的危害仍然很明显。

3. 色泽的变化

（1）脂肪的变色　多脂肪鱼类如大马哈鱼、沙丁鱼、带鱼等，在冻藏过程中因脂肪氧化会发生黄褐变，同时鱼体发黏，产生异味，丧失食品的商品价值。

（2）蔬菜的变色　蔬菜在速冻前一般要将原料进行烫漂处理，破坏过氧化酶，使速冻蔬菜在冻藏中不变色。如果烫漂的温度与时间不够，过氧化酶失活不完全，绿色蔬菜在冻藏过程中会变成黄褐色，如果烫漂时间过长，绿色蔬菜也会发生黄褐变，这是因为蔬菜叶子中含有叶绿素而呈绿色，当叶绿素变成脱镁叶绿素时，叶子就会失去绿色而呈黄褐色，酸性条件会促使这个变化。蔬菜在热水中烫漂时间过长，蔬菜中的有机酸溶入水中使其变成酸性的水，会促进发生上述变色反应。所以正确掌握蔬菜烫漂的温度和时间，是保证速冻蔬菜在冻藏中不变颜色的重要环节。

（3）红色鱼肉的褐变　红色鱼肉的褐变，最有代表性的是金枪鱼肉的褐变。金枪鱼肉在-20℃下冻藏2个月以上，其肉色由红色向暗红色、红褐色、褐红色、褐色转变，作为生鱼片的商品价值下降。这种现象的发生，是由于肌肉中的亮红色的氧化肌红蛋白在低氧压下被氧化生成褐色的高铁肌红蛋白的缘故。冻藏温度在-35℃以下可以延缓这一变化，如果采用-60℃的超低温冷库，保色效果更佳。

（4）虾的黑变　虾类在冻结储藏中，其头、胸、足、关节及尾部常会发生黑变，出现黑斑或黑箍，使商品价值下降。产生黑变的原因主要是氧化酶（酚酶）在低温下仍有一定活性，使酪氨酸氧化，生成黑色素所致。新鲜的虾冻结后，因酚酶无活性，冻藏中不会发生褐变；而不新鲜的虾其氧化酶活性化，在冻藏中会发生黑变。

（5）鳕鱼肉的褐变　鳕鱼死后，鱼肉中的核酸系物质反应生成核糖，然后与氨基化合物发生美拉德反应，聚合生成褐色的类黑精，使鳕鱼肉发生褐变。-30℃以下的低温贮藏可防止核酸系物质分解生成核糖，也可防止美拉德反应发生。鱼的新鲜度对褐变有很大的影响，应选择鲜度好、死后僵硬前的鳕鱼进行冻结。

（6）箭鱼的绿变　冻结箭鱼的肉呈淡红色，在冻藏中其一部分肉会变成绿色。绿变现象的发生，是由于鱼的鲜度下降，因细菌作用生成的硫化氢与血液中的血红蛋白或肌红蛋白反应，生成绿色的硫血红蛋白或硫肌红蛋白。绿色肉发酸，带有异臭味，无法食用。

（7）红色鱼的褪色 含有红色表皮色素的鱼类如红娘鱼，在冻藏过程中常可见到褪色现象。这是由于鱼皮红色色素的主要成分类胡萝卜色素被空气中的氧气氧化的结果。光照会加速褪色。降低冻藏温度可推迟褪色。用不透紫外光的玻璃纸包装，以 0.1%~0.5% 的抗坏血酸钠溶液浸渍后冻结，并用此溶液镀冰衣，可以防止褪色。

4. 冻藏中的化学变化

（1）蛋白质的冻结变性 食品中的蛋白质在冻结过程中会发生冻结变性。在冻藏过程中，因冻藏温度的变动，冰结晶长大，会挤压肌原纤维蛋白质，使反应基互相结合形成交联，增加了蛋白质的冻结变性程度。冻藏温度低，蛋白质的冻结变性程度小。钙、镁等水溶性盐类会促进鱼类蛋白质冻结变形，而磷酸盐、糖类、甘油等可减少鱼肉蛋白质的冻结变性。

（2）脂类的变化 含不饱和脂肪酸多的冻结食品必须注意脂类的变化对品质的影响。鱼类脂肪酸大多为不饱和脂肪酸，特别是一些多脂鱼，如鲱鱼、鲭鱼等，高度不饱和脂肪酸的含量更多，主要分布在皮下靠近侧线的暗色肉中，即使在很低的温度下也保持液体状态。鱼类在冻藏过程中，脂肪酸往往因冰晶的压力由内部转移到表层中，因此很容易在空气中氧的作用下发生自动氧化，产生酸败臭。当与蛋白质的分解产物共存时，脂类氧化产生的羰基与氨基反应，脂类氧化产生的游离基与含氮化合物反应，氧化脂类互相反应，产生褐变，使鱼体的外观恶化，风味、口感及营养价值下降。由于这些变化主要是由脂类氧化引起的，因此可采取降低冻藏温度、镀冰衣等措施加以防止。

5. 溶质结晶及 pH 变化

经初始冷冻后，许多溶质在未冻结相中均为过饱和溶液，很快它们便会结晶或沉淀。这将改变溶质的相对含量及实际浓度，并最终改变其离子强度。由于改变了缓冲组分的比率，pH 也会发生变化。因这些因素影响其他分子的稳定性，因此溶液中分子的特性将随总成分的改变而继续发生变化。

6. 其他因素引起的变化

冻藏对植物组织体系非常重要的冷冻损伤的影响包括蛋白质沉淀、脂类氧化、聚合物聚集、色素氧化或水解。在冻藏期间，催化反应将继续进行，并产生大量不受欢迎的产物。具有代表性的酶为脂酶、脂肪氧化酶、过氧化物酶、多酚氧化酶以及白芥子中的胱氨酸裂解酶。不充分的漂烫会使酶的活性残留，为了适当控制漂烫过程，有必要鉴别出何种酶使产品的色泽及风味发生变化。在不宜进行漂烫处理的场合，必须采取其他必要的措施抑制有害的酶催化过程。

这些措施常常与延长室温贮藏农产品的方法相类似。目前存在许多有效的抑制剂。并非所有的品质下降过程均由酶催化作用而产生，因此根据该过程的化学机理，对于非酶过程的抑制也是很有必要的。且在冻藏期间，每一过程均有一个特征速率，如果可能，有必要选择贮藏条件使此特征速率最小化。可以确信，在冻藏期间，通过使贮藏温度接近或低于最大冻结浓缩玻璃态（在体系冻结时产生）的特征转变温度，许多重要的品质降级速率能被控制至最小化。

（三）冻藏食品的贮藏期

1. 冻结食品的冻藏温度和实用贮藏期

对于冻结食品，冻藏温度越低，品质保持也越好。但温度越低，成本也越高。另外考虑到食品原料每年都可以获得，过长的冻藏期也没有多大的意义。-18℃对于大部分冻结食品是最经济的冻藏温度，在此温度下大部分冻结食品经过一年的冻藏而不失去商品价值。

冻藏食品使用高品质寿命和实用贮藏期两个概念来表示食品在冻藏中的品质保持时间。高品质寿命（high quality life，简写为 H. Q. L），是指在所使用冻藏温度下的冻结食品与在-40℃下的冻藏食品相比较，当采用科学的感官鉴定方法刚刚能够判定出二者的差别时，此时所经过的时间就是该冻藏温度下的高品质寿命。实用贮藏期（practical storage life，简写为 P. S. L），是指经过冻藏的食品，仍保持着对一般消费者或作为加工原料使用无妨的感官品质指标时所经过的冻藏时间。1972 年国际制冷学会（IIR）所推荐的各种冻结食品的冻藏温度与实用贮藏期如表 1-1-40 所示。

表 1-1-40   冻结食品的冻藏温度和实用贮藏期

冻结食品	贮藏期/月			冻结食品	贮藏期/月		
	-18℃	-25℃	-30℃		-18℃	-25℃	-30℃
牛白条肉	12	18	24	少脂肪鱼	8	18	24
小牛白条肉	9	12	24	多脂肪鱼	4	8	12
羊白条肉	9	12	24	加糖的桃、杏或樱桃	12	18	24
猪白条肉	6	12	15	不加糖的草莓	12	18	24
加糖的草莓	18	>24	>24	冰淇淋	6	12	18
柑橘类或其他水果汁	24	>24	>24	蛋糕	12	24	>24
扁豆	18	>24	>24	菜花	12	24	>24
胡萝卜	18	>24	>24	甘蓝	15	24	>24
虾	6	12	12	带穗芯的玉米	12	18	24
龙虾和蟹	6	12	15	豌豆	18	>24	>24
虾（真空包装）	12	15	18	菠菜	18	>24	>24
牡蛎	4	10	12	鸡（去内脏、包装好）	12	24	24
奶油	6	12	18				

我国目前对冻结食品采用的冻藏温度大多为-18℃。随着人们对食品质量的要求越来越高，近年来国际上冻结食品的冻藏温度逐渐趋向低温化，一般都是-30～-25℃，特别是冻结水产品的冻藏温度更低。美国学者认为冻结水产品的冻藏温度应在-29℃以下。

2. 冻结食品的 TTT 概念

以冻结状态流通的冻结食品，其品质主要取决于四个因素：原料固有的品质，冻结前后的处理和包装，冻结方式，冻结产品在流通过程中所经历的温度和时间。

Arsdel 等总结出了冻结食品的容许限度与冻藏温度、冻藏时间的关系，这就是冻结食品的 TTT（time-temperature tolerance）概念。由 TTT 概念可知道，品质优秀的冻结食品的品质变化主要取决于冻藏温度，冻藏温度越低，则优秀品质保持的时间越长。大多数冻结食品的

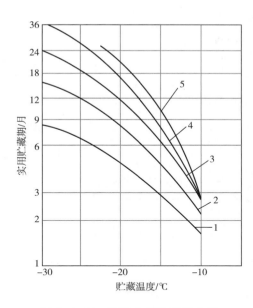

图 1-1-41　冻结食品的 TTT 曲线
1—多脂肪鱼(鲑)和炸仔鸡　2—少脂肪鱼
3—四季豆和汤菜　4—青豆和草莓　5—木莓

品质稳定性或实用贮藏期是随着冻藏温度的降低而呈指数关系地增大，如图 1-1-41 所示。图 1-1-41 的曲线表示几种冻结食品在可被消费者所接受的前提下，冻藏温度与实用贮藏期之间的关系，这样的曲线叫 TTT 曲线。

假定某冻结食品在某一冻藏温度下的实用贮藏期为 Ad，那么在此温度下，该冻结品的每天的品质下降量为 $\frac{1}{A}$。当冻品在该温度下实际贮藏了 Bd，则该冻结食品的品质下降量为 $\frac{1}{A} \cdot B$。再假定该冻结食品在不同的冻藏温度下贮藏了若干不同的时间，则该冻结食品的累计品质下降量为 $\sum_{i=1}^{n} \frac{1}{A_i} \cdot B_i$。例如有一个冻结食品从生产到消费共经历了七个阶段共 241d 的贮藏，其品质下降量的计算如表 1-1-41 所示。

表 1-1-41　　　某冻结食品在流通期间的温度、时间与品质的关系

序号	阶段	流通温度/℃	实用贮藏期/d	每天品质降低率	流通时间/d	品质降低量
①	生产者保管中	-30	435	0.0023	150	0.345
②	运输中	-25	370	0.0027	2	0.005
③	批发商保管中	-24	357	0.0028	60	0.168
④	送货中	-20	250	0.0040	1	0.004
⑤	零售商保管中	-18	208	0.0048	14	0.067
⑥	搬运中	-9	53	0.0189	1/6	0.003
⑦	消费者保管中	-12	110	0.0091	14	0.127
	累计				241	0.719

从表中可以看出，某冻结食品从生产到消费共经历了七个阶段不同的温度和时间，累计品质下降量为 0.719，这说明该冻结食品还有 0.281 的剩余冻藏性。当累计品质下降量超过 1 时，说明该冻结食品已失去商品价值，不能再食用了。将 TTT 的计算以图形表示，如图 1-1-42 所示。

食品生产出来后，一般都在包装上印有生产日期，但消费日期距离生产日期短并不能保证冻结食品的质量一定是好的。如果将冻结食品放在不适宜的温度下流通，冻结食品的质量

图 1-1-42 TTT 计算图

A—实用贮藏期曲线 B—每天品质降低率曲线

图中①~⑦如表 1-1-41 所示

会很快地下降。因此，冻结食品与罐头食品不同，不能以生产日期作为品质判断的依据。

从 TTT 概念可知，冻结食品生产出来后，为了使其优秀品质尽量少降低，一直持续到消费者手中，就必须使冻结食品从生产到消费之间的各个环节都保持在适当的低温状态。这种从生产到消费之间的连续低温处理环节叫冷链。

三、 食品回热和解冻

（一）冷藏食品的回热

冷藏食品的回热，就是在冷藏食品出冷藏室前，保证空气中的水分不会在冷藏食品表面冷凝的条件下，逐渐提高冷藏食品的温度，最后达到与外界空气温度相同的过程。实际上，回热就是冷却的逆过程。

如果对冷藏食品不进行回热，就让其出冷藏室，当冷藏食品的温度在外界空气的露点以下时，附有灰尘和微生物的水分就会冷凝在冷藏食品的冷表面上，使冷藏食品受到污染。冷藏食品的温度回升后，微生物特别是霉菌会迅速生长繁殖。同时由于食品温度的回升，食品内的生化反应加速，食品的品质会迅速下降甚至腐烂。

为了保证回热过程中食品表面不会有冷凝水出现，最关键的问题是要求与冷藏食品的冷表面接触的空气的露点温度必须始终低于冷藏食品的表面温度。否则，食品表面就会有冷凝水出现。食品干表面的温度对空气状态变化的影响如图 1-1-43 所示。

假定和冷藏食品表面相接触的空气状态在图 1-1-43 上为点 4（其温度为 T_4，湿含量为 d_2）。如果它与温度为 T_2 的食品干表面（即食品表面全无水分蒸发）相接触，则空气温度 T_4 就沿着 d_2 等湿线下降到和食品温度 T_2 相等，此时食品表面的空气处于饱和状态，也就是说 T_2 为该空气状态的露点温度。若食品干表面的温度为 T_3，则空气温度会进一步沿 $\varphi=100\%$ 的饱和相对湿度线，下降到与 T_3 等温线相交为止，这样空气中的湿含量由 d_2 下降到 d_3，因此食品表面就有冷凝水出现。若食品干表面的温度为 T_1，则空气状态点 4 沿着 d_2 等湿线下降到与

T_1 相交于点 1，此点上空气的相对湿度不饱和（为 80% 左右），所以食品表面就不会有冷凝水出现。

实际上冷藏食品的表面未必是干表面，所以在回热过程中暖空气不但向食品传递热量使之温度回升，而且还吸收了食品表面所蒸发的水分，这样空气不仅温度下降，而且湿含量也增加了，如图 1-1-44 所示。显然在 H-d 图（湿焓图）上空气状态沿 1″-2′ 发生变化。

图 1-1-43　食品干表面温度对空气
状态变化的影响

图 1-1-44　冷藏食品回热时空气状态
在 H-d 图上的变化示意图

在回热过程中，为了避免食品表面出现冷凝水，暖空气的相对湿度不宜过高；但为了减少回热过程中食品的干耗，暖空气的相对湿度也不宜过低。

为了避免回热过程中空气中的水分冷凝在食品表面，当暖空气状态从点 1″ 降至 2′ 时，就要重新加热，提高其温度，降低其相对湿度（沿等湿线上升），直到空气状态达到点 2″ 为止。这样周而复始，直到食品温度上升到比外界空气的露点温度稍高为止。在实际应用时，当食品温度回升到比外界空气温度低 3~5℃ 即可。

（二）冻藏食品的解冻

解冻就是使冻藏食品内冻结的水分重新变成液态，恢复食品的原有状态和特性的过程。解冻实际上是冻结的逆过程。

1. 食品解冻时应注意的问题

解冻是冻结食品在消费前或进一步加工前必经的步骤。不过有的冻结食品如冰淇淋、雪糕和冰棒等例外。小型包装的速冻食品如速冻蔬菜等的解冻，还常和烹调加工结合在一起进行，即速冻蔬菜不经过专门的解冻过程就直接烹调。

大部分食品冻结时，水分或多或少会从细胞内向细胞间隙转移，因此尽可能恢复水分在食品未冻结前的分布状态是解冻过程中很值得重视的问题。若解冻不当，极易引起食品的大量汁液流失。

在解冻过程中，随着温度的上升，食品细胞内冻结点较低的冰结晶首先熔化，然后细胞间隙内冻结点较高的冰结晶才熔化。由于细胞外的溶液浓度比细胞内低，水分就逐渐向细胞内渗透，并且按照细胞亲水胶质体的可逆程度重新吸收。但是，实际上要使冻结食品的水分恢复到未冻结前的分布状态并非易事。因为：①细胞受到冰晶体的损害后，显著降低了它们原有的持水能力；②细胞的化学成分，主要是蛋白质的溶胀力受到了损害；③冻结使食品的组织结构和介质的 pH 发生了变化，同时复杂的大分子有机物有一部分分解为较为简单的和持水能力较弱的物质。

　　某肉类食品的冻结和解冻曲线如图 1-1-45 所示。

图 1-1-45　某肉类食品的冻结和解冻曲线

○肉表面深 1cm；×肉中间深 2.5cm，距 A 面 2.5cm；●肉中心深 2.5cm，距 A 面 5cm

　　从图 1-1-45 可以看出，肉类食品的冻结曲线与其解冻曲线有相似之处，即在-5～-1℃的冰结晶最大生成带，肉中心的温度变化都比较缓慢。所不同的是肉中心在解冻过程中通过-5～-1℃温度区的温度变化比肉中心冻结时的温度变化缓慢得多。在食品与传热介质之间的温度差，对流放热系数和食品的厚度都相同的情况下，食品在解冻过程中通过-5～-1℃温度区的速度较慢的原因，是由于食品中的冰结晶融化成水，其质量热容变大，而热导率变小。若要快速解冻，就必须使冻结食品快速通过-5～-1℃温度区。

　　冻结食品解冻时的汁液流失量与诸多因素有关。快速冻结的食品，解冻时汁液流失量少；低温冻藏的食品，解冻时汁液流失量也较少；牲畜、鱼类和家禽的肉的 pH 越接近其蛋白质的等电点，解冻时的汁液流失量越大；食品的解冻速度越慢，解冻时的汁液流失就越少。

　　缓慢解冻时，食品组织之所以能最大程度地恢复其原来的水分分布状态，是由于细胞间隙内的冰结晶的冻结点较高，晚于细胞内的冰解冻。缓慢解冻时，细胞间的冰结晶可以边缓慢地解冻，边向细胞内渗透，而不至于因全部冰结晶同时解冻而造成汁液大量外流。

　　食品冻结时，最浓的溶液总是最后冻结，因而也就最先解冻。这样，食品解冻时食品和高浓度溶液的接触时间就增长，从而加强了浓缩带来的危害，因此缓慢解冻也存在着对食品品质不利的因素。

动物组织一般不像植物组织那样易受到冻结和解冻的损害。水果最易受到冻结的损害，蔬菜次之。冻鱼解冻时的汁液流失比肉、禽大，而家禽比起牲畜肉易受冻结的损害。牲畜肉只要其 pH 远离其蛋白质的等电点，解冻时就能保持其良好的持水能力。

食品解冻时，由于温度的升高以及空气中的水分在冻结食品冷表面上的凝结，都会加剧微生物的生长繁殖，加速生化变化，而且这些变化远比未冻结食品强烈得多。这主要是由于食品冻结后，食品的组织结构在不同程度上受到冰结晶的破坏，这为微生物向食品的内部入侵提供了方便。食品解冻时的温度越高，微生物越容易生长活动并导致食品的腐败变质。因此，在解冻过程中应设法将微生物活动和食品的品质变化降低到最缓慢的程度。为此，首先必须尽一切可能降低冻结食品的污染程度。其次，在缓慢解冻时尽可能采用较低的解冻温度。

细胞吸水过程是极快的，所以目前已倾向快速解冻。现在已成功地对不少冻结食品采用了快速解冻技术，不但缩短了解冻时间，而且缩短了微生物增殖的时间。表 1-1-42 表示了快速解冻的优越性。

表 1-1-42　　　　　　　　　解冻对全蛋冻品内微生物的影响

解冻方法		解冻所需时间/h	解冻时微生物增量/%
空气	26.7℃	23	1000
	21.1℃	36	750
	7.2℃	63	225
水	16.6℃流水	15	250
	21.1℃流水	12	300
	15.6℃搅拌水	9	40
微波加热解冻		15（min）	几乎没有

注：全蛋冻品为 13.6kg 的大包装。

解冻终温取决于冻品的用途。用作加工原料的冻品，半解冻状态（即中心温度-5℃）就可以了，以能用刀切断为准，此时食品的汁液流失较少。解冻介质的温度不宜过高，一般不超过 10~15℃。但是对高淀粉含量食品，为了防止淀粉老化，对蔬菜类食品，为防缓慢解冻造成产品软烂，宜采用蒸汽、沸水、热油等高温解冻并且煮熟。冻结前经过加热烹调等处理的方便食品，快速解冻的效果比缓慢解冻的好。大多数水果供生食之用，因此冻结水果不宜采用沸煮解冻法，可采用低温条件的快速解冻。

2. 食品解冻的方法

从能量的提供方式和传热的情况来看，解冻方法可以分为两大类：一类是采用具有较高温度的介质加热食品物料，传热过程是从食品物料的表面向内部（中心）进行；另一类是采用介电或微波场加热食品物料，食品物料的受热是内外同时进行。

（1）空气解冻法　空气解冻法是采用温热的空气作为加热的介质，将食品物料置于热空气中加热升温解冻。0~4℃的空气为缓慢解冻，20~25℃则可以达到较快速的解冻。在空气中混入水蒸气可以改善其传热性能，提高解冻的速率，还可以减少食品物料表面的水分蒸发。解冻时的空气可以是静止的，也可以采用鼓风。当采用高湿空气解冻时，空气的湿度一般不低于98%，空气的温度可以在-3~20℃，空气的流速一般为3m/s。使用高湿空气时，应注意防止空气中的水分在食品物料表面冷凝析出。

（2）水或盐水解冻法   水和盐水解冻都属于液体解冻法，可以采用浸渍或喷淋的形式进行。由于水或盐水的传热特性比空气好，因此其解冻速率比空气快很多。水或盐水可以直接和食品物料接触，但应以不影响食品物料的品质为宗旨，否则食品物料应有包装等形式的保护。鱼片、鱼糜因营养物质会被水浸出，并容易受到水的污染，所以不适宜用此法解冻。解冻时水或盐水的温度一般在4~20℃，盐水一般为食盐水，浓度一般为4%~5%。盐水解冻主要用于海产品。盐水解冻对物料有一定的脱水作用，如用盐水解冻海胆时，海胆的适度脱水可以防止其出现组织崩溃。

（3）冰块解冻法   冰块解冻法一般是采用碎冰包围欲解冻的食品物料，利用接近水的冻结点的冰使食品物料升温解冻。该法使食品物料在解冻过程中一直保持在较低的温度，减少了质量的下降，但解冻时间较长。

（4）水蒸气凝结解冻法   该法又称为真空解冻。在真空状态下水在低温时就沸腾，沸腾时形成的水蒸气遇到更低温度的冻品时就在其表面凝结成水珠，水蒸气凝结成水珠时放出相变潜热，使冻结食品解冻。该法适用于鱼、鱼片、各种肉、果蔬、蛋、浓缩状食品，比空气解冻的效率高2~3倍，产品不会发生氧化和干耗，汁液流失也少。

（5）板式加热解冻法   板式加热解冻法与板式冻结法相似，是将食品物料夹于金属板之间进行解冻，此法适合于外形较为规整的食品物料，如冷冻鱼糜、金枪鱼肉等，其解冻速率快，解冻时间短。

（6）微波解冻法   见本书的微波技术。

（7）高压静电解冻法   高压静电解冻法是用10000~30000V的电场作用于冰冻的食品物料，将电能转变成热能，将食品物料加热。该法解冻时间短，物料的汁液流失少。

第六节   食品的冷链流通

一、 食品冷链

食品冷链（food cold chain）是指从生产到销售，用于易腐食品收集加工、贮藏、运输、销售直到消费前的各种冷藏工具和冷藏作业过程的总和。它是随着科学技术的进步、制冷技术的发展而建立起来的，是以冷冻工艺学为基础、以制冷技术为手段的低温物流过程。目前食品冷链由食品的冷冻加工、冷冻贮藏、冷藏运输及配送和冷冻销售4个方面构成。

冷链物流的适用范围包括：蔬菜、水果、肉、禽、蛋、水产品等初级农产品，速冻食品、禽、肉、水产等包装熟食，冰淇淋、乳制品和快餐原料等。冷链的建设要求综合考虑生产、运输、销售、经济和技术性问题，协调相互间的关系。

（一）食品冷链主要环节

食品冷链中的主要环节有：原料前处理环节、预冷环节、速冻环节、冷藏环节、流通运输环节、销售分配环节等。

原料前处理、预冷、速冻是食品冷加工环节，称为冷链中的"前端环节"；冷藏环节，包括冷却物冷藏和冻结物冷藏，是冷链的"中端环节"；销售与分配环节，是冷链的"末端环节"；冷藏运输则贯穿在整个冷链的各个环节中。原料前处理、预冷、速冻，对冷链中冷食品（指冷却和冻结食品）的质量影响很大。因此，前端环节是非常重要的。

（二）食品冷链主要设备构成

贯穿在整个冷链各个环节中的各种装备、设施，主要有原料前处理设备、预冷设备、速冻设备、冷藏库、冷藏运输设备、冷冻冷藏陈列柜（含冷藏柜）、家用冷柜、电冰箱等。如图1-1-46所示。

图1-1-46　冷链的组成及其装备、设施

（三）冷链的特点

由于冷链是以保证易腐食品品质为目的，以保持低温环境为核心要求的供应链系统，所以它比一般常温物流系统的要求更高，也更加复杂。首先，它比常温物流的建设投资要大很多，它是一个庞大的系统工程，以冷藏库建设为例，一个中型冷藏库的造价约是同样规模的常温仓库的2~3倍；其次，易腐食品的时效性要求冷链各环节具有更高的组织协调性，冷链运行的关键是不能出现断链；最后，食品冷链的运行成本始终和能耗成本相关联，有效控制运作成本与食品冷链的发展密切相关。

二、　食品冷链运输设备

冷冻运输设备是指在保持一定低温的条件下运输冷冻食品所用的设备，是冷藏装置与交通工具相结合的冷藏装置，是食品冷链的重要组成部分。从某种意义上说，冷冻运输设备是可以移动的小型冷藏库。运输用冷藏装置目前主要有冷藏汽车、铁路冷藏车、冷藏集装箱、冷藏船等。由于同交通工具相结合，因而运输用冷藏装置具有如下特点。

（1）厢体采用金属结构　运输用冷藏装置的厢体采用金属骨架，内外侧多采用薄钢板或铝合金板，中间填充隔热材料。厢体要有足够的强度和刚度，在装卸货物时经受重压，同时还要便于叉车或吊车的使用。

（2）装备负荷变化大　运输冷藏装备可以随运输工具昼夜行进，白天环境温度高而且厢体还要受到太阳的辐射。因此，在白天，冷藏装置的负荷大，夜晚环境温度低，冷藏装置负

荷小。此外，冷藏装置的载货品种与装载量的变化大，货物的热容量也不同，这样也导致装置的负荷变化大。

（3）制冷方式多　运输用冷藏装置可以用于长途运输，也可以用于短途运输。因而其制冷方式多种多样。冷藏装置有采用制冷机的机械制冷式，有采用蓄冷剂的冷板式，有采用冰或冰盐混合物的冰冷式，也有采用向厢内喷液的一次扩散式等制冷方法。

（4）隔热层具有良好的防潮措施　运输用冷藏装置运载货物的周期短，操作频繁，舱厢内的空气温度易受装卸货物的影响，使得舱厢内空气的温度可能高于隔热层表面的温度，使与此表面接触的空气含水量达到饱和程度，水蒸气分压高于隔热层内部的水蒸气分压，这就可能使水蒸气渗入隔热层中，影响隔热层的隔热性能。因此，隔热层必须具有良好的防潮措施。

（一）冷藏汽车

冷藏汽车广义上泛指运输易腐货物的专用汽车，是公路冷藏运输的主要工具，按专用设备功能可将其细分为保温汽车、冷藏汽车和保鲜汽车。只有隔热车体而无制冷机组的称为保温汽车；有隔热车体和制冷机组且厢内温度可调范围的下限低于-18℃，用来运输冻结货物的称冷藏汽车；有隔热车体和制冷机组（兼有加热功能），厢内温度可调范围在0℃左右，用来运输新鲜货物的称保鲜汽车。

按制冷方式又可将冷藏汽车分为冰冷冷藏汽车、机械制冷冷藏汽车、冷冻板制冷冷藏汽车、干冰制冷冷藏汽车和液氮制冷冷藏汽车等。

1. 机械制冷冷藏汽车

机械制冷冷藏汽车车内带有蒸汽压缩式制冷机组，采用直接吹风冷却，车内温度实现自动控制，很适合短、中、长途货特殊冷藏货物的运输。

这种冷藏汽车带有蒸汽压缩式制冷机组，通常安装在车厢前端，称为车首式制冷机组。大型货车的制冷压缩机配备专门的发动机（多数情况下用汽油发动机，以便利用与汽车发动机同样的燃油）。小型货车的压缩机与汽车共用一台发动机。压缩机与汽车共用一台发动机时，车体较轻，但压缩机的制冷能力与车行速度有关，车速低时，制冷能力小。通常用40km/h的速度设计制冷机的制冷能力。为在冷藏汽车停驶状态下驱动制冷机组，有的冷藏汽车装备一台能利用外部电源的电动机。

空气冷却器通常安装在车厢前端，采用强制通风方式。冷风贴着车厢顶部向后流动，从两侧及车厢后部下到车厢底面，沿底面间隙返回车厢前端。这种通风方式使整个食品货堆都被冷空气包围着，外界传入车厢的热流直接被冷风吸收，不会影响食品的温度。为了形成上述冷风循环，食品要堆放在木板条上，在货垛的顶部与四围留有一定的间隙，作为冷空气循环通路。

运输冷却水果、蔬菜时，果蔬放出呼吸热，除了在货堆周围留有间隙以利通风外，还要在货堆内部留有间隙，便于冷风把果蔬放出的呼吸热及时带走。运输冻结食品时，没有呼吸热放出，货垛内部不必留间隙，只要冷风能在货堆周围循环即可。

车厢内的温度用恒温器控制，使车厢内的温度保持在与规定温度偏离±2℃的范围内。冷藏汽车壁面的热流量与外界温度、车速、风力及太阳辐射有关。停车时太阳辐射的影响是主要的；行车时空气流动的影响是主要的。最常用的隔热材料是聚苯乙烯泡沫塑料和聚氨酯泡沫塑料。厢壁的传热系数通常小于$0.6W/(m^2 \cdot ℃)$。

机械制冷冷藏汽车的优点是：车内温度比较均匀稳定，车内温度可调，运输成本较低。其缺点是：结构复杂、易出故障，维修费用高；初期投资高；噪声大；大型车的冷却速度慢，时间长，需要融霜。

2. 液氮制冷冷藏汽车

液氮制冷冷藏汽车主要由汽车底盘、隔热车厢和液氮制冷装置构成，利用液氮汽化吸热的原理，使液氮从-196℃汽化并升温到-20℃左右，吸收车厢内的热量，实现制冷并达到给定的低温。

液氮制冷装置主要由液氮容器、喷嘴及温度控制器组成。由液氮容器供给的液氮由喷嘴喷出，汽化过程吸收大量热量，使车厢降温。根据厢内温度，恒温器自动地打开或关闭液氮通路上的电磁阀，调节液氮的喷射，使厢内温度维持在规定温度±2℃范围内。液氮汽化时，容积膨胀600倍，即使货堆密实，没有通风设施，也能使氮气进入货堆内，使车内温度达到均匀。为了防止车厢内压力升高，车厢上部装有排气管，供氮气排出车外。由于车厢内空气被氮气置换，长途运输冷却水果、蔬菜时，可能对果蔬的呼吸作用产生一定影响。运输冻结食品时，氮气置换了空气，有助于减少食品的氧化。由于运输时间一般不很长，减少食品氧化的优点并不明显。

液氮冷藏汽车的优点：装置简单，初投资少；降温速度很快；无噪声；与机械制冷装置比较质量大大减小。缺点：液氮成本较高；运输途中液氮补给困难，长途运输时必须装备大的液氮容器，减少了有效载货量。

3. 干冰制冷冷藏汽车

车厢中装有隔热的干冰容器，可容纳100kg或200kg干冰。干冰容器下部有空气冷却器，用通风使冷却后的空气在车厢内循环。吸热升华的气态二氧化碳由排气管排出车外。车厢中不会蓄积二氧化碳气体。

由空气到干冰的传热是以空气冷却器的金属壁为间壁进行的，干冰只在干冰容器下部与空气冷却器接触的一侧进行升华。根据车内温度，恒温器调节通风机的转速，也即靠改变风量调节制冷能力。

干冰制冷冷藏汽车的优点：设备简单，投资费用低；故障率低，维修费用少，无噪声。缺点：车厢内温度不够均匀，冷却速度慢，时间长；且干冰的成本高。

4. 冷冻板制冷冷藏汽车

冷冻板中装有预先冻结成固体的低温共晶溶液，外界传入车厢的热量被冷冻板中的共晶溶液吸收，共晶溶液由固态转变为液态，实现冷藏汽车的降温。只要冷冻板的块数选择合理，就能保证运输途中车厢内维持规定的温度。

蓄冷的方法通常有两种：①利用集中式制冷装置，即当地现有的供冷藏库用的或具有类似用途的制冷装置。拥有冷冻板冷藏汽车很多的地区，可设立专门的蓄冷站，利用停车或夜间使冷冻板蓄冷。②借助于装在冷藏汽车内部的制冷机组，停车时借助外部电源驱动制冷机组使冷冻板蓄冷。

从有利于厢内空气对流来说，应将冷冻板安装在车厢顶部，但这会使车厢重心升高，不平稳。出于安全上的考虑，一般将冷冻板安装在车厢两侧。冷冻板本身质量很大。机械制冷冷藏车，即使制冷机带有专用发动机，机组质量不过300~400kg。要使4t的冷冻板冷藏车保持-18℃，所用冷冻板的质量达800~900kg，使有效载重量减少。

冷冻板冷藏汽车的优点：设备费用比机械式的少；可以利用夜间廉价的电力为冷冻板蓄冷，降低运输费用；无噪声；故障少。缺点：冷冻板的数量不能太多，蓄冷能力有限，不适于超长距离运输冻结品；冷冻板减少了汽车的有效容积和载货量；冷却速度慢。

5. 保温汽车

保温汽车不同于以上4种冷藏汽车，它没有制冷装置，只在壳体上加设隔热层。这种汽车不能长途运输冷冻食品，只能用于市内由批发商店或食品厂向零售商店配送冷冻食品。

国产保温车的车体用金属内外壳，中夹聚苯乙烯塑料扳为隔热层，传热系数为 $0.47 \sim 0.8 \mathrm{W/(m^2 \cdot ℃)}$。装货容积 $8 \sim 21 \mathrm{m^3}$，载重量 $2 \sim 7\mathrm{t}$。在我国冷藏企业中，只有很少一部分企业修有铁路专用线，能用冷藏火车、保温火车。绝大部分企业主要用保温汽车将冷冻加工后的食品运往分配性冷藏库或零售商店。由分配性冷藏库送往销售网点或由港口冷藏库运到码头也主要靠保温汽车。

6. 冷藏车的热负荷计算

冷藏车的热负荷 Q_0 是由以下几部分组成：通过箱体维护结构传入的热量 Q_1、车厢各处缝隙泄露传入车厢的热量 Q_2、太阳辐射进入车厢的热量 Q_3、车内食品的呼吸热 Q_4、开门漏热量 Q_5 和车厢内照明与风机的发热量 Q_6。

（1）箱体维护结构的传热量 Q_1

$$Q_1 = KF(\theta_h - \theta_n) \tag{1-1-19}$$

式中　K——箱体结构的传热系数，$\mathrm{W/(m^2 \cdot ℃)}$；

　　　F——箱体外表面面积，$\mathrm{m^2}$；

　　　θ_h——环境空气温度，常用使用环境最高温度计算，℃；

　　　θ_n——车厢内空气温度，℃。

（2）车厢各处缝隙泄露传入车厢的热量 Q_2

$$Q_2 = \frac{1}{3600}\beta\rho V[c_\rho(\theta_h - \theta_n) + r(\varphi_1 d_1 - \varphi_2 d_2)] \tag{1-1-20}$$

式中　β——车厢漏气系数；

　　　ρ——车厢内空气密度，$\mathrm{kg/m^3}$；

　　　V——车厢内容积，$\mathrm{m^3}$；

　　　r——水蒸气的凝固热，$\mathrm{J/kg}$；

φ_1，φ_2——车厢外、内空气的相对湿度，%；

d_1，d_2——车厢外、内饱和空气的绝对湿度，$\mathrm{kg/kg}$。

实际计算时，也可采用经验公式：

$$Q_2 = (0.1 \sim 0.2)Q_1 \tag{1-1-21}$$

（3）太阳辐射进入车厢的热量 Q_3

$$Q_3 = KF_f(\theta_f - \theta_n)Z_f/24 \tag{1-1-22}$$

式中　F_f——车厢表面受太阳辐射的面积，一般取车厢总传热面积的 $30\% \sim 40\%$，$\mathrm{m^2}$；

　　　θ_f——车厢外表面受太阳辐射的平均温度，$\theta_f = \theta_h + 20$，℃；

　　　Z_f——每昼夜日照时间，常取 $12 \sim 16\mathrm{h}$。

（4）车内食品的呼吸热 Q_4

$$Q_4 = M \times \Delta H \times t \tag{1-1-23}$$

式中 M ——车内食品的质量，kg；

ΔH ——单位质量的食品在单位时间内的呼吸热，$W/(kg \cdot h)$；

t ——车内食品的保冷时间，h。

（5）开门漏热量 Q_5

$$Q_5 = \alpha Q_1 \tag{1-1-24}$$

式中 α ——开门频度系数，运输途中不开门时，$\alpha = 0.25$；开门六次以下时，$\alpha = 0.5$；开门次数为 7～12 次时，$\alpha = 0.75$；开门次数为 12 次以上时，$\alpha = 1$。

（6）车厢内照明灯与风机电机产生的热量 Q_6

$$Q_6 = \sum P_i t_i / 24 \tag{1-1-25}$$

式中 P_i ——照明灯、风机电机等的功率，W；

t_i ——运输时照明灯和风机等每天使用的时间，h。

（7）冷藏车的热负荷 Q_0

$$Q_0 = Q_1 + Q_2 + Q_3 + Q_4 + Q_5 + Q_6 \tag{1-1-26}$$

（二）冷藏火车

在食品冷藏运输中，铁路冷藏车具有运输量大、速度快的特点，它在食品冷藏运输中占有重要地位。良好的冷藏火车应具有良好的隔热性能，并设有制冷、通风和加热装置。它能适应铁路沿线和各个地区的气候条件变化，保持车内食品必要的贮运条件，在要求的时间完成食品运送任务。这是我国食品冷藏运输的主要承担者。

铁路冷藏车分为冰冷藏车、机械冷藏车、冷冻板式冷藏车、无冷源保温车、液氮和干冰冷藏车。其中以机械冷藏车和冰冷藏车在我国的使用最为广泛。

1. 用冰制冷的冷藏火车

加冰铁路冷藏车具有一般铁路棚车相似的车体结构，但设有车壁、车顶和地板隔热、防潮结构，装有气密性好的车门。我国铁路典型加冰保温车有 B11、B8、B6B 型等。其车壁用厚 170mm，车顶用厚 196mm 的聚苯乙烯或聚氨酯泡沫塑料隔热防潮，地板采用玻璃棉及油毡复合结构防潮，还设有较强的承载地板和镀锌铁皮防水及离水格栅灯设施。

这种冷藏火车的冷源是冰或冰盐混合物，置于车厢两端，利用冰或冰盐混合物的融解热，使车内温度降低，以纯冰作冷源的加冰保温车，由于冰的融解温度为 0℃，所以只能运送贮运温度在 0℃ 以上的食品如蔬菜、水果、鲜蛋之类。然而当冰盐混合物作冷源时，由于在冰上加盐，盐吸收水而形成水溶液，并与未融冰形成两相（冰、水）混合物，因为盐水溶液的冰点低于 0℃，则使两相混合物中的冰也在低于 0℃ 以下融化。试验证明，混合物的融化温度最低可降到 -8～-4℃ 或更低的温度。此时，可以适应鱼、肉等的冷藏运输条件。

加冰冷藏火车结构简单，造价低，冰和盐的冷源价廉易购，但车内温度波动较大，温度调节困难，使用局限性较大。而且行车沿途需要加冰、加盐影响列车速度，融化的冰盐水不断溢流排放，腐蚀钢轨、桥梁等，近年已被机械冷藏车等逐步取代。

2. 机械制冷的冷藏火车

铁路机械冷藏车是以机械式制冷装置为冷源的冷藏车，它是目前铁路冷藏运输中的主要工具之一。按供冷方式分为整列车厢集中供冷和每个车厢分散供冷两种类型。铁路机械冷藏车具有制冷速度快、温度调节范围大、车内温度分布均匀和运送迅速等特点。在运输易腐食品时，工况要求如下：对未预冷的果蔬，能从 25～30℃ 冷却到 4～6℃；在 0～6℃ 的温度下运送冷却物；在 -12~-6℃ 的温度下运送冻结物；在 11~13℃ 的温度下运送香蕉等货物。机械铁路冷藏车适应性强，能实现制冷、加热、通风换气，以及融霜的自动化。新型机械冷藏车还设有温度自动检测、记录和安全报警装置。

铁路机械冷藏车一般以车组出现，车厢长 15~21m，宽 2.8~3.1m，高 3.1~4.4m，有效装载容积 70~90m³，载重量 30~40t。采用聚苯乙烯或发泡聚氨酯作隔热层，围护结构的传热系数为 0.29~0.49W/（m²·℃）。制冷机为双级氟利昂半封闭式压缩机，其标准产冷量为 10.5~24.4kW。

冷空气在冷藏车厢内的均匀分布十分重要。利用通风机强制空气流经蒸发器，冷却后的空气沿顶板与厢顶形成的风道流动，并从顶板上开设的缝隙沿着车厢侧壁从上向下流动，冷空气流过食品垛后温度升高，由垛下的回风道被通风机吸回，重新冷却。行车时车内温度基本上可由一台制冷机组维持，另一台制冷机组备用。必要时可同时起动 2 台制冷机组。

为了在很低的外界温度下运行时保持规定的车厢温度，有的冷藏火车配备有电加热装置。

3. 铁路冷冻板冷藏车

冷冻板冷藏车是在一节隔热车体内安装冷冻板而成的。冷冻板内充注一定量的低温共晶溶液，当共晶溶液充冷冻结后，即储存冷量，并在不断融化的过程中吸收热量，实现制冷。铁路冷冻板冷藏车的冷冻板装在车顶或车壁上。充冷时可以地面充冷，也可以自带制冷机充冷；低温共晶溶液可以在冷冻板内反复冻结、融化循环使用，制造成本低，运行费用小。

冷板式冷藏车的缺点是要求车站设置充冷站，而充冷站的设置又涉及投资与合理布局等问题。为了克服冷板车的缺点而产生了机械冷板式冷藏车。

机械冷板式冷藏车是在车上设置制冷机组，靠车站地面电源供电，驱动制冷机组为冷板充冷。制冷机组采用风冷式压缩冷凝机组。在冷板中装有蒸发器并与制冷机组相连。充冷时只需开启制冷剂即可使冷板中的低共晶溶液冻结。

4. 干冰制冷的冷藏火车

若食品不宜与冰、水直接接触，也可用干冰代替水冰。可将干冰悬挂在车厢顶部或直接将干冰放在食品上。运输新鲜水果、蔬菜时，为了防止水果、蔬菜发生冻害，不要将干冰直接放在水果、蔬菜上，两者要保持一定的间隙。

用于冰冷藏运输新鲜食品时，空气中的水蒸气会在干冰容器表面上结霜。干冰升华完后，容器表面的霜会融化成水滴落到食品上。为此，要在食品表面覆盖一层防水材料。

5. 铁路液氮冷藏车

液氮冷藏车是在具有隔热车体的冷藏车上装设液氮贮罐而成的。罐中的液氮通过喷淋装置喷射出来，突变到常温常压状态，并汽化吸热，造成对周围环境的降温。氮气在标准大气压下 -196℃ 液化，因此在液氮汽化时便产生 -196℃ 的低温，并吸收 199.2kJ/kg 的汽化热而实现制冷。液氮制冷过程吸收的汽化热和温度升高吸收的热量之和，即为液氮的制冷量，其值为 385.2~418.7kJ/kg。液氮冷藏车兼有制冷和气调的作用，能较好地保持易腐食品的品质。

（三）冷藏船

冷藏船主要用于渔业，尤其是远洋渔业。远洋渔业的作业时间很长，有的长达半年以上，必须用冷藏船将捕捞物及时冷冻加工和冷藏。此外，由海路运输易腐食品也必须用冷藏船。

船舶冷藏包括渔业冷藏船、商业冷藏船、海上运输船的冷藏货舱和船舶伙食冷库，此外还包括有海洋工程船舶的制冷及液化天然气的贮运槽船等。

渔业冷藏船通常与海上捕捞船组成船队，船上制冷装置为本船和船队其他船舶的渔获物进行冷却、冷冻加工和贮藏。商业冷藏船作为食品冷链中的一个环节，完成各种水产品或其他冷藏食品的转运，保证运输期间食品必要的运送条件。运输船上的冷藏货舱主要担负进出口食品的贮运。船舶伙食冷库为船员提供各类冷藏的食品，满足船舶航行期间船员生活的必需。此外，各类船舶制冷装置还为船员生产出在船上所需的冷饮和冷食。

现在国际上的冷藏船分3种：冷冻母船、冷冻运输船、冷冻渔船。冷冻母船是万吨以上的大型船，它有冷却、冻结装置，可进行冷藏运输。冷冻运输船包括集装箱船，它的隔热保温要求很严格，温度波动不超过±5℃。冷冻渔船一般是指备有低温装置的远洋捕鱼船或船队中较大型的船。冷藏船包括带冷藏货舱的普通货船与只有冷藏货舱的专业冷藏船，此外还有专门运输冷藏集装箱的船和特殊货物冷藏运输船。

船舶冷藏需具有隔热结构良好且气密的冷藏舱船体结构，必须通过隔热性能试验鉴定或满足平均传热系数不超过规范定值的要求，其传热系数一般为 $0.4 \sim 0.7 \mathrm{W}/(\mathrm{m}^2 \cdot \text{℃})$；具有足够的制冷量，且运行可靠的制冷装置与设备，以满足在各种条件下为货物的冷却或冷冻提供制冷量；船舶冷藏舱结构上应适应货物装卸及堆码要求，设有舱高 $2.0 \sim 2.5 \mathrm{m}$ 的冷舱 $2 \sim 3$ 层，并在保证气密或启闭灵活的条件下，选择大舱口及舱口盖；船舶冷藏的制冷系统有良好的自动控制，保证制冷装置的正常工作，为冷藏货物提供一定的温湿度和通风换气条件；船舶冷藏的制冷系统及其自动控制器、阀件技术等比陆用要求更高，如性能稳定性、使用可靠性、运行安全性、工作抗震性和抗倾斜性等。

冷藏船上一般都装有制冷装置，用船舱隔热保温。船用制冷设备及备用机的主要要求应以我国《钢制海船入级与建造规范》为依据，渔船应以我国《钢制海洋渔船建造规范》为依据，所有设备配套件均应经船舶检验部门检验并认可后，方能装船。

（四）船舶冷藏货舱

我国海上冷藏运输任务主要由冷藏货船承担。冷藏货舱按冷却方式分为两种，即直接冷却和间接冷却。

直接冷却时，制冷剂在冷却盘管内并直接吸收冷藏舱内的热量。其热量的传递是依靠舱内空气的对流作用。直接冷却按照空气的对流情况，又有直接盘管冷却和直接吹风冷却两种，前者舱内空气为自然对流，后者为强迫对流。强迫对流冷却的冷却效率高，舱内降温速度快，温湿度分布均匀，易于实现自动融霜，但其能耗较大，运行费高，货物干耗大，结构也较复杂。

间接冷却时，制冷剂在盐水冷却器内先冷却盐水，即载冷剂，然后通过盐水循环泵，把低温盐水送至冷藏舱内的冷却盘管，实现冷藏舱的降温。冷藏舱的降温是通过盐水吸热，相对制冷剂而言是间接获得热量。间接冷却根据其空气对流特点，也有间接吹风冷却和间接盘管冷却的区别，其特点类似于直接吹风冷却和直接盘管冷却。

（五）冷藏集装箱

集装箱已是国内外公认的一种经济合理的运输工具，它在海、陆、空运输中占有重要地位和作用。冷藏集装箱技术和冷藏集装箱运输更具有特殊的意义。大力发展集装箱运输是我国交通运输的既定技术政策。

冷藏集装箱是一具有良好隔热、气密，且能维持一定低温要求，适用于各类易腐食品的运送、储存的特殊集装箱。

冷藏集装箱主要有保温集装箱、外置式冷藏集装箱、内藏式冷藏集装箱、气调冷藏集装箱、液氮和干冰冷藏集装箱，采用镀锌钢结构，箱内壁、底板、顶板和门由金属复合板、铝板、不锈钢板或聚酯-胶合板制造。大多采用聚氨基甲酸酯泡沫作隔热材料。常用的隔热材料有玻璃棉、聚苯乙烯、发泡聚氨酯等。

目前，国际上集装箱尺寸和性能都已标准化，标准集装箱基本上是三类：$20×8×8$，$20×8×8.6$，$40×8×8.6$（长×宽×高，ft，$1\,ft=0.3048\,m$）。使用温度范围为$-30℃$（用于运送冻结食品）到$12℃$（用于运送香蕉等果蔬），更通用的范围是$-30～20℃$。我国目前生产的冷藏集装箱主要有两种外形尺寸：$6058\,mm×2438\,mm× 2438\,mm$ 和 $12192\,mm×2438\,mm×2896\,mm$。

冷藏集装箱必须具有良好的隔热性能。内藏式冷藏箱的制冷装置必须稳定可靠，通用性强，并配有实际温度自动检测记录和信号报警装置。冷藏集装箱具有装卸灵活、货物运输温度稳定，货物污染、损失低，适用于多种运载工具等优点。此外，集装箱装卸速度很快，使整个运输时间明显缩短，降低了运输费用。

按照运输方式冷藏集装箱可分为海运和陆运两种，船舶冷藏集装箱是用于专门运送冷冻货和冷藏货的集装箱。它们的外形尺寸没有很大差别，但陆地运输的特殊要求又使两者有着一些差异。如海运冷藏集装箱的制冷机组用电是由船上统一供给，不需自备发电机，因此机组结构简单、体积小、造价低，但当其卸船后，就得靠码头供电才能继续制冷，如要转入陆路运输时，就必须增设发电机组，国际上常规做法是采用插入式发电机组。

用冷藏集装箱运输的优点是：可用于多种交通运输工具进行联运，中间无须货物换装，而且货物可不间断地保持在所要求的低温状态，从而避免了食品质量的下降；集装箱装卸速度很快，使整个运输时间明显缩短，降低了运输费用。

冷藏集装箱的冷却方式很多，多数利用机械制冷机组，少数利用其他方式（冰、干冰、液化气体等）。集装箱应保证冷空气在箱内循环，使温度分布均匀。集装箱内部应容易清洗，且不会因用水洗而降低隔热层的隔热性能。底面应设排水孔，能防止内外串气，保持气密性。对机械制冷的冷藏集装箱，应保证制冷压缩机既可用各自的动力机驱动，也可以用外部电源驱动。

（六）航空运输

航空冷藏运输是现代冷链中的组成部分，是市场贸易国际化的产物。航空运输是所有运输方式中速度最快的一种，但是运量小，运价高，往往只用于急需物品、珍贵食品、生化制品、军需物品等的运输。

1. 运输速度快

飞机作为现代速度最快的交通工具，是冷藏运输中的理想选择，特别适用于远距离的快速运输。然而飞机往往只能运行于机场与机场之间，冷藏货物的进出机场还要有其他方式的冷藏运输来配合，因此，航空冷藏运输一般是综合性的，采用冷藏集装箱，通过汽车、列车、船舶、飞机等联合连续运输。

2. 冷藏集装箱

航空冷藏运输是通过装在冷藏集装箱进行的。除了使用标准的集装箱外，小尺寸集装箱和一些专门行业非国际标准的小型冷藏集装箱更适合于航空运输，因为他们既可以减少起重装卸的困难，又可以提高机舱的利用率，对空运的前后衔接都带来方便。

3. 不消耗电能，采用液氮、干冰制冷

由于飞机上动力电源困难、制冷能力有限，不能向冷藏集装箱提供电源或冷源，因此空运集装箱的冷却方式一般是采用液氮和干冰。在航程不太远，飞行时间不太长的情况下，可以采取对货物适当预冷后，保冷运输。由于飞机飞行的高空温度低，飞行时间又短，货物的品质能够较好地保持。

（七）利用冷冻运输设备的注意事项

（1）运输冻结食品时，为减少外界侵入热量的影响，要尽量密集码放。装载食品越多，食品的热容量就越大，食品的温度就越不容易变化。运输新鲜水果、蔬菜时，果蔬有呼吸热放出。为了及时移走呼吸热，货垛内部应留有间隙，以利于冷空气在货垛内部循环。无论冻结食品还是新鲜食品，整个货垛与车厢或集装箱的围护结构之间都要留有间隙，供冷空气循环。

（2）加强卫生管理，避免食品受到异味、异臭及微生物的污染。运输冷冻食品的冷藏车，尽量不运其他货物。

（3）冷冻运输设备的制冷能力只用来排除外界侵入的热流量，不足以用来冻结或冷却食品。因此，冷冻运输设备只能用来运输已经冷冻加工的食品。切忌用冷冻运输设备运输未经冷冻加工的食品。

三、 食品冷链销售设备

冷藏陈列柜作为食品冷链销售设备是菜场、副食品商场、超级市场等销售环节的冷藏设施，也是食品冷链建设中的重要一环。随着冷冻食品的发展，冷冻陈列柜已成为展示产品品质、直接和消费者见面的、方便的销售装置。

（一）对商业冷冻陈列销售柜的要求

（1）具有制冷设备，有隔热处理，能保证冷冻食品处于适宜的温度下。

（2）能很好地展示食品的外观，便于顾客选购。

（3）具有一定的贮藏容积。

（4）日常运转与维修方便。

（5）安全、卫生、无噪声。

（6）动力消耗少。

（二）商业冷冻陈列销售柜的种类

根据陈列销售的冷冻食品，可分为冻结食品用与冷却食品用 2 类。

根据陈列销售柜的结构形式，可分为卧式敞开式、立式多层敞开式、卧式封闭式、立式多层封闭式。

（三）各种冷冻陈列销售柜的结构与特性

1. 卧式敞开式冷冻陈列销售柜

敞开式冷冻陈列销售柜的上部敞开，开口处有循环冷空气形成的空气幕，防止外界热量

侵入柜内。由围护结构传入的热流也被循环冷空气吸收，对食品没有直接影响。对食品影响较大的是由开口部侵入的热空气及辐射热。当为冻结食品时，内外温差很大，辐射热流较大。当食品包装材料为塑料或纸盒时，黑度大约0.9，辐射热流密度可达116W/m²。辐射热被表层食品吸收后，以对流方式传给循环的冷空气。因此，柜内最表层食品的表面温度高于空气幕温度。高出的度数与空气幕的空气流量及温度有关，一般为5~10℃。

当用铝箔包装时，因其黑度很小，辐射热流也很小，表层食品的温度接近空气幕的温度。当食品为冷却食品时，由于内外温差小，辐射换热影响较小。当室内空气流速大于0.3m/s时，侵入销售柜内的空气量会明显增加，影响销售柜的保冷性能。美国有关资料建议，室内空气速度应小于0.08m/s。侵入柜内空气量多时，还会增加冷却器的结霜，增加融霜次数。

在整个销售柜内温度自下而上逐渐降低。当包装袋内存在空气时食品的下表面往上表面扩散，并在上表面结霜。

2. 立式多层敞开式冷冻陈列销售柜

与卧式敞开式冷冻销售柜相比，立式多层敞开式冷冻陈列销售柜的单位占地面积的内容积大，商品放置高度与人体高度相近，便于顾客购货。卧式敞开式冷冻陈列销售柜中的冷空气较重，不易逸出柜外。立式多层敞开式冷冻销售柜其内部的冷空气更易逸出柜外。为此，在冷风幕的外侧，再设置一层或二层非冷却空气构成的空气幕，较好地防止了冷空气与柜外空气的混合。销售冷却食品时，柜内外空气密度差小。

侵入立式多层敞开式冷冻销售柜中的外界空气量多，制冷机的制冷能力要大一些，空气幕的风量也要大一些。此外，还要控制空气幕的风速分布，以求达到较好的隔热效果。

由于立式多层敞开式冷冻销售柜的空气幕是垂直的，外界空气侵入柜内的数量受外界空气流动速度影响较大。外界空气的温度、湿度直接影响到侵入柜内的热负荷。为了节能，要求柜外空气温度在25℃以下，相对湿度在55%以下，空气流速在0.15m/s以下。

3. 卧式封闭式冷冻陈列销售柜

开口处设有2层或3层玻璃构成的滑动盖，玻璃夹层中的空气起隔热作用。在箱体内壁外侧（即靠隔热层一侧）埋有冷却排管。通过围护结构传入的热流被冷却排管吸收，不会传入柜内。通过滑动盖传入柜内的热量有辐射热和取货时侵入柜内的空气带入的热量。这些热量通过食品由上而下地传递至箱体内壁，再由箱体内壁传给冷却排管。因此，自上而下温度逐渐降低，这与敞开式销售柜内的温度分布正好相反。在小包装食品内部，也存在同样的温度分布，上表面温度高，下表面温度低。若包装袋内有空气，水蒸气将从上表面向下表面扩散，并在下表面处结霜。

4. 立式多层封闭式冷冻陈列销售柜

紧靠立式多层封闭式冷冻陈列销售柜柜体后壁有冷空气循环用风道，冷空气在风机作用下强制地在柜内循环。柜门为2层或3层玻璃，玻璃夹层中的空气具有隔热作用。由于玻璃对红外线的透过率低，虽然下柜门很大，传入的辐射热并不多，直接被食品吸收的辐射热就更少。

5. 半敞开式冷冻陈列销售柜

半敞开式冷冻陈列销售柜多为卧式小型销售柜，外形很像卧式封闭式冷冻销售柜。所不同者主要是没有滑动盖。在箱体内部的后壁上侧装置有翅片冷却管束，用以吸收开口部传入柜内的热量。至于通过围护结构传入的热量，则由箱体内壁外埋设的冷却排管吸收，这与卧式封闭式是一样的。因此，整个箱体内的温度分布均匀，小包装食品的结霜情形，都与卧式封闭式冷冻陈列销售柜相同。

（四）各种冷冻陈列销售柜的比较

1. 单位长度的有效内容积

就单位长度的有效内容积而言，立式为卧式的 2 倍以上，同为卧式，敞开式又稍大于封闭式。对于卧式封闭式，出于保冷性能上的要求，不能很宽。而卧式敞开式，由于开口处有空气幕，宽度可大一些。

表 1-1-43 中立式封闭式的制冷机是内藏的，制冷机占用了部分容积，所以立式封闭式单位长度的有效内容积比立式敞开式稍小一些。

表 1-1-43　　　　　　　　　　各种冷冻陈列销售柜的特性比较

类型特性	封闭式		敞开式	
	卧式	立式	卧式	立式
单位长度的有效内容积	100	230	110	240
单位占地面积的有效内容积	100	220	85	190
单位长度消耗的电力	100	200	145	330
单位有效容积消耗的电力	100	90	130	140

注：以卧式封闭式陈列柜的性能指标为 100 进行比较。

2. 单位占地面积的有效内容积

该指标由大到小的顺序为：立式多层封闭式、立式多层敞开式、卧式封闭式、卧式敞开式。无论卧式还是立式、敞开式都比封闭式小 15% 左右。这是因为在敞开式中为了使冷空气循环，需要设置风道，在立式多层敞开式中，要设置 2~3 层空气幕，占用了相当的容积。如果立式多层封闭式不采用内藏式制冷机的话，其单位占地面积的有效容积会更大。

3. 单位长度消耗的电力

无论是卧式还是立式，敞开式单位长度消耗的电力都是封闭式的 1.5 倍左右。无论是敞开式还是封闭式，立式又大约是卧式的 2 倍。这 4 种型式的冷冻销售柜的单位长度耗电量与单位长度的有效内容积的大小顺序相同。

4. 单位有效内容积消耗的电力

该指标由小到大的顺序为：立式多层封闭式、卧式封闭式、卧式敞开式、立式多层敞开式。可见，封闭式比敞开式省电力。同为敞开式，立式与卧式相差不大；同为封闭式，立式与卧式相差也不大。

冷冻陈列销售柜是食品冷链的重要组成部分，是使冷冻食品在销售环节处于适宜温度必不可少的设备，因此，保冷应是它的基本性能。在影响冷冻销售柜保冷性能的因素中，辐射换热与对流侵入热量是 2 个主要因素。一定要注意减少辐射换热量。不要距离热源太近，不要有过强的照明。夜间要罩上保护套，食品包装材料的黑度要尽量小。超级市场中往往设置空调系统，这不仅是为了使顾客舒适，也是为了减少侵入冷冻陈列销售柜中的热流量。

（五）家用冰箱

家用冰箱作为冷冻食品冷链的终端，是消费者食用前的最后一个贮藏环节，是食品冷链不可缺少的环节。

四、HACCP 在食品冷链流通中的应用

食品的质量、安全风险来源于两方面：一是食品生产过程中原材料和制成品的质量问题，即食品在生产过程中由于技术、工艺使用不当和管理不当而产生的质量问题；另一方面便是在食品流通过程中，由于管理不当或流通设施设备与技术水平落后引起的食品安全问题，即食品本身没有质量安全问题，而在流通过程中出现了质量安全问题。为了保证食品的安全与品质，食品工作者提出了危害分析与关键控制点（HACCP）概论。

（一）HACCP 质量控制体系概述

HACCP（hazard analysis critical control point）即危害分析与关键控制点，是一种保证食品安全、维护人们健康的质量控制系统。近年来，HACCP 的应用领域在不断拓宽，由生产和加工企业扩展到了整个供应链，即对从田间到餐桌的整个流通过程实行有效的监控和预防，将温湿度等品质调控因子的影响，以及诱发危害的各因素的影响控制到最小限度。

HACCP 体系是以良好操作规范（GMP）为基础的质量保证体系，它首先对原材料（包括加工用水和空气）及整个加工工艺甚至消费者的消费过程进行危险性分析，确定需要控制的关键环节，然后在生产中按照 GMP 进行重点控制，最后用食品安全性经典检验方法（菌落总数、大肠菌群及致病菌检验等）对最终产品检验，看产品是否达到国家标准。HACCP 体系运行前，首先依据以下七个原则，制定出 HACCP 体系操作的具体步骤并按照它在食品加工中进行操作、检查和记录。分别为：进行危害性和危险性分析；确定关键控制点；拟定关键控制限度；拟定监控关键控制限度的程序；拟定在关键控制点发生偏差时采取的纠正措施；建立 HACCP 制度的档案系统；建立验证 HACCP 系统正常工作的评价程序。

（二）HACCP 在冷链物流中的运用

HACCP 管理体系是在生产过程中，对原材料、生产工序以及影响产品安全的人为因素进行分析，找出潜在危害并确定关键控制环节，建立并完善监控程序和监控标准，采取规范的纠正措施，将可能发生的食品安全危害消除在生产过程中。将 HACCP 提出的预防性思维应用在食品流通过程中，从物流的过程入手来分析食品物流中可能对食品安全构成威胁的危害，并对关键点予以控制，在危害发生前采取相应的措施以减少危害带来的损失，而不仅仅通过最终的检验来保证食品安全。

1. 冷链物流的组成

由图 1-1-47 可见，生鲜食品从原供应地开始，经过采购、验收、运输、装卸搬运等一系列操作之后到达工厂进行生产，而后进行运输、配送、分拣、销售等操作，食品经过配送中心、中间商最终到达消费者手中，在整个过程中必须进行严格控温，保证食品质量。

2. 危害分析

根据物流的基本职能现将冷链物流分为以下几个作业环节：采购验收、装卸搬运、运输配送、储存、分拣、流通加工。从生物性、化学性、物理性 3 种角度对每个环节中的潜在危

图 1-1-47 生鲜食品全程冷链操作流程

害进行分析，结果如表 1-1-44 所示。

表 1-1-44 冷链物流的危害分析

作业环节	潜在危害
采购验收	环境污染、动植物病毒感染、农药残留、添加剂及配料问题；操作不当引入杂质；货物数量、品类不符，储存条件不当
装卸搬运	细菌繁殖，食品变质、变味；操作不当、包装破损、杂质进入引起污染
运输配送	控温不当或在途时间过长导致食品变质；不同质食品集中运输引发的交叉污染，运输设备消毒不净引发的污染，不合理堆放导致货物倾倒、损坏及杂质进入，货物被盗、遗失
储存	储存区温度、湿度不当引发食品变质；不同质食品集中储存引发的交叉污染，储区微生物数量未达标准；不合理堆放导致货物倾倒、损坏及杂质污染
分拣	分拣区控温不合理引发食品变质；作业人员及设备携带有害微生物及化学污染物导致食品污染变质；危险作业导致破损及杂质的进入
流通加工	温度、湿度、微生物数量不达标造成食品污染；作业时间过长，货物数量过多引发的食品变质、变味；工作人员及设备携带有害微生物及化学污染物

3. 关键控制点确定

关键控制点确定是确定食品安全与不安全的临界点，只要所有的关键控制点均控制在安全范围内，食品品质将是安全的。而在质量控制过程中判定是否是危害点时，可以借助关键控制点决定树（图 1-1-48）按顺序回答问题的原理来判定。

4. 建立 HACCP 计划表记录

表 1-1-45 是在危害分析的基础上制定的 HACCP 计划表。

图 1-1-48　关键控制点决定树

表 1-1-45　　　　　　　　　　　HACCP 计划表

关键控制点	显著危害	关键限值	监控				纠偏措施	记录	验证
			对象	方法	频率	人员			
采购验收	食品中的传染病菌、有害菌等	国家相应的标准	传染病菌、有害菌	检查三证	每批商品	商品验收员	拒收、退货	验收监测记录	每日审核、每周抽检
装卸搬运	细菌繁殖、食品变质、变味	温度和作业时间限制	温度、时间、作业人员	观察温度、记录时间	每次作业	作业管理人员	调整温度、速度	作业记录	每次作业后审核
运输配送	微生物及化学污染	运输工具温度控制标准	微生物、化学传染物	采用温度监控仪器	每批商品	操作人员	及时调整温度、更换工具	温度监控记录	食品准确性检测
储存	细菌繁殖交叉污染	国家储存标准	细菌储存特写	保持清洁分区存储	每批商品	仓储人员	及时清洁、分区存放	储存记录	区位准确性检测

续表

关键 控制点	显著 危害	关键 限值	监控				纠偏 措施	记录	验证
			对象	方法	频率	人员			
分拣	微生物及化学污染	作业操作技术规范	温度、速度、作业人员	观察温度记录时间	每批商品	分拣人员	调整温度、提高速度	分拣记录	作业后审核
流通加工	清洗用水或挑拣不干净造成的污染，微生物繁殖	商品质量规范、挑拣技术规范国家标准	商品质量含菌量	肉眼观察食品检测	每批商品	车间质检员	丢弃不合格产品	质检记录	每日审核每批抽检

🔍 **思考题**

1. 简述果蔬采后贮藏保鲜中常用的技术措施及其原理。
2. 跃变型与非跃变型果实在采后生理上有什么区别？在贮藏实践上有哪些措施可调控果蔬采后的呼吸作用？
3. 阐述休眠现象对某些蔬菜贮藏的有利作用。
4. 简述屠宰后肉的生物学变化过程及其机理。
5. 简述鱼贝类的死后的变化。
6. 引起食品腐败变质的主要因素有哪些？食品的低温冷藏对这些因素有何影响？
7. 冷却和低温冷藏对食品的品质会产生怎样的影响？
8. 食品冷却方法有哪几种？分别适用于何种食品？
9. 食品冷藏中需要控制的因素有哪些？控制不当会对食品造成哪些影响？
10. 果蔬气调贮藏的原理是什么？
11. 气调贮藏管理中气体指标如何确定？
12. 气调库设计建造过程中应注意的问题有哪些？
13. 对气调贮藏的管理提出一些合理化建议。
14. 影响冻制食品最后的品质及其耐藏性的因素有哪些？
15. 一般来说，速冻和缓冻相比，哪一个更适合用于食品保藏？其优点是什么？
16. 影响冻结速度的因素有哪些？冻结对食品品质有何影响？
17. 食品冻结及冻结食品解冻各有哪些方法？
18. 对解冻后食品品质影响的因素有哪些？
19. 食品物料的冻藏过程应控制的因素有哪些？
20. 什么是冷链？冷链的适用范围是什么？
21. 冷链常用运输设备分为几大类？
22. 举例说明 HACCP 体系在冷链物流中的应用。

主要参考文献

［1］赵晋府．食品工艺学［M］．北京：中国轻工业出版社，2009.

［2］曾庆孝．食品加工与保藏原理［M］．北京：化学工业出版社，2007.

［3］潘永贵．现代果蔬采后生理［M］．北京：化学工业出版社，2009.

［4］彦启森．制冷技术及其应用［M］．北京：中国建筑工业出版社，2006.

［5］谢晶．食品冷冻冷藏原理与技术［M］．北京：化学工业出版社，2005.

［6］华泽钊，李云飞，刘宝林．食品冷冻冷藏原理与设备［M］．北京：机械工业出版社，2002.

［7］刘宝林．食品冷冻冷藏学［M］．北京：中国农业出版社，2010.

［8］李延云．果蔬贮藏实用技术［M］．北京：中国轻工业出版社，2010.

［9］王丽琼．果蔬贮藏与加工［M］．北京：中国农业大学出版社，2008.

［10］刘新社．果蔬贮藏与加工技术［M］．北京：化学工业出版社，2009.

［11］陆兆新．果蔬贮藏加工及质量管理技术［M］．北京：中国轻工业出版社，2004.

［12］张存莉．蔬菜贮藏与加工技术［M］．北京：中国轻工业出版社，2008.

［13］谢晶．食品冷藏链技术与装置［M］．北京：机械工业出版社，2010.

［14］关志强．食品冷冻冷藏原理与技术［M］．北京：化学工业出版社，2010.

［15］赵晋府．食品技术原理［M］．北京：中国轻工业出版社，2007.

第二章

食品的热处理

　　明确食品热杀菌的目的和要求，了解食品传热的方式、传热曲线类型及食品加热杀菌时间的推算方法，熟悉三条曲线概念、加热对食品品质的影响及加热过程中食品品质变化动力学；掌握影响食品热处理的因素、D 值、F 值、Z 值及 TRT 值的概念及其实际含义及等效热处理条件的换算与应用；掌握食品热处理（杀菌）合理性的判别方法及其实际应用；了解食品热处理装置，熟悉常用热处理设备的特性及其应用，初步掌握热处理设备的合理选择。

第一节　食品加工中的热处理

一、　热处理作用

　　热处理（thermal processing）是食品加工中最重要的处理方法之一，主要用于改善食品品质、获得新型的食品、延长食品贮藏期。食品热处理的方法有多种，所采用的热处理参数也各不相同，需要根据实际的需要和预期的目标进行合理选择。但热处理过程对微生物、酶和食品成分的作用以及传热的原理和规律却有相同或相近之处，在食品加工中热处理的作用主要表现为：

　　（1）灭菌作用　在热处理过程中可以不同程度的杀死微生物，主要是致病菌与腐败菌等有害的微生物，从而控制由于微生物作用引起的食品变败，达到保证食品安全、延长食品贮藏期的目的。

　　（2）钝化酶　热处理过程在杀灭微生物的同时使酶失活，从而控制由于酶作用引起的食品变败，达到延长食品贮藏期的目的。

　　（3）改善食品的品质与特性　通过热处理可以达到如下目标。

　　赋予食品特有的品质，如焙烤制品特有的色泽、膨化食品的质地；提高食品中营养成分的可消化性和可利用率；方便后续操作，如猪肉、牛肉的预煮，可以固化蛋白质，方便切片

（块）操作；起到蒸、煮和调味的作用，使食品在热处理中实现生变熟的过程，同时完成调味作用。对于一些含有有害成分或不良风味的食品，热处理还能够破坏或去除食品中不需要的或有害的成分或因子，如大豆中的胰蛋白酶抑制因子、新鲜黄花菜中的秋水仙碱等。

在热处理过程中会不可避免地带来一些不利于食品品质的影响，如部分营养成分损失、色泽的变化等，尤其是热敏性食品，所以需要合理选用热处理方法，严格热处理操作。

二、 热处理类型与特点

食品热处理的类型很多，分类的方式也有多种，可根据处理方式、处理目的或工艺等不同方式进行分类。目前一般按加工工艺进行分类，分为热烫/预煮、油炸、焙烤、热挤压及热杀菌等。

1. 热烫与预煮

热烫又称烫漂、杀青、预煮。其主要作用是破坏或钝化食品中导致食品质量变化的酶类，以保持食品原有的品质，防止或减少食品在加工和保藏中由酶引起的食品色、香、味的劣化和营养成分的损失。热烫处理除破坏酶的活性外还具有一定的杀菌和洗涤作用，可以减少食品表面的微生物数量，降低农药残留量。对于罐装食品，热烫可以排除食品组织中的气体，使食品装罐后形成良好的真空度及减少氧化作用；热烫还能软化食品组织，方便食品往容器中装填，保证罐头的固形物含量；烫漂也起到一定的预热作用，有利于提高和保证装罐后罐内食品的温度，缩短杀菌升温的时间。此外一些蔬菜在热烫时加入食盐，不仅可减少溶解氧，而且对蔬菜有一定的护色作用。热烫还可以除去或减少某些蔬菜的不良风味，如菠菜的涩味、芦笋的苦味、花菜的土腥味等，从而改善产品品质。

烫漂处理主要应用于蔬菜和某些水果，通常是蔬菜和水果冷冻、干燥或罐藏前的一种前处理工序。

预煮处理主要用于肉禽加工中，其主要目的是方便后工序操作。预煮多以热水为介质，预煮温度常采用沸点，以方便温度的控制，减少设备投资。预煮时间视食品原料的特性、大小及后续操作要求等因素而定。

2. 热杀菌

热杀菌是以杀灭不符合要求的微生物为主要目的的热处理形式，根据热处理温度的不同可分为巴氏杀菌（pasteurization）和商业灭菌（sterilization）。

巴氏杀菌的处理温度通常在100℃以下，典型的巴氏杀菌的条件是62.8℃、30min，达到同样的巴氏杀菌效果，可以有不同的温度、时间组合。

商业灭菌又简称为热杀菌，通常是将食品加热到一定的温度并维持一定的时间以杀灭不符合要求的微生物，达到"商业无菌（commercial sterilization）"的状态。商业无菌是指食品经过适度的热杀菌后，不含有致病的微生物，也不含有在通常温度下能在其中繁殖的非致病性微生物，这种状态称作商业无菌。所以说商业无菌并没达到绝对无菌。达到商业无菌所需要的热处理条件取决于食品原料所污染的微生物的种类、数量、食品的酸度、食品的成分、包装状况以及热杀菌设备的形式等因素。

3. 热挤压

挤压是将食品物料放入挤压机中，物料在螺杆的挤压下被压缩并形成熔融状态，然后在卸料端通道模具出口被挤出的过程。热挤压则是指食品在挤压的过程中同时被加热。热挤压也被称为挤压蒸煮（extrusion cooking）。挤压是结合了混合、蒸煮、揉搓、剪切、成型等几种单元操作的过程。

挤压是一种新的加工技术，挤压可以产生不同形状、质地、色泽和风味的食品。热挤压是一种高温短时的热处理过程，它能够减少食品中的微生物数量和钝化酶，但无论是热挤压还是冷挤压，其产品的保藏主要是靠其较低的水分活性和其他条件。

挤压处理具有下列特点：挤压食品多样化，可以通过调整配料和挤压机的操作条件直接生产出满足消费者要求的各种挤压食品；挤压处理的操作成本较低；在短时间内完成多种单元操作，生产效率较高；便于生产过程的自动控制和连续生产。

4. 热脱水

热脱水是指在控制条件下运用热能，以蒸发的形式除去食品中通常存在的大部分水。

脱水的主要目的是通过适度脱水降低水活度，以控制微生物的生长和酶的活性，从而延长食品的货架期。如牛乳的脱水，果蔬的脱水等。

有的食品物料经过非水介质加热脱水后，如油炸脱水后赋予食品特有的质地、香气和色泽。油炸脱水根据热介质的使用程度的不同分为油炸和煎炸。油炸是将食品置于热油中进行加热，其表面的温度迅速升高，水分以水蒸气的形式蒸发，随着加热过程的进行，蒸发层向食品内部移动，形成脆性外皮。煎炸是指用少量的油加热食品，表面脱水。加热后，煎炸油的温度比用水煮的温度高，煎炸食物需时较短。

5. 焙烤和焙烧

焙烤和焙烧本质上是同一种单元操作。二者都是使用热气来改变食品的食用品质。焙烤（baking）应用于主要成分为面粉和谷物的食品，而烧烤（roasting）则应用于肉类和坚果等。焙烤和烧烤的第二个目标是通过杀灭微生物和降低食品表面的水分活度达到防腐的目的。咖啡豆的烧烤不同于二者，其受热温度为 165~250℃，要通过焦糖化反应形成咖啡的滋味和气味。

6. 蒸发和蒸馏

蒸发和蒸馏的目的是分离食品中某些特定的成分来提高食品的价值。这两种单元操作都是利用食品中各成分蒸气压（挥发性）的不同，用热量除去其中一种或多种成分，取得分离效果。

蒸发或是沸煮浓缩，是指通过沸煮去掉水蒸气的方法除去液态食品中的部分水分。蒸发用于食品干燥、冷冻灭菌前的预浓缩以减少其质量和体积。这样可以节省后续工序中的能源消耗及贮藏、运输和分销的成本。也可以为消费者或生产者带来方便。蒸发可大幅度增加食品中固形物的含量，降低水活度，可以取得防腐的效果。通过正确选择设备和操作可以尽量减少剧烈的热处理引起的食品品质变化。蒸发的能源成本比其他浓缩方式和冷冻浓缩高，但可获得较高的浓缩水平。

尽管蒸馏在化学工业中的应用很普遍，但它在食品加工中大多局限于烈性酒的生产及挥发性风味和芳香成分的分离，如蒸汽蒸馏生产精油。含有各种挥发性不同的成分的食品受热时，蒸气压较高的成分首先被分离出来。这些分离出来的成分被称为"馏出液"，而那些挥发性较低的成分则称为"底液"或残余物。

第二节 食品热处理原理

一、 加热对微生物的影响

（一）微生物与食品的变败

食品中的微生物是导致食品不耐贮藏的主要原因。一般说来，食品原料都带有微生物。在食品的采收、运输、加工和保藏过程中，食品也有可能污染微生物。在一定的条件下，这些微生物会在食品中生长、繁殖，使食品失去原有的或应有的营养价值和感官品质，甚至产生有害和有毒的物质。

细菌、霉菌和酵母都可能引起食品的变质，其中细菌是引起食品腐败变质的主要微生物。细菌中非芽孢细菌在自然界存在的种类最多，污染食品的可能性也最大，但这些菌的耐热性并不强，巴氏杀菌即可将其杀死。细菌中耐热性强的是芽孢菌。芽孢菌分为需氧性的、厌氧性的和兼性厌氧的。需氧和兼性厌氧的芽孢菌是导致罐头食品发生平盖酸败的原因菌，厌氧芽孢菌中的肉毒梭菌常作为罐头杀菌的对象菌。酵母菌和霉菌引起的变质多发生在酸性较高的食品中，一些酵母菌和霉菌对渗透压的耐性也较高。

（二）微生物的生长温度和微生物的耐热性

不同微生物有不同的生长温度，微生物的最适生长温度如表 1-2-1 所示。大多数微生物以常温或稍高于常温为最适生长温度。当温度高于微生物的最适生长温度时，微生物的生长就会受到抑制，而当温度高到足以使微生物体内的蛋白质发生变性时，微生物即会出现死亡现象。

表 1-2-1　　　　　　　　　　微生物的最适生长温度与热致死温度　　　　　　　　单位：℃

微生物	最低生长温度	最适生长温度	最高生长温度
嗜热菌	30~45	50~70	70~90
嗜温菌	5~15	30~45	45~55
低温菌	−5~5	25~30	30~55
嗜冷菌	−10~−5	12~15	15~25

一般认为，微生物细胞内蛋白质受热凝固而失去新陈代谢的能力是加热导致微生物死亡的原因。因此，细胞内蛋白质受热凝固的难易程度直接关系到微生物的耐热性。无论微生物的营养细胞，还是芽孢，其耐热性都有显著的差异，即使耐热性很强的细菌芽孢，其耐热性的变化幅度也相当大。微生物的这种耐热性是复杂的化学性、生理性以及形态方面的性质综合表现的结果。因此，微生物的耐热性首先受到其遗传性的影响，其次，与它所处的环境条件也是分不开的。加热前、加热时和加热后三个阶段对微生物耐热性都有影响，最重要的是加热时的各种条件，如酸、碱、盐、脂肪、水分及温度等，所以说影响微生物耐热性的因素

有很多，主要原因可归纳为三个，即微生物的种类，微生物生长和细菌（芽孢）形成的环境条件，热处理时的环境条件。

1. 微生物的种类

微生物的菌种不同，耐热性的程度也不同，而且即使是同一菌种，其耐热性也因菌株而异。正处于生长繁殖的微生物营养细胞的耐热性比其芽孢弱。各菌种芽孢的耐热性也不相同，嗜热菌芽孢的耐热性最强，厌氧菌芽孢次之，需氧菌芽孢的耐热性最弱。同一菌种芽孢的耐热性也会因热处理前菌龄、培养条件、贮藏环境的不同而异。例如，菌体在其最高生长温度生长良好并形成芽孢时，其芽孢的耐热性通常较高；实验室培养的芽孢都比在大自然条件下形成的芽孢耐热性要低；培养基中的钙、锰离子或蛋白胨都会使芽孢耐热性增强；热处理后残存芽孢经培养繁殖并再次形成芽孢后，新形成芽孢的耐热性就较原来的芽孢强；嗜热菌芽孢的耐热性随贮藏时间增加可能降低，但对厌氧性细菌影响较小，耐热性减弱的速度慢得多；也有多人发现菌龄对耐热性有影响，但缺乏规律性。

酵母菌和霉菌的耐热性都不高，酵母，包括酵母孢子，在100℃以下的温度容易被杀死。大多数的致病菌不耐热。

表1-2-2是部分微生物的 D 值，表中数据表明微生物种类不同，其 D 值不同，说明其对热的抵抗能力不同，在相同的热杀菌温度下杀死90%芽孢所需要的时间不同。

表 1-2-2　　　　　　　　　　　　部分微生物的 D 值

微生物组	D 值/min
低酸和中酸食品（pH>4.5）	D_{121}
嗜热菌	
平盖酸败类（嗜热脂肪芽孢杆菌）	4.0~5.0
产气腐败类（热解糖梭菌）	3.0~4.0
致硫臭类（致黑梭状芽孢杆菌）	2.0~3.0
嗜温菌	
厌氧腐败菌	
肉毒梭菌（A 型和 B 型）	0.10~0.20
产芽孢类（包括 P. A. 3679）	0.10~1.5
酸性食品（pH 4.0~4.5）	
嗜热菌	
凝结芽孢杆菌（兼性嗜温菌）	0.01~0.07
嗜温菌	D_{100}
多黏芽孢杆菌和软化芽孢杆菌	0.10~0.50
厌氧丁酸菌（巴氏固氮梭状芽孢杆菌）	0.10~0.50
高酸食品（pH<4.0）	D_{65}
非芽孢嗜温菌	
乳酸杆菌，明串珠菌，酵母和霉菌	0.50~1.00

2. 微生物的数量（原始活菌数）

微生物的耐热性还与微生物的数量密切相关，微生物的数量越多，其对热的抵抗能力越强，在相同的热处理温度下使其全部死亡所需的时间就越长。有人用184g蘑菇罐头进行实验，具有不同芽孢浓度的罐头杀菌后的酸败情况如表1-2-3所示。

表1-2-3   184克蘑菇罐头经杀菌保温后的酸败情况

杀菌条件	凝结芽孢杆菌芽孢浓度					
	5.8个/g		63.6个/g		527个/g	
	A/B	C	A/B	C	A/B	C
10min-20min/121℃	18/30	60%	24/30	80%	28/28	100%
10min-25min/121℃	4/31	13%	24/30	80%	30/30	100%
10min-30min/121℃	0/26	0	24/30	80%	30/30	100%

注：A—酸败罐数量，B—实验罐数量，C—酸败率。

从表中数据可见，罐头的酸败率随着罐头所含芽孢数量的增加而增加。

有人在玉米罐头中分别加入10g各含有60和2500个平酸菌芽孢的食糖溶液，在121℃温度下杀菌70~90min，观察它们的杀菌效果，含有60个芽孢的罐头试样中，没有发现平盖酸败，而含有2500个芽孢的试样在70min、80min、90min的败坏率分别为95.8%、75.0%和54.2%，即菌数越多，全部死亡时间也随之而增长。由此可见，控制食品杀菌前被污染的菌数可有效缩短食品受热时间，对于食品品质的保存有着极为重要的作用。

3. 微生物所处的环境

微生物所处的环境对于食品加工而言，就是指食品的成分。食品中含有糖、酸、脂肪、蛋白质、盐分等成分，这些成分对微生物的耐热性有着不同程度的影响。

（1）酸（度） 酸对微生物的耐热性影响很大。食品中酸的存在对微生物耐热性有减弱的作用，而减弱的程度随酸度的不同而不同。一般来说酸度越高，pH越低，微生物及其芽孢的耐热性越弱。

图1-2-1为pH与芽孢致死时间的关系。图中结果表明，酸度越大，pH越低，芽孢致死时间越短。

表1-2-4为pH对三种食品中的肉毒梭菌62A芽孢的D值的影响。表中数据表明三种食品中的肉毒梭菌62A芽孢的D值都随pH的减小而缩短，说明酸度越高，杀灭90%的芽孢需要的时间越短。

图1-2-1 pH与芽孢致死时间的关系

以上实例都表明食品的酸度越高，pH越低，微生物及其芽孢的耐热性越弱。

酸使微生物耐热性减弱的程度还随酸的种类而异，一般认为乳酸对微生物的抑制作用最强，苹果酸次之，柠檬酸和醋酸（乙酸）稍弱。

表 1-2-4　　　　pH 对三种食品在 116℃的肉毒梭菌 62A 芽孢的 D 值影响

pH	D 值/min		
	番茄酱和奶酪	通心粉	西班牙米饭
4.0	0.128	0.127	0.117
4.2	0.143	0.148	0.124
4.4	0.163	0.170	0.149
4.6	0.223	0.223	0.210
4.8	0.226	0.261	0.256
5.0	0.260	0.306	0.266
6.0	0.491	0.535	0.469
7.0	0.515	0.568	0.550

　　由于食品的酸度对微生物及其芽孢的耐热性的影响十分显著，所以食品酸度与微生物耐热性这一关系在预包装食品（如罐头、饮料）的热杀菌中具有相当重要的意义。在实际生产中一般根据食品的酸度确定热杀菌的温度，平衡 pH<4.6 的酸性食品，可采用常压杀菌，即杀菌温度≤100℃；平衡 pH≥4.6（A_w>0.85）的低酸性食品，应采用高温高压杀菌，即杀菌温度>100℃。这为热敏性食品降低热杀菌温度提供了有效途径——酸化，即在食品加工中，通过适当的加酸或产酸提高食品的酸度，以抑制微生物（通常以肉毒梭菌芽孢为主）的生长，降低或缩短杀菌的温度或时间，此即为酸化食品。在酸化时注意食品酸化的适应性、酸化后口味的接受性及合理酸化方法的选择。美国食品与药物管理局（FDA）2010 年 9 月发布了酸化和发酵食品指南草案，如咸菜、调味品和橄榄等食品，提供有关制造和质量控制的建议。

　　（2）食品中的糖（碳水化合物）　食品中的糖有增强微生物耐热性的作用。蔗糖浓度很低时对细菌芽孢的耐热性影响很小，高浓度的蔗糖对受热处理的细菌芽孢有保护作用。例如，大肠杆菌在 70℃加热时，在 10%的糖液中致死时间比无糖溶液增加 5min，而浓度提高到 30%时致死时间要增加 30min。这是由于高浓度的糖液会导致细菌细胞中的原生质脱水。从而影响了蛋白质的凝固速度以致增强了芽孢的耐热性。蔗糖的浓度增加到一定程度时，由于造成高渗透压的环境而又具有抑制微生物生长的作用。

　　除蔗糖外，其他的糖如葡萄糖、果糖、乳糖、麦芽糖等的作用并不相同。

　　（3）食品中的盐　食品中的盐类有时对微生物受热损伤具有保护作用，有时又具有相反作用，其作用效果随盐的种类、浓度及菌种等因素的变化而有相当大的差异。这些盐类对微生物可能产生的作用如下：

　　①盐类透过阻碍层（使微生物自身的酸与外界环境的渗透压保持平衡）的移动性因不同的盐类而有变化，并对细胞内的 pH 有影响。

　　②可以通过采用不同的添加浓度，将细胞内外的渗透压调节得恰到好处，从而减少一些重要成分在加热过程中漏出细胞外。

　　③NaCl、KCl 之类的盐，对蛋白质的水合作用影响效果明显。因此，可能对酶及其他重要蛋白质的稳定性产生影响。

④二价阳离子（如 Ca^{2+}、Mg^{2+} 等）与蛋白质结合生成稳定的复合体而有助于耐热性的增强。

⑤高浓度盐类的存在使水分活度降低，从而使细胞的耐热性增强，其原理与干燥作用相同。

食盐是盐类中最重要的一种盐，关于它对微生物耐热性的影响已有较多的研究，其影响效果因菌种、盐液浓度及其他环境条件而有变化。一般认为食品中低浓度的食盐（低于4%）对芽孢的耐热性有一定的增强作用，但随着食盐浓度的提高（8%以上）会使芽孢的耐热性减弱。浓度高于10%时微生物的耐热性则随着盐浓度的增加而明显降低。如果浓度高于14%时，一般细菌将无法生长。盐浓度的这种保护和削弱作用的程度，常随腐败菌的种类而异。例如在加盐的青豆汤中做芽孢菌的耐热性试验，当盐浓度为1%~2.5%时芽孢的耐热性增强最明显，盐浓度为3%~3.5%时，芽孢的耐热性有增强的趋势，而盐浓度增至4%时，影响甚微。其中肉毒梭菌芽孢的耐热性在盐浓度为0.5%~1.0%时，芽孢的耐热性有增强的趋势，当盐浓度增至6%时，耐热性不会减弱。

其他无机盐对细菌芽孢的耐热性也有影响。氯化钙对细菌芽孢耐热性的影响较食盐弱一些，而氢氧化钠、碳酸钠或磷酸钠等对芽孢有一定的杀菌力、这种杀菌力常随温度的提高而增强。因此如果在含有一定量芽孢的食盐溶液中加入氢氧化钠、碳酸钠或磷酸钠时，杀死它们所需要的时间可大为缩短。通常认为这些盐类的杀菌力来自未分解的分子而并不来自氢氧根离子。

（4）脂肪　脂肪和油能增强微生物的耐热性。这是因为细菌的细胞是一种蛋白质的胶体溶液，此种亲水性的胶体与脂肪接触时，蛋白质与油脂两相间很快形成一层凝结薄膜，这样蛋白质就被脂肪所包围，妨碍了水分的渗入，造成蛋白质凝固的困难；脂肪又是不良的导热体，阻碍热的传导，因此增强了微生物的耐热性。例如：大肠杆菌在水中加热至60~65℃即可致死；油中加热100℃下经30min才能杀灭；即使在109℃下也需10min才能致死。

Molin 和 Snygg 在大豆油、橄榄油、液态石蜡中对蜡样芽孢杆菌、E 型肉毒梭菌芽孢的受热死亡过程进行了研究，发现蜡样芽孢杆菌的芽孢在磷酸盐缓冲液中，100℃时，D 值不超过8min，但在脂类物质中，其耐热性显著增强，121.1℃时，D 值为7~30min，而且因脂类物质种类的不同差异很大。不过，若在脂类物质中加入微量的水，就明显地促进了微生物受热死亡的速度。桑夫顿堡沙门氏菌、鼠伤寒沙门氏菌在巧克力中，大肠杆菌在大豆油中，其耐热性都有显著增强。

Sugiyama 研究了不同链长的脂肪酸对肉毒梭菌的保护作用，证明了长链脂肪酸同短链脂肪酸相比是一种更好的保护剂。

但也有的试验结果表明，金黄色葡萄球菌、莓实假单胞菌在牛乳中，其耐热性不受其脂肪含量的影响。而且，嗜热链球菌、生孢梭菌在稀奶油中的死亡率反而比在脱脂乳中高。还有，法兰克福香肠中的假单胞菌、微球菌等在脂类物质含量为11%~38%的范围内，其耐热性不受任何影响。

从上述结果得知，微生物在脂类物质中的耐热性远比在水系中强，但有时脂类物质对微生物耐热性的影响也可能会因食品成分及其他有关因素的存在而减少。

（5）水分　微生物在发育期的细胞含水量为75%~85%，孢子的含水量为6%~17%。这些水分在细胞中以自由水和结合水的状态存在，它与外界环境中的水分保持着平衡关系。因此，细胞外的水分无论是对细胞内的含水量，还是对细胞内所含水分的物理状态都具有重要的影响。

对于食品来说其含水量不一样，差异更大，从百分之几到百分之几十，含水量范围极广。而在食品加工中，容易出问题的食品大部分含水量非常高。因此，无论采取何种方式加热，都可以看作是以湿热的形式作用于微生物。但含水量低的原料，加盐、加糖食品，干燥食品，浓缩食品，油脂食品等并非处于水分丰富的状态，在对此类食品进行加热处理时，就不能将其与湿热的情况同等对待。而含水量介于湿热与干热之间的这个中间水分区域范围很宽。因此，对存在于这一区域中的微生物的耐热性变化要根据试验结果进行研究。

Murrel 和 Scott 研究了气相调湿加热处理，他们从典型的芽孢杆菌属和梭菌属中各选出三种，分别置于各种相对湿度的气相中，调节湿度，控制气相中的水分，再进行加热处理。采用 110℃ 下的 D 值对细菌芽孢的受热死亡情况进行了比较，由水分活度（A_w）的变化而引起的细菌芽孢的耐热性反应，可能因不同的菌种而有差异。但无论哪个菌种都表现出一致的趋势。在 $A_w = 0.2 \sim 0.4$，经过调湿的芽孢具有最强的耐热性（$D_{110℃} = 2 \sim 24h$），若水分活度（A_w）降到 0.2 以下，其耐热性就相应减弱，表现为 $A_w = 0.0$ 时，$D_{110℃} = 30s \sim 30min$。$A_w = 0.4$ 以上时，4 个菌种的 D 值都显著下降，$A_w = 1.0$ 时为最低。但凝结芽孢杆菌、嗜热脂肪芽孢杆菌的芽孢耐热性减弱不显著，在 $A_w = 1.0$ 时比 $A_w = 0.0$ 时的 D 值大。如 E 型肉毒梭菌在 0.1s 以下，而凝结芽孢杆菌和嗜热脂肪芽孢杆菌则约为 40min。E 型肉毒梭菌在高湿度下的热敏感性极强，但当 $A_w = 0.2 \sim 0.4$ 时，其 D_{110} 值几乎与其他菌种无显著性差别。Reves 等用密闭罐在相对湿度 0.001% ~ 100% 的范围内研究了枯草杆菌黑色变种、蜡样芽孢杆菌、巨大芽孢杆菌、嗜热脂肪芽孢杆菌的耐热性，研究结果认为峰值出现在相对湿度为 1% ~ 50%。

在液相中较大的 A_w 范围内研究枯草杆菌的芽孢时（甘油溶液中），也得出了 $A_w = 0.2 \sim 0.4$ 时，$D_{95℃}$ 有最高值。用食盐、糖等作为溶质来调节 A_w 时，可调节范围比较窄，但随着水分活度的降低，其耐热性均有增强的趋势，如沙门氏菌属、大肠杆菌、荧光假单胞菌、金黄色葡萄球菌、肠球菌属、乳杆菌属、球形球拟酵母、鲁氏酵母等。

嗜热脂肪芽孢杆菌的芽孢在 NaCl、LiCl、葡萄糖、甘油溶液和气相调湿的条件下，对其耐热性进行了比较。结果表明：A_w 的效果因溶质的不同而有变化，溶质为 NaCl 和葡萄糖时，A_w 在 0.8 以上，其耐热性变化很小；在 LiCl 溶液中，$A_w = 0.5$ 时，D 值最小。相反在甘油溶液中进行气相调湿，当在 $A_w = 0.2 \sim 0.5$ 时，D 值最大。表 1-2-5 是在蛋粉、鱼蛋白浓缩粉和小麦粉的嗜热脂肪芽孢杆菌（$B. stearothermophilus$）芽孢的耐热性与 A_w 的关系。

表 1-2-5　　　　　　　水分活度对嗜热脂肪芽孢杆菌芽孢耐热性的影响

食品材料	水分（质量分数）/%	A_w（20℃）	降低至 10^{-4} 的时间/min
蛋粉	40.3	0.98	15
	9.4	0.68	51
	4.3	0.33	460
	0.1	0	7

续表

食品材料	水分（质量分数）/%	A_w（20℃）	降低至 10^{-4} 的时间/min
鱼蛋白浓缩粉	63.7	0.99	4
	10.7	0.68	32
	7.4	0.38	250
	0.1	0	36
小麦粉	45.6	0.99	9
	14.1	0.68	21
	9.3	0.33	99
	0.1	0	31

表中数据表明蛋粉、鱼蛋白浓缩粉和小麦粉均在 $A_w = 0.33/0.38$ 时得出了最高的 TRT_4（$4D$）值。

从以上所得结果可见，微生物随着其细胞水分受到束缚而越发不易遭受加热损伤，但无论是在气相还是在液相条件下，一旦超过某一临界值，其敏感性反而会增强。不过，可能会因菌种、芽孢的形成条件和溶质等因素的影响而有所变化。

芽孢对干热的抵抗能力比湿热的强，如肉毒梭菌的芽孢在干热条件下的杀灭条件是 120℃，120min，而在湿热下为 121℃，4~10min。

这种差异与芽孢在两种不同环境下的破坏机理有关：湿热下的蛋白质变性和干热下的氧化。由于氧化所需的能量高于变性，故在相同的热处理条件下，湿热下的杀菌效果高于干热。部分微生物在湿热与干热中微生物耐热性的比较如表 1-2-6 所示。部分微生物芽孢在湿热杀菌时的 D 值和 Z 值如表 1-2-7 所示。

表 1-2-6 　　　　　　　　　　湿热与干热微生物耐热性的比较

菌种	D 值/min	
	湿热	干热
葡萄球菌属（Staphylococci）		
微球菌属（Micrococci）	55℃，30~45	110℃，30~65
链球菌属（Streptococci）		
鼠伤寒沙门氏菌（Salmonella typhimurium）	57℃，1.2	90℃，75
Sal. Senftenberg 775W	57℃，30	90℃，36
大肠杆菌（Escherichia coli）	55℃，20	75℃，40
枯草杆菌（Bacillus subtilis 5230）	120℃，0.08~0.48	120℃，154~295
嗜热脂肪芽孢杆菌（B. stearothermophilus）	120℃，4.00~5.14	120℃，15~19
芽孢杆菌（Clastridium sporogenes PA3679）	120℃，0.18~1.40	120℃，115~195
黑曲霉（Bacillus. sp. ATCC 27380）	80℃，61	125℃，139
分生孢子（Aspergillus niger）	55℃，6	100℃，100
厚垣孢子（Humicola fuscoatra）	80℃，108	120℃，30

表 1-2-7 部分微生物芽孢在湿热杀菌时的 D 值和 Z 值

微生物	菌株号	温度范围/℃	D 值/min	Z 值/℃
蜡样芽孢杆菌	1	104~121	$D_{121}=0.03$	9.9
蜡样芽孢杆菌	2	116~129	$D_{121}=2.4$	7.9
凝结芽孢杆菌	604	115~125	$D_{120}=2.3$	7.2
圆芽孢杆菌	ATCC23301	85~90	$D_{90}=11$	7.8
冷解糖芽孢杆菌	ATCC23296	81~90	$D_{90}=4.5$	8.5
嗜热脂肪芽孢杆菌	NCIB8923	115~130	$D_{120}=5.8$	13.0
嗜热脂肪芽孢杆菌	NCIB8919	115~130	$D_{120}=5.3$	11.0
嗜热脂肪芽孢杆菌	NCIB8924	115~130	$D_{120}=1.0$	8.9
嗜热脂肪芽孢杆菌	ATCC7953	111~125	$D_{121}=2.1$	8.5
枯草杆菌	5230	77~121	$D_{121}=0.5$	14.0
枯草杆菌	NCIB8054	85~95	$D_{95}=4.8$	9.3
臭气梭菌	NCTC505	80~95	$D_{90}=139$	6.8
肉毒梭菌	62A	104~113	$D_{113}=1.7$	11.0
溶组织梭菌	NCIB503	70~90	$D_{90}=12$	10.0
产气荚膜梭菌	NCTC8238	80~100	$D_{90}=120$	9.0
产气荚膜梭菌	NCTC8797	80~100	$D_{90}=15$	12~24
产气荚膜梭菌	NCTC8798	80~100	$D_{90}=36$	16.0
产气荚膜梭菌	NCTC3181	80~100	$D_{90}=5.0$	6.0
产气荚膜梭菌	NCTC8084	80~116	$D_{90}=4.5$	7.0
产气荚膜梭菌	NCTC10240	99~116	$D_{104}=1.4~5.2$	9.5~12.0
梭状芽孢杆菌	PA3679	104~132	$D_{104}=37$	9.8
梭状芽孢杆菌	NCTC532	70~90	$D_{90}=34$	13.0

(6) 蛋白质 蛋白质对微生物耐热性的影响有不同的报道。有的认为蛋白质及其有关物质对微生物具有保护作用。例如，有的细菌芽孢在 2% 的明胶介质中加热，其耐热性比不加明胶时增强 2 倍。但对其保护作用的机制尚不十分清楚。可以认为，由于蛋白质分子之间或蛋白质与氨基酸之间相互结合，从而使微生物蛋白质产生了稳定性。虽说这种保护现象是在细胞表面产生的，但也不能忽视在细胞内部也存在着蛋白质对细胞的保护作用。有的报道则认为蛋白质及其有关物质对微生物的耐热性无明显影响，也有的则认为对微生物的耐热性有削弱作用，如有的试验结果表明：蛋白胨、肉膏对产气荚膜梭菌的芽孢有保护作用；葡萄球菌、链球菌在全脂乳和脱脂乳中比在生理盐水中难以致死；蛋白胨、肉膏、酵母膏对大肠杆菌有保护作用；而且，氨基酸、蛋白胨、大部分蛋白质都对鸭沙门氏菌（Sal. anatum）有保护作用。但也有研究结果表明半胱氨酸、酪蛋白对鸭沙门氏菌有相反作用，其原因尚不清

楚。这也许与微生物的种类、数量，蛋白质及其相关物质的结构、浓度及具体其他的环境条件等因素有关，需要进一步研究。

（7）植物杀菌素　某些植物的汁液和它所分泌出的挥发性物质对微生物具有抑制和杀灭的作用，这种具有抑制和杀菌作用的物质称为植物杀菌素。例如大蒜、洋葱等均含有植物杀菌素，它们具有一定的灭菌作用。

植物杀菌素的抑菌和杀菌作用因植物的种类、生长期及器官部位等的不同而异。例如红辣洋葱的成熟鳞茎汁比甜辣洋葱鳞茎汁有更高的活性，经红辣洋葱鳞茎汁作用后的芽孢残存率为4%，而经甜辣洋葱鳞茎汁作用后的芽孢残存为17%。

含有植物杀菌素的蔬菜和调味料很多，如番茄、辣椒、胡萝卜、芹菜、洋葱、大葱、辣根、大黄、胡椒、丁香、茴香、芥末和花椒等。

如果在罐头食品杀菌前加入适量的具有杀菌素的蔬菜或调料，可以降低罐头食品中微生物的污染率，就可以使杀菌条件适当降低。如葱烤鱼的杀菌条件就要比同规格清蒸鱼的低。

除上述成分影响微生物的耐热性外，介质中的一些其他成分也会影响微生物的耐热性，如SO_2、抗生素、杀菌剂等抑菌物质的存在对杀菌具有促进和协同作用。

4. 热杀菌温度

杀菌温度与微生物的致死时间有着密切的关系，对于某一浓度的微生物来说，温度和时间决定它们的致死条件。试验证明微生物的热致死时间随杀菌温度的提高而呈指数关系缩短，如图1-2-2所示。

图1-2-2　加热致死时间曲线

（三）微生物热致死的基本规律

1. 微生物的热致死规律（残存活菌曲线）

许多科学家曾对微生物及其芽孢的耐热性进行了研究。试验结果一致认为微生物及其芽孢的死亡数是随杀菌时间的延长按指数递减，即微生物及其芽孢死灭的数量与杀菌时间之间的关系符合化学动力学中的一级反应动力学方程，也即微生物的热致死速度遵循化学动力学中的一级反应的规律，在某一温度下，微生物及其芽孢的热致死规律的数学表达式为：

$$K = \frac{1}{t} \times \lg \frac{a}{b} \qquad\qquad (1-2-1)$$

式中　K——死灭速度常数；

　　　t——加热杀菌时间；

　　　a——热杀菌前的菌数（芽孢浓度）；

　　　b——经t时间热杀菌后残存的活菌数（芽孢浓度）。

微生物及其芽孢的热致死规律也可用曲线表达，即以物料单位值内（如每毫升、每克、每罐等）细胞数或芽孢数的对数值为纵坐标，以热处理时间为横坐标，就可以根据一定环境和一定致死温度热处理条件下不同时间所得的残存活菌数（$\lg b$）在半对数坐标图上画出相应的加热致死速率曲线或残存活菌曲线（图1-2-3）。该曲线为直线，而其斜率为k，可用直线式表示。

如图1-2-3所示，A点上原始菌数为$\lg a$，而B点为经$t\min$（BC线）热处理后降至B点残存活菌数为$\lg b$，如AC直线斜率为$-k$，则：

$$-k = \frac{\lg a - \lg b}{-t} \quad 或 \quad t = \frac{\lg a - \lg b}{k}$$

$$或 \quad \lg b = -kt + \lg a \quad (1-2-2)$$

这就是残存活菌曲线的方程式。

从图1-2-3可见，残存活菌数减少一个对数周（从10000减少到1000或从1000减少到100），即菌数减少90%所需要的时间相同；即对于某一种对象菌而言，在所定的热杀菌温度下，杀死90%所需要的加热杀菌时间是相同的。

2. 微生物耐热性参数 D 值（decimal reduction time）

D 值的定义就是在一定的温度条件下，使全部对象菌的90%被杀灭所需要的时间。也就是残存活菌曲线上活菌数减少一个对数

图1-2-3　微生物的热致死速率曲线

周需要的时间，所以 D 值在数值上等于残存活菌曲线斜率绝对值的倒数，即：

$$D = \frac{1}{K} \quad (1-2-3)$$

将式（1-2-3）代入式（1-2-2），并进行整理后得到 D 值的计算式：

$$D = \frac{t}{\lg a - \lg b} \quad (1-2-4)$$

式中　t——加热杀菌时间；

a——初始芽孢浓度；

b——经 t 时间热杀菌后残存的活芽孢浓度。

［例1］ 110℃时，原始菌数为 1×10^4，热处理3min后残存的活菌数为 1×10。求 D 值。

$$D = \frac{3}{\lg 10^4 - \lg 10} = \frac{3}{3} = 1(\min)$$

［例2］ 从猪肝酱中分泌出来的 F.S 6210 菌，原始菌数为 1.25×10^5，经121℃、8min杀菌后，残存的活菌数为16.64个，求该菌在121℃下的 D 值。

$$D = \frac{8}{\lg(1.25 \times 10^5) - \lg 16.64} = 2.06(\min)$$

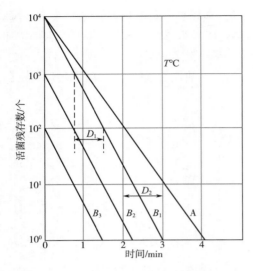

图 1-2-4 微生物的热力致死速率曲线

D 值的大小因微生物的种类不同而不同。图 1-2-4 为 A、B 两种不同微生物的热力致死速率曲线，从图中曲线表明：D 值的大小反映了微生物的耐热性程度，D 值越大说明该菌的耐热性越强，在同温同时的条件下，杀死的细菌越少，残存的活菌越多；D 值越小说明该菌的耐热性越弱，在同温同时的条件下，杀死的细菌越多，残存的活菌越少。图 1-2-4 曲线还表明 D 值的大小不受原始菌数的影响。

需特别注意的是 D 值的大小不受原始菌数的影响，但随热杀菌温度而变，温度越高，致死速率越大，D 值则越小，如图 1-2-5 所示。因此，为区别不同热处理温度下的 D 值，须在 D 的右下角标明加热杀菌的温度 T，即 D_T，如 121.1℃ 下的 D 值即用 $D_{121.1}$ 表示。

图 1-2-5 不同温度时微生物的热力致死速率曲线

3. 加热致死时间与 TDT 曲线

加热致死时间（thermal death time，TDT）就是指在某一恒定加热温度下，将某浓度的细胞或芽孢全部杀死所必需的最短热处理时间（min）。热致死时间 TDT 值的单位为 min，通常习惯用 F 值来表示。由于致死时间随温度而变，所以在表达时也需要在 F 的右下角注明热杀菌的温度，即 F_T。

微生物的加热致死时间随致死温度而异，温度越高，热致死时间越短；温度越低，热致死时间越长，试验结果表明热致死时间随温度的变化规律和加热致死规律一样遵循化学动力学中的一级反应规律。这一关系同样可以用曲线表示，即以杀菌温度为横坐标，以致死时间的对数值为纵坐标绘制得到的曲线，如图1-2-6所示。

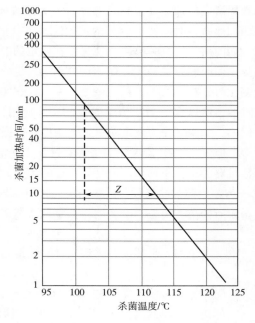

图1-2-6　加热致死时间曲线

从图1-2-6可知，加热致死时间曲线反映的使某一浓度（N）的微生物致死所需要杀菌时间与杀菌温度的关系，所以也称为致死温时曲线。

Z值是使致死时间缩短一个数量级所需要提高的温度度数，是反映微生物耐热性的又一个参数。根据Z值的实际含义及TDT曲线的规律可知Z值在数值上等于TDT曲线斜率绝对值的倒数。如取热致死时间为τ、热杀菌温度为T，它们的数学关系式为：

$$\lg \frac{t}{t'} = \frac{T' - T}{z} \qquad (1-2-5)$$

式中　T 和 T'——不同的热杀菌温度，℃；

　　　t 和 t'——T 和 T'温度时的加热致死时间，min；

　　　z——$\lg \dfrac{t}{t'} = 1$ 时相应 $T' - T$ 值，

它在图1-2-5中则为致死时间减少一个对数周时所改变的温度，℃，也即直线横过一个对数周时所改变的温度，℃。

通常 T' 用 121.1℃ 作为标准温度，而该温度下的加热致死时间 t' 则用符号"F"表示，式（1-2-5）就可以用下式表示。

$$\lg \frac{t}{F} = \frac{121.1 - T}{z} \qquad (1-2-6)$$

4. 加热减数时间和拟 TDT 曲线

加热减数时间是指在某规定的热处理温度下，将对象菌（细菌或芽孢）数减少到某一程度（10^{-n}）所需要的加热杀菌时间（min）。例如将对象菌减少到原菌数的1/10、1/100、1/1000……。如前已述及，在某一确定温度下，不论对象菌原始菌数为多少，它们减少到原菌数的1/10的时间，就是杀灭原菌数90%的时间，也就是D值。减少到原菌数的1/100，即相当于对象菌致死速率曲线通过两个对数周所需要的时间，即为2D；减少到原菌数的1/1000，即相当于通过3个对数周所需要的时间，即为3D。依此类推，由此可以知道，TRT实际上是D值的扩大值。

根据Ball的建议，通常以递减指数n来表示菌数减少的程度，并在"TRT"的右下角加以标注，即以TRT_n表示。如将对象菌数减少到原始菌数的百万分之一，所需要的时间即用TRT_5表示。如前所述，由加热减数时间的实际含义可知，将对象菌数减少到10^{-n}所需要的时间，即为加热减数时间（TRT_n值）为：

$$TRT_n = nD \qquad (1-2-7)$$

如 $n=1$，即 $TRT_1=D$，而 $n=n$ 时，$TRT_n=nD$。因此，TRT_1为加热致死速率曲线横过一个

对数周所需的加热处理时间，而 TRT_n 为曲线横过 n 个对数周所需的热处理时间。这就进一步说明加热减数时间实为 D 值的扩大值，与 D 值一样 TRT_n 值也不受原始菌数的影响。

如前所述，TDT 值或 F 值是指在规定的温度下，使某一浓度的对象菌全部死灭所需要的加热杀菌时间，这是建立在"彻底杀灭规定数量的微生物"的基础上的数值，当对象菌的数量变化时，TDT 值或 F 值也随之改变。而在实际生产中对象菌数多变，正确控制菌数是异常困难的，所以这个 TDT 值或 F 值的实际应用价值就有所限制了。而 TRT 值是不受原始菌数的影响，如用它作为确定杀菌工艺条件的依据，显然比受原始菌数影响的 TDT 值或 F 值便利的多。但要将 TRT_n 值看作 F 值的关键是递减指数 n 的取值大小，只要 n 值足够大，即残存活菌数足够的小，小到能保证食品安全的程度，此时的 TRT_n 值就可以看成是致死时间 F。如果以 m 为原始菌数的指数，试验结果表明当 n 与 m 的差值为 2~3 时，此时的 TRT_n 值就可以看成是将原始菌数为 $a=10^m$ 的对象菌全部杀死所需要的致死时间，即：

$$TRT_n = F_T = nD_T$$

也就是说当 n 足够大时，致死时间就是 nD，即：

$$F_T = nD_T \tag{1-2-8}$$

式中　D_T——任意温度 T 下的 D 值（相当于 TRT_1）；

　　　F_T——任意温度 T 下的致死时间（相当于 TRT_n）。

例如某对象菌的原始浓度 $a=1\times10^7$，取 $n=10$，在规定的温度下经过 TRT_{10} 杀菌后残存的活菌数 $b=10^{-3}$，即残存 0.001 菌，此时的 TRT_{10} 就可以认为是将 $a=1\times10^7$ 的对象菌全部杀死的致死时间 F。

由于当 n 值足够大时，TRT_n 值就视为致死时间 F 或 TDT 值，那么此时的杀菌温度与所需时间的关系同样符合 TDT 曲线的规律，故将式（1-2-8）代入式（1-2-6），得：

$$\lg\frac{nD_T}{nD_{121.1}} = \frac{121.1 - T}{Z}\ 或$$

$$\lg(nD_T) = -\frac{T}{Z} + \left[\lg(nD_{121.1}) + \frac{121.1}{Z}\right] \tag{1-2-9}$$

这就是加热减数时间 TRT 与加热温度 T 之间的关系式。

若以加热减数时间的对数值为纵坐标，以加热温度为横坐标作图，得到的曲线就是加热减数时间曲线（TRT 曲线）。

当 n 值变化时，只是截距项有所变化，而直线的斜率不变，不同的 n 得到的是一组平行线段。

当 $n=1$ 时，式（1-2-9）为：

$$\lg D_T = -\frac{T}{Z} + \left(\lg D_{121.1} + \frac{121.1}{Z}\right) \tag{1-2-10}$$

这是 D 值与 T 的关系式。若以 D 值的对数值为纵坐标，以加热杀菌的温度为横坐标作图，作得的曲线是拟致死温时曲线，如图 1-2-7 所示。它常代替 TDT 曲线使用。

5. 微生物热致死规律的实际应用

（1）递减指数 n 的实际应用　在实际生产中，热杀菌必须在保证食品安全的基础上使食品受热的时间最短，尤其是热敏性食品这一点更为重要。有时为控制食品受热时间而又必须达到预期的杀菌效果以保证食品的安全就设定递减指数 n，实际上就是控制杀菌前食品所污染的菌数。

对于低酸性食品因其易污染肉毒梭菌，通常取 $n=12$，这就意味着要保证该食品的杀菌效果，杀菌前污染的原始菌数应该控制在 $a = 10^9 \sim 10^{10}$，此时的致死时间 F 计算为：

$$F_{121.1} = TRT_{12} = 12D_{121.1} = 12 \times 0.21 = 2.52 \text{ (min)}$$

也就是说，对于原始菌数 $a < 10^{10}$ 的低酸性食品，在 121.1℃下经过 2.52min 的热杀菌既能保证食品安全（达到预期杀菌效果）又能保证食品品质（受热时间最短）。

对于易被耐热性强于肉毒梭菌的嗜热脂肪芽孢杆菌污染时，一般取 $n = 4 \sim 5$。

（2）同效热杀菌条件的换算 对于某一种食品而言，要达到相同的杀菌效果可以采用不同的杀菌条件，而采用不同的热杀菌条件食品受到热损伤的程度是不同的。在实际生产中会有由于各种原因而需要进行同效热杀菌条件的换算，如为减少热损伤而提高杀菌温度等。下面列举一些换算实例。

图 1-2-7 拟加热致死时间曲线

[例3] 全脂乳粉中的嗜热杆菌芽孢在 121.1℃的 D 值和在 Z 值分别为 30s 和 10.5℃，请计算 150℃的 D 值。

解：已知 $D_{121.1} = 30\text{s}$ $Z = 10.5℃$

将式（1-2-10）变换形式为

$$D_T = D_{121.1} \times 10^{\frac{121.1 - T_1}{z}}$$

将已知条件代入上式得

$$D_{150} = D_{121.1} \times 10^{\frac{121.1 - 150}{10.5}} = 0.000865 (\text{min})$$

[例4] 若全脂牛乳的杀菌程度要求达到递减指数 n 为 9，那么在 121.1℃下需要加热多长时间，请计算 $F_{121.1}$。

解：已知 $D_{121.1} = 30\text{s}$ $n = 9$

将已知条件代入式（1-2-8）得

$$F_{121.1} = nD_T = 0.5 \times 9 = 4.5 (\text{min})$$

[例5] 设全脂牛乳要求的杀菌强度为 $F_{121.1} = 4.5\text{min}$，问若在 100℃、150℃下杀菌，要达到同样的杀菌效果应该持续多长时间杀菌？

解：已知 $F_{121.1} = 4.5\text{min}$ $Z = 10.5℃$

将式（1-2-6）变换形式为

$$F_T = F_{121.1} \times 10^{\frac{121.1 - T}{z}}$$

将已知条件代入上式得

$$F_T = F_{121.1} \times 10^{\frac{121.1 - T}{z}} = 4.5 \times 10^{\frac{121.1 - 100}{10.5}} = 450 (\text{min})$$

$$F_T = F_{121.1} \times 10^{\frac{121.1 - T}{z}} = 4.5 \times 10^{\frac{121.1 - 150}{10.5}} = 0.0078 (\text{min})$$

6. 温度系数与 Z 值的关系

一般加热处理时温度对各种化学反应的影响，包括食品中酶的催化反应和食品品质变化在内都是用温度系数来表达。在杀菌时，温度对微生物致死速度的影响也可以用温度系数来表达。

温度系数就是两种不同温度时反应速率的比值，用 $Q\Delta T$（℃）表示，一般取温度差 $\Delta T = 10$℃，这时的温度系数就为：

$$Q_{10} = \frac{K_{T+10}}{K_T} \tag{1-2-11}$$

式中 K_{T+10}——加热温度为 $T+10$ 时的反应速度常数；

K_T——加热温度为 T 时的反应速度常数。

在一定温度下，某一种菌的死灭数量和杀灭这种菌的时间遵循化学动力学中一级反应的关系，其反应速度常数：

$$K = \frac{1}{t} \lg \frac{a}{b} \tag{1-2-12}$$

式中 a——加热前的细菌浓度（初始浓度）；

b——t 时间加热后的残存细菌浓度（反应结束后浓度）。因此，温度差 $T_2 - T_1 = \Delta T$ 时微生物致死温度系数为

$$Q_{\Delta T} = K_2/K_1 = t_1/t_2 \text{或} \quad Q_{\Delta T} = t_1/t_2 \tag{1-2-13}$$

按式（1-2-10），将时间、温度分别以 t_1、t_2 和 T_1、T_2 代入

$$\lg \frac{t_1}{t_2} = \frac{T_2 - T_1}{z} \tag{1-2-14}$$

根据式（1-2-12）和式（1-2-13），可得

$$Q_{\Delta T} = \lg^{-1} \frac{T_2 - T_1}{z} \tag{1-2-15}$$

因此，温度差为 10℃ 时温度系数和 z 值关系如下：

$$\lg Q_{10} = \frac{10}{z} \quad \text{或} \quad z = \frac{10}{\lg Q_{10}} \tag{1-2-16}$$

已知嗜热脂肪芽孢杆菌的 $Z = 10$℃，$Q_{10} = 10$，青豆过氧化物酶 $Z = 26$℃，$Q_{10} = 2.5$，分别测定嗜热脂肪芽孢杆菌和过氧化物酶在不同温度时的 D 值，就可以作出拟 TDT 曲线，如图1-2-8 所示：

从图1-2-8曲线可见，125℃ 为两条直线的交点。当杀菌温度低于 125℃ 时，微生物的致死时间比是酶完全失活所需的时间长，在这种情况下，杀菌以微生物为对象，可以保证酶完全失活；但温度高于 125℃ 时，微生物死灭所需的时间比酶钝化所需要的时间短，因而，若仍以微生物为对象进行杀菌，酶就不能完全失活。所以在采用高温（温度高于 125℃）短时杀菌

图 1-2-8　嗜热脂肪芽孢杆菌与青豆过氧化物酶的拟加热致死时间曲线

1—嗜热脂肪芽孢杆菌　2—青豆过氧化物酶

时，酶的钝化将成为首要问题，需要进行酶的钝化测定，保证食品不发生酶引起的变质。

二、 加热对酶的影响

（一）酶和食品的质量

食品中含有酶类，酶是引起食品品质下降的另一个主要因素。食品在加工和贮藏过程中除了微生物作用引起腐败变质外，酶也会导致品质变化。不同的食品所含的酶种类不同，酶的活力与特性也有异，引起食品品质变化的类型及程度也不同，但主要体现在食品的感官和营养方面的质量降低。如过氧化物酶能催化维生素 C 氧化而破坏其生理功能；能催化不饱和脂肪酸的过氧化物裂解，产生具有不良气味的羰基化合物；还能催化类胡萝卜素漂白和花青素脱色等；又如莲藕中的多酚氧化酶和过氧化物酶催化氧化莲藕中的多酚类物质而使莲藕由白色变为粉红色其品质下降；脂肪氧合酶氧化不饱和脂肪酸，会引起亚油酸、亚麻酸和花生四烯酸这些必需脂肪酸含量降低，同时产生过氧自由基和氧自由基，这些自由基将使食品中的类胡萝卜素（维生素 A 的前体物质）、生育酚（维生素 E）、维生素 C 和叶酸含量等减少。这些酶主要是氧化酶类和水解酶类，包括过氧化物酶、多酚氧化酶、脂肪氧合酶、抗坏血酸氧化酶等。表 1-2-8 列出了部分与食品质量降低有关的酶类及其作用。

表 1-2-8　　　　　　　　　　与食品质量降低有关的酶类及其作用

酶的种类	酶的作用
过氧化物酶类	导致蔬菜变味，水果褐变
多酚氧化酶	导致蔬菜和水果的变色，变味以及维生素的损失
脂肪氧合酶	破坏蔬菜中必需脂肪酸和维生素 A，导致变味
脂肪酶	导致油脂和含油脂食品、乳和乳制品、肉和肉制品的水解酸败
多聚半乳糖醛酸酶类	破坏和分离果胶物质，导致果汁失稳或果实过度软烂
蛋白酶类	影响鲜蛋和干蛋制品的贮藏，导致水产品组织软烂，影响面团的体积和质构
抗坏血酸氧化酶	破坏蔬菜和水果中的维生素 C
硫胺素酶	破坏肉、鱼中的维生素 B_1
叶绿素酶类	破坏叶绿素，导致绿色蔬菜褪色

不同食品中所含的酶的种类、酶的活力和特性等的差异有时是显著的。以过氧化物酶为例，在不同的水果和蔬菜中酶活力相差很大，其中辣根过氧化物酶的活力最高，其次是芦笋、马铃薯、萝卜、梨、苹果等，蘑菇中过氧化物酶的活力最低。与大多数蔬菜相比，水果中的过氧化物酶活力较低；又如大豆中的脂肪氧合酶相对活力最高、绿豆和豌豆的脂肪氧合酶活力相对较低。

过氧化物酶在果蔬加工和保藏中备受关注，它可以作为果蔬热烫终点控制的指标酶。这是因为它是导致果蔬变色、变味的主要酶类，它的活力直接影响着果蔬产品的品质，还因为过氧化物酶是最耐热的酶类，以过氧化物酶的钝化作为热处理对酶破坏程度的指标，当食品中过氧化物酶在热处理中完全失活时，其他酶的活性也就丧失。但最近的研究也提出，对于某些食品（蔬菜）的热处理灭酶而言，破坏导致这些食品质量降低的酶，如豆类中的脂肪氧合酶（lipoxygenase）较过氧化物酶与豆类变味的关系更密切，对于这些食品的热处理以破坏脂肪氧合酶为灭酶指标更合理。

（二）酶的最适温度和热稳定性

酶是由生物活细胞所产生的，具有高效的催化活性和高度特异性的蛋白质，又称为生物催化剂，生物体在新陈代谢过程中，几乎所有的化学反应都是在酶的催化下进行的，生鲜食品也不例外。各种酶促反应要求一定的 pH、温度等温和的条件，而温度对酶反应有明显影响，任何一种酶都有其最适的作用温度，改变温度也将改变酶的活性和酶促反应的速度。

温度与酶的关系从两方面看，一方面由于温度的提高可以使酶的活性增强从而使酶促反应加速，速率提高速度与温度之间的关系可用温度系数 Q_{10} 来表示，一般其温度系数 Q_{10} 为 2~3；另一方面因为酶的化学本质是蛋白质，在热作用下会变性而失活，酶失活速度与温度之间的关系可用温度系数 Q_{10} 来表示，在临界温度范围内 Q_{10} 可达 100。因此，随着温度的提高，酶催化反应速率和失活速度同时增大，但是由于它们在临界温度范围内的 Q_{10} 的不同，后者较大，因此，在某个关键性的温度下，失活的速度将超过催化的速度，此时的温度即酶活性的最适温度。这里需要指出的是任何酶的最适温度都不是固定的，而是受到 pH、共存盐类等因素的影响。

当温度低于其最适作用温度的范围时，随着温度的升高，酶活性也增加，而高于其最适的作用温度时将使酶失活。酶的这种热失活规律与细菌的热力致死时间曲线相似，我们也可以做出酶的热失活时间曲线。因此，同样可以用 D 值、F 值及 Z 值来表示酶的耐热性。其中 D 值表示在某个恒定的温度下使酶失去其原有活性的 90% 时所需要的时间。Z 值是使热失活时间曲线横过一个对数周期所需改变的温度。F 值是指在某个恒定温度和环境条件下使某种酶的活性完全丧失所需的时间。

从图 1-2-8 中可见，过氧化酶的 Z 值大于细菌芽孢的 Z 值，这表明升高温度对酶活性的损害比对细菌芽孢的损害更轻。

对于温度与酶催化反应速率之间的关系还可以用 Arrhenius 方程来定量地描述：

$$k = Ae^{-E_a/(RT)} \qquad (1-2-17)$$

式中　k——反应速率常数；

　　　E_a——活化能；

　　　A——频率因子或 Arrhenius 因子。

式（1-2-17）两边取对数即得：

$$\lg k = \lg A - \frac{E_a}{2.3RT} \qquad (1-2-18)$$

尽管 E_a 与温度有关，但是在一个温度变化较小的范围内考察温度对催化反应速率的影响时，$\lg k$ 与 $1/T$ 之间呈直线关系。

在酶的热失活研究中发现有些酶的失活具有明显的双相特征。图 1-2-9 为甜玉米中的过氧化物酶在 88℃ 下的失活曲线。

图 1-2-9　甜玉米中的过氧化物酶
在 88℃ 下的失活曲线

从图 1-2-9 可见，甜玉米中的过氧化物酶在 88℃下的失活具有明显的双相特征，其中的每一相都遵循一级反应动力学。图中的前一线性部分（CA）代表酶的热不稳定部分的失活，而后一线性部分（BD）代表酶的热稳定部分的失活。

酶的耐热性受酶的种类和来源、环境（如 pH）及热处理温度等因素的影响。酶的种类及来源不同，耐热性相差也很大，如表 1-2-9 所示。酶对热的敏感性与酶分子的大小和结构复杂性有关，一般来说，酶的分子越大和结构越复杂，它对高温就越敏感。

表 1-2-9　　　　　　　　　　几种来源不同的氧化酶的耐热性

酶	来源	pH	$D_T/\min$
过氧化物酶	豌豆	自然	（$D_{121.1}$）3.0
	芦笋	自然	（$D_{121.1}$）0.20（不耐热部分） （$D_{121.1}$）350（耐热部分）
	黄豆（带荚）	自然	（D_{100}）1.14
	黄豆（不带荚）	自然	（D_{95}）0.75
脂肪氧合酶	黄豆（带荚）	7.0	（D_{100}）0.32
	黄豆（带荚）	9.0	（D_{100}）0.5
	黄豆（不带荚）	7.0	（D_{95}）0.39
多酚氧化酶	马铃薯	自然	（D_{100}）2.5

食品中绝大多数的酶是耐热性一般的酶，如酯酶和大蒜素酶等，其作用的温度范围为0~60℃，最适温度37℃，通常对温度的耐性不超过65℃。果胶甲酯酶、植酸酶、叶绿素酶、胶原酶等是耐热性中等的酶类，还包括一些真菌酶类，如淀粉酶；作为牛乳和乳制品巴氏杀菌的指示酶的碱性磷酸酶也属此类，这些酶在 40~80℃的温度范围内可起作用。食品中的过氧化物酶的耐热性也较高，通常被选作热烫的指示酶。

同一种酶，若来源不同，其耐热性也可能有很大的差异。植物中过氧化物酶的活力越高，它的耐热性也较高。不同果蔬中过氧化物酶的耐热性特征如表 1-2-10 所示。

表 1-2-10　　　　　　　　　　不同果蔬中过氧化物酶的耐热性

酶的来源	Z 值/℃	说明
辣根	17	不耐热部分
	27	耐热部分
豌豆	9.8、9.9	两相失活的 Z 值
菠菜	13	pH 6，分离酶
	17.5~18.0	pH 4~8，粗提取液
甘蓝	9.6	丙酮粉水提取液，不耐热部分占 58%~60%
	14.3	丙酮粉水提取液，耐热部分占 40%~42%

续表

酶的来源	Z 值/℃	说明
青刀豆	7.8~15.3	不同的品种；pH 5.8~6.3，温度 105.8~133.6℃完全失活
茄子	11.8	pH 5.03；热处理 6s，温度 117.2℃完全失活
樱桃	6.8	pH 3.46；匀浆；热处理 6s，温度 77.2℃完全失活

pH、水分含量、加热速率等热处理的条件参数也会影响酶的热失活。一般食品的水分含量越低，其中的酶对热的耐性越高，谷类中过氧化物酶的耐热性最明显地体现了这一点。这意味着食品在干热的条件下灭酶的效果比较差。加热速率影响到过氧化物酶的再生，加热速率越快，热处理后酶活力再生的越多。采用高温短时（HTST）的方法进行食品热处理时。应注意酶活力的再生。食品的成分，如蛋白质、脂肪、碳水化合物等都可能会影响酶的耐热性。

三、 加热对食品品质的影响

加热对食品品质的影响具有双重性，有对食品品质有利的作用，也有对食品品质不利的作用。

1. 加热对食品品质的有利作用

热处理可以破坏食品中不需要的成分，如禽类蛋白中的抗生物素蛋白、豆科植物中的胰蛋白酶抑制素。热处理可改善营养素的可利用率，如蛋白质的变性可提高其在体内的可消化性；又如加热可使淀粉糊化，可以改善糖类物质的营养品质，如生产方便面，其淀粉已经糊化，用开水冲泡后即可食用，既方便摄食，又易于人体吸收。加热可改善食品的感官品质、如美化口味、改善组织状态、产生悦目的颜色等。

传统加热方式是食物的外部温度较内部的温度高，食物中的热传导的方向由外向内，食物的最高温度发生在表面，而食物表面由于水分的散失以及高温的影响而促进美拉德反应的进行，所以易于形成香味化合物及色素。在此高温表层上，水蒸气密度在接近食物表面处最高，其压力驱使水蒸气向中心移动，食物仍可保持相当的水分，使得所产生的香味物质在食品中得以保留。

2. 加热对食品品质的不利作用

加热对食品成分产生的不良后果也是很明显的，这主要体现在食品中热敏性营养成分的损失和感官品质的劣化。加热处理虽然可以提高蛋白质的可消化性，但蛋白质的变性使蛋白质（氨基酸）易于和还原糖发生美拉德反应而造成损失，降低蛋白质的营养特性；对于某些食品会由于美拉德反应而导致色变，有时候还会产生不良气味或有害物质。热加工会使蛋白质中氢键和某些非共价键（例如离子键、分子间作用力）断裂，破坏了它的二级或更高级的天然结构，从而形成变性状态。加热还能使蛋白质之间发生共聚形成稳定的聚集物。热加工时，蛋白质也可以超越聚集作用而形成沉淀或明胶化，甚至发生降解。沉淀时，食品中蛋白质保水量下降，但明胶化时，水进入蛋白冻胶的母体，保水量增加。热降解使肽链水解，氨基酸遭到破坏，所以，过分的或不适当的热加工会降低蛋白质的功能性质和可消化性。

对于碳水化合物和脂肪，人们一般不考虑它们在热处理中的损失量，而特别注意其降解反应产物的有关特性，如还原糖焦糖化反应产物的毒性等。

在热加工时，食品中脂类所发生的化学变化与食品的成分和加热的条件有关，缺氧时，主要发生热解反应；富氧时，除了非氧化性热解反应外，同时还发生氧化反应。热解产物主要是一些正烷烃、单烯烃，对称的酮类以及脂肪酸、含酰基的甘油等，其中产生相当数量的三碳烷烯烃，并有丙烯醛、CO_2、CO 等。不饱和脂肪酸的氧化反应一般认为是一种自由基反应。它氧化后所形成的过氧化物作为一种自氧化的原始产物，会进一步经过许多复杂的分解和化合，产生数以万计的化合物，主要包括醇、酮、醛、半醛和酸等，这些产物的相对分子质量不同，有不同的香味阈值和不同的生理学作用。

脂类在超过 200℃时可发生氧化聚合，影响肠道的消化吸收，尤其是高温氧化的聚合物对人体极为有害。在食品加工中，高温氧化的聚合物很少出现，那些氧化后足以危害人体健康的油脂和含油食品，大都因为它们的感官性状变得令人难以接受而不再被食用。然而值得注意的是，在食品加工和餐馆的油炸操作中，由于加工不当，油脂长时间高温加热和反复冷却后再加热使用，致使油脂颜色越来越深，并且越变越稠，这种黏度的增加即与油脂的热聚合物含量有关。据检测，经食品加工后抛弃的油脂中常含有高达 25%以上的多聚物，应当引起注意。2002 年 4 月瑞典国家食品管理局和斯德哥尔摩大学研究人员率先报道，在一些油炸和烘焙的淀粉类食品，如炸薯条、炸土豆片、谷物、面包等中检出丙烯酰胺（acrylamide）；之后挪威、英国、瑞士和美国等国家也相继报道了类似结果。由于丙烯酰胺具有潜在的神经毒性、遗传毒性和致癌性，因此食品中丙烯酰胺的污染引起了国际社会和各国政府的高度关注。

热处理造成营养素的损失研究最多的对象是维生素。脂溶性维生素一般比水溶性维生素对热较稳定。通常的情况下，食品中的维生素 C、维生素 B_1、维生素 D 和泛酸对热最不稳定。

对热处理后食品感官品质的变化，人们也尽可能采用量化的指标加以反映。食品营养成分和感官品质指标对热的耐性也主要取决于营养素和感官指标的种类、食品的种类，以及 pH、水分、氧气含量和缓冲盐类等一些热处理时的条件。食品质量属性的大部分变化都可以采用一级动力学来评价。表 1-2-11 列出了一些食品成分及品质的热破坏参数（Z 值和 D 值等）。

表 1-2-11　　　　　　　　　　一些食品成分及品质的热破坏参数

食品成分	来源	pH	Z 值/℃	$D_{121.1}$/min	温度范围/℃
维生素 B_1（硫胺素）	胡萝卜泥	5.9	25	158	109~149
维生素 B_1（硫胺素）	豌豆泥	天然	27	247	121.1~138
维生素 B_1（硫胺素）	羊肉糜	6.2	25	120	109~149
维生素 B_2（核黄素）	—	—	31.1	—	—
维生素 C	液态复合维生素制剂	3.2	27.8	1.12d	3.9~70
维生素 B_{12}	液态复合维生素制剂	3.2	27.8	1.94d	3.9~70

续表

食品成分	来源	pH	Z 值/℃	$D_{121.1}$/min	温度范围/℃
维生素 A	液态复合维生素制剂	3.2	40	12.4d	3.9~70
叶酸	液态复合维生素制剂	3.2	36.7	1.95d	3.9~70
D-泛酸	液态复合维生素制剂	3.2	31.1	4.46d	3.9~70
甲硫氨酸	柠檬酸钠缓冲液	6.0	18.6	8.4	81.1~100
赖氨酸	大豆	—	21	786	100~127
肌苷酸	缓冲液	3	18.9	—	60~97.8
IMP	缓冲液	4	21.4	—	60~97.8
IMP	缓冲液	5	22.8	—	60~97.8
叶绿素 a	菠菜	6.5	51	13.0	127~149
叶绿素 a	菠菜	天然	45	34.1	100~130
叶绿素 b	菠菜	5.5	79	14.7	127~149
叶绿素 b	菠菜	天然	59	48	100~130
花青素苷	葡萄汁	天然	23.2	17.8	20~121.1
甜菜苷	甜菜汁	5.0	58.9	46.6	50~100
类胡萝卜素	红辣椒	天然	18.9	0.038	52~65
色泽（-a/b）	青豆	天然	39.4	25.0	79.4~148.9
色泽（-a/b）	芦笋	天然	41.7	17.0	79.4~148.9
色泽（-a/b）	青刀豆	天然	38.9	21.0	79.4~148.9
美拉德反应	苹果汁	天然	25	4.52h	37.8~130
非酶褐变	苹果汁	天然	30.5	4.75h	37.8~130
品尝质量	玉米	天然	31.7	6.0	79.4~148.9
胰蛋白酶抑制素	豆乳	—	37.5	13.3	93.3~121.1

在实际生产中，可以根据食品质量的变化特性，制定热加工条件，避免过度加工而造成产品质量不必要的下降。

3. 加热过程中食品品质变化动力学

食品的品质变化除了贮藏过程中存在一定的损失外，加工过程也会导致其变化尤其是热杀菌工序会导致食品品质的下降。食品品质下降的程度取决于热杀菌的温度和时间的长短，研究食品品质损失的速率及其与影响因素间的关系即动力学研究，对评估、预测和优化产品的热杀菌条件有重要的意义。

（1）加热值（cooking value）

①历史视角：热加工过程中，加热不仅杀灭微生物，也降解营养素，引起质地变化（通常软化）和酶失活。因此罐头产品的最终品质取决于其热处理程度。生物化学反应在本质上

比微生物失活速度慢，表现为生物化学反应的 Z 值更高，如表 1-2-12 所示。这些因素的热处理程度使用与 F 值方程相似的 C 值方程表示

$$C = \int_0^t 10^{(T-T_{ref})/Z_c} \mathrm{d}t \tag{1-2-19}$$

标准命名法称 Z_c 是类似于微生物热失活的 Z 因子。E 值没有被广泛使用，而且已经被 C 值概念取代。E 值表示酶失活以区别于加热的 C 值。一般的参比温度为 100℃ 或 212℉，Z_c 为热敏温度。C 值可以用以描述 Z_c 值（上标）和 T_{ref}（下标），即 $C_{T_{ref}}^{Z_c}$。表 1-2-13 显示 F 值和 C 值随温度的变化情况，可以看出，温度每升高 10℃，杀菌值约上升 10 倍。

表 1-2-12　　　　　　　　　热敏组分与感官因素的 Z 值范围

项目		Z 值范围/℃	项目		Z 值范围/℃
热敏组分	细菌	7~12	感官因素	总的感官品质	25~47
	营养细胞	4~8		质地和软化	25~47
	酶	10~15		色泽	25~47
	蛋白质	25~50			

表 1-2-13　　　　　　　　　F 值和 C 值随温度和参比温度的变化情况

温度/℃	$F_{121.1}^{10}$/min	$C_{100}^{33.1}$/min	$C_{121.1}^{33.1}$/min
100	7.76×10^{-3}	1.00	0.23
110	7.76×10^{-2}	2.15	0.46
121.1	1	5.05	1.00
130	7.76	10.00	1.85
140	77.6	21.5	3.71
150	776.00	46.40	7.42

F_c 适用于评价微生物灭活情况，而该点的参比值应该是总的最适合于评价加热的综合或质量的平均值，因此可以定义一个 C_S 值

$$C_s = D_{ref}\lg(c_0/c) \tag{1-2-20}$$

式中　　c_0，c——热敏物质在时间 0 和 T 的浓度；

D_{ref}——对应于 Z_c 值的 D 值

$$\lg\left(\frac{c_0}{c}\right) = \frac{1}{D_{ref}}\int_0^t 10^{(T-T_{ref})/Z_c}\mathrm{d}t \tag{1-2-21}$$

考虑到热敏组分热分布的性质，并指出 Stumbo 热分布方程 $(F_\lambda - F_c) = mv$ 并不适用于罐外部分，因此，建立一个包括整个容器的关系方程

$$\ln(1-v) = -m(F_\lambda - F_c) \tag{1-2-22}$$

在 F_s 方程中，使用该方程，

$$C_s \equiv F_s = F_c + D_r\lg\left[\frac{D_r + A(F_\lambda - F_c)}{D_r}\right] \tag{1-2-23}$$

A 值取决于罐体的几何形状，如果是圆柱体罐，A 为 10.9，如果是球体，A 为 9.28，如

果为立方体，A 为 11.74。

罐头杀菌技术包括时间和温度的合理选择，以达到目标微生物预期的杀灭和充分加热的目的，同时不过度损失营养。可见，C 值概念与优化理论相结合应用更加科学。

②加热值的来源与基本原理：加热值源自于 F_0 的定义，如果一个质量因子具有一阶失活动力学，那么在密封系统中，可以得到以下质量因子的方程

$$x \cdot D_r^c = \int_0^t 10^{\frac{T-T_r}{Z_c}} \mathrm{d}t \qquad (1-2-24)$$

式中　D_r——目标属性的引用 D 值；

　　　Z_c——目标属性的对应 Z 值。

正如 F_r 的情况一样，我们可以定义

$$x \cdot D_r^c = C_r \qquad (1-2-25)$$

则

$$C_r = \int_0^t 10^{\frac{T-T_r}{Z_c}} \mathrm{d}t \qquad (1-2-26)$$

或者以其常见形式表示

$$C_0 = \int_0^t 10^{\frac{T-100}{Z_c}} \mathrm{d}t \qquad (1-2-27)$$

另一种方法，即实际应用上述方程，计算加热值。但是，需要有 Z_c 值，另外还要有对应的 D_r 值。没有 D_r 值，获得的 C_r 值无法解释和理解。根据目标属性（D_r），C_r 值有不同的含义。

显然，在低温点计算加热值（C_r）并不重要，因为它反映了整个食品中最低的加热值。计算加热值，除了温度之外，唯一的要求是 Z_c 值。根据其定义，Z 值表示温度相关性但与给定属性的热阻无关。而 D 值与目标属性的热阻有直接关系不需要计算加热值。

例如，如何解释 30min（$T_r = 100℃$）的加热值？豌豆泥和青豆的 Z_c 值相同，为 32.5℃，但 D_r 值不同（121℃分别为 4min 和 115min），得到以下结果：如果耐热性较弱，可以减少 0.8 个对数周期，15.84% 的表面保留率，如果耐热属性高，则可以减少 0.028 个对数周期，93.8% 的表面保留率。

③质量保持率：在特定约束条件下评估目标属性的保持率。假设属性退化为一阶动力学，我们可以得到表面保持率方程

$$表面保持率(\%) = 100\,\mathrm{e}^{-\frac{\ln10}{D_r}\int_0^t 10^{\frac{T_S-T_r}{Z_c}}\mathrm{d}t} \qquad (1-2-28)$$

并将表面保持率与加热值进行关联，得

$$表面保持率(\%) = 100\,\mathrm{e}^{-\frac{\ln10}{D_r}C_r} \qquad (1-2-29)$$

表面保持率是直接计算过程对食品产品的表面的影响。计算表面保持率必须知道 Z_c 值和 D_r 值。此外，就保持率而言，还可以推导出平均保持率方程，平均质量保持率为

$$平均质量保持率(\%) = \frac{100}{V}\int_0^V \mathrm{e}^{-\frac{\ln10}{D_r}\int_0^t 10^{\frac{T-T_r}{z}}\mathrm{d}t}\mathrm{d}V \qquad (1-2-30)$$

（2）食品品质变化动力学　对食品品质在加工贮藏过程中的变化，有许多学者进行了研究，也指出了食品品质降解的分析研究应包括动力学——数学模型。动力学研究可用过程速率表示，并简化为与环境因素与组分因素有关。

$$-\frac{\mathrm{d}c}{\mathrm{d}t} = kc^n \qquad (1-2-31)$$

式中　dc/dt——食品品质成分损失速率;

　　　c——食品品质成分的浓度;

　　　t——时间;

　　　k——损失反应速率常数;

　　　n——反应级数。

对于不同的反应,反应速率常数的数值也不同。但对某特定的反应来说,速率常数的值与浓度无关,而受反应温度、反应物的性质和溶剂种类的影响。

反应级数是根据实验结果确定的常数,通常为正整数,如:0,1,2,但也有分数如1/2,3/2,……,甚至负数。反应级数与其对应的动力学方程如表 1-2-14 所示。

表 1-2-14　　　　　　　　　　营养素损失速率方程

反应级数 n	动力学方程微分式	动力学方程积分式
0	$-dc/dt = k$	$c = c_0 - kt$
1	$-dc/dt = kc$	$c = c_0 e^{-kt}$
n ($n \neq 1$)	$-dc/dt = kc^n$	$c^{1-n} = c_0^{1-n} + (n-1)kt$

对零级反应,反应速率与浓度无关,将剩余的 c 对时间作图是一条直线,其斜率即为 k。典型的零级反应包括非酶褐变及许多冷冻食品的质量损失。必须指出,零级反应并非是指反应机理,分子分解与反应物浓度无关,它只表明 c 作为时间的函数标绘成直线时相关系数很高,存在着统计意义上的关系。

对一级反应,反应的速率与浓度的一次方成正比,将浓度 c 对时间 t 作图为一曲线,而 $\ln c$ 对 t 标绘则为直线,直线的斜率即为 k,k 的单位是 t^{-1}。对 n 级反应 ($n \neq 1$),将 c^{n-1} 对 t 作图为直线,直线的斜率为 k。

反应级数的确定是很重要的,它反映了浓度是怎样影响反应速率的,从而通过调整浓度来控制反应速率,而且可以帮助我们探讨反应的机理,了解反应的真实过程。

第三节　食品的热传递

一、食品的热传递方式

罐头的热杀菌是食品热处理技术的典型应用,下面我们将以罐头的热杀菌为例讨论有关热处理中的一些理论问题。

1. 食品热处理过程中的热传递方式

对食品进行热处理时,热量通过温差而发生转移的传递方式有传导、对流和辐射三种。传导 (conduction),是热量从物体的这一部分向那一部分或向紧密接触的另一物体所发生的转移。这种现象单是由组成物质的分子之间的热运动引起的,是固体中或紧密相接触的物体间相互传热的主要形式。对流 (convection),是流体物质所特有的传热方式,当液体或气体中存在着某种程度的温差时，温度不同的两个部分就会通过其密度差而发生混合，在这些流体物质中，这种混合比通过传导更容易使温度均匀一致。任何物体，都以其温度相应地从表面散发着热能，这就是辐射（radiation）。辐射出的热能到达另一物体时，一部分被其表面反射，一部分被该物体吸收转化为热量使物体的温度升高，另一部分则透过物体而散失。而对大多数食品而言在热处理过程中主要为传导传热和对流传热两种。

2. 预包装食品热处理（杀菌）的热传递方式

在这些传热形式中，有时热量是单独以某一种形式进行传递，有时则是以两种或两种以上的形式同时进行的。在食品加热处理（杀菌）时，不同状态的食品将以不同的方式进行热的传递。对于预包装食品（如罐头），根据预包装内容物的特性，其传热方式有以下几种。

（1）对流传热　即在整个热处理过程中，都以对流的方式进行热传递，一般为液体食品，如果汁、蔬菜汁、汤类等食品。

（2）传导传热　即在整个热处理过程中，都以传导的方式进行热传递，一般为固态的，黏度或稠度高的预包装食品，如午餐肉罐头、烤鸭等。

（3）传导-对流结合方式传热　整个热处理过程中，先以传导的方式进行热传递，后用对流的方式进行热传递。以这种结合方式进行热传递的食品通常具有"剪切稀化"的流变特性，其在加热初期黏稠度比较大，表现固体的特性，以传导的方式进行热传递；随着加热的进行物料温度的提高发生稀化而具有流动性，表现出一般流体的特性，则以对流传热的方式进行热传递；如果酱、再制奶酪等。

（4）对流-传导结合方式传热　即在整个热处理过程中，先以对流的方式进行热传递，后用传导的方式进行热传递。以这种结合方式进行热传递的食品通常具有"热变稠"的流变特性，加热初期表现一般液体的流变特性，具有流动性故以传导的方式进行热传递；随着加热的进行物料温度的提高发生稠化作用而失去流动性，表现出一般固体的特性，则以对传导的方式进行热传递；如甜玉米、番茄汁及其他浓稠的汤汁罐头等。

（5）诱发对流传热　既需要借助于外力如机械力量产生对流。以这种方式进行热传递的食品通常也具有"剪切稀化"的流变特性，在搅拌、振动等机械力量作用下黏性减少，流动性增加，所以当给予一定机械外力时就以对流方式进行热传递，如八宝粥，当使用回转式热杀菌时，在回转时的重力作用下产生搅拌、振动，流动性大大增加，在热杀菌过程中产生强力的对流。这类食品当杀菌结束冷却静置一段时间后又会恢复原来的不易流动状态。

二、 食品传热的测定

食品传热的测定就是指对热处理全过程中食品温度的测定，主要包括食品温度测定的目的、测定方法及测定结果的表达 3 个方面。

1. 食品温度测定的目的

在热处理过程中由于食品的种类不同热物性不同，其受热传热的方式也不同，传热的效果自然就不同，最终导致在整个热处理过程中食品温度的不同。而要了解食品在热处理（杀菌）过程中的受热情况、了解食品在热处理过程中的温度变化，必须进行食品温度测定。通过食品温度的测定不仅可以了解食品热处理时的传热特性，还可以评价热杀菌效果，从而制定合理的热处理（杀菌）工艺条件，既保证食品的安全又避免食品遭受不必要的热损伤。

2. 食品温度测定方法

对于非预包装食品的热处理，如果汁的瞬时杀菌、牛乳的巴氏杀菌等，通常在热处理设备或管路相应的位置安装温度计就可在线即时测定食品物料的温度。

对于预包装食品（如罐头）容器内各点食品的温度是不均一的、多变的，要准确地评价预包装食品在热处理中的受热程度，必须找出能代表预包装容器内食品温度变化的温度点，通常人们选容器内传热最慢一点为温度测定点，而这一传热最慢一点被称为冷点，加热时该点的温度最低，又称最低加热温度点（slowest heating point），冷却时该点的温度最高。热处理时，若处于冷点的食品达到热处理的要求，则预包装容器内其他各处的食品也肯定达到或超过要求的热处理程度。预包装食品冷点的位置与食品的传热情况密切有关。一般来说，以传导方式进行传热的预包装食品，由于传热的过程是从容器壁传向容器内的中心处，所以其容器内食品冷点位置在几何中心，如图 1-2-10 所示；以对流方式进行传热的预包装食品，由于容器内食品发生对流，热的食品上升，冷的食品下降，食品的冷点将向下移，通常在容器内的中心轴上距离底部高容器的 10%～15% 的罐内中心线上，如图 1-2-10 所示；以传导-对流结合方式或以对流-传导结合方式进行热传递的预包装食品，在整个热处理过程中冷点的位置是随其传热方式的变化而改变的，一般传导-对流结合型预包装食品（complex heating products）的冷点位置处于对流传热和传导两冷点之间，由两者比值决定，通常取离罐底约罐高 25% 的罐内中心线点为测定点。特殊罐头食品如束状装，层叠装，纸包食品等以及在杀菌釜内放置的位置如竖放或横放等需预先试测才能确定冷点位置。要特别指出的是在罐头工厂的实际生产中，人们习惯用"中心温度"代替"冷点"。

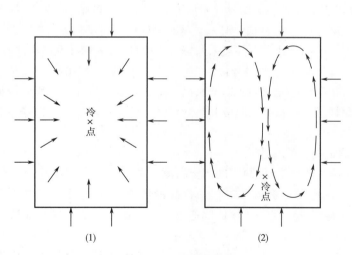

图 1-2-10　传导与对流传热时的冷点
(1)传导　(2)对流

预包装食品冷点温度的测定必须有专用的中心温度测定仪。主要为有线和无线相两种测定仪。早期的中心温度测定仪均为有线测定仪，现在一般多用电位计取代电压计进行温度测定。如用 CTD 型数字温度计或 Z9CD-F 型温度记录仪时，因仪器内已装有温度补偿装置，一般就不再需要用冰瓶作为冷端（即测定电位差的基准），直接将所测得的温度显示出来，并能在测定后读出杀菌时的 F 值。

目前大型的罐头厂、大学、食品研究院多采用无线测温系统。如丹麦的 Ellab TrackSense-Pro 无线温度验证系统（图 1-2-11）。该系统由应用软件、读数台和微记录系统三个主要部分组成，其中微记录系统包括：电池、探针传感器（图 1-2-12）、记录器三部分。由传感器探针分别探测杀菌釜温度及各测定点罐头中心温度并将测得的数据储存于记录器，杀菌结束后通过读数台将数据转输给计算机，由数据处理系统计算出罐藏食品的杀菌值，并显示杀菌曲线及实际杀菌值——F_0 值。根据实际测得的 F_0 值及食品的种类、标准杀菌值来判断杀菌条件的合理性。

图 1-2-11　TrackSense-Pro 无线温度验证系统

图 1-2-12　探针传感器

用于罐头中心温度测定的有线系统如 E-Val Flex，与无线测试系统的主要区别在于其测试点与 Ellab 标准温度计连接通过热电偶导线，将测试过程中获得的信息传输，系统具有 8 至 16 个热电偶通道，传输的信息（温度、压力）通过数据处理系统计算并显示在液晶显示屏上，4 行显示的液晶显示器自动滚动显示所有在使用通道的信息，更新频率为 2s。显示每个通道的时间、温度、压力和 F_0 值。其最大特点是能实时显示相关信息。测定时，探头的安装同无线系统，但热电偶导线需要穿过杀菌釜，然后与 Ellab 标准温度计连接。

每次测温的试样以 4~6 个预包装食品为宜，最多不应超过 10 个，以免测温时间相隔太长。测预包装食品初温时应先摇匀，以便取得一致的温度。热处理过程中应另用热电偶测定杀菌釜内温度变化情况。冷却时测温应和热处理时一样，直至预包装容器内温度降低至 40~80℃ 为止。

3. 食品温度测定结果的表达

食品热处理过程中进行全程的温度测定，测定的结果通常用曲线的形式来表达，即将所测定到的在整个热处理（杀菌）过程中食品的温度变化数据描绘在坐标图上而得到的曲线，这种曲线就是传热曲线。传热曲线通过时间与温度的关系反映食品中某一点的热能变化。

（1）食品的传热曲线（heat penetration curve）　传热曲线是将测得罐内冷点温度变化画在半对数坐标上所得的曲线。

科学家对热处理过程中食品温度与热处理时间之间的关系进行了大量的研究，结果表明在热处理过程中热杀菌温度（T_s）与食品冷点温度（T_m）的差的对数值与热处理时间呈直线关系，即 $\lg(T_s - T_m)$ 与 t 呈直线关系。作图时，以热杀菌温度与所测得的冷点温度之差的对数值为纵坐标，以热杀菌时间为横坐标，得到相应的加热曲线（冷却曲线），如图 1-2-13 所示。由图 1-2-13 曲线可知，该传热曲线还不够直观，从纵坐标上看到的是温度差，不能从曲线上直观地看到各热处理时间所对应的冷点温度。为了避免在纵坐标轴上用温差表示，可将图 1-2-13 所示传热曲线翻转 180°，并在纵（对数）坐标直接标注所测得的冷点温度，但对数坐标上最高线标出的温度应比杀菌温度低一度，如图 1-2-14 所示。

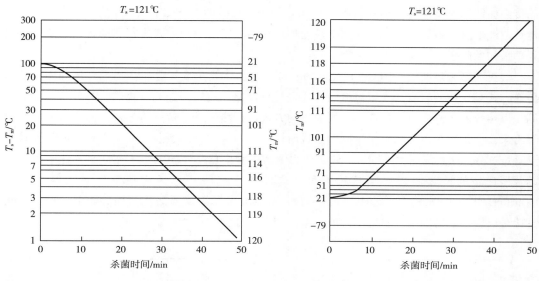

图 1-2-13　$T_s - T_m$ 与 t 的半对数坐标传热曲线　　　图 1-2-14　T_m 与 t 的半对数坐标传热曲线

需要指出的是，这种反转 180° 后的曲线只用于直观观察食品在热处理过程中的温度变化情况，在进行理论研究如分析食品传热速率，计算直线斜率等必须用前种方法所作的传热曲线。

冷却时的传热曲线与加热时的传热曲线一样，但不需要再将半对数坐标反转，只须将对数轴上最低线标为高于冷却水温度 1℃ 的温度数，再依次向上标出其他温度，如图 1-2-15 所示。这是因为冷却时食品温度降得很低，它和冷却水温度差越小，食品降温速度也越慢，它和对数值变值规律完全一致。

由图 1-2-13 至图 1-2-15 加热和冷却时的传热曲线图可以看到，在半对数图上作出的加热杀菌和冷却时的传热曲线，除加热和冷却最初阶段外，都呈直线，直线斜率各自可用 f_h 和 f_c 表示，都为直线横过一个对数周期需要的加热和冷却时间（min）。f_h 和 f_c 值各自表示了加热杀菌时的速率和冷却速率。

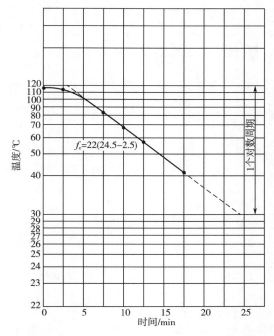

图 1-2-15　冷却时的传热曲线

（2）传热曲线的类型　食品的传热曲线依据其热处理过程中温度的变化速率可分为直线型传热曲线和折线型传热曲线两种。

①直线型传热曲线，或称简单加热曲线（simple heating curve）：纯粹对流型和传导型食品传热曲线都属于此类。不过前者的 f_h 和 f_c 值小而后者的大。图 1-2-16 就是典型的直线型传热曲线。这是因为这类食品在整个热处理过程中都以同一种方式进行热的传递，所以除热处理最初始阶段外，传热速率不变。

②折线型传热曲线（broken heating curve）：如前所述，某些食品在热处理过程中其热的传递方式是变化的，有的先以对流的方式进行热传递，后用传导的方式进行热传递，而有的则先以传导的方式进行热传递，后用对流的方式进行热传递，若将这类食品的热传递曲线描绘出来，就是一个由两条斜率不同的直线所构成的图像。这两条渐近线的交点一般称作转折点（break），两直线斜率不同，反映了热力杀菌过程中食品性质发生了变化，导热对流传热结合型食品的传热曲线属于这种类型。这种热传递曲线称为折线型传热曲线（break logarithmic heating curve）。此时，曲线的最初部分与简单型半对数加热曲线相似，而另一条直接是以转折点为原点，具有不同的斜率，如图 1-2-17 所示。

图 1-2-16　直线型传热曲线

图 1-2-17　折线型传热曲线

三、　影响食品传热的因素

因为食品的热处理是一个受热传热的过程，热杀菌时低温罐头不断从加热介质中（如蒸汽或沸水）接受热能，逐步向罐内传递，罐内各点的温度因热量的不断积累而不断上升。罐内温度上升的速度取决于热量传递的速度，影响热量传递的速度的因素就直接影响罐头的杀菌。要合理制定热处理条件就必须了解影响预包装食品温度变化的因素。这些影响因素可以归纳为以下几点。

1. 预包装容器内食品的物理性质

与传热有关的食品物理特性主要是形状、大小、浓度、黏度、密度等。食品的这些性质不同，传热的方式就不同，传热速度也将随之不同。

如前所述，加热杀菌时一般固态或高黏度食品在容器内处于不流动状态，以传导方式传热，速度较缓慢。如午餐肉等肉糜类；加有浓厚调味液的蔬菜肉类混合食品；水分含量较少的干装食品如豆沙、枣泥罐头等。如图 1-2-18 苹果酱的传热曲线速度较慢，其温度远滞后于杀菌釜的温度。

液体食品具有良好的流动性，如果汁、牛乳、蔬菜汤等，进行对流传热，传热速度快；如图 1-2-19 所示玻璃罐装樱桃汁传热速度很快，除杀菌初期温度滞后于杀菌釜外，其他时间温度与杀菌釜温度一致。

图 1-2-18　苹果酱传热曲线

1—杀菌釜　2—苹果酱

图 1-2-19　玻璃罐装樱桃汁传热曲线

1—杀菌釜　2—樱桃汁

而液体和固体混装预包装食品，传热情况复杂，其传热速度与固体食品的形状、大小、排列方式等有关。

一般认为加热过程中不易裂解的小块形、颗粒、条形食品易于流动，以对流传热为主，速度快一些；竖装食品（如芦笋）与横装食品（如菠萝圆片）相比，前者更利于对流。大多数肉汤和清汤罐头以及大多数糖水、盐水、清水果蔬罐头，如盐水青刀豆、蘑菇罐头和糖水桃罐头都属于加热迅速的对流传热型罐头，图 1-2-20 的片状蘑菇罐头就是这类罐头典型的传热情况。

食品中淀粉和果胶等物质的含量增加会提高食品的黏度，降低食品的流动性，从而降低食品的传热速度。图 1-2-21 是不同浓度糖液的传热曲线。

图 1-2-21 曲线表明，在同一加热杀菌温度下，浓度分别为 30%、60% 和 70% 糖水的传热速度的情况，其传热速度随糖液浓度增加而减慢，传热方式也随之从对流传热逐步向着传导传热转移。

图 1-2-20 片状蘑菇罐头传热曲线

1—杀菌釜 2—片状蘑菇罐头

图 1-2-21 不同浓度糖液的传热曲线

1—杀菌釜 2—水 3—30%糖水

4—60%糖水 5—70%糖水

2. 食品初温（initial temperature）

食品初温是指装入杀菌釜后开始杀菌时食品的温度。根据 FDA 的要求，加热开始时，每一锅杀菌的罐头其罐头初温以第一个密封完的罐头的温度为准。食品初温直接影响传热效果，尤其是传导型罐头食品加热时初温的影响极为显著，从到达杀菌温度的时间来看，初温高的比初温低的短，如表 1-2-15 所示两种初温不同的玉米罐头同时在 121.1℃ 温度下加热杀菌的传热效果，初温由 21.1℃ 提高到 71.1℃，温度达到 115.6℃ 所需要的时间由 80min 缩短为 40min。

表 1-2-15 两种初温不同的玉米罐头传热效果比较

杀菌温度/℃	初温/℃	冷点到达 115.6℃ 所需要的时间/min
121.1	21.1	80
121.1	71.1	40

而对于对流型罐头，尤其是对流强烈的罐头食品，食品初温对加热时间可以说几乎没有明显的影响。如初温为 16℃ 和 70℃ 的葡萄汁罐头加热到杀菌温度需要的时间都在 28～29min 以内，而杀菌釜温度上升到杀菌温度的时间也需 20min。

从理论计算的结果得知，冷装食品比热装食品加热时间要增加 20% 左右。因此，传导型传热的罐头保证罐头的初温对于增强杀菌效果极为重要，而对于对流传热型的影响小。

3. 预包装容器的物理性质

热处理过程中预包装容器的材料厚度、导热性，容器的厚度、几何尺寸等都与热传递速度密切相关。

（1）容器材料的物理性质和厚度 在预包装食品的加热杀菌时，热量从容器外向容器内食品传递，容器的热阻自然要影响传热速度。容器的热阻 σ 取决于罐壁的厚度 δ 和热导率 λ，

它们的关系式为 $\sigma=\delta/\lambda$，可见容器壁厚度的增加和热导率 λ 的减小都将使热阻 σ 增大。金属罐和玻璃罐的罐壁厚度、热导率及其热阻如表 1-2-16 所示。

表 1-2-16　　　　　　　　　　　常见几种容器的热阻

罐种类	壁厚 δ/m	热导率 $\lambda/[\mathrm{W}/(\mathrm{m}\cdot\mathrm{K})]$	热阻 $\sigma/(\mathrm{m}^2\cdot\mathrm{K}/\mathrm{W})$
马口铁（镀锡薄版）罐	0.0003	46.52	6.4×10^{-6}
玻璃罐	0.004	0.58	6.9×10^{-3}
铝罐	0.0002	203.5	9.8×10^{-7}

表 1-2-16 数据表明玻璃罐的热导率比铁罐小得多而厚度则大得多，故玻璃罐的热阻也大得多。从热导率和厚度对比关系来看，铁罐罐壁厚度的变化对热阻的影响就不及玻璃罐罐壁厚度的影响大，前者影响不大。但是热力杀菌时食品传递热量的方式会改变热阻对罐头食品传热速度或加热时间的影响。导热型食品罐头杀菌时加热时间取决于食品的热导率而非罐壁热阻，而对流传热型食品罐头杀菌时却取决于容器的热阻。

加热介质首先向罐壁传递热量（其放热系数为 $a_介$），其后则以导热方式通过罐壁（罐壁热阻为 $\delta_容/\lambda_容$）向罐内传递。在对流传热型食品罐头内，热量则以对流方式从罐壁传递至它的几何中心，其散热系数为 $a_食$，热阻为 $1/a_食$。总热阻则为 $1/K=1/a_介+\delta_容/\lambda_容+1/a_食$。至于 $(1/a_介)\colon(\delta_容/\lambda_容)\colon(1/a_食)$ 的热阻比，铁罐为 100:1:100，而玻璃罐则为 100:800:100。这就说明在对流传热型食品罐头内玻璃罐罐壁热阻对传热有决定性的影响，而铁罐罐壁热阻则无影响。在导热型食品罐头内，热量则以导热方式从罐壁传递至容器的几何中心，其热阻则为 $\delta_容/\lambda_容$，总热阻则为 $1/K=1/a_介+\delta_容/\lambda_容+\delta_食/\lambda_食$。至于 $1/a_介\colon\delta_容/\lambda_容\colon\delta_食/\lambda_食$ 之比值，铁罐为 100:1:2500。这说明在导热型食品罐头内食品导热性对传热起着决定性影响。总之，容器种类和罐壁厚度对对流传热型罐头食品的加热杀菌时间有很大影响，而食品的导热性则对导热型罐头食品的加热杀菌时间有很大影响。

（2）容器几何尺寸（container geometry）　容器大小对传热速度或加热杀菌时间也有影响，其影响取决于预包装食品单位容积所占罐外表面积（s/v 值）及容器壁至冷点的距离。容器增大，其单位容积所占的表面积相应减少，单位时间内它所接受的热量也随之减少，升温就慢，同时容器壁至冷点的距离增大，热由容器壁传递至冷点的所需时间就要延长。如图 1-2-22 就表明 1000g 容器的传热就比 500g 容器慢。又如 9124 和 7114 型铁罐，它们的容积分别为 908.2cm³ 和 464.5cm³，表面积分别为 443.9cm² 和 294.08cm²，因此单位容积所占的表面积分别为 0.49 和 0.63。显然 9124 罐型单位容积所占表面积小于 7114 罐型。如装入热导率为 0.465W/(m·K) 的肉制品时，则热量从罐壁传递至几何中心

图 1-2-22　容器尺寸对传导性食品传热的影响

1—杀菌釜　2—500g 罐头　3—1000g 罐头

处的热阻分别为 0.11m² · K/W 和 0.0828m² · K/W，故装肉制品的 9124 型罐头的热阻比 7114 型罐头大。

4. 热杀菌釜的形式

目前我国罐头工厂采用的热杀菌釜按其在杀菌过程中是否运动分为静止式杀菌釜和运动式杀菌釜两大类，静止式杀菌釜也就是在整个热杀菌过程中杀菌釜及腹中的预包装食品静止不动，它又分为立式和卧式两类。运动式杀菌釜目前多数采用回转式杀菌釜，在热杀菌过程中杀菌釜在作一定速度的回转运动，杀菌釜内的预包装食品也作相应的运动。表 1-2-17 为 3kg 茄汁黄豆罐头采用静止杀菌与回转杀菌的比较。

表 1-2-17　　　　　　　　　静止杀菌和回转杀菌的比较

杀菌温度/℃	杀菌方式	罐内食品达到以下温度所需时间/min			
		107℃	110℃	113℃	116℃
116	静止	200	235	300	—
	回转，4r/min	12	13.5	17	—
121.1	静止	165	190	220	260
	回转，4r/min	10	11.5	13	16

表 1-2-17 中的数据表明回转式杀菌传热明显快于静止杀菌。因为罐头食品在回转式杀菌设备内杀菌，是处于不断旋转状态中，因而其传热速度比在静置式杀菌设备内杀菌时迅速，也比较均匀。它对传导-对流型食品罐头及流动性较差的层装罐头如桃片、番茄、叶菜等尤其有效。表 1-2-18 中的数据进一步说明回转式杀菌传热明显快于静止杀菌，也说明回转杀菌时杀菌釜的回转速度也影响转热的效果。

表 1-2-18　　　　　　　　番茄罐头的静止杀菌和回转杀菌的比较

杀菌温度/℃	转动情况	罐内食品达到以下温度所需时间/min			
		107.2℃	111℃	112.7℃	115.5℃
115.5	静止	200	235	300	—
121.1	静止	160	190	220	260
115.5	30r/min	9	10.5	12.5	—
115.5	4r/min	12	13.5	17	—
121.1	4r/min	10	11.5	13	—

对于黏稠食品，回转时的搅拌作用是由于罐内顶隙空间在罐头中发生位移而实现的。只有转速适当时，才能起到搅拌作用。如果转速太慢，不论罐头转到什么位置，罐头顶隙始终处在最上端，这样就起不到搅拌作用；如果转速太快，则产生离心力，这样罐头顶隙始终处在最里边一端，同样也起不到搅拌作用。因此转速过慢或过快都起不到促进传热的作用。

对于块状、颗粒状食品，回转时能使罐内食品颗粒或块在液体中移动，而起到搅拌作用。一般说，水果罐头以采用 11r/min 的转速为适宜，但大块食品的转速宜慢，利用大块食品自身的重力在液体中起落，促进对流。小颗粒食品，如玉米、青豆等，则采用高转速为宜，转速快使颗粒能较快地移动，而提高传热速度。对于像午餐肉等那些无法流动的固态食品回转杀菌并没有意义。

选用回转转速时，不仅要考虑传热速度，还应注意食品的特性，以保证食品品质。对娇嫩食品，转速不宜太快，否则就容易破坏食品原有的形态。

5. 热杀菌温度

热杀菌温度是指杀菌时规定的热杀菌釜应达到的最高温度。

杀菌温度越高，杀菌温度与罐内食品温度之差越小，热的穿透作用越强，食品温度上升越快。表1-2-18数据说明，杀菌温度提高，容器内食品温度达到时间就缩短。当采用静止杀菌时，杀菌温度由116℃提高到121.1℃，罐内食品达到113℃所需的时间由300min缩短到220min。

6. 其他影响因素

除以上各种因素外，还有很多其他的影响因素，如预包装食品的装填量、顶隙度、真空度、容器内汁液和固形物的比例、食品成熟度、食品原料的加工方法、加热时食品的特性（如有无颗粒体沉积于罐底）、加热前容器内食品温度的分布情况、杀菌釜的装满度、装笼的方式（如条装食品宜直立装笼，层装宜横卧装笼）、杀菌釜内蒸汽喷射孔的位置及喷射压力、杀菌釜的温度分布等，都有不同程度的影响，必须加以注意。

第四节　食品热处理条件的确定

一、　合理热处理条件的制定原则

食品热处理条件视热处理的目的、食品本身的热物性等多种因素而异，但其基本原则是一致的，那就是在达到热处理目的的基础上尽可能减少食品的热损伤。对于热杀菌而言遵循在保证食品安全性的基础上，尽可能地缩短加热杀菌的时间，以减少热力对食品品质的影响的原则。所以说正确合理的热杀菌条件应该是既能杀灭不符合要求的微生物，并使酶失活，又能最大限度地保持食品原有的品质。如包装食品罐头的热杀菌，其热杀菌工艺条件的确定，也就是确定其必要的杀菌温度、杀菌时间。工艺条件制定的原则是在保证罐藏食品达到商业无菌的基础上，尽可能地缩短加热杀菌的时间，以减少热力对食品品质的影响。对于热烫等热处理，则须遵循在满足热加工要求的基础上，尽可能减少食品的受热作用。

二、　食品热处理条件的确定

1973年7月24日美国食品与药物管理局（FDA）颁布法令："热加工的罐头低酸性食品"（thermally processed low-acid foods packaged in hermetically sealed containers），详细规定了所有关于低酸性食品罐头的安全事项，如原料卫生、处理操作、杀菌设备、杀菌操作及记录、卷封检查以及杀菌管理等，各罐头厂要严格遵守。外国向美国出口的罐头厂也同样必须执行。其中一项就是杀菌操作及记录，上报杀菌的 F 值。从此，其他国家和地区也陆续制定了相关规定，如中国台湾于1973年制定并颁发了"低酸性食品罐头杀菌规范"。用F值来说明其杀菌的程度，用F值来判定杀菌是否达到要求，用F值来确定热杀菌条件。

（一）热杀菌条件合理性的判别

热杀菌条件的合理性通常是通过热杀菌F值的计算来判别。杀菌值又称杀菌致死值、杀菌强度，它包括安全杀菌F值和实际杀菌条件下的F值两个内容。实际杀菌F值是指在某一实际杀菌条件下的总的杀菌效果（在实际杀菌过程中预包装食品罐头的冷点温度是变化的），简称杀菌值，常用F_0值表示，以区别于安全杀菌F_s值。安全杀菌F_s值是指在某一恒定的热杀菌温度下（通常以121.1℃为标准温度）杀灭一定数量（浓度）的微生物或芽孢所需要的加热时间。安全杀菌F_s值也称为标准F值，它被作为判别某一热杀菌条件合理性的标准值。通过这两个杀菌值的比较，来判定杀菌条件的合理性：若实际杀菌F（F_0）值小于安全杀菌F_s值，说明该热杀菌条件不合理，热杀菌不足或说杀菌强度不够，在这一热处理条件下进行热处理，处理后的食品达不到预期的杀菌效果，仍存在着由微生物和酶引起的食品变败的危险，存在着不安全因素，热处理条件必须进行修正，应该适当地提高杀菌温度或延长杀菌时间；若实际杀菌F（F_0）值等于或略大于安全杀菌F_s值，说明该热杀菌条件合理，达到了预期的杀菌要求，对于预包装食品罐头来说就是达到了商业灭菌的要求，在规定的保存期内罐头不会出现由微生物或酶引起的变败，是安全的；若实际杀菌F（F_0）值比安全杀菌F_s值大很多，说明该热杀菌条件不合理，热杀菌过度或说杀菌强度过大，使食品遭受了不必要的热损伤，热处理条件必须进行修正，应该适当地降低杀菌温度或缩短杀菌时间，使食品最大限度地减少热损伤，以提高和保证食品品质。

要进行两个杀菌值的比较，首先要计算出这两个F值。

（二）热杀菌值计算

1. 安全杀菌F_s值的计算

各种罐头食品的安全杀菌F_s值随其原料的种类、来源不同及加工方法、加工卫生条件的不同而异。因为罐头食品的种类、来源、加工方法及加工卫生条件等的不同使罐内食品在杀菌前的微生物污染情况不同，即所污染的微生物种类、数量不同。要进行安全杀菌F值的计算，首先必须弄清食品在热杀菌前的污染情况，以确定杀灭对象及其菌数。所以对杀菌前的食品要进行微生物检测，检测出食品中经常被污染的微生物种类及数量，然后从检验出的微生物中选择一种耐热性最强的腐败菌或致病菌作为该食品热杀菌要杀灭的对象，这一对象菌的耐热性就是安全杀菌F_s值计算的依据之一。在选择对象菌时，一定要注意其代表性，做到只要杀灭了这一对象菌，就能保证杀灭预包装食品中的所有致病菌和能在容器内环境中生长的腐败菌，达到商业灭菌的要求。一般来说，pH≥4.6的低酸性食品，首先应以肉毒梭菌为主要杀菌对象，对于某些常出现耐热性更强的嗜热腐败菌或平酸菌的低酸性罐头食品则应以该菌为对象菌；而pH<4.6的酸性食品，则常以耐热性较弱的一般性细菌（如酵母）作为主要杀菌对象。某些酸性食品如番茄及番茄制品也常出现耐热性较强的平酸菌如凝结芽孢杆菌，此时应以该菌作为杀菌对象。计算安全杀菌F_s值的另一个依据是对象菌的数量，所以在选择对象菌的同时，根据微生物检测的情况（数量）及工厂的实际卫生条件确定食品在热杀菌前对象菌的数量。

选定了对象菌，知道了对象菌在热杀菌前的数量就可以按下面的公式计算安全杀菌F值。

$$F_T = D_T(\lg a - \lg b)$$

（1-2-32）

式中　F_T——在恒定的热杀菌温度 T 下，杀灭一定浓度的对象菌所需要的加热杀菌时间，min；

　　　D_T——在恒定的热杀菌温度 T 下，使90%的对象菌死灭所需要的热杀菌时间，min；

　　　a——杀菌前对象菌的菌数（对于预包装罐头食品，也可以是每罐的菌数）；

　　　b——杀菌后残存的活菌数（对于预包装罐头食品，也可以是罐头的允许变败率）。

［例1］甲厂生产425g蘑菇罐头，根据工厂的卫生条件及原料的污染情况，通过微生物的检测，选择以嗜热脂肪芽孢杆菌为对象菌，并设每克内容物在热杀菌前含嗜热脂肪芽孢杆菌菌数不超过2个。经121.1℃杀菌、保温、贮藏后允许变败率为0.05%以下，问在此条件下蘑菇罐头的安全杀菌 F 值为多大？

解：查表1-2-2得知嗜热脂肪芽孢杆菌在蘑菇罐头中的耐热性参数 $D_{121.1}=4.00$（min）

杀菌前对象菌的菌数　$a=425$（g/罐）$\times2$（个/g）$=850$（个/罐）

允许变败率　$b=5/10000=5\times10^{-4}$

$$F_s=D_{121.1}\times(\lg a-\lg b)=4\times[\lg850-\lg(5\times10^{-4})]$$
$$=4\times(2.9294-0.699+4)=24.92（min）$$

对于某些热敏性食品，其对热敏感却又必须高温杀菌，此时将通过控制对象菌的原始菌数来控制其受的时间，以保证这类食品在热杀菌过程中既能达到杀菌的要求，又能将热损伤控制在可以接受的极限之内。此时的安全杀菌 F 值用式（1-2-33）进行计算。

$$F_T=TRT_T=nD \tag{1-2-33}$$

式中　TRT_T——在热杀菌温度 T（℃）下，将对象菌数减少到原始菌数的 10^{-n} 时所需要的热杀菌时间，min；

　　　n——对象菌的递减指数。

对于某一种具体的对象菌来说，限定 n 值，也就意味着限定了热致死时间 F_T 值。当热致死时间 F_T 值被限定后，要保证安全达到预期的杀菌的效果，只能控制对象菌的原始菌数。如 n 值限定为5，就意味着原始菌数必须控制在小于 $10^7\sim10^8$ 的水平。

由上述 F_s 值的计算公式可知，F_s 值是指在恒定温度下的热杀菌时间，即在瞬间升温、瞬间降温冷却的理想条件下的杀菌时间。而在实际生产中，各种预包装食品罐头的热杀菌不可能做到瞬间升温、瞬间降温冷却，都必须有一个升温、恒温和降温的过程，预包装食品罐头温度是随热杀菌时间延续而变化的，而当食品的温度高于对象菌适宜生长的最高温度，各温度对微生物都有一定的热致死作用，只是作用大小的差异，温度高致死作用强，温度低，致死作用弱。通常从90℃开始计算致死作用，90℃以下的致死作用很小，忽略不计，作为安全系数。那么整个杀菌过程的总杀菌效果就是各个温度下的杀菌效果之总和。因此，只要将理论计算的 F_s 值合理地分配到实际杀菌的升温、恒温和降温三个阶段，就可以制定出合理的热杀菌条件。也可根据理论计算的 F_s 值和现拟用杀菌条件下的实际杀菌值及实际杀菌条件下总的杀菌效果 F_0 值的比较结果来判断现用杀菌条件的合理性，来修正现用的热杀菌条件。

2. 实际杀菌 F_0 值的计算

在实际生产中，整个热杀菌过程中预包装容器内的食品温度是在不断变化的。在热杀菌初期，食品的温度随杀菌釜温度的升高而升高；在恒温杀菌过程中食品的温度则会继续升高或恒定不变，取决于食品的状态与传热方式，对于以对流方式传热的食品，如果汁温度与杀菌釜相近，恒定不变；而对于以传导方式传热食品，如午餐肉其温度远远低于杀菌釜的温度，因而在恒温杀菌期间食品的温度仍在继续升高；在冷却阶段，食品的温度则随着冷却的进行而降低。正是由于在热杀菌过程中食品的温度不断变化，所以要计算实际杀菌条件下的杀菌 F_0 值，首先必须测定食品温度，掌握食品在整个热杀菌过程中的温度变化数据。一般用中心温度测定仪进行测定。根据所测得的食品中心温度计算实际杀菌 F_0 值。

实际杀菌 F_0 值的计算有求和法、图解法等多种，需要根据食品温度测定仪器的种类、所测得的中心温度数据等实际情况合理选用计算方法。

（1）求和法　求和法顾名思义，是将所测得的整个杀菌过程的各个温度下的杀菌效果相加，得到整个杀菌过程的总杀菌效果。然而正如前所述，温度不同对微生物的热致死作用不同，其杀菌效果不能比较，也不能求和。所以，对整个热杀菌过程的杀菌效果求和，需要与安全杀菌 F 值进行比较，首先要把各个温度下的杀菌效果换算成同一温度下的杀菌效果。换算公式为：

$$L_T = \frac{1}{10^{\frac{121.1-T}{Z}}} \tag{1-2-34}$$

式中　L_T——致死率值（lethal rate），是换算系数，它表明在 T 温度下经单位时间杀菌相当于在 121.1℃ 下的杀菌效果。在数值上与通过 $F_{121.1}=1\text{min}$ 这一点的 TDT 曲线上各温度下的致死时间 τ 的倒数相当；Z 为对象菌的耐热性参数。

L_T 可以根据对象菌的耐热性参数 Z 值和热杀菌温度 T 用式（1-2-34）计算得到，也可以查表得到。表 1-2-19 $F_{121.1}=1\text{min}$ 时各致死温度的致死率值。表 1-2-20 为 $F_{100}=1\text{min}$ 时各致死温度的致死率值。

表 1-2-19　$F_{121.1}=1\text{min}$ 时各致死温度的致死率值 $[\lg L_T=(T-121.1)/Z]$

$T/℃$	Z 值										
	7.0	7.5	8.0	8.5	9.0	9.5	10.0	10.5	11.0	11.5	12.0
91.0	0.000	0.000	0.000	0.000	0.000	0.001	0.001	0.001	0.002	0.002	0.003
92.0	0.000	0.000	0.000	0.000	0.000	0.001	0.001	0.002	0.002	0.003	0.004
93.0	0.000	0.000	0.000	0.001	0.001	0.001	0.002	0.002	0.003	0.004	0.005
94.0	0.000	0.000	0.000	0.001	0.001	0.001	0.002	0.003	0.004	0.004	0.006
95.0	0.000	0.000	0.001	0.001	0.001	0.002	0.003	0.003	0.004	0.005	0.007
96.0	0.000	0.000	0.001	0.001	0.002	0.002	0.003	0.004	0.005	0.007	0.008
97.0	0.000	0.001	0.001	0.002	0.002	0.003	0.004	0.005	0.007	0.008	0.010
98.0	0.000	0.001	0.001	0.003	0.004	0.004	0.006	0.006	0.008	0.012	0.012
99.0	0.000	0.001	0.002	0.003	0.004	0.005	0.006	0.008	0.010	0.012	0.014
100.0	0.001	0.001	0.002	0.002	0.003	0.005	0.006	0.008	0.010	0.012	0.015	0.018
101.0	0.001	0.002	0.003	0.004	0.006	0.008	0.010	0.012	0.015	0.018	0.022
102.0	0.002	0.003	0.004	0.006	0.008	0.010	0.013	0.016	0.019	0.022	0.026
103.0	0.003	0.004	0.006	0.008	0.010	0.013	0.016	0.019	0.023	0.027	0.032
104.0	0.004	0.005	0.007	0.010	0.013	0.016	0.020	0.024	0.028	0.033	0.038
105.0	0.005	0.007	0.010	0.013	0.017	0.021	0.025	0.030	0.035	0.041	0.046

续表

T/℃	Z 值										
	7.0	7.5	8.0	8.5	9.0	9.5	10.0	10.5	11.0	11.5	12.0
105.5	0.006	0.009	0.012	0.015	0.019	0.023	0.028	0.033	0.039	0.045	0.051
106.0	0.007	0.010	0.013	0.017	0.022	0.026	0.032	0.037	0.043	0.050	0.056
106.5	0.008	0.012	0.015	0.020	0.024	0.030	0.035	0.042	0.048	0.055	0.062
107.0	0.010	0.014	0.018	0.023	0.028	0.034	0.040	0.046	0.053	0.061	0.068
107.5	0.012	0.016	0.021	0.026	0.032	0.038	0.045	0.052	0.059	0.067	0.075
108.0	0.014	0.018	0.024	0.030	0.036	0.043	0.050	0.058	0.068	0.074	0.083
108.5	0.016	0.022	0.027	0.034	0.041	0.048	0.056	0.064	0.073	0.082	0.091
109.0	0.019	0.025	0.032	0.039	0.046	0.055	0.063	0.072	0.081	0.090	0.100
109.5	0.023	0.029	0.037	0.044	0.053	0.062	0.071	0.080	0.090	0.100	0.110
110.0	0.027	0.034	0.042	0.051	0.060	0.070	0.079	0.089	0.100	0.111	0.121
110.2	0.029	0.036	0.045	0.054	0.063	0.073	0.063	0.094	0.104	0.115	0.126
110.4	0.031	0.039	0.047	0.057	0.066	0.077	0.087	0.098	0.109	0.120	0.131
110.6	0.033	0.041	0.050	0.060	0.070	0.080	0.091	0.102	0.113	0.125	0.136
110.8	0.035	0.044	0.053	0.063	0.074	0.084	0.095	0.107	0.118	0.130	0.141
111.0	0.037	0.046	0.056	0.067	0.077	0.089	0.100	0.112	0.123	0.135	0.147
111.2	0.040	0.049	0.060	0.070	0.081	0.093	0.105	0.117	0.129	0.141	0.153
111.4	0.043	0.052	0.063	0.074	0.086	0.098	0.110	0.122	0.134	0.146	0.158
111.6	0.045	0.056	0.069	0.078	0.090	0.102	0.115	0.127	0.140	0.152	0.165
111.8	0.048	0.059	0.071	0.083	0.095	0.108	0.120	0.133	0.146	0.158	0.171
112.0	0.052	0.063	0.075	0.087	0.100	0.113	0.126	0.139	0.152	0.165	0.178
112.2	0.055	0.067	0.079	0.092	0.105	0.118	0.132	0.145	0.158	0.172	0.185
112.4	0.059	0.071	0.084	0.097	0.111	0.124	0.138	0.152	0.165	0.179	0.192
112.6	0.063	0.076	0.088	0.103	0.117	0.131	0.145	0.158	0.172	0.186	0.200
112.8	0.067	0.083	0.094	0.108	0.123	0.137	0.151	0.169	0.180	0.194	0.207
113.0	0.072	0.086	0.100	0.115	0.129	0.144	0.158	0.173	0.187	0.202	0.215
113.2	0.077	0.091	0.106	0.121	0.136	0.151	0.166	0.181	0.195	0.210	0.224
113.4	0.082	0.097	0.112	0.128	0.143	0.158	0.174	0.189	0.204	0.218	0.233
113.6	0.088	0.103	0.119	0.135	0.151	0.166	0.182	0.197	0.212	0.227	0.242
113.8	0.094	0.110	0.126	0.142	0.158	0.175	0.191	0.206	0.222	0.237	0.251
114.0	0.100	0.117	0.133	0.150	0.167	0.183	0.200	0.215	0.231	0.246	0.261

续表

T/°C	Z 值										
	7. 0	7. 5	8. 0	8. 5	9. 0	9. 5	10. 0	10. 5	11. 0	11. 5	12. 0
114. 2	0. 107	0. 124	0. 141	0. 158	0. 1. 76	0. 192	0. 209	0. 225	0. 241	0. 250	0. 271
114. 4	0. 114	0. 132	0. 150	0. 167	0. 185	0. 202	0. 219	0. 235	0. 251	0. 267	0. 282
114. 6	0. 122	0. 140	0. 158	0. 177	0. 194	0. 212	0. 229	0. 246	0. 262	0. 278	0. 293
114. 8	0. 130	0. 149	0. 168	0. 186	0. 205	0. 223	0. 240	0. 257	0. 273	0. 289	0. 304
115. 0	0. 139	0. 158	0. 179	0. 197	0. 215	0. 234	0. 251	0. 268	0. 285	0. 301	0. 316
115. 2	0. 148	0. 169	0. 188	0. 208	0. 227	0. 245	0. 263	0. 280	0. 297	0. 313	0. 329
115. 4	0. 158	0. 179	0. 200	0. 219	0. 239	0. 257	0. 275	0. 293	0. 310	0. 326	0. 341
115. 6	0. 169	0. 191	0. 211	0. 232	0. 251	0. 270	0. 288	0. 306	0. 323	0. 339	0. 355
115. 8	0. 181	0. 203	0. 224	0. 244	0. 264	0. 284	0. 302	0. 320	0. 337	0. 353	0. 369
116. 0	0. 193	0. 215	0. 237	0. 258	0. 278	0. 298	0. 316	0. 334	0. 351	0. 367	0. 383
116. 2	0. 206	0. 229	0. 251	0. 272	0. 292	0. 312	0. 331	0. 349	0. 366	0. 382	0. 393
116. 4	0. 220	0. 244	0. 266	0. 288	0. 208	0. 328	0. 347	0. 365	0. 382	0. 398	0. 414
116. 6	0. 235	0. 259	0. 282	0. 304	0. 324	0. 344	0. 363	0. 381	0. 398	0. 414	0. 430
116. 8	0. 261	0. 275	0. 299	0. 320	0. 341	0. 361	0. 380	0. 393	0. 415	0. 431	0. 447
117. 0	0. 268	0. 293	0. 316	0. 338	0. 359	0. 379	0. 398	0. 416	0. 433	0. 449	0. 464
117. 2	0. 287	0. 311	0. 335	0. 357	0. 378	0. 398	0. 417	0. 435	0. 451	0. 467	0. 482
117. 4	0. 306	0. 331	0. 355	0. 377	0. 398	0. 418	0. 437	0. 454	0. 471	0. 486	0. 501
117. 6	0. 327	0. 352	0. 376	0. 398	0. 419	0. 439	0. 457	0. 474	0. 491	0. 506	0. 521
117. 8	0. 349	0. 374	0. 398	0. 420	0. 441	0. 460	0. 479	0. 496	0. 512	0. 527	0. 541
118. 0	0. 372	0. 398	0. 422	0. 444	0. 464	0. 483	0. 501	0. 518	0. 534	0. 548	0. 562
118. 2	0. 398	0. 423	0. 447	0. 468	0. 489	0. 507	0. 525	0. 541	0. 556	0. 571	0. 584
118. 4	0. 425	0. 450	0. 473	0. 494	0. 514	0. 532	0. 550	0. 565	0. 580	0. 594	0. 607
118. 6	0. 454	0. 479	0. 501	0. 522	0. 541	0. 559	0. 575	0. 591	0. 605	0. 618	0. 631
118. 8	0. 485	0. 509	0. 531	0. 561	0. 570	0. 587	0. 603	0. 617	0. 631	0. 644	0. 656
119. 0	0. 518	0. 541	0. 562	0. 582	0. 599	0. 616	0. 631	0. 645	0. 658	0. 670	0. 681
119. 2	0. 553	0. 575	0. 596	0. 615	0. 631	0. 646	0. 661	0. 674	0. 686	0. 697	0. 708
119. 4	0. 591	0. 612	0. 631	0. 648	0. 664	0. 679	0. 692	0. 704	0. 715	0. 726	0. 736
119. 6	0. 637	0. 651	0. 668	0. 684	0. 699	0. 712	0. 724	0. 736	0. 746	0. 756	0. 764
119. 8	0. 674	0. 692	0. 708	0. 722	0. 736	0. 748	0. 759	0. 769	0. 778	0. 786	0. 794
120. 0	0. 720	0. 736	0. 750	0. 762	0. 774	0. 785	0. 794	0. 803	0. 811	0. 819	0. 825

续表

T/℃	Z 值										
	7.0	7.5	8.0	8.5	9.0	9.5	10.0	10.5	11.0	11.5	12.0
120.2	0.769	0.782	0.794	0.805	0.815	0.824	0.832	0.839	0.846	0.852	0.858
120.4	0.827	0.832	0.841	0.850	0.858	0.865	0.871	0.877	0.882	0.887	0.891
120.6	0.877	0.884	0.891	0.897	0.902	0.908	0.902	0.916	0.920	0.923	0.926
120.8	0.936	0.940	0.944	0.947	0.950	0.953	0.955	0.957	0.959	0.961	0.962
121.0	1.000	1.000	1.000	1.000	1.000	1.000	1.000	1.000	1.000	1.000	1.000
121.2	1.068	1.063	1.059	1.056	1.053	1.050	1.047	1.045	1.043	1.041	1.039
121.4	1.141	1.131	1.122	1.114	1.108	1.102	1.096	1.092	1.087	1.083	1.080
121.6	1.218	1.202	1.189	1.176	1.166	1.157	1.148	1.141	1.134	1.127	1.122
121.8	1.301	1.278	1.259	1.141	1.227	1.214	1.202	1.192	1.484	1.174	1.166
122.0	1.389	1.359	1.334	1.299	1.292	1.274	1.259	1.245	1.232	1.222	1.212
122.2	1.484	1.445	1.413	1.384	1.359	1.338	1.318	1.101	1.286	1.272	1.259
122.4	1.585	1.537	1.496	1.461	1.436	1.404	1.380	1.359	1.341	1.324	1.308
122.6	1.693	1.634	1.585	1.542	1.506	1.473	1.445	1.420	1.398	1.378	1.359
122.8	1.808	1.738	1.679	1.628	1.584	1.547	1.541	1.484	1.458	1.434	1.413
123.0	1.931	1.848	1.773	1.719	1.668	1.624	1.585	1.551	1.520	1.492	1.468
123.2	2.062	1.965	1.884	1.815	1.756	1.704	1.660	1.620	1.585	1.553	1.525
123.4	2.202	2.089	1.955	1.916	1.848	1.789	1.738	1.693	1.652	1.617	1.585
123.6	2.352	2.222	2.113	2.022	1.945	1.878	1.820	1.769	1.723	1.683	1.647
123.8	2.512	2.362	2.239	2.135	2.046	1.971	1.905	1.848	1.777	1.752	1.711
124.0	2.683	2.512	2.371	2.245	2.154	2.069	1.995	1.931	1.874	1.823	1.778
124.2	2.865	2.671	2.512	2.379	2.268	2.172	2.189	2.017	1.954	1.898	1.848
124.4	3.060	2.840	2.661	2.512	2.387	2.280	2.219	2.108	2.037	1.975	1.920
124.6	3.268	3.020	2.818	2.652	2.512	2.393	2.291	2.202	2.125	2.056	1.995
124.8	3.490	3.211	2.985	2.799	2.644	2.512	2.399	2.301	2.215	2.140	2.073
125.0	3.728	3.415	2.162	2.955	2.783	2.637	2.512	2.404	2.310	2.228	2.154
125.2	3.981	3.631	3.350	3.120	2.929	2.768	2.630	2.512	2.401	2.318	2.239
125.4	4.252	3.861	3.548	3.293	3.082	2.905	2.754	2.625	2.512	2.413	2.326
125.6	4.541	4.105	3.785	3.477	3.244	3.049	2.884	2.742	2.619	2.512	2.417
125.8	4.850	4.365	3.981	3.670	3.414	3.201	3.020	2.865	2.731	2.615	2.512
126.0	5.179	4.462	4.217	3.875	3.594	3.359	3.162	2.994	2.848	2.721	2.610

表 1-2-20　　$F_{100}=1\text{min}$ 时各致死温度的致死率值 $[\lg L_T=(T-100)/Z]$

$T/℃$	Z 值										
	4.0	5.0	6.0	6.5	7.0	7.5	8.0	8.5	9.0	9.5	10.0
74	0.000	0.000	0.000	0.000	0.000	0.000	0.001	0.001	0.001	0.002	0.003
75	0.000	0.000	0.000	0.000	0.000	0.000	0.001	0.001	0.002	0.002	0.003
76	0.000	0.000	0.000	0.000	0.000	0.001	0.001	0.002	0.002	0.003	0.004
77	0.000	0.000	0.000	0.000	0.001	0.001	0.001	0.002	0.003	0.004	0.005
78	0.000	0.000	0.000	0.000	0.001	0.001	0.002	0.003	0.004	0.005	0.006
79	0.000	0.000	0.000	0.001	0.001	0.002	0.002	0.003	0.005	0.006	0.008
80	0.000	0.000	0.000	0.001	0.001	0.002	0.003	0.004	0.006	0.008	0.010
81	0.000	0.000	0.001	0.001	0.002	0.003	0.004	0.006	0.008	0.010	0.013
82	0.000	0.000	0.001	0.002	0.003	0.004	0.006	0.008	0.010	0.013	0.016
83	0.000	0.000	0.001	0.002	0.004	0.005	0.007	0.010	0.013	0.016	0.020
84	0.000	0.001	0.002	0.003	0.005	0.007	0.010	0.013	0.017	0.021	0.025
85	0.000	0.001	0.003	0.005	0.007	0.010	0.013	0.017	0.022	0.026	0.032
86	0.000	0.002	0.005	0.007	0.010	0.014	0.018	0.023	0.028	0.034	0.040
87	0.001	0.003	0.007	0.010	0.014	0.018	0.024	0.030	0.036	0.043	0.050
88	0.001	0.004	0.010	0.014	0.019	0.025	0.032	0.039	0.046	0.055	0.063
89	0.002	0.006	0.015	0.020	0.027	0.034	0.042	0.051	0.060	0.070	0.079
90	0.003	0.010	0.022	0.029	0.037	0.046	0.056	0.067	0.077	0.089	0.100
91	0.006	0.016	0.032	0.041	0.052	0.063	0.075	0.087	0.100	0.113	0.126
92	0.010	0.025	0.046	0.059	0.072	0.086	0.100	0.115	0.129	0.144	0.158
93	0.018	0.040	0.068	0.084	0.100	0.117	0.133	0.150	0.167	0.183	0.200
94	0.032	0.063	0.100	0.119	0.139	0.158	0.178	0.197	0.215	0.234	0.251
95	0.056	0.100	0.147	0.170	0.193	0.215	0.237	0.258	0.278	0.298	0.316
96	0.100	0.158	0.215	0.242	0.268	0.293	0.316	0.338	0.359	0.379	0.398
97	0.178	0.251	0.316	0.346	0.373	0.398	0.422	0.444	0.464	0.483	0.501
98	0.316	0.398	0.464	0.492	0.518	0.541	0.562	0.582	0.599	0.616	0.631
99	0.562	0.631	0.681	0.702	0.720	0.736	0.750	0.763	0.774	0.785	0.794
100	1.000	1.000	1.000	1.000	1.000	1.000	1.000	1.000	1.000	1.000	1.000
101	1.778	1.585	1.468	1.425	1.389	1.359	1.334	1.311	1.292	1.274	1.259
102	3.162	2.512	2.154	2.031	1.931	1.848	1.778	1.719	1.668	1.624	1.585
103	5.623	3.981	3.162	2.894	2.683	2.512	2.371	2.254	2.154	2.069	1.995
104	10.00	6.310	4.642	4.125	3.728	3.415	3.162	2.955	2.783	2.637	2.512
105	17.78	10.00	6.813	5.878	5.179	4.642	4.217	3.875	3.594	3.360	3.162

续表

$T/℃$	Z 值										
	4.0	5.0	6.0	6.5	7.0	7.5	8.0	8.5	9.0	9.5	10.0
106	31.62	15.85	10.00	8.377	7.197	6.310	5.623	5.080	4.642	4.281	3.981
107	56.23	25.12	14.68	11.94	10.00	8.577	7.499	6.661	5.995	5.456	5.012
108	100.0	39.81	21.54	17.01	13.89	11.66	10.00	8.733	7.743	6.952	6.310
109	177.8	63.10	31.62	24.24	19.31	15.85	13.34	11.45	10.00	8.859	7.943
110	316.2	100.0	46.42	34.55	26.83	21.54	17.78	15.01	12.92	11.29	10.00
111	562.3	158.5	68.13	49.24	37.28	29.29	23.71	19.68	16.68	14.38	12.59
112	1000	251.2	100.0	70.17	51.79	39.81	31.62	25.81	21.54	18.33	15.85
113	1778	398.1	146.8	100.0	71.97	54.12	42.17	33.84	27.83	23.36	19.95
114	3162	631.0	215.4	142.5	100.0	73.56	56.23	44.37	35.94	29.76	25.12
115	5623	1000	316.2	203.1	138.9	100.0	74.99	58.17	46.42	37.93	31.62

整个杀菌过程中总的杀菌效果 F_0 值:

$$F_0 = t_p \sum_{n=1}^{n} L_T \tag{1-2-35}$$

式中　F_0——实际杀菌条件下的总杀菌强度;

　　　t_p——各温度下持续的时间间隔,即食品中心温度测定仪测定时各测量点间的时间间隔;

　　　n——测定点数;

　　　L_T——致死率值。

注意:用什么温度下的 D 值计算的 F_s 值,在计算 F_0 值时也应该用同一温度下的致死率值表。如用 100℃时的 D 值计算的 F_s 值,在计算 F_0 值时就用 $F_{100℃}$ 的致死率表查得各温度下的 L_T 值,或用公式计算 $[\lg L_T = (T-100)/Z]$。

(2)图解法　从上述求和公式不难看出通过计算得到的是一个近似值,因为在实际杀菌过程中温度的变化是连续的,而不可能在某个温度下停留。要求精确值就要用定积分计算,当停留时间 t → 0 时,对整个杀菌时间求定积分才能得到精确值,公式为:

$$F_0 = \int_t^0 L_T dt \tag{1-2-36}$$

用定积分计算就需要知道函数关系。L_T 是时间 t 的复合函数,但具体的函数关系式还没有建立,所以不能用式(1-2-36)计算精确的杀菌值 F_0,但可以用图解法求得精确的杀菌值 F_0,即根据中心温度测定数据,用式(1-2-34)计算出不同热杀菌时间 t 时的 T 相应的 L_T 值,通过作杀菌值曲线(L_T-t 曲线)用称重法或数格法计算出精确的 F_0 值。

目前采用的中心温度测定仪不管是有线测温系统还是无线测温系统都在测定温度的同时计算出相应的 F_0 值。

[例2]甲厂生产 425g 蘑菇罐头,根据计算的 F_s 值制定的两个杀菌式为 10—23—10min/121.1℃和 10—25—10min/121.1℃,分别进行热杀菌试验,并测得食品中心温度的变化数据如表 1-2-21 所示,试问所拟杀菌条件是否合理?

表 1-2-21 食品中心温度的变化数据

杀菌式 1	10—23—10min/121.1℃	杀菌式 2	10—25—10min/121.1℃
时间/min	食品中心温度/℃	时间/min	食品中心温度/℃
0	47.9	0	50
3	84.5	3	80
6	104.7	6	104
9	119	9	118.5
12	120	12	120
15	121.1	15	121.1
18	121.1	18	121.1
21	121.1.2	21	120.5
24	121.1	24	121.1
27	120	27	120.7
30	120.5	30	120.7
33	121.1	33	121.1
36	115	36	120.5
39	108	39	115
42	99	42	109
45	80	45	101
—	—	48	85

解：已知对象菌的特征参数 $Z=10℃$；$D_{121.1}=4.00min$；时间间隔 $t_p=3min$；$F_s=24.92min$

①求和法计算 F_0 值：根据两种杀菌式测得的食品中心温度，查表 1-2-19，得各中心温度所对应的 L_T 值，并将其代入式（1-2-35）

$$F_0 = t_p \sum_{n=1}^{n} L_T$$

$$F_{01} = t_p \ (L_{T1}+L_{T2}+L_{T3}+L_{T4}+\cdots\cdots+L_{Tn})$$

$$= 3\times \ (0+0+0.0230+0.6309+0.7943+1+1+1.0490+1+0.7943+$$

$$0.8913+1+0.2512+0.0501+0.0063+0)$$

$$= 25.5 \ (min)$$

$$F_{02} = t_p \ (L_{T1}+L_{T2}+L_{T3}+L_{T4}+\cdots\cdots+L_{Tn})$$

$$= 3\times \ (0+0+0.0200+0.5624+0.7943+1+1+0.8913+1+0.9328+$$

$$0.9328+1+0.8913+0.2512+0.0631+0.0100+0)$$

$$= 28.0467 = 28.1 \ (min)$$

②图解法计算 F_0 值：将各温度下的 L_T 值与时间 t 作杀菌值曲线（纵坐标为致死率 L_T，横坐标为杀菌时间 t），曲线与横轴所围的面积即为预包装食品罐头整个杀菌过程中总的杀菌效

果 F_0 值。两个杀菌式的杀菌值曲线分别如图 1-2-23 所示。

图 1-2-23　425g 蘑菇罐头的杀菌值曲线

用称重法称得 $F_0 = 1$ 时的面积 G_0 重 10.64mg，两杀菌式曲线与横轴所围的面积分别重 273.39mg 和 308.31mg，它们所代表的 F_0 值为：

$$F_{01} = G/G_0 = 273.39/10.64 = 25.69 \ （min）$$

$$F_{02} = G/G_0 = 308.31/10.64 = 28.97 \ （min）$$

合理性判别：

$F_{01} = 25.5 \ （25.69）> F_s = 24.92 \ （min），所以杀菌式 1 合理。$

$F_{02} = 28.1 \ （28.97）\gg F_s = 24.92 \ （min），所以杀菌式 2 不合理，杀菌过度。$

从以上计算结果判定，根据甲厂的卫生条件，微生物污染等情况计算的安全杀菌值 $F_s = 24.92min$，又根据蘑菇罐头的传热情况等初步制订的两个杀菌式并测得中心温度，算出实际杀菌条件下的 F_0 值分别为 25.5 （25.69）min 和 29.1 （28.97）min。按照实际杀菌 F_0 值略大于安全杀菌值为合理的原则，杀菌式 1 为合理的杀菌工艺条件。确定甲厂生产 425g 蘑菇罐头的热杀菌条件为 10—23—10min/121.1℃。

在制定杀菌工艺条件时必须注意工厂所在地区的海拔高度，这对沸水浴杀菌尤为重要。

（三）巴氏杀菌值

在 pH 小于 4.5 的产品，即所谓的酸性产品，引起食物中毒的肉毒梭菌不能萌发生长，因此只需要灭活霉菌和酵母菌，加热程度可以降低很多，同时 F_0 值也非常低，80℃的致死值为 $7.76×10^{-5}/min$。当参比温度为 65℃ 时，更加实用的量化致死作用的巴氏杀菌值（pasteurization unit，PU）如下：

$$P_{65}^{10} = \int_0^t 10^{(T-65)/10} \mathrm{d}t \qquad (1-2-37)$$

以啤酒为例，P_{60}^{18} 的巴氏杀菌值 PU，也可以表示为：

$$PU = \exp[2.303(T-60)/18] \qquad (1-2-38)$$

PU1 定义为标准巴氏杀菌值，即 $Z=7℃$ 的啤酒腐败菌，在 $60℃$ 条件下处理 $1\min$。由此计算，PU5.6 为啤酒最佳巴氏杀菌值。研究还发现，当对象菌 Z 值为 $6.94℃$，$60℃$ 为参比温度时，啤酒的巴氏杀菌值 PU 在 $20\min$ 左右。

（四）无菌加工杀菌值

无菌包装技术是在被包装物、包装容器或材料、包装机械设备无菌的情况下，在无菌环境中进行充填和封合的包装技术。无菌包装包括：①包装材料的杀菌灭菌；②包装内容物的无菌处理；③包装环境的无菌处理。本节内容主要阐述包装内容物的无菌处理，该过程可以分为三个阶段：第一阶段加热，将食品从初始温度加热到处理温度；第二阶段保温，以持续的温度对食品进行热处理；第三阶段冷却。在保温阶段，食品通常在一个圆柱体同心管的管道内循环，通过热交换器的管壁接收热量。

液体在热处理设备中的停留时间为杀死微生物到理想级数的最短时间。在任何处理设备中的停留时间，都与处理体积 V、体积流量 q 有关：

$$t = \frac{V}{q} \tag{1-2-39}$$

液体食品在加热管中循环流动，停留时间可以表示为：

$$t = \frac{L}{v} \tag{1-2-40}$$

式中　L——管长；

v——液体直线循环速度。

总之，在无菌加工过程中有必要通过式（1-2-40）计算加热管长度。在该等式中，速度取决于环流状态和液体类型。对于牛顿流体，在湍流状态下循环时，可以使用平均速度。然而，如果液体在层流状态下循环（$Re<2100$），最大速度是平均速度的 2 倍。

$$v_{\max} = 2 v_{平均} \tag{1-2-41}$$

在无菌加工过程中，有的液态食品含有颗粒，例如汤类食品，计算会遇到困难。当液体升温到处理温度时，固体颗粒温度则相对较低。因此，为了使其达到充分的热处理程度，计算时应该考虑到其最慢的加热点，该最慢加热点通常为固体颗粒的几何中心。由此会导致其在管中的保留时间更长，因为固体颗粒需要更强的热处理条件。同时，固体颗粒也会被损坏。

详细了解加工过程中固体颗粒内部的热传递与其几何中心的温度变化非常重要。这属于不稳定状态的加热过程。因此，我们应该预先评估从液体到固体颗粒的热传递系数。球形颗粒外围的液体热传递系数与努赛尔数、雷诺数、普朗特数有关：

$$(Nu) = 2 + 0.6 (Re)^{0.5} (Pr)^{1/3} \tag{1-2-42}$$

如果液体和固体颗粒以相同的速度循环流动，应该取消雷诺数，因此 $(Nu)=2$。

如果该液体为水，等式则为：

$$(Nu) = 2 + 1.33 \times 10^{-3} (Re)^{1.08} \tag{1-2-43}$$

该等式在 $287<(Re)<880$ 范围内有效。

如果固体颗粒外围的液体为淀粉溶液，等式则为：

$$(Nu) = 2 + 2.82 \times 10^{-3} (Re)^{1.16} (Pr)^{0.89} \tag{1-2-44}$$

该等式在 $1.2<(Re)<27$ 和 $9.5<(Pr)<376$ 范围内有效。

所有这些等式中，雷诺数中的速度为固体颗粒与液体的相对速度。

如果液体中有悬浮颗粒，可以利用等式直接计算处理时间。因此，应该第一时间获得颗粒中的温度分布。F 值与其扩散性，颗粒大小（R），管中位置（r）相关：

$$F(t) = j\exp(-Bt)$$

$$F_0 = \frac{E[A\exp(-Bt_p)]}{B}10^{\frac{T_A - T_R}{z}}$$

$$A = j2.3^{\frac{T_A - T_R}{z}}$$

$$(1-2-45)$$

式中　T_A——颗粒外部温度；

　　　T_R——参考温度；

　　　t_p——处理时间；

　　　$E_{(x)}$——指数积分。

不同种类固体颗粒的 j 和 B 值如表 1-2-22 所示。其中，α 为固体颗粒的热扩散系数，η_1 为液体黏度。

表 1-2-22　　　　　　　　　　计算不同颗粒 F 值的参数 j 和 B

固体颗粒几何结构	颗粒位置	j	B
球体 半径 R	中心	2	$\dfrac{\pi^2\alpha}{R^2}$
	其他位置	$\dfrac{2}{\pi}\dfrac{R}{r}\sin\dfrac{\pi r}{R}$	
平行六面体 （$2X$）（$2Y$）（$2Z$）	中心	2.0641	
	其他位置	$2.0641\cos\dfrac{\pi}{2}\dfrac{x}{X}\cos\dfrac{\pi}{2}\dfrac{y}{Y}\cos\dfrac{\pi}{2}\dfrac{z}{Z}$	$\dfrac{\pi^2\alpha}{4}\left(\dfrac{1}{X^2}+\dfrac{1}{Y^2}+\dfrac{1}{Z^2}\right)$
圆柱体 （$2R$）（$2L$）	中心	2.0397	$\dfrac{\alpha}{4}\left(\dfrac{\pi^2}{L^2}+\dfrac{\eta_1^2}{R^2}\right)$

1. 停留时间

在管状设备中，液体以平推流循环，液体中微生物的停留时间与平均停留时间相同。但是如果管状设备中液体不按照平推流循环时，停留时间会有所不同。如果在圆柱形管中，液体以层流状态循环，那么微生物将按照抛物线速度运动，这时微生物进入中间流层时的速度远远大于其接近管壁时的速度，而且经过中间流层的停留时间会变短。因此，需要知道最大速度以计算最短停留时间。图 1-2-24 展示了管状设备中的不同循环状态与搅拌槽情况。

2. 停留时间的分布

在实际情况下，同一时间进入热处理设备中的微生物不会停留相同的时间。通过一些参数的设置，可以很方便计算出分散的停留时间。微生物的停留时间是入口与出口的时间间隔。我们设置时间段为入口到任意一点的时间。可以用进入内部时间段的分布（I）曲线代表热处理设备中的时间分布，而离开到达外部时间段的分布（E）曲线代表微生物离开热处理设备的时间，比如停留时间。通过示踪反应实验可以测定停留时间。

(1)平推流　　　　　　　　　　(2)层流

(3)湍流　　　　　　　　　　(4)搅拌槽

图 1-2-24　液体在管道和搅拌槽的流动状态

图 1-2-25　示踪剂的脉冲投放

示踪剂进入液体中的方式有两种：稳定投放和脉冲投放。稳定投放是在瞬间进入，对测量没有影响，而脉冲投放则显示了示踪剂一定的浓度（图 1-2-25）。C_t 为投放瞬间 t 示踪剂的浓度，C_0 为总浓度。

这两种方式的响应函数经过归一化处理后，可以通过 F 值和 C 值表示：

$$I = 1 - F \tag{1-2-46}$$

$$E = C \tag{1-2-47}$$

$$E = \frac{dF}{d\theta} = -\frac{dI}{d\theta} \tag{1-2-48}$$

式中　θ——无因次时间变量，时间 t 与平均停留时间 t_M 的系数。

3. 理想状态下的分布函数 E

理想状态下，无菌加工搅拌槽分布函数：

$$E = \frac{1}{t_M}\exp\left(-\frac{t}{t_M}\right) \tag{1-2-49}$$

$$E_\theta = \exp(-\theta) \tag{1-2-50}$$

管状平推流：

$$E = \delta(t - t_M) \tag{1-2-51}$$

管状层流：

$$E = \frac{t_M^2}{2\,t^3} \tag{1-2-52}$$

$$E = \frac{1}{2\,\theta^3} \tag{1-2-53}$$

图 1-2-26 展示出脉冲投放条件下的分布函数 E 情况。

除了以上情况，非牛顿流体的分布函数可以表示为：

$$E = \frac{2n}{3n+1}\frac{t_M^3}{t^3}\left(1 - \frac{n+1}{3n+1}\frac{t_M}{t}\right)^{\frac{n-1}{n+1}} \tag{1-2-54}$$

图 1-2-26　脉冲投放示踪剂测定不同类型流体的分布函数 E

式中　　n——流动状态指数。

宾汉塑性流体在管中循环流动，其速度可以根据平推流状态的中心流计算。其外部流动时间的分布函数表示为：

$$E = \frac{(1-m)\,t_0\,t_M^3}{t^3}\left[1-m+\frac{m}{\sqrt{1-\sigma_0\dfrac{t_M}{t}}}\right] \tag{1-2-55}$$

其中：

$$m = \frac{r}{R} = \frac{\sigma_0}{\sigma_{WALL}} \text{ 和 } t_0 = \frac{m^2+2m+3}{6}$$

式中　　σ_0——屈服应力值；

　　　　σ_{WALL}——管壁剪切力值；

　　　　t_0——平推流状态的中心流液体停留时间参数。

4. 非理想状态下的分布函数 E

微生物在热处理装置中的停留时间与容器中流体的路径相关。如果进入热处理装置中的食品的体积流为 q，那么，微生物离开装置的外部时间分布函数如图 1-2-27 所示。为了进一步标准化，我们把曲线下方区域值设定为 1：

$$\int_0^\infty E\mathrm{d}t = 1 \tag{1-2-56}$$

液体在 t_1 和 t_2 之间，离开加热装置的时间：

$$E\Delta t = a(t_2-t_1) \tag{1-2-57}$$

式中　　a——分布函数时间间隔的平均值。

如果时间小于 t_1：

$$\int_0^{t_1} E\mathrm{d}t$$

如果时间大于 t_1：

$$\int_{t_1}^\infty E\mathrm{d}t = 1 - \int_0^{t_1} E\mathrm{d}t$$

如果，V 代表体积流 q，M 代表示踪剂量，C_i 为浓度，则曲线下的区域可以表示为：

$$\int_0^\infty C_i\mathrm{d}t = \sum_i C_i\Delta t = \frac{M}{q} \tag{1-2-58}$$

标准化后的方程为：

脉冲投放示踪器

热处理设备

反应

(1)

E
(时间⁻¹)

a

t₁ t₂ 时间

(2)

图 1-2-27 离开热处理设备时间分布曲线

$$E = \frac{C_i}{\int_0^\infty C_i \mathrm{d}t} = \frac{q\, C_i}{M} \qquad (1-2-59)$$

如果处理的液体食品中包含有固体颗粒，那么其离开装置外部时间的分布曲线具有双重含义，其响应曲线开始出现的时间有时高于纯液体的平均停留时间。

这里，t_M 表示平均停留时间：

$$t_M = \frac{\int_0^\infty t_i\, C_i \mathrm{d}t}{\int_0^\infty C_i \mathrm{d}t} \qquad (1-2-60)$$

如果测量值是离散型的，上式中的积分形式将被替换为求和形式：

$$t_M = \frac{\sum_0^\infty t_i\, C_i \Delta t}{\sum_0^\infty C_i \Delta t} \qquad (1-2-61)$$

如果离散型测量值具有均等的时间间隔，那么，其离开装置外部时间的分布函数可以用平均值表示：

$$t_M = \int_0^\infty t_i E \mathrm{d}t = \sum_0^\infty t_i\, E_i \Delta t \qquad (1-2-62)$$

另外，方差可以用下式表示：

$$\sigma^2 = \frac{\int_0^\infty t_i^2\, C_i \mathrm{d}t}{\int_0^\infty C_i \mathrm{d}t} - t_M^2 \qquad (1-2-63)$$

如果其值为离散型的，方差可以表示为：

$$\sigma^2 = \frac{\sum\limits_0^\infty t_i^2\, C_i \Delta t}{\sum\limits_0^\infty C_i \Delta t} - t_M^2 \tag{1-2-64}$$

对于连续性曲线或均等时间间隔的离散型曲线，方差都可用下式表示：

$$\sigma^2 = \int_0^\infty t_i^2 E \mathrm{d}t - t_M^2 = \sum_{t=0}^\infty t_i^2\, E_i\, \Delta t_i - t_M^2 \tag{1-2-65}$$

5. 连续热处理条件下分布模型的应用

无菌加工过程中，离开热处理设备的微生物的平均浓度可以表示为：

$$C_M = C_0 \int_0^\infty \left(\frac{C}{C_0}\right)_t E \mathrm{d}t \tag{1-2-66}$$

式中　C_M——离开热处理设备的液体流中微生物的平均浓度；

　　　C_0——入口浓度。

通过热处理设备杀灭微生物的无菌加工过程，属于一级动力学反应，表示为：

$$C = C_0 \exp(-kt)$$

将该公式代入平均值计算公式后为：

$$C_M = C_0 \int_0^\infty \exp(-kt)_t E \mathrm{d}t \tag{1-2-67}$$

如果测量值为离散型则可以表示为：

$$C_M = C_0 \sum_{t=0}^\infty \left[\exp(-kt)\right]_t E \Delta t \tag{1-2-68}$$

式（1-2-67）和式（1-2-68）两个等式都可以用来计算连续性循环流体。在搅拌槽流体、管状平推流体、管状层流流体等理想情况下，可以通过式（1-2-67）计算。对于搅拌槽流体，式（1-2-49）与式（1-2-67）积分后为：

$$C_M = C_0 \int_0^\infty \exp(-kt)_t \left[\frac{1}{t_M} \exp\left(-\frac{t}{t_M}\right)\right] \mathrm{d}t \tag{1-2-69}$$

积分处理后为：

$$C_M = C_0 \frac{1}{1+kt} \tag{1-2-70}$$

平推流体积分后的公式为：

$$C_M = C_0 \int_0^\infty \exp(-kt)_t \left[\delta(t - t_M)\right] \mathrm{d}t = \exp(-kt_M) \tag{1-2-71}$$

层流流体积分后的公式为：

$$C_M = C_0 \int_0^\infty \exp(-kt)_t \left(\frac{t_M^2}{2t^3}\right) \mathrm{d}t \tag{1-2-72}$$

［例3］含苹果酱的婴儿食品以 1500kg/h 的速率进行无菌包装。该产品在板式换热器中从 22℃ 加热到 90℃ 后，进入一个内壁直径为 5cm 的管式热交换器内。冷凝汽在环形间隙内循环，可以使物料维持在 90℃ 不变。90℃ 维持 90s 可以达到商业无菌的目的。决定管长应保证物料受到了充分的热处理。

食品特性：密度 = 1200kg/m³；表现为幂指数函数流体，稠度系数为 2.4Pa·sⁿ，流行为指数为 0.5，时间为 90s，决定管长的速度为最大速度即流体在管中循环流动的平均速度。产品平均速度从连续等式得出：

$$v_m = \frac{4w}{\rho\pi d^2} = \frac{4\left(1500\ \dfrac{kg}{h}\ \dfrac{1h}{3600s}\right)}{\left(1200\ \dfrac{kg}{m^3}\right)\pi\ (0.05m)^2} = 0.556m/s$$

该流体的流变行为遵循幂定律，Re 为 117，在管中的流动状态为层流。流体行为指数为 $n=0.5$，平均速度/最大速度关系为：

$$\frac{v_m}{v_{max}} = 0.6$$

最大速度为：

$$v_{max} = 0.926m/s$$

因此，管长度为：

$$L = 0.926m/s \times 90s = 83.34m$$

第五节　食品热杀菌技术

（一）低温（常压）热杀菌技术

低温（常压）热处理技术通常是指在低温（<100℃）、常压条件下对食品进行热处理而达到杀菌目的的处理方法技术。杀菌条件及装置视食品的特性、杀菌包装的程序（灌装前杀菌还是灌装后杀菌）以及包装类型等具体状况而定。

1. 间歇式低温杀菌技术与装备

巴氏杀菌是一种较为温和的热处理技术，处理温度变化很大，一般在 60~85℃处理30min 至 15s。主要用于牛乳、啤酒、果酒或酱油等不宜进行高温长时间灭菌的液体食品，钝化可能造成产品变质的酶类物质，延长冷藏产品的货架期；杀灭食品物料中可能存在的致病菌营养细胞，以保护消费者的健康不受危害等。最经典的巴氏杀菌就是液体乳的热处理，处理过程的最低目标是消除危害人类健康的布鲁氏杆菌和结核分枝杆菌。巴氏杀菌还应用于果汁以钝化其中的酶，应用于啤酒以降低其中腐败菌的数量。巴氏杀菌杀灭全蛋液中的沙门氏菌和单核细胞增生李斯特氏菌等微生物，以消除人们潜在的卫生忧虑。

液体产品先杀菌后灌装的巴氏杀菌是间歇式操作，多采用如图 1-2-28 所示带搅拌器热处理装置，其操作在一个配备有搅拌装置的容器中进行，将容器的夹套壁设计为在加热阶段可通入加热介质——蒸汽或热水，在冷却阶段可通入冷却介质。在处理的整个过程中，需要不断地搅拌液体产品，以保证物料温度能均匀地上升和下降到预定值。

图 1-2-28　间歇式巴氏杀菌机

间歇式巴氏杀菌系统相对便宜，处理量因容器的大小而异，特别适合需要在设定温度下保温较长时间的食品，其主要缺点是效率较低、技术性强、操作管理费工。

对于先包装后杀菌的预包装食品，如罐头食品，可采用加热杀菌槽、杀菌车/锅等，利用蒸汽直接加热槽、车/锅中的水，热水再作为热介质与罐头进行热交换而对完成食品的加热杀菌。用立式杀菌釜进行杀菌的也很多，如附有压缩空气系统及其他必要的附属装置，并经过耐压试验后，还可用于高温高压杀菌。立式杀菌釜之所以能长期普遍使用，是由于它既能常压杀菌又能高温高压杀菌。使用立式杀菌釜时一般应配上电动或手动起重葫芦，以起吊装有罐头的杀菌篮进出杀菌釜。立式杀菌釜特别适用于产品种类多而产量不大的企业。

2. 连续式低温杀菌技术与装备

对于先杀菌后包装的液体食品，如现在最常用的连续式高温短时（HTST）系统对液体食品进行巴氏杀菌，用于此法作牛乳消毒在 72℃ 保持 15s。该系统由六个主要部件组成，如图 1-2-29 所示。整个热处理过程分为三段完成，即待杀菌物料先进入热回收段与热杀菌后的物料进行热交换，使前者预热后者预冷；预热后的物料再进入加热段完成工艺要求的热杀菌并在此进行预冷却，最后进入冷却段，与冷介质进行热交换，达到工艺要求的冷却温度结束杀菌操作进入下工序。

图 1-2-29　连续式高温短时（HTST）系统示意图

在工厂实际使用的多为换热器。根据冷热流体间的换热方式，换热器可分为三类：间壁式换热器、接触式换热器、蓄热式换热器。食品物料换热采用间壁式换热器。适用于流体食品杀菌的有板式换热器和管式换热器。

（1）板式换热器　板式换热器也称片式换热器，应用时间较长。板式换热器如图 1-2-30 所示其结构可分为若干个加热、冷却段，通常分为三段，该多段式板式换热器利用不同的介质进行加热或冷却，达到既保证杀菌效果又充分利用热能的目的。此种设备具有传热系数大，热能利用率高，加热后的流体食品可快速冷却，能较好地保存食品的营养，设备安装占用面积小，运转时内容量小、滞留时间短，易于将各流路分解并进行清洗（CIP）、易于调节流量大小，可进行自动控制，节省人工费用等特点，因此是果汁、牛乳低温杀菌的较理想的设备。

板式换热器的形式多样，可以根据需要进行设计，不仅用于低温热杀菌，也可用于高温

图 1-2-30　板式换热器结构示意图

1—传热板　2—导杆　3—前支架　4—后支架　5—压紧板　6—压紧螺杆　7—框架垫圈
8—连接管　9—上角孔　10—分界板　11—圆环垫圈　12—下角孔　13,14,15—连接管

短时杀菌和超高温瞬时杀菌，并可与无菌罐装系统配套使用。

（2）管式换热器　管式换热器根据其组装形式不同可分为列管式、蛇管式、盘管式、双管式、多管式等多种。

①列管式换热器：图 1-2-31 为列管式换热器结构图，它是利用口径不同的标准管连接成为同心圆的套管，用 180° 的弯头将多段管串联而成，每一段套管为一管程。程数可根据传热要求而增减。每程套管的有效长度为 4~6m，不能过长，否则管易向下弯，使环隙中的流体分布不均。管内为食品物料通道，管外与壳体的间隙为介质通道，两者通过换热管进行热交换。传热系数与管内外物料的流速成正比，因此物料多用泵压送。这种换热器由于密闭，热损失较小，设备费用低，是应用广泛的一种换热器。列管式换热器一般为卧式，立式容易生成气泡，仅用于特殊场合。换热器一般配有自动温度控制器，控制加热蒸汽量，以维持物料的杀菌温度。列管式换热器也有保温管，使物料在杀菌温度下保持一定时间。

图 1-2-31　列管式换热器结构图

1—套管　2—内管　3—U 形管

列管式换热器可用于一般液体物料，更适合黏度较大或含有微粒的物料的杀菌，要指出的是在该情况下要注意物料流速减少时因过热而产生焦烟。在 100℃ 以下温度杀菌可用热水和减压蒸汽加热。杀菌物料需要冷却时，可用同一形式的列管式换热器，用水或冷却水进行冷却。

列管式换热器的优点为：构造简单，耐高压，传热面积可根据需要而增减，适当地选择内、外径，可使流体的流速较大，且可作严格逆流，有利于传热。

②管壳式换热器：管壳式换热器由管束、管板、外壳、封头、折流板等组成，管程常有单程、双程、四程和六程。图 1-2-32 为单程管壳式换热器的原理图，一流体由左侧封头的接管进入器内，经封头与管板间的空间分配至各管内，经过管束，由另一端的封头接管流出换热器。另一流体由壳体的右侧接管进入，壳体内装有挡板，使流体在壳与管束之间，沿挡

板作折流动，而从另一端的壳体接管流出换热器。通常，把流体流经管束称为流经管程，将该流体称为管程流体；把流体流经环隙称为流经壳程，该流体称为壳程流体。由于管程在管束内只流过一次，故称为单程管壳式换热器。

图 1-2-32　单程管壳式换热器原理图

1—外壳　2—管束　3,4—接管　5—封头
6—管板　7—挡板　8—泄水管

管壳式换热器的优点是易于制造,生产成本低,适应性强,维修、清洗方便,对高压流体更适用。在食品工业中可用作预热器、加热器和冷却器。缺点是结合面较多,易发生泄漏。

图 1-2-33 为一种管壳式换热器设备的结构图。该设备主要用于牛乳、果汁等液体食品加热杀菌或冷却。它由加热管、前后盖、器体、旋塞、离心泵、压力表、安全阀等部件组成。壳体内装有不锈钢加热管,形成加热管束。壳体与加热管通过管板连接。物料用离心泵送入不锈钢加热管内,蒸汽通入壳体空间后将管内流动的物料加热,以达到杀菌的目的。物料的流动方向在两端封盖内变动,往返 6 次可达到杀菌温度。如未达到杀菌温度,可使物料回流再重新杀菌。

图 1-2-33　管壳式换热器设备结构图

1—旋塞　2—回流管　3—离心泵　4—两端封盖　5—密封圈　6—管板　7—加热管　8—壳体
9—蒸汽截止阀　10—支脚　11—弹簧安全阀　12—压力表　13—冷凝水排出管　14—疏水器

③多流道和多管道式换热器：在某些情况下，管式换热器（tubular heat exchanger, THE）用于乳制品的巴氏杀菌和超高温处理。管式换热器不同于板式换热器，它在产品通道

上没有接触点，可以处理含有一定颗粒的产品。颗粒的最大直径取决于管子的直径，在 UHT 处理中，管式换热器要比板式换热器运行的时间长。从热传递的观点看，管式换热器比板式换热器的传热效率低。管式换热器现有：多（单）流道和多（单）管道两种类型。

a. 多（单）流道。单一通道是指在两个同心通道之间密闭了一条环状的产品通道。如图 1-2-34 所示，多流道的管式换热器由 5~9 根不同直径的同心管组成。这些同心管形成 4~8 个通道。物料完全被加热介质或冷却介质包围在高热效率的紧凑的结构之中。同心管通过双层 O 型环 2 密封在顶部上，螺母 3 紧固轴向螺杆 4 将其安装成一个整体。物料和传热介质以逆流的方式交替地流过同心管的环形通道。最外侧的通道流过的总是传热介质。顶部的两个出口既是分布器，又是收集器。它将一种介质引入一组通道，又从另一端排出。波纹状构造的管子保证两种介质的湍流状态，以实现最大的传热效率。使用这种类型的管式换热器可以直接加热产品并进行产品热回收。

图 1-2-34　多流道管式换热器的一端

1—顶部　2—双层 O 型环　3—末端螺母　4—轴向螺杆

b. 多（单）管道。多管道的管式换热的原理是基于传统的列管式换热器，其产品流过一组平行的通道，提供的介质围绕在管子的周围，通过管子和壳体上的螺旋波纹，产生紊流，实现有效的传热。该交换器的传热面是一组平行的波纹管或是光滑管。这些管子焊接在管板的两端，如图 1-2-35 所示。管板与出口的管壳通过一个双 O 型环密封。这种设计可以通过旋开末端的螺栓，将产品管道从管壳中取出，这部分是可拆的，以便于检查。活动头设计减缓了热膨胀的影响，而且还可将管壳中的产品管束进行不同的组合，以适应不同的应用场合。单管是指只有一个进口管允许粒径小于 50mm 的颗粒物料通过。多（单）管道换热器

图 1-2-35　多管道的管式换热器的末端

1—被冷却介质包围的产品管束　2—双 O 型环密封

非常适用于高压、高温状况下的物料加工。

c. 多流道和多管道式换热器的组装。根据生产的要求组合成为如图1-2-36的紧凑的换热器。由于操作时间长，这两种管式换热系统广泛地用于乳品加工。

图1-2-36 多流道和多管道式换热器的组装

④螺旋板式换热器：如图1-2-37所示，螺旋板式换热器是由两块薄金属板焊接在一块分隔挡板上，卷成螺旋形而构成的。两块薄金属板在器内形成两条螺旋形通道，在顶部和和底部焊有盖板或封头。冷热流体以严格的逆流流动。

(1)液-液逆流式   (2)蒸汽冷凝式

图1-2-37 螺旋板式换热器结构图

螺旋板式换热器的优点是总传热系数高，因流体在流通中易成湍流，不易结垢和堵塞，且由于流体流速高，使悬浮物不易沉降；能利用低温热源，能精密地控制温度，结构紧凑，制作方便。适合于含固体颗粒状或纤维状的物料及高黏度物料的热处理。螺旋板式换热器外形如图1-2-38所示。

⑤刮板式杀菌机：刮板式杀菌机是除上述用于液体食品连续杀菌设备外的又一连续杀菌设备，特别适用于固形物含量多或高黏度和热敏性物料的杀菌。例如用于

图1-2-38 螺旋式换热器

果肉型饮料的杀菌、无菌包装的果蔬浆的杀菌和冷却。刮板式杀菌机的结构如图 1-2-39 所示，其主体是一个由两个不锈钢圆筒（或管）组成的双层圆筒，夹套内通过加热蒸汽，以内筒为传热面对物料进行加热，传热圆筒内有旋转的刮起板轴，转速 300～1000r/min。刮板轴上对称排列两排活动板，物料由螺杆泵送入刮起板杀菌机内，在传热圆筒和刮起板轴之间的环形空间内通过。刮板由于旋转时的离心力和物料的压力而张开，并紧贴传热筒的内壁，刮取并不断更新原料侧的传热面，使物料更好地传热而进行热交换，提高传热效果。

图 1-2-39　刮板式杀菌机的结构

1—保温料　2—加套　3—通道螺旋　4—刮板　5—传热管　6—物料通道

同时，刮起的物料立即被分散入整个物料内，使冷热物料混合，加速传热过程并减少原料的受热影响。刮板杀菌机总传热系数高达 8000W/（m² · K）。在加热杀菌过程中系统内保持 0.2～0.3MPa 的压力，可以实现高温杀菌和无菌操作的目的。

对于先包装后杀菌的预包装食品，如罐头食品，可采用加热常压连续杀菌机，有单层、三层和五层之分，前两种使用较多。它的优点是生产能力大，传热效率较好，罐头受热较均匀（因罐头在杀菌过程中处于动态），能保证食品品质，操作简单。其缺点为制造时消耗钢材较多，占地面积大，用电量较大。故此设备大多用于生产能力较大的工厂中。图 1-2-40 为三层常压连续杀菌机简图，待杀菌的食品由 1 进入杀菌机，由传送带从下往上运行并完成杀菌，最后通过出罐机构 2 将完成操作的罐头导出进入下道工序。图 1-2-41 为常压喷淋连续杀菌机，采用循环热水喷淋杀菌、温水预冷、冷水冷却等多段处

图 1-2-40　三层常压连续杀菌机

1—进罐口　2—槽体　3—刮板输送链

4—水位线　5—出罐口

理，杀菌温度可自动控制、杀菌时间无级可调，广泛应用于各种瓶装、罐装酸性果汁饮料、电解质饮料、酒类、调味品等产品的杀菌冷却。

图 1-2-41 常压喷淋连续杀菌机

（二）高温高压杀菌技术

高温高压热处理技术通常是指在温度高于 100℃ 、压力大于大气压条件下对食品进行热处理而达到杀菌目的的热处理技术。与低温加热杀菌相比，经过 100℃ 以上的高温加热条件进行杀菌处理，产品具有长期的储存性。

高温高压热处理技术主要用于预包装食品的热杀菌。按杀菌用热源的不同可分为高压蒸汽杀菌和高压水浴杀菌两种，高压水浴杀菌多用于玻璃容器包装、软包装及部分大罐型的金属罐包装的低酸性食品，其特点是比较容易平衡罐内压力；高压蒸汽杀菌主要用于金属罐包装的预包装低酸性食品。

高温高压热处理设备多种多样，按杀菌过程中预包装食品位置是否发生变化分为静止式杀菌设备和回转式杀菌设备两大类；按杀菌在操作的连续性，分为间歇式杀菌和连续式两大类。

1. 静止式（间歇式）高压杀菌设备

用于高温加热杀菌的静止式杀菌设备常用的有立式杀菌釜、卧式杀菌釜和回转式杀菌釜等多种，根据预包装食品的特性、包装材料的物性、罐型大小及生产规模等情况选择。

（1）立式高压杀菌釜 立式高压杀菌釜的装置如图 1-2-42 所示。这种压力杀菌釜装配有蒸汽供气管、蒸汽控制系统、蒸汽散布管、排气阀、溢流管、压缩空气管及其他各种阀门类、温度计、温度

图 1-2-42 立式高压杀菌釜结构图

1—进蒸汽管 2—自动蒸汽控制阀

3—温度记录控制仪 4—压缩空气过滤器

5—压缩空气调节阀 6—蒸汽散布管

7—排水管 8—进水管 9—排气阀

10—温度计 11—压力表 12—安全阀

13—杀菌笼隔架 14—压缩空气进口

15—进水管 16—溢流管

记录控制仪、压力表等。立式压力杀菌釜，按其蒸汽供给方式又可分为底部蒸汽吹入式和上部蒸汽吹入式。

立式杀菌釜可用于加压杀菌也可以用于常压杀菌，适合于批量小、品种多的情况选用。在装卸待杀菌的预包装食品时，是通过提升机或滑车把装在杀菌笼（篮）中的食品送入杀菌釜中或从杀菌釜中卸出实现。在安装杀菌釜时，要将其一半安装在地面以下，使开口处比地面高出80~90cm。

对某些在高压蒸汽杀菌时容易出现容器变形的预包装食品，需要进行加压冷却，在恒温杀菌结束冷却水放入前，通过压缩空气管通入压缩空气进行反压冷却。

（2）卧式高压杀菌釜　卧式高压杀菌釜的标准装置如图1-2-43所示。这种压力杀菌釜与立式杀菌釜相似，装配有蒸汽管、蒸汽散布管、排气阀、溢流管及其他各种阀门、仪表等，其蒸汽均为底部蒸汽吹入式，并要求蒸汽散布管贯穿整个杀菌釜。

图1-2-43　卧式高压杀菌釜的结构图

1—进蒸汽管　2—进水管　3—排水管　4—溢流管　5—泄气阀　6—排气阀

7—安全阀　8—压缩空气进口　9—温度计　10—压力表　11—温度记录控制仪　12—蒸汽压力控制阀

卧式杀菌釜一般只能用于高压杀菌，相对于立式釜容积大得多，适合于批量大的大中规模生产。使用时将密封好的罐头装入带轮的杀菌笼（篮），通过杀菌釜与地面的导轨直接推入杀菌釜内。

卧式杀菌釜一般都安装在地面上，大型装置可安装在低于地面20~30cm处，使杀菌釜内的导轨与地面平齐，以便杀菌笼通过活动桥或移动车进出杀菌釜。

不管是立式杀菌釜还是卧式杀菌釜，蒸汽或热水均可作为热源。使用热水时，蒸汽加热水，通过压缩空气控制热水温度。使用时应根据实际需要选择热处理工艺及相应的设备。

上述静止式（间歇式）杀菌釜是一个结构整体密封的容器，它能保持杀菌釜内在完成杀菌过程中所需要的蒸汽压力。并能按有关法规要求进行杀菌处理时应精确地测量和记录温度和时间，所以，静止式杀菌系统配备有连续式时间温度记录仪，以及具有调整杀菌釜内蒸汽压力在预定水平的控制装置，以便在整个杀菌过程中监控蒸汽压力和温度保持在正常的范围之内。

（3）无笼（篮）杀菌釜　无笼（篮）杀菌釜是在静止式立式杀菌釜的基础上改进后的杀菌设备，其基本结构及操作流程如图1-2-44和图1-2-45所示。

无笼（篮）杀菌釜具有精确的结构设计和完善的密封，保证杀菌釜内的设定温度和压

(1)结构图　　　　　　　　　　　　　　　　　(2)卸罐图

图 1-2-44　无笼高压杀菌釜

1—顶盖部件　2—空气进口　3—顶部密封圈　4—缓冲水进口　5—安全膜　6—温度计和压力表室　7—底部密封圈
8—振动篮　9—卸罐板　10—振动篮调节器　11—水位计　12—压力表　13—溢水口　14—蒸汽进口

图 1-2-45　无笼高压杀菌釜工作流程图

1—封罐机　2—顶部平台　3—控制平台　4—加工罐　5—水泵　6—水冷却段　7—水回收站　8—传送带

力。杀菌釜带有可使实罐自动进出杀菌釜的进口和出口。待杀菌罐头由传送带输送到杀菌釜顶部开放的入口，以随意的方式倾倒入杀菌釜，釜内预先放置了半锅热水作为缓冲层以保证罐头不因碰撞而出现瘪罐等现象。入罐结束杀菌釜密闭后经过规定温度和时间的热处理，然后打开杀菌釜的底部，让罐头进入流动的冷水中再传送过程中完成冷却操作。

　　（4）回转式杀菌设备　回转式杀菌釜如图 1-2-46 所示，分上下两部分。可以搅动容器，提高内容物的传热效率，能够在短时间内完成杀菌，加工出更优质的产品。这种杀菌釜利用蒸汽或加压热水作加热介质，其回转方式有两种，如图 1-2-47 所示：一种是使罐头上下翻筋斗回转；另一种是把罐头装在杀菌釜中的回转滚筒内，做螺旋状移动，使罐头绕轴心转动。

　　回转式杀菌釜除具有与静止式压力杀菌釜相同的主机和控制系统外，还需要有特殊的控制系统及报警系统。

　　Rhotomat 杀菌装置是一种应用广泛的回转式杀菌釜，这是荷兰斯托克（Stock）公司的一种加压热水循环式压力杀菌釜，如图 1-2-48 所示，再其上部设有一个热水贮水锅，该贮水锅中用蒸汽吹入法按需要制备加压热水，然后，将待杀菌的罐头送入下面的杀菌釜中，关上门密闭，从上部的热水贮水锅中将加压热水注入下面的杀菌釜中。在杀菌釜内，强制热水进行循环，同时，罐头沿圆周方向回转（6~45r/min）。

图1-2-46　回转式杀菌釜

图1-2-47　回转方式示意图

（1）翻斗式　（2）振动式

图1-2-48　Rhotomat杀菌装置管路流程示意图

1—冷却水管　2—蒸汽管　3—压缩空气管　4—通阀(蒸汽/压缩空气)　5—下锅温度指示计　6—上锅压力指示盘　7—上锅温度指示盘　8—装置压力阀　9—冷却水管　10—上锅加热管道　11—通气及减压控制阀　12—上锅　13—连接阀　14—小型通气阀　15—止回阀　16—冷却水阀　17—冷却水阀　18—加热阀　19—抑制阀　20—排水管　21—水阀　22—循环泵　23—循环管　24—下锅　25—小型连接管　26—温度计　27—压力计　28—转数记录器　29—上锅压力指示器　30—上锅温度指示器　31—循环

这种杀菌装置，可以严格地控制温度和压力，杀菌釜内的温度分布均匀，罐头内的传热效果也好。在冷却工艺中，先把冷却水注入杀菌釜，热水就被压回到上部的热水贮水锅中。

在杀菌釜内，通过回转和循环，杀菌釜内的温度分布比静止式的均匀，再经选择适当的回转转数，就能显著缩短杀菌时间，杀菌效果明显比静止式的好，蒸汽用量也少。

2. 连续式高压杀菌设备

（1）螺旋式搅动加压杀菌设备 螺旋式搅动加压杀菌设备是一类一边间歇地搅动容器，一边进行杀菌的螺旋式搅动杀菌设备。设备的主体一般直径约1.5m，长3.35~11.3m，长度可根据杀菌时间、生产速度及罐型来确定，有的在137.8℃的杀菌温度下，每分钟可处理600罐。杀菌釜内侧有一个装有进罐台板的回转滚筒和固定螺旋，经过密封的罐头通过滚筒回转和螺旋上的簧片在装置内移动。罐头在杀菌釜内进行转动的过程中，内容物在一定温度的加压蒸汽中加热，从杀菌釜的末端移动到冷却器中去，如图1-2-49所示，罐头通过自封式进出转移阀门送出。

图1-2-49 螺旋式搅动加压杀菌设备

搅动式杀菌设备的装配与前述间歇式杀菌釜基本相似，需配备蒸汽控制装置、蒸汽供给口、通风口（空气排气管）、泄压阀、冷凝水排水管、温度计、温度记录控制仪、压力计等，但还需要另外安装控制报警系统。

搅动式杀菌设备的主要特点是其搅动可促使热传递加快，通过利用更高的温度缩短杀菌时间，还因节约蒸汽，提高生产效率，降低生产成本；而主要不足是设备投资大，操作复杂，受容器大小限制等。

杀菌开始之前，排除该设备中的空气十分重要，先打开底部的排水口，顶部风口和安全阀，在达到杀菌温度前，必须把杀菌釜内的空气和冷凝水排净。杀菌釜底部积存的冷凝水会妨碍自由滚动过程中罐头的转动，因此，在杀菌釜运转中，必须随时排除积水，而且在杀菌时，必须准确测定滚筒的转动速度并进行调节。

（2）水封式连续杀菌设备 水封压式连续杀菌设备法国ACB公司研制而成的一种卧连续杀菌设备，它不仅可用于罐装食品的杀菌，也能用于瓶装和袋装食品的杀菌。该设备用水封式转动阀门来控制压力，应用温度范围为100~143℃，压力为98.1~294.3kPa，每分钟可处理软包装食品60~800个。图1-2-50是该设备的剖面图。

待杀菌的容器包装食品都载于链式传送带上从水封转动阀门2中通过，送入保持有一定温度的蒸汽加压杀菌室3，在加压蒸汽中平行移动，依次向下层运动，最后从蒸汽室下部的

图 1-2-50　水封式连续杀菌设备剖面图

1—罐或瓶自动传入口　2—罐或瓶同步水封转动阀

3—蒸汽杀菌室　4—排风扇　5—预冷却区　6—冷却传送带　7—罐头出口

冷却水 5 中通过，在加压条件下进行预冷，在通过水封转动阀门进入冷却传送带，经冷却水或喷淋水进行冷却后由 7 输出。

这种设备在对薄金属罐装食品、瓶装婴儿食品和袋装食品进行杀菌时，采用空气加压来使容器内外的压力保持平衡，以避免容器变形。水封转动阀是一个回转式压力密封装置，耐压强度为 3.14kg/cm^2，起着保持加压杀菌室的压力和防止漏水的作用。水封转动阀转动所排出的水可以把加压杀菌室内预冷过程中吸收的热量带走，排出的水集中在水封中，由此进行再循环。

杀菌时间可通过调节链式传送带的运行速度来确定，加压室内的蒸汽用鼓风机 4 进行搅拌，使蒸汽和空气的混合气体进行循环，以免产生局部性的温度差。传送带在蒸汽加压杀菌室和加压冷却室都保持有四个循环，可同时使大小不同的罐头回转搅动进行杀菌和冷却。

（3）静水压式连续杀菌装置　静水压式连续杀菌装置工作原理如图 1-2-51 所示，待杀菌罐头经传送系统在保持一定蒸汽温度的蒸汽室内按设定时间进行杀菌再从冷却装置中通过，最后送出，蒸汽室的蒸汽压与预热塔（进罐柱）及冷却塔（出罐柱）的水柱保持着平衡。静水压式连续杀菌设备一般可处理多种规格的罐头，其优点是蒸汽消耗量少，是传统方法的一半或不到一半；占地面积少，处理能力大；冷却水用量少；温度骤变幅度小，因而热冲击性就很小，处理过程中动作缓和，产品损伤少，可进行自动控制，工艺过程中处理均匀，节省劳力。

（三）超高温杀菌技术

超高温杀菌（UHT 杀菌）是指产品在温度 135～150℃，处理 2～8s，以达到无菌要求的杀菌过程。采用超高温杀菌的产品最

图 1-2-51　静水压式连续杀菌的工作原理示意图

大限度地保持了食品的原有风味及品质，其品质优于普通热杀菌的产品，这是因为微生物对高温的敏感性远大于多数食品成分对高温的敏感性，故超高温短时杀菌，能在很短时间内有效地杀死微生物，并较好地保持食品应有的品质。UHT 杀菌最早应用牛乳的杀菌，又用于液体食品的热杀菌。常规的超高温杀菌设备只适用于不含颗粒或含颗粒的粒度小于 1cm 的物料杀菌，对颗粒粒度大于 1cm 的物料，可采用欧姆（电阻）加热法结合超高温杀菌的方法进行处理。

按照物料与加热介质是否接触，超高温杀菌可分为间接加热法和直接混合式加热法两类。直接混合式加热法的超高温瞬时杀菌是采用高热纯净的蒸汽直接与待杀菌物料混合接触进行热交换，使物料瞬间被加热至 135~150℃。由于不可避免地有部分蒸汽冷凝进入物料，同时又有部分物料中水因受热闪蒸而逸出。因为在物料水分闪蒸过程中，易挥发的风味物质会随之逸出，故该方式不适用于果汁杀菌，而经常用于牛乳以及其他需要脱去不良风味的物料的杀菌。间接式加热 UHT 过程是采用高压蒸汽或高压水为加热介质，热量经固体换热传递给待加热杀菌物料。由于加热介质不直接与食品接触，可较好地保持食品物料的原有风味，故广泛用于果汁、牛乳等的超高温杀菌。

直接混合式加热超高温杀菌过程与间接式加热超高温杀菌过程相比，直接混合式加热具有加热速度快，热处理时间短，食品的色泽、风味和营养成分损失少的优点，但同时也因控制系统复杂和加热蒸汽需要净化而带来产品成本的提高。而间接式加热相对成本较低，生产易于控制，但传热速率相对直接混合式加热较低。在相同的热介质温度下，间接式加热时间较直接混合式加热时间长，使杀菌过程发生不利反应的可能性增加。

超高温瞬时杀菌设备的种类较多，下面按不同的加热方式分别介绍具有代表性的设备。

1. 间接加热法 UHT 杀菌设备

（1）间接加热法的斯托克（Stork）套管式超高温杀菌装置　斯托克套管式超高温杀菌装置的流程如图 1-2-52 所示。

该系统热交换器包括循环杀菌器、加热器、冷却器、交互换热式预热器和交互换热式冷却器。循环杀菌器 4 是用不锈钢管弯成的环形套管，用以加热装置的清洗、消毒。加热时饱和蒸汽在外管逆向流过。在正常杀菌处理时，它不工作，产品只是经过而不加热。杀菌操作时，原料从平衡罐 1 经离心泵 2 送至高压泵 3 中，这是均化器的泵，这部分不同于普通形式，均化器阀门没有直接与均化器泵相连，而是分开的。高压泵 3 在输送物料的同时，还提供操作均化器阀门 6 和 12 的压力。物料虽然从循环杀菌器 4 中通过，但在正常情况下，4 不起作用。物料经第一热交换器 5 加热至 65℃，通过均化器阀门 6 进入第二热交换器 7 加热至 120℃。再最后通过最终加热区 8 加热至 135~150℃。然后经保温区 9 在冷却区 10 冷却到 65℃，通过 12 均质，于 11 冷却至 30℃，最后经 13、14 的冷却区冷却后送至无菌灌装机。

（2）阿法拉伐（ALFA-LAVAL）超高温瞬时杀菌装置　阿法拉伐超高温瞬时杀菌装置为带有板式换热杀菌器的超高温杀菌装置，适合于牛乳和果蔬汁等液体物料的超高温杀菌，物料经该装置杀菌处理后，无明显的蒸煮味，运行费比直接加热法低得多，换热效率高，装置所耗蒸汽较其他间接加热超高温杀菌装置少 50%，比直接加热法少 15%。该装置的流程如图 1-2-53 所示。

在物料进行杀菌处理前，整个装置必须进行彻底的杀菌处理，装置杀菌的每一步骤都按照预先编制的程序进行。先是热水加热至杀菌温度，接着热水沿着物料杀菌所经管路设备循

图 1-2-52 斯托克无菌工艺流程图

1—平衡罐 2—离心泵 3—高压泵 4—循环杀菌器 5—第一热交换器 6—均化器阀门（第一）

7—第二热交换器 8—最终加热区 9—保温区 10—热交换器的冷却区 11—热交换器的冷却区

12—均化器阀门（第二） 13—冷却区（冷却水） 14—冷却区（冷却水） 15—至无菌灌装机

16—清洗用循环罐 17—洗涤剂供给罐 18—预冷器

图 1-2-53 阿法拉伐无菌装置运行流程图

1—原料平衡罐 2—换热器 3—均质机 4—蒸汽喷射器 5—保温管 6—无菌包装机

7—控制仪表屏 8—热水计量槽 9—加热区段 10—交流换热区段（产品与热水换热）

11—交流换热区段（产品与原料乳换热） 12,13—外加冷却区段（用于产品冷却）

环 30min 以上。随后将全部管路降温处理，冷却后沿线各个气动阀自动置于开启或关闭位置，准备开始生产。

物料杀菌时，平衡罐 1 中原料经加料泵输送到换热器 2 中的预热区段 11。在预热区段，原料同已处理完毕向外输送的灭菌物料换热，使原料预热，灭菌物料冷却。物料预热后，送到普通均质机均质。物料经均质处理后，再注入换热器 2 的加热区段 9 与高压蒸汽喷射产生的高压热水换热，使物料加热到 135~140℃。加热后物料通过一保温管 5，使物料在 135~140℃下保温 4s。经过 4s 杀菌的热物料，流入换热器 2 中到第一预冷区段 12 与流出的高压热水换热，使灭菌热物料预冷降温。经预冷的灭菌物料再进入冷却区段 13，在该处与流入的原料（4~7℃）换热，使灭菌物料进一步冷却，同时进入的原料也得到相应的预热。经两次冷却的灭菌物料，温度为 20~25℃，即可输送到灌装工段进行无菌灌装。杀菌装置的原地清洗，同样按照预先编好的程序进行。其突出的优点一是节能省水，通常物料的进料温度在 4~7℃，出料温度在 20~25℃，整个运行过程中加入少量热能即可；二是有关动作全部自动控制进行。

2. 直接加热法 UHT 杀菌设备

直接加热法杀菌设备主要由物料泵、蒸汽喷嘴或物料喷嘴、真空罐及各种控制仪表构成。其中最关键的是加热介质与物料相混合的装置。

CREPACO 公司制造的一种物料注入式直接蒸汽喷射热交换器如图 1-2-54 所示，物料从上端由泵打入，蒸汽从中间喷入，杀菌的产品即从底部排出。

图 1-2-55 所示的是阿法拉伐公司制造的蒸汽喷射器。蒸汽喷射器的外形是一不对称的 T 形三通，内管管壁四周加工了许多直径小于 1mm 的细孔。蒸汽就是通过这些细孔并与物料流动方向

图 1-2-54　注入式直接蒸汽
喷射 UHT 菌设备

成直角的方位，强制喷射到物料中去的。喷射过程中，物料和蒸汽均处于一定压力之下。为了防止物料在喷射器内发生沸腾，必须使物料保持一定压力。

图 1-2-55　蒸汽喷射器

🔍 **思考题**

1. 说明食品热处理的作用、要求及影响食品热处理的因素。

2. 微生物热致死的规律，微生物主要耐热性曲线参数（D 值、F 值、Z 值及 TRT 值）的概念及其实际含义。

3. 说明 D 值、TRT_n 值两者的关系及其实际意义。

4. 食品热杀菌条件制定的原则是什么？

5. 怎样从理论上判断杀菌条件的合理性？举例说明其实际应用。

6. 如何进行等效热处理条件的换算方法？其具有什么实际意义？请举例说明其实际应用。

7. 食品传热曲线的概念及类型？

8. 掌握等效热处理条件的换算方法与实际应用。

9. 食品热杀菌常用的方法、特点及其应用？

10. 说明反压冷却的概念与应用。

11. 热杀菌后的食品为什么要急速冷却？冷却时应注意什么问题？

12. 如何进行食品热处理时间的推算？

13. 通过热力杀菌技术以及设备的概述，说明技术创新与社会和经济的关系。

14. 通过计算说明杀菌温度测量与控制的重要性。

15. 利用网络搜索食品热处理的新技术、新设备，比较其特性及其应用。

16. 调查食品市场热处理食品，归纳总结食品种类、热处理方法、包装及其与保存期间的关系。

17. 选择一种食品进行常压和高压两种热处理，比较这两种热处理方法的差异。

主要参考文献

［1］赵晋府. 食品技术原理［M］. 北京：中国轻工业出版社，2007.

［2］赵征，张民. 食品技术原理［M］. 2 版. 北京：中国轻工业出版社，2014.

［3］曾庆孝. 食品加工与保藏原理［M］. 北京：化学工业出版社，2015.

［4］夏文水. 食品工艺学［M］. 北京：中国轻工业出版社，2007.

［5］李琳. 食品热加工过程安全原理与控制［M］. 北京：化学工业出版社，2017.

［6］秦文，曾凡坤. 食品加工原理［M］. 北京：中国质检出版社，2011.

［7］张裕中. 食品加工技术装备［M］. 北京：中国轻工业出版社，2007.

［8］徐怀德. 食品杀菌新技术［M］. 北京：科学技术文献出版社，2005.

［9］［英］P J Fellows. 食品加工技术——原理与实践［M］. 2 版. 蒙秋霞，牛宇，译. 北京：中国农业大学出版社，2006.

［10］张慜. 新型食品加工技术［M］. 北京：中国轻工业出版社，2010.

［11］卢晓黎，杨瑞. 食品保藏原理［M］. 北京：化学工业出版社，2014.

［12］宋纪蓉. 食品工程技术原理［M］. 北京：化学工业出版社，2005.

［13］曾名湧. 食品保藏原理与技术［M］. 北京：化学工业出版社，2014.

［14］许学勤. 食品工程导论［M］. 北京：中国轻工业出版社，2006.

［15］Dennis R. Heldman，Richard W. Hartel. 食品加工原理（影印版）［M］. 北京：中国轻工业出版社，2007.

［16］高福成. 现代食品工程高新技术［M］. 北京：中国轻工业出版社，2009.

［17］张根生，韩冰. 食品加工单元操作原理［M］. 北京：科学出版社，2013.

［18］Stavros Y. Solving Problems in Food Engineering［M］. New York：Springer，2008.

［19］Holdsworth S. Donald，Ricardo Simpson. Thermal Processing of Packaged Foods Third Edition［M］. New York：Springer，2016.

［20］Albert Ibarz，Gustavo V. Barbosa－Canovas. Unit Operations in Food Engineering（Food Preservation Technology）［M］. Florida：CRC Press，2002.

［21］Michael J. Lewis，Neil J. Heppell. Continous Thermal Processing of Foods Pasteurization and UHT Sterilization［M］. New York：Springer，2000.

本章应重点掌握食品干燥过程中的传热与传质、食品干燥过程中所发生的物理化学变化及其与干燥食品品质的关系，以及冷冻干燥的优点；熟悉食品干燥主要方法的优缺点，主要的干燥设备及其适用范围。

第一节　食品干燥基础

食品干燥是指利用自然条件或人工控制的方法除去食品中一定数量的水分以抑制食品中微生物的生长繁殖、酶的活性和食品理化成分的变化，增长食品储藏性能的保藏方法。干燥主要包括自然干燥（如晒干、风干等）和人工干燥（如热风、真空、渗透、冷冻干燥等）。干燥食品具有水分活度低，保质期较长，食品质量减轻，体积缩小，节省包装和运输费用，便于携带，有利于商品流通等特点。

一、水分活度与食品的保藏性

食品的腐败变质通常是由微生物作用和生物化学反应所造成，任何微生物进行正常的生长繁殖以及多数生物化学反应都需要以水作为溶剂或介质。由于微生物种类不同，对环境水分含量的要求也各不相同，但它们所能利用的水分主要是物料中的非结合水分，称为有效水分，只有有效水分才能被微生物、酶和化学反应所触及。有效水分可用水分活度进行估量，也就是说，水分活度就是对基质内能够参与化学反应的水分的估量。

（一）干燥对微生物的作用

微生物生长繁殖与水分活度之间的依赖关系如表 1-3-1 所示。从食品的角度来看，大多数新鲜食品的水分活度在 0.99 以上，适合各种微生物生长。只有当水分活度降至 0.75 以下，食品的腐败变质才显著减慢，水分活度降到 0.70 以下，物料才能在室温下进行较长时间的贮藏。

表 1-3-1　　　　　　　　　　　　　　微生物与水分活度的关系

A_w	微生物的生长状况	A_w	微生物的生长状况
<0.94	大多数细菌不能生长发育	<0.7~0.74	大多数霉菌生长发育受到限制
<0.85	大多数酵母菌不能生长发育	<0.62	几乎没有能够生长发育的微生物

目前的干燥方法通常采用的干燥温度不是很高，即使是高温干燥，因脱水时间极短，微生物只是随着干燥过程中水分活度的降低慢慢进入休眠状态。因此食品干燥过程不能代替食品必要的消毒灭菌处理，应该在干制工艺中采取相应的措施如蒸煮、烫漂等，以保证干制品安全卫生，延长货架期。

（二）干燥对酶的作用

食品变质的原因除由微生物引起外，还常因其自身酶的作用所造成。在通常的干燥过程中，初期酶的活性有所提高，这是由于水分的减少造成基质浓度，酶浓度的提高造成的。此时物料仍持有一定水分，且温度并不高，因此酶的作用仍可继续。随着干燥过程的延伸，物料温度升高，水分含量进一步降低，酶的活性会逐渐下降。只有当水分含量降至1%以下时才能完全抑制酶的活性，而通常的干燥很难达到这样低的水分含量。同干燥对微生物的作用一样，食品干燥过程不能替代酶的钝化或失活处理。为了防止干制品中酶的作用，食品在干燥前需要进行酶的钝化或灭酶处理。通常酶在湿热条件下处理易于钝化，例如，在湿热100℃时1min几乎可使各种酶失活。但是酶在干热条件下却很难钝化，例如在干燥状态下，即便使用204℃温度处理，效果也很差。实际生产中一般是以耐热酶过氧化物酶的残留活性为参考指标，控制酶钝化的程度。

二、　食品物料与干燥介质间的平衡关系

（一）物料的水分活度与空气相对湿度之间的关系

根据水分活度的定义可知，测定水分活度可利用空气与物料的充分接触，达到空气中水蒸气分压和物料表面的水蒸气分压的平衡，此时的水蒸气分压与纯水的饱和蒸气压之比，即为水分活度。

将完全干燥的食品置于各种不同相对湿度的试验环境中，经过一定时间，食品会吸收空间的水蒸气，逐渐达到平衡。这时食品内所含的水分对应的相对湿度称为平衡相对湿度（equilibrium relative humidity）。根据水分活度的定义和相对湿度的概念可知，这时的相对湿度即为水分活度。

必须指出，物料的水分活度与空气的平衡相对湿度是不同的两个概念，分别表明物料与空气在达到平衡后双方各自的状态。如果物料与相对湿度数值比它的水分活度大的空气相接触，即：

$$A_w < \varphi$$

$$\frac{P_v}{P_s} < \frac{P_w}{P_s}$$

$$P_v < P_w$$

由于蒸气压差的作用，则物料将从空气中吸收水分，直至达到平衡，这种现象称为吸湿现象。如果物料与相对湿度值比它的水分活度值小的空气相接触，则物料将向空气中逸出水

分，直至达到平衡，这种现象称为去湿现象。

上述过程是物料与空气中的水分始终处于一个动态的相互平衡的过程。

（二）平衡水分

由于物料表面的水蒸气分压与介质的水蒸气分压的压差作用，使两相之间的水分不断地进行传递，经过一段时间后，物料表面的水蒸气分压与空气中的水蒸气分压将会相等，物料与空气之间的水分达到动态平衡，此时物料中所含的水分为该介质条件下物料的平衡水分。平衡水分因物料种类的不同而有很大的差别，同一种物料的平衡水分也因介质条件的不同而变化。

当空气的相对湿度为零时，任何物料的平衡水分均为零，即只有使物料与相对湿度为零的空气相接触，才有可能获得绝干的物料。若物料与一定湿度的空气进行接触，物料中总有一部分水分不能被除去，这部分水分就是平衡水分，它表示在该空气状态下物料能被干燥的限度。图1-3-1为一种食品物料在温度50℃时的平衡水分等温线。

被除去的水分包括两部分：一部分是结合水，另一部分是非结合水。所有能被介质空气带走的水分称为自由水分。

结合水与非结合水，平衡水分与自由水分是两个不同范畴的概念。水的结合与否是食品物料自身的性质，与空气状态无关；而平衡水分与自由水分除受物料的性质限制外，还与空气的状态有着极其密切的关系。

图1-3-1　平衡水分等温曲线

三、干燥特性曲线

食品物料干燥特性与干燥环境条件有着密切的关系。干燥环境条件可分为恒定干燥和变动干燥。所谓恒定干燥是指物料干燥时过程参数保持稳定，如热风干燥时空气的温度、相对湿度及流速保持不变，物料表面各处的空气状况基本相同；真空干燥时真空度不波动及保持导热或辐射传热的条件恒定（包括热源温度，传热面与物料接触，辐射源的距离等）。在工业生产上，干燥条件多属于变动干燥条件，但当干燥情况变化不大时，仍可按恒定干燥情况处理。一般间歇操作较连续操作易保持干燥条件恒定。

食品物料干燥过程的特性可以由干燥曲线、干燥速率曲线及温度曲线来表达，而这些曲线的绘制都是在恒定的干燥条件下进行的。

（一）干燥曲线、干燥温度曲线、干燥速率曲线

在干燥过程中，随着干燥时间的延续，水分被不断汽化，湿物料的质量不断减少。在不同的时刻 t 记录物料的质量，直至物料质量不再变化为止（即达到平衡含水量）。由物料的瞬时质量，计算出物料的瞬时湿含量为：

$$X = \frac{G - G_c}{G_c} \times 100\% \tag{1-3-1}$$

式中　G——物料瞬时质量，kg；

　　　G_c——物料的绝干质量，kg；

　　　X——物料的干基湿含量。

将物料的平均干基湿含量 X 与时间 t 的关系绘图，得到典型的干燥曲线；将干燥过程中物料表面温度 θ 随时间 t 的变化关系绘图，得到温度曲线。如图 1-3-2 所示。

物料的干燥速率是单位时间内、单位干燥面积上汽化水分的质量。

$$U = \frac{dN}{Adt} \tag{1-3-2}$$

式中　U——干燥速率，又称干燥通量，kg/(m² · s)；

　　　A——干燥面积，m²；

　　　N——气化水分量，kg；

　　　t——干燥时间，s。

因为　　　　　　$dN = -G_c dX \tag{1-3-3}$

（上式中负号表示 X 随时间增加而减少）

式（1-3-2）可改写为：

$$U = -\frac{G_c dX}{Adt} \tag{1-3-4}$$

式（1-3-2）、式（1-3-4）即为干燥速率的微分表达式。式（1-3-4）中 G_c 和 A 可由实验测得，$\frac{dX}{dt}$ 为干燥曲线的斜率，图 1-3-3 为典型的干燥速率曲线。

图 1-3-2　干燥曲线和干燥温度曲线

图 1-3-3　典型的干燥速率曲线

（二）食品物料干燥过程分析

食品物料干燥过程的特性曲线，因物料种类的不同而有差异。一般将干燥过程明显地分为两个阶段。如图 1-3-3 中 ABC 段表示干燥的第一阶段，其中 BC 段内干燥速率保持恒定，即基本上不随物料湿含量而变化，故称为恒速干燥阶段。而 AB 段为物料的预热阶段，它与物料的大小厚薄及初始温度有关，此阶段所需的时间极短，一般并入 BC 段内考虑。干燥的第二阶段如图 CDE 所示，在此阶段内干燥速率随物料湿含量的减小而降低，故称为降速干燥阶段。两个干燥阶段之间的交点 C 称为临界点。与该点对应的物料湿含量称为临界湿含量以 X_c 表示。与点 E 对应的物料湿含量为操作条件下的平衡水分，此点的干燥速率为零。恒速阶段与降速阶段的干燥机理及影响因素各不相同，下面分别予以讨论。

1. 恒速阶段

在恒速干燥阶段，食品物料的表面非常润湿，即表面有充足的非结合水分，物料表面的状况与湿球温度计中湿纱布表面的状况相似，如此时的干燥条件恒定（空气温度、湿度、速度及气固的接触方式一定），物料表面的温度等于该空气的湿球温度 T_w（假设湿物料受辐射传热的影响可忽略不计），而当 T_w 为定值时，物料上方空气的湿含量 H_w 也为定值。故单位时间内，空气传递给物料的热量为：

$$\frac{\mathrm{d}Q}{\mathrm{d}t} = \alpha A(\theta - \theta_w) \tag{1-3-5}$$

式中　Q——空气传递给物料的热量，kW；

　　　t——干燥时间，s；

　　　α——空气与物料之间的对流传热系数，$kW/(m^2 \cdot K)$；

　　　A——物料与空气的接触面积，m^2；

　　　θ——空气的干球温度，℃；

　　　θ_w——物料表面温度，℃。

单位时间内，物料表面水分汽化量为：

$$\frac{\mathrm{d}N}{\mathrm{d}\tau} = k_H A(H_w - H) \tag{1-3-6}$$

式中　N——汽化水分的量，kg/s；

　　　τ——干燥时间，s；

　　　k_H——以湿度差为动力的传质系数，$kg/(m^2 \cdot s)$；

　　　A——物料与空气的接触面积，m^2；

　　　H_w——θ_w 时空气的饱和湿度（kg 水/kg 绝干气）；

　　　H——空气的湿度（kg 水/kg 绝干气）。

如上讨论，干燥是在恒定的空气条件下进行，随空气条件而变的 α 和 k_H 值均保持恒定不变，$(\theta - \theta_w)$ 及 $(H_w - H)$ 也为定值，湿物料与空气间的传热速率和传质速率均保持不变，即物料水分在恒定温度下进行汽化，汽化的热量全部来自空气

$$\mathrm{d}Q = r_w \mathrm{d}N \tag{1-3-7}$$

式中　r_w——在 T_w 下水的汽化潜热，kJ/kg；

　　　Q——空气传递给物料的热量，kW；

　　　N——汽化水分的量，kg/s。

应该指出，在整个恒速干燥阶段中，水分从湿物料内部向其表面传递的速率与水分自物料表面汽化的速率平衡，物料表面始终处在润湿状态。一般来说，此阶段的汽化水分为非结合水分，与自由水分的汽化情况无异。显然，恒速干燥阶段的干燥速率的大小取决于物料表

面水分的汽化速率，也即决定于物料外部的干燥条件，所以恒速干燥阶段又称为表面汽化控制阶段。

2. 降速阶段

干燥操作中，当物料的湿含量降至临界湿含量 X_c 以后，便转入降速干燥阶段。在此干燥阶段中，水分自物料内部向表面汽化的速率低于物料表面水分的汽化速率，湿物料表面逐渐变干，汽化表面向物料内部移动，温度也不断上升。随着物料内部湿含量的减少，水分由物料内部向表面传递的速率慢慢下降，干燥速率也就越来越低。

降速干燥阶段中干燥速率的大小主要取决于物料本身的结构、形状和尺寸，而与外部的干燥条件关系不大，所以降速干燥阶段又称为物料内部迁移控制阶段。产生降速的原因大致有以下四个方面。

（1）实际汽化表面减小　随着干燥的进行，水分趋于不均匀分布，局部表面的非结合水分已先除去而成为"干区"。尽管此时物料表面的平衡蒸气压未变，(H_w-H) 未变，k_H 也未变，但实际汽化面积减小，以物料全部外表面计算的干燥速率下降。对于多孔性物料表面，孔径大小不等，在干燥过程中水分会发生迁移，小孔则借毛细管力自大孔中"吸取"水分，因而首先在大孔处出现干区。由局部干区而引起的干燥速率下降如图 1-3-3 干燥速率曲线 CD 段所示，称为第一降速阶段。

（2）汽化表面的内移　当物料全部表面都成为干区后，水分的汽化表面逐渐向物料内部移动。物料内部此时的热、质传递途径加长，造成干燥速率下降，如图 1-3-3 中 DE 段所示，称为第二降速阶段。

（3）平衡蒸气压下降　当物料中非结合水已被除尽，将汽化各种形式的结合水时，平衡蒸气压将逐渐下降，使传质推动力减小，干燥速率也随之降低。

（4）物料内部水分的扩散受阻　某些食品物料如面包等，在加热过程中，很快表面硬化，失去了汽化外表面。水分开始在物料内部扩散，该扩散速率极慢，且随含水量的减少而不断下降。此时干燥速率与气体流速无关，与表面气固两相的传质系数 k_H 无关。

有理论推导表明，此时水分的扩散速率与物料厚度的平方成反比。因此，降低物料厚度将有助于提高干燥速率。

3. 临界湿含量

物料在干燥过程中，恒速阶段与降速阶段的转折点称为临界点，此时物料的湿含量为临界湿含量。

若临界含水量 X_c 值越大，便会较早地转入降速干燥阶段，达到物料平衡湿含量所需的干燥时间越长。确定物料的 X_c 值，不仅对干燥速率和干燥时间的计算十分必要，而且由于影响两个干燥阶段的干燥速率的因素不同，确定 X_c 值对于强化具体的干燥过程也有重要意义。

临界湿含量随物料的性质、厚度及干燥条件的不同而异。例如非多孔性物料的 X_c 值比多孔性物料的大。在一定的干燥条件下，物料层越厚，X_c 值也越高，在物料的平均湿含量较高的情况下就开始进入降速干燥阶段。了解影响 X_c 值的因素，便于控制干燥过程，例如减小物料厚度、料层厚度，对物料增强搅动，则既可增大干燥面积，又可减小 X_c 值，所以流化干燥设备（如气流和沸腾干燥）中物料的 X_c 值一般较低。

物料的临界湿含量通常由实验来确定的，若无实测数据时，也可查阅有关手册参考。

四、 干燥过程中的传热与传质

食品物料的干燥过程，是热量传递和质量传递同时存在的过程，伴随着传热（物料对热量的吸收）传质（水分在物料中的迁移），以使物料达到干燥的目的。热量和质量是通过物料内部和外部传递来实现的。

（一）物料外部的传热与传质

无论何种干燥方式，干燥介质均围绕在物料周围，在靠近物料的表面处形成所谓的界面层。这是因为在介质气流中心，气流速度是均匀的，速度梯度等于零；而在物料的表面处，由于气体与物料表面的摩擦造成了在离表面某一相当小的距离上流速降低，产生速度梯度，即与表面距离越小，气流速度越低。气流速度梯度的方向由物料表面指向介质气流。

从出现速度梯度的那一点到环绕表面这段距离，就是界面层的厚度。界面层厚度主要取决于被环绕表面的状态，与气体黏度成正比，与气体流速成反比。

界面层中，由于存在速度梯度，所以在距表面不同的距离处造成不同的温度降，即出现温度梯度，温度梯度与速度梯度的方向一致。温度梯度还受介质导热性影响。

在界面层中还同时存在气体湿含量梯度（或称空气蒸气分压梯度），该湿含量梯度的方向与速度和温度梯度方向相反，这就是说，越接近物料表面，形成界面层的气体湿含量（或气体中的蒸气分压）越大。

干燥过程中，界面层的存在造成了热量传递和质量传递的附加阻力，只有减少界面层厚度，才能提高干燥速率。而降低界面层的厚度，必须综合考虑界面层温度梯度、速度梯度及蒸气分压梯度的影响因素，在干燥的不同阶段，根据物料的性质和加工要求，适当提高物料温度和介质流速，强化蒸气压差，这是降低界面层厚度，实现物料外部传热与传质的有效途径。

（二）物料内部的传热与传质

物料干燥过程中，加热介质将热量传于物料表面，使其温度升高，表面的水分吸收热量后动能增加，最后达到蒸发而脱离物料表面。

物料表面受热的同时，物料本身又将热量自物料表面以传导的形式向温度较低的物料中心传递，并随这种传递的进行，能量逐渐减弱，即温度逐渐降低，这样在物料内部也存在一个由中心指向表面的温度梯度，处在不同温度梯度下的水分，具有不同的迁移势。干燥初期水分均匀分布于物料中，随着干燥的进行，表面水分逐渐减少，从而形成了自物料内部到表面的湿度梯度，促使水分在物料内部移动，湿度梯度越大，水分移动就越快。

采取任何种干燥方式，这两种梯度场均存在于物料内部，故水分传递应是两种推动力共同作用的结果。另外，物料本身的导湿性也是影响水分内部扩散的一个重要因素。

干燥过程中，由于物料的温度梯度与湿度梯度方向相反，容易造成干燥不彻底和物料发生不理想的变化，常采用升温、降温、再升温、再降温的工艺措施来调节物料内部的温度梯度与湿度梯度的关系，强化水分的内部扩散。

（三）干燥过程的控制

合理地处理好物料内外部的传热与传质的关系能够有效地控制干燥过程的进行。

干燥的目的在于除去物料中的水分，而物料中的水分首先需要通过物料内部扩散移至物料表面，然后再由物料表面汽化脱除，所以表面汽化与内部扩散的速率共同决定了干燥的速率。

当表面汽化速率小于内部扩散速率时，因物料表面有足够的水分，物料表面的温度就可近似认为是干燥介质的湿球温度，水分的汽化也可认为是近于纯水表面的汽化，这时提高介质温度，降低介质湿度，改善介质与物料之间的流动和接触状况都有利于提高干燥速率。这种情况常出现在干燥初期。

当表面汽化速率大于内部扩散速率时，物料的干燥受内部扩散速率的限制，水分无法及时到达表面，造成汽化界面逐渐向内部移动，产生干燥层，使干燥的进行较表面汽化控制更为困难。要强化干燥速率就必须改善内部扩散因素。下述措施有利于提高干燥速率：

（1）减少料层厚度，缩短水分在内部的扩散距离。

（2）使物料堆积疏松，采用空气穿过流料层的接触方式，以扩大干燥表面积。

（3）采用接触加热和微波加热的方法，使深层料温高于表面料温，温度与湿度梯度同向加快内部水分的扩散。

表面汽化速率与内部扩散速率近于相等的情况在干燥中极其少见，此状态是恒速干燥中力求的目标。

第二节　干燥过程中食品物料的主要变化

物料在干燥过程中，由于温度的升高，水分的去除，必然要发生一系列的变化，这些变化主要是食品物料内部组织结构的物理变化，以及食品物料组成成分的化学变化。这些变化直接关系到干燥制品的质量和对贮藏条件的要求，而且不同的干燥工艺变化程度也有差别。

一、　物理状态的变化

（一）干缩

任何脱水过程几乎都造成物料的收缩现象，原因在于水的去除使物料的内压（膨胀压）降低。一般来讲，未失去活性的细胞（如未烫漂的新鲜果蔬等），细胞中水分充盈，则内部膨胀压较大，脱水后细胞壁受力严重，干缩明显；而失去活性的细胞（如煮制过的肉类），已去除部分水分，其细胞壁渗透性有所改变，则内部膨胀压降低，脱水后细胞壁受力较轻，干缩也较小。

在理想的干燥过程中，物料发生的干缩应为线性收缩，即物料大小（长度、面积和体积）均匀地按比例缩小。实际上，食品物料的内部环境十分复杂，各个部位、各个方向的膨胀压大小并不一致，同时外界干燥环境对物料各部位的脱水也不尽相同，很难达到完全均匀的干缩。不同的食品物料，干缩的差异更大。物料干缩的程度及均匀性对其复水性有很大的影响，干缩程度小、收缩均匀的物料复水性较好，反之较差。

食品物料在干燥过程中，除发生永久的收缩变形外，还会出现组织干裂或破碎等现象。另外，在食品不同部位上所产生的不等收缩，又往往会造成物料的翘曲变形。

（二）表面硬化

干燥过程中造成物料表面硬化的原因主要是两个方面：一是食品干燥过程中，物料内部的溶质随水分向物料表面的不断移动而移动，即在表面积累产生结晶硬化现象，如含糖较高的水果及腌制品的干燥；二是由于干燥初期，食品物料与介质间温差和湿差过大，致使物料表面温度急骤升高，水分蒸发过于强烈，而使物料表面迅速达到绝干状态，形成一层干燥的薄膜，造成物料表面的硬化。物料表面出现的硬膜是热的不良导体，且渗透性差，又阻碍了物料内部水分的蒸发，使大部分水分封闭在物料内部，致使干燥速率急剧下降，对进一步干燥造成困难。

避免物料表面发生硬化的方法是调节干燥初期水分的外逸速度，保持水分蒸发的通畅性，一般是在干燥初期采用高温含湿较大的介质进行脱水，使物料表层附近的湿度不致变化太快。

在干燥食品中，表面硬化形成有时是被希望出现的，比如在香料的微胶囊化中，需要快速形成表面结皮以防止风味损失。表面硬化在膨化中也很重要，高含水量产品经快速干燥，如高温和真空，产生表面硬壳，加上极端的干燥条件，会导致水分迅速蒸发并导致较大的内部压力积聚，导致产品膨胀/膨化。

（三）物料内部多孔性的形成

物料内部多孔的产生，是由于物料中的水分在干燥进程中被去除，原来被水分所占据的空间由空气填充，而成为空穴，干制品组织内部就形成一定的孔隙，而具有多孔性。干制品孔隙的大小及均匀程度对其口感、复水性等有重要影响。

固体物料的加压干燥和减压干燥，水分外逸迅速，内部能形成均匀的水分外逸通道和孔穴，具有较好的多孔状态；而常压干燥，由于水分的去除完全依赖加热蒸发，易于造成物料受热不均匀，形成表面硬化和不均匀的蒸发通道，出现大量的裂缝和孔洞，所以常压脱水对工艺条件及过程的要求非常严格。液体和浆状物料的干燥，多利用搅拌产生泡沫以及使物料微粒化来控制其多孔的形成。泡沫的均匀程度、体积的膨胀程度以及微粒的大小决定了物料多孔性的优劣。

（四）热塑性

热塑性是指在食品干燥过程中，温度升高时食品会软化甚至有流动性，而冷却时会变硬的现象。糖分及果肉成分高的果蔬汁就属于这类食品。

高糖分食品的质构特征是一种无定形物质，类似玻璃，缺乏晶体所固有的特点。在较高温度下，物料具有流体的特征，黏稠但却容易流散。随着物温降低，黏度增大，物料滞厚而呈塑性。继续降低温度，物态固化，形成无定形固体，其组织结构大多呈光滑、致密状态。

糖浆或橙汁等高糖分物料通常在平锅或输送带上干燥，水分排出后，其固体物质呈热塑性黏质状态，黏结在干燥器上难以取下，当冷却后它会硬化成结晶体或无定形玻璃状而脆化，此时容易取下。据此特性，目前大多数输送带式干燥设备内常设有冷却区，以利于物料的转移。有时为了减少干燥过程中的结块，合理的选择是快速干燥，使含水量迅速下降到不易发生结块的水平，但易于造成表面硬化，因此可以考虑产品优化或产品配方中的配料。

二、化学性质的变化

食品物料干燥过程中，除物理状态变化外，同时也会发生一系列化学变化。这些化学变化对干制品的品质（如色泽、风味、质地、黏度、复水率、营养价值和贮藏期）产生影响。不同的原料，不同的干制工艺产生的化学变化也不同。但几种主要的化学变化，在所有的脱水过程中或多或少都会发生。

（一）干制对食品营养成分的影响

1. 蛋白质的变化

通常食品物料较长时间暴露在71℃以上的热空气中，对蛋白质有一些破坏作用。另外，氨基酸中以赖氨酸最不耐热。

2. 脂肪的变化

脱水过程中，食品物料中的油脂（特别是含油脂食品）极易发生氧化，干燥温度升高，脂肪的氧化严重。

3. 维生素的变化

脱水过程中，各种维生素的破坏和损失是非常值得注意的问题，直接关系脱水食品的营养价值。总的来讲，高温对食品物料中的维生素均有不同程度的破坏。维生素C极易氧化损失；维生素 B_1 对热十分敏感；未经酶钝化处理的蔬菜，在脱水时胡萝卜素的损耗量高达80%，如果脱水方法选择适当，可下降至5%。

4. 碳水化合物的变化

水果含有较丰富的碳水化合物，而蛋白质和脂肪含量相对较少，果蔬中的果糖和葡萄糖在高温加工情况下易于分解损失。且高温条件下，碳水化合物含量高的食品，极易焦化；而缓解晒干过程中初期的呼吸作用也会导致糖分分解。在高温和贮藏过程中，还原糖还会和氨基酸发生美拉德反应而产生褐变。因此，碳水化合物的变化会引起果蔬变质和成分损耗。

（二）食品色泽的改变

在干制过程中，由于高温作用，食品原有的色泽发生变化。碳水化合物参与的酶促褐变与非酶促褐变反应，是干制食品变成黄色、褐色或黑色的主要原因。酶促褐变可通过钝化酶活性和减少氧气供给来防止，如氧化酶在71~73.5℃、过氧化酶在90~100℃的温度下，即可破坏，所以对原料一般进行热烫处理或硫处理，以及盐水浸泡等。而非酶引起的褐变包括美拉德反应、焦糖化反应以及单宁类物质与铁作用生成黑色化合物（单宁酸铁）的结果。另外，单宁与锡长时间加热会生成玫瑰色化合物。

其他色素在干燥过程中也会发生或多或少的变化。温度越高，处理时间越长，色素变化量越多。如叶绿素在受热条件下，失去一部分镁原子转化成脱镁叶绿素，呈橄榄绿，通常采用微碱条件控制镁的流失，来改善食品的品质。

据此，食品色泽可通过尽量避免长时间高热接触，如高温短时干燥，以及 pH 调节来改善。

（三）干制对食品风味的影响

脱水干制通常会使食品失去挥发性风味成分，如牛乳中的低级脂肪酸的挥发，特别是微量成分硫化甲基的损失，会使产品失去鲜乳的风味。牛乳中的乳清蛋白不耐高温，在加热70℃时，β-乳球蛋白和脂肪球膜蛋白发生热变性而产生巯基，出现"蒸煮味"。花生收获后，在干燥除水分过程中，花生异味的产生与干燥温度和时间密切相关，当干燥温度高于35℃时，引起花生产生异味，尤其是成熟度低的花生。

防止食品干燥过程中风味物质的损失具有一定的难度。通常可以从干燥设备中回收或冷凝处理外溢的蒸汽，再加回到干制食品中，已尽可能保持其原有风味。此外，也可通过添加该食品风味剂，或干燥前在某些液体食品中添加树胶和其他包埋物质，将风味物质微胶囊化，以防止或减少风味损失。

　　总之，食品脱水干燥设备的设计应当根据前述各种情况加以考虑，尽可能做到在干制速率最高、食品品质损耗最小、干制成本最低的情况下，找出最合理的干燥工艺条件。

第三节　食品干燥方法

　　食品的干燥过程涉及复杂的化学、物理和生物学的变化，对产品品质和卫生标准要求很高，有些干燥制品还要求具有良好的复水性，使制品恢复到接近原先的外观和风味。因此要根据物料的性质（黏附性、分散性、热敏性等）和生产工艺要求，并考虑投资费用，操作费用等经济因素，正确合理地选用不同的干燥方法和相应的干燥装置。

　　在选用合理工艺条件时主要应考虑以下几个方面。

　　（1）食品干制过程中所选用的工艺条件必须使食品表面水分蒸发速率尽可能等于食品内部水分扩散率，同时力求避免在食品内部建立起和湿度梯度方向相反的温度梯度，以免降低食品内部水分扩散。

　　（2）在恒速干燥阶段，空气向物料提供的热量全部用于水分的蒸发，物料表面温度不会高于空气的湿球温度。因而物料内部不会建立起温度梯度。在这阶段内，应在保证食品表面水分蒸发不超过物料内部导湿性所能提供的扩散水分的原则下，尽可能提高空气温度，以加速食品的干燥。

　　（3）干燥过程中食品表面水分蒸发接近结束时，应降低食品表面水分蒸发速率，使它能和逐步降低的内部水分扩散速率一致，以免食品表面层受热过度，导致不良后果。

　　（4）干燥末期干燥介质的相对湿度应根据预期干制品水分加以选用。

　　人工干制要求在较短的时间内采取适当的温度，通过通风排湿等操作管理，获得较高质量的产品。要达到这一目的，就要依据果蔬自身的特性，采用恰当的干燥工艺技术。

　　干燥装置按操作方式可分为间歇式和连续式干燥；按操作压力可分为常压干燥和真空干燥；按工作原理又可分为对流干燥、接触干燥、冷冻干燥和辐射干燥。其中对流干燥在食品工业中应用最多。

一、对流干燥

　　对流干燥，又称热风干燥，它是以热空气为干燥介质，将热量传递给湿物料，物料表面上的水分立即气化，并通过表面处的气膜向气流主体扩散；与此同时，由于物料表面上水分汽化的结果，使物料内部和表面之间产生水分梯度差，物料内部的水分因此以气态或液态的形式向表面扩散。显然，热空气既是载热体又是载湿体。

　　对流干燥进行的必要条件是物料表面的水蒸气压强必须大于干燥介质（热空气）中的水蒸气分压。两者的压差越大，干燥进行得越快，所以干燥介质应及时将汽化的水汽带走，以便保持一定的传质（汽化）推动力。若压差为零，则无水汽传递，干燥操作也就停止了。图1-3-4表示了热空气与湿物料间的传热和传质情况。

　　对流干燥是食品工业生产采用最为广泛的一种干燥方法，适用于各种食品物料的干燥，是本节讨论的重点。

（一）自然干燥

　　自然干燥是一种最为简便易行的对流干燥方法，它是利用自然条件，把食品物料平铺或悬挂在晒席、晒架上，直接暴露于阳光和空气中，食品物料获得辐射能后，自身温度随之上升，其内部水分因受热而向它表面的周围空气蒸发，因而形成水蒸气分压差和温度差，促使食品水分在空气自然对流中向空气中扩散，直到它的水分含量降低到和空气温度及其相对湿度相适应的平衡水分为止。显然，炎热和通风是自然干燥最适宜的气候条件。

　　自然干燥，方法简单，费用低廉，不受场地局限。我国广大农户多用于粮食谷物的晒干和菜干、果干的制作。由于这种干制品长时间在自然状态下受到干燥和其他各种因素的作用，物理化学性质发生了

图1-3-4　热空气与湿物料间的传热和传质
N—物料表面汽化的水分量　Q—气体传给物料的热量
p—空气中水蒸气的分压　p_w—物料表面的水蒸气压
θ—空气主体的温度　$θ_w$—物料表面的温度
δ—气膜厚度

变化，以致生成了具有特殊风味的制品。我国许多有名的传统土特产品都是用这种方法制成的，例如干枣、柿饼、腊肉、火腿等。

　　自然干燥的缺点是干燥时间长；制品容易变色、维生素类破坏较大；受气候条件限制，如遇阴雨易于微生物繁殖；容易被灰尘、蝇、鼠等污染；难以规模生产。

（二）厢式干燥

　　厢式干燥设备由框架结构组成，四壁及顶底部都封有绝热材料以防止热量散失。箱内有多层框架，其上放置料盘，也有将湿物料放在框架小车上推入箱内的。厢式干燥根据传热形式不同又可分为真空厢式干燥和对流厢式干燥。真空厢式干燥多为间接加热或辐射加热，适用于干燥热敏性物料、易氧化物料或大气压下水分难以蒸发的物料，以及需要回收溶剂的物料。而对流厢式干燥，主要是以热风通过湿物料表面，达到干燥的目的。热风沿湿物料表面平行通过的称为并流厢式干燥；热风垂直通过湿物料表面的称为穿流厢式干燥。

　　厢式干燥器的排风口上可以安装调节风门，用以控制一部分废气排出，而另一部分废气经与新鲜空气混合后，进行再循环，以节约热能消耗。为了使物料干燥均匀，还可采用气流换向措施，以提高干品质量。

　　1. 并流厢式干燥

　　图1-3-5是典型并流厢式干燥结构图。新鲜空气由鼓风机吸入干燥室内，经排管加热和滤筛清除灰尘后，流经载有食品的料盘，直接和食品接触，再由排气孔道向外排出。

　　2. 穿流厢式干燥

　　如图1-3-6所示，穿流厢式干燥器的整体结构和主要组成部分与并流式相同，区别在于这种干燥器的底部由金属网或多孔板构成。每层物料盘之间插入斜放的挡风板，引导热风自下而上（或自上而下）均匀地通过物料层。

图 1-3-5　并流厢式干燥结构图

1—新鲜空气进口　2—排管加热器　3—送风机　4—滤筛　5—料盘　6—排气口

图 1-3-6　穿流厢式干燥结构示意图

1—送风机　2—排风口　3—空气加热器
4—整流板　5—料盘　6—台车固定件

这种干燥器，热空气与湿物料的接触面积大，内部水分扩散距离短，因此干燥效果较并流式好，其干燥速率通常为并流时的 3~10 倍，图 1-3-7 是面筋分别用并流式和穿流式干燥时的干燥曲线对比。从图中可以看出，穿流式干燥比并流式干燥快 2~4 倍，但穿流式干燥器动力消耗大，对设备密封性要求较高。另外，热风形成穿流气流，容易引起物料飞散，要注意选择适宜风速和料层厚度。

项目	气流形式	
	并流式	穿流式
物料厚/mm	30	50
温度/℃	80	80
风速/(m/s)	1.2	0.5

图 1-3-7　面筋用并流式和穿流式干燥时的速度对比

　　厢式干燥器属间歇性干燥设备，多用于固体食品物料的干燥。热风速度、物料层的间隔和物料层的厚度、风机风量以及是否多次加热空气和废气再利用，对厢式干燥器的热效率影响较大。

　　（1）热风速度　提高热风速度，传热速率加快，有利于缩短干燥时间，但是风速又必须小于能把物料带走的速度。根据物料物性和形状可在 0.5～3m/s 选取。果蔬干燥的经验数据为 2～2.7m/s。

　　（2）物料层的厚度和间隔　物料层的厚度是传热传质的阻力因素，直接影响干品质量和干燥时间，因此，物料层厚度最好通过试验确定，一般为 20～50mm。物料层的间隔，决定了热风流向，影响风速的大小和热风在物料层的分配关系，也应认真考虑。支架间的距离一般为 100～150mm，料盘高度多为 40～100mm。

　　（3）风机的风量　风机的风量是选择风机的依据，也是提供有效供热的保证。风量值要根据理论计算，并考虑厢体结构和泄漏等因素。一般可用下式求风量：

$$L = 3600 \cdot u \cdot A / v \qquad (1-3-8)$$

式中　　L——热风量，kg/h；

　　　　u——热风流速，m/s；

　　　　A——干燥室截面积，m^2；

　　　　v——湿空气的比容，m^3/kg 绝干空气。

　　（4）多次加热空气和废气循环再利用　图 1-3-8 为多次空气加热并流厢式干燥器。图 1-3-9 是其干燥室内加热管的排列方法。空气进入箱体经加热管加热后，循箭头方向依次横经框架，和物料接触后成为废气由出口排出。空气出入口处都装有风门，根据需要在操作中可不同程度开启，使部分废气经处理后返回干燥器循环使用。从图 1-3-8 的分析中，可以发现这种结构的干燥器具有许多优点。如果空气只经过一次预热，在干燥器内不再加热，其过程如图 1-3-10 中的折线 ABC 所示。

图 1-3-8　多次空气加热并流厢式干燥结构示意图

1—干燥室　2—送风机　3—空气预热器　4—废气出口　5—室内加热器　6—进风口

图 1-3-9　干燥室内加热管的排列法

图 1-3-10　具有中间加热的干燥过程

其中 AB 为空气的预热过程，BC 是空气在干燥室中的变化过程。为了达到最终状态 C，进入干燥器的空气（点 B）必须预热到很高温度。这样做有时会影响后续干燥的稳定性，波及干品的质量，而且还要增加预热空气的费用。如果采用多次加热的办法，空气被预热到点 B_1 后，进入第一层框架与物料接触，沿线 B_1C_1 冷却并增湿到点 C_1，在进入到第二层框架前，再预热到 B_2，然后与其中的物料接触，沿线 B_2C_2 冷却。在进入第三层框架前又预热到点 B_3，最后成为废气排出时，其状态也是点 C。这样，与物料接触的空气温度不会太高，干燥速率比较均匀。在相同的初、终条件下，即 A、C 两点重合，一次预热和多次加热所需的空气量相同，即只与最初最终空气状态有关，而与所经历的途径无关。而且温度低、热损失减少。

具有废气循环系统的干燥过程如图 1-3-11 所示。

图 1-3-11　具有废气循环系统的干燥过程

状态点 A 的新鲜空气与状态点 C 的废气混合后的状态点为线 AC 上的点 M。点 M 的位置由新鲜空气和废气量的比例决定。按杠杆定律，废气量越大，则点 M 越靠近点 C，反之，将越靠近点 A。使状态点 M 的混合气加热到点 B'，通过干燥器后达到状态点 C 成为废气。可以看出，利用废气循环可以灵活、准确地控制空气进入干燥器的湿度和温度，使干燥推动力相对均匀，废气的余热利用又降低了能量消耗。

（三）隧道式干燥

厢式干燥器只能间歇操作，生产能力受到一定限制。隧道式干燥器是把厢式干燥器的箱体扩展为长方形通道，其他结构基本不变。这样就增大了物料处理量，生产成本降低，小车可以连续或间歇地进出通道，实现了连续的或半连续的操作。

被干燥物料装入带网眼的料盘，有序地摆放在小车的搁架上，然后进入干燥室沿通道向前运动，并只经过通道一次。物料在小车上处于静止状态，加热空气均匀地通过物料表面。高温低湿空气进入的一端称为热端，低温高湿空气离开的一端称为冷端；湿物料进入的一端称为湿端，而干制品离开的一端称为干端。

按物流与气流运动的方向，隧道式干燥器可分为顺流式、逆流式、顺逆流组合式和横流式。

1. 顺流式隧道干燥

顺流隧道干燥装置如图1-3-12所示。物流与气流方向一致，它的热端就是湿端，而它的冷端则为干端。湿端处，湿物料和高温低湿空气相遇，此时物料水分蒸发异常迅速，空气温度也会急剧降低，因此入口处即使使用较高温度的空气（如80~90℃），物料也不至于产生过热焦化，但此时物料水分汽化过速，物料内部湿度梯度增大，物料外层会出现轻微收缩现象。进一步干燥时，物料内部容易开裂、并形成多孔性。干端处，将干物料与低温高湿空气相处，水分蒸发极其缓慢，干制品的平衡水分也将相应增加，即使延长干燥通道，也难以使干制品水分降到10%以下。因此，吸湿性较强的食品不宜选用顺流式干燥方法。

图1-3-12　顺流隧道干燥示意图

2. 逆流式隧道干燥

逆流隧道干燥装置如图1-3-13所示，物流与气流方向恰好相反，它的湿端为冷端，而干端则为热端。湿端处，湿物料和低温高湿空气相遇，水分蒸发速度比较缓慢，但此时物料含有最高水分，尚能大量蒸发。物料内部湿度梯度也比较小，因此不易出现表面硬化和收缩现象，而中心又能保持湿润状态。这对干制软质水果非常适宜，不会产生干裂流汁。干端处，物料与高温低湿空气相处，可加速水分蒸发，但物料接近干燥，实际上水分蒸发仍然比

图1-3-13　逆流隧道干燥示意图

较缓慢。此时热空气温度下降不大，而干物料的温度则将上升到和高温热空气相近的程度。因此干端处进口温度不宜过高，一般不超过 66~77℃，否则停留时间过长，物料容易产生焦化。在高温低湿的空气条件下，干制品的平衡水分也将相应降低，可低于5%。

逆流干燥，湿物料载量不宜过多。因为干燥初期，水分蒸发速度比较缓慢，如若低温的湿物料载量过多，就会长时间和接近饱和的低温高湿空气相处，就有可能出现物料增湿现象而促进细菌迅速生长，造成物料腐败变质，甚至发酸发臭。设计和操作时，应该重视这个问题。

3. 顺逆流组合式隧道干燥

这种方式吸取了顺流式湿端水分蒸发速率高和逆流式后期干燥能力强的两个优点，组成了湿端顺流和干端逆流的两段组合方式。如图 1-3-14 所示。

图 1-3-14　逆流式隧道干燥器示意图

两段的长度可以相等，但一般情况下湿端顺流段的长度比干端逆流段短。它有两个热空气入口，分布在干湿两端，各干燥段的温度可以分别调节。废气由中央部位排出，尽管在排气口附近的空气流速难以控制，但整个过程均匀一致，传热传质速率稳定，干品质量好。与等长的单一式干燥器相比，生产能力提高，干燥时间缩短，因此食品工业生产普遍采用这种组合方式，但投资和操作费用高于单一式隧道干燥器。

4. 横流式隧道干燥

上述三种方式的干燥器，热空气均为纵向水平流动，还有一种横向水平流动的方式。如图 1-3-15 所示。

干燥器每一端的隔板是活动的，在料车进出的时候隔板打开让料车通过，而在干燥时，隔板切断纵向通路，靠换向装置构成各段之间曲折的气流通路。在马蹄形的换向处设加热器，可以独立控制该处气流温度。在换向处还经常安装独立控制气流再循环的装置。由此可见这种干燥器提供了极为灵活的控制条件，可使食品处于几乎是所要求的任何温度、湿度、速度条件的气流之下，故特别适用于试验工作。它的另一个优点是，每当料车前进一步，气流的方向便转换一次，故制品的水分含量更加均匀。但是这种设备结构复杂、造价高、维修不便，工业应用受到一定限制。

图 1-3-15 横流式隧道干燥示意图

（四）输送带式干燥

输送带式干燥设备除载料系统由输送环带取代装有料盘的小车外，其余部分基本上和隧道式干燥设备相同。操作可连续化、自动化，特别适用于单一品种的规模化工业生产。环带常用不锈钢材料制成网带或多孔板铰链带。设备可分为单带式和多带式。

图 1-3-16 为单带式干燥器示意图。干燥时热风从带子的上方穿过物料层和网孔进入下方，达到穿流接触的目的。单带式干燥器的带子不可能很长，所以只适用于干燥时间短的物料。图 1-3-17 为双带式干燥器示意图。

图 1-3-16 单带式干燥示意图

1—排料口 2—网带水洗装置 3—输送带 4—加料口 5—送风机 6—排气管 7—加热器

图 1-3-17 双带式干燥示意图

设备主体的两端有输送带外伸，以便装卸物料并为输送带重返干燥室提供方便。通常流经输送带网眼（或孔眼）和堆积其上的物料层的热空气，在前一区段内自下向上流动，在下一区段内则自上向下流动。有时设备内的气流也可以设计成向上和向下轮换交替流动，借以改善厚层湿物料干燥的均匀性。但最后一、二区段内的气流则宜自上而下流动，以免将轻质干料吹走。空气的输送常用离心式风机，安装在输送带的侧方，从带子上方或下方送气，排气的一方有一热空气联厢，为几台风机所共用。上下穿流的空气大部分进行循环，经风门改道进入下一个区域，不足部分由加热的新鲜空气来补充。分区交叉穿流，可以使不同区域内的空气的温度、湿度和速度都可以单独进行控制，为提高制品品质提供了方便。两条输送带串联组成，因而半干物料从第一输送带末端向着其下方的另一输送带上卸落时，物料不但混合了一次，而且还进行了重新堆积。物料的混合将改善干燥的均匀性，在物料容积因干燥而不断收缩的情况下，重新堆积还可大量节省原来需要的载料面积。例如堆积在输送带上厚度为 10cm 的条状马铃薯层，待第一阶段干燥结束时，厚度仅为 5cm。如物料重新堆积到 25～30cm 厚，那么在第二条输送带上所占的面积仅有以前的五分之一或更少些就够了。

为了减少带式干燥设备的总长度，节约设备的占地面积，可将多条输送带上下平行放置做成多带式干燥器，这种干燥器不仅使物料多次翻转维持了通气性，还增加了堆积厚度，增大了比表面积，提高了降速阶段的干燥速率。如图 1-3-18 所示。

图 1-3-18　多带式干燥示意图

1—卸料装置　2—热空气加热器　3—送风机　4—排气管　5—输送机　6—加料口

湿物料从最上层带子加入，随着带子的移动，依次落入下一条带子，最后干物料从下部卸出。由图可见，相邻两条带子的运动方向必须相反，各带子的速度可以相等也可以不等。干燥介质从设备的下方引入，自下而上从带子的侧方进入带子上方，并穿流而下，然后排出。为了使干燥介质同时分配到各带，必须有适当的挡风板。

输送带式干燥的特点是，有较大的物料表面暴露于干燥介质中，物料内部水分移出的路径较短，并且物料与空气有紧密的接触，所以干燥速率很高。但是被干燥的湿物料必须事先制成分散的状态，以便减小阻力，使空气能顺利穿过带子上的物料层。

（五）流化床干燥

流化床干燥又称沸腾床干燥，它是流态化原理在干燥器中的应用。图 1-3-19 为流化床干燥示意图。

在分布板上加入待干燥的食品颗粒物料，热空气由多孔板的底部送入使其均匀分散，并与物料接触。当气体速度较低时，固体颗粒间的相对位置不发生变化，气体在颗粒层的空隙中通过，干燥原理与厢式干燥器完全类似，此时的颗粒层通常称为固定床。当气流速度继续增加后，颗粒开始松动，并在一定区间变换位置，床层略有膨胀，但颗粒仍不能自由运动，床层处于初始或临界流化状态。当流速再增高时，颗粒即悬浮在上升的气流之中作随机运动，颗粒与流体之间的摩擦力恰与其净重力相平衡，此时形成的床层称为流化床。由固定床转为流化床时的气流速度称为临界流化速度。流速越大，流化床层越高；当颗粒床层膨胀到一定高度时，固定床层空隙率增大而使流速下降，颗粒又重新落下而不致被气流带走。若气体速度进一步增高，大于颗粒的自由沉降速度，颗粒就会从干燥器顶部吹

图 1-3-19　流化床干燥示意图
1—湿物料进口　2—热空气进口
3—干物料出口　4—通风室　5—多孔板
6—流化床　7—绝热风罩　8—排气口

出，此时的流速称为带出速度。所以流化床中的适宜气体速度应在临界流化速度与带出速度之间。流化床干燥适宜处理粉粒状食品物料。当粒径范围为 $30\mu m \sim 6mm$，静止物料层高度为 $0.05 \sim 0.15m$ 时，适宜的操作气速可取颗粒自由沉降速度的 $0.4 \sim 0.8$ 倍。如若粒径太小，气体局部通过多孔分布板，床层中容易形成沟流现象；粒度太大，又需要较高的流化速度，动力消耗和物料磨损都很大。在这两种情况下，操作气体的气流速度需要由实验来确定。

　　流化床干燥，物料在热气流中上下翻动，彼此碰撞和充分混合，表面更新机会增多，大大强化了气固两相间的传热和传质。虽然两相间对流传热系数并非很高，但单位体积干燥器传热面积很大，故干燥强度大。干燥非结合水分时，蒸发量为 $60\% \sim 80\%$，干燥结合水分，蒸发量也可达 $30\% \sim 50\%$，因此，流化干燥特别适合于处理含水量不高且已处在降速干燥阶段的粉粒状物料，比如对气流干燥或喷雾干燥后物料所留下的需要较长时间进行后期干燥的水分更为合适。对粉状物料含水量要求为 $2\% \sim 5\%$，粒状物料则要求低于 $10\% \sim 15\%$，否则物料的流动性变差。

　　如图 1-3-20 所示，流化床中的气固运动状态很像沸腾的液体，并且在许多方面表现出类似液体的性质。如具有像液体那样的流动性能，固体颗粒可从容器壁的小孔喷出，并像液体那样，从一容器流入另一容器；再如，比床层密度小的物体可很容易地推入床层，而一松开，它就弹起并浮在床层表面上；又如，当容器倾斜时，床层的上表面保持水平，而且当两个床层连通时，它们的床面自行调整至同一水平面；床层中任意两截面间的压强变化大致等于这两截面同单位面积床层的重力。

　　利用流化床这种类似液体的特性，可以设计出气固接触方式不同的流化床，食品工业常用的有单层流化床、多层流化床、卧式多室流化床、喷动流化床、振动流化床等。

　　流化床干燥器结构简单，便于制造，活动部件少，操作维修方便，与气流干燥器相比，气速低阻力小，气固较易分离，物料及设备磨损轻；与厢式干燥器和回转圆筒干燥器相比，具有物料停留时间短，干燥速率快的特点。但由于颗粒在床层中高度混合，可能会引起物料的返混和短路，因此对操作控制要求较高。为了保证干燥均匀，又要降低气流压力，就要根

图 1-3-20　流化床类似液体的特性

据物料特性，选择不同结构的流化床干燥器。

1. 单层流化床干燥器

单层流化床结构简单，床层内颗粒静止高度不能太高。一般在 300~400mm，否则气流压力降增大。由于床层单一，物料容易返混和短路，会造成部分物料未经完全干燥就离开干燥器，而部分物料又因停留时间过长而产生干燥过度现象。因此它适用于较易干燥，对产品要求又不太高的物料。主要优点是物料处理量大，生产能力高。

如图 1-3-21 所示，被干物料由输送机和加料器送入干燥器，空气经过滤后由风机送入加热器，加热后的气体进入流化床底部的分布板进行传热传质过程。干制品经溢流口由卸料管排出，干燥后空气中夹带的干料经旋风分离器分离后回收。

图 1-3-21　单层流化床干燥流程示意图

1—抽风机　2—制品池　3—星形下料器　4—集料斗　5—旋风分离器　6—带式输送机
7—抛料机　8—卸料管　9—流化床　10—空气加热器　11—送风机　12—空气过滤器

2. 多层流化床干燥器

（1）溢流管式多层流化床干燥器　如图 1-3-22 所示，它由两层构成，物料由上部加入第一层，经溢流管到第二层；热气体由底部送入，经第二层及第一层与物料接触后从干燥器顶部排出。物料在每层内可以自由混合，但层与层之间没有混合。热气流分布比较均匀，热量利用率高，所得制品含水量低。层数多时，可将最上层作预热物料用。

溢流管干燥器具有逆流干燥特性。用它干燥小麦粉时，若粉粒粒径为 0.07mm，含水量 13.6%，热风温度为 130℃，静止床层高度为 0.36m，每层料重为 115kg，则所得制品含水量为 2.4%，生产能力为 350kg/h。

（2）穿流板式流化床干燥器　如图 1-3-23 所示，物料直接从筛板孔由上而下地流动，同时热气体则通过筛板孔由下而上运动，在每块筛板上形成流化床，故比溢流管式结构简单，但操作控制更为严格。主要问题是如何定量地控制物料转入下一层。操作不当会破坏沸腾床层。

为使物料能顺利地从筛板孔流下来，筛板孔径应比物料粒径大 5~10 倍，一般孔径为 10~20mm，开孔率为 30%~45%。颗粒粒径在 0.5~5mm。这种干燥器一般每平方米床层截面可干燥 1000~5000kg/h 的物料。多层干燥器结构复杂，流体阻力也大。

3. 卧式多室流化床干燥器

如图 1-3-24 所示。干燥器的横截面为长方形，底部为多孔筛板。筛板开孔率一般为 4%~13%，孔径为 1.5~2mm。筛板上方有垂直挡板把干燥器分隔成多室，一般为 4~8 室，挡板可上下移动，以调节其与筛板的间隙。间距一般取床中静止物料高度的 1/4~1/2。操作时，连续加料于第一室，物料然后沿挡板与筛板的间隙逐室通过，干燥后由卸料口卸出。热空气分别由进气支管通入各室，因此各室的空气温度、湿度和流量均可调节。例如第一室中物料较湿，热空气流量可大些，最后一室可通入冷空气以冷却干燥产品，以便于包装和储存。

卧式多室流化床干燥器对物料的适应性较大，食品工业常用来干燥汤粉、果汁颗粒、干酪素、人造肉等。另外还可调节物料在不同室内的停留时间，与多层干燥器相比，干燥比较均匀，操作稳定可靠，流体阻力较低，但热效率不高。

图 1-3-22　溢流管式多层流化床干燥示意图

图 1-3-23　穿流板式流化床干燥示意图

图 1-3-24　卧式多室流化床干燥流程示意图

1—抽风机　2—卸料管　3—干燥器　4—旋风分离器　5—袋滤器　6—加料器　7—空气过滤器　8—空气加热器

图 1-3-25　玉米胚芽喷动流化床流程示意图

1—放料阀　2—喷动床　3—旋风分离器

4—加料器　5—蝶阀　6—加热器　7—送风机

4. 喷动流化床干燥器

水分含量高的粗颗粒和易黏结的物料，其流动性能差，可采用喷动流化床干燥法。图 1-3-25 为玉米胚芽喷动流化床干燥器的实际例子。干燥器底部为圆锥形，上部为圆筒形。热气体以 70m/s 的高速从锥底进入，夹带一部分固体颗粒向上运动，形成中心通道。在床层顶部的颗粒好似喷泉一样，从中心向四周散落，落到锥底又被上升的气流喷射上去。如此循环以达到干燥要求为止。

湿玉米胚芽含水量高达 70%，且易自行黏结，采用喷动流化床干燥，效果非常理想。该设备操作为间歇式。

5. 振动流化床干燥器

振动流化床干燥器是一种新型的流化干燥器。它适合于干燥颗粒太大或太小，易黏结，不易流化的物料。此外还可用于有特殊要求的物料。如砂糖干燥要求晶形完整、晶体光亮、颗粒大小均匀等。用于砂糖干燥的振动流化床干燥器的结构示意图如图 1-3-26 所示。

干燥器由分配段、流化段和筛选段三部分组成。在分配段和流化段下面都有热空气进入。含水量 4%~6% 的湿砂糖，由加料器送入分配段，在平板振动的作用下，物料均匀地进入流化段，湿砂糖在流化段停留 12s，就可达到干燥要求，产品含水量为 0.02%~0.04%。干燥后，物料离开流化段进入筛选段，筛选段分别安装不同网目的筛网，将糖粉和糖块筛选掉，中间的为合格产品。干燥器宽 1m，长 13m，其中分配段长 1.2m，流化段长 1.8m，筛选段长 10m，砂糖在干燥器内总停留时间为 70~80s。生产能力为 7.6t/h。

图 1-3-26　振动流化床干燥示意图

（六）气流干燥

气流干燥是一种连续高效的固体流态化干燥方法。它是把湿物料送入热气流中，物料一边呈悬浮状态与气流并流输送，一边进行干燥。显然，这种干燥方法只适用于潮湿状态下仍能在气体中自由流动的颗粒、粉状、片状或块状物料，如葡萄糖、味精、鱼粉、肉丁、薯丁等。图 1-3-27 为气流干燥器的示意图。

气流干燥器的主体是一根直立的圆筒（即干燥管）。湿物料经加料器进入干燥管，与进入管内的热空气相遇，由于热气体作高速向上运动，使物料颗粒分散并悬浮在气流中。热气流与物料充分接触，并作激烈的相对运动，进行传热和传质使物料得以干燥，并随气流进入旋风分离器经分离后由底部排出，废气由顶部放空。气流干燥器稳定操作的关键是连续而均匀地加料，并将物料分散于气流中。图 1-3-28 为几种常见的加料器。

图 1-3-27　气流干燥示意图
1—料斗　2—螺旋加料器　3—空气过滤器
4—送风机　5—加热器
6—干燥管　7—旋风分离器

图 1-3-28　常用的几种固体加料器
（1）滑板　（2）星形　（3）转盘　（4）螺旋式　（5）锥体

按进料方式，干燥器可分为三种，如图 1-3-29 所示。

图 1-3-29　几种不同进料方式的气流干燥示意图
（1）直接加入式气流干燥示意图　（2）带分散器的气流干燥示意图　（3）带粉碎机的气流干燥示意图

直接进料式适用于湿物料分散性能良好和只除去表面水分的场合，如面粉、淀粉、汤粉。若湿物料含水量较高，加料时容易结团，可以将一部分干燥的成品返回到加料器中与湿物料混合，以便有利于干燥；装有分散器的目的是打散物料，所以这种干燥器适合处理离心机、过滤机的滤饼以及咖啡渣、玉米渣等；装有粉碎机的进料方式，可使湿物料进一步粉碎、减小粒径，增加表面积，强化干燥。另外粉碎机可使物料与热风强烈搅拌，故体积传热系数极大，在粉碎机中就有可能使 50%～80% 的水分蒸发，因此可采用较高的进气温度，以获得大的生产能力和高的传热效率。

气流干燥有以下特点。

1. 干燥强度大

干燥时物料在热风中呈悬浮状态，每个颗粒都被热空气所包围，因而能使物料最大限度与热空气接触。同时气流速度较高，一般可达 20～40m/s，空气涡流的高速搅动，使气固边界层的气膜不断受到冲刷，减少了传热和传质的阻力。如果以单位体积干燥管内的传热来评定干燥速率，则体积传热系数比转筒干燥器大 20～30 倍，尤其是在干燥管前端或底部，因机械粉碎装置或送风机叶轮的粉碎作用，效果更为显著。

2. 干燥时间短

大多数物料的气流干燥只需 0.5～2s，最长不超过 5s，而且因为是并流操作，所以即使是热敏性或低熔点物料也不会造成过热或分解而影响品质。

3. 散热面积小

对于完成一定的传热量，所需干燥器的体积可以大大减小，能实现小设备大生产的目的。而热损失小，最多不超过 5%，因而热效率高，干燥非结合水分时，热效率可达 60%，干燥结合水分也可达 20% 左右。

4. 适用范围广

被干燥颗粒直径最大可达 10mm，湿物料含水量为 10%～40%。由于操作稳定连续，故可以把干燥、粉碎、输送、包装等工序在内的整个过程在密闭条件下进行，以减少物料飞扬、防止污染，不但提高了制品品质，同时又提高了产品得率。

气流干燥的缺点是：由于气流速度高，对物料有一定的磨损，故对晶体形状有一定要求的产品不宜采用；气流速度大，整个系统的阻力大，因而动力消耗大。普通气流干燥器的一个突出缺点是干燥管较长，一般在 10m 或 10m 以上。为了降低其高度，人们研究了颗粒在干燥管中的运动规律和传热机理。

当湿物料进入干燥管底部的瞬间，其上升速度为零，气流和颗粒间的相对速度最大。而后颗粒被上升气流不断加速，二者相对速度随之减小，直至气体与颗粒间的相对速度等于颗粒在气流中的沉降速度时，颗粒不再被加速而维持恒速上升至干燥器出口。也就是说，颗粒在气流干燥器中的运动，可分为起初的加速运动阶段和随后的恒速运动阶段。恒速运动阶段，气固间相对速度不变，颗粒干燥受气流的绝对运动影响不大。而且气流干燥一般是粉粒状物料，沉降速度很小，加上热空气的涡流和湍动，颗粒的运动速度实际上接近气流速度。此外该阶段内的传热温差也小，所以恒速阶段的传热速率并不很大。从实验测定得知，在加料口以上 1m 左右的干燥管内，干燥速率最快，此时从气体传给物料的传热量占整个干燥管传热量的 1/2~3/4。其原因不仅是由于干燥管底部气固间的温差较大，更重要的是气固间的相对运动和接触情况有利于传热和传质。此阶段即为加速运动阶段，通常在加料口以上 1~3m 内完成。所以要提高气流干燥器的效率或降低干燥管的高度，就应尽量发挥干燥管底部加速阶段的作用、增加颗粒与气体间的相对速度。改进措施之一就是把气流干燥器多级串联，这样既增加了加速阶段的数目、提高了干燥速率，又降低了干燥管的总高度，但此方法需要增加气体输送设备和分离设备。目前国内多采用二级串联和三级串联，干燥含水量较高的物料如口服葡萄糖等。

（七）喷雾干燥

将溶液、浆液或微粒的悬浮液在热风中喷雾成细小的液滴，在其下落的过程中，水分迅速汽化而成为粉末状或颗粒状的产品，称为喷雾干燥。喷雾干燥过程复杂，一般分为料液雾化、液滴与热干燥介质接触混合、液滴蒸发干燥、干燥产品与干燥介质分离四个阶段。喷雾干燥原理如图 1-3-30 所示。

料液由泵送至干燥塔顶，并同时导入热风。料液经雾化装置喷成液滴与高温热风在器内迅速进行热量交换和质量传递。干制品从塔底卸料，热风降温增湿后，成为废气排出。废气中夹带的细微粉粒用分离装置回收。

喷雾干燥器由雾化装置、干燥室、产品回收系统、供料及热风系统等部分组成。

雾化装置的作用是将料液喷洒成直径为 10~60μm 的细滴，以获得很大的汽化表面。因

图 1-3-30　喷雾干燥原理示意图

此合理选择雾化装置是喷雾干燥的关键环节，它不仅直接影响到产品品质，而且也在相当程度上影响干燥的技术经济指标。对热敏性食品的干燥，料液的雾化情况显得更为重要。常用的雾化器有压力式、离心式、气流式三种。食品工业多选择压力喷雾和离心喷雾。选型时，应根据生产要求，所处理物料的性质等具体情况而定。三种雾化器特点的比较如表 1-3-2 所示。

表 1-3-2 雾化器的特点比较

型式	优点	缺点
离心式	(1) 操作简单，对物料性质适应性较强，适宜于高浓度、高黏度物料的喷雾；(2) 操作弹性大，在液量变化±25%时，对产品质量和粒度分布均无多大影响；(3) 不易堵塞，操作压力低；(4) 产品粒子成球形，粒子外表规则、整齐	(1) 喷雾器结构复杂，造价高，安装要求高；(2) 仅适用于立式干燥机，且并流操作；(3) 干燥机直径大；(4) 制品松，密度小
压力式	(1) 喷嘴结构简单，维修方便；(2) 可采用多喷嘴（1~12 个），提高设备生产能力；(3) 可用于并流、逆流、卧式或立式干燥机；(4) 动力消耗低；(5) 制品松密度大；(6) 塔径较小	(1) 喷嘴易堵塞、腐蚀和磨损；(2) 不适宜处理高黏度物料；(3) 操作弹性小
气流式	(1) 可制粒径 5μm 以下的产品，可处理黏度较大的物料；(2) 塔径小；(3) 并、逆流操作均适宜	(1) 动力消耗大；(2) 不适宜于大型设备；(3) 粒子均匀性差

1. 喷雾干燥的特点

（1）蒸发面积大 料液被雾化后，液体的比表面积非常大。例如 1L 的料液可雾化成直径 $50\mu m$ 的液滴 146 亿个，总表面积可达 $5400m^2$。这样大的表面积与高温热空气接触，瞬时就可蒸发 95%~98%的水分。因此完成干燥时间很短，一般只需 5~40s。

（2）干燥过程液滴的温度较低 虽然采用较高温度范围的干燥介质（80~800℃），但其排气温度不会很高，因为液滴存在大量水分时，其温度不会超过热空气的湿球温度。对乳粉干燥为 50~60℃。因此非常适合热敏性物料的干燥，能保持制品的营养、色泽和香味。制品纯度高且具有良好的分散性和溶解性。

由于干燥是在密闭的容器中进行的。故不会混入杂质和污染，制品纯度高。根据工艺要求选择适当的雾化器，可使产品制成粉状或保持与液滴相近的球状，故制品的分散性、疏松性好，可以在水中迅速溶解。

（3）过程简单、操作方便，适宜于连续化生产 喷雾干燥通常适用于湿含量 40%~60%的溶液，特殊物料即使含水量高达 90%，也可不经浓缩，同样一次干燥成粉状制品。大部分制品，干燥后不需要粉碎和筛选，简化了生产工艺过程。对于制品的粒度、松密度及含水量等质量指标，可通过改变操作条件进行调整，且控制管理都很方便。干燥后的制品连续排料，结合冷却器和气力输送，可形成连续生产线，有利于实现大规模自动化生产。

喷雾干燥的主要缺点是：单位产品耗热量大，设备的热效率低。在进风温度不高时，一般热效率为 30%~40%；介质消耗量大，如用蒸汽加热空气，每蒸发 1kg 水分需要 2~3kg 蒸汽。

2. 喷雾干燥过程的过程原理

喷雾干燥过程也被认为是干燥空气加湿过程。在理想的绝热条件（假设没有热量损失），在液滴水分蒸发的过程中，干燥空气的温度将降低，但空气（干空气+蒸汽）的热含量保持不变，由空气中增加的水蒸气携带了干燥空气失去的能量。因此，在降温阶段，干燥空气的温度遵循等焓线。图1-3-31所示为喷雾干燥过程中干燥空气（理想的绝热条件）的湿度图。

图1-3-31　喷雾干燥过程中干燥空气（理想的绝热条件）的湿度图

为了产生热干燥介质，将环境中空气（$T_{环境}$）加热至所需的温度（$T_{进口}$），使热空气温度通常保持略高于雾化区所需的温度。此时，热空气的绝对湿度保持不变，但是其蒸气压（相对湿度）降低到非常低的程度，接近于零。如图1-3-31所示，水分可以一直蒸发直到空气达到饱和状态，沿等焓线到达露点温度。由于干燥产品的水分活度通常要减小到0.2以下，因此热空气的相对湿度需要保持在20%以下以满足最终干制品水分活度的要求，通过控制料液量调节空气出口温度，保证最终干制品水分活度，在干燥结束时，可以使干燥空气与干燥产品接近平衡态。

在喷雾干燥过程中，当液体食品物料以细小的液滴与干燥介质相互接触，发生湿热交换，水分迅速蒸发，使食品物料迅速干燥，如图1-3-32所示。对于料液的干燥，当降温速度足够快，食品没有足够的时间形成晶体，最终产品将处于玻璃态。当干燥液滴表面温度高于食品物料无定形成分T_g时，液滴颗粒与干燥室内壁接触会发生粘壁现象。特别是以小分子糖（蔗糖、葡萄糖、果糖等）为主要成分的干制品，当温度稍高于T_g时，容易从空气中吸潮，使粉粒黏附结块。为了获得良

图1-3-32　喷雾干燥传热和传质示意图

好的干制品质量，可以通过调节喷雾干燥器设计改进和高分子质量物料添加对食品物料的玻

璃化转变过程进行控制。图 1-3-33 所示为添加麦芽糊精后蜂蜜 T_g 变化情况。添加麦芽糊精后，蜂蜜样品的 T_g 有所升高，但仍然低于液滴温度，发生粘壁，可以进一步通过选择适合的喷雾干燥参数进行改进。

图 1-3-33　添加麦芽糊精后蜂蜜 T_g 变化情况

3. 按气流方向分类

按喷雾和气体的流动方向分类，干燥器可分为并流式、逆流式和混流式，其工作原理示意图如图 1-3-34、图 1-3-35、图 1-3-36 所示。

图 1-3-34　并流式喷雾干燥

（1）垂直下降并流型 1　（2）垂直下降并流型 2　（3）垂直上升并流型　（4）水平并流型

图 1-3-35 逆流式喷雾干燥

图 1-3-36 混流式喷雾干燥

（1）并流式喷雾干燥器 在干燥器内，液滴与热风呈同方向流动。由于热风进入干燥室内立即与喷雾液滴接触，室内温度急剧下降，不会使干燥物料受热过度，适用于热敏性物料的干燥，目前乳粉、蛋粉、果汁粉的生产，绝大多数都采用并流操作。图 1-3-34 中（1）（2）为垂直下降并流型，这种型式塔壁粘粉比较少。图中（3）为垂直上升并流型，这种型式要求干燥塔截面风速大于干燥物料的悬浮速度，以保证干料能被带走。由于在干燥室内细粒停留时间短，粗粒停留时间长，干燥比较均匀，但这种型式动力消耗较大。图中（4）为水平并流型，热风在干燥室内运动的轨迹呈螺旋状，以便与液滴均匀混合，并延长干燥时间。

（2）逆流式喷雾干燥器 在干燥器内，液滴与热风呈反方向流动。其特点是高温热风进入干燥室内首先与将要完成干燥的粒子接触，使其内部水分含量降到较低程度；物料在干燥室内悬浮时间长，适用于含水量高的物料的干燥。设计这类干燥器时，应注意塔内气流速度必须小于成品粉粒的悬浮速度，以防粉粒被废气夹带。这种干燥器常用于压力喷雾场合。

（3）混流式喷雾干燥器 在干燥器内，液滴与热风呈混合交错流动。其干燥特性介于并流和逆流之间。它的特点是液滴运动轨迹较长，适用于不易干燥的物料，食品工业中也有应用。但如果干燥器设计得不好，容易造成气流分布不均匀及内壁局部粘粉严重的现象。

4. 按生产流程分类

喷雾干燥也有多种形式，其中最基本的形式是开放系统，应用也最为普遍。此外，为了满足物料性质，制品品质以及防止公害等要求，还有封闭循环式喷雾干燥系统，自惰循环式喷雾干燥系统、喷雾沸腾干燥系统和喷雾干燥与附聚造粒系统。

（1）开放式喷雾干燥系统 所谓开放式喷雾干燥系统，是指干燥介质在这个系统中只使用一次就排入大气，不再循环使用。图 1-3-37 为该系统流程示意图。

图 1-3-37 开放式喷雾干燥系统
1—空气加热器 2—料泵 3—干燥塔
4—旋风分离器 5—成品罐 6—成品

　　为了使干燥塔内保持一定的负压（98~294Pa），防止粉尘外扬，系统中采用了两台风机，在风机入口处（或出口处）一般都装有调节阀，以便调整塔内压差。在食品工业上，乳粉、蛋粉、汤粉和其他许多粉末制品的生产都采用这种系统。

　　开放式喷雾干燥系统的特点是，设备结构简单，适用性强，不论压力喷雾，离心喷雾，气流喷雾都能使用。主要缺点是干燥介质消耗量比较大。

　　（2）封闭循环式喷雾干燥系统　该系统流程如图1-3-38所示。它的特点是，干燥介质在这个系统中组成一个封闭的循环回路，有利于节约干燥介质，回收有机溶剂，防止毒性物质污染大气。被干燥的料液往往是含有机溶剂的物料，或者是易氧化、易燃、易爆的物料，也适用于有毒的物料。因此，干燥介质大多使用相对惰性气体（如氮、二氧化碳等），从干燥塔排出的废气，经旋风分离器除去细微粒子，然后进入冷凝器。冷凝器的作用是将废气中的溶剂（或水分）冷凝下来。冷凝温度必须在溶剂最高允许浓度的露点以下，以保证冷凝效果。除去溶剂的气体经风机升压后，进入间接加热器加热后又变为热风，如此反复循环使用。

图 1-3-38　封闭循环式喷雾干燥系统

1—干燥塔　2—旋风分离器　3—加热器　4—冷热器

　　（3）自惰循环式喷雾干燥系统　如图1-3-39所示。该系统是封闭系统改进后的变型，也就是在这个系统中有一个自制相对惰性气体的装置。通过这个装置使可燃气体燃烧，除去空气中的氧气，将余下的氮和二氧化碳气体用作干燥介质，其中残留的氧量甚少，一般不超过4%。从干燥室出来的废气送入冷凝器，除去其中的大部分水分。由于具有自相对惰性过程，系统中必然产生过多气体，导致系统的压力升高，为了使系统中的压力能够平衡，在送风机的出口风道处必须安装一个放气减压缓冲装置，以便压力增高到一定值时，将部分气体排入大气。

　　该系统适用于下述情况的料液干燥：干燥制品只能与含氧低的空气接触，以免引起氧化或粉尘爆炸；从干燥系统出来的废气量要尽可能少，而且必须净化以防止空气污染。

　　（4）喷雾沸腾干燥系统　这种系统是喷雾干燥与流化床干燥的结合。它利用雾化器将溶液雾化，喷入到颗粒做激烈运动的流化床内，借助干燥介质和流化介质的热量，使水分蒸发、溶质结晶和干燥等工序一次完成。溶液雾化以后，尚未碰到流化床内原有颗粒以前，已部分蒸发结晶，形成了新的晶种，而另一部分在雾化过程中尚未蒸发的溶液，便与床中原有

图 1-3-39 自惰循环式喷雾干燥系统

1—干燥塔 2—旋风分离器 3—燃烧器 4—旁通出口 5—冷凝器

结晶颗粒接触而涂布于其表面，使颗粒长大，并进一步得到干燥，形成粒状制品。这种干燥方法适用于能够喷雾的浓溶液或稀薄溶液。

图 1-3-40 所示为用于干燥乳粉的喷雾沸腾干燥系统，其生产过程如下：浓缩后的浓乳由离心泵送至保温缸，高压泵将浓乳送入压力式喷嘴中进行雾化（压力为 $1.2 \times 10^5 \sim 1.5 \times 10^7 \mathrm{Pa}$）。新鲜空气经过滤后大部分由鼓风机送去与热风炉中的燃气进行热交换，变成 200 ~ 210℃的热空气，然后将热空气分成两路：一路从干燥塔顶部进塔，作为喷雾的干燥介质；另一路与辅助风机引进的补充冷风混合后从塔底进入，作为流化介质使用。干燥后的乳粉则从塔的中部

图 1-3-40 喷雾沸腾干燥系统

1—保温缸 2—高压泵 3—干燥塔 4—雾化器
5—旋风分离器 6—辅助风机 7—热风炉
8—送风机 9—燃料供给装置 10—烟囱

卸出，进入旋风分离器，分离出来乳粉落入收集桶。这种系统具有体积小，生产效率高等优点。

二、 接触干燥

被干燥的物料与加热面处于密切接触状态，蒸发水分的能量主要以传导方式进行的干燥称为接触干燥。接触干燥多为间壁传热，干燥介质可以选用蒸汽、热油或其他载热体，不像对流干燥那样必须加热大量空气，故热能的利用比较经济，但是被干燥物料的导热系数一般很低，如果被干燥物料与加热面接触不良，导热系数还会进一步降低。接触干燥的传热特性，决定了它仅适用于液状、胶状、膏状和糊状食品物料的干燥。

典型的接触干燥器是滚筒干燥器，按操作压力又可分为常压滚筒干燥和真空滚筒干燥。

（一）常压滚筒干燥

滚筒干燥器一般由一个或两个中空的金属圆筒组成。圆筒随水平轴转动，其内部由蒸汽或热水或其他载热体加热。当滚筒部分浸没在料浆中，或将料浆喷洒到滚筒表面时，因滚筒的缓慢旋转使物料呈薄膜状附在滚筒的外表面。筒体与料膜间壁传热的热阻，使其形成一定的温度梯度，筒内的热量传导至料膜，使料膜内的水分向外转移，当料膜表面的水蒸气压力超过环境空气中的水蒸气分压时，即产生蒸发和扩散作用。滚筒在连续转动过程中，其传热传质作用，始终由里至外，向同一方向进行。物料干燥到预期程度，用刮刀将其刮下。

图1-3-41为常压双滚筒干燥生产流程示意图。料膜干燥的全过程可分为预热、等速和降速三个阶段。料液成膜时为预热段，蒸发作用尚不明显。料膜脱离料液主体后，干燥作用开始，膜表面维持恒定的汽化速度。当膜内扩散速度小于表面汽化速度时，即进入降速干燥阶段。随着料膜内水分含量的降低，汽化速度大幅度下降。降速段的干燥时间占总时间的80%~98%。

图1-3-41　双滚筒干燥生产流程示意图

1—疏水器　2—皮带输送机　3—螺旋输送机　4—滚筒　5—料液高位槽　6—湿空气加热器
7—切换阀　8—捕集器　9—提升机　10—引风机　11—成品贮斗　12—包装计量

滚筒干燥器的加料方式，对料膜的形成、成膜厚度及其干燥特性；对干燥制品得率和品质都有直接影响，常用的加料方式如图1-3-42、图1-3-43所示。

1. 单滚筒干燥器的加料方式

（1）浸没加料　在滚筒底部装有浅碟形液槽，用以供给料液，滚筒部分浸没在料液中，使料液呈膜状附着在滚筒表面上。这种加料方法需借助溢流管使液面保持恒定，而且必须注意，浸没深度改变，液膜厚度就随之改变。此外，为了防止料液浓度的变化，在槽内还装有冷却盘管。

（2）洒溅加料　在滚筒底部装有料槽，其中还装有两个带有很多叶片的转筒，借转筒旋

图 1-3-42　单滚筒干燥器的加料方式

（1）浸没加料　（2）洒溅加料　（3）转筒加料　（4）侧向加料

图 1-3-43　双滚筒干燥器的加料方式

（1）中心加料　（2）浸没加料　（3）洒溅加料　（4）转筒加料

转以使叶片飞溅料液，附着在滚筒表面上。这种加料方式对黏度高的料液不适用。

（3）转筒加料　在滚筒上部装有 2~3 只转筒，在转筒与滚筒间分别供给料液，转筒的安装位置可以通过滑块机构调节，以使其处于干燥效果最好的位置。这种加料装置对糊状物质的干燥最为合适。

（4）侧向加料　在滚筒的上侧部位装有进料箱，用压紧机构压紧在滚筒表面上，在滚筒与进料箱的可动面上装有衬板，使液体密封。这种方式在进料箱中也进行蒸发，所以适用于低浓度和有结晶生成的液体。

2. 双滚筒干燥器的加料方式

浸没加料法和洒溅加料法与单滚筒干燥器相同，其他两种如下。

（1）中心加料　在滚筒上部装有加料箱。对于滚筒的旋转方向为内侧向下的情况，滚筒表面上附着的料液膜厚度由滚筒间的间隙来调节，可以自由控制，一般滚筒间隙控制在 0.5~1mm。当滚筒旋转方向为内侧向上时，其运转时间隙几乎为零，适用浓缩时有结晶析出的液体。

（2）转筒加料   在滚筒底部装有液槽，液槽内安装有两个转筒，转筒浸没在料液中，转筒与滚筒之间保持一定的间隙。当转筒的转速高于滚筒转速时，可在滚筒表面上形成厚的液膜，反之则形成薄的液膜。这种加料方法适用于浓度高、黏度高的料液。

滚筒干燥为筒壁传导加热干燥，滚筒直径一般为 0.5~1.5m，长度为 1~3m，转速为 1~5r/min，滚筒表面薄膜厚度为 0.1~1.0mm。处理物料含水量为 10%~80%，一般可干燥到 3%~4%，最低可达 0.5%左右。由于干燥时可直接利用蒸汽潜热，故热效率较高，可达 70%~90%。单位加热蒸汽耗用量为 1.2~1.5kg 蒸汽/kg 水。

常压滚筒干燥器，设备结构简单，热能利用经济，但要实现快速干燥，只有提高滚筒表面温度，因此要求被干燥物料在短时间内能够承受高温。滚筒干燥器与喷雾干燥器相比，具有动力消耗低，投资少，维修费用省，干燥温度和时间容易调节（可改变蒸汽温度和滚筒转速）等优点，但在生产能力、劳动强度和操作环境等方面则不如喷雾干燥器。

（二）真空滚筒干燥

为了处理热敏性较强的物料，可将滚筒密闭在真空室内，使干燥过程处在真空条件下，即构成真空滚筒干燥器。如图 1-3-44 所示。

图 1-3-44   真空滚筒干燥器结构示意图

（1）单滚筒式   （2）双滚筒式

1—滚筒   2—加料口   3—通冷凝真空系统   4—卸料阀   5—贮藏槽

图 1-3-45   带式真空滚筒干燥器示意图

1—通真空冷凝系统   2—成品出口   3—刮刀
4—进料装置   5—输送带   6—辐射加热单元

真空滚筒干燥器也有单滚筒和双滚筒之分。真空滚筒干燥器的进料、卸料和刮料等操作都必须在干燥室外部来控制，因此这类干燥成本比较高。对于在高温下熔化发黏，干燥后很难刮下，即使刮下也难以粉碎的物料，可使用刮料前先行冷却，使之成为较脆薄层的带式真空滚筒干燥器。如图 1-3-45 所示。

干燥器的左端与真空系统相连接，器

内的不锈钢输送带有两只空心滚筒支撑着并按顺时针方向转动。位于左边的滚筒为加热滚筒，有蒸汽通入内部，并以传导方式将移经该滚筒的输送带加热。位于右边的滚筒为冷却滚筒，有流动水通入内部进行循环，将移经该滚筒的输送带冷却。上下层输送带的侧部都装有红外线热源。供料装置连续不断地将料液涂布在下层输送带的底表面上，形成薄膜层。输送带从红外线接收辐射热后，以传导方式与料膜层进行热交换，使料膜内部产生水蒸气，汽化成多孔性状态后，由输送带移经加热滚筒传导加热，然后由红外线进一步辐射加热而迅速干燥，物料水分降至2%左右。当输送带移经冷却滚筒时，干料则因冷却而脆化，容易用刮刀刮下卸料。

这种干燥器非常适用于果汁、番茄汁浓缩液、咖啡浸出液等具有热黏结性，干燥后不易卸料、粉碎的食品，而且制品具有一定的速溶性，品质优良。

三、 冷冻干燥

冷冻干燥是一种特殊形式的真空干燥方法。一般的真空干燥，物料水分是在液态下转化为水蒸气的；而冷冻干燥，物料水分则是在固态下，即从冰晶体直接升华成水蒸气。因此，冷冻干燥又称为升华干燥。

冷冻干燥保留了真空干燥在低温和缺氧状态下干燥的优点，与对流干燥和接触干燥相比较，可以在不同程度上避免物料干燥时受到的热损害和氧化损害，以及水分在液态下汽化使物料发生收缩和失形，因而冷冻干燥后的食品能够最大程度保持原有的物理、化学、生物学和感官性质不变。加水复原后，可恢复到原有的形状和结构，且可长期保藏。

根据玻璃化转变理论，在冷冻干燥中，干燥温度低于玻璃化转变温度，食品处于玻璃态，干制品的干缩可以忽略不计，形成非常均匀的多孔性。在热风干燥中，干燥温度高于玻璃化转变温度，食品材料处于橡胶态，出现明显的干缩，因此热风干燥产生的食品致密而干瘪。

冷冻干燥主要具有以下特点：

（1）冷冻干燥时，物料处于低温和真空状态，特别适用于热敏性食品和易氧化食品的干燥，可以保留新鲜食品的色、香、味和维生素C以及其他营养成分。

（2）由于物料升华脱水之前，先经冻结处理形成了稳定的固体骨架，水分升华后，固体骨架基本维持不变，所以其干制品不会失去原有固体形状。物料中原水分存在的空间，又会使干制品形成多孔结构而具有非常理想的速溶性和快速复水性。

（3）由于物料中的水分在预冻以后，以冰晶的形态存在，原来溶于水中的无机盐被均匀地分配在物料之中，而升华时，溶于水中的无机盐就地析出。这样就避免了一般干燥方法中因物料内部水分向表面扩散时携带无机盐而造成的表面硬化现象。

（4）因物料处于冻结状态，水分升华所需热源温度不高，可采用常温或稍高于常温的加热载体即可满足要求。而且整个干燥设备往往不需要绝热处理，不会有很多热损失，所以热能利用率高。

（5）物料在低压下干燥，使物料中的易氧化成分不致氧化变质，同时因低压缺氧，能灭菌或抑制某些细菌的活力。

冷冻干燥的主要缺点是，操作要在高真空和低温下进行，投资费用和操作费用都很大，因而产品成本高。但由于冻干后产品质量减轻了，运输费用减少了；能长期储存，减少了物料变质损失；对某些农副产品深加工后，减少了资源的浪费，提高了自身的价值。因此，使真空冷冻干燥的缺点又得到了部分弥补。

（一）食品冷冻干燥的过程原理

1. 水的相平衡关系

水有三种聚集态（或称相态），即固态、液态和气态。三种相态之间达到平衡时必有一定的条件，称为相平衡关系，水的相平衡关系是研究和分析含水食品冷冻干燥过程原理的基础。

图1-3-46 水的相平衡示意图

图1-3-46为水的相平衡示意图。曲线 AC 为固态和液态的界限，称为熔解曲线或冰点曲线；曲线 AB 为液态和气态界限，称为汽化曲线或冷凝曲线；曲线 AD 为固态和汽态的界限，称为升华曲线或凝聚曲线。在上述每条曲线上，两相可同时存在。在上述三条曲线相交的公共点 A 上，三相可同时存在，称为三相点（其温度为0.01℃，压力为610Pa）。在 A 点以上，进行恒压下的温度变化，例如沿着直线 ab 变化，可以导致三种相态的变化；进行恒温下的压力变化，如从 c 点到 d 点会引起沸腾和气化。升华只有在三相点以下才可能发生，即在恒温（gh 线）下发生或在恒压（ef 线）下发生。

实际上，食品内的水分必然会溶有溶质而形成水溶液。水溶液冻结时将会形成低共熔混合物，其三相点相对较低，而且随溶质性质不同而不同。

2. 食品的冻结

纯水冻结，如有冰的晶核存在，便在略低于0℃（常压下）开始结冰，若无晶核存在，则必须冷却至-39℃先形成晶核后再逐渐成冰。由此可见，冻结过程的开始，成核是必要的条件。

食品的冻结主要是水溶液冻结。对于水溶液的冻结，要明确溶液中溶质含量有个界限，这个界限就是溶液的低共熔浓度。当水溶液的浓度低于低共熔浓度时，冷却的结果表现为冰晶的析出，冰点逐渐下降而余下溶液的浓度越来越高，在理论上达到低共熔浓度为止；当水溶液浓度高于低共熔浓度时，冷却结果表现为溶质的不断析出，余下的溶液浓度越来越低，理论上也达到低共熔浓度时为止。因此，任何浓度的溶液冷却到最后，得到的除冰晶和溶质结晶以外，便是固化了的低共熔混合物。

食品原料基本来源于生物系统。生物系统物料的成分和结构都很复杂，而且生物聚合物的组织在很大程度上取决于水同原子团对水分子的亲和力。大量实验证明，生物组织中的一部分水分，即使在极低的温度下也不可能转化成冰。这种水分与生物聚合物之间有密切的交互作用，它的性质与主体水分大不相同。例如，通过氢键作用与生物聚合物极性基团相连接的水分，存在于非极性基团周围被覆的结构水分。此外，在冷却过程中，那些能够凝固成无定形状态而又不是冰晶状态的水分，也可归属于不可冻水分，称为玻璃化水分。许多实验也表明，在生物物料的冻结的过程中，存在着一种玻璃体状态的过渡。而这种玻璃体状态过渡又与冷却速度等条件有关。冷却速度越快，玻璃体状态过渡越明显，所得无定形状态水分越多。反之，冷却速度越慢，玻璃体状态过渡越不明显，称为反玻璃体化现象。

生物物料冷冻时，生物细胞组织可能遭到破坏，而且细胞的破坏也与冷却速度有关。细胞的破坏表现为两种现象：

（1）机械效应 当细胞悬浮液被缓慢冷却时，冰晶开始出现于细胞外部的介质，于是细胞逐渐脱水，这种现象称为低温脱水收缩。而被快速冷却时，细胞内部发生结冰，而且冷却速度越快，形成的冰晶体就越小，如果是超速冷却，则细胞内部水分出现玻璃体化现象。形成的冰晶很大，将会对细胞组织产生严重的机械破坏，引起蛋白质变性，从而影响干制品的弹性和持水性，从这方面看，慢速冷却会形成大的冰晶，对冷冻干燥是不利的，但慢速冷却可使制品的多孔性好，升华时水蒸气容易逸出，干燥速度快。由此可见，选择冷却速度存在一个最适宜的范围。

（2）溶质效应 在冷却的最初阶段，水分的冻结会造成细胞间隙液体的浓缩，随之产生强电解质和其他溶质增浓，细胞内对离子的渗透性增加，因而细胞外离子便进入细胞，造成细胞膜破坏，并改变细胞内外的 pH。间隙液体溶质浓度越高，对细胞膜破坏越严重，但随着温度不断下降，破坏的速度也随之变慢。因此，溶质的破坏效应也必在某一温度下进行得最快，这一温度值应在冰点和全部间隙液体固化的温度之间。如果冷却时以较快的速度通过此温度之间的一段温度范围，那么溶质效应所产生的破坏效果可大大地减弱。

总的来说，生物物料的冻结，起决定作用的是冰晶的生长和细胞间液体的浓缩，关键是确定最佳的冷却速度，使机械效应和溶质效应的破坏程度降低到最小。冷却速度的快慢与采用的冻结温度有关，对多数食品物料一般采用-40～-30℃，对某些食品，为确保干燥，其温度还需要更低一些。

（二）食品冷冻干燥过程的传热和传质

真空冷冻干燥过程是水的物态变化和移动的过程。由于这种变化和移动是发生在低温低压下，所以真空冷冻干燥的基本原理就是低温低压下传热传质的机理。

进行冷冻干燥的必要条件是，既要提供冰晶升华所需要的热量，又要及时将升华出来的水蒸气除去，因此包括了传热和传质两个方面。

已冻结的食品物料，不论其冻结体为块状、片状、粒状或其他任何形状，升华总是在表面开始的，升华的表面积就是冻结体的外表面积。在升华进行过程中，水分逐渐逸出，留下不能升华的多孔固体状基体，于是升华表面就逐渐向内部退缩。因此，在整个升华过程中总是存在着一定的升华表面，它把物料固相内部分成两个区域。在升华表面的外部，绝大部分水分已经升华，物料已被干燥，称为已干层；在升华表面内部，升华尚未进行，水分含量仍保持其初始值，称为冻结层。

实际上，上述两层之间不会存在明显的界限，从已干层到冻结层，界面内外的水分含量有一个逐渐过渡的区域，称为过渡区，如图 1-3-47 所示。过渡区内不再有冰晶存在，但它的水分含量仍明显高于已干层的最终含水量。实验指出，过渡区是很薄的，如果冻结层的温度很低，没有发生共熔物的熔解，那么过渡区内就不会产生物质流动和结构破坏现象，界限也就比较明显。

图1-3-47 冷冻干燥物料中的水分分布

冷冻干燥时，若传给升华表面的热量等于从升华表面逸出水蒸气扩散所需的热量，则升华表面的温度和压力均达到平衡，升华正常进行。若供给的热量不足，冰的升华夺去了物料自身的热量而使升华表面的温度降低，相应的平衡压力也降低，干燥速率放慢，若升华表面温度降到低于冰晶体的饱和蒸气压（等于真空干燥室内的压力）相对应的温度，干燥则不能进行；提供足够的热量，可以加速干燥，但过度加热，逸出的水蒸气多于升华的水蒸气，多余的水蒸气便会聚集在升华表面，使其压力和温度升高，最终将可能导致制品熔化，还可能会引起：①物料溶液的自由沸腾，溶液中的挥发性芳香物质的损失增加；②起泡沫或充气膨胀；③液相沸腾的蒸气流带走一些颗粒而造成损失。总之使干制品品质下降。但有些食品（如草莓）能够承受有限度的夹层融化，这对加快干燥速度是有利的。因此就可以在开始熔解温度和允许熔解温度两个极限温度之间确定一个温度工作带，如图1-3-48所示。

图1-3-48 草莓冷冻干燥中允许的温度工作带

传导和辐射是冷冻干燥所采用的主要传热方式。传导传热主要是利用载热体流经加热板壁来实现的，使用的载热体有水蒸气、水、矿物油、乙二醇等。辐射传热可利用各种辐射热源直接向被干物料表面照射，常用的辐射热有近红外线、远红外线、微波等。

采用的传热方式不同，被干燥物料层中的传热和传质的相对方向也有所不同。如图1-3-49所示，一般有如下三种代表性的基本情形：一为传热和传质沿同一途径，但方向相反；二为传热经过冻结层，而传质经过已干层；三为热量从冰的内部发生，而传质经过已干层。

图中1-3-49（1）为一般辐射传热时发生的情况。辐射源向已干层表面照射加热，表面上获得的热量，再以传导方式通过已干层到达升华表面，被正在升华中的冰晶所吸收。升华出来的水蒸气也通过已干层向外逸出，到达外部空间。因此传热与传质方向是相反的，内部冻结层的温度则决定于传热和传质的平衡。由此可见，一般辐射传热的特点是：随着干燥时升华表面逐步向内部退缩，已干层越来越厚，传热阻力和传质阻力同时增大。图中（2）是接触传热时的情况。在干燥进行中，热量通过冻结层的传导到达升华表面，而升华的水蒸气，则通过已干层扩散至外部空间。因此传热和传质途径不一，而传递方向是相同的。界面的温度也决定于传热和传质的平衡。但是随着升华表面不断向内部退缩，已干层越来越厚，冻结层越来越薄，相应的传质阻力越

图 1-3-49　物料内部的传热和传质示意图
（1）一般辐射传热　（2）接触传热　（3）微波加热

来越大，传热阻力却越来越小。图中（3）是微波加热时的情况。微波加热时的热量发生在整个物料层内部，冻结层和已干层都要发热，不需要靠温度梯度作为推动力来传递热量，但由于这两层的介电常数，介质损耗不同，产生在冻结层的热量要多得多。故内部产生的热量被升华中的水分吸收，传质在已干层内方向是向外的。

冷冻干燥时，常用的供热方法与一般干燥设备基本相同，大都将物料放在浅盘或输送带上，以接受传导热或辐射热，但在真空条件下，水分以固态形式直接升华，传热、传质阻力都相当大，因此干燥特性也与一般干燥有很大不同。

（三）冷冻干燥设备的分类

从操作形式分，冷冻干燥设备又可分为间歇式和连续式。

（1）间歇式冷冻干燥设备　间歇式冷冻干燥设备适用于多品种、小批量生产，特别适合季节性强的食品生产，物料干燥时的温度和真空度易于控制，因此食品工业采用极为广泛。缺点是装卸料操作都要单独占有时间，设备的利用率低；要满足一定产量的要求，往往需要多台单机，并要配备相应的附属系统。

间歇式冻干设备中的干燥箱与一般的真空干燥箱相似，属盘架式。物料可在箱外先行冻结，而后装入箱内，也可在干燥箱内直接冻结。低温冷凝器（冷阱）可装在箱内，也可装在箱外自成系统。

图 1-3-50 为一种典型的间歇式冻干设备示意图。其冻结、抽真空、加热升华、冷凝除霜和制冷循环等操作都是单独而间歇地进行的，即冷阱与干燥室是分开的。操作时将欲干燥物料放入料盘后置入干燥室内，用图中右侧制冷系统进行冻结，冻结完毕后停止制冷剂循环。然后开始加热板加热，同时与冷阱接通，进行升华干燥作业。冷阱由图中左侧的制冷系统供冷，使升华出来的水蒸气在冷凝表面结霜。冷阱内的不凝结气体由真空泵抽出。

图 1-3-51 所示为一种内置冷阱的间歇式冻干设备。其特点是有两个冷阱交替进行冷凝和除霜。图中圆筒形干燥器内部的上方为干燥室，下方为冷凝室，中间由隔板隔开。隔板中间开有圆孔，通过下面的翼阀使干燥室交替与两个冷阱接通和关闭。两个冷阱的下面分别经控制阀门通向蒸汽发生器。该发生器内装有温度控制元件，能够将水温维持在一定范围内。发生器还装有溢流管，以控制规定液位。干燥操作中，当隔离翼阀处于图中所示实线位置时，左方的冷阱与干燥室相通而与蒸汽发生器隔绝，右方的冷阱与干燥室隔绝而与蒸汽发生

图 1-3-50　间歇式冻干设备示意图

1—冷凝器　2—膨胀阀　3—干燥室　4—水蒸气冷凝进口阀　5—冷阱　6—膨胀阀

7—冷凝器　8—制冷压缩机　9—热交换器　10—真空泵　11—制冷压缩机

图 1-3-51　两个内置冷阱的冻干设备示意图

1—料盘　2—隔板　3—隔离翼　4—冷凝管

5—隔离元件　6—控制器　7—温度控制元件

器接通。这时左方的冷阱进行冷凝过程，右方的冷阱进入融霜阶段。反之，隔离翼阀处于图中虚线位置时，左、右冷阱所处的过程与上述相反。两个冷阱根据需要可随时进行切换使用，因而可以在不停机的条件下，避免冷凝表面积霜过厚而使冷凝效率大大下降。

（2）连续式冷冻干燥设备　这种设备处理能力大，适合单品种生产，尤其适用浆液状、颗粒状食品物料的干制。整个生产过程连续，便于实现自动化。但设备复杂庞大，投资费用高。连续式冻干设备的结构，关键在于连续进料和卸料时，要保持干燥室内的真空状态不被破坏。因此连续式冻干设备必须装有密封装置，这种装置称为气塞，俗称闭风器。

图 1-3-52 所示为隧道式连续冻干设备。其干燥室由圆筒形的中央干燥室和断面比其大的扩大室两部分组成。沿干燥室全长内壁装有相互隔开的加热板，各加热板的温度根据需要可单独控制。

图中所示设备左端有进口闭风室，它通过阀门一侧与大气相通，一侧与冷阱相连接。闭风室与右面的干燥室之间装有闸式隔离阀。从扩大室向侧面伸出有出口闭风室，它与周围各部分的连接与进口闭风室相似。设备的右端通过隔离阀装有与扩大室连通的两个冷阱。

操作时，打开设备左方的门盖，将装好冻结物料的小车推入闭风室，此时通往干燥室的隔离阀处于关闭状态。然后关闭门盖，进行抽气。当进口闭风室的压力与干燥室的压力相等时，即可开启隔离阀，料车自动沿运送轨道进入干燥室，然后将隔离阀再行关闭。接着将进口端的真空阀关闭，打开接通大气的阀门，使进口闭风室处于通常的大气压力状态。至此便完成了第一车物料送入干燥室的过程。连续生产时，上述过程一直重复进行下去，直到干燥

图 1-3-52　隧道式连续冻干设备示意图

1—干燥箱　2—加热板　3—进口闭风室　4—出口闭风室　5—冷阱　6—阀门
7—真空泵　8—输送器轨道　9—加热板　10—物料入口　11—出料口

室内全部装满料车时，其开工装车过渡阶段方告结束。之后便开始左端装车和右端出车同时
进行的稳定连续生产阶段。

当料车在干燥室内一次次逐渐向右推进时，物料就受到室内加热元件的加热而不断升华
干燥。随着已干层的逐渐增厚，所需的加热量相应减少。因此在干燥室内，从进口到出口各
加热单元的温度是逐一下降的。

图 1-3-53 所示是包括物料冻结在内的全部连续式冻干设备。它由立式冻结室和卧式干
燥室两部分共同组合成为一个整体的密闭真空室。在冻结室和干燥室之间，通过隔板的下缘
间隙相互沟通。隔板的作用是防止两室之间冷量和热量传递过多，以及防止器内空气过度
对流。

（1）　　　　　　　　　　　　　　　（2）

图 1-3-53　冻结、干燥一体化的连续冻干设备示意图

（1）主真空室剖视图　（2）A-A 剖视图

1—冷却剂通道　2—冻结室　3—隔板　4—干燥室　5—红外线灯泡　6—输送带　7—蝶阀　8—冷阱　9—电动机

　　立式冻结室的壳体上环绕着螺旋形的冷却剂通道，冷却剂从下部进入，从上部引出。从冻结室上部装入的液体物料被充分雾化时，部分水分会立即蒸发而产生冷效应，再加上周围螺旋形通道中冷却剂的冷效应，雾滴温度就向冰点趋近，并迅速冻结成冰粒，向冻结室下方降落。为了保证充分快速冷冻，使雾滴形成密度很小的雪花状态，必须保持冻结室内的温度远远低于冰点，至少要达到-34℃，最好是-60～-40℃。冻结后的颗粒状物料落到下面的输送带上，并由输送带移向卧式干燥室，在干燥室内红外线灯泡的照射下进行加热升华。

　　升华干燥室的上方装有水蒸气排出管，排出管与干燥室交叉，管的两侧都接以冷阱，用两侧蝶阀的交替开启和关闭进行冷凝工作切换，以保持干燥操作的连续进行。

四、 辐射干燥

　　以辐射能为热源的加热方法，在食品的解冻、焙烤、杀菌和干燥生产中使用非常广泛。所谓辐射热是物体（辐射源）受热升温后，在其表面发射出的不同波长的电磁波。这些电磁波一部分被制品吸收而转化为热能，使制品升温并产生必要的物理、化学和生物学变化。辐射干燥就是使物料水分逸出的物理变化过程。

　　食品物料吸收、反射和被辐射线透过的能力与食品物料的性质、种类、表面状况及射线的波长等因素有关。对于一定性质和种类的食品物料，则主要取决于辐射线的波长。

　　辐射干燥有红外线干燥和微波干燥等方法，它们本质的区别在于选用的波长不同。

（一）红外线干燥

　　构成物质的分子总以自己固有的频率在振动着，若入射的红外线频率与分子本身固有的振动频率相等，则该物质就具有吸收红外线的能力。红外线被吸收后，就产生共振现象，引起原子、分子的振动和转动，从而就产生热而使物质温度升高。水、有机物和高分子物质具有很强的吸收红外线的能力，特别是水。因此，用红外线进行含水食品的干燥是非常合适的。又因为食品中很多成分在$3～10\mu m$的远红外区有强烈的吸收，所以食品干燥往往选择远红外线进行加热。

　　图1-3-54是远红外干燥器的示意图。由图可见，干燥器的壳体和输送装置与一般干燥设备差别不大，主要区别是加热元件不同。

图1-3-54　输送带式远红外干燥器示意图

1—侧面加热器　2—控制箱　3—排气口　4—铰链式上侧板　5—顶部加热器
6—底部加热器　7—链式输送带　8—驱动变速装置　9—插入式下侧板

　　远红外加热元件是辐射干燥器的关键部件，虽然种类很多，但一般都由三部分组成，即金属或陶瓷的基体、基体表面发射远红外线的涂层以及使基体涂层发热的热源。由热源发生的热量通过基体传导到表面涂层，然后由表面涂层发射出远红外线。热源可以是电加热器，也可以是煤气加热器或其他热源。

　　远红外加热元件按形状可分为灯状、管状和板状。如图1-3-55所示。食品行业主要采用金属管和碳化硅板加热元件。

图1-3-55　远红外加热元件示意图
(1)金属管状加热元件　(2)碳化硅板加热元件　(3)灯状加热元件
1—绝缘填充料　2—表面涂层　3—金属管　4—电阻丝　5—高辐射材料
6—低辐射材料　7—灯头　8—辐射体　9—反射罩

　　1. 金属管状加热元件

　　如图1-3-55（1）所示，管中央为一根绕线的电阻丝，管中间填有绝缘的氧化镁粉，管表面涂有发射远红外线的物质，电阻丝通电后，管表面温度升高，即发射远红外线。管内也可以不用电阻丝而用煤气加热。

　　2. 碳化硅板加热元件

　　如图1-3-55（2）所示，碳化硅是一种很好的远红外线辐射材料，故可直接制作辐射源，无须表面涂敷。但纯碳化硅材料不易加工，往往需要掺入助黏剂，而这样又影响碳化硅的性能。如果再在其表面涂一层高辐射材料，则加热效果更好。

　　远红外线加热具有加热迅速，吸收均一，加热效率高，化学分解作用小，食品原料不易变性等优点。远红外线加热已用于蔬菜，水产品，面制品的干燥，产品的营养成分保存率比一般的干燥方法有显著提高，并且时间大大缩短。另外，远红外干燥还兼有杀菌和降低酶活性的作用，产品的货架期明显延长。

（二）微波干燥

　　微波加热是一种新技术，利用微波作热源的干燥设备称为微波干燥器，它在食品工业中的应用在逐渐增多。

　　所谓微波是一种超高频的电磁波，其波长为0.001~1.0m，频率为300MHz~300GHz。采

用波导管可以把微波能按指定的路径进行
传输。

1. 微波干燥设备的组成和型式

微波干燥设备组成示意图如图 1-3-56
所示。它由直流电源、微波发生器、波导
管、微波干燥器及冷却系统等组成。微波
发生器由直流电源提供高压并转换成微波
能量，微波能量通过波导管输送到微波干
燥器对被干燥物料进行加热。冷却系统用
于对微波发生器的腔体及阴极部分进行冷
却，冷却方式可为风冷或水冷。

图 1-3-56　微波干燥设备的组成示意图

微波干燥器按被加热物料和微波场的
作用形式，可分为驻波场谐振腔干燥器、
行波场波导干燥器、辐射型干燥器和慢波
型干燥器等几大类。驻波场谐振腔干燥器，
食品生产较为常用。

图 1-3-57、图 1-3-58 为连续式谐振
腔干燥器的结构图，被干燥物料通过输送
带连续输入，经微波干燥后连续输出。由
于腔体的两侧有入口和出口，将造成微波
能的泄漏。因此，在输送带上安装了金属
挡板（图 1-3-57）。也有在腔体两侧开口
处的波导里安上了许多金属链条（图 1-3-
58），形成局部短路，以防止微波能的辐
射。由于加热会有水分蒸发，因此也安装
了排湿装置。

图 1-3-57　谐振腔干燥器示意图之一

图 1-3-58　谐振腔干燥器示意图之二

图 1-3-59 所示为多管并联的谐振腔式连续干燥器，功率容量较大，在工业生产上应用比较普遍。为了防止微波能的辐射，在设备的出口和入口处加上了吸收功率的水负载。

图 1-3-59　多管并联的谐振腔干燥器示意图

1—磁控管振荡源　2—吸收水负载　3—被加热物料　4—辐射器　5—传送带

图 1-3-60 是实际生产装置示意图。从微波发生器产生的微波由两根 25kW 的磁控管分配成两条平行的微波隧道，形成微波场干燥区。要干燥的物料由输送带送入微波场，同时加热至 87.7 ~ 104.4℃ 的热空气从载满物料的输送带（干燥区）的下部往上吹送，将干燥时蒸发出来的水分带走。两端吸收装置防止微波外泄。

该装置用于干燥土豆片，物料停留时间为 2.5 ~ 4min，产量可达 30 ~ 150kg/h。

图 1-3-60　土豆片微波干燥示意图

2. 微波干燥过程的特点

一般干燥方法的干燥过程是食品首先外部受热，表面干燥，然后是次外层受热，次外层干燥。由于热量传递与水分扩散方向相反，在次外层干燥时，其水分必须通过最外层，这样就对已干燥的最外层起了再复水的作用。随着过程的进行，里外各层就按照干燥–再复水–再干燥依次反复向内层推进。过程的特点是热量向内层传递越来越慢，水分向外层传递也越来越慢，因而食品内部特别是中心部位的加热和干燥成为干燥过程的关键。

微波加热是内部加热，微波干燥时，食品的最内层首先干燥，最内层的水分蒸发迁移至次内层或次内层的外层，这样就使得外层的水分含量越来越高，因此随着干燥过程的进行，其外层的传热阻力下降，推动力反而有所提高。因此在微波干燥过程中，水分由内层向外层的迁移速度很快，特别是在物料的后续干燥阶段，微波干燥显示出极大的优势。

与一般干燥方法相比，微波干燥有以下特点。

（1）干燥速度快　微波能深入到物料内部加热，而不只靠物料本身的热传导，因此物料内部升温快，所需加热时间短，只需一般干燥方法的 1/100～1/10 的时间就能完成全部干燥过程。

（2）加热比较均匀，制品质量好　物料内部加热，往往可以避免一般外部加热时出现的表面硬化和内外干燥不均现象，而且加热时间短，可以保留食品原有的色、香、味，维生素的损失大大减少。

（3）加热易于调节和控制　常规的加热方法，无论是电加热，还是蒸汽加热或热风加热，如要达到一定的温度，往往需要一段时间，但微波加热的惯性小，可立即发热和升温，而且微波输出功率调整和加热温度变化的反应都很灵敏，故便于自动控制。

（4）加热过程具有自动平衡性　当频率和电场强度一定时，物料在干燥过程中对微波的吸收，主要取决于介质损耗因数。水的损耗因数比干物质大，水分吸收微波能量自然也多，水分蒸发就快。因此，微波能量不会集中在已干部分，避免了干物质的过热现象，具有自动平衡的性能。

（5）加热效率高　微波加热设备虽然在电源部分及微波管本身要消耗一部分热量，但由于加热作用始自加工物料本身，基本上不辐射散热，所以热效率高，热效率可达到80%。同时，避免了环境高温，改善了劳动条件，也缩小了设备的占地面积。

微波干燥的主要缺点是电能消耗大。若从干燥的成本方面考虑，采用微波干燥与其他干燥方法相结合的方法是可取的。例如，如果采用热风干燥法，将食品的含水量从80%干燥到2%，所需加热时间为微波干燥时间的10倍。若两种方法结合使用，先用热风干燥把食品的水分降低到20%左右，再用微波干燥到2%，那么既缩短了全部采用热风干燥时间的3/4，又节约了全部采用微波干燥能耗的3/4。

🔍 思考题

1. 说明食品干燥过程中的传热与传质。
2. 说明干燥过程中食品物料的主要变化。
3. 常用的食品干燥有哪些方法？
4. 说明食品干燥过程中产生干燥速率下降的原因。
5. 说明对流干燥、喷雾干燥和接触干燥的种类。
6. 说明冷冻干燥的原理及其优点。

主要参考文献

［1］高福成．现代食品工程高新技术［M］．北京：中国轻工业出版社，1997.

［2］赵晋府．食品技术原理［M］．北京：中国轻工业出版社，2007.

［3］刘佩如．化工过程与设备［M］．北京：中国轻工业出版社，1994.

［4］沈再春．农产品加工机械与设备［M］．北京：中国农业出版社，1993.

［5］涂国材. 食品工厂设备［M］. 北京：中国轻工业出版社，1991.

［6］金国淼. 干燥设备设计［M］. 上海：上海科学技术出版社，1986.

［7］童景山. 流态化干燥工艺与设备［M］. 北京：科学出版社，1996.

［8］华泽钊. 食品冷冻冷藏原理与设备［M］. 北京：机械工业出版社，1999.

［9］赵鹤皋. 冷冻干燥技术［M］. 武汉：华中理工大学出版社，1990.

［10］张裕中. 食品加工技术装备［M］. 北京：中国轻工业出版社，1999.

［11］杨瑞. 食品保藏原理［M］. 北京：化学工业出版社，2006.

［12］赵丽芹. 果蔬加工工艺学［M］. 北京：中国轻工业出版社，2002.

［13］Kenneth J. Valentas, Enrique Rotstein, R. Paul Singh. Handbook of Food Engineering Practice［M］. CRC Press Boca Raton New York，1997.

［14］J. MoN. Dalgleish. Freeze-drying for the Food Industries［M］. The Universities Press Ltd. USA，1990.

［15］A. S. Mujumdar. Handbook of Industrial Drying［M］. MarceI Dekker Inc. New York，1995.

［16］M. A. Rao. Engineering Properties of Foods［M］. 2nd. Marecl Dekker Inc. New York，1995.

［17］Koelet P. C. Industrial Refrigeration：Principles，Design and Applications［M］. The Macmillan Press Ltd. London，1996.

［18］Romeo T. Toledo. Fundamentals of Food Process Engineering［M］. 2nd. van Nostrand Reinhold. New York，1991.

［19］R. Heldman，Daryl B. Lund. Handbook of Food Engineering［M］. Marcel Dekker Inc.，New York. 1992.

［20］Chen X. D.，Mujumdar Arun S. Drying Technologies in Food Processing［M］. Blackwell Publishing Ltd.，West Sussex，2008.

食品的辐照保藏

学习指导

　　本章介绍了食品辐照技术的概念、特点和发展历程，以及辐照技术在食品保藏领域的国内外研究现状和发展前景。从辐射的基本原理、食品辐照的化学效应和生物学效应等方面对食品辐照保藏原理进行了解析。列举了常用食品辐照装置的种类、结构及特点，介绍了食品辐照加工工艺流程，对食品辐照加工工艺参数和工艺剂量的具体涵义及确定原则进行了解释，并从食品的辐照灭菌、农产品的辐照发芽抑制、粮食虫害的辐照抑制、果蔬成熟的辐照延迟、畜禽肉类的辐照保鲜等方面展示了辐照技术在食品保藏中的应用，同时，基于国内外的研究成果，解释了辐照食品的毒理学安全性、营养安全性、微生物安全性、放射性安全性、感官质量安全性等问题，对辐照食品的卫生性和安全性给出了科学而客观的评价。

第一节　概述

一、　食品辐照技术的概念及特点

　　食品辐照是和平利用核技术的重要领域，是一种安全、卫生、经济有效的农产品和食品贮藏加工技术。联合国粮农组织（FAO）、国际原子能机构（IAEA）和世界卫生组织（WHO）积极鼓励和支持食品辐照技术的应用，食品辐照技术成为一门新兴的食品加工产业。

（一）食品辐照技术的概念

　　食品辐照技术是利用辐射源产生的 γ 射线，以及加速器产生的高能电子束辐照农产品和食品，利用电离辐射在食品中产生的辐射化学和辐射生物学效应，达到抑制发芽、推迟成熟、杀虫灭菌和改进品质等目的的食品储藏保鲜和加工技术。

（二）食品辐照技术的特点

　　1. 优点

　　（1）食品辐照技术采用具有较高能量和穿透力强的射线，能够穿透食品的包装材料和食品的深层，具有很强的灭杀害虫的杀菌能力。

（2）食品辐照是一种"冷处理"的物理方法，处理过程中升温极微，能够较好地保持食品的色、香、味，保持食品的新鲜状态和食用品质。

（3）食品辐照加工能耗低，节约能源。据国际原子能机构的统计分析，冷藏农产品每吨耗能 90kW/h，热处理消毒达 300kW/h，而农产品辐照灭菌保藏只需要 6.3kW/h，辐照巴氏消毒每吨仅为 0.76kW/h，与传统的加热和冷藏处理相比，可节约能耗 70%~90%。

（4）辐照加工不污染食品，无残留、无感生放射性，卫生安全。

（5）辐照技术具有加工成本的比较优势，尽管初期基本建设投入较多，但运行成本较低，能够获得较好的经济回报。

（6）辐照技术加工效率高，可实现精确控制和连续作业，自动化程度高。

2. 缺点

（1）敏感性强的食品和经高剂量照射的食品可能会发生不愉快的感官性质变化，因此，辐照保藏技术不适用于所有的食品，应用时具有选择性。

（2）一般情况下，辐照不能使酶完全钝化。

（3）能够致死微生物的剂量对人体来说是相当高的，所以必须做好工作人员的安全防护工作，要对辐射源进行充分遮蔽，必须经常对照射区和工作人员进行严格的监测检查。

二、 食品辐照技术的发展历程

食品辐照技术的发展可以追溯到 100 多年前人类发现 X 射线和铀的天然放射性，先后经历了放射性现象的发现、辐射化学和生物学效应研究、辐照加工工艺研究、辐照食品的卫生安全性评估、食品辐照的加工工艺研究、食品辐照的技术经济可行性研究、食品辐照市场开发和商业化应用等过程。

（一） 食品辐照技术的开创阶段 （1895—1949 年）

自 1895 年德国物理学家伦琴发现 X 射线后，1896 年人类第一次提出了 X 射线对病原细菌的致死作用，1899 年证实了 X 射线对寄生虫有致死作用。随着研究的逐步深入，人们提出了辐照技术应用于食品保藏的设想。但由于原子能在 20 世纪 50 年代以前主要用于军事目的，食品辐照的研究并没有进入实际应用。

（二） 食品辐照技术研究和开发阶段 （1950—1969 年）

第二次世界大战后，利用射线辐照保藏食品的研究和应用才有了实质性的开始。在国际和平利用核能的大背景下，国际上多个国家开展了食品辐照杀虫、辐照杀菌、抑制发芽、延长食品货架期等方面的研究。1969 年，由联合国粮农组织（FAO）、国际原子能机构（IAEA）、世界卫生组织（WHO）等组成的 FAO/IAEA/WHO 联合专家委员会，讨论了"辐照食品的卫生安全性和推广应用问题"，会议暂定批准辐照小麦及其制品和辐照马铃薯可供人食用。这是辐照食品的卫生安全性第一次得到国际组织的暂定认可，对推动食品辐照在国际范围内的研究起了积极作用。

（三） 辐照食品卫生安全性和技术经济可行性研究阶段 （1970—1988 年）

20 世纪 70 年代国际上掀起的反核运动，一定程度上影响了食品辐照的发展。鉴于辐照食品的安全性问题已成为制约食品辐照技术商业化发展的主要障碍，一些国际组织和各国政府加强了辐照食品卫生安全性的研究。1976 年，FAO/IAEA/WHO 辐照食品联合专家委员会

（JECFI）审查并批准了 8 种（类）辐照食品可作为商品供一般食用。1980 年，FAO/IAEA/WHO 辐照食品联合专家委员会提出"任何食品辐照保藏其平均吸收剂量最高达 10kGy 时，不会有毒害产生，用此剂量处理的食品可不再要求做毒理学实验"。1983 年，国际食品法典委员会（CAC）通过《辐照食品通用国际标准》和附属的技术法规。世界卫生组织将辐照技术称为"保持和改进食品安全性的技术"，并鼓励食品辐照技术的应用。

（四）食品辐照法规的协调和商业化阶段（1989 年至今）

20 世纪 90 年代，食品辐照技术的商业化进程不断加快。1997 年，FAO/IAEA/WHO 高剂量食品辐照研究小组明确指出超过 10kGy 剂量的辐照食品也是卫生安全的。2003 年 5 月，在美国芝加哥召开了第一届世界食品辐照大会，共有来自 22 个国家的代表出席了会议，推动了食品辐照和贸易在全球的发展。2003 年 7 月，国际食品法典委员会（CAC）通过了修订后的《国际辐照食品通用标准》和《食品辐照加工工艺国际推荐准则》，从而在法规上突破了食品辐照加工中 10kGy 的最大吸收剂量的限制，允许在不对食品结构的完整性、功能特性和感官品质发生负面作用和不影响消费者的健康安全性的情况下，食品辐照的最大剂量可以高于 10kGy，以实现合理的辐照工艺目标。

三、食品辐照技术的现状及展望

食品辐照以减少农产品和食品的损换、提高食品质量、控制食源性疾病等独特的技术优势，越来越受到国际重视。据国际原子能机构统计，目前，世界上有 52 个国家至少批准了一种辐照食品，其中有 33 个国家进行了食品辐照的商业化应用，已批准的辐照食品包括新鲜水果和蔬菜、香辛料和脱水蔬菜、肉类和禽产品、水产品、谷物和豆类产品，以及一些保健食品。食品辐照技术在控制食源性疾病的发生、减少农产品产后损失、延长货架期、改进农产品质量等方面具有广泛的应用前景。辐照食品的工业化和商业化应用规模将会更大，品种、数量将会更迅速地增加。辐照食品工艺、辐照食品检测、辐照食品标准和规范及国际贸易法规等将会更趋于完善。

我国农产品和食品辐照研究始于 1958 年，主要应用于粮食的辐照保藏。到 2004 年底，全国工业规模 γ 辐照装置已超过 73 座，实际装源量约为 30MCi。全国辐照加工用电子加速器 72 台，总功率近 4400kW。我国已先后开展了辐照马铃薯、洋葱、大蒜、蘑菇、板栗、蔬菜、水果、畜禽肉及其制品、水产品、鲜蛋、酒和中成药、中药材等的试验研究，取得了一大批科研成果。至 1994 年，我国卫生部已批准了 18 种辐照食品和卫生标准，1996 年颁布了《辐照食品管理办法》。1997 年又公布了 6 大类食品的辐照卫生标准，制定和颁布了 17 个辐照食品加工工艺标准。辐照食品的卫生标准和加工工艺标准的制定，使我国辐照食品的标准化体系逐步形成，同时辐照食品的加工处理也纳入了法制化管理的轨道，为我国辐照食品标准和商业化实践与国际接轨、确保辐照食品质量符合国际贸易的基本准则、促使食品辐照行业健康发展创造了良好的条件。

第二节　食品辐照保藏的原理

一、辐射的基本原理

辐射是一种能量传输的过程，主要包括无线电波、微波、红外线、可见光、紫外线、X射线、γ射线和宇宙射线。根据辐射对物质产生的不同效应，辐射可分为电离辐射和非电离辐射，其中在食品辐照中采用的是电离辐射。

（一）电离辐射

通常把具有足够大的动能，能引起物质原子、分子电离的带电粒子称为直接电离粒子，如电子、质子、α粒子等；凡是能间接使物质释放出直接电离粒子的不带电粒子称为间接电离粒子，如中子、X射线、γ射线等。电离辐射是由直接电离粒子、间接电离粒子或由两者混合组成的任何辐射。在电离辐射中，仅有γ射线、X射线和电子束（EB）辐射用于食品辐照。

1. γ射线和X射线

γ射线和X射线是电磁波谱的一部分，位于波谱中短波长的高能区，具有很强的穿透力。电磁波谱具有波粒二相性。不同类型的电磁辐射的能量计算如下：

$$E = h\nu = \frac{hc}{\lambda} \tag{1-4-1}$$

式中　E——光子能量；

　　　h——普朗克常数（6.63×10^{-34} J·s）；

　　　ν——辐射频率，Hz；

　　　c——光速（3×10^8 m/s）；

　　　λ——波长。

γ射线是放射性核素由高能态跃迁到低能态时放出的光子流，在食品辐照中采用的放射性核素为 ^{60}Co 和 ^{137}Cs。X射线由X射线机产生，通常光子能量分布较宽。X射线和γ射线具有非常高的频率（$10^{16} \sim 10^{22}$ Hz），因此能量很大，穿透能力很强。

2. 电子束辐射

电子束辐射由加速到很高速度的电子组成，因而能量很高。运动粒子的能量大小可用下式计算：

$$E = \frac{m_0 c^2}{\sqrt{1 - \dfrac{\nu^2}{c^2}}} - m_0 c^2 \tag{1-4-2}$$

式中　E——粒子能量；

　　　m_0——粒子的静止质量；

　　　ν——粒子达到的速度；

　　　c——电磁辐射的速度（3×10^8 m/s）。

电子加速器把电子加速到足够的速度时，电子就获得了很高的动能。高能电子束的穿透

能力不如 γ 射线和 X 射线，因此适用于进行小包装或比较薄的包装食品的辐照。事实上，其他的基本粒子在加速器的作用下也能达到很高的能量水平，但在食品辐照中应用的粒子辐射只有电子束辐射。

（二）辐照源

用于食品辐照保藏的辐射源有放射性核素、电子加速器和 X 射线发生器。

1. 放射性核素

在选择放射性核素时，必须考虑半衰期，半衰期越短，在单位时间内放射出的射线越多。放射性核素可以是天然存在的，但绝大多数是人工制造的。最常用的 ^{60}Co 和 ^{137}Cs 都是人工放射性核素（图 1-4-1）。

图 1-4-1　^{60}Co 和 ^{137}Cs 辐射源衰变图

^{60}Co 的半衰期为 5.25 年。在衰变过程中每个原子核放出一个 β 粒子和两个 γ 光子，最后变成稳定同位素 ^{60}Ni。由于 β 射线能量较低，穿透力弱，因此对受辐射物质的作用很小。而两个 γ 光子具有中等的能量，穿透力很强。

^{137}Cs 的显著特点是半衰期长，但其 γ 射线的能量低，仅 0.66MeV，穿透力也弱，而且为粉末状化合物，防护安全性不如 ^{60}Co 大，分离的费用高，因此，使用不如 ^{60}Co 广泛。

2. 电子加速器

电子的静止质量为 $9.1 \times 10^{-28}g$，而在其速度接近光速时，能量会迅速提高，达到可利用的程度（表 1-4-1）。

表 1-4-1　　　　　　　　　　　电子速度与电子能量

电子速度/（10^5m/s）	电子飞行速度达到光速的理论分率/%	电子能量/MeV
1.1	36.6	0.05
2.6	86.7	0.5
2.82	94.06	1
2.985	99.57	5
2.994	99.869	10

　　电子加速器是利用电磁场作用，使电子获得较高能量，将电能转变为辐射能，产生高能电子射线的装置。电子射线又称电子流、电子束，其能量越高，穿透能力就越强。电子加速器产生的电子流强度大，剂量率高，聚焦性能好，并且可以调节和定向控制，便于改变穿透距离、方向和剂量率。加速器可在任何需要的时候启动与停机，停机后既不再产生辐射，也没有放射性污染，但加速器装置造价高。辐照加工中常用的电子加速器产生的电子能量一般在 0.2~10MeV。

　　电子束与 γ 射线不同，虽然电子密度大，但穿透力弱，射程短，可用以下的经验公式计算：

$$R = 0.542E - 0.133 \qquad 0.8MeV < E < 3MeV \qquad (1-4-3)$$
$$R = 0.407E^{1.38} \qquad 0.15MeV < E < 0.8MeV \qquad (1-4-4)$$

式中　R——电子的射程，g/cm^2；

　　　E——电子的能量，MeV。

　　电子在密度为 ρ（g/cm^3）的物料中的穿透深度 $I = R/\rho$（cm）。一般以电子射程的 2/3 作为照射的适宜厚度。如作双侧照射可增加适宜厚度，并能使能量的利用率达到最高。不同能量的电子穿透深度和照射的适宜厚度如表 1-4-2 所示。

表 1-4-2　　　　　　　　　不同能量电子穿透深度和照射的适宜厚度

能量/MeV	穿透深度/cm	照射的适宜厚度/cm	
		单侧	双侧
1	0.5	0.3	0.9
2	1.0	0.6	1.7
4	2.0	1.2	3.5
6	3.0	1.9	5.1
8	4.0	2.5	7.0
10	5.0	3.1	8.9

　　由表可知，即使采用 10MeV 的电子束，其穿透深度与 γ 射线相比也是有限的，因此，电子射线一般只作表面处理，大体积物料的内部辐射还需用 γ 射线进行。

　　3. X 射线发生器

　　X 射线发生器是采用高能电子束轰击重金属靶（如金靶），电子被吸收，其能量的一小部分转变为短波长的电磁射线（X 射线），剩余部分的能量在靶内被消耗掉。由于能量转换率一般不高，如 0.5MeV 的电子束转化率仅 1%，2MeV 的为 5%，3MeV 的为 14%，而且能量构成中含有大量低能部分，因此，一般认为不宜用于食品辐照。

（三）辐射剂量

　　辐射剂量是物质被辐射时吸收的辐射能量。食品辐照的微观机理就是电离辐射把能量传递给受照物质，通过电离辐射与物质的相互作用，在被照射的食品内部引起物理、化学以及生物学的各种变化。这种变化的程度与电离辐射的量之间存在着某种联系。

1. 照射剂量

照射剂量是指 X 射线或 γ 射线在单位质量的空气中产生的全部次级电子被完全阻留在空气中时所产生的同一符号离子的总电荷量，表示 X 射线或 γ 射线在空气中电离能力的大小。照射剂量的符号为 X，定义（图 1-4-2）为：在质量 dm 的一个体积元空气中，由于光子释放出的所有次级电子全部被阻止时，在空气中产生的全种符号的电荷总电量的绝对值 dQ 除以 dm 而得的商。即：

$$X = \frac{\mathrm{d}Q}{\mathrm{d}m}$$

图 1-4-2　照射剂量的定义

照射剂量是描述 X 射线或 γ 射线在空气中辐射的性质，即辐射场的强度。因此，照射剂量不适于其他类型的辐射，也不适于其他介质。

照射剂量的国际单位为库仑/千克（C/kg），尚无国际专用名称，以前曾用伦琴（R），现已废除。

$$1R = 2.58 \times 10^{-4} \text{ C/kg}$$

单位时间内的照射剂量称为照射剂量率（$\dot{X}$），即：$\dot{X} = \mathrm{d}x/\mathrm{d}t$，单位为 C /（kg·s）。

2. 吸收剂量

吸收剂量是当电离辐射与物质相互作用时，用来表示单位质量物质吸收电离辐射能量大小的物理量，用 D 表示，定义（图 1-4-3）为：吸收剂量（D）是致电离辐射授予某一体积元物质的平均能量 dE 除以该体积元中物质的质量 dm 所得的商。即：

$$D = \frac{\mathrm{d}E}{\mathrm{d}m}$$

图 1-4-3　吸收剂量的定义

吸收剂量的概念适用于各种电离辐射，包括 X 射线、γ 射线、α 射线、β 射线等，也适用于各种介质，包括空气、生物组织和其他物质。

吸收剂量的国际单位为焦耳/千克（J/kg），国际专用名称为戈瑞（Gy）。1Gy = 1J/kg，表明 1Gy 的吸收剂量就等于 1kg 的受照物质吸收 1J 的辐射能量。曾用单位为拉德（rad），已废除。1Gy = 1J/kg = 100rad。

单位时间内的吸收剂量称之为吸收剂量率（$\dot{D}$），即：$\dot{D} = dD/dt$，单位为 Gy/s。

3. 剂量当量

物质（人体）某点处受照射后的生物学效应与其所接受的能量有关。剂量当量是从生物学效应角度引入的物理量，用 H 表示。剂量当量主要考虑了不同类型辐射所引起的生物效应的不同，其定义为剂量当量是指吸收剂量与必要修正系数的乘积，即：

$$H = QND \tag{1-4-5}$$

式中　Q——品质因素，与辐射类型和射线性质有关，例如，X 射线、γ 射线和高速电子为
　　　　　　1，α 射线为 10；

　　　N——修正因子，通常指沉积在体内放射性物质的不均匀分布，导致生物效应的偏差，
　　　　　　因而需要修正。目前国际辐射防护会（ICRP）规定，外源照射的 N 为 1。

剂量当量的国际单位是希沃特（Sievert，Sv），曾用单位为雷姆（rem）。当 Q 和 N 都等于 1 时，1Sv = 1J/kg = 100rem。

单位时间的剂量当量称为剂量当量率（$\dot{H}$）。在辐射防护的测量中，使用更多的是剂量当量率。

二、 食品辐照的化学效应

辐射对食品中的化学成分的效应与食品直接接受的辐照剂量、辐照条件和环境条件等因素有关。因此应根据食品种类和辐照工艺的不同，选择合适的辐照工艺来取得有益的效果。

（一）水的辐照效应

水是生命物质的主要成分，是辐照在机体中引起电离的主要物质。生物分子辐照损伤主要是水辐照产生的自由基与生物分子反应的结果。

在辐射作用下首先是食品中的水分子发生电离作用，生成离子、激发分子和次级电子，主要包括：①水合电子（e_{aq}^-）；②羟基自由基（OH·）；③氢自由基（H·）。水的辐照分解反应途径如下：

e_{aq}^-、OH·、H· 等水辐解中间产物进一步发生反应或扩散到溶液中，与溶质分子发生反应。射线对水的电离作用会在射线径迹周围形成离子柱，离子柱中自由基是分层排布的，OH· 主要在内层，H· 则主要分布在外层。

由于自由基分层明显，所以，产生下列反应的概率很大：

$$OH \cdot + OH \cdot \longrightarrow H_2O_2$$
$$H_2O_2 + OH \cdot \longrightarrow H_2O + HO_2 \cdot$$

在有氧存在时，则发生下列反应：

$$H \cdot + O_2 \longrightarrow HO_2 \cdot$$
$$HO_2 \cdot + H \cdot _2 \longrightarrow H_2O_2$$

自由基都具有一个或几个不配对电子，其化学性质极不稳定，容易与周围物质发生作用，形成所谓自由基损伤。自由基很容易与脂肪、蛋白质及其他生物大分子起作用，产生明显的辐射效应，一般把通过水的辐射引起的其他物质的化学变化称为辐照的"间接"效应或"次级"效应。正常干燥的食品和配料、脱水食品或通过冰冻而固定水分的食品，由于缺少"自由水"都不会显著产生这种"间接"的辐照效应，而是电离作用与食品组分间发生的"直接"效应。

（二）蛋白质的辐照效应

1. 氨基酸和蛋白质

电离对结晶氨基酸只有直接作用，但对氨基酸溶液则兼有直接和间接作用。采用较大剂量辐照处理食品时，结构简单的 α-氨基酸在水溶液中发生的辐射分解反应主要是去氨基作用和脱羧作用，产物有 NH_3、CO_2、H_2、胺、醛等。具有巯基或二硫键的含硫氨基酸对辐射更为敏感，分解产生 H_2S、单质硫或其他硫化物，从而导致大剂量照射后含硫氨基酸食品产生异味。

食品中的蛋白质较之纯蛋白质更不易被辐照所影响。蛋白质的生理活性不仅取决于一级结构，同时还取决于高级结构，而维持高级结构的次级键如氢键等的键能较弱，容易受到破坏。不同种类的蛋白质对辐照的敏感性及反应各不相同，食品蛋白质受到辐照会发生脱氨、脱羧、交联、降解、巯基氧化、释放硫化氢等一系列复杂的化学反应，由此导致蛋白质的结构、功能及物理性质的改变，例如溶液黏度、溶解度、电泳性质、吸收光谱、酶促反应、—SH基团裸露和免疫学特性的变化。辐射化学反应不仅与蛋白质本身的组成、结构、浓度有关，而且与环境中盐类、pH、含氧量等因素也相关。

2. 酶

辐照处理可以使酶的分子结构发生一定程度的变化，但在目前采用的剂量范围内进行的辐照处理对食品组分的作用是比较温和的，只会引起酶的轻微失活。含有活性酶的食品，如鲜肉、鱼、禽，需要进行高剂量辐射消毒处理以便长时间常温保存时，必须在辐射消毒之前采用热处理使酶失活。采用辐照处理钝化酶尚不如其他灭酶方法有效。

（三）脂类的辐照效应

辐照引起的脂肪变化可分为自动氧化和非自动氧化。脂肪或脂肪酸照射后会发生脱羧、氧化、脱氢等作用，产生氢、烃类、不饱和化合物等（图1-4-4），其主要作用是使脂肪酸长链中的C—C键发生断裂。

辐照诱导的自动氧化过程与无辐照时的自动氧化非常相同，但是辐照加速了此过程。通常情况下，饱和脂肪对辐照稳定，不饱和脂肪容易发生氧化。自动氧化产生的自由基的类型和衰变速率受到温度的影响。这些自由基在辐照后相当长的时间内会继续与 O_2 发生反应形成过氧化物，进而产生醇、醛、醛酯、酮、含氧酸等十多种分解产物。辐照期间与辐照以后在无氧的环境中是发生非自动氧化反应，分解产物包括 H_2、CO_2、CO、烃和醛等。

图 1-4-4　脂类的辐照分解

（四）糖类的辐照效应

食品物料中的碳水化合物又称糖类。一般而言，碳水化合物对辐照处理相当稳定，只有在大剂量辐照处理下，才引起氧化和分解。

低分子糖类在进行辐照时，不论是在固态或液态，随辐照剂量的增加，都会出现旋光度降低、褐变、还原性及吸收光谱变化等现象。水合电子与葡萄糖在水溶液中的反应较慢，OH·与葡萄糖反应是从 α-位置抽氢，在无氧、大剂量照射时，会生成一种酸式聚合物，有氧存在时不产生聚合物。

多糖辐照后会发生糖苷键的断裂，淀粉和纤维素被降解成较小的单元。在低于 20kGy 的剂量照射下，淀粉粒的结构几乎没有变化，但直链淀粉、支链淀粉、葡聚糖的分子断裂，碳链长度降低。例如，直链淀粉经 20kGy 的剂量辐照后，其平均聚合度从 1700 降至 350；支链淀粉的链长会减少到 15 个葡萄糖单位以下。果胶辐照后也会断裂成较小单元。多糖类辐射能使果蔬纤维素松脆，果胶软化。

（五）维生素的辐照效应

在水溶性维生素中，维生素 C 与维生素 B_1 对辐射最敏感，而烟酸对辐射十分稳定；脂溶性维生素中维生素 E 较敏感，而维生素 K 较稳定。维生素的辐射稳定性一般与辐照时食品组成、气相条件、温度及其他环境因素有关。一般而言，食品中的维生素要比单纯溶液中的维生素稳定性强。大部分维生素对热、光、氧和辐射有不同的反应，如表 1-4-3 所示。

表 1-4-3　　　　　　　　　　维生素对各种因素的敏感性

维生素	热	氧	光	电离辐射
水溶性维生素类				
维生素 C	○	＋＋	＋	＋＋
维生素 B_1	＋＋	○或＋	○或＋	＋＋
维生素 B_2	○	○	＋＋	○
烟酸	○	○	○	○或＋
泛酸	＋	○	○	○
维生素 B_6	○	○或＋	＋	＋
生物素	＋	○	○	○

续表

维生素	热	氧	光	电离辐射
叶酸	+	+	+	○
维生素 B$_{12}$	○	+	+	＋＋
胆碱	○	+	○	○
脂溶性维生素类				
维生素 A	○或+	+	+	＋＋
β-胡萝卜素	○或+	+	+	+
维生素 D	○	○或+	○	○
维生素 E	○	＋＋	○	＋＋
维生素 K	○	○	+	○或+

注：○为稳定，+为有较强的敏感性，＋＋为有很强的敏感性。

三、 食品辐照的生物学效应

食品中的生物有机体在接受一定剂量的辐照后表现出辐射效应，包括形态和结构的改变、代谢反应的改变、繁殖作用的改变等。辐射效应与生物细胞体的特性，尤其是与其复杂性有关，不同生物的致死剂量范围如表 1-4-4 所示。

表 1-4-4　　　　　　　　　　不同生物机体的辐射致死剂量

生物类型	剂量/kGy	生物类型	剂量/kGy
高等动物及人类	0.005~0.010	芽孢细菌	10~50
昆虫	0.1~1	病毒	10~20
非芽孢细菌	0.5~10		

生物演化程度越高，机体组织结构越复杂，对辐射的敏感性就越高，如动物的辐射敏感性高于植物，微生物类更低。藻类因结构简单，因此很耐辐射。昆虫也耐辐射，但比单细胞生物敏感得多。

（一）DNA 的辐射损伤

DNA 影响着生物体的发育、生长、繁殖、遗传等生命过程，是非常重要的生物大分子，极易受到射线本身及水辐解自由基的攻击。DNA 的辐射损伤主要包括碱基的损伤、核糖的损伤、核酸的交联等。

碱基的损伤主要由辐射的间接作用引起，其中又主要是 OH· 的原因。OH· 约有 80% 攻击碱基，20% 攻击核糖。对糖基的攻击造成了戊糖开环和磷酸酯键的断裂，引起 DNA 链的断裂，并释放出无机磷酸和碱基。

辐射交联可以发生在 DNA 分子之内，也可以发生在 DNA 分子之间或 DNA 与蛋白质之间，是辐射损伤的又一方式。通常认为 DNA 与蛋白质的交联是 DNA 中的碱基与蛋白质中的氨基酸残基之间形成了共价键。

（二）微生物的辐射效应

微生物在受辐射后将发生以下作用，首先，在受辐射的前期，微生物的 DNA 迅速降解，随后开始减慢，DNA 降解的程度取决于辐照量，辐照量越高，降解程度越大。在低剂量范围内，DNA 降解的程度与辐照量几乎呈线性；其次，辐照后微生物 DNA 的合成受到干扰抑制，有氧存在时的抑制比无氧存在时大；第三，辐射后微生物 DNA 的修复合成发生错乱，残留未修复的 DNA 和错误修复是导致微生物个体死亡的重要原因。此外，大剂量辐照能使微生物的特异基因非特异地降解，这些降解扰乱了转录过程。

（三）昆虫

昆虫对辐射相当敏感。辐射对昆虫的一般破坏效应是：致死、缩短寿命、延迟羽化、不育、减少孵化、发育迟缓、减少进食和呼吸障碍。在昆虫成虫前的各个生命阶段中进行辐照可以引起昆虫不育：由辐射卵发育而来的幼虫，不会发育成蛹；由辐照发育而来的成虫产生不育。例如，70Gy 可使果蝇的产卵期推迟 4d，而且大部分不能孵化；0.14Gy 照射成年果蝇能使产下的卵不能孵化；0.56Gy 能使果蝇绝育；1.7Gy 能使成年果蝇致死。不同昆虫的辐射敏感性相差也很大（表 1-4-5）。

表 1-4-5　　　　　部分贮粮害虫的 γ 射线致死剂量和不育剂量

种类	致死剂量/Gy				成虫不育剂量/Gy
	卵	蛹	幼虫	成虫	
谷象	40	112	40	153~205	80~100
四纹豆象	30	50	60	1705	60
玉米象	40	—	40	112	75~100
锯谷盗	96	145	86	206	100~153
杂拟谷盗	4.4	145	52	128	100~175
赤拟谷盗	109	250	105	212~345	200

（四）植物

植物性食品物料的辐射效应作用主要体现在以下方面：①抑制发芽。电离辐射抑制植物器官发芽的机理在于辐射对植物再生组织的破坏，核酸和植物激素代谢受到干扰，以及核蛋白发生变性。②调节呼吸与后熟。跃变型果实经适当剂量辐照处理后，一般都表现为后熟过程被抑制、呼吸跃变后延等现象。③辐射与乙烯代谢。不论是跃变型或非跃变型果实，辐射都会对乙烯的产量产生瞬时性的促进，从而使呼吸程度加强，释放更多的 CO_2。呼吸增强的程度因果实的种类、成熟度和辐射剂量而异。但这种增强极为短暂，随即减弱。辐射剂量较低的，乙烯的生成量再次上升，达到顶峰后又下降。乙烯的变化与呼吸的变化基本是吻合的。高剂量辐射后，乙烯不再生成，呼吸也表现出紊乱。④辐射与组织褐变。植物组织褐变是辐射损伤最明显、最早表现的症状，属于酶褐变，即氧化酶对酚类物质催化作用的结果。即使在低剂量范围（50~400Gy），褐变程度也随剂量而增高，并因植物品种、产地、成熟度等的不同而不同。

（五）动物

不同动物之间的辐射敏感性相差很大，低等动物的敏感性比哺乳动物低得多。表 1-4-6 是某些动物的 $LD_{(50/30)}$ 值。

表 1-4-6　　　　　　　　　　部分动物的 $LD_{(50/30)}$ 值

动物种类	$LD_{(50/30)}$/Gy	动物种类	$LD_{(50/30)}$/Gy
鼠	2.5	麻雀	8.0
狗	3.35	兔	8.0
鹅	3.50	龟	15.0
小鼠	5.2~6.0	鲫鱼	18.0
猴	4.0~6.0	金鱼	23.0
鸡	6.0	蝶蜋	30.0
仓鼠	6.1	蜗牛	80.0~200.0
蛙	7.0	变形虫	10^3
大鼠	7.5	豆形虫、草履虫、纤毛虫	$3.0×10^3$

注：$LD_{(50/30)}$ 是生物急性照射致死的专用剂量值，在此剂量下照射的生物群体在 30d 内约有 50% 死亡。

第三节　食品辐照保藏的应用

一、食品辐照加工装置

辐照装置主要由辐射源、产品输送系统、安全系统、控制系统、辐照室及其他辅助设施等组成，核心是处于辐照室内的辐射源与产品输送系统。

（一）γ射线辐照装置

γ射线辐照装置的辐射源通常采用 ^{60}Co 和 ^{137}Cs。典型的 γ 射线辐照装置的主体是带有很厚水泥墙的辐照室，主要由辐射源升降系统和产品传输系统组成。辐照室中间有一个深水井，安装了可升降的辐射源架，在停止辐照时辐照源降至井中安全的储源位置。辐照时装载产品的辐照箱围绕辐照源架移动以得到均匀的辐照。辐照室混凝土屏蔽墙的厚度取决于放射性核素的类型、设计装载的最大辐照源活度和屏蔽材料的密度。

目前使用的 γ 射线辐照装置基本上都是固定源室湿法储源型 γ 射线辐照装置。目前的辐照方式有动态步进和静态分批两种，前者采用产品辐照箱传输系统，产品辐照与进出辐照室时辐射源始终处于辐照位置；而后者在产品采用人工进出辐照室，产品堆码、翻转时，辐射源必须降到贮藏位置。典型的柜式传输多道步进辐射装置如图 1-4-5 所示。

（二）电子束辐照装置

电子束辐照装置是指用电子加速器产生的电子束进行辐照、加工处理产品的装置，包括

图 1-4-5　柜式传输多道步进辐照装置示意图

电子加速器、产品传输系统、辐射安全连锁系统、产品装卸和储存区域，供电、冷却、通风等辅助设备，控制室、剂量测量和产品质量检验室等。辐照加工用加速器主要是指能量高于 150keV 电子束的直流高压型和脉冲调制型加速器。由于电子加速器产生的电子束具有辐射功率大、剂量率高、加工速度快、产量大、辐照成本低、便于进行大规模生产等优点，越来越受到食品辐照研究领域的关注。

（三）X 射线辐照装置

利用加速器产生的高速电子轰击重金属靶而产生高能 X 射线，可以较好地利用加速器的可控性和无放射源的特点，同时，与穿透能力较弱的电子束相比，X 射线更适合应用于体积和密度较大食品材料的辐照处理。

具有一定动能的电子束打击在重金属靶上会产生穿透力很强的 X 射线。3MeV 电子产生的 X 射线与 ^{60}Co 产生的 γ 射线具有相似的穿透性能。X 射线的空间分布不像 ^{60}Co γ 射线那样均匀地呈 4π 立体角发射，而略倾向前方，因此，产品传输系统的设计较简单，辐照效率也较高。用一台 5MeV、200kW 高频高压发生器作为电子束与 X 射线两用辐照装置，设计示意图如图 1-4-6 所示。

食品辐照法规规定用于食品辐照的 X 射线的能量不能超过 5MeV，为了提高 X 射线的允许能量，研究了用 7.5MeV X 射线辐照食品是否会在食品中产生放射性，结果是否定的。该研究结果有可能导致法规的修改，提高 X 射线辐照食品的能量上限。

图 1-4-6　X 射线辐照转换系统及传输体系

二、 食品辐照加工工艺

利用电离辐射，按照规定的工艺规范对食品进行辐照，使产品获得适宜的辐射剂量并产生特定的辐射效应，以达到某种技术要求或提高食品卫生品质的措施和方法，称为辐照加工工艺。

（一）食品辐照工艺参数

辐照加工中辐照装置的主要工艺参数是加工能力、辐照效率与吸收剂量不均匀度。

1. 加工能力（Q）

加工能力是指辐照装置在一定时间内能够处理的产品量，可用式（1-4-6）表示：

$$Q = \frac{3600P\varepsilon}{D_e}(\text{kg/h}) \tag{1-4-6}$$

式中　P——辐射功率，kW；

ε——辐射效率，即辐射时的辐射能量利用率；

D_e——实现某种辐射处理所需要的最低有效剂量，但通常采用总体平均剂量，kGy。

2. 辐照效率（ε）

辐照效率是指辐照一定时间间隔内经辐照的全部产品中吸收的产生辐射效应所需的能量（E_0），即 D_0 与所处理产品质量的乘积，辐射源发射的总能量（E_s）中所占的比例，即：

$$\varepsilon = \frac{E_0}{E_s} \tag{1-4-7}$$

3. 吸收剂量不均匀度（U）

吸收剂量不均匀度是反映辐照质量的一个指标，为特定工艺辐照下全部产品中最大吸收剂量（D_{max}）与最小吸收剂量（D_{min}）的比值，即：

$$U = \frac{D_{max}}{D_{min}} \tag{1-4-8}$$

吸收剂量不均匀度反映产品吸收剂量分布的不均匀程度，U 值越大越不均匀。

辐射效率与剂量不均匀度都取决于辐射源的种类及其穿透能力、辐射源与产品间的几何位置，并与产品组成、大小、密度等，但两者效果有时是相反的。为提高辐照效率可以采用多种方法，如增大产品的照射面积，增加产品的厚度或多道传送，提高产品的密度，减少辐照源与产品间的距离。但增加辐照源周围产品的数量和厚度或减少辐照源与产品间的距离常常会使 U 值增大，而为降低 U 值只有在水平方向与垂直方向增加产品的层次，在增加照射通道的同时不断换位和换层，才能实现高辐照次序下的均匀照射。

（二）食品辐照工艺流程

食品辐照加工工艺流程如图 1-4-7 所示。

（三）食品辐照推荐剂量

国际食品辐照顾问小组（ICGFI）根据食品辐照应用的剂量不同，将剂量划分为低剂量辐照（10Gy~1kGy）、中剂量辐照（1~10kGy）和高剂量辐照（10~50kGy）。

1. 低剂量食品辐照

低剂量辐照用于抑制鳞茎和块茎作物发芽，以及控制一些寄生虫和害虫。在 20~150Gy 的剂量范围内，辐照处理可以影响植物组织的生物活性，抑制作物发芽。在 0.1~1kGy 的剂

图 1-4-7　食品辐照工艺流程

量范围内，辐照可以影响植物组织中酶的活性。在 0.2~1kGy 的剂量范围内，辐照处理可以防止谷物、豆类、干果、脱水产品等食品的害虫危害，杀灭害虫或阻止害虫生殖和发育。

2. 中剂量食品辐照

中剂量辐照用于降低食品中的微生物群体以延长其货架期，也可用于延迟果蔬的成熟和衰老。根据产品的不同，新鲜肉类产品、海产品以及新鲜的蔬菜和水果可以在 1~10kGy 的剂量范围内辐照，以延长货架期。

3. 高剂量食品辐照

采用高于 10kGy 的剂量辐照处理，若包装适宜，可使产品在非冷藏条件下长期保存。高剂量辐照不但能杀灭细菌、霉菌和酵母菌，而且可以杀死细菌芽孢。但高剂量辐照会对食品的感官品质或食品中的敏感成分产生影响。

（四）食品辐照工艺剂量

工艺剂量是食品辐照过程中为在产品内产生预期辐射效应、达到辐照质量要求所规定的剂量范围或剂量限值。最低有效剂量（D_e）是指在食品辐照时为达到某种辐照目的所需的最低剂量，即工艺剂量的下限值。最高耐受剂量（D_t）是在食品辐照时不会对食品的品质和功能特性产生危害的最高剂量，即工艺剂量的上限值。

产品中剂量分布因产品而异，原则上都应控制在工艺剂量上限与工艺剂量下限之间。开发与实施某项产品的辐照工艺必须经过一系列实验，建立在一定条件下吸收剂量与辐照物品中产生所需效应之间的关系，确定实现该效应所需的剂量水平和剂量限值，即工艺剂量水平和工艺剂量限值。在生产过程中产品所吸收的剂量应处于工艺剂量限值范围内，而工艺剂量又不能超过法定剂量限值（图 1-4-8）。

产品中辐照剂量分布原则上都应控制在工艺剂量上限与工艺剂量下限之间。国际食品辐照顾问小组（ICGFI）已制定一系列技术文件，规定了食品辐照的推荐剂量范围，成为各国食品辐照主管部门制定食品辐照工艺标准的基本依据。中国已制定的有关食品辐照的法定剂量和辐照工艺剂量范围如表 1-4-7 和表 1-4-8 所示。

图 1-4-8 工艺剂量与限制剂量

表 1-4-7 中国辐照食品卫生标准

产品种类及国标编号	辐照处理目的	总体平均剂量/kGy
豆类谷类及其制品 GB 14891.8—1997	控制生虫	≤0.2（豆类） ≤0.4~0.6（谷类）
干果果脯类 GB 14891.3—1997	控制生虫、减少损失，延长储存期	0.4~1.0
熟畜禽肉类 GB 14891.1—1997	灭菌、延长保质期	≤8.0
冷冻分割畜禽肉类 GB 14891.7—1997	杀灭沙门氏菌	≤2.5
干香料 GB 14891.4—1997	杀菌、防霉、延长保质期	≤10
新鲜水果蔬菜类 GB 14891.5—1997	抑制发芽、贮藏保鲜、延缓后熟、延长保质期	≤1.5
花粉 GB 14891.2—1994	保鲜、防霉、延长储存期	≤8
猪肉 GB 14891.6—1994	灭活旋毛虫	≤0.65

表 1-4-8 食品和农产品辐照工艺规范

产品种类及国标编号	辐照处理目的	最低有效剂量 D_{t}/kGy	最高耐受剂量 D_{t}/kGy
豆类 GB/T 18525.1—2001	杀虫	0.3	2.5（1）
谷物 GB/T 18525.2—2001	杀虫	0.3	0.5~1
红枣 GB/T 18525.3—2001	杀虫	0.3	1
枸杞干、葡萄干 GB/T 18525.4—2001	杀虫	0.75	3（2）
干香菇 GB/T 18525.5—2001	杀虫 防霉	0.7 0.3	2 8（5）
桂圆干 GB/T 18525.6—2001	杀虫 防霉	0.4 6.0	9

续表

产品种类及国标编号	辐照处理目的	最低有效剂量 D_e/kGy	最高耐受剂量 D_t/kGy
空心莲 GB/T 18525.7—2001	杀虫	0.4	4（2）
速溶茶 GB/T 18526.1—2001	杀菌	4	9
花粉 GB/T 18526.2—2001	杀菌	4.0	8.0
脱水蔬菜 GB/T 18526.3—2001	杀菌	4	10
香料、调味品 GB/T 18526.4—2001	杀菌 含菌 $1×10^6$（$1×10^7$）个/g	4.0（6.0）	10
熟畜禽肉 GB/T 18526.5—2001	杀菌	4	8
糟制肉 GB/T 18526.6—2001	杀菌	4	8
冷却分割肉 GB/T 18526.7—2001	杀虫、杀菌	1.0　1.5	4
苹果 GB/T 18527.1—2001	保鲜	0.25	0.8
大蒜 GB/T 18527.2—2001	抑制发芽 收获后2个月（5个月）	0.05（0.08）	0.2
通用技术要求 GB 18524—2016	对各类食品的辐照工艺规定明确的概念和技术要求		

注：带括号的剂量值为设定的工艺剂量上限值。

三、 辐照技术在食品保藏中的应用

食品辐照处理的目的主要是杀菌、灭虫、抑制食物原料的生理劣变，辐照剂量的大小取决于食品的种类、辐照目的和要求，过量的辐照会损害食品的品质并产生安全隐患。

（一） 食品的辐照灭菌

食品辐照灭菌分为选择性辐照灭菌（radurization）、针对性辐照灭菌（radicidation）和辐照完全灭菌（radappertization）。选择性辐照灭菌不是破坏全部细菌，而是允许一些细菌存活，但细菌的生长不应该在食品保质期内造成食品的腐败。针对性辐照灭菌是杀灭食品沙门氏菌、单核细胞增生李斯特氏菌、大肠杆菌 O157 等病原微生物和寄生虫，又称辐照巴氏杀菌（radiopasteurization）。辐照完全灭菌是利用辐照处理杀灭或破坏食品中出现的所有腐败微生物。

1. 辐照剂量与灭菌效应

杀灭食品中所有微生物所需的辐射剂量并没有一个绝对的数值，辐射剂量与食品的初始染菌量、食品特性及微生物种类等因素有关。表征辐射灭菌剂量的重要概念是 D_{10} 值，即在某一特定条件下（温度、气氛、pH 等）下使细菌群体降至 10% 所需的处理剂量。假设食品的初始染菌数目为 N_0，在食品辐照中杀死 100% N_0 所需的剂量在实际操作中难以达到，因此采用杀死 90% N_0 的细菌所需要的剂量。

在电离辐射处理的情况下，使细菌群体 N_0 降至 N 所需的剂量可表示为：

$$D = D_{10} \lg \frac{N_0}{N} \qquad (1-4-9)$$

D_{10} 值反映了微生物对辐照的敏感性，也称为钝化系数。D_{10} 值越小，细菌对辐射就越敏感。微生物对辐照的敏感性，在同属、同种间乃至不同菌株间变化幅度都非常大，这一点和热力杀菌及药物杀菌的情况相同。一般情况下，细菌芽孢的抗性比营养型细菌强；在不产芽孢的细菌中，革兰氏阴性菌对辐照比较敏感。真菌属于真核细胞，构造比较复杂，酵母的辐照抗性比霉菌强，部分假丝酵母的抗性与细菌芽孢相同，霉菌的辐照抗性接近无芽孢细菌或比芽孢细菌和无芽孢细菌弱。

2. 影响微生物辐照敏感性的因素

（1）温度　微生物的辐照钝化剂量随照射温度而有较大变化。在常温范围内，对灭菌效果影响不大，如 γ 射线对肉毒梭菌的芽孢在 0~65℃ 辐照，温度对杀菌效果影响不大。如果在低温状态下，则钝化剂量随温度降低而增大，菌体更耐辐照，这是因为低温下限制了辐照产生的自由基的扩散，减少了与酶分子相互作用的机会。例如，在 -78℃ 下对金黄色葡萄球菌进行辐照时，其 D 值是常温时的 5 倍；在 -96℃ 下用 γ 射线照射肉毒梭菌时的 D 值是 25℃ 时的 2 倍。高温下照射由于高温与辐照协同作用，微生物加速死亡，例如肉毒梭菌 25℃ 时的 D 值为 3.4kGy，95℃ 时为 1.7kGy。需要说明的是，微生物对辐照的敏感性与对热的敏感性无关。

（2）氧　分子态氧的存在对辐照灭菌效果影响显著。一般情况下，灭菌效果因氧的存在而增强，这种现象称为氧效应。纯氧环境下的 D 值与纯氮环境下的 D 值之比称为氧增效比（m），大肠杆菌的 m 为 2.9，弗氏志贺氏菌 m 为 2.92。细菌芽孢在空气环境中对射线的敏感性也大于在真空和含氮环境下的敏感性。但在稀溶液中，氧的增强作用很小，因为氧是自由基的良好清除剂。

（3）水分活度　细胞的含水量对其辐射抗性有很大影响。在干燥状态下，辐照生成的自由基失去了水的连续相而不能移动，辐照的间接作用受到抑制。因此，随着水分活度的下降，D 值有增大的趋势。

（4）环境因素　环境酸度对微生物辐照抗性的影响不大，例如，枯草杆菌的芽孢在 pH 2.2~10.0，蜡样芽孢杆菌在 pH 5.0~8.0，辐照抗性没有明显差异。复杂食品介质中细菌的抗辐照性较强。化学物质对辐照的影响较大，有些对菌体有保护作用，有些可促成其死亡。有机醇类、L-半胱氨酸、抗坏血酸钠、乳酸盐、葡萄糖、氨基酸等食品成分能降低辐照的灭菌效果，一般认为这是因为上述物质消耗了氧而使氧效应消失或捕捉了活性强的自由基。1-萘酚、马来酸、无机卤素化合物等可增强辐射的灭菌作用。

（5）辐射剂量与方式　对于修复能力强的微生物，低剂量或分次照射会降低致死效率，提高耐辐照能力；对于干燥的细菌及芽孢，剂量分次给予将增加致死效应，这是辐照产生的大量自由基和氧效应协同作用所造成。

（二）农产品发芽的辐照抑制

大蒜、马铃薯、洋葱等鳞茎或块根类植物采收后有休眠的特性，在休眠期生长暂停。休眠过后就会发芽，马铃薯发芽后产生具有毒性的龙葵素；洋葱一经发芽就会将储存于鳞茎的营养物质转供叶片生长，致使洋葱营养价值降低，甚至大量腐烂；大蒜萌芽后则开始散瓣、干瘪。采用辐照处理已成为抑制鳞茎和块根类作物发芽的一种非常成熟的技术，而且无化学残留。国际食品辐照顾问小组（ICGFI）1991 年制定了《抑制鳞茎与块根类作物发芽的辐照工艺规范》。鳞茎和块根类作物在收获后和处于休眠期立即进行辐照，抑制发芽非常有效。0.15kGy 甚至更低的辐照剂量能够有效抑制马铃薯、洋葱、大蒜、生姜和板栗发芽，产品辐照后可以在高于冷藏温度的条件下保藏，不会对产品产生不良的影响。然而，抑制发芽的辐照剂量对微生物的作用很小，不能控制由于微生物腐败等原因造成的损失，需要通过调节温度、湿度和通风条件等因素加以控制，以保证产品在储存过程中的良好品质。

（三）粮食虫害的辐照抑制

谷类和豆类害虫的危害造成粮食贮藏期间的损失，并导致质量安全问题。辐照是控制粮食虫害的有效手段。例如，高于 1kGy 的中等剂量范围的辐照处理能够立即或在短期内杀死谷物和豆类作物中具有较强辐照抗性的害虫（如蛾、螨和某些甲虫），但较高剂量通常会引起产品质量方面的问题。采用低于 1kGy 剂量的亚致死剂量辐照，如 0.5kGy 剂量可使害虫立即丧失生殖能力，除辐照抗性最强的鳞翅目种外，所有害虫都会在几周内死亡。即使对于鳞翅目害虫，在辐照后如果能产生后代，也全部表现为不育。辐照后幸存下来的成虫，其取食能力已被削弱，对粮食产品的危害大大降低。

通常根据不同害虫对辐照的敏感性决定适宜的辐照剂量。昆虫的辐射敏感性表现为鞘翅目>蜱螨目>鳞翅目。在卵和幼虫期昆虫对辐照敏感，此阶段可以采用较低剂量达到辐照效果，避免过高剂量对粮食品质的影响。小麦、小麦粉辐照杀虫的适宜剂量为 0.15～1.0kGy，大米为 0.1～1.0kGy。根据国内外大量研究结果，我国在辐照豆类、谷类及其制品的卫生标准中规定控制豆类生虫的辐照剂量≤0.2kGy，控制谷类生虫的辐照剂量为 0.4～0.6kGy。

（四）果蔬成熟的辐照延迟

辐照处理能够调节果蔬的生理代谢，降低呼吸作用，延缓成熟与衰老。目前新鲜果蔬的辐照处理通常采用低剂量辐照。例如，在水果生理成熟阶段和完熟之前进行低剂量（0.25～1.0kGy）辐照，能够延缓香蕉、芒果、番木瓜、菠萝、草莓等水果的成熟和过熟，并且具有杀灭害虫、控制生理性腐败、延缓衰老的效果，过高的辐射剂量反而会破坏果品的组织而加速熟化。芒果和木瓜等转跃期水果要经过临界成熟到成熟之间短暂的过渡，采用 0.25～0.5kGy 剂量的辐照可以使这种过渡延迟数天。

蘑菇是一种食用真菌，收获后其生理性腐败包括菌盖开裂和褐变，干缩，采用低于 1kGy 的剂量可将食用蘑菇菌盖开裂及严重变色延迟数天；1～2kGy 的辐照剂量可抑制蘑菇的破膜与开伞，减少表面锈斑，保持新鲜色泽。辐照后在 10℃ 以下保藏效果更好。

（五）畜禽肉类的辐照保鲜

控制新鲜畜禽肉产品中的微生物和病原菌的方法包括减少或消灭食品中的微生物、降低或减缓微生物的生长发育等，为保证畜肉制品的品质和风味，通常采用选择性辐照灭菌或针对性辐照灭菌。一般情况下，3kGy 以内的剂量能够保证辐照肉类的卫生安全，延长肉类货架期的剂量范围通常在 1～2.5kGy。应尽可能采用低辐照剂量，过高剂量辐照会导致肉类产生辐照异味。

新鲜畜禽肉产品中的寄生虫包括弓形虫、旋毛虫、绦虫等，辐照能够破坏和干扰寄生虫的生长和繁殖。辐照对寄生虫的效应与寄生虫的种类和辐照条件等因素有关，通过辐照可降低寄生虫的致病性，延缓寄生虫的发育或导致寄生虫的死亡。采用高剂量（4～6kGy）辐照能够杀死肉类中的寄生虫，但对产品的感官性状产生不利影响；低剂量的辐照能够抑制寄生虫的生殖功能和发育成熟。肉类产品的辐照杀虫与杀菌所需要的辐照剂量不同，通常采用1kGy 以上的辐照剂量能够控制肉类产品中寄生虫对人体健康的危害。

第四节　辐照食品的卫生性与安全性

利用食品辐照的化学效应和生物学效应，一方面能够杀灭害虫、腐败微生物和病原菌，延长货架期，另一方面，也可能会对所处理的食品带来一定的生物、化学和物理变化。这些变化有无潜在的毒性，是否符合食品营养和卫生标准，直接关系到消费者的健康和食品辐照技术的发展。目前，辐照食品卫生安全性问题主要包括：①毒理学安全性；②营养安全性；③微生物安全性；④放射性安全性；⑤感官质量安全性等。

一、　辐照食品的毒理学安全性

辐照食品的毒理学安全性评价遵循食品毒理学评价试验程序。首先采用动物喂养试验的形式，进行急性毒性试验、遗传毒性试验、亚慢性毒性试验、慢性毒性试验。在动物试验获得安全性结论的基础上，科学审慎地进行人体食用试验。

近50 年来，英国、美国、法国、德国、日本、加拿大、澳大利亚、瑞典等许多国家的相关研究机构进行了 25~50kGy 的辐照食品喂养动物试验，通过大量长期与短期动物喂养试验，观察分析试验动物的生长发育、行为能力、血液学、病理学、繁殖与致畸等指标，没有发现辐照食品产生毒性反应及致畸、致癌、致突变现象。此外，用辐照饲料饲养家畜以及用辐照食品长期饲养有免疫缺陷的动物，也未发现有任何病理变化。20 世纪 70 年代，中国国家科学技术委员会组织开展了全国范围的辐照农产品及其制品动物毒理试验研究项目，完成了慢性毒理试验、多代繁殖试验、致畸试验和诱变试验等，检测多种辐照农产品及其制品的生物效应，没有发现与辐照农产品及其制品相关的毒理学反应。在动物试验的基础上，美国、英国、法国、丹麦、澳大利亚等世界许多国家进行了较大规模的辐照食品的人体食用试验，结果表明食用辐照食品对人体未产生任何有害影响。

评价辐照食品毒理学安全性的另一个方法是食品辐射化学的研究，即鉴定分析食品的辐射分解产物的方法，又称为化学准许法（chemiclearance）。大量研究表明，食品辐照并未形成足够量的具有毒理作用的任何物质。

动物喂养试验、人体试食试验和化学准许法的研究结果均显示，未发现辐照食品对动物和人体造成毒理学反应。1980 年，FAO/WHO/IAEA 联合专家委员会正式宣布"用 10kGy 辐照的任何食品都是安全的，可以不再做毒理学试验"的结论。随后，各国对 10kGy 以上的辐照食品的安全性也进行了广泛的研究，1997 年，FAO/WHO/IAEA 联合专家组得出"从毒理学的角度考虑，高于 10kGy 的辐照剂量将不会导致对人体健康产生危害的食品成分的变化"。

二、　辐照食品的营养安全性

辐照的化学效应是引发辐照食品营养安全性问题的主要因素。本章第二节分析了辐照对食品中水分、碳水化合物、蛋白质、脂肪、维生素等主要营养成分的影响，结果显示，与冷藏、干燥、高温等食品保藏技术相比，适宜剂量的辐照处理并不会对食品的营养价值产生显著影响，辐照食品具有可接受的营养价值。

低剂量（低于 1kGy）用于食品辐照，营养损失非常微小；在中等剂量范围（1~10kGy），如配合使用抽真空或降氧技术，可以防止辐照所导致的维生素损失；在高剂量范围内（10~50kGy），为防止食品中脂肪的氧化和自氧化过程，以及蛋白质的氧化、脱羧、交联等作用影响食品的感官质量变化和营养价值，也可配合使用低温技术、抽真空技术或添加抗氧化剂等方法，以尽量降低辐照对食品营养价值的影响。

FAO/WHO/IAEA 联合专家委员会根据对大量有关辐照食品营养的研究报告的综合评估，于 1980 年提出食品辐照不会导致任何营养上的特殊问题。1997 年，FAO/WHO/IAEA 联合专家组讨论了高剂量辐照对食品营养和其他方面的影响，得出结论：低于 10kGy 的辐照剂量"将不会使营养损失达到对个人或群体的营养状态产生任何危害影响的程度"。

三、　辐照食品的微生物安全性

辐照食品的微生物安全性是指食品辐照后能够抑制或消灭致病微生物或腐败性微生物，保证食品安全，同时不产生新的食品安全问题。对于辐照完全灭菌产品，使用的剂量必须能够破坏所有腐败微生物或使其失活。对于辐照选择性杀菌和辐照针对性杀菌的产品，则存在与其他非完全杀菌处理的食品类似的问题，需要考虑食品种类、批准的辐照剂量和辐照条件、营养组成、优势菌种、包装形式、贮藏条件等因素，从而保证辐照杀菌食品在保质期内的微生物安全性。

此外，辐照食品的微生物安全性研究还体现在以下方面：①微生物的耐辐射性。某些具有天然耐辐射性的微生物，可能会产生辐照后复活的后果，甚至具有发展成为食品中优势微生物的趋势。采用联合灭菌工艺，如采用辐照结合加热、盐处理等方法可以更有效地杀灭或减少耐辐射性微生物的数目。②辐射诱发的微生物突变。在食品辐照的条件下，没有资料证明辐照能够增强微生物的致病性、毒性或诱发抗菌力。因此，食品辐照不会增加细菌、酵母菌和病毒的致病性。

四、　辐照食品的放射性安全性

（一）辐照食品的放射性污染问题

在食品辐照处理过程中，作为辐照源的放射性物质严格密封于辐照装置中，食品接受的是射线的能量，而不是放射性物质。此外，食品通常都在包装后进行辐照，与放射源没有直接接触，因此，食品经过辐照后不存在放射性污染问题。

（二）辐照食品的感生放射性问题

目前用于食品辐照的射线，主要有 ^{60}Co 和 ^{137}Cs 产生的 γ 射线，以及能量低于 10MeV 的电子加速器所产生的电子束。在辐照化学中，只有当射线能量达到一定阈值后才能使被照射物质产生感生放射性。如使食品中的基本元素 C、O、N、P、S 等感生成为放射性核素，需要 10MeV 以上的高能射线照射。食品中含有可能或"容易"生成放射性核素的其他微量元素，如 Sr、Sn、Ba、Cr 和 Ag 等受到高能射线照射后，有可能产生寿命极短的放射性核素，但是只要控制射线的能量，就能做到绝不引起感生放射性。即使采用能量级高达 16MeV 的电子加速器辐照食品，所产生的感生放射性也很微弱，存在时间极短。

在国际食品法典委员会的《国际辐照食品通用标准》中规定了照射食品的射线能量，其中电子加速器产生的电子束能量不高于 10MeV，X 射线和 γ 射线小于 5MeV。目前食品辐照使用的 ^{60}Co 的 γ 射线能量为 1.32MeV 和 1.17MeV，137Cs 的 γ 射线能量为 0.66MeV；低能量电子束辐照能量也在 10MeV 以下，采用上述辐照能量照射食品不会产生感生放射性问题。

五、　辐照食品的感官质量安全性

（一）辐照对食品色泽的影响

植物食品在辐照处理过程及贮藏中极易发生酶褐变，因为酚类物质在氧化酶作用下的结果，即使在低照射剂量范围，褐变程度也随剂量而增高。组织褐变也是植物食品在机械伤害、冷害、病虫害等许多其他情况下的共同症状。

植物色素对辐照处理较稳定，动物色素则对辐照敏感。辐照处理能加深畜禽肉的色泽。例如，猪肉、牛肉等肉类辐照后肌肉呈现更鲜红的颜色，脂肪也出现淡红色，但存放一段时间后，所产生的颜色逐渐退去。多数研究认为产生上述现象的原因在于，辐照促进了肌肉中肌红蛋白色素的氧化过程，使之形成红色氧合肌红蛋白和棕色的高铁肌红蛋白。水产品中的蛋白质和氨基酸对辐照较敏感，例如，苯丙氨酸羟化反应后形成酪氨酸异构体，在酶的催化作用下生成二氢苯丙氨酸，发生氧化和多聚反应形成黑色素，使水产品辐照后产生黑色斑点。

（二）辐照对食品风味的影响

辐照通常会造成食品风味的损失，特别是肉类产品在辐照下会产生令人不愉快的"辐照味"。研究表明，"辐照味"的产生是由脂肪和蛋白质在辐照过程中的分解产物及其化合物形成的。例如，蛋白质中的苯丙氨酸、甲硫氨酸和酪氨酸辐照后能够生成微量的苯、苯酚和含硫化合物等物质，脂肪辐照后其氧化酸败过程加速，从而导致辐照食品产生异味。采取一定措施如控制辐照剂量、低温辐照、使用抗氧化剂、采取真空包装等方法可有效减轻辐照异味。

可以利用辐照对食品风味的影响改善食品品质。例如，柿子含有大量可溶性单宁质，食用时使人产生"涩"的感觉，利用辐照处理能够促使单宁降解而使柿子脱涩。再如，辐照能够促进烟草和酒中某些刺激性物质的转化，从而加速烟草和酒类的陈化过程。

（三）辐照对食品质地的影响

低剂量辐照处理不会对食品质地产生明显影响，相反还可抑制食品软化，改善食品的风味和品质，延缓植物食品的后熟作用。高剂量辐照处理会使植物果实发生不同程度的软化作用，主要由食品中的大分子物质在辐照作用下发生降解所引起。

🔍 思考题

1. 食品辐照保藏技术的特点是什么？简述食品辐照保藏的基本原理。

2. 举例说明食品辐照保藏的工艺过程。

3. 结合辐照食品的发展历程与国内外研究现状，如何正确认识辐照食品的卫生性与安全性？

主要参考文献

［1］赵晋府. 食品技术原理［M］. 北京：中国轻工业出版社，2007.

［2］汪勋清，哈益明，高美须. 食品辐照加工技术［M］. 北京：化学工业出版社，2005.

［3］哈益明. 辐照食品及其安全性［M］. 北京：化学工业出版社，2006.

［4］周家春. 食品工艺学［M］. 北京：化学工业出版社，2008.

［5］Paisan Loaharanu，Paul Thomas. Irradiation for Food Safety and Quality［M］. USA：Technomic Publishing Company Inc，2001.

第五章

处理食品的其他物理技术

学习指导

　　理解超微粉碎和冷冻粉碎技术、微波技术、高压、挤压膨化、气相爆破、超声波、脉冲电场、欧姆加热、光脉冲、紫外辐照处理食品的基本原理，认识这些物理方法的优越性和局限性，了解这些装置的结构及其构成食品加工体系的方法。

第一节　超微粉碎和冷冻粉碎技术

　　食品粉碎技术是一种将物料颗粒尺寸变小的加工技术。人们对这一加工技术并不陌生，如将大米粉碎成成米粉等。在一定的粒度范围内，粉碎仅仅是改变物料的尺寸及与其他物料的混合性能，对食品物料的物理性质有影响但不是很大。但是当粒度尺寸减小到一定值之下时，物料的性质会发生显著的影响，如碳酸钙。一般性的粉碎对其在人体内的利用没有多少影响，但当将其粒度减小至 400 目以下时，其在人体内的吸收利用率会大大提高。因此现代食品粉碎技术的研究包括两个方面，一是改变物料尺寸以改变其加工性能，如形态变化、物料重组等；二是通过改变物料尺寸来改变物料的生物价，如易吸收钙剂等。因此研究与开发粉碎技术和相关设备对于食品加工具有重要作用。超微粉碎和冷冻粉碎在食品加工业中的应用逐渐增加。

一、超微粉碎技术及其在食品加工中的应用

（一）超微粉碎的基本原理

1. 超微粉碎基本方式

　　超微粉碎是基于微纳米技术原理，通过对物料的冲击、碰撞、剪切、研磨等手段，施于冲击力、剪切力或几种力的复合作用，部分地破坏物质分子间的内聚力，来达到粉碎的目的。超微粉碎技术通常可分为微米级粉碎（1~100μm）、亚微米级粉碎（0.1~1μm）、纳米级粉碎（1~100nm），在天然动植物资源中一般达到微米级粉碎即可使其组织细胞结构破坏，获得所需物料特性。根据施力种类与方式的不同，物料超微粉碎的基本方式如图 1-5-1

所示。

图 1-5-1 超微粉碎的基本方法

（1）挤压粉碎 （2）弯曲折断粉碎 （3）剪切粉碎 （4）冲击粉碎 （5）研磨粉碎

（1）挤压粉碎 挤压粉碎是指物料置于两个工作构件之间，逐渐加压，使之由弹性形变或塑性形变而至破裂粉碎的食品粉碎方式。这种粉碎仅适用于脆性物料。

（2）弯曲折断粉碎 弯曲折断粉碎是指物料在工作构件间承受弯曲应力超过强度极限而折断的食品粉碎方式。一般用来处理较大块的长或薄的脆性物料，例如榨油残渣油饼、玉米穗等，粉碎的力度较低。

（3）剪切粉碎 剪切粉碎是指物料在工作构件间承受应力超过强度极限而折断的食品粉碎方式。这是一种粉碎韧性物料能耗较低的粉碎方式，新形成的表面比较规则，易于控制处理后粒度的大小。

（4）冲击粉碎 冲击粉碎是指当物料与工作构件以相对高速运动撞击时，受到时间极短的变载荷，物料被击碎的食品粉碎方式。这种粉碎方式适用于质量较大的脆性物料。

（5）研磨粉碎 研磨粉碎是指物料与粗糙工作面之间在一定压力下相对运动而摩擦，使物料受到破坏，表面剥落的食品粉碎方式。这是一种既有挤压又有剪切的复杂过程。对于某一种物料而言，当两个工作表面之间的压力不小于某一个最小的极值或两个工作表面之间的间隙不小于某一个最小的极值时，通过研磨粉碎可以得到所需要的粉碎效果。

在超微粉碎过程中，物料颗粒要承受反复而剧烈的机械应力作用，使形成的超微颗粒比表面积增大、表面能提高；同时，颗粒表面相邻原子化学键的断裂使原子间牢固的结合力被破坏，在粉碎后形成的新断面上将被迅速激活。表面能的增大和机械激活将导致以下几种变化：①晶体结构的变化。表现为被激活的原子发生结构重排，晶格发生变化，表层结构发生变化，甚至形成非晶质结构。②物料在粉碎过程中本身发生化学变化或颗粒之间发生化学反应。③物料的某些理化性质发生变化，如溶解性、吸附性、表面电性。

2. 超微粉碎操作方式

在粉碎操作中，首先要考虑的是采用何种粉碎方法或设备，这主要取决于被粉碎物料的大小和所要求的粉碎比及物料的物性，而其中物料的硬度和破裂性是最为重要的考虑因素。挤压和冲击力对于特别坚硬的物料很有效，剪切力（或摩擦力）对于韧性物料有效。

通常干法粉碎操作有开路磨碎、滞塞进料和闭路磨碎几种方法。

开路磨碎是将物料加入粉碎机中经过粉碎作用区后，即作为制品卸出，粗粒不再循环。由于有的粗粒可能会很快通过粉碎机，而有的细粒在机内停留时间很长，故制品粒度分布很宽，能量利用不充分。

滞塞进料是利用机器出口插入筛网，限制制品的卸出，对于给定的进料速度，制品滞塞于粉碎作用区，直至粉碎成能通过筛孔的大小为止。因物料在粉碎作用区中停留时间长，细粒会受到过度粉碎，功率消耗大。滞塞进料法常用于需要细破碎制品的场合，用一台机器操作可获得很大的粉碎比。

闭路磨碎是从粉碎机出来的物料流先经分粒系统，分出过粗的物料粒，再重新回入粉碎机，粉碎机的工作只是针对较大的颗粒，物料在粉碎作用区中的停留时间短，动力消耗较为经济。所采用的分粒方法根据送料的形式而定，采用重力加料或机械螺旋送料时，常用振动筛作为分粒设备，当用水力或气力输送时则常用旋风分离器。

粉碎操作除了上述所谓干法粉碎外，还有湿法粉碎，即被处理的物料在悬浮于载体液流中进行粉碎。常用水作载体，其中水起着硬度降低剂的作用。也可采用其他表面活性剂作硬度和黏度降低剂。实践证明，湿法粉碎操作一般能量消耗比干法粉碎大，同时设备的磨损也严重。但湿法粉碎比干法粉碎易获得更细的制品，在超微粉碎中应用广泛。

3. 超微粉碎技术特点

（1）速度快，时间短，可低温粉碎 超微粉碎技术与以往的纯机械粉碎方法完全不同。在粉碎过程中不产生局部过热现象，甚至可以在低温状态下进行粉碎，速度快，瞬间即可完成，因而最大限度地保留粉体的生物活性成分，以利于制成所需的高质量产品。

（2）粒径细，分布均匀 分级系统的设置，既严格限制了大颗粒，又避免了过碎，可得到粒径分布均匀的超细粉，同时很大程度上增加了微粉的比表面积，使吸附性、溶解性等也相应增大，在制药工业中，超微细粉的新特征是使药物能较好地分散、溶解在胃液里，且与胃黏膜接触面积增大，更易被肠道吸收，大大提高了药物的生物利用度。

（3）节省原料，利用率提高 物料经超微粉碎后，近纳米细粒径的超细粉一般可直接用于制剂生产，而常规粉碎的产物仍需一些中间环节，才能达到直接用于生产的要求，易造成原料浪费。因此，该技术尤其适合珍贵稀少原料的粉碎。

（4）减少污染 超微粉碎是在封闭系统下进行粉碎的，既避免了微粉污染周围环境，又可防止空气中的灰尘产品，故在食品及保健品中运用该技术可使微生物含量及灰尘能得以控制。

（二）超微粉碎设备

1. 干法超微粉碎设备

（1）气流粉碎设备 图 1-5-2 是气流粉碎的工作原理图和工艺流程图。气流粉碎机与旋风分离器、除尘器、引风机等组成一整套粉碎系统。压缩空气经过滤干燥后，通过拉瓦尔喷嘴高速喷射入粉碎腔，在多股高压气流的交汇点处物料被反复碰撞、摩擦、剪切而粉碎，粉碎后的物料被上升气流输送至分级区，由水平布置的分级轮筛选出达到粒度要求的细粉，未达到粒度要求的粗粉返回粉碎区继续粉碎。合格细粉随气流进入高效旋风分离器得到收集，含尘气体经收尘器过滤净化后排入大气。

气流粉碎有以下特点：①粉碎比大，粉品粒度在几十微米以下；②在粉碎过程中有分级作用，保证了成品粒度均一，对精度、细度要求高的干粉类物料有显著成效；③由于压缩空气在喷嘴处绝热膨胀会使系统温度降低，因此适合于热敏性物料的粉碎分级加工；④设备结构紧凑、磨损小，功率消耗大；⑤易实现多单元联合操作，如可利用热压缩气体同时进行粉碎和干燥处理，或在粉碎时喷入所需的包囊溶液对粉碎颗粒进行包囊处理。

（2）振动磨 振动粉碎是靠磨机系统的振动，使研磨体得到加速度运动而冲击和研磨物料的一种超细磨设备。其主要优点为：破碎比高，粉碎时间短；在影响粉碎的主要因素中，

图 1-5-2　气流粉碎的工作原理图和工艺流程图

（1）工作原理图　（2）工艺流程图

如排出口径、排出面积、振动幅度、介质等均可任意地改变，因而不用分级器也可获得期望的粒度；适应性强，可用于任何物料的超细磨，可以用于干磨或湿磨。其缺点是进料粒度不能过大。

振动磨按振动特点分为不平衡重的惯性振动磨和偏心振动的偏旋振动磨。使用普遍的惯性振动磨的结构如图 1-5-3 所示，其主要组成为：研磨体（球或短柱体）筒体、振动器、弹簧及支承架、电动机及弹性联轴器等。电动机通过联轴器带动振动器的轴旋转，振动器在不平衡旋转体的惯性力作用下振动。由于振动，引起了装有一定量研磨体和物料的筒体摇动运动。而筒体和振动器的这种摇动给研磨体以快速脉冲，使研磨体沿筒体壁滑动上抛，分布在研磨体孔隙间的物料受研磨体的打击和研磨作用而被粉碎。

（3）球磨机　球磨机是超微粉碎的传统设备，主要靠冲击进行破碎，产品粒度可达 20～40μm。球磨机基本结构主要由进料装置、支承装置、回转部分、卸料装置和传动装置五大

图 1-5-3　惯性振动磨示意图

1—筒体　2—振动器　3—弹簧　4—支承架　5—电动机　6—弹性联轴器

图 1-5-4　球磨机工作原理图

部分所组成，其工作原理如图 1-5-4 所示。球磨机是水平放置在两个大型支承装置上的低速回旋的筒体，依靠电机经减速机驱动筒体以一定的工作转速旋转。筒体内装有直径 25~150 mm 的钢球，称为磨介，磨介装入量为筒体有效体积的 25%~45%。筒体内还装有衬板，用以保护筒体并将磨内研磨体提升到一定的高度，然后以一定初始速度的磨介按照抛物线轨迹降落，冲击和研磨从球磨机进料端喂入的物料，如此周而复始，使处于研磨介质之间的物料受冲击作用而被粉碎。

球磨机主要特点为：①适应性强，对大多数物料都能粉磨；②能连续操作，且生产能力可以满足现代工业大规模生产的需要；③粉碎比大，一般情况下粉碎粒度在 100~300 目，且产品细度易于调节；④既可用于干法粉碎，也可用于湿法粉碎，且湿法粉碎能够得到粒度很细的产品；⑤设备机械可靠性强，可以负压操作，避免粉尘；⑥筒体转速较低，单位能耗大，且操作时噪声大并伴有较强的振动。

2. 湿法超微粉碎设备

（1）高压均质机　高压均质主要应用于多组分的液体体系，其设备主要由高压均质腔和增压机构构成。高压均质腔的内部具有特别设计的几何形状，在增压机构的作用下，液料高速流过均质腔狭窄的缝隙而受到强大的剪切力、对金属部件高速冲击而产生强的撞击力以及因静压力突降或突升而产生的空穴爆炸力等综合力的作用，从而使得原先颗粒比较粗大的乳浊液或悬浮液加工成颗粒非常细微的稳定的乳浊液或悬浮液。通过高压均质可以将食品原料的浆、汁、液进行细化和混合，从而可以提高食品的匀细度，防止或减少液状食品物料的分层，改善外观、色泽及香度，提高食品质量。高压均质机在乳品、果汁、豆浆等食品加工中有广泛应用，外观如图 1-5-5 所示。

图 1-5-5　高压均质机

（2）胶体磨 胶体磨又称分散磨，是由电动机通过皮带传动带动转齿（或称为转子）与相配的定齿（或称为定子）作相对的高速旋转，其中一个高速旋转，另一个静止，被加工物料通过本身的重量或外部压力（可由泵产生）加压产生向下的螺旋冲击力，透过定、转齿之间的间隙（间隙可调）时受到强大的剪切力、摩擦力、高频振动、高速旋涡等物理作用，使物料被有效地乳化、分散、均质和粉碎，达到物料超微粉碎及乳化的效果。其优点是结构简单，设备保养维护方便，可在短时间内对悬浮液中的固体物进行超微粉碎，适用于较高黏度以及较大颗粒的物料。其缺点是由于作离心运动，其流量是不恒定的，对于不同黏性的物料其流量变化很大；由于转定子和物料间高速摩擦，故易产生较大热量，使被处理物料变性；表面较易磨损，而磨损后，细化效果会显著下降。在线式胶体磨是专门为胶体溶液生产所设计，其研磨速度是普通胶体磨的几倍，特别适用于需要很好乳化和分散效果的胶体生产。在食品工业中用胶体磨加工的品种有果酱、果汁、食用油、巧克力、牛乳、调味酱料等。图1-5-6为立式胶体磨示意图和在线式胶体磨外观图。

（1）　　　　　　　　　　　　　（2）

图1-5-6　立式胶体磨示意图与在线式胶体磨

（1）立式胶体磨示意图　（2）在线式胶体磨

（三）超微粉碎技术在食品工业中的应用

1. 饮料加工

利用超微粉碎技术，可开发出颗粒微细、人体易于吸收的软饮料，如速溶茶粉、豆类固体饮料、速溶豆糟等。将茶叶在常温、干燥状态下制成茶粉，使粉体粒径小于$5\mu m$，则茶叶的全部营养成分易被人体肠胃直接吸收，可以即冲即饮。茶粉还可加入到各种食品中，从而加工出新的茶制品。超微粉碎技术为乳品加工提供了新手段。在牛乳加工中，利用均质机能使脂肪球显著细化。当脂肪球直径减小到$2\mu m$以下，即可达到优良的均质效果，产品口感好，易于消化。植物蛋白饮料是以富含蛋白质的植物种子和各种果核为原料，经浸泡、磨浆、均质等操作单元制成的乳状制品。磨浆时用胶体磨将颗粒磨至粒径$5\sim8\mu m$，再均质至$1\sim2\mu m$，可使蛋白质固体颗粒的沉降和脂肪颗粒的上浮速度显著减慢，从而有效提高相关制品的稳定性。

2. 粮油加工

利用超微粉碎技术，可以使面粉、米粉或豆粉的物理化学性能有很大程度改善，制品的口感及人体吸收利用率显著提高。小麦超微粉碎甚至可将其主要成分淀粉和蛋白质分开，从而生产出高蛋白质、中蛋白质、低蛋白质等各种专用面粉。小麦麸皮、米糠等，含有丰富的膳食纤维、维生素、微量元素等，具有很好的营养价值。由于常规状态下纤维粒度大，严重影响食品的口感，因而多数情况下仅作为动物的粗饲料使用，甚至作为废物抛弃，大大降低其应用价值。借助于超微粉碎技术，可使食物纤维微细化，能显著改善口感，从而拓宽其应用范围。此外，在油脂加工中，如花生仁粉的粒度为 $60\mu m$ 时，油脂提取率仅为 73.2%，而粉碎到粒度为 $10\mu m$ 时，油脂提取率可高达 97.9%。

3. 畜骨和水产品加工

各种畜、禽鲜骨中含有丰富的蛋白质和脂肪、磷脂质、酶蛋白，能促进儿童大脑神经的发育。传统的食用方法中一般将鲜骨煮熬之后食用，实际上大部分鲜骨的营养成分没有被人体吸收，造成资源浪费。将鲜骨经多级粉碎后加工成超微骨泥或再经脱水制成骨粉，既能保持95%以上的营养素，又易被人体吸收。骨粉可以作为功能性食品添加剂，制成高钙高铁的骨粉系列食品，具有独到的营养保健功能。

4. 食品配料与调味品加工

超微粉碎技术在部分功能性食品配料（膳食纤维、脂肪模拟物）的制备上有重要作用。有以蛋白质微粒为基础成分的脂肪替代品，就是利用超微粉碎技术将蛋白质颗粒粉碎至某一粒度。因为人体口腔对一定大小和性状颗粒的感知程度有阈值，小于阈值时颗粒就不会被感觉出，而呈滑腻的奶油状口感特性。利用湿法超微粉碎技术将蛋白质颗粒的粒径降低至其阈值之下便得到代替油脂的功能性食品基料。

超微粉碎食品的巨大孔隙率造成集合孔腔，可吸收并容纳香气经久不散。这是重要的固香方法之一，因此作为调味品使用的超微粉，其香味和滋味更浓郁、突出。

5. 巧克力生产

巧克力细腻滑润的良好口感要求巧克力配料的固体粒度不大于 $25\mu m$，当平均粒径大于 $40\mu m$ 时，巧克力的口感就明显粗糙。因此，超微粉碎加工后的巧克力配料才能保证巧克力的质量。我国和瑞士、日本等国主要采用五辊精磨机、球磨机和砂磨机进行相应的生产。

二、 冷冻粉碎技术及其在食品加工中的应用

食品冷冻粉碎技术是冷冻与粉碎两种技术相结合的产物，这是一项使食品原料在冻结状态下进行粉碎制成干粉的技术。采用冷冻粉碎技术，不仅常规粉碎无法处理的物料得以粉碎，而且大大减少了粉碎过程中有效成分的损失，使得粉体加工食品的技术得到了重大改进。冷冻粉碎对含油脂、糖分和水分多的物料特别有效。因为这些物料在常温粉碎时容易产生黏结、堵塞和性质变化等问题，并且效果和效率差。目前此项技术已在保健食品的生产中得到了广泛的应用。

（一）冷冻粉碎原理

常温固体的粉碎效果在很大程度上受到常温下物料性质及粉碎机类型的影响。例如，对于含油脂和水分较多的食品，粉碎后微粒易产生粉粒凝集，造成粉碎机的堵塞，生产能力下降。此外，粉碎中所投入能量的大部分因转化为热能，而以热的形式出现，这一点对于热敏性食品极为不利，常常造成食品的变质、熔解或黏着，导致生产能力下降。冷冻粉碎是利用物料在低温状态下的"低温脆性"，即物料随着温度的降低，其硬度和脆性增加，而塑性及韧性降低。在一定温度下，用一个很小的力就能将其粉碎，从而避免了上述问题的发生。物

料的"低温脆性"与玻璃态转变的现象密切相关。在橡胶态时，物料的韧性大，变形性强；而在玻璃态时，物料硬度和脆性大，变形能力很小。因为食品的组成结构比较复杂，所以其玻璃态转变过程可能存在多级玻璃化转变过程和反玻璃化转变现象，一般可以认为物料的玻璃化转变温度对应着物料的"脆化温度"。

冷冻粉碎与常温粉碎相比具有如下特点：①可以粉碎含脂肪多的肉类、含水分多的蔬菜、软化点低的巧克力及在常温下难以粉碎的食品原料；②可以制成比常温粉粒体流动性更好、黏度分布更理想的产品；③不会发生常温粉碎时因发热、氧化等造成的变质现象；④粉碎时不会发生气味逸出，粉尘爆炸、噪声等现象；⑤利用物质的低温脆性进行粉碎，故可作微细的粉碎，颗粒直径小于 0.06mm。这些优点使得该技术特别适用于由于油脂或水分含量高等原因很难在常温下粉碎的食品，或者在常温粉碎时很难保持香味成分的香辛料。

（二）冷冻粉碎设备

冷冻粉碎装置一般由制冷剂供给装置（液氮箱）、原料冷冻箱、螺旋推进器、低温粉碎机、产品收集器和显热回收装置等组成（图1-5-7）。

图 1-5-7　冷冻粉碎设备流程图

1. 液氮箱

作为冷冻粉碎的制冷剂——液氮储存在液氮箱中，在操作过程中，液氮变成低温氮气先经旋风分离器与原料粉末分离，再经气体压缩机压缩后，分成三部分，一部分提供给原料冷冻箱使待粉碎原料充分冻结；另一部分提供给低温粉碎机，以维持低温粉碎机的设定温度，使得冻结原料的粉碎始终在低温、惰性条件下进行；还有一部分同原料冷冻箱放出的氮气一起排入大气。

2. 低温粉碎机

冷冻粉碎中的低温粉碎机在粉碎作用方面的部分的结构与常温粉碎机没有本质区别，其特别之处在于多了一个制冷系统。与常温粉碎一样，低温粉碎机包括用作粗碎的颚式压碎机、回转压碎机；用于中、细碎的辊筒轧碎机、锤片式粉碎机、盘击式粉碎机；用作研磨的球磨机等。粉碎机的结构不同，其产生的主要粉碎力和用途就各不相同。对于低温粉碎而言，材料经冷冻脆化，粉碎一般采用产生冲击力的粉碎机（锤片式或盘击式）或涡旋式气流粉碎机。涡旋式气流粉碎机工作原理是：在超低温下，使用超声速涡旋气流冲击，使呈现冷脆性的物料互相之间和与粉碎室壁面之间发生碰撞，实现瞬间粉碎。高速涡旋气流瞬间粉碎的粉碎力度，可达到 $5 \sim 100 \mu m$。

3. 附属设备

为了防止物料粉碎后因温度升高造成粉体的黏结、浆化，可以将冷冻粉碎机与冷冻干燥机连接起来连续制造干粉。

（三）冷冻粉碎技术在食品加工中的应用

1. 香料和调味品加工

传统的植物香辛料一直是人们餐桌上不可或缺的组成部分，尤其粉体加工在调味品制备中占据着重要地位。但是普通的粉碎手段由于物料在粉碎时温度上升，导致物料里面的营养物质流失，品质下降。张佳等（2012）研究表明，在常温粉碎情况下，胡椒碱流失率达到18.1%，而冷冻粉碎后胡椒碱的流失率仅为 9.2%。将冷冻粉碎技术运用于调味品制备工艺中，可以减少调味品常规粉碎过程中对原材料活性成分的破坏，最大程度地保存调味料成分，使产品色、香、味俱全。

2. 果蔬加工

新鲜的叶类和水果含有大量水分，无法粉碎，冷冻粉碎后的粉状产品如不进行冷冻干燥处理在常温中几乎绝大部分变成液体。一般在冷冻粉碎后直接冷冻干燥将其制成干粉，这种粉体与传统加热干燥法得到的产品相比，基本保持了新鲜蔬菜和水果的风味和营养成分，香味优美、营养丰富。

3. 水产和畜产品加工

新鲜的水产品和畜产品水分含量极高，只能打成浆，很难打成粉，而水产品和畜肉的干制产品因其纤维结构的存在，常温下很难将其粉碎成粉。此外，水产品中一般含有较高的不饱和脂肪酸，常温粉碎时，因发热常常会使产品易于哈败而影响品质。采用冷冻粉碎可以有效地解决上述加工中的问题。一些水产品、畜产品经冷冻粉碎干燥后，可最大限度地保留原物料的风味和营养成分，从而制成营养价值高的功能性食品。此外采用冷冻粉碎可将一些加工下脚料回收利用。例如将鱼类、贝类、藻类制成干粉出售；将动物的皮、骨或内脏等制用作营养强化剂、增量剂等添加剂；用鱼、贝干粉与水果蔬菜和香料的粉末制成无腥鱼粉等。

第二节　微波技术

微波一般是指波长在 1mm~1m（其相应的频率为 300MHz~300GHz）的电磁波。国际上对加热用的微波频率范围有统一的规定，称之为工业、科学、医疗用电波频带，常用的频率有 433MHz、915MHz、2375MHz 和 2450MHz，其中食品加工多用 915MHz，家用微波炉多选用 2450MHz，前者的微波穿透深度比后者大。

微波加热是靠电磁波把能量传播到被加热物体的内部，这种加热方法具有以下特点。

（1）加热速度快 微波加热是利用被加热物体本身作为发热体而进行内部加热，不靠热传导的作用，因此可以让物体内部温度迅速提高，所需加热时间短。一般只需常规方法的 1/100～1/10 的时间就可完成整个加热过程。

（2）加热均匀性好 微波加热是内部加热，而且往往具有自动平衡的性能，所以与外部加热相比较，容易达到均匀加热的目的，避免了表面硬化及不均匀等现象的发生。

（3）加热易于瞬时控制 微波加热的热惯性小，可以立即发热和升温，易于控制，有利于配备自动化流水线。

（4）选择性吸收 某些成分非常容易吸收微波，另一些成分则不易吸收微波，这种微波加热的选择性有利于产品质量的提高。

（5）加热效率高 微波加热设备虽然在电源部分及电子管本身要消耗一部分的能量，但由于加热作用始自加工物料本身，基本上不辐射散热，所以热效率可高达80%。

一、 微波加热的原理

（一）微波加热的基本原理

微波加热不同于其他加热方法。一般的加热方式都是先加热物体的表面，然后热量由表面传到内部，而微波加热则可直接加热物体的内部。

被加热的介质是由许多一端带正电、另一端带负电的分子（称为偶极子）所组成。在没有电场的作用下，这些偶极子在介质中做杂乱无规则的运动，如图1-5-8（1）所示。当介质处于直流电场作用之下时，偶极分子就重新进行排列。带正电的一端朝向负极，带负电的一端朝向正极，这样一来，杂乱无规则排列的偶极子变成了有一定取向的有规则的偶极子，即外加电场给予介质中偶极子以一定的"位能"。介质分子的极化越强烈，介电常数越大，介质中储存的能量也就越多，如图1-5-8（2）所示。

图1-5-8 介质中偶极子的排列
（1）未加电场 （2）加直流电场

若改变电场的方向，则偶极子的取向也随之改变：若电场迅速交替地改变方向，则偶极子也随之做迅速摆动。由于分子的热运动和相邻分子间的相互作用，偶极子随外加电场方向改变而做的规则摆动便受到干扰和阻碍，即产生了类似摩擦的作用，使分子获得能量，并以热的形式表现出来，表现为介质温度升高。

外加电场的变化频率越高，分子摆动就越快，产生的热量就越多。外加电场越强，分子的振幅就越大，由此产生的热量也越大。用50Hz的工业用电作为外加电场，其加热作用有限。为了提高介质吸收功率的能力，工业上就采用超高频交替变换的电场。实际上常用的微波频率为915MHz和2450MHz，1s内有 9.15×10^8 次或 2.45×10^9 次的电场变化。分子频繁摆动，其摩擦产生瞬间集中的热量，从而迅速提高介质的温度。

（二）微波的特性对加热的影响

对于微波而言，介质具有吸收、穿透和反射作用。介质通常是被加工的物料，它们不同程度地吸收微波的能量，这类物料也称为有耗介质。特别是含水和含脂肪的食品，微波进入后，它们不同程度地吸收微波的能量并将其转化为热量，微波的场强和功率就不断地衰弱。物料对微波的吸收衰减能力不同，这随物料的介电特性而异。衰减能力决定着微波对介质的穿透能力。

穿透深度可以表示物料对微波能衰减能力的大小，一般有两种定义：一是微波功率从物料表面减至表面值的 1/e（36.8%）时的距离，一是微波功率从物料表面衰减到表面值的 1/2 时的距离，即半功率穿透深度。微波的穿透深度随波长的增大而变化，它与频率有关，频率越高，波长越短，其穿透力越弱。微波加热穿透能力强，其加热方式有别于传导加热，可以深入物料的内部加热，使物料表里几乎同时升温形成整体状态加热。

电场强度是与微波加热器功率相关联的指标，功率大，场强大，则加热速度快。但在食品加工中，加热速度不一定越快越好，加热操作应根据加工要求来进行。因此，微波加热器设有功率调节旋钮，以适应不同的加工要求。微波加热操作能迅速加热和无惰性地随输出功率的改变而变化，能够满足不同食品加工阶段的不同加热要求。

（三）物料的性质对微波加热的影响

物料吸收微波的能力主要由其介电性质（包括介电常数和介质损耗角正切）来决定。介电常数是介质阻止微波能量通过的能力的度量，介质损耗角正切是介质消耗微波能量的效率。不同的介质一般有不同的介电常数和介质损耗角正切。对于水而言，二者数值比一般介质大，因此，在一般情况下，加工物料的含水量越大，其介质损耗也越大。某些物料在温度上升时，其介质损耗系数降低，这时，就出现了所谓的自动平衡。微波加热的自动平衡作用使物料的加热更均匀，同时也避免了出现过热的缺陷。但是，有些物料在加热时，温度上升，其介质损耗系数也升高，这时就出现恶性循环。冰的介电常数为 3.2，介质损耗系数为 0.001，而水的介电常数 80，介质损耗系数为 0.2 左右（在 2450MHz 下）。所以在加热冷冻食品时，如果不把融化的水随时排走，则由于水的介电常数和介质损耗系数都比冰大得多，最后有可能能量主要被水吸收，而冰得不到加热。在食品解冻时应该注意这个问题。

物料的密度由于影响其单位体积热容量而直接影响微波对物体的加热，而且还影响物料的介电性质，从而间接影响微波的热效应。物料的密度大，其升温速度慢。空气是理想的微波透过体，即介质损耗角正切很小，相对介电常数也较小（约为 0.1）。因此，物料中含空气越多，物料的介电常数便越小，而越难被加热。实际上，物料密度增加，介电常数以近似线性关系趋于增加。疏松物料如面包等制品的介电常数较小，吸收微波功率的速度较慢。但由于微波加热的穿透作用，微波烘烤面包的时间仍只需常用烘烤法的 1/3。

物料的比热容对微波加热也有着重要的影响，比热容小的物质温度升高的速度快。由于食品往往是多组分的混合体系，不同成分具有不同的比热容，从而会有不同的升温速度；不同的组分又呈现不同的介电特性，故有不同的吸收微波功率的能力。因此，在多组分食品的微波加热研究中，应该很好地对比热容加以控制，以便使各组分的加热速度达到基本同步的要求。

上述讨论的这些因素有些相互关联，有些还受别的因素影响。例如物料的介电特性和比热容不仅受温度的影响，而且也与食品中的盐浓度有关。盐含量增加，加热速度便加快，穿透深度便减小。影响微波加热的因素非常复杂，实际工作中应审慎考虑选择和掌握各项控制条件。

二、　微波加热设备

微波加热设备主要由电源、微波管、连接波导、加热器及冷却系统等几部分组成，如图1-5-9所示。

图1-5-9　微波加热设备方块示意图

微波管由电源提供直流高压电流并将输入能量转换成微波能量。微波能量通过连接波导传输到加热器，对被加热物料进行加热。冷却系统用于对微波管的腔体及阴极部分进行冷却，冷却方式主要有风冷和水冷两种方式。

微波加热器按被加热物和微波场的作用形式分为驻波场谐振腔加热器、行波场波导加热器、辐射型加热器和慢波型加热器等几大类。也可以根据结构分为箱式、隧道式、平板式、曲波导式和直波导式等几大类，其中箱式、隧道式和微波真空干燥器常用。

1. 箱式微波加热器

箱式微波加热器是在微波加热应用中较为普及的一种，属于驻波场谐振腔加热器。用于食品烹调的微波炉就是典型的箱式微波加热器。

箱式微波加热器由谐振腔、输入波导、反射板和搅拌器等组成。谐振腔为矩形空腔。若每边长度都大于（1/2）λ 时，从不同的方向都有波的反射。因此，被加热物体（食品介质）在谐振腔内各个方面都受热。微波在箱壁上损失极小，未被物料吸收掉的能量在谐振腔内穿透介质到达壁后，由于反射而又重新回到介质中形成多次反复的加热过程。这样，微波就有可能全部用于物料的加热。由于谐振腔是密闭的，微波能量的泄露很少，不会危及操作人员的安全。这种微波加热器对块状物体加工较适宜，用于食品的快速加热、快速烹调以及快速消毒等方面。谐振腔微波加热器工作原理图如图1-5-10所示。

图1-5-10　谐振腔微波加热器工作原理图
1—磁控管　2—微波辐射器　3—食品
4—塑料制台面　5—腔体　6—电场搅拌器

美国通用电气公司（General Electric）1999 年制造销售了与卤素灯加热相结合的微波炉。如图 1-5-11 所示，从结构上看，其在炉腔上部设置了光波发射器和光波反射器。光波反射器可以确保光波在最短时间内聚焦热能最大化。该炉具有卤素灯近红外加热形成表面褐变和脆化以及微波炉节约时间的优点。我国市场上，该炉称作光波炉，光波和微波同时在密闭的炉腔内对食物进行高速交叉加热，解决了过去微波炉加热不均、生熟不匀的现象，热效率更高。在烹饪过程中最大程度地保持食物的营养成分并减少水分的丧失。

图 1-5-11　卤素灯结合微波炉的示意图

2. 隧道式微波加热器

隧道式微波加热器也称连续式谐振腔加热器，这种加热器可以连续加热物料。被加热的物料通过输送带连续输入，经微波加热后连续输出。由于腔体的两侧有入口和出口，将造成微波能的泄露。因此，在输送带上安装了金属挡板。也有的在腔体两侧开口处的波导里安装金属链条，形成局部短路，防止微波能的辐射。由于加热会有水分的蒸发，因此安装了排湿装置。这类加热器应用于米面食品和茶叶的灭酶等，外观如图 1-5-12 所示。

图 1-5-12　隧道式微波加热器

3. 微波真空干燥器

微波加热和真空干燥相结合的方法更能加快干燥速度，是食品工业中常采用的干燥方法之一。微波真空干燥器一般为圆筒形的，这样器壁能承受较大的压力而不变形。圆筒形器体相当于两头短路的圆形波导管，一般采用 2450MHz 的微波源。图 1-5-13 为微波真空干燥器操作系统。

图 1-5-13　微波真空干燥器操作系统

三、 微波加热在食品加工中的应用

微波用于食品加工始于 1946 年，但 1960 年以前，微波加热的应用只限于在食品烹调和冻鱼解冻方面。20 世纪 60 年代起，人们开始将微波加热应用于食品加工业。20 世纪 60 年代中期，美国和欧洲的许多生产厂家用微波加热干燥土豆片，产品色泽有很大改善，这是食品工业中早期应用微波加热的成功例子。此后，微波加热逐步应用到多种食品的加工领域。

（一）食品微波烹调

微波炉烹调食品具有方便、快速、维生素等营养成分损失少，鲜嫩多汁等优点。微波烹调食品主要有两种方式。一种是在家庭和食堂中自己配料烹调的食品，用微波炉可以蒸炖鱼肉，炒肉和蔬菜，蒸制米饭和面食等。采用微波炉完成这些操作，节约时间，而且食品更近原色，营养成分损失更少。另一种方式就是商业预制的微波炉方便食品。微波炉方便食品又分为两大类：一类在常温下流通，经过高温杀菌或采用热灌装，并无菌包装，在常温下可贮藏半年或一年；另一类在低温下流通，大多数以可用微波炉加热或普通炉加热的容器包装。常温下流通的微波炉食品有：肉制品、沙拉、汤料、糖浆、果冻、米饭、沙司等。低温下流通的微波的食品有：即食正餐食品；炖牛肉、牛排、馅饼、米饭、比萨饼、汤等；加水后用微波炉烹调的食品，如速食粥、各类蛋糕等。

（二）食品微波解冻

家用微波炉制品用于解冻食品方便和快捷。工业上已用微波加热解冻的食品有：肉、肉制品、水产品、水果和水果制品等。微波解冻多用 915MHz 的微波源的磁控管，功率为 25～40kW、可调。微波解冻过程中，细胞间的水分由于其吸收微波能快，首先升温并融化，然后使细胞内冻结点低的冰晶融化。由于细胞内的溶液浓度比细胞外高，细胞内外存在着渗透压差，水分便向细胞内扩散和渗透，这样既提高了解冻速度又降低了失水率。微波解冻作用是内外一起进行的，因此速度要比传统的由外向内进行快得多。微波解冻具有调温作用。调温一般是将冷冻物料在解冻时，从较低温度调节到略低于水的冰点的温度，即 -4～-2℃。此时，物料尚处于固态，易于切片、切丁或进行其他加工。

（三）食品微波杀菌

食品微波杀菌是微波热效应和非热生化效应共同作用的结果。其杀菌温度低于常规方法，一般情况下，常规方法杀菌温度为120~130℃，用时约1h，而微波杀菌温度仅为70~105℃，时间90~180s。在一定强度微波场的作用下，食品中的虫类和菌体会因分子极化现象，吸收微波能升温，从而使其蛋白质变性，失去生物活性。这种微波的热效应主要起快速升温杀菌作用。微波场还影响细胞膜周围电子和离子浓度，从而改变细胞膜的通透性能，使细胞的正常代谢功能受到干扰破坏，微生物生长发育受阻碍使之死亡。微波灭菌比常规的灭菌方法更能保留产品中具生命活性的营养成分。人们对微波应用于肉制品、禽制品、水产品、水果和蔬菜、罐头、乳制品、面制品、农作物等杀菌进行了大量研究和商业开发。采用微波杀菌可以在食品包装前进行，也可以在包装后进行。包装好的食品在进行微波加热杀菌时，由于食品加热会产生蒸汽，压力过高时会胀破包装袋，因此整个微波加热杀菌过程在压力下进行，或将包装好的产品置于加压的玻璃器内进行微波处理。

（四）食品微波灭酶

传统果蔬加工中常用沸水煮烫以杀死部分微生物和钝化酶，致使大量的水溶性营养成分流失。采用微波加热可克服这个问题。瑞典、英国等均有微波钝化酶活性的设备在生产线上应用，如处理豌豆、蘑菇、胡萝卜、菠菜、蒜片、桃、马铃薯等果蔬。微波灭酶所需时间短，并能利用各种酶的失活温度差异，适当控制温度，以达到使有损于食品风味的酶失活，而保留所需要的酶活性的要求。

（五）食品微波焙烤

微波焙烤的优点主要体现在焙烤过程内外同时加热，时间较短，焙烤温度低，因此营养成分损失较小；且由于焙烤一开始就内部加热，物料内部的水分迅速汽化并向外迁移，形成无数条微小的孔道，使产品的结构蓬松。糕点的微波焙烤已在工业化规模应用，除了营养素可以更好保持外，微波焙烤点心的体积比常规焙烤的体积大25%~30%，微波焙烤的产品中霉菌生长较少。但由于焙烤时其表面温度低，时间短，不足以产生充分的美拉德反应，产品表面缺少人们所喜爱的金黄色；且对食物加热时间的准确度要求高，加热时间稍微延长，就会产生过度加热的后果。因此，微波焙烤往往与常规焙烤方法结合起来使用，两种加热方式依次进行，或微波焙烤与红外加热一起使用。一般的做法是微波焙烤后，再用常规方法在200~300℃下焙烤4~5min，或再用红外加热上色。为了解决微波焙烤制品表面着色不够的问题，有人提出在面团上涂着色剂再行焙烤的方法着色和产生芳香味。光波与微波的结合也有助于解决这一问题。

（六）食品微波膨化

微波膨化利用微波的内部加热特性，使物料内部迅速受热升温产生大量的蒸汽，内部大量的蒸汽往外冲出，形成无数的微小孔道，使物料组织膨胀、疏松。采用微波膨化工艺可生产含有淀粉质、蛋白质的休闲食品和点心。在面条制作过程中添加蛋白质、膨化剂等揉和成型，使用微波膨化干燥，可产生出复水性良好的方便面。现在可以不用传统的压力或油炸膨化工艺，而采用微波膨化工艺生产爆米花和甘薯脆片等。

（七）微波辅助萃取

微波辅助萃取，是根据不同物质吸收微波能力的差异，使得基体物质的某些区域或萃取体系中的某些组分被选择性加热，从而使被萃取物质从基体或体系中分离，进入到介电常数小、微波吸收能力相对差的萃取剂中，达到提取目的。微波辅助萃取的特点主要体现在微波的选择性，因其对极性分子的选择性加热从而对其选择性地溶出。由于受溶剂亲和力的限制较小，可供选择的溶剂较多，同时减少了溶剂的用量，降低萃取时间。微波辅助萃取一般适用于热稳定性的物质。对于热敏性物质，微波加热易导致它们变性或失活。且要求物料有良好的吸水性，否则细胞难以吸收足够的微波能产生破壁，产物难以溶解释放出来。

第三节　高压技术

把液体或气体加压到100MPa以上的技术称为"超高压技术"（ultra-high pressure，UHP）。这项技术类型分为超高静压技术、超高压水射流技术和动态超高压技术。其中，等静压技术是一种利用密闭高压容器内制品在各向均等的超高压压力状态下成型的超高压液压先进设备。早在1899年，Hite等以牛乳及肉类为对象首次进行了高压保藏食品的实验。科学工作者相继研究了高压对微生物的影响，开发了高压技术在食品加工的工艺和设备。美国AVURE Technologies公司制造销售的加工能力可扩展至年处理量最高达3万t的超高压食品处理设备，其应用遍及果汁、牛乳、水产、肉类和色拉的杀菌。随着科学技术的不断发展，高压处理还辅助进行其他单元操作，如低温烫漂、干燥、复水、油炸等，应用范围日渐扩大。美国FDA已经批准高压技术处理食品。该技术对于设备和能源提出较高的要求，使生产成本有所提高。把高压处理与其他加工因素如温度、酸度、添加剂结合起来，将促进高压技术的商业化。

一、高压处理的基本原理

高压处理是将食品物料置于高压（10~100MPa）装置中进行加压处理，而超高压处理压力则达到100MPa以上。高压导致微生物的形态结构、生化反应、基因机制以及细胞壁膜发生多方面的变化，从而影响微生物原有的生理活动机能，甚至使原有功能破坏或发生不可逆变化。在食品工业上，高压杀菌技术利用这一原理，使高压处理后的食品得以长期安全保存。

（一）高压对于微生物的作用

大多数细菌能够在20~30MPa下生长，能够在高于40~50MPa压力下生长的微生物称为耐压微生物（barophiles），能够在1~50MPa压力下生长的微生物称为宽压微生物（eurybaric），耐压微生物能够在50~200MPa下存活，但是不能生长。表1-5-1为陆地微生物受流体静压力作用后的存活状况。

表1-5-1　　　　　　　陆地微生物受流体静压力作用后的存活情况

微生物种类	流体静压力/MPa				
	0.1	30	40	50	60
黏乳产碱杆菌	++++[1]	+++	++	−[2]d[3]	−d
枯草杆菌	++++	++	+	−	−
埃希菌	++++	++	+++	−d	−
黄色微球菌	+−++	+++	−	−d	−d
草分枝杆菌	++++	++	++	−	−d

续表

微生物种类	流体静压力/MPa				
	0.1	30	40	50	60
普通变形杆菌	++++	+++	+++	−	−
荧光假单胞菌	++++	−	+	−	−d
黄绿色八叠球菌	++++	++	−	−	−
黏质赛氏菌	++++	++	−	−d	−d
乳酸链球菌	++++	++++	++++	++	+
异常汉逊酵母	++++	++	−d	−d	−d
酿酒酵母	++++	++++	−d	−d	−d
圆酵母	++++	++++	++	−d	−d

注：①+表示相对于大气控制下的浊度。

②−表示无繁殖发生。

③d 表示当压力消除后微生物已失去其繁殖能力。

高压对微生物细胞的作用主要体现在以下几个方面。

（1）尽管核酸耐受流体静压力的能力远超过蛋白质，使得 DNA 的结构在高压下比蛋白质更加稳定，但高压会引起由酶中介的 DNA 复制和转录步骤的中断。

（2）细胞膜是压力引起微生物损伤的前沿部位，高压增加了细胞膜的通透性，使细胞成分流出，破坏了细胞的功能。如果压力较低，细胞可以恢复到原来的状态，反之就会导致细胞的破坏。

（3）细胞壁赋予微生物细胞以刚性和形状，20~40MPa 的压力使较大的细胞因应力作用而致细胞壁发生机械断裂和松解，这可能是压力影响真菌类微生物的主要原因。真核微生物一般比原核微生物对压力更为敏感。

高压对微生物有失活作用。一般高压降低微生物的生长和繁殖的速率，超高压引起微生物的死亡。延缓微生物繁殖或致死的压力阈值依微生物的种类和种属而异。大肠杆菌的生长和增殖在 10~50MPa 压力下受到明显的抑制，而且对于增殖的抑制大于生长。而在 52.5MPa 下，大肠杆菌不能生长。随着温度的升高，较低的压力即可使其细胞失活。Metrick 等应用超高温牛乳和灭菌的蛤汁为介质研究了单核细胞增生李斯特氏菌和变形杆菌的高压杀菌。在 238MPa 牛乳中的单核细胞增生李斯特氏菌的数量没有明显减少，在经过 340MPa 后，其菌数均可减少 6 个数量级。170MPa 高压处理可以迅速杀灭蛤汁中的变形杆菌，可以实现 6 个数量级的减少。表 1-5-2 列出了部分微生物高压杀菌的参数和结果。

表 1-5-2   部分微生物高压杀菌的参数和结果

微生物	压力/MPa	温度/℃	时间/min	变化
牛乳中细菌	200	35	1800	减少 1 个数量级
	500	35	1800	减少 4 个数量级
	1000	35	1800	几乎没有细胞存活

续表

微生物	压力/MPa	温度/℃	时间/min	变化
枯草杆菌	578~680	—	5	杀灭营养细胞
枯草杆菌芽孢	600	93.6	>240	灭菌
热稳定枯草杆菌 α-淀粉酶	100	—	1008	90%灭活
大肠杆菌	290	25~30	10	杀灭大多数细胞
	100	30	0	9×10^8 个细胞/mL
	100	30	360	2×10^7 个细胞/mL
	100	30	1440	1×10^2 个细胞/mL
	100	30	1800	4 个细胞/mL
单核细胞增生李斯特氏菌	238~340	—	20	≤10cfu/mL
荧光假单胞菌	204~306	20~25	60	杀灭细胞
沙门氏菌	408~544	—	5	杀灭细胞
金黄色葡萄球菌	290	25~30	10	杀灭大多数细胞
酿酒酵母	574	—	5	杀灭细胞
乳酸链球菌	340~408	20~25	5	杀灭细胞
弧形杆菌	193.5	—	720	杀灭细胞
金黄色葡萄球菌抗毒素	690	65	48	85%变性

高压对芽孢有失活作用。在低温下，低压引起发芽，提高了细胞的热敏感性，但是不能杀灭发芽的芽孢。中压造成较多的芽孢发芽并杀灭大量的发芽芽孢，高压引起芽孢发芽较少，因而只杀灭少量的发芽芽孢。高压杀灭芽孢主要受到温度的影响，其杀灭芽孢的最佳温度因压力而异。在接近中性 pH 范围可以获得杀灭芽孢的最佳效果；在极端 pH 范围内，效果最差。大多数芽孢缺少无机离子在高压下不能发芽。无机离子影响高压发芽的顺序为 H^+ > K^+ > Mn^{2+} > Ca^{2+} > Mg^{2+} > Na^+。可变高压和脉冲高压处理比持续高压更加有效。在 60MPa、70℃ 下，6 个循环（5min/循环）可以使嗜热凝结芽孢杆菌的芽孢从 10^6 个/mL 降至 100 个/mL。脉冲高压有利于缩短高压处理的时间。6 个循环的脉冲高压可以取得降低芽孢数量一个数量级的效果。6 个循环 60MPa 的高压处理的时间只需 6s。增加循环次数可以明显地改进高压杀灭芽孢的效果。

（二）高压和生物化学反应

1. 高压对于蛋白质的作用

高压导致的蛋白质变性取决于蛋白质结构、压力的范围、pH 和溶剂的成分。蛋白质在较低的压力下（200MPa）下解离，而单链蛋白质在 300MPa 以上压力下发生变性。在压力解除之后经过较长时间，高压变性有时可以恢复。高压导致蛋白质电离基团去质子化，破坏离子键和疏水键，从而改变了蛋白质分子的构象和结构。蛋白质结构的改变随着水合程度而明显变化。压力还会影响疏水交互反应。压力小于 100MPa 时，疏水交互反应导致容积增大，以致反应中断。但是超过 100MPa 后，疏水交互反应将引起容积减小，而且压力增大将使反应更加稳定。蛋白质的疏水或亲水程度将决定在任何给定压力下的蛋白质变性程度。

2. 高压对于酶促反应的作用

高压对微生物的抑制作用可能是由于高压引起主要酶系的失活。100～300MPa 压力引起的酶蛋白变性一般可逆，超过 300MPa 引起的变化则不可逆。酶的压力失活的机制是：①改变分子内部结构；②活性部位上构象发生变化。这些高压效应又受 pH、底物浓度、酶亚单元结构以及温度的影响。由于压力对同一细胞内部的不同酶促反应所产生的影响不同，因此在有关机制问题上有可能引起混淆。例如大肠杆菌的天冬酶活性在 68MPa 以下由于加压而提高，而在 100MPa 下，活性消失。在 20MPa 下，大肠杆菌的琥珀酸脱氢酶活性降低。大肠杆菌的甲酸脱氢酶、琥珀酸脱氢酶、苹果酸脱氢酶的活性在相应的压力下并不相同。在 120MPa 和 60MPa 下，甲酸脱氢酶和苹果酸脱氢酶的活性相差不明显，而琥珀酸脱氢酶的活性在常压和 20MPa 之间明显呈线性下降。在 100MPa 下，这三种酶基本上都失去活性。另外，脱氢酶的这些耐压性差别也随菌种和菌株而改变。

（三）高压对食品成分的影响

采用高压技术处理食品，可以在杀菌的同时，较好地保持食品原有的色、香、味和营养成分。高压对食品中营养成分的影响主要表现在以下几个方面。

1. 高压对蛋白质加工的影响

高压使蛋白质变性，由于压力使蛋白质天然结构伸展，改变蛋白质体积。例如，把鸡蛋在常温的水中加压，蛋壳破裂，蛋液呈稍许黏稠的状态，它和煮鸡蛋的蛋白质（热变性）一样不溶于水，这种凝固变性现象可称为蛋白质的压致凝固。无论是热致凝固还是压致凝固，其蛋白质的消化性都很好。加压鸡蛋的颜色和未加压前一样鲜艳，仍具生鸡蛋味，且维生素含量无损失。

2. 高压对淀粉加工的影响

高压使淀粉改性。常温下加压到 400～600MPa，由于压力使淀粉分子的长链断裂，分子结构发生改变，淀粉糊化，呈不透明黏稠的糊状，且吸水量改变。

3. 高压对油脂的影响

油脂类耐压程度低，常温下加压到 100～200MPa，基本上变成固体，但解除压力后固体仍能恢复到原状。另外，高压处理对油脂的氧化有一定的促进作用。

4. 高压对食品中其他成分的影响

高压对食品中的风味物质、维生素、色素及各种小分子物质的天然结构几乎没有影响。

二、 高压技术在食品加工中的应用

（一）在食品中的应用

1. 肉制品

宰后牛肉需要在低温下进行 10d 以上的成熟，采用超高压技术处理，只需 10min。与常规加工方法相比，经过超高压处理后肉制品改善了嫩度、色泽和成熟度，增加了保藏性。对廉价质粗的牛肉进行常温 250MPa 的处理，使肉得到一定程度的嫩化。超高压不仅使肌纤维内部结构变化，而且导致肌内膜和肌外膜剥离及肌原纤维间隙增大，促进了肌肉嫩化。超高压处理具有杀菌、杀寄生虫而又保持产品生鲜特征的作用，这为生鲜食品如生肉片和生鱼片的加工提供了一种安全的方法。

2. 乳制品

已发现超高压技术应用于牛乳能改变蛋白质的构象，从而改变系统的功能性质，包括蛋白质的起泡性、乳化性、凝胶性、持水性等都受到影响，使其在乳制品工业中有广泛的应用领域。在 600MPa 以上处理，对牛乳脂肪的结晶、凝结等物理化学性质造成影响，包括牛乳的酸凝性，免疫球蛋白的稳定性，乳杆菌、大肠杆菌和单核细胞增生李斯特氏菌的灭活以及干酪的加速熟化和软化。超高压技术被用于选择性地去除乳清中的过敏原物质，包括 β-乳球蛋白、α-乳白蛋白和 γ-酪蛋白。利用超高压技术制造出抗过敏乳粉，是将乳清蛋白调整至 10% 含量，在 708MPa 压力下处理 7min，再酶解 6h，牛乳中的 β-乳球蛋白含量降低 90%，食后不会导致过敏反应。

3. 水果制品

使用超高压技术制造的葡萄柚汁没有热加工产品的苦味。桃汁和梨汁在 410MPa 处理 30min 可以保持 5 年商业无菌。超高压处理的未经巴氏杀菌的橘汁保持了原有的风味和抗坏血酸，并具有 17 个月的货架期。日本明治屋采用超高压杀菌技术生产草莓酱。他们把水果、果汁、糖和酸味剂装入塑料软包装，在室温下以 400~600MPa 的压力对软包装密封的果酱处理 10~30min，所得产品保持了新鲜水果的颜色和风味，简化了生产工艺。有些水果和蔬菜如梨、苹果、马铃薯和甘薯由于多酚氧化酶的作用，超高压处理后迅速褐变，400MPa、20℃ 在 0.5% 柠檬酸溶液中处理 15min 可以使多酚氧化酶完全失活。

4. 水产品

超高压处理可以保持水产品原有的新鲜风味。例如，在 600MPa 处理 10min，可以使水产品的酶完全失活，对虾等甲壳类水产品细菌量减小，外观呈红色，内部为白色，处于完全变性状态，肉壳分离，但仍保持原有的生鲜味。日本采用 400MPa 高压处理鳝鱼、鲭鱼、沙丁鱼，制造凝胶的鱼糜制品，高压加工的鱼糜制品的感官质量好于热加工的产品，可以用于黏结碎鱼肉，制造虾蟹仿制品。高压鱼糜产品具有和热加工相似的感官品质，可以在 0℃ 进行加工，鱼糜加工业对此产生巨大兴趣。龙虾、虾、牡蛎等甲壳类水产经 400MPa 高压处理，肌肉蛋白质变性，易于与甲壳分离。

5. 谷物

1989 年日本林力丸提出：大米加水浸泡后，装入塑料袋中抽出空气，经真空封装，施以 500MPa 压力，时间 30min，温度 45℃，然后取出。食用时在沸水中煮 5min 即可变成米饭。2000 年日本越後制菓成功地推出了超高压技术加工的方便米饭。超高压方便米饭只需要在微波炉加热 3min 即可食用。超高压加工米饭的米粒呈半透明状，香气浓，有弹性，口感好，充分保留了原有的营养成分。生产高压熟米饭的大型生产线已在日本逐步完善。目前，中国、韩国都已经引进了超高压米饭生产线。

6. 蔬菜制品

腌菜向低盐化发展。由于使用化学防腐剂不受欢迎，对于低盐，无防腐剂的蔬菜色拉和低盐腌菜，高压杀菌更显示出其优越性。超高压处理（300~400MPa）可杀灭酵母和霉菌，延长蔬菜色拉和腌菜的保存期又保持原有的生鲜特色。

（二）其他加工过程的辅助技术

1. 高压辅助烫漂

室温下高压处理果蔬的效果与热水或蒸汽烫漂相近，但无热损害，还减少了热烫漂的废水排放问题。Kingsly 等（2009）报道 300MPa 高压处理 1%～1.2%柠檬酸溶液中的桃子可以有效地钝化多酚氧化酶。Castro 等（2008）观察到冷冻前应用高压预处理青椒，获得了与热烫近似的效果，更好地保持了营养价值和组织结构。

2. 高压辅助干燥和复水

高压破坏植物的细胞结构，增强细胞的通透性，提高干燥和渗透脱水的传质速率。Esh-tiaghi 等（1994）报道干燥马铃薯前，使用 600MPa、70℃、15min 高压处理，提高了干燥速率。Rastogi 等（1998）报道在渗透脱水中，应用 100～800MPa 高压处理菠萝，促进了水分迁移和溶剂的吸收。高压辅助干燥的样品在复水过程中可以有效地保持营养素和色素等溶质。

3. 高压辅助油炸

Rastogi 等（1998，2007）发现高压处理的马铃薯片在加压和解压的过程中，由于水分减少而减少了油脂的吸收，而且可能与油脂传质的机制发生变化有关。

4. 高压辅助萃取

高压处理对于固液萃取具有吸引力。Rastogi 等（2007）使用高压和中温萃取咖啡因，避免了传统萃取方法对于高温的需求。Kinefuchi 等（1994）发现高压处理可以促进从酿酒酵母中提取海藻糖。Yutang 等（2008）应用高压结合微波萃取人参皂苷，其提取率好于索氏抽提、超声波辅助萃取和热回流提取等。

5. 高压辅助冻结和解冻

快速冻结虽然可以形成小而多的冰结晶，但是由于初期冷却引起收缩，其后冻结引起膨胀，而造成食品的裂缝。在冻结中应用高压处理在食品整个内部即时成冰均匀而避免这一问题。解冻一般慢于冻结，对产品造成进一步的损害。高压辅助解冻可以保持较好的持水性，改进冻结产品的色泽和风味。Fernandez 等（2006）展示了经烫漂和高压处理的冷冻绿菜花比常规处理的细胞损害小，汁液流失少，保持了良好的质地。Schubring（2003）证实了高压解冻的鱼肉比浸渍解冻的汁液流失少，质地好。

6. 高压辅助加热

高压辅助加热是最近出现的加工低酸食品的具有希望的技术。该技术包括同时提高压力（500～600MPa）和提高温度（90～120℃）处理经预热的食品。高压加热和解压过程的冷却有助于减轻传统加热过程对食品品质的损害。Leadley（2008）比较了高压加热与传统加热的豆角，前者呈深绿色，硬度是后者的 2 倍。Nguyen 等（2007）报道经过钙盐硬化，加热和加压处理胡萝卜，其质地、色泽等质量参数没有显著的变化。

三、 高压处理设备

在食品加工中采用高压处理技术，关键是要有安全、卫生、操作方便的高压装置。食品工业要求高压装置能够耐受 400MPa 以上的压力，并能可靠地应用 100000 次/年。为此，科学工作者不断研究、设计、制造高压处理设备。目前，适用于工业化生产规模的高压处理设备已经问世。

（一）高压处理装置及分类

高压处理装置主要由高压容器、加压装置及其辅助装置构成。

按加压方式分，高压处理装置主要有直接加压式和间接加压式两类。图 1-5-14 为两种加压方式的装置示意图。图 1-5-14（1）为直接加压式高压处理装置。在这种加压方式中，高压容器与加压气缸呈上下配置，在加压气缸向下的冲程运动中，活塞将容器内的压力介质压缩产生高压，使物料受到高压处理。图 1-5-14（2）为间接加压方式的高压处理装置。在这种方式中，高压容器与加压装置分离，用增压机产生高压水，然后通过高压配置管将高压水送至高压容器，使物料受到高压处理。表 1-5-3 比较了两种加压方式的特点。

图 1-5-14　直接加压和间接加压方式的示意图

（1）直接加压方式　（2）间接加压方式

表 1-5-3　　　　　　　　　　　　　　两种加压方式的比较

项目	直接加压方式	间接加压方式
构造	加压气缸和高压容器均在框架内，主体结构庞大	框架内仅有一个压力容器，主体结构紧凑
容器容积	随着压力的升高容积减小	始终为定值
密封的耐久性	密封部位滑动，有密封损耗	密封部位固定，几乎无密封损耗
适用范围	高压小容器（研究用）	大容量（生产型）
高压配管	不需要高压配管	需要高压配管
维护	保养性能好	需要经常维护
容器内温度变化	升压或减压时温度变化不大	减压时温度变化大
压力保持	若压力介质有泄漏，则当活塞推进到气缸顶端时才能加压并保持压力	当压力介质的泄漏小于压缩机的循环量时可以保持压力

（二）高压装置简介

1. 高压容器

食品的高压处理需要数百兆帕的压力，通常压力容器为圆筒形，材料为高强度不锈钢，为了达到必需的耐压强度，容器的器壁很厚。加强型的高压容器外部加装强化线圈，与单层容器相比，线圈强化结构安全可靠，有助于实现轻量化，如图1-5-15所示。

图1-5-15　线圈强化压力容器结构示意图

2. 辅助装置

高压处理装置系统中有多个辅助装置，如图1-5-16所示。主要辅助装置包括：①高压泵系统。不论直接加压还是间接加压，均需采用油压装置产生所需的高压。前者需要高压配管，后者需要加压气缸。②恒温装置。为了提高加压杀菌的效果，可以采用温度与压力共同作用的方式，在高压容器外安装夹套，循环一定温度的水。另外压力介质也需保持一定温度。因为高压处理时，压力介质的温度会因压力的上升和下降而变化，保持食品的品质必须控制温度。③测量仪器。包括热电偶测温计、压力传感器和记录仪，压力和温度数据可以输入计算机进行自动控制，还可以设置摄像系统，实时观察加工过程中物料组织结构和色泽的变化。④物料的输入和输出装置。由输送带、提升机、机械手等构成。

图1-5-16　高压处理装置示意图

（三）高压处理生产操作简介

由于高压处理的特殊性，难以实现连续操作，工业上采用间歇式和半连续式。间歇式生产食品加压处理周期如图1-5-17所示。在该设备中使用高压水切割装置可以把产品切割成多种形状。间歇式加压处理升压需要开动主驱动装置，主驱动装置的开机率低，浪费设备投资，因此将多个高压容器组合使用，可以提高主驱动装置运转率。多个高压容器组合的系统实现了半连续的生产方式，即在同一时间、不同容器内完成了从装料→加压处理→卸料的加工过程，提高了设备利用率，缩短了生产周期。半连续高压处理生产线示意图如图 1-5-18 所示。图 1-5-19 为美国 Avure Technologies 公司开发的型号为 AV-40X-70X 的工业化可扩展超高压处理系统。

图 1-5-17　间歇式食品高压处理周期示意图

图 1-5-18　半连续高压处理生产线示意图

图 1-5-19　AV-40X-70X 可扩展超高压处理系统

第四节　挤压膨化技术

　　食品挤压加工技术包括挤压膨化技术、挤压蒸煮技术和挤压组织化技术三种。食品挤压加工技术的共同点就是物料被送入挤压机后，在螺杆、螺旋的推动下，物料向前呈轴向移动；同时，物料被强烈地挤压、搅拌、剪切，螺杆与物料、物料与机筒以及物料内部的相互摩擦，其结果使物料进一步细化、混匀；随着机腔内部压力的逐渐增大，相应地温度不断升高，在高温、高压、高剪切力的条件下，物料物性发生变化，由粉状或粒状变成糊状，淀粉发生糊化、裂解，蛋白质发生变性、重组，纤维发生部分降解、细化，微生物被杀死，酶及其他生物活性物质失活。

　　三种技术不同的是：挤压膨化技术是当糊状物料在接近模孔时温度达到最高、压力达到最大，由模孔喷出的瞬间，在强大压力差的作用下，水分急骤汽化，物料被膨化，形成疏松、多孔结构。实现膨化的另一种主要方式是气流膨化。它是靠外部气流加热的方法使体系获得能量而达到高温高压状态，并使物料膨化的过程。膨化还有油炸膨化和微波膨化的方式。挤压蒸煮技术是糊状物料在接近模孔时，温度较低，压力也相应较小，由模孔挤出时，内外压差较小，模孔主要起塑形作用，物料挤出后成为具有一定形状的熟化或半熟化产品。挤压组织化技术主要是对蛋白质含量较高（50%以上）的植物原料，其在挤压机内，由于受到剪切力和摩擦力的双重作用，蛋白质高级结构被破坏，形成了相对呈线性的蛋白质分子链，这些分子链在一定温度和水分含量条件下，受定向前进推动力的作用发生定向排列，产生分子间的重组，由模孔挤出后即形成了一种类似于肉类组织结构的产品——组织化蛋白。食品挤压机主要的功能如图 1-5-20 所示。

图 1-5-20　食品挤压机的功能

一、　挤压膨化的原理

（一）膨化原理

　　膨化是利用相变和气体的热压效应原理，通过外部能量的供应，使加工对象——物料内部的液体迅速升温汽化，物料内部压力增加，并通过气体的膨胀力带动组分中高分子物质的结构发生变性，从而使物料成为具有网状组织结构特征、定型的多孔状物质的过程。

挤压式膨化是靠螺旋套杆推动，曲折地向前挤压，在推动和摩擦力的作用下物料被加压、混合、压缩并获得和积累能量而达到高温高压，成为带有流动性的凝胶状态。此时所有的成分均积累了大量的能量，水分呈过热状态，当骤然释放至常压时，这两种高能状态体系即朝向混乱度增大即熵值增大的方向进行，而发生膨化。膨化使过热状态的水分瞬间汽化而发生强烈爆炸，体积约膨胀 2000 倍。物料组织受到强大的爆破伸张作用而形成无数细致多孔的海绵体，体积增大几倍到几十倍，组织结构和理化性质也发生了变化。膨化过程中的高温高压和高旋转作用对物料形成分子水平的剪切，使蛋白质变性降解，长链淀粉被剪切成短链淀粉、糊精和糖，因此膨化后的物料处于易被酶水解的状态。食品挤压膨化加工时的温度-时间曲线如图 1-5-21 所示。

图 1-5-21　食品挤压膨化加工时的
温度-时间曲线

（二）膨化的产生过程与条件

膨化过程分为三个阶段：第一阶段为相变阶段，此时物料内部的液体因吸收了外部提供的能量而发生汽化；第二阶段为增压阶段，随着能量的持续供应，汽化后的气体快速增压并开始带动物料膨胀；第三阶段为固化阶段，当物料内部的瞬间压力达到并超过物料能够承受的内外压力平衡极限时，气体迅速外溢，内部因失水而温度升高，物料不断干燥并固化，最终形成多孔，疏松的膨化产品。

要实现物料的膨化过程，必须达到一定的条件。膨化过程的产生与物料的特性、物料的变化和外部环境条件的改变等因素直接相关。只有当物料和外部环境的变化同时达到膨化所需的特定条件时，膨化才有可能顺利进行。产生膨化所需要的特定条件有以下几点。

1. 汽化剂

在物料的组分中必须有均匀分布的、在一定的加工条件下能够发生相变（从液态或固态转变为气态）的物质，这些物质称为汽化剂。对于大多数的食品物料而言，最常见、最适宜的汽化剂就是物料中的水分。

从理论上讲，物料含水量越大，可能产生的蒸汽量也就越大，膨化动力越强，对膨化的效果影响也越大。因此，在膨化前，必须确定物料的适度含水量。此外，由于水分在物料中分布差异和水分与物料之间的结合差异，物料在膨化过程中还存在一定的湿度梯度。不同的湿度梯度会造成膨化动力产生时间上的差异和质量的不均匀性，影响到膨化质量。所以，物料必须具备均匀的含水条件，以利于膨化动力的均匀发生。

2. 弹性小室

从相变阶段到增压阶段，为了使物料内部的压力不断增大，物料内部应能形成大量的相对封闭的弹性气体小室，弹性小室能对气体具有一定的阻隔作用，能够保证小室内气体的压力不断上升。构成气体小室的内壁材料，必须具备一定的拉伸成膜性能，并能在固化阶段蒸汽外溢后，迅速得到干燥和形成固定的网架结构，其物理形状不因内部水分的减少而回缩。构成小室的成膜材料主要是物料中的淀粉、蛋白质等高分子物质，而成品的网架材料中除淀粉、蛋白质外，还充填有少量其他高分子物质，如纤维素等。

3. 能量

仅有膨化的物质基础还不行，还要为物料提供完成膨化全过程所需要的足够能量，汽化剂在升温、相变（汽化）、推动物料发生膨胀时需要能量，而物料的其他组分在升温和干燥过程中也需要能量，这些能量需要由外部提供。

（三）挤压膨化过程中物料成分的变化

挤压膨化过程是一个物理化学过程，物料在挤压机中挤出来时由于压力骤降和过热水汽的瞬间汽化而发生爆裂，使得物料在改变物理形状的同时也发生一些化学变化，正是这些变化产生了膨化食品独特的品质，如结构疏松、质地松脆、营养丰富、易于消化等。这些成本变化包括淀粉、蛋白质、氨基酸、酶、脂肪、纤维素、维生素等的变化和风味物质的形成等。

1. 淀粉

淀粉含量的高低及其在挤压过程中的变化直接关系到挤压产品的特性，如形状、密度、硬度、吸水性和风味等。在挤压过程中，淀粉一般会发生糊化和降解两种变化。挤压过程中淀粉的糊化是一个在低水分状态下的糊化过程。挤压膨化过程中高温、高压及强大的机械剪切力，很容易使淀粉分子间的氢键断裂，使淀粉发生糊化。其糊化程度与挤压过程中的工艺参数如螺杆转速、喂料速度、加工温度、物料水分含量以及交互作用有着十分密切的关系。

淀粉降解程度与淀粉分子所受处理的环境条件有关。有许多研究表明，玉米淀粉或其他支链淀粉含量较高的淀粉原料在加压过程中降解，发生在支链部分的概率显著高于直链部分，挤压对支链淀粉的降解类似于普鲁兰酶的作用。在以木薯淀粉做实验时，发现挤压温度越高、螺杆转速越快，淀粉的裂解产物越多；不同品种的淀粉，其裂解产物也有所不同；裂解的结果使淀粉在较低温度下有较强的水溶性和吸水性，使淀粉颗粒结构松散，改变了原有淀粉的理化性质。

2. 蛋白质

在膨化过程中，蛋白质作为膨化物料的成分，主要是其中的结构性蛋白质易受外部能量的影响和作用而发生分子结构变化，如变形、变性等。结构性蛋白质的这种变化通常与其在膨化过程中的功能变化同步发生。含蛋白质的食品原料在挤压机内受到高温、高压、高剪切力的综合作用，蛋白质的二级、三级、四级结构的结合力变弱，蛋白质分子结构伸展、重组，表面电荷重新分布趋向均匀化，分子间氢键、二硫键等部分断裂，导致蛋白质最终变性。蛋白质经挤压变性后，原先封闭在分子内的疏水性的氨基酸参加暴露在外，使挤压蛋白质在水合体系中的溶解性降低，蛋白质的分散指数下降。挤压过程中，蛋白质的生物学效价也会发生变化。温和的挤压条件可以引起蛋白质发生适度变性，增加了对蛋白酶的敏感性，从而提高蛋白质的消化率；但在激烈的挤压条件下，氨基酸可与原料中的一些还原糖或其他碳基化合物发生反应，造成氨基酸损失，特别是赖氨酸损失较大，引起蛋白质的生物学效价和消化率下降。蛋白质对挤压食品品质的影响主要体现在膨化程度的高低，蛋白质含量高的物料挤压时膨化程度低，且蛋白质对膨化度的影响力要大于淀粉；蛋白质含量高的物料挤压时黏稠度大，加压过程中的能耗大。挤压原料中蛋白质的含量应控制在40%以下。对于蛋白质含量高的物料，为提高产品膨化率，往往需要提高挤压温度和适当调整水分含量。

3. 脂肪

脂肪在食品的挤压膨化过程中是敏感组分，在挤压过程中既可充当润滑剂，又可调整产品质量。大多数脂类熔融温度为40℃，螺杆很快地把它们混合到混合物中分散成微粒，并敷于聚合物的外表面。在挤压一些低脂类物质时，如土豆淀粉等物质，油作为润滑成分。在水分含量低于25%时，这些淀粉由于在熔化温度下老化脱水而变成胶状物，因而产生堵塞问题。加入0.5%~1.0%的油可以防止碳水化合物的老化和淀粉的提前凝胶现象，造成淀粉物质较高的动性，使机械能的输入降低，也降低了淀粉的膨化度。当脂肪含量在10%以下时，它对产品膨化率的影响很小，但含量较高时，会使产品的膨化率下降明显。

一般认为，在挤压膨化过程中，原料中绝大多数脂肪与淀粉、蛋白质形成了复合物，降低了挤出物中游离脂肪的含量。例如，玉米经挤压后，游离脂肪含量由4.22%下降到了1.65%；黍米经挤压后，游离脂肪含量由3.11%下降到0.98%。这种脂肪复合体的形成看，使脂肪受到保护，对降低脂肪氧化速率和氧化程度、延长产品的货架期起到了积极的作用，还会改善产品的质构和口感。脂肪在挤压过程中，除了生成脂肪复合体外，还会产生不饱和脂肪酸的顺-反式异构现象。

4. 纤维素

通常认为挤压可使可溶性膳食纤维的含量显著增加，这主要是高温、高压、高剪切的作用使纤维分子间化学键断裂，导致分子的极性发生变化所致。此外，纤维素也是影响挤压食品膨化效果的主要因素，纤维含量越高，产品的膨化效果越低。不同食品原料中的纤维素对膨化效果的影响也不尽相同，其中以豌豆和大豆纤维的膨化能力为好，它们在以淀粉为重要原料的饲料中添加量达到30%时，对最终产品的膨化效果无显著影响，而燕麦麸及米糠，由于它们含有较高的蛋白质和脂肪，其膨化能力很差。

5. 其他

挤压中高温、高压使物料中的风味成分发生变化。部分香味物质随水蒸气挥发而被闪蒸，另一方面新风味物质的形成，特别是食品中还原糖与含氮化合物发生的美拉德反应，为物料提供良好的风味。

在挤压膨化过程中，维生素B_2、维生素B_6、维生素B_{12}、烟酸、泛酸和生物素相对稳定，而维生素A、维生素E、维生素C、维生素B_1和叶酸则易被破坏。其损失是膨化过程中高温高压引起的，其损失程度取决于物料的组成和工艺参数。挤压过程中矿物质基本没有损失。

二、 挤压膨化加工系统与组成

挤压膨化加工系统是由挤压膨化机及其辅助设备构成。挤压膨化设备加工过程是将物料的输送、混合、熟制、膨化、成型等工序合在一起，即物料在输送过程中受到挤压，由于温度和压力的升高，物料形成改性的糊状物，通过成型模具后，由于温度、压力的突然降低，熟化了的流态物料体积迅速膨胀，经切割及冷却成型后，即称为膨化食品。

（一）食品挤压膨化设备分类

食品挤压膨化机可按挤压机螺杆数量、挤压过程剪切力、加热形式、挤压机使用功能等进行分类。

最为常见的分类方式是按螺杆数量主要分有单螺杆挤压机和双螺杆挤压机，如图1-5-22和图1-5-23所示。在机筒内只有一根螺杆旋转工作，物料借螺杆和机筒对其的摩擦来输送的为单螺杆挤压机；双螺杆挤压机是在机筒内并排安装有两根螺杆同时转动工作，两根相互连续啮合的反向或同向旋转的螺杆靠正位移原理强制输送物料。两种挤压机的主要区别如表1-5-4所示。

图 1-5-22 典型单螺杆挤压机结构示意图

1—注射油缸 2—轴承 3—液压电动机 4—减速箱 5—斗 6—螺杆 7—机筒 8—喷嘴

图 1-5-23 典型双螺杆挤压机结构示意图

1—机关连接器 2—模板 3—机筒 4—预热器 5—螺杆 6—下料管 7—料斗
8—进料传动装置 9—止推轴承 10—减速器 11—电动机 12—支撑结构

表 1-5-4 双螺杆与单螺杆挤压机的主要区别

项目	单螺杆挤压机	双螺杆挤压机
输送原理	摩擦	滑移
加工能力	受物料水分、油脂等限制	一定范围内不受限制
物料允许水分/%	10~30	5~95
物料内热分布	不均匀	均匀
剪切力	强	弱
逆流产生程度	高	低
自治作用	无	有

续表

项目	单螺杆挤压机	双螺杆挤压机
刚性	高	轴承结构易损
制造成本	低	高
排气	困难	容易

（二）食品挤压膨化机组成

1. 主机

一台食品挤压机（主机）主要由下列 4 个系统组成，如图 1-5-24 所示。

图 1-5-24　挤压机的主体结构图

1—挤压系统　2—传动系统　3—模头系统　4—温控系统

（1）挤压系统　此系统主要是由螺杆、筒体和机座组成的，是主机的核心部分。

（2）传动系统　此系统用来驱动螺杆转动，它主要由电机、减速装置和齿轮箱组成，保证螺杆所需的扭矩和转速。

（3）模头系统　此系统用来保证挤压食品的形状和建立模头前的压力，它主要由能与机筒连接的模座、分流板和成型模头组成。

（4）温控系统　此系统通过在夹层筒体内通蒸汽加热筒体而把热量传递给物料，或通入冷却循环水冷却筒体。也有用电热元件加热筒体的。将螺杆做成中空的，也可用来加热或冷却。

2. 辅机

在挤压食品生产过程中，除主机之外，根据生产产品和所用原料的不同，还需要有不同的、配套的辅机才能生产出所需要的产品，这些辅机包括原料混合器、预处理器、喂料器、切割装置、烘干（冷却）装置、调味装置等。

三、　挤压膨化技术在食品加工中的应用

（一）在休闲食品加工中的应用

膨化食品是将挤压技术应用于食品加工中最先获得成功的产品。以大米、玉米等谷物类

及薯类为主要原料，经挤压蒸煮后膨化成型成为疏松多孔状产品，再经烘烤脱水或油炸后，在表面喷涂一层美味可口的调味料，玉米果、膨化虾条等即属这一类。另一类为膨化夹心小吃食品，是通过共挤压膨化制成，即谷物类物料在挤压后形成中空的管状物，管中可充填馅料。以酥油及棕榈油为介质，将蛋黄粉、糖粉、乳粉、调味料、香料等各种配料按一定比例加入后，经充分搅拌混匀成为具有较好流动性的夹心料，通过夹心泵及共挤出模具，在膨化物挤出的同时将馅料注入管状物中间，经此道工序加工的膨化夹心小食品，口感酥脆，风味随夹心馅的改变而具多样性，可通过改变其中的夹心料的配方，加工出各种营养强化食品、功能食品。

（二）在油脂浸出中的应用

利用挤压技术对浸出前的油料进行膨化预处理，是溶剂浸出提油的一种新技术。这种工艺已在巴西、美国、韩国等国家的油脂生产中运用，并已见成效。挤压技术应用于油脂浸出的基本原理是：当油料料胚随螺杆推进被强制输送到挤压腔后，通过压延效应及摩擦、挤压产生的高温、高压，油料被剪切、混炼、熔融和产生组织变化。当料胚从高压状态挤出到常压状态时，造成内部超沸点水分的瞬间蒸发而产生巨大的膨胀力，油料也随之膨化成型，产生许多具有细微孔的条状体（"油路"），有利于油料的浸出。应用挤压膨化浸出法与传统的轧胚浸出法相比，在浸出设备的生产能力、油脂浸出速度、能耗、溶剂料胚比以及油品质量等方面有许多优越之处。国外已把挤压膨化机作为油脂浸出厂中的标准设备。

（三）在酿造生产中的应用

谷物膨化后，淀粉及蛋白质等大分子物质发生降解，糊精、还原糖和氨基酸等小分子物质含量增加，脂肪含量大大降低，这样的变化对发酵作用较为有利。同时，可溶性的小分子物质在发酵初期可供给酵母足够的营养成分，加快了发酵进程。据有关资料和实验表明，作为发酵工业的原料，挤压膨化后的谷物原料均优于蒸煮糊化原料，因为物料经挤压后呈片状或蜂窝状结构，体积膨胀，增大了与酶的接触面积，因而加快了酶和酵母的作用进程，减少酶及酵母用量，缩短发酵周期。利用挤压膨化原料生产食醋，原料出品率提高 40%～50%，酒母和曲的用量减少，发酵时间比传统工艺缩短 10d 左右，经济效益显著增加。膨化工艺用于黄酒和啤酒的生产，可明显缩短发酵周期，减少酵母添加量，提高原料利用率，而且由于物料在挤压膨化中受到高温高压的作用，原料中的氨基酸与还原糖发生美拉德反应所产生的物质给酒带来特有的香味，提高了酒的质量。

第五节　气相爆破技术

蒸汽爆破技术（简称汽爆）被认为是一种最经济高效的生物质预处理技术。它是将固体物料，特别是木质纤维素原料用饱和蒸汽或高压气体处理一定时间后，瞬间降至常压的过程。随技术进步发展，在蒸汽爆破的基础上，其爆破介质已由传统的水蒸气拓宽到多种气体介质，将其统称为气相爆破，包括蒸汽爆破技术、惰性介质气相爆破技术和混合介质气相爆破技术，实现了对物料的梯度温度气相爆破与低温气相爆破。目前，气相爆破技术的应用领域主要是面向是食品、农产品及其加工废弃物等生物质原料，并构建了以气相爆破技术为核心的一系列清洁、高效、经济的组合处理技术体系，其目的是实现生物质痕量功能成分和本征结构成分的选择性结构拆分与分级利用，实现生物量利用的最大化。

一、气相爆破过程与原理

（一）气相爆破的基本过程

气相爆破过程主要指的是具有细胞结构的植物原料在高压（0.8～3.4MPa）、高温（180~240℃）介质下气相蒸煮，半纤维素和木质素产生一些酸性物质，使半纤维素降解成可溶性糖，同时复合胞间层的木质素软化和部分降解，从而削弱了纤维间的黏结。然后突然减压，介质和物料共同作用完成物理的能量释放过程。物料内的气相介质喷出瞬间急速膨胀，同时物料内的高温液态水迅速暴沸形成闪蒸，对外做功，使物料从胞间层解离成单个纤维细胞。一般认为在汽爆过程中，半纤维素发生部分自水解作用转化成单糖和低聚物，而木质素则降解成酚类低聚物，高温条件下，半纤维素链上水解下来的乙酰基生成乙酸又加剧了半纤维素糖苷键和木质素上 β-酯键的水解。因此，在一定范围内处理强度越大，半纤维素的水解和木质素的降解程度越大，组分分离效果越明显。

通常将气相爆破过程分为以下四个阶段。

1. 气相驱替阶段

指干物料在气相爆破前通过复水以恢复其最佳水分状态与含量的阶段。在此阶段，液态水借助吸附和扩散作用通过毛管孔渗入到物料内部，将原有空气置换驱替出来。有效的复水被认为能够显著提高物料气相爆破效果和均一性，但是物料内水分的增加也会对后续传热方式与效率产生影响，从而间接影响能耗。此外，水分是植物材料优良的塑化剂，能够软化纤维物料使其变得柔软可塑，从而利于后续物理撕裂作用。

2. 气相渗透阶段

随着蒸汽的通入，体系压力和温度上升，高温蒸汽迅速充满于物料各尺度孔隙内部。蒸汽作为传热介质通过冷凝和热传导两种方式加热湿物料。当含水率低、物料内毛管孔未被水相堵塞充满时，蒸汽在孔道中利用快速冷凝方式传热，通过相变时释放潜热来加热物料；当物料经过充分复水或在温度升至维持温度前冷凝水已将物料内毛管孔堵塞填满时，后续传热则是以较慢的热传导方式完成，从而降低了传热效率。在这个阶段产生了大量蒸汽消耗，所以增加物料含水量导致传热效率降低，过程能耗增加。对于汽爆作用而言，物料高含水量导致升温传热速率的降低不仅引起气相蒸煮阶段实际反应时间的缩短，也易使物料内部局部温度差大，从而造成处理效果及其均一性差。因此，随含水量增加，汽爆维持时间应相应延长，以促进物料内部进行充分传热。

3. 气相蒸煮阶段

随蒸汽持续通入，体系温度升高至设定值，并在此条件下维持一段时间。此时蒸汽冷凝和水分蒸发程度基本持平，因此罐内两相水含量保持不变。随着温度升高，水分 pK_w 值下降，在此高温弱酸性环境下，水分作为催化剂驱动一系列水解反应的发生：木质素-碳水化合物复合体结构被降解生成一系列小分子有机酸，进一步催化反应的进行；大部分半纤维素被水解为木寡糖或木糖，部分无定形区纤维素水解为葡萄糖，溶解于汽爆液中；木质素与半纤维素连接键的断裂导致部分木质素脱除，可溶性木质素含量增加；随着反应程度的加剧，葡萄糖和木糖进一步降解为小分子产物。

4. 气相爆破阶段

随着维持时间达到设定值，体系骤然泄压完成对物料的气相爆破。爆破瞬间物料内外压差使部分液态水闪蒸和孔隙内压缩蒸汽对外急速膨胀，物料被瞬间释放至大气环境，导致物料结构破碎。研究表明汽爆具有增孔、扩孔和开孔的作用。

（二）气相爆破的作用原理

在气相爆破过程中普遍认为存在以下几个方面作用。

1. 类酸性水解作用及热降解作用

气相爆破过程中，高压热蒸汽进入植物原料中，并渗入内部的空隙。由于水蒸气和热的联合作用产生纤维原料的类酸性降解以及热降解，低分子物质溶出，纤维聚合度下降。

2. 类机械断裂作用

在高压蒸汽释放时，已渗入纤维内部的热蒸汽分子以气流的方式从较封闭的空隙中高速瞬间释放出来，纤维内部及周围热蒸汽的高速瞬间流动，使纤维发生一定程度上的机械断裂。这种断裂不仅表现为纤维素大分子中的键断裂，还原端基增加，纤维素内部氢键的破坏，还表现为无定形区的破坏和部分结晶区的破坏。

3. 氢键破坏作用

在气相爆破过程中，水蒸气渗入纤维各孔隙中并与纤维素分子链上的部分羟基形成氢键。同时高温、高压、含水条件又会加剧对纤维素内部氢键的破坏，游离出新的羟基，增加了纤维素分子内的氢键。分子内氢键断裂的同时，纤维素被急速冷却至室温，使得纤维素超分子结构被"冻结"，只有少部分的氢键重组。这样使溶剂分子容易进入片层间，而渗入的溶剂进一步与纤维素大分子链进行溶剂化，并引起残留分子内氢键的破坏，加速了葡萄糖环基的运动，最后导致其他晶区的完全破坏，直至完全溶解。

4. 结构重排作用

在高温、高压下，纤维素分子内氢键受到一定程度的破坏，纤维素链的可动性增加，有利于纤维素向有序结构变化。同时，纤维素分子链的断裂，使纤维素链更容易再排列。

（三）气相爆破过程中主要影响因素

气相爆破过程的主要影响因素划分为物料特性、操作参数、设备参数和产品用途四个方面。

物料特性对处理效果的影响体现在以下几个方面。不同种类的植物原料，其纤维素、半纤维素、木质素及其他组分所占含量不同，若半纤维素含量高、木质素含量低，在气相爆破过程中，主要发生半纤维素链上的乙酰基团水解，产生的乙酸含量高，催化半纤维素的糖苷键和木质素上 β-酯键的水解，因此，在一定范围内半纤维素含量高的原料产生的酸催化作用强，细胞壁组分更容易降解。其次，颗粒尺寸太大或孔隙度过小都会造成蒸汽无法充分渗入细胞内部，减弱最后瞬间释压过程的撕裂作用。此外，复水操作可以将纤维类原料水分状态调至纤维饱和点，使纤维润胀软化，进而影响蒸汽渗透过程以及瞬间泄压撕裂作用力的大小以得到最佳蒸煮和撕裂效果，以提高处理效果和均一性。

操作参数对处理效果的影响体现在以下几个方面。通常在一定范围内温度越高，对细胞壁组分破坏的热化学作用效果越明显。气相爆破过程中高温蒸煮作用是物理撕裂的前提，在以饱和蒸汽为介质的汽爆过程中，饱和蒸汽的温度与压力具有一一对应的关系，温度的提高必然导致爆破压力的升高，促进物理撕裂、膨胀或碰撞作用。维压时间的长短，影响化学反应的进行程度，体现在水解产物的生成速率和产物积累量，还影响蒸汽介质的渗透程度。装料系数对主要是影响气相爆破过程的传质和传热速率，堆积密度和装料系数过大会阻碍蒸汽的渗入，从而导致物料受热不均匀，影响处理效果。

设备参数如出料口面积、出料管道形状及缓冲罐体积等对气相爆破的影响主要体现在以下几个方面。出料口面积会影响泄压速度，出料口面积越大，出料速度越快，出料瞬间的压力降就越大，即意味着物料细胞内的压降越大，说明泄压瞬间蒸汽对细胞壁的冲击波能量越大，从而对细胞壁的撕裂越剧烈。在快速泄压过程中，在内外压差的作用下，物料通过管道被高速输送至接收器。物料输送过程中受到管道的阻力作用，不同的管道形状、构造对其阻力作用不一致。比如直管、弯管以及管内壁的挡板等均会对物料起到不同程度的粉碎作用，因此要根据物料性质等选择合适的出料管路形状。缓冲罐体积主要是影响物料出口的环境压力，若装料很多，出料口面积相对较小，则在释压瞬间，先出的物料接触大气压，而后出的物料由于先出物料的闪蒸结果，接触的是高于大气压的环境。在这种情况下，前后出的物料的压降不同，导致汽爆的物理撕裂效果不均匀。

产品用途对气相爆破作用的影响，实际上是基于不同的目标产物对工艺的要求不同。针对内含物提取，由于植物油脂或天然活性成分往往存在细胞内，气相爆破能破坏细胞壁，提高成分提取率、缩短提取时间。此时对其要求是破坏细胞壁结构，无须降解半纤维素，应该进行混合介质低温气相爆破，发挥物理撕裂作用，减少温度对内含物结构的破坏。若目标产品是半纤维素降解物如低聚木糖等，则应适当降低温度、延长时间以增加半纤维素的降解率和回收率。若以木质纤维素原料作为酶解发酵底物，则要求气相爆破过程增加纤维素的暴露率，提高纤维素酶的可及性，降低发酵抑制物的含量。若是对木质纤维素原料进行脱胶，则要求提高半纤维素的降解率，同时避免对纤维的破坏，因此处理条件不宜过于剧烈，也应适当降低温度、延长处理时间。

二、 气相爆破设备

（一）分批式气相爆破装置

双路进气快开门气相爆破反应罐，包括罐体、端盖、加料口和滑料口，结构如图1-5-25所示。该设备的具体操作流程如下：反应罐体为一顶端带有端盖的双路进气快开门气爆反应罐，原料经加料斗加入气爆罐内，加料阀门通过推动杆进行及杆端的小轮和差动式双作用气缸作用开启或关闭，其中气缸动作对推动杆进行推、拉，杆端部有小轮可在阀门的滑槽中滑动，使阀门开启或关闭。饱和蒸汽通过花管和喷管通入罐内，确保反应体系达到所需反应温度和反应压力。所得爆破料通过泄料口排出，反应中的料渣等废物通过排渣口排出。目前，

图1-5-25 双路进气快开门气相爆破
反应罐结构图

1—加料斗 2—加料阀门 3—推动杆
4—差动式双作用气缸 5—花管 6—耳座
7—喷管 8—泄料口 9—排渣口 10—吊环
11—小轮 12—人孔 13—罐体 14—端盖

双路进气快开门气相爆破装置已由实验室 0.5L 规模成功放大到 $1m^3$、$5m^3$ 到 $50m^3$ 的工业应用规模。

（二）连续式气相爆破装置

Stake Technologies 公司对水蒸气爆破法技术相关的主要设备均有深入的研究开发，并拥有多项专利。例如关键设备喂料系统、防反喷装置、卸料装置等，均有很多独到之处。如图 1-5-26 所示。

Co-Ax喂料器

Stake Ⅱ蒸煮器

卸料装置

图 1-5-26　Stake Technology 气相爆破系统

Stake Technology 气相爆破系统由共轴喂料器和消化器构成。喂料器有一个大料斗，它位于斜板送料槽的底部。从斜板送料槽滑落下来的生物质，由一个可逆双向螺旋输送机输送到 Co-Ax 喂料器的大料斗中。物料在喂料器中被压缩成塞状硬块，从而将高压消化器密封。压缩物料进入消化器后就会被可调气门打碎，迅速暴露在消化器的操作温度和压力之下。在消化器的垂直部分有一个变速螺旋输送机将物料输送到消化器的出口。物料在反应器中的处理时间可通过调节该螺旋输送机的输送速度来调节。饱和蒸汽由位于消化器垂直部分末端、入口附近的进气管输入。消化器末端为出料口，物料通过左右交叉螺旋输送挤压到球阀前，球阀可以定时喷放爆破，将物料由罐内的高压迅速转换为外界常压。通常，球阀设定为每隔 5~10s 开放一次，持续时间为 0.5~1s。

爆破物料可被收集到冲击式回收罐中，在这里蒸汽和固体物料发生分离，蒸汽被蒸汽收集器所回收，罐底部的固体物料直接被可逆螺旋输送机输送到接收罐中。当后续工艺需要不经抽提的物料时，罐底部的固体物料就直接被可逆螺旋输送机输送到接收罐中；当后续工艺需要经过抽提的物料时，罐底部的固体物料就被可逆螺旋输送机输送到浆罐中进行抽提过程。浆罐有两个作用，一是作为蒸汽爆破料的储存罐，二是作为循环液的混合器。蒸汽爆破料先水浸，将其中的戊聚糖溶解，再过带式滤器，回收滤液。二次真空抽提液则作为循环液进入混合器。

三、气相爆破技术在食品加工中的应用

（一）粮食深加工

针对玉米深加工中湿法脱胚过程复杂、能耗高、污染大的特点，利用气相爆破技术对玉米脱胚，并且对其玉米胚乳进行深加工，提取黄色素和醇溶蛋白，提完的玉米胚乳可以进行正常的酒精发酵。玉米粒复水后，置于气相爆破罐中，在一定温度和压力下维持数分钟，瞬间减压释放，即可实现胚乳、胚芽和种皮三者的分离。将研磨好的湿态气相爆破玉米胚乳用一定浓度的乙醇提取，即可得到黄色素与醇溶蛋白的混合物，气相爆破后的胚乳变得松软，黄色素的提取率相比湿法脱胚玉米胚乳的提取率明显提高。通过蒸馏、沉淀等，可以分别得到醇溶蛋白和黄色素的制品。提完醇溶蛋白和黄色素的胚乳可以用来发酵乙醇，发酵效果优于湿法脱胚制得的玉米胚乳，并且还省略了糖化液化前的糊化环节，降低能耗。

（二）果蔬残渣加工

利用气相爆破对果蔬渣处理工艺流程如下：通过气相爆破罐快开门将含水量20%～35%的果蔬渣置入罐中，通入饱和蒸汽，使罐中压力达到0.8～1.5MPa，维持1～5min，打开放料球阀，使物料喷放到常压旋风分离器中。在这一过程中，果渣的细胞壁瞬间破壁，果蔬渣中半纤维素降解为可溶性糖游离出来，并且果蔬渣中的细胞壁加工成膳食纤维，可直接烘干粉碎加工膳食纤维功能食品，或提取有机酸后烘干粉碎加工膳食纤维功能食品。

（三）畜禽废弃物加工

通过利用蒸汽爆破的高温蒸煮对鸡肠和麸皮混合物和进行消毒处理，同时利用瞬间泄压的爆破作用对鸡肠进行撕裂，达到类似粉碎的效果。作为饲料，不仅降低了鸡肠这种废弃物对环境造成的污染，同时减少蛋白质饲料的使用，提高了经济效益，达到变废为宝的效果。气相爆破鸡肠的流程主要是，预先将鸡肠与麸皮混合，控制含水量，通入蒸汽至150～180℃加热8～10min后瞬间泄压，得到颗粒状或膏状的颜色为淡褐色或黄色的气相爆破产物，烘干后可单独作为蛋白饲料或与其他饲料进行复配。

将羽毛原料和麸皮混合，利用高温高压蒸煮、瞬间释压的冲击作用，将羽毛角蛋白中二硫键等化学键破坏，以提高羽毛粉中的粗蛋白含量及胃蛋白酶消化率。再辅以乳酸杆菌厌氧固态发酵作用，提高羽毛中原先缺乏氨基酸（赖氨酸、色氨酸等）的比例，平衡羽毛粉中各种氨基酸的含量比，产生高价值的优质羽毛蛋白粉。

（四）海产品加工

日本吉夫大学的 Mikiji Shigematsu 等也采用气相爆破技术从蟹壳中提取甲壳素。首先是将蟹壳粉碎，然后用乙酸溶液浸泡，再在230℃下保温16min后，瞬间释压爆破。采用改进工艺得到的甲壳素纯化和后处理工艺简单，用水或盐酸洗涤1h即可。得到的甲壳素呈纤维状，与 Hackman 方法制备的甲壳素相比，该法制备的甲壳素富含 N-乙酰基团，结晶度稍高，相对分子质量低。

此外，海藻经气相爆破处理后，使海藻的细胞壁（藻胶层）瞬间破壁，海藻细胞内含物游离出来，之后可直接烘干加工海藻功能食品，或提取琼脂等化工产品。经过气相爆破处理的海藻不必再粉碎，可直接加工烘干成食品，便于吸收消化，且具有独特膨化食品的风味。如没有经过气相爆破的海藻加工成食品则需要专门的粉碎，并且细胞内营养物质利用不完全，另需添加风味原料。经过气相爆破处理的海藻，如石花菜、鸡毛菜，提取琼脂可简化原料的酸解预处理过程，比未气相爆破处理的提高5%～10%的琼脂提取率。

第六节　其他技术

在开发新型粉碎技术、微波、高压、挤压膨化、气相爆破技术的同时，食品科学家还把目光投向超声波、脉冲技术、欧姆加热技术、光脉冲和紫外辐照及其在食品加工中的应用。

一、超声波技术

超声波为频率高于 20kHz 以上的有弹性的机械振荡，由于其超出人的听觉上限，称为超声波，超声波具有多种物理和化学效应。目前常用的超声波分为两类：一类是频率高，能量低的诊断超声波，其频率以 MHz 为单位；另一类是频率低，能量高的功率超声波，其频率以kHz 为单位。

（一）超声波对于食品作用的基本原理

1. 超声波的发生

超声波的发生主要通过三种方法：通过机械装置产生谐振，频率较低 20~30kHz；利用磁性材料的磁致伸缩现象的电-声转换器发出超声波，频率在几 kHz 到 100kHz 之间；利用压电或电致伸缩效应的材料，加上高频电压，使其按电压的正负和大小产生高频伸缩，产生频率 100MHz 到 GHz 量级。常见超声波设备使用频率为 20kHz~10MHz。超声波频率在 2.5MHz以上时不能发生空化现象，所以食品加工使用的超声波频率必须在 2.5MHz 以下，一般为20kHz~1MHz。

2. 超声波作用机制

超声波与食品介质的相互作用包括热机制、机械（力学）机制和空化机制三种。

（1）热机制　超声波在介质中传播时，其振动能量不断被介质吸收转变为热量而使介质温度升高，此种升温方式达到与其他加热方法相同的效果，从而这种使介质温度升高的效应称为超声波的热机制。超声波作用于介质，使介质分子产生剧烈振动，通过分子间的相互作用，引起介质温度升高。超声波能量在机体或其他介质中产生热作用主要是组织吸收声能的结果。超声波的不均匀热效应不同于高频及其他物理因子所具有的弥漫性热作用。

（2）机械（力学）机制　超声波的机械机制主要是辐射压强和强声压强引起的。力学效应主要有搅拌、分散、成雾、凝聚、冲击破碎和疲劳损坏等作用。超声波也是一种机械能量的传播形式，波动过程中的力学量，如原点位移、振动速度、加速度及声压等参数可以表述超声波效应。超声波在介质中传播时，介质质点振动振幅虽小，但频率很高，在介质中可造成巨大的压强变化，超声波的这种力学效应称为机械作用。超声波在介质中传播，介质质点交替压缩与伸张形成交变声压，从而获得巨大加速度，介质中的分子因此产生剧烈运动，引起组织细胞容积和内容物移动、变化及细胞原浆环流，这种作用可引起细胞功能的改变，引起生物体的许多反应。由于不同介质质点（例如生物分子）的质量不同，则压力变化引起的振动速度有差别。

（3）空化机制　在液体中，当声波的功率相当大，液体受到的负压力足够强时，介质分子间的平均距离就会增大并超过极限距离，从而将液体拉断形成空穴。在空化泡或空化的空腔激烈收缩与崩溃的瞬间，泡内可以产生局部的高压以及数千度的高温，从而形成超声波空化现象。空化现象包括气泡的形成、成长和崩溃过程。空化机制是超声波化学的主动力，加快粒子运动速度，从而促进乳化、分散、萃取以及其他物理化学和工艺过程。

（二）超声波对于微生物和酶的作用

1. 超声波对于微生物的作用

超声波作用于液体物料时，液体会产生空化效应，空化时产生峰值高达 100MPa 的冲击波和速度达 4×10^5 m/s 的射流；当声强达到一定数值时，空化泡瞬间剧烈收缩和崩解，泡内会产生几百兆帕的高压及数千度的高温，这些效应对液体中的微生物产生粉碎和杀灭的作用。根据研究，杀菌所用声强大于 $2W/cm^2$，当声强超过一定界限，空化效应减弱，杀菌效果下降，为获得满意的杀菌效果，一般杀菌强度为 $2 \sim 10W/cm^2$。频率越高，越容易获得较大的声强。但是由于频率升高，声波的传播衰减将增大，所以用于杀菌的超声波频率为 $20 \sim 50kHz$。在超声波杀菌过程中，随着振幅和杀菌时间增大，杀菌效果增强。但进一步延长杀菌时间，杀菌效果会趋于饱和。另外，随着杀菌时间的增加，介质升温增大，不利于热敏感食品的杀菌。

所有微生物对超声波都具有一定的耐受性。超声波对微生物的作用效果与微生物体本身结构和功能状态有关。Piyasena（2003）指出，超声波的作用因微生物的形状、大小、细胞的类型、生理状态而异，例如大细胞比小细胞更加敏感，球菌比杆菌的耐受力更强，革兰氏阳性菌比阴性菌耐受力强，好氧菌比厌氧菌耐受力强，低龄菌比老龄菌更敏感，芽孢比营养细胞更具耐受力。由于超声波在媒介的传播过程中存在衰减现象，随着传播距离的增加而减弱，因此，随着样品处理量的增大，灭菌效果降低。杀菌时间相同，样品中微生物初始浓度高时比浓度低时杀菌效果略差，以大肠杆菌为例，研究超声波处理时间与菌浓度的关系发现，对 30mL 浓度为 3×10^6 CFU/mL 的样品杀菌需用超声波处理 40min，若浓度为 2×10^7 CFU/mL，则需处理 80min。

2. 超声波对于酶的作用

超声波对酶的作用很复杂，由于超声波处理的条件和强度不同会产生激活或者钝化作用，酶性质不同也会使超声波处理产生不同的效果。一定的超声波处理会提高酶的活性，但改变处理条件，如频率、功率、处理时间等，则钝化酶的活性。Raviyan 等（2003）发现超声波对番茄果胶甲基酯酶具有钝化作用，而且发现空化现象强度增大和温度升高能增强对酶的钝化作用。超声波对酶的钝化作用也因酶的种类不同而异。Kashkooli 等（1996）利用 20kHz 的超声波处理过氧化氢酶和苹果酸脱氢酶，发现过氧化氢酶活性不被钝化，而苹果酸脱氢酶被钝化，而且酶浓度越大，被钝化的程度越高。适宜超声波处理可提高酶促反应速度。有人解释为超声波处理暴露了基质的反应位点，而促进了酶促反应。Vargas 等（2004）超声波处理黑曲霉中转移酶，在振幅 20% 和 40% 下都能显著地提高转移酶活性，当振幅为 20%，作用 8min 时酶活力提高最大。

（三）超声波在食品加工中的应用

1. 超声波均质和乳化

超声波均质是利用超声波，在遇到物体时会迅速地交替压缩和膨胀的原理实现均质。物料在超声波的作用下，当处在膨胀的半个周期内，料液受到拉力呈气泡膨胀；当处于压缩半个周期内，气泡则收缩，当压力变化幅度很大且压力振幅低于低压时，被压缩气泡会急剧崩溃，在料液中会出现空化现象，这种现象又随着振幅的变化和外压的不平衡而消失，在空穴消失的瞬时，液体的内部形成巨大的压力和温度增高，产生强力的机械搅拌作用，达到均质的效果。同时，在空穴产生有密度差的界面超声波也会反射产生激烈的搅拌。超声波均质机是通过将频率为 20~25kHz 超声波发生器放入料液中，或应用使料液具有高速流动特性的装置，超声波在料液中的搅拌作用使料液实现均质。

在食品加工中，一般采用低频（20~30kHz）超声波，在牛乳、果汁、番茄酱、人造奶油、巧克力及色拉酱等物料产生空化作用，空化气泡在崩溃时会产生冲击波和射流作用，使细胞壁破裂，剪切生物大分子或液体中的分散相，达到乳化的效果。超声波乳化与一般的乳化工艺相比，具有乳液液滴小、乳液稳定、乳化质量好、生产效率高、能耗少及成本低等优点。

2. 超声波清洗

利用超声波在洗涤液中传播时边产生气泡边消失的现象以及超声波对洗涤剂产生的乳化作用，可应用于果蔬及粮食加工中的清洗作业，其特点是系统可省去机械运动部件，洗涤效果好，速度快，质量高，操作简单，易于实现自动化。超声波普遍用于实验设备的清洗，还用于清洗大型的食品加工设备和容器，如清洗葡萄酒储存用的橡木桶，具有时间短、桶面光洁的效果。

3. 超声波辅助提取

超声波辅助萃取促进溶剂提取天然成分的过程。超声波的空化效应、高频振动效应和混合效应，产生强大的剪切力，破碎植物细胞壁，在空化场的作用下，瞬间的压力增大和减小，产生胞壁内外的压力差，致使内容物从撕裂处释放，达到提取内容物的目的。研究结果表明，与常规提取法相比，应用超声波技术提取分离植物中的有效成分具有提取时间短、提取率高、提取温度低、有利于保护植物有效成分不被破坏等优点。目前我国已有多个厂家制造工业化超声波提取设备。

4. 超声波灭菌

超声波杀菌适于果蔬汁饮料、酒类、牛乳、酱油等液体食品。单独使用超声波杀灭食品中的微生物效果有限，超声波经常和压力、热处理或和两者联合使用，从而出现了热超声波（热+超声波）、压力超声波（压力+超声波）以及压热超声波（热+压力+超声波）等技术，这些技术能提高杀菌效果。

5. 超声波干燥

在食品加工中可借助超声波雾化进行液体食品干燥，使液体蒸发表面积增加；在物料内部，尤其在组织分界面上，超声波大量的能量转换为热能，造成局部高温，促进水分逸出。从而提高了蒸发强度、效率并降低蒸发温度。干燥速度快、温度低、最终含水量低且物料不会被损坏或吹走等优点，适用于药品、食品、种子及热敏性生化制品的干燥。

6. 超声波控制结晶

超声波辐射由于具有强烈的定向效应，具有补充和加强为形成临界晶核所需的波动作用，故能加速起晶过程。目前，已被用于糖浆的结晶过程，从而得到各种均匀粒度的糖粒，并且在工业生产中，超声波辅助结晶可避免固体沉淀物沉积在冷却管上，保证系统的冷却速率均匀分布。

7. 超声波消泡

在啤酒、蛋白质加工中产生大量泡沫，通常使用消泡剂加机械搅拌的方法消除泡沫，但是随着对于消泡剂管理日趋严格，超声波消泡开始受到重视。CAVITUS 超声波装置消除大罐和传送带上罐头泡沫。前者每分钟消泡 200L，后者每分钟消泡 200 个罐头。

8. 超声波分析检测

低强度超声波可用于检测食品多种理化特性和组成情况。超声波测定以其过程迅速、非破坏性、精确、自动化以及可用于实验室和在线检测等特点而优于传统分析技术。工业化的应用主要包括：固体及液体食品的质地、黏性和含量的检测；蛋类、肉类、蔬菜瓜果类、乳品及其产品的成分检测；加工物料的浓度、流量、液位、温度等的测量；蛋壳及食品包装的无损检测。

超声波还用于合成、过滤、冷冻、切割等多种单元操作。随着食品工业的发展，超声波技术将有更多的应用领域。

（四）超声波实验室设备和工业设备

1. 实验室设备

研究和开发任何超声波加工过程，首先要有超声波源。实验室设备主要有两种，一是超声波水浴，如图 1-5-27 所示，在三角瓶等玻璃器皿中放入要进行超声波处理的溶液，浸没在水浴之中。另一种是超声波探头装置，它把超声波直接引入反应物，如图 1-5-28 所示。

图 1-5-27 超声波水浴

图 1-5-28 超声波探头

2. 食品加工工业化设备

在食品工业使用共鸣管反应器，加工液体经泵送通过带有超声波振动管壁的管道，附着在管路外部的传感器把超声波能量直接传递到流动的液体之中。工业反应器采用不锈钢制造，其管路截面呈长方形、五边形、六边形或圆形。另一种是放射式超声波反应器，如图 1-5-29 所示，反应管一端封闭，四周打孔，超声波自孔进入物料。

图 1-5-29 放射式超声波反应器

目前超声波设备已经投入工业应用，坐落在英国的 Pursuit Dynamics 公司制造 PDX 超声波-蒸汽加工机组，可以同时进行输送、均质、巴氏杀菌等单元操作，用于加工饮料、牛乳、糖浆、果酱、调味汁、蛋液等多种产品。如图 1-5-30 所示，喷入的蒸汽驱动物料，形成动量传递，超声波对物料进行均质和非热杀菌。该机组没有物料和管壁接触的表面，不会过热焦管，加热时间缩短 90%，节约 CIP 时间 80%，整个加工过程比传统热过程快 15 倍，该机组已在全球 20 余个工厂得到应用。我国上海升力混合机厂的超声波杀菌机组，如图 1-5-31 所示。将超声波乳化均质、加热系统、冷却系统、热超声波杀菌整合而成，操作可实现自动化，可将耐热微生物杀灭至 98% 以上，生产能力 50~2000L/批，适用于液体食品，如果蔬饮料、牛乳、酒类、酱油等食品。

图 1-5-30　PDX 超声波-蒸汽加工机组

图 1-5-31　超声波杀菌机组

二、 脉冲电场技术

脉冲电场（pulsed electric fields，PEF）处理是一种非热食品杀菌技术，它以较高的电场强度（20~80kV/cm）、较短的脉冲宽度（0~100μs）和较高的脉冲频率（0~2000Hz）对液体、半固体食品进行处理，杀灭微生物。脉冲电场原来用于细胞生物学的电穿刺和电融合。电穿刺是指在电场的作用下改变细胞膜的通透性，以进行基因操作或引入外界的分子；电融合是指在电场的作用下融合细胞。脉冲电场技术已经从细胞生物学扩展到食品加工，杀灭微生物，进行食品保藏。脉冲电场技术具有较好的杀菌效果，避免食品因加热引起的蛋白质变性和维生素损失，但是脉冲电场技术的电路复杂，系统造价高，是推广这一技术的障碍和要解决的问题。

（一） 脉冲电场杀菌的基本原理

脉冲电场杀菌是将食品物料置于脉冲电场中加以处理，达到杀菌的目的。脉冲电场导致微生物的形态结构、生物化学反应以及细胞壁膜发生多方面的变化，从而影响微生物原有的生理机能，使其破坏或发生不可逆的变化。食品的成分及组织状态复杂，食品中的微生物所处的环境不同，因而耐电场作用的程度也不相同。影响脉冲电场杀菌的主要因素包括电场强度、脉冲电场数目、脉冲电场持续时间、脉冲电场形状、介质温度、微生物生长期和介质离子强度等。

（1）脉冲电场处理后微生物的结构变化　在电子透射显微镜下观察脉冲电场处理大肠杆菌和金黄色葡萄球菌样品及对照样品，可见对照样品的原生质膜和外层膜相互靠近，脉冲电场处理的样品的原生质膜收缩，脱离了外层膜。处理过的样品外层膜呈锯齿状收缩，表明其丧失了半透性。对照样品可见清晰的原生质组织，脉冲电场破坏了样品的细胞组织。由于双层脂膜表现了与细胞膜相似的性质；科学家认为脉冲电场引起双层脂膜和细胞膜的破裂的主要原因包括：①双电性破裂；②临界跨膜电位和细胞膜的压缩；③细胞膜黏弹性变化；④细胞膜蛋白质和类脂的流体镶嵌排列；⑤膜的结构缺陷；⑥胶体渗透膨胀。细胞暴露在脉冲电场作用下出现细胞膜失稳并在细胞膜上形成小孔。细胞质膜通透性大幅增加，胞内渗透压高于细胞外，最终导致细胞膜破损。进一步作用使细胞膜产生不可修复的大穿孔，使细胞组织破裂、崩溃，导致微生物失活。

（2）脉冲电场杀灭微生物的作用　应用脉冲电场处理悬浮在 $Na_2HPO_4/NaH_2PO_4 \cdot H_2O$ [（0.845mmol/L）/（0.186mmol/L）] 缓冲溶液中的短乳杆菌，温度分别为 24℃、45℃、60℃和80℃，结果表明较高的电场强度比较多的脉冲电场数目更加有效。当试验菌培养液的温度从 24℃上升至 60℃，增加了短乳杆菌的致死速率，缩短了处理时间。在 60℃下使用 25kV/cm 电场处理短乳杆菌 10ms，其致死率达到 95%。与传统的蒸汽杀菌相比，脉冲电场处理的杀菌效率高，处理时间短，液体食品中营养成分的热变性和热损失可以降低到最低程度。

（3）脉冲电场对酶的影响　脉冲电场抑制酶的活性尚存异议。有的研究机构认为该技术可以抑制某些酶的活性，而其他报道认为它对于酶失活毫无效果（Van Loey 等，2002）。处理条件或酶的不同可能造成效果差异。脉冲电场处理过程需要控制很多参数，且由于酶的复杂结构和演变种类的多样性，在脉冲电场处理中有些酶比其他的酶更加敏感。脉冲电场技术有可能在某些食品加工中选择性地保持酶的活性。

（二）脉冲电场技术在食品体系中的应用

1. 在食品加工中的应用

（1）果汁加工　应用脉冲电场处理鲜榨苹果汁和再制苹果汁，在 4℃下贮藏 3~4 周，果汁的总固体、总糖、灰分、蛋白质和脂肪，在脉冲电场处理前后均无变化。抗坏血酸在脉冲电场处理后保持不变。pH 从 4.1 上升到 4.4，稍有变化。Na^+、K^+、Mg^{2+} 和 Ca^{2+} 在脉冲电场处理后果汁中的浓度显著下降。感官评价表明脉冲电场处理的样品与对照没有显著差别。美国 Genesis Juice 公司和德国 Berkers Bester 公司已经商业化生产并销售了脉冲电场加工果汁和饮料。

（2）牛乳加工　脉冲电场处理 2% 脂肪的牛乳经无菌包装在 4℃下贮藏具有 2 周的货架期。脉冲电场处理没有改变牛乳的理化性质，其产品与热巴氏杀菌的产品没有显著性的感官差异。23 个 43kV/cm 的脉冲电场可以杀灭 99% 接种在巴氏杀菌乳中的大肠杆菌。36.7kV/cm 的脉冲电场完全杀灭接种在巴氏杀菌乳中的沙门氏菌，脉冲电场处理的牛乳中其他微生物减少到 20CFU/mL。在 7~9℃贮藏 8d 后没有发现沙门氏菌的生长，但是其他微生物上升到 400CFU/mL。

（3）鸡蛋加工　无菌包装的脉冲电场处理的蛋液在 4℃具有 4 周的货架期。蛋液的化学成分没有受到影响，但是脉冲电场处理的蛋液黏度下降，色泽变暗。蒸蛋样品的感官评价表明脉冲电场处理的蛋液与新鲜蛋液相比没有显著性差异。

2. 单元操作的辅助技术

（1）辅助脱水　脉冲电场处理促进植物细胞通透化，提高水果和蔬菜的干燥速率，保持更多的营养成分。Ade-Omowaye 等 （2001）脉冲电场处理的椰子样品的干燥速率快于烫漂的和化学处理的样品。预处理胡萝卜、苹果薄片、芒果和辣椒的试验都获得了成功的结果。

（2）辅助萃取　压榨等固液萃取的方法不能破坏所有细胞，在压榨过程中大量的细胞仍然保持完整，不能提取这些细胞里含有的汁液。应用脉冲电场进行预处理可以显著提高提取率，改进质量。脉冲电场辅助处理不需要进行热加工或化学处理。较低的电场强度，如0.5~1.0kV/cm 即可破坏成熟水果和蔬菜的细胞。因此，工业应用脉冲电场萃取在具有较大的可行性。Ade-Omowaye 等（2001）用脉冲电场（2.5kV/cm，20 个脉冲电场，575μs）处理椰子，使椰奶的提取率提高 20%，蛋白质和脂肪含量分别提高了 50%和 58%。

（三）脉冲电场处理设备

为了提高脉冲电场装置的性能及生产应用的可靠性，科技工作者设计、制造了具有良好性能的脉冲电场处理装置，并同其他设备组成了处理系统。

1. 脉冲电场处理系统

脉冲电场处理系统包括电源、电容器、开关、处理室、电压和电流及温度控制仪表和无菌包装设备等。在该系统中，交流电转换成为直流电，直流电源用于电容器的充电，开关用于向置于处理室的食品放电，闸流管、电磁和机械开关均可用作开关，食品可以放在间歇式处理室中或连续地泵送通过处理室。处理室内有脉冲电场容器，加压装置和辅助设备。间歇式处理室适用于实验室研究，连续式适用于中试或工业化生产。处理后的食品通过无菌系统包装成消费者包装或送入储罐。由于脉冲电场处理可能产生热量，加工系统还包括冷却处理室的设备。脉冲电场处理系统的示意图如图 1-5-32 所示。脉冲电场处理设备可以和常规加热冷却设备组合起来，物料先经板式换热器预热，加热再经脉冲电场处理，处理完毕的物料进行，符合要求的物料和新物料换热，进行热回收，不符合要求的物料经分流阀返回平衡罐。该系统保证了处理要求，提高了杀菌效率，并节省能源。

图 1-5-32　脉冲电场处理系统示意图

2. 商业化脉冲电场处理装置

美国 Diversified Technologies 公司（DTI）开发了标准的中试脉冲电场设备，如图 1-5-33 所示，能够处理果汁或其他产品处理量，达到 100~500L/h。这些设备已经用于包括美国、欧洲和澳大利亚在内的食品研究单位。DTI 开发了世界第一台大型商业化设备，处理量达到 10000L/h。尽管这台设备用于处理废水，该设备运行效率高，电极寿命长，可以自动操作，这些特点使其可以作为食品加工装置。

图 1-5-33　高压电场脉冲中试系统

注：电压 25 kV，功率 25kW，处理量 100~500L/h。

三、　欧姆加热技术

欧姆加热（ohmic heating），又称焦耳加热（joule heating）、电阻加热（electrical resistance heating）、直接电阻加热（direct electrical resistance heating）、电加热（electroheating）和电导加热（electro-conductive heating）。它是利用物料的导电特性对其进行加热的方法。早在 19 世纪初就提出了欧姆加热的概念，并逐渐有了利用电能加热物料的专利加工技术。20 世纪初，美国研制出用于牛乳杀菌的欧姆加热装置。20 世纪 90 年代，英国的 APV Baker 公司开发了商用的欧姆加热装置，英国、法国、日本和美国均开始使用。随着欧姆加热及其附属设备开发的系统化，欧姆加热在国外食品加工中，特别是在具有一定黏度和含颗粒的食品中的应用日渐广泛。

欧姆加热的主要特点是：①加热均匀，被加热食品内部温度梯度小、颗粒直接被加热，颗粒表面和颗粒中心、颗粒和液相温差不大，不会造成液相过热；②可以加工直径 2.5cm 以下的颗粒，固型物含量可以达到 80%；③温度升高快，含颗粒的食品能以每秒钟 2℃ 的速度快速升温；④没有传热面，不会产生传统换热器在高温下易结垢、结焦的现象；⑤对产品的机械损伤小，能很好地保持食品中颗粒的完整性；⑥若与无菌灌装技术相结合，产品可在常温下贮藏和运输。

（一）欧姆加热的原理

欧姆加热是利用电极，将50~60Hz的低频交流电流直接导入食品，由食品本身介电性质所产生的热量，而达到直接加热的目的。

欧姆加热利用食品物料的电导特性加工食品，依靠离子的定向移动导电，当溶液温度升高时，由于溶液的黏度降低，离子运动速度加快，水溶液中离子水化作用减弱等原因，其导电能力增强。食品中盐分或有机酸充当电解质，当电流通过食品时，因食品自身的导电性及不良导体产生电阻抗特性，在食品内部将电能转化成热能，引起食品温度升高。它克服了常规加热方式（对流加热、热传导、热辐射）中物料内部的传热速度取决于传热方向上的温度梯度等不足，实现了物料的无温度梯度加热，从而达到直接均匀加热的目的。

原核细胞和真核细胞都具有由脂类和蛋白质构成的细胞膜，原核细胞在细胞膜外有细胞壁，在欧姆加热的条件（低频50~60Hz，高场强>100V/cm）下，具孔的细胞壁能够积累电荷，形成破坏性孔隙。当外加电场超过细胞膜的介电强度，发生电穿刺，细胞膜的介电强度与细胞膜脂类（绝缘体）含量有关。孔隙大小因电场强度而异，而且经短时间电作用后可以重新封闭。在过量的电场作用下，由于细胞内的组分自孔隙流失而致细胞死亡。因而，电穿刺引起细胞的严重破坏，增强了欧姆加热的热杀菌的作用。需要指出的是，热仍然是欧姆加热主要的杀菌作用。采用欧姆加热，则使颗粒的加热速率与液体的加热速率相接近成为可能，并可获得比常规方法更快颗粒加热速率（1~2℃/s），因而可缩短加热时间，得到高品质产品。

（二）欧姆加热在食品体系中的应用

随着欧姆加热技术的改进，欧姆加热已经在食品加工得到商业性应用，如表1-5-5所示。前已述及欧姆加热的杀菌作用，欧姆加热在食品加工和研究中还有辅助蒸发、辅助干燥、辅助提取的作用。

1. 欧姆加热制造食品的商业应用

欧姆加热制造食品的商业应用如表1-5-5所示。

表1-5-5　　　　　　　　　　　　欧姆加热制造食品的商业应用

公司名称	国别	应用欧姆加热的产品	年份
Yanagiya Machinery	日本	豆腐和豆乳	1995年
Wildfruit	日本	整个水果	
Sous Chef Ltd.	英国	袋装肉和蔬菜	
APV Baker	英国	果汁、牛乳	
Papetti's Hygrade Egg Products	美国	液体蛋	1993年
Emmepiemme SRL	意大利	婴儿食品、蔬菜、果酱、肉制品、果浆等	2007年

2. 辅助蒸发和干燥

Wang等（2003）使用欧姆加热的真空蒸发法浓缩橘汁，在和常规加热相同的时间内，可以蒸发更多的水分，而且产品色泽鲜明，香气保留率高。欧姆加热显著提高热风干燥的传质速率。Wang等（2000）观察到等温吸附线上欧姆加热样品的变动，表明植物组织出现通透性而且重建水分分布的平衡。由于干燥过程消耗大量时间和能量，人们研究了欧姆加热加速预处理的可行性，Zhong 等（2003）欧姆加热（50V/cm、45℃）甘薯，缩短了 24% 的真空干燥的时间，最后的水分含量与未预处理者相近。

3. 辅助烫漂

欧姆加热技术用于食品烫漂主要的优点是可以缩短烫漂时间。Mizrahi 等（1975）应用场强 0.2~20V/mm，频率 50~60Hz 的交流电在水浴中处理马铃薯片，节约油炸时间 10%~50%，改进了薯片的色泽，减少了起泡，质地更加酥脆。热水热烫和欧姆加热都会造成可溶性固形物的流失，流失量同物料的表面积、产品量和加工时间的平方成正比。物料不经切分，浸没在盐溶液里进行欧姆加热可以将可溶性固形物的流失减少一个对数周，并缩短加工时间。Cousin 等（2001）应用高强度电场直接作用于整个去皮的马铃薯，使其组织软化，切面清洁，减少了在油炸薯片过程中油的吸收。

4. 辅助解冻

采用欧姆加热技术，热量产生于食品内部，加热速度不依赖于周围的环境温度，从而可以实现快速解冻。欧姆加热解冻的方法是：在两电极之间放入物料，保证物料与电极接触良好，否则电极上会产生火花，然后给电极通电。对于那些形状不规则的物料可以把物料浸入插有电极的溶液中。

欧姆加热解冻的物料由于组成不一致，电导率不同，电导率随温度升高，解冻食品的电导率比冷冻食品约高两个对数周。解冻部分的食品可能熟化，而其他部分仍在冻结之中。Roberts 等（1998）开发了带有表面温度传感器和计算机控制的欧姆解冻装置，它可以解冻块状冻虾而没有加热失控的问题。Wang 等（2002）使用盐水作为载体流体，提高盐水浓度，样品的最大表面垂直于电场，加快了解冻过程，而且样品的色泽、pH 和盐水的电导率在解冻后没有显著变化，展示了欧姆加热，液体接触解冻法解冻猪肉的能力。

5. 辅助提取

Lima 等（1999）和 Wang 等（2002）报道了低频欧姆处理显著改进了苹果汁的提取率。Wang 等（2002）报道在低频处理下，细胞膜出现电穿刺和热变性，提高了新鲜薄荷叶的提取率。Lakkakula 等（2004）报道在提取稻糠的脂类过程中，改进提取的主要因素是欧姆处理的频率和电场强度，而不是温度。因此，欧姆预处理是辅助提取热敏物质的有效方法。通过选择导电性能最大化的物料，欧姆加热处理强化食品的传质过程，并通过低频处理提高细胞的通透性。

（三）欧姆加热的设备

欧姆杀菌系统主要由泵、柱式欧姆加热器、保温管、冷却管、无菌罐等组成，如图 1-5-34所示。其中最重要的部分是柱式欧姆加热器。柱式欧姆加热器由 7 个以上电极室组成，电极室由聚四氟乙烯（PTFE）固体块切削而成，包以不锈钢外壳，每个极室内有一个单独的悬臂电极，如图 1-5-35 所示。电极室之间用绝缘衬里的不锈钢管连接。可用作衬里的材料有聚偏二氟乙烯（PVDF）、聚醚醚酮（PEEK）和玻璃。欧姆加热柱以垂直或近乎垂直的方式安装，杀菌物料自下而上流动。加热器顶端的出口阀始终是充满的。加热柱以每个加热区具有相同电阻抗的方式配置。沿出口方向，相互连接管的长度逐段增加，这是由于食品的电导率通常随温度的升高而增大。商业规模欧姆加热系统的输出 75~750kw，加工能力为 750~7500kg/h，可使水温度上升至 75℃。

图 1-5-34　欧姆杀菌系统示意图　　　　图 1-5-35　欧姆加热器示意图

四、　光脉冲技术

光脉冲技术（light pulse）主要用于包装材料和加工设备的表面、食品加工和医疗设备的表面杀菌，无菌加工中使用过氧化氢消毒包装材料，在包装材料或（和）食品中残留的过氧化氢可能对人产生不利的影响，应用光脉冲可以减少或取消化学消毒剂或防腐剂的应用。

紫外和近红外区域波长的光谱符合消毒杀菌的要求。食品或包装材料的表面单个光脉冲的能量强度必须在 $0.01 \sim 50 \mathrm{J/cm^2}$，其 70% 的电磁能量应分布在 $170 \sim 2600 \mathrm{nm}$，才能产生杀菌作用。美国 PurePulse Technologies 公司开发了 Pure Bright™ 装置，其光强度是地面上阳光的20000 倍。该装置的光谱在 $200 \sim 300 \mathrm{nm}$，大气过滤的阳光中没有这一波段。杀灭抵抗力强的微生物需要使用整个光谱，而杀灭其他微生物可以使用过滤光谱。

持续时间短的宽谱闪光可以杀灭范围宽广的微生物，包括细菌的芽孢和真菌的孢子。持续时间范围是 $1 \mu \mathrm{s} \sim 0.1 \mathrm{s}$，一般应用的闪光速率为 $1 \sim 20$ 个/s。在大多数应用中，在几分之一秒内，数个脉冲即可产生明显的杀菌效果。该过程非常迅速，可以用于大规模的食品生产。

（一）光脉冲的原理

持续时间短、强度大的光脉冲能够穿透物料，穿透物料的光脉冲不传输，但是以热量的形式在物料中消散。物料的表面和内层产生温度梯度，热量以传导的形式从表面传递到内层。热传导一直进行到物料温度达到恒定的稳定状态，消散的热量和物料的热学性质决定所需的时间。虽然食品中多含有热的良好导体——水，表面的热可以很快地传入食品内部。但是光脉冲的持续时间比热传导的时间短，光脉冲的能量在物料表面储存极短的时间，其间几乎没有出现热传导，这实际上是瞬间加热薄层表面，使其温度高于具有等量平均功率的连续光束所达到的稳态温度。

各种标准流体如空气和水对于可见光和紫外光在内的广谱波长具有高度的透光性。其他流体如糖溶液和葡萄酒的透光度就有所下降。如果对流体进行有效的杀菌，波长为 260nm 的紫外光，穿透该流体 0.25cm 的层面的强度要达到 50%，并进入其中。光几乎不能穿透不透明物料，实际上所有的光都以热的形式消散在物料不超过 1mm 的表面。Luksiene 等（2007）使用 100 个 133W/cm² 的光脉冲处理鼠伤寒沙门氏菌，其活菌数减少了 7 个数量级。脉冲频率在 1~5Hz 不影响致病菌的杀灭结果。500 个脉冲强度为 0~252W/cm² 的脉冲处理不同距离的样品，没有发现过热的现象。

图 1-5-36　食品灌装和光脉冲
杀菌装置示意图
A—闪光灯组件　B—外支撑管
C—闪光灯电缆　D—食品杀菌管
E—灯冷却剂管线　F—闪光灯
G—向上运动的无菌空气　H—杀菌的食品
I—封口器　J—单个消费者包装

（二）　光脉冲包装和杀菌设备

图 1-5-36 为食品灌装和光脉冲杀菌装置的示意图。在管状的支撑物上沿纵向安装一个或多个闪光灯管，包装材料表面受到光脉冲照射。纵向密封的包装材料筒中灌装经商业灭菌的食品物料，包装筒向前运动一个包装袋的距离，与食品接触的包装材料的表面受到若干个光脉冲的照射。使用灭菌空气冷却闪光灯，除去脉冲形成的光化学产物，防止其在处理区沉积造成污染。

图 1-5-37 为预制容器光脉冲杀菌无菌包装机的示意图。在该机中，可以选择性地向预制容器喷洒光吸收促进剂并受到光脉冲照射。光吸收促进剂包括色素、对 pH 敏感或氧化电势敏感的质子敏感指示剂，这些促进剂可以选择性地吸附在细胞表面，增强光脉冲的杀菌效果。在已杀菌的容器中灌装经商业灭菌的食品，然后密封上已经杀菌的容器盖。容器盖也可以采用光脉冲处理。为了防止污染，在无菌包装机外部罩以无菌空气幕。

图 1-5-37　预制容器光脉冲杀菌无菌包装机示意图
A—无菌包装装置　B—预制容器　C—杀菌区　D—吸收促进剂喷洒装置（选项）　E—光脉冲处理器
F—产品灌装系统　G—空气过滤器　H—鼓风机　I—过滤器　J—闪光灯　K—光脉冲处理区　L—反射腔

图1-5-38为流质食品光脉冲杀菌装置示意图。该杀菌装置包括处理室、光脉冲光源和液体循环泵。食品流过光脉冲处理室，液体循环泵根据光脉冲反复发射的速率控制着产品的流速。处理室的外壁发挥了折流板的作用，使光能够再次横向穿透食品。空气和水透光性较强，几乎不会降低光通量密度。具有明显吸收作用的流体造成光通量密度的显著衰减，因此，必须充分混合物料以保证整个流体具有适宜的光通量密度。

图1-5-38   流质食品光脉冲杀菌装置示意图
A—处理室   B—光脉冲光源   C—液体循环泵

（三）光脉冲的应用

光脉冲能够杀灭包装材料、液体食品、肉、鱼等固体食品和焙烤食品上的微生物。马铃薯、番茄、香蕉、苹果和通心粉、米饭等预制食品都可以应用光脉冲处理，延长货架期，而且食品的营养成分变化甚微。

1. 包装材料

食品表面和包装材料受到1~20个高强度、短持续时间的脉冲处理，可把物料厚度为10μm的薄层加热到50~100℃。热量仅局限在物料的表面而不显著地升高内部的温度。控制脉冲的数目和能量，可以使表面温度在光脉冲结束后达到50~100℃并保持10s。即使在光脉冲处理时产生热量，但是远小于完全热加工的热量。

包装光脉冲杀菌的食品必须使用对处理光谱透明的材料，包装材料必须传输10%~50%的320nm以下的预设波长的光能。食品可以采用全光谱或选择性光谱杀灭特定的微生物。光谱过滤可以消除对食品品质有消极影响的波长。某些无菌加工过程的包装材料采用紫外组分较多的光脉冲进行处理，既可减少微生物的菌数，又可以节约总能量。

在不同的包装材料上接种金黄色葡萄球菌、枯草杆菌的芽孢和黑曲霉的孢子，使其浓度达到10~1000CFU/cm²，强度为1.25J/cm²的光脉冲可以杀灭金黄色葡萄球菌，强度为2J/cm²的光脉冲可以杀灭枯草杆菌的芽孢和黑曲霉的孢子。霉菌孢子比细菌对光脉冲的抵抗力更强。

2. 焙烤制品

焙烤制品处于烘烤条件下，一般的微生物均不能生存（热稳定性的芽孢除外），但是在烤后，冷却、切片和包装过程中会有二次污染，使得产品在储存过程中出现霉变现象，脉冲强光的处理可有效缓解此情况。对由聚乙烯袋包装的面包切片进行试验，未经处理的样品在室温下存放5~7d就有霉菌生长，11d后霉变现象相当严重；而透过包装袋经脉冲强光处理过的样品室温下放置11d以上仍无霉变迹象。

3. 动物性食品

光脉冲可以增加肉的货架期和安全性。应用 Pure-Bright 装置进行处理，鸡翅的初始菌数减少了 2~3 个数量级。光脉冲处理的牛肉肉尸和零售切块的初始菌数减少了 2~3 个数量级；真空包装的牛肉经 2.5 周的贮藏后，颜色、滋味和外观没有发生变化。即使是表面极不规则的肉和肉制品经过光脉冲处理后，总菌数都减少了 1~3 个数量级，明显地增加了货架期。美国肉类研究所认为光脉冲是包括乙酸喷雾、热水清洗在内的保藏无内脏肉尸的栅栏技术的组成部分。

4. 水果和蔬菜

水果和蔬菜采收后用脉冲光杀菌处理，可以减少潜伏侵染的微生物数量，减少贮藏过程中的腐烂，保持果品和蔬菜良好的品质，延长果蔬的保鲜期和货架期。马铃薯、香蕉、苹果、梨等果品和蔬菜用脉冲光杀菌处理后，已经获得了良好的保鲜效果。用光脉冲处理新鲜且完好无损的番茄，在冰箱存放 30d 后，番茄仍然完好，具有很好的食用品质，而未经脉冲光处理的番茄，在同样的条件下存放 30d 后，60% 以上的已霉烂，食用品质明显下降。

5. 水

光脉冲可以有效地处理饮用水或食品工业用水。实验室模拟的脉冲光进行水处理，能高度钝化水中的陆生克氏杆菌、隐孢子藻卵囊以及其他微生物。隐孢子藻卵囊是水中最具抵抗力的致病菌，氯和传统的紫外线杀菌方法均不能将其杀灭，隐孢子藻卵囊对化学试剂和固定剂有抵抗作用。应用脉冲光处理含隐孢子藻卵囊菌量达 $10^6 \sim 10^7 / mL$ 的水，经流量 $1J/cm^2$ 的光脉冲闪照一次，水中隐孢子藻卵囊完全失活。

（四）光脉冲技术的商业化

美国 FDA 批准光脉冲作为一种新的表面冷杀菌技术用于食品杀菌。光脉冲杀菌的成本具有竞争性，美国 PurePulse Technologies 公司与 Tetra Laval 公司于 1998 年合作把 Pure-Bright 装置商业化，强度为 $4J/cm^2$ 的光脉冲处理装置（包括自动化设备、灯的备用品、电和维修）的价格估计为 1.075 美分 $/m^2$ 处理面积。日本 ECONOS 公司，2005 年宣布开发出 Pulse Beamer 光脉冲杀菌器，它的能量是 65W 紫外杀菌器的 20000 倍，不到 1s 的闪光辐照就可以杀灭霉菌和细菌，现已用于 PET 瓶和复合纸包装容器的杀菌。美国 Xenon Corporation 已在全球市场投放了大量间歇光脉冲处理设备。法国公司 Claranor 公司已经开发了多种用于食品和制药行业的光脉冲设备，包括处理在水平传送带上的包装或包装产品的设备，在线处理瓶盖、预制包装容器、塑料薄膜和玻璃瓶以及水和透明液体的设备。

五、紫外辐照技术

人们很早就发现紫外光有杀菌作用，但近几十年才真正进行利用。随着对紫外光研究的不断深入，其应用范围逐渐扩大，在食品工业中的应用日渐增多，在对食品物料、加工环境的杀菌中，因紫外辐照有操作简单、污染小等优点而得到广泛应用。

（一）基本概念

紫外辐照（ultraviolet irradiation，UV）是利用紫外区域的电磁光谱杀菌消毒。典型的紫外辐照波长范围是 100~400nm。这一范围进一步分为 UVA（315~400nm），UVB（280~315nm）；有效杀灭细菌和病毒的消毒段 UVC（200~280nm）；几乎可以被所有物质吸收的真空段（100~200nm）UVD。太阳辐射的紫外光通过地球大气层时，UVC 完全被臭氧层吸收，

UVB 也有很大的衰减，UVA 几乎不受影响，所以环境中的紫外线波长在 290~400nm。工业中应用的紫外线由汞蒸气灯发出，根据不同的要求有长波紫外灯、中波紫外灯和短波紫外灯。杀菌消毒使用短波紫外灯。紫外辐射强度以辐照度或辐射通量密度（W/m²）表示，而辐照剂量以辐射暴露（J/m²）表示，是辐射强度和暴露时间的函数。要达到杀菌的目的，UVC 辐照剂量在产品各部分至少要达到 400J/m²。其关键因素包括产品的透射率、反应器的几何构型、UVC 光源的功率、波长和物理形式，产品的流动形式和辐照路径的长度。

（二）紫外辐照对于微生物和酶的作用

1. 对于微生物的作用

UVC 对大多数微生物（包括细菌、病毒、原虫、丝状真菌、酵母和藻类等）都有杀灭作用。波长和杀菌效果的关系成峰形曲线，波长在 254nm 时具有最佳杀菌效果，而在 320nm 时几乎没有杀菌作用。短波紫外灯波长大部分在 253.7nm。UVC 引起的细胞损伤可能针对特异的目标分子，0.5~20J/m² 的剂量就会使 DNA 形成二聚体，直接改变 DNA 使其不能够解链、复制执行正常的生理功能，从而导致细胞的死亡。受紫外辐射的 DNA 的光化产品主要是环丁基型二聚体（嘧啶二聚体），嘧啶加成物和 DNA-蛋白质交联物。嘌呤和嘧啶对光化学反应的敏感性不同，嘌呤碱基对光化学反应的抗性比嘧啶高 10 倍，因此，可以认为嘌呤的光化学反应在生物学上是不重要的。如果发生了显著的嘌呤损伤，则细胞已经因嘧啶损伤而失活了。紫外光对细菌芽孢也有明显的作用，因为芽孢缺乏对 DNA 起保护作用的小分子的酸溶性化合物，所以 DNA 更容易受损伤。利用紫外线对枯草杆菌进行诱变，通过实验紫外线处理 150s 时致死率几乎为 100%。

2. 对于酶的作用

关于紫外辐照对于酶的作用的报道不一致。Tran 和 Farid（2004）报道紫外剂量 73.8mJ/cm² 辐照鲜榨橘汁，货架期延长 5d，橘汁的色泽、pH 没有显著的变化。维生素 C 在 100mJ/cm² 辐照剂量下降解 17%，与热处理相近。影响橘汁浑浊度的主要因素果胶甲酯酶降解至 5% 以内，而在 70℃，2s 的热处理下该酶的活性显著减少 70%。Guerrero-Beltrán 和 Barbosa-Cánovas（2006）使用单个低压紫外灯（LPML，25W，254nm）的连续系统，流速 0.073~0.45L/min，辐照芒果汁（pH 3.8，13.0°Bx），杀灭酿酒酵母，灭活多酚氧化酶，在流速 0.45L/min 处理 30min 后剩余活性为 19%，而且在 30d 的贮藏期内保持稳定。

（三）紫外辐照在食品加工中的应用

1. 表面杀菌

紫外辐照可以对包装饮料、乳制品和冷链食品的罐盖、杯和包装膜进行消毒，延长产品的货架期。紫外消毒的效果与被照射材料的表面状态有关。采用紫外线可杀灭表面光滑无灰尘的包装材料表面上的细菌。对于压凸铝箔的表面，其杀菌时间要比光滑平面的长 3 倍。采用紫外线杀菌时，也须考虑材料的特性，尤其是作为复合材料内层的材料。例如，氯乙烯、乙酸乙烯、聚偏二氯乙烯和低密度聚乙烯等塑料，受紫外线照射后会降低其热封强度（约 50%）。紫外线还可与干热、过氧化氢或乙醇等灭菌方法结合使用，以增强杀菌效力。紫外辐照可以对传送肉、鱼、水果、蔬菜等原料和产品的传送带消毒。德国 Heraeus 紫外辐照装置 BlueUV 可以杀灭 99.9% 附着在传送带上的微生物。

2. 空气杀菌

紫外空气杀菌已广泛用于医疗环境和微生物的无菌室的消毒。在食品加工中处理易被微生物污染的物料时，需要对工作场所的空气进行处理，层流空气通过过滤器除去>0.1μm 的粒子，然后用 UVC 辐射杀灭残存的活的微生物。在果蔬的去皮操作中，若紫外处理过的空气逆流流过去皮单元时，显著提高产品的微生物学质量。紫外空气杀菌装置，可以提高冷藏室中空气的微生物学质量。

3. 液体杀菌

用 UVC 处理是杀灭水中大部分微生物和减少环境污染的有效方法之一，已广泛用于饮用水、污水和游泳池水的消毒处理，UVC 和臭氧联合使用有非常强的氧化作用可将水中有机物含量降到极低的水平。由于 UVC 消毒不改变饮用水的色泽、味道和 pH，它是保证饮用水微生物学安全性的有效手段，对紫外杀菌有效性常用的评价标准是在 1min 内微生物减少99.999%。在酿造水处理中要求的剂量达到 300~600J/m ，以保证在酿造工序早期就不存在任何污染问题，而 200~300J/m^2 的剂量就可以满足饮用水处理的需求。

紫外辐照果汁也有若干报道，Charles M. A.，Ingrid Specht 等（2009）发现在 60W/m^2（254nm）紫外辐照下可以有效杀灭浑浊型苹果汁中的大肠杆菌，但是不能完全杀灭酵母和乳酸菌。美国 Day-Fresh Foods 公司在其新鲜果汁和蔬菜汁的生产中使用紫外杀菌系统，可将产品的货架期延长 1 倍。在运行该系统要保证果汁以湍流而不是以层流的形式流过紫外光区域，保持温度在 5℃以下，并采用严格的 HACCP 程序。这种工序较少的紫外杀菌的果蔬汁保留了原来的维生素 A，维生素 B，维生素 C 和维生素 E，保持了果蔬汁原有的风味。美国FDA 于 2000 年批准紫外辐照作为新鲜果汁热杀菌的一种替代技术。

4. 固体食品的杀菌

在粉状物料的杀菌中有使用 UVC 系统的报道。Oya 等发明了处理粉状物料如草药、香料的设备，物料由压缩空气传送并通过 UVC 杀菌灯，然后在旋风分离器回收。

5. 果蔬保鲜

目前，UVC 辐射用于果蔬保鲜的研究较多。例如用 UVC 对萝卜进行储藏前处理促进植物抗毒素 6-甲氧基蜂蜜曲霉素的积聚，增加了组织对霉菌的抵抗能力。用 UVC 处理新鲜草莓可延长货架期 4~5d，除了紫外光可杀灭草莓表面微生物的原因外，UVC 处理的果实的呼吸作用降低，可滴定酸度增高，经处理的果实的硬度也高于未处理的果实，从而延长了草莓的保鲜期。番茄用 UVC 处理后，其细胞壁降解酶（聚半乳糖酶、果胶甲酯酶、纤维素酶、木聚糖酶和蛋白酶等）的活性明显低于对照组，试验组的硬度明显要高于对照组，番茄的呼吸峰和产乙烯时间也推后 7~9d，UVC 处理减缓番茄的熟化和腐烂进程，从而达到保鲜的目的。

🔍 思考题

1. 举例说明各种处理技术的基本原理和各种处理装置的基本构成。
2. 举例说明各种处理技术对于微生物、酶和食品品质的作用。
3. 举例说明各种物理技术对于食品保藏和加工的适用性和局限性。
4. 举例说明各种处理技术与常规物理、化学和生物技术的结合。

主要参考文献

［1］赵征，张民．食品技术原理［M］．北京：中国轻工业出版社，2014．

［2］高福成，郑建仙．食品工程高新技术［M］．北京：中国轻工业出版社，2011．

［3］Gustavo V Barbosa-Canovas, Maria Soledad Tapia, Maria Pilar Cano, Novel food processing technologies［M］．CRC Press，2004．

［4］C J Doona. Case studies in novel food processing technologies［M］．Woodhead Publishing Limited，2010．

［5］Da-Wen Sun. Emerging Technologies for Food Processing［M］．Elsevier Academic Press，2005．

［6］李汴生，阮征．非热杀菌技术与应用［M］．北京：化学工业出版社，2004．

［7］Helmar Schubert, Marc Regier. The microwave processing of foods［M］．Woodhead Publishing Limited，Abington Hall，Abington，2005．

［8］Hao Feng, Gustavo V, Barbosa-Cánovas, et al. Ultrasound Technologies for Food and Bioprocessing［M］．Springer，2011．

［9］Tatiana Koutchma, Larry J. Forney, Carmen J. Moraru. Ultraviolet light in food technology：principles and applications［M］．Taylor & Francis Group，LLC，2009．

［10］石彦国．食品挤压与膨化技术［M］．北京：科学出版社，2011．

［11］尚永彪，唐浩国．膨化食品加工技术［M］．北京：化学工业出版社，2007．

［12］陈洪章．气相爆破技术与生物质炼制［M］．北京：化学工业出版社，2013．

［13］张燕萍，谢良．食品加工技术［M］．北京：化学工业出版社，2006．

［14］张峻，齐崴，韩志慧．食品微胶囊、超微粉碎加工技术［M］．北京：化学工业出版社，2005．

第二篇

化学技术对食品的处理

第一章

食品的盐制和糖制

学习指导

　　本章要求掌握食品盐制和糖制基本原理，理解扩散和渗透的基本原理，掌握食品腌制的方法，重点认识果蔬和肉类在腌制过程中发生的变化。

第一节　食品盐制和糖制的基本原理

　　用盐或盐溶液对肉或蔬菜等食品原料进行处理称为盐制。而用糖或糖溶液对水果等原料进行处理称为糖制。食品的盐制和糖制可统称为腌制。食品腌制的目的大致有四个方面：增加风味，稳定颜色，改善结构，有利保存。

一、腌制的基本原理

（一）溶液及溶解度

　　溶液是由溶质和溶剂组成的。盐或糖溶入水后就成为溶液，盐或糖为溶质，水为溶剂。

　　盐水溶液的浓度通常用密度计来测定。波美度（°Bé）是表示溶液浓度的一种方法。把波美比重计浸入所测溶液中，得到的度数就叫波美度。波美度以法国化学家波美（Antoine Baumé）命名。波美比重计有两种：一种叫重表，用于测量比水重的液体；另一种叫轻表，用于测量比水轻的液体。当测得波美度后，从相应化学手册的对照表中可以方便地查出溶液的质量分数。现在测定不同溶液的波美计都是专用的，如盐水波美计，酒精波美计。这种波美计上面，有测定溶液波美度对应的该种类溶液的浓度，可以直接读数，不用查表。波美度和比重（d）使用如下公式换算。

　　对于比水重的溶液：

$$d = 144.3/(144.3 - °Bé) \tag{2-1-1}$$

　　对于比水轻的溶液：

$$d = 144.3/(144.3 + °Bé) \tag{2-1-2}$$

　　波美比重计应在 15.6℃温度下测定，如实际使用的温度不同，则需要校正。一般来说，温度每相差 1℃，波美计相差 0.054°Bé。温度高于标准时加，低则减。

糖水浓度可用折光量糖计测定。白利（Brix）糖度计也可用于糖溶液浓度测定。在欧洲也使用波林（Balling）糖度计。折光计也用于测定盐水溶液的浓度，由于腌制溶液中的蛋白质、脂肪等成分可能干扰折光计的读数，实际生产中，仍然使用波美计和糖度计。密度计、白利糖度计和波美比重计的读数具有相应的换算关系。其换算数据可参阅相关书籍，如中国轻工业出版社出版的《软饮料工艺学》的附录表。

溶解度是在一定温度和压力下，物质在一定量溶剂中溶解的最大量。固体或液体溶质的溶解度，常用 100g 溶剂中所溶解的溶质克数表示。物质的溶解度除与溶剂的性质有关外，还与温度、压力等条件有关。各温度下食盐的溶解度如表 2-1-1 所示。蔗糖在水中的溶解度如表 2-1-2 所示。

表 2-1-1 各温度下食盐（NaCl）的溶解度

温度/℃	盐液质量分数/%	100g 水中NaCl 溶解量/g	温度/℃	盐液质量分数/%	100g 水中NaCl 溶解量/g
0	26.31	35.7	60	27.12	37.3
10	26.36	35.8	70	27.43	37.8
20	26.47	36.0	80	27.75	38.4
30	26.63	36.3	90	28.06	39.0
40	26.79	36.6	100	28.47	39.8
50	27.01	37.0			

表 2-1-2 各温度下蔗糖的溶解度

温度/℃	糖液质量分数/%	100g 水中溶糖量/g	温度/℃	糖液质量分数/%	100g 水中溶糖量/g
0	64.18	179.2	55	73.20	273.1
5	64.87	184.7	60	74.18	287.3
10	65.58	190.5	65	75.88	315.0
15	66.33	197.0	70	76.22	320.4
20	67.09	203.9	75	77.27	339.9
25	67.89	211.4	80	78.36	362.1
30	68.80	219.5	85	79.46	386.9
35	69.55	228.4	90	80.61	415.7
40	70.42	238.1	95	81.77	448.5
45	71.32	248.7	100	82.97	487.2
50	72.25	260.4			

为了达到腌制效果，鱼肉在腌制时一般使用饱和盐溶液。但随着温度的升高（或降低），大多数固体和液体的溶解度增大（或减小）。因此，在高温时处于饱和状态的溶液冷却后就会有多余的溶质从溶液中晶析出来，应引起注意。

溶解热是指 1mol 物质溶解于大量溶剂中发生的热量变化（热效应）。可以是正值（放热）也可以是负值（吸热）。与温度、压力以及溶剂的种类和用量都有关系。表 2-1-3 是腌制液中常用的一些盐的溶解热表。

表 2-1-3　　　　　　　　食盐及其所含各种盐类的溶解热　　　　　　　单位：kJ/mol

食盐	溶解热	食盐	溶解热
NaCl	-21.00	$MgCl_2$	+150.29
KCl	-14.18	$CaCl_2$	+72.84
K_2SO_4	-26.69		

注："-"号表示吸热；"+"号表示放热。

（二）扩散

由于微粒（分子、原子）的热运动而产生的物质迁移现象叫扩散。可由一种或多种物质在气、液或固相的同一相内或不同相间进行。主要由于浓度差，也可由于温度差和湍流运动等产生扩散现象。微粒从浓度较大的区域向较小的区域迁移，直到一相内各部分的浓度达到一致或两相间的浓度达到平衡为止。

物质在扩散时，通过单位面积的扩散量和浓度的梯度（即单位距离浓度的变化 dc/dx）成正比。因此，扩散方程式如下：

$$dQ = -DF\frac{dc}{dx}dt \qquad (2-1-3)$$

式中　Q——物质扩散量；

$\dfrac{dc}{dx}$——浓度梯度（c—浓度，x—距离）；

F——面积；

t——扩散时间；

D——扩散系数。

负号表示距离 x 增加时，浓度 c 减少。扩散系数是表示物质扩散能力的物理量。可以理解为沿扩散方向，在单位时间内，物质的浓度降为一单位时，通过单位面积的传递量。扩散系数的确实数值，应该用实验方法求得。扩散系数与温度关系较大，而与压强和浓度的关系较小。在缺少扩散系数试验数据的情况下，可按下列关系式推算：

$$D = \frac{RT}{6N\pi r\eta} \qquad (2-1-4)$$

式中　D——扩散系数，m^2/s；

R——气体常数，$8.314J/(K \cdot mol)$；

N——阿伏伽德罗常数，6.02×10^{23}；

T——绝对温度，K；

η——介质黏度，$Pa \cdot s$；

r——溶质微粒（球形）直径（应比溶剂分子大，并且只适用于球形分子），m。

从式（2-1-4）看出，扩散系数随温度升高而增大。温度升高，分子运动加速，溶剂黏度则减小，以致溶质分子易在溶剂分子间通过，扩散速度也就增加。扩散系数与溶质的分子大小有关。溶质分子大，扩散系数小。例如，不同糖类在糖液中的扩散速度比较如下：葡萄糖>蔗糖>饴糖中的糊精（5.21：3.80：1.00）。从该式还可知，黏度的增加会降低扩散系数，也就会降低物质的扩散量。

（三）渗透和渗透压

渗透是指当溶液与纯溶剂（或两种浓度不同的溶液）在半透膜隔开的情况下，溶剂（或较稀溶液中的溶剂）通过半透膜向溶液（或较浓溶液）扩散的现象。半渗透膜是只允许溶剂或一些物质通过，而不允许另一些物质通过的膜，细胞膜就是一种半渗透膜。从热力学观点来看，渗透现象与生物的成长过程和生命活动有着密切的关系。例如，土壤中的水分带着溶解的盐类进入植物的支根，食物中的营养物质从血液中输入动物的细胞组织中等，都要通过渗透来进行，这些现象在死亡细胞内也可以进行。活细胞明显的特征是具有较高的电阻，因而离子进出细胞不那么容易，而在死亡的细胞中电解质比较容易进入，而且随着细胞死亡程度的进展，细胞膜的渗透性也会增加。将动、植物细胞浸入含盐或糖溶液中，细胞内蛋白质不会外渗，因为半渗透膜不允许分子很大的物质外渗。透析就是运用这个原理来提取蛋白质和酶的。

渗透压是引起溶液发生渗透的压强。在数值上等于在原溶液液面上施加恰好能阻止溶剂进入溶液的机械压强，也就是等于渗透作用停止时半透膜两边溶液（或一侧为溶剂）上的压力差。溶液越浓，溶液的渗透压强越大。

Van't Hoff 认为理想气体的性质和溶液的渗透压相似。

$$PV = nRT = \frac{G}{M}RT \tag{2-1-5}$$

式中　P——渗透压，Pa；

　　　V——溶液的容积，m^3；

　　　T——温度，K；

　　　M——溶质的分子质量；

　　　G——溶质质量，g；

　　　R——气体常数，8.314J/（K·mol）；

　　　n——气体的物质的量，mol。

该式对高浓度糖溶液不适用，这和理想气体方程式不适用于高压（1.01325×10^5 Pa 以上）、低温（0℃以下）下气体状态一样，此时难以得出正确的结果。

为便于计算渗透压，上式可以变换为：

$$P = \frac{G}{M} \cdot \frac{1}{V} \cdot R \cdot T = C_m \cdot R \cdot T \cdot 1000 \tag{2-1-6}$$

式中　P——渗透压，Pa；

　　　C_m——溶质摩尔浓度，mol/L；

　　　T——绝对温度，K；

　　　R——气体常数，8.314J/（K·mol）。

此式对理解食品盐制、糖制以及烟熏等的原理及工艺极为重要。

由于食糖的分子质量要比食盐的分子质量大，所以，要达到相同的渗透压，糖制时需要的溶液浓度就要比盐制时高得多。不同的糖或不同的盐所建立的渗透压也不相同。因此，如果溶液浓度相同而所用的糖或盐不同，则建立的渗透压也各不相同。

在动植物食品原料腌制过程中，在各种溶质所组成的溶液与细胞内部原有溶液之间，通过渗透和扩散达到溶液均匀化，从而改变食品的结构和储存性。当然，在讨论食品腌制对保藏的作用时，就不得不研究腌制以及腌制液对微生物生存的影响。

二、 腌制对微生物的影响

（一）渗透压对微生物的影响

微生物细胞的细胞质膜紧贴在细胞壁上，是具有选择性的半渗透性膜。营养物质的吸收与废物的排除都靠此膜来完成。微生物在吸取和利用营养物质过程中，没有特殊的吸收营养构造，通常是靠菌体表面的扩散、渗透、吸附等作用来完成。这种半渗透性膜，不但能吸收营养物质而且还能调节细胞内外渗透压的平衡。微生物细胞膜的渗透性与微生物的种类、菌龄、内容物、温度、pH、表面张力等因素有关。微生物在不同的渗透压溶液中，可以发生不同的现象。

微生物在等渗透压的溶液中，即溶液中的渗透压与微生物细胞内的渗透压相等，这对微生物来讲是最适宜的环境（渗透压），即溶液中所含的营养物质的浓度最合适。各种微生物都有最适宜的渗透压，一般非海洋、非盐湖的微生物细胞置于 $0.85\% \sim 0.90\%$ NaCl 溶液中，这种浓度的盐水溶液，对微生物细胞来说是等渗的，其渗透压与微生物细胞内的渗透压是一致的。这时，微生物的代谢活动保持正常，微生物细胞也保持原形，不发生变化。

如果将微生物置于低渗透压溶液中，即微生物细胞内的渗透压高于细胞外的渗透压，水分就从低浓度溶液向高浓度溶液转移，使细胞质吸水，起先出现细胞质紧贴在细胞壁上，呈膨胀状态，如果继续吸水造成内压过大，就可导致细胞破裂，细胞死亡。虽然这种现象在食品保藏中并未得到应用，但在其他技术领域已利用动、植物细胞的这个特点进行物质提取和加工。

将微生物置于高渗透压的溶液中，即溶液中的渗透压大于微生物细胞内的渗透压。外界的水分不再往细胞内渗透，而细胞内的水分渗透到细胞外，微生物细胞会发生质壁分离，即细胞质收缩、容积减少而与细胞壁分离。细胞壁不与细胞质同时收缩的原因是由于细胞壁较坚硬不易收缩，或是由于细胞壁能使溶质透过。应当注意的是，许多革兰氏阴性菌容易发生质壁分离，而革兰氏阳性菌就难以发生。质壁分离会导致微生物停止生长活动，甚至死亡。这种渗透压溶液简称为高渗溶液。此外，在高渗透压下微生物的稳定性还决定于它们的种类、细胞质中的成分以及细胞质膜的通透性。如果溶质极易通过细胞质膜，使细胞内外的渗透压很快平衡，就不会发生质壁分离现象，微生物照样可以生长。食品腌制以及食品发酵就是利用这种原理进行保藏和加工食品的。如用盐、糖和香辛料腌制时，在浓度达到高渗溶液时（如在肉、鱼、黄瓜、卷心菜、干酪中加盐）就可以抑制微生物的生长活动，并赋予食品以独特的风味和结构。

（二）腌制与微生物的耐受性

各种微生物均具有耐受不同盐浓度的能力。一般来说，盐液浓度在 0.9% 左右时，微生物的生长活动不会受到影响。当浓度为 1%～3% 时，大多数微生物就会受到暂时性抑制。不过有些微生物，它们能在 2% 左右甚至以上的盐浓度中生长，这一类的微生物就称为耐盐微生物。多数杆菌在超过 10% 的盐浓度时即不能生长，而有些耐盐性差的，在低于 10% 盐浓度时，即已停止生长。例如，大肠杆菌、沙门氏菌、肉毒梭菌等在 6%～8% 的盐浓度时已处于抑制状态。抑制球菌生长的盐浓度在 15%。一般霉菌在 20%～25% 的盐浓度中才受到抑制。当盐液的浓度达到 20%～25% 时，差不多所有微生物都停止生长，因而一般认为这样的浓度基本上已能达到阻止微生物生长的目的。由食盐等而导致的高渗透压是可以解释腌制防腐原理的。此外，不同浓度的含盐溶液所对应的水分活度对微生物的抑制作用也是另一个原因。但是，需要注意的是，虽然在一定的高盐浓度中多数微生物受到抑制，但并不一定死亡，或多或少可以生存一段时间，而且，如再次遇到适宜环境有些仍能恢复生长。

在腌制食品时所用的食盐中，有时有嗜盐菌的存在。另外有些耐盐菌不论在高浓度或低浓度盐液中都能生长。细菌中的耐盐菌有：小球菌（*Micrococcus*）、海洋细菌（*Halobacterium*）、假单胞菌（*Pseudomonas*）、黄杆菌（*Flavobaterium*）和八联球菌（*Sarcina*）。球菌的抗盐性一般比杆菌强。非病原菌抗盐性通常比病原菌强。

各种微生物对不同浓度的糖溶液有不同的耐受性。食糖对微生物的作用主要是可以降低介质的水分活度，减少微生物生长、繁殖所能利用的水分，并借渗透压导致细胞质壁分离，抑制微生物的生长活动。

糖溶液的浓度对微生物生长有不同的影响。1%～10% 糖液浓度会促进某些菌类的生长；50% 糖液浓度就会阻止大多数酵母的生长。通常糖液浓度几乎要达到 65%～85%，才能抑制细菌和霉菌的生长。

相同浓度的糖溶液和盐溶液，由于所产生的渗透压不同，因此对微生物的作用也不同。例如，蔗糖大约需比食盐大六倍的浓度，才能达到与食盐相同的抑制微生物的效果。

由于糖的种类不同，它们对微生物的作用也不一样。例如，35%～40% 葡萄糖或 50%～60% 蔗糖可抑制能引起食物中毒的金黄色葡萄球菌生长，这种细菌如在 40%～50% 葡萄糖或在 60%～70% 的蔗糖中就会死亡。同浓度下，葡萄糖和果糖对微生物的抑制作用比蔗糖和乳糖大。显然，分子质量越小的糖液，含有分子数越多；分子越多，渗透压就越大，因此对微生物的作用也越大。

在高浓度的糖液中，霉菌和酵母的生存能力较细菌强。蜂蜜常因有耐糖酵母存在而变质。因此用糖渍保藏加工的食品，主要是防止霉菌和酵母。当然，在高浓度糖液中也会有一些解糖细菌的存在。

第二节　食品盐制

一、　食品盐制方法

食品盐制是以食盐（NaCl）为主，根据不同食品添加其他盐类，如亚硝酸钠、硝酸钾、多聚磷酸盐，对食品进行的处理。通常食品盐制也称为腌制。

有许多食品可以进行盐制，如肉、鱼、奶酪、黄油、蛋类、黄瓜、卷心菜，一方面抑制微生物的生长，另一方面可以使制品具有独特的风味、色泽和结构，这往往与食品发酵联系在一起，在一定的腌制条件下，有害的微生物被抑制，而有利的微生物仍能生长。

干腌和湿腌是基本的腌制方法。对于肉类腌制，现在比较多的是采用肌肉注射。也有动脉注射腌制，但仅适用于生产带骨火腿类产品。

（一）湿腌法

湿腌法即用盐水对食品进行腌制的方法。盐腌溶液的配制一般是将腌制剂预先溶解，必要时煮沸杀菌，冷却后使用，然后将食品浸没在腌制液中，通过扩散和渗透作用，使食品组织内的盐浓度与腌制液浓度相同。此法主要用于腌制肉类、鱼类、蔬菜和蛋类。有时也用于腌制水果。此外，为了增加奶酪的风味和抑制腐败微生物的生长，将成型压榨后的奶酪浸泡在一定浓度的盐水中。

腌肉用的盐液内，除了食盐外，还有亚硝酸盐或硝酸盐，有时也加糖和抗坏血酸，主要起调节风味和助发色作用。根据不同产品的要求，选择不同浓度和成分的腌制液，腌鱼时常用饱和盐溶液腌制。

肉类湿腌时，食盐等腌制剂可向肉组织内渗入。肉中一些可溶性物质也会向腌制液里扩散。盐往肉里扩散，使得肌原纤维膨胀，但是这种膨胀会受到完整的肌纤维膜的限制。在肉的腌制时，肌浆中低分子质量的成分促进亚硝酸盐与肌红蛋白反应产生一氧化氮肌红蛋白，这是一种能使肉具有特殊的腌肉颜色的色素。还原态的谷胱甘肽就具有这种促进作用，ATP、IMP 和核糖也有助于这个过程。腌肉所用的盐中的某些元素促进脂类物质的氧化。金属螯合剂、聚磷酸盐、抗坏血酸却能有效地阻止这个氧化反应。

传统的肉制品，在湿腌时，常有水分、营养物质及风味物质转移到腌制液中，从而改变了腌制剂的浓度及成分比例。为此，可往老卤水中加盐，调整好浓度后再用于腌制鲜肉，以保持传统产品特有的质量。随着卤水越来越陈，特殊微生物可能会生长。成长的微生物种类和数量取决于许多因素，进而产生新的动态平衡。传统肉制品的湿腌要求因微生物而带来的一系列重要变化保持基本平衡状态。但是达到这一要求比较困难，这不仅需要十分熟练的操作技巧，而且还要满足现代社会对传统食品的要求，如低氯化钠含量、延长在常温下保存期等，这是现代化生产传统中式肉制品需要解决的问题。

蔬菜的腌制在我国也有悠久的历史。例如涪陵榨菜、扬州酱菜、南充冬菜等。蔬菜腌制时盐液浓度一般为 5%~15%。湿腌时装在容器内的蔬菜总是用加压法压紧，因此，为了保证盐水能均匀地渗透，有时进行翻缸倒池。缺氧是生产乳酸发酵型腌制菜的必要条件。常见的乳酸菌一般能忍受 10%~18% 的盐液浓度，而蔬菜腌制中出现的许多腐败菌通常不能在 2.5% 以上的盐溶液中生存。蔬菜在高浓度盐液中腌制后，由于味道过咸，盐胚还需脱盐处理再进行后一步加工。近年来新建立了许多具有一定规模的、现代化的加工企业，如重庆市涪陵榨菜集团股份有限公司、威海市大洋酱菜有限责任公司、上海高榕食品有限公司等，一次腌渍可达 20t，因生产的产品包装新颖、品种多样，深受消费者的欢迎，企业发展迅速。目前我国每年生产的 450 万 t 酱腌菜中，酱菜约为 50 万 t，榨菜约为 100 万 t，泡菜约为 200 万 t，其他的 100 万 t 则为新型蔬菜制品。

除了肉类腌制外，其他制品进行湿腌时，食品中的水分也会向外渗出，从而使得腌制液的浓度下降，因此，对于需要较长时间腌制的产品，一般要添加腌制剂，主要是食盐，以保持一定的盐溶液浓度。

腌制的时间和温度依具体产品而异。

（二）肌肉注射腌制法

肌肉注射法可用于各种肉块制品的腌制，无论是带骨的还是不带骨的，自然形状的还是分割下的肉块。此法使用针头注射，有单针的，也有多针的。针头上除有针眼外，尚在侧面有多个孔，以便腌制液四射，如图 2-1-1 所示。

低压注射　　　　　　　　　　　　　　　　高压注射

图 2-1-1　肌肉注射针的形状及注射

由于注射的盐液一般会过多地聚集在注射部位的四周，因此，需要较长时间的腌制，或者采用机械的方法加速腌制液快速均匀地分散到肉块的每一部分，这样的设备主要是滚揉机和按摩机。

多针头注射机呈长方体形，有几十个，甚至几百个针头同时注射，注射密度大，便于腌制液极快地分布。由传送装置送料和出料，操作十分便利。现为国内外厂家普遍采用。

单针头注射器，一般为手工操作，适合于小批量生产和特殊产品使用，如生产传统的完整形状带骨的火腿。

（三）干腌法

该法是利用食盐或其他腌制剂，干擦在制品表面，然后层层堆叠在容器内，先由食盐的吸水作用，在制品表面形成极高渗透压的溶液，使得制品中的游离水分和部分组织成分外渗，在加压或不加压的条件下，在容器内逐步形成腌制液，称为卤水。反过来，卤水中的腌制剂又进一步向食品组织内扩展和渗透，最终均匀地分布于食品内。虽然腌制过程缓慢，但腌制剂与食品中的成分以及各成分之间有充分的时间进行结合和反应，因而，干腌产品一般风味浓烈，颜色美观，结构紧密，贮藏期长。我国许多传统腌制肉品均由此法制作。这类产品往往有固定的消费群体。

干腌时食盐用量差别很大，一般依产品特点、要求和腌制温度而异。在腌肉时，通常要加入硝酸盐或亚硝酸盐，供发色和调味用。为了降低干腌法制作的蔬菜中亚硝酸盐的含量，还可在蔬菜腌制时放点维生素 C，主要是阻断亚硝酸盐的生成，而且还能防止酸菜生霉，减少酸败和异味。

因食盐溶解吸收热量，因此可降低制品的温度。表 2-1-4 是干腌法腌制小鳗鱼时鱼体温度随腌制时间而逐渐下降的情况。干腌法对于脂肪含量高的培根等制品效果良好。

表 2-1-4   小鳗鱼干腌时的温度变化

测温时间/min	鱼体温度/℃	测温时间/min	鱼体温度/℃
0	24	180	21
15	24	240	20.5
60	22	300	20.5

注：空气温度 30℃，食盐温度 26℃。

（四）真空腌制法

真空腌制技术是食品在真空（负压）下进行腌制处理，腌制液的扩散性和渗透性增强，能快速地渗透到食品的每个细微毛孔和空隙中。使用真空腌制比传统腌制工艺的浸泡时间缩短几十倍，同时也缩短了材料在沥干过程中的时间，直接降低了生产成本，提高了腌制效率。目前，真空腌制技术使用范围广泛，适合各类肉制品、蔬菜水果制品、干果制品、海产品等，肉类的腌制可在真空滚揉机中进行，如图 2-1-2 所示。真空滚揉

图 2-1-2 真空滚揉机

机可以采用变频调速，根据物料不同可设计各类搅拌桨叶，还有变频调速、真空状态观测腌制状况、搅拌完毕提示等功能。最新的研究表明，真空腌制能提高肉类制品的保水性，促进腌制剂的吸收及改善风味和颜色的作用，可用于腊肉、猪肉、松花蛋、牛肉等的腌制。

真空腌制果蔬方面，主要用于改变食品的性质（营养、感官性质、货架期和物理特性）和组成成分。真空腌制可以在较短时间内除去果蔬中的水分而不损伤果蔬的组织结构。经过真空处理后的果蔬产品仍具有良好的风味、色泽、质构和营养，与新鲜果蔬几乎有着一样的感官品质，例如水果和蔬菜可以通过真空腌制实现维生素和矿物质在其组织内的富集而实现提高产品营养价值的目的。

二、 腌制过程中的变化

所谓腌制品的成熟是指制品在腌制过程中所发生的一系列的化学、物理及生物化学的变化过程。只有经过成熟的制品，才具有独特的风味和营养价值。

（一）腌肉制品的发色

如前所述，食品腌制的目的之一是为了稳定颜色，对肉制品腌制来讲，也叫发色。

1. 肉中的色素物质

肉的颜色主要是由肌红蛋白或血红蛋白及其衍生物组成的。肌红蛋白或血红蛋白在动物体内发挥着类似的作用。血红蛋白存在于血液内，起着向组织传递氧气的作用，而肌红蛋白存在于肌肉组织内，为储存氧气的物质，因此，它的亲氧力比血红蛋白强。动物屠宰放血后，放出体内的大部分血红蛋白，但由于血管中，特别是毛细血管中残留血液，使得肉的颜色并非完全由肌红蛋白决定。在放血完全的肌肉组织中，肌红蛋白占到呈红色色素物质的

90%以上。肌肉中肌红蛋白的含量依种类、年龄、性别和活动量而异。肉中还含有其他一些色素，如细胞色素酶、黄素（flavin）和维生素 B_{12}。

肌红蛋白是由一条多肽链组成的球蛋白，相对分子质量为16000～17000。现已查明，这条多肽链由153个氨基酸组成。肌红蛋白属于结合蛋白质，蛋白质部分叫珠蛋白，含有铁的非蛋白质部分称为血红素。血红素则由铁原子和卟啉组成。在卟啉环内，四个吡咯中的氮将一个铁原子键合在中间。从分子结构看血红素卟啉环存在于珠蛋白一个疏水的空间内，并与一个组氨酸残基结合在一起。血红素中央的铁原子拥有六个配位位置，其中四个被卟啉环中的氮原子占据，第五个被珠蛋白上的组氨酸键合，第六个位置可与其他配位体提供的电负性原子结合，如图2-1-3所示。

图2-1-3　肌红蛋白及其衍生物的化学结构示意图

肉的颜色由肌红蛋白或血红蛋白的化学性质，其氧化状态，与血红素结合的配位体类型和珠蛋白的状态决定。血红素中的铁有两种形式：还原态亚铁（+2）或氧化态（正）铁（+3）。血红素中的铁原子的氧化状态可与肌红蛋白的氧合区别开来。当分子氧键合到肌红蛋白上时，产生氧合肌红蛋白。当肌红蛋白氧化时，铁原子转变为正铁（+3），就产生了高铁肌红蛋白（MMb）。当血红素中的铁是+2价时，并在第六个位置上无配位体时，就是肌红蛋白（Mb）。由于肉中含有肌红蛋白（Mb，也称脱氧肌红蛋白），所以呈现紫红色。当氧占据第六个位置时，就产生了氧合肌红蛋白（MbO$_2$），其颜色就是人们常见的亮红色。无论紫色的肌红蛋白还是红色的氧合肌红蛋白都能氧化，使铁原子由亚铁变成正铁。如果这个变化是由自动氧化造成的，那么，就形成了令人不愉快的褐红色的高铁肌红蛋白（MMb），此时的高铁肌红蛋白不能与氧结合。鲜肉中颜色的变化，由各种条件，如氧气、光线，以及Mb、MMb、MbO$_2$三者的比例决定。在这几种形式之间相互转换是可能的。

肉所处环境中氧气分压与肌红蛋白之间存在一定的关系。氧分压高有利于氧合反应，形成亮红色的氧合肌红蛋白，反之，低氧分压则有利于形成肌红蛋白和高铁肌红蛋白。为了促进氧合肌红蛋白的形成，应使肉的包装环境处于高氧分压状态。

动物屠宰后，有氧呼吸作用停止，但无氧发酵和呼吸酶仍能活动，以使肌肉组织得以保持还原状态，肉中的血红素色素为紫红色的肌红蛋白。高铁肌红蛋白的形成是血红素氧化的结果（$Fe^{2+} \rightarrow Fe^{3+}$）。如果将包装袋中的氧全部抽走，那么，高铁肌红蛋白的比率就会大大减少。肌肉的表面以及肉中氧的分压处于不断变化之中，也就有不同色素形成比率的变化。因此，暴露在空气中的鲜肉表面因有氧合肌红蛋白存在而呈亮红色。在肉的深处，肌红蛋白处于还原状态，显现紫红色。只要肉内有还原物质存在，肌红蛋白就可以一直处于还原状态。

如果还原物质完全消失，则出现呈褐色的高铁肌红蛋白。若有硫化氢（H_2S）存在，则会产生绿色的硫肌红蛋白。

图 2-1-4　肌红蛋白、氧合肌红蛋白和
高铁肌红蛋白的吸收光谱

1—肌红蛋白　2—氧合肌红蛋白
3—高铁肌红蛋白

如前所述，氧合肌红蛋白是肌红蛋白和氧构成的亚铁血红素色素，它在波长 535～545nm 和 575～585nm 处的吸收光谱呈现两个吸收高峰，呈亮红色。肌红蛋白的吸收光谱在 555nm 处具有广分散峰，故呈紫色。高铁肌红蛋白在光谱中吸收高峰处在 505nm，并在 627nm 处出现小高峰，呈褐色。图 2-1-4 所示是肌红蛋白、氧合肌红蛋白和高铁肌红蛋白的吸收光谱，横坐标为波长，纵坐标是吸光系数。虽然这三种形式的肌红蛋白可以相互转换，但由高铁肌红蛋白转变成其他两种形式的肌红蛋白需要更多的条件。

2. 肉色素的形成及变化

亚硝酸盐或硝酸盐是肉类腌制常用的添加剂。在腌制过程中，硝酸盐被还原成亚硝酸盐，因此，实际起作用的是亚硝酸盐。

在腌制肉的环境中，存在着许多可以还原硝酸盐的微生物，这些微生物主要来自于土壤与水中。亚硝酸盐在一定条件下可以进一步还原成一氧化氮（NO）。一氧化氮可以与肌红蛋白反应产生一氧化氮肌红蛋白。一氧化氮肌红蛋白在受热力作用后可生成稳定的粉红色素——亚硝基血色原。

肉的发色过程可以用下面一系列的反应式表示：

① 硝酸盐 $\xrightarrow{\text{硝酸盐还原菌}}$ 亚硝酸盐

② 亚硝酸盐 $\xrightarrow{\text{适宜条件}}$ NO（一氧化氮）+H_2O

③ NO+Mb $\xrightarrow{\text{适宜条件}}$ NOMMb（一氧化氮高铁肌红蛋白）

④ NOMMb $\xrightarrow{\text{适宜条件}}$ NOMb（一氧化氮肌红蛋白）

⑤ NOMb+热+烟熏 → NO—血色原（一氧化氮血色原）

虽然该反应的第三步尚未有确实的证据，但是有迹象表明最初一氧化氮是与氧化的色素，即高铁肌红蛋白和高铁血红蛋白反应。这可以从实际的香肠加工中得到证实。在加入腌制剂后，肉的颜色变为褐色，而加热后，又呈现粉红色。在这种情况下，肌红蛋白先被氧化成高铁肌红蛋白，但在形成一氧化氮肌红蛋白之前，又先还原成肌红蛋白。不管反应途径如何，最终生成了粉红色的腌肉色素。在加工过程中，还可能存在其他的产生粉红色色素的途径，其中可能产生一氧化氮高铁肌红蛋白。肉中残留的血红蛋白也会以同样的反应途径生成稳定的粉红色。

在肉的腌制及加工中，肌红蛋白或血红蛋白产生腌肉色素的各种反应过程是复杂的。所产生的颜色，有些是理想的，有些并不理想。

　　许多因素会影响到肉中色素的稳定性，这些因素之间的相互反应及其性质，又会对这些问题的解决带来困难。光线，温度，相对湿度，pH、特殊的微生物以及肉本身的成分都会影响到肉的颜色及其稳定。

　　在缺氧的条件下，肌红蛋白的一氧化氮化合物比较稳定。然而，在有氧情况下，这些色素对光敏感。

　　有些反应可导致肌红蛋白变绿。过氧化氢与不论是二价铁还是三价铁形式的血红素反应，都会导致生成胆珠蛋白（绿色色素）。硫化氢和氧能产生硫肌红蛋白，也是绿色的。肉中过氧化氢和硫化氢的产生是细菌生长的结果，是腐败肉的象征。

　　一氧化氮与肌红蛋白反应产生的亚硝基肌红蛋白，只有热加工后才比较稳定。加热色素使珠蛋白变性，但仍旧是粉红色。高铁肌红蛋白被还原为肌红蛋白后才能与一氧化氮反应。不过，亚硝酸盐能直接与高铁肌红蛋白作用。在过量亚硝酸盐存在下，会形成亚硝肌红蛋白（nitrimyoglobin，NMb），在还原条件下加热，NMb 可转变成亚硝氯高铁血红素，这是绿色色素。这一系列的反应称为"亚硝酸盐烧"。这个现象在腌制品，如发酵香肠和腌制猪爪中经常发现，即出现绿变。烟熏肋肉中也可发现此现象。

　　某些化学反应，如脂类氧化，会增加色素氧化的速度。添加某些可以抑制脂肪氧化的物质，如抗坏血酸、维生素 E、BHA 或 PG 能提高肉中色素的稳定性。已有报道，鲜肉色泽与宰前氧供应量和高铁肌红蛋白还原酶的活性有关。

　　通过气调的办法可提高肉的颜色的稳定性。用调气包装（MAP）可较好解决血红素氧化问题，该技术需要使用低气体透过率的包装膜。在装袋后密封前，要将袋中的空气抽出，并充入有利贮藏的气体。通过对袋中气体成分及比率的调节达到稳定色泽的目的。鲜肉贮藏在无氧的条件下（100% CO_2）颜色很稳定。当然，在使用调气包装的同时，也会产生一些其他的化学、生物化学和微生物学方面的变化。

（二）腌制过程中的其他变化

　　硝酸盐和亚硝酸盐对腌肉制品的风味有很大影响。它们的还原性导致了肉中会产生一系列相应的变化，并防止或延缓了肉中脂肪的氧化。在含有牛肉浸出物、Fe^{2+}、Fe^{2+}-EDTA 的添加亚硝酸盐模拟系统中，氧化的速度明显降低，添加 50mg/kg 以上的亚硝酸盐的猪肉，在贮藏时，其陈腐味（rancid off-flavors）的形成有显著降低。亚硝酸钠能抑制肉毒梭菌的生长和毒素产生，Woods 等发现在添加 200mg/kg 的亚硝酸钠和 pH 6.0 的条件下，可以抑制无色杆菌、产气杆菌、埃希菌、黄杆菌、小球菌和极毛杆菌等的生长。

　　在腌制过程中，蛋白质的变化是明显的，并产生氨基酸、胺和其他成分。在腌制时，肌肉组织中的一部分可溶性物质溶到盐水中，如肌球蛋白、肌动球蛋白等。这些营养物质成为微生物生长的物质基础，同时，也是成熟腌制品风味的来源。有人曾利用一种芳香细菌的生长活动促使咸鱼获得一般条件下难以形成的香气和滋味，这表明微生物的生长活动在腌制品成熟过程中的重要作用。因此，为了保证产生腌制品的独特风味，就要控制盐液成分和所处环境，以保证特殊的、适宜的微生物的生长。

　　脂肪含量对成熟腌制品的风味和感官均有影响。多脂鱼腌制后的风味胜过少脂鱼。有人认为脂肪在弱碱性条件下将分解成甘油和脂肪酸，而后者将与因硝酸盐或亚硝酸盐还原生产的碱类化合物化合和皂化，其结果将减少肉制品的油腻感。少量甘油还可使腌制品润泽，略带甜味。腌制咸猪腿肉面上的脂肪增加了腌肉特有的风味。

第三节　食品糖制

一、　食品糖制方法

食品糖制是以糖（一般为蔗糖）为主，通常是配制成糖溶液，对食品原料进行处理，称为食品糖制或糖渍。糖制的目的是为了保藏、增加风味和增加新的食品品种。与食品腌制一样，糖制食品耐藏的原理也是利用渗透压的增加和水分活性的降低，可以抑制微生物的繁殖。人们在日常生活中常见的果酱、果脯、蜜饯、凉果、甜炼乳、栗羊羹等诸多食品所以有良好的贮藏性，原因在于其中含有大量的糖，所以也称作"糖制食品"。

为了便于糖渍和食用，通常要将糖制食品的原料进行整形，包括去皮、去核、划纹等，几种果品碱液去皮的条件，如表 2-1-5 所示。

表 2-1-5　　　　　　　　　几种果品和蔬菜的碱液去皮条件

种类	氢氧化钠溶液质量浓度/%	液温/℃	浸碱时间/s
桃	2.0~6.0	90 以上	30~60
李	2.0~8.0	90 以上	60~120
橘囊	0.8	60~75	15~30
杏	2.0~6.0	90 以上	30~60
胡萝卜	4.0	90 以上	65~120
马铃薯	10~11	90 以上	120 左右

用于糖制的原料还要经过漂洗、热烫与硬化处理后才进行糖渍。糖渍的方法有两种，一是像腌菜一样，在容器中，一层糖一层原料，这有利于加工原料的保存，以便分期分批进行加工；另一种方法是将原料浸在配好的糖液中进行糖渍。有时，为了加快糖渍过程，也采用糖煮方式进行糖渍。真空渗糖工艺，除果脯、蜜饯采用外，酱腌菜加工也采用。果蔬在抽空液中处于负压状态，组织中的空气为了维持气相平衡而外逸，恢复常压后，糖液借助外部的大气压力很快进入原料内原先被空气占据的空间，并通过细胞膜，进入细胞内，从而完成糖渍过程。同时，由于原料中的空气被糖液所替代，不但使果实透明光泽，而且还可减轻氧化和褐变的程度。糖渍后制品经干燥处理即为成品。

二、　糖与食品保藏

在糖制时，由于高渗透压下的质壁分离作用使微生物的生长受到抑制，甚至死亡。糖的种类和浓度决定了其所抑制的微生物的种类和数量。糖液浓度 1%~10%，一般不会对微生物起抑制作用。50%糖液浓度会阻止大多数酵母的生长，65%的糖液一般可抑制细菌，而 80%的糖液才可抑制霉菌。虽然蔗糖液为 60%时，可抑制许多腐败微生物的生长。然而，自然界却存在许多耐糖的微生物。蜂蜜的腐败往往是耐糖酵母菌所为。

不同糖类发挥抑菌作用所需的浓度不同。例如，抑制引起食品中毒葡萄球菌所需要的葡萄糖浓度为 40%~50%，而蔗糖为 60%~70%。

相同质量的糖，其抑菌效果也不一样。葡萄糖和果糖比蔗糖或乳糖有效。糖类之所以具有抑菌作用，是由于糖对微生物细胞的质壁分离作用，而质壁分离的效果又取决于溶液中粒子的数量。葡萄糖和果糖的相对分子质量为 180，而蔗糖和乳糖为 342，那么，单位质量下，前者比后者的分子数量就多。糖的抑菌能力随相对分子质量增加而降低。

40%葡萄糖溶液要比 40%蔗糖溶液抑制苹果、葡萄柚等水果中的酵母的作用强。相同浓度下的葡萄糖溶液要比蔗糖溶液抑制啤酒酵母和黑曲霉的作用强。

葡萄糖溶液在 100℃加热 15min，冷却后使用，其抑制酵母的能力比未加热糖溶液强。但是，热处理糖溶液对霉菌，特别是对黑曲霉菌的作用不明显。

尽管糖在食品加工、营养和防腐方面有重要作用，但糖本身也含有一些微生物，处理不当，会对食品质量产生不利影响。

在高浓度糖液中，有时存在解糖菌，对糖的耐受性极强，许多霉菌和一些酵母菌的耐糖能力比细菌还要强。

甜菜、甘蔗和槭树汁是制糖的主要原料。槭树汁价值高，通常不用于生产普通食糖。原糖中往往含有多种微生物。精制的直接食用的糖虽然除去了一些微生物，但还存在耐糖菌。

某些食品的腐败正是这些存在于糖中的残留细菌造成的，当糖液浓度为 20%~30%时尤为如此。在高浓度糖液的食品中，明串珠菌属更易生长。

砂糖中的微生物含量低，每克只有几百个微生物。但由于加工糖的方式，决定了污染的细菌基本上都是芽孢菌，主要有肠膜明串珠菌（*Leuconostoc mesenteroide*）、戊糖明串珠菌（*L. dextranicum*）和蕈状芽孢杆菌（*Bacillus mycoides*）等。常见霉菌有曲霉（*Aspergillus*）、芽枝霉（*Clados porium*）、青霉菌（*Penicillium*）和念珠霉（*Monilia*）。常见的酵母菌有裂殖酵母（*Schizosaccharomyces*）、接合酵母（*Zygosaccharomyces*）和无孢子酵母（*Asporogenes*）。在糖浆的腐败菌中常见有酪酸梭状芽孢杆菌（*Clostridium butyricum*）和无孢子酵母（*Asporogenous yeasts*）等。因此，糖水和糖浆均需充分加热，杀灭糖中的微生物。

🔍 思考题

1. 腌制速度有哪些影响因素？
2. 糖制和盐制保藏原理是什么？
3. 腌制对食品品质的有何正面和负面影响？如何控制负面影响？
4. 肉类和果蔬有哪些腌制方法？
5. 肉类腌制过程中色泽发生什么变化？

主要参考文献

［1］赵晋府. 食品技术原理［M］. 北京：中国轻工业出版社，2007.

［2］曾庆孝. 食品加工与保藏原理［M］. 北京：中国轻工业出版社，2002.

［3］曾名湧. 食品保藏原理与技术［M］. 北京：中国轻工业出版社, 2004.

［4］夏文水. 食品工艺学［M］. 北京：中国轻工业出版社, 2007.

［5］Peter Zeuthen, Leif Bùgh‑Sùrensen. Food preservation techniques［M］. New York：CRC Press, 2002.

［6］张文正. 肉制品加工技术［M］. 北京：化学工业出版社, 2007.

第二章

CHAPTER

2

食品的烟熏

学习指导

　　掌握烟熏技术的起源、发烟机理、熏烟的化学成分以及烟熏所具有的功能性，了解烟熏的发烟方法和控制装置以及烟熏对食品品质的影响，探讨烟熏食品的安全性。

第一节　烟熏原理

　　烟熏是最古老的食物保藏技术之一，很早就在世界各地流传甚广。中国古语中记述的"炮""燔""炙"，意指烧烤及同时产生的烟火，另外从《诗经》中那句"有兔斯首，燔之炙之"可知古人已开始欣赏烟熏美味。烟熏技术最早可以追溯到9万年前的石器时代，在波兰克拉科夫附近的兹维日涅茨小镇发现了最古老的烟熏室。大多数关于肉类烟熏的信息出自罗马文化，多见于罗马著名哲学家老加图（Cato the Elder）在公元前160年出版的著作——《农业志》（*De Agri Cultura*），以及日耳曼名厨马克思·伦波特（Marx Rumpolt）在1581年出版的著作——《新烹饪食谱》（*New Cookbook*）。也有研究人员声称，罗马人可能是从高卢人和凯尔特人那里掌握了烟熏技术，后来随着欧洲移民使得该技术在全球得以广泛传播。目前，只有一些非洲和亚洲国家的冷熏链尚未广泛建立。烟熏技术在现代食品加工行业中主要有两个功能：提升感官特性和防腐保鲜。一方面烟熏技术能够通过增加熏烟与肉制品接触的时间而增强食品特定的感官特性，改善其风味、颜色，从而得到消费者的喜爱。另一方面烟熏能够有效提高肉类等易腐食品的防腐保鲜。伴随着食品生产的工业化进程，食品烟熏技术一直在改进和优化，已经成为食品工业上可控的重要的加工保藏技术。

一、烟熏机理

（一）熏烟与烟熏

　　熏烟是指植物性材料燃烧不充分导致的不完全氧化所产生的气体、液体和微粒固体的混合物。烟熏即是用这种熏烟对肉制品进行熏烤的工艺过程。食品在烟熏过程中，由于熏烟成分的蓄积和渗透作用会引起食品自身各种性质的变化。

（二）影响因素

影响烟熏效果的因素较多，主要为材料种类及化学组成、烟熏温度、木材及食品水分含量等。

烟熏所使用的木材种类较多，根据地区而异。我国多使用果木，如苹果木；欧美国家主要使用山核桃木；日本常用樱花树等。木材使用形式多为木柴、锯末、木屑。不同的烟熏材料燃烧之前成分差别大，因此熏烟成分差别也很大，可使制品表面呈现不同的色泽。烟熏可采用多种材料来发烟，但最好选择树脂含量少，烟味好，而且防腐物质含量多的材料。因此烟熏材料多以硬木为主，而软木中的树脂含量较多，无法充分燃烧，会产生更多更黑的烟尘，还会产生较多的多环芳烃，因此并不推荐使用。在木材或木屑热分解时，从其外表面到中心存在着温度梯度，不同的温度下会发生不同热解。外表面氧化时，内部进行的是氧化前的脱水，因此木材的组成对烟熏效果十分重要。木材中含有 40%～60%纤维素，20%～30%半纤维素和 20%～30%的木质素。半纤维素的热解发生在 200～250℃。纤维素的热解发生在 280～320℃，而木质素热解是发生在 400℃。通过热重分析仪（TGA）和差示扫描量热仪（DSC）分析可知，在 220～315℃和 315～400℃分别出现半纤维素和纤维素的主要重量损失。半纤维素的主要热解产物是羧酸、呋喃和呋喃衍生物。纤维素热解是先分解成葡萄糖，然后再脱水形成 1,6-葡糖酐，再进一步加热分解生成乙酸、酚、水和丙酮。木质素热分解的主要产物是对肉制品中熏制风味有贡献的酚类化合物，主要包括甲醇、丙酮、各种有机酸，以及大量的酚类和非蒸汽挥发性成分。在高温状态，特别是在缺氧条件下，木质素和纤维素会产生多环烃类。

发烟后产生的化学物质在什么温度下附着在食品上，直接影响到烟熏风味和质量。根据温度可以分为冷熏、温熏、热熏。冷熏通常在 10～25℃，相对湿度为 70%～80%的烟房内进行，房屋外面的温度为±5℃以减少冷凝形成。冷烟的生物化学功能是去除水分，降低水分活度，在防止脂肪氧化时可以阻止微生物腐败，因此可以通过降低相对湿度以达到理想的保存时间。这些产品的质量损失通常在 15%～20%。采用冷烟处理的产品通常很少需要进行热处理，如冷水鱼、干香肠、发酵香肠和熏肉。冷熏产品通常颜色较浅（呈黄色至中等棕色），而且由于烟熏时间更长的原因（长达 14d），与热熏产品相比，食品风味更明显更均匀。温熏条件通常是温度为 23～40℃，相对湿度为 75%～85%，时间为 4～48h。时间、温度和湿度都与最终产品效果有关。温熏制品比冷熏制品具有更高的水分活度，并且由于温熏发生在食品腐败的危险温度（4～60℃）条件内，因此这些产品需要在熏制之后进行冷藏。与冷烟熏产品相比，温烟熏产品由于烟熏时间更短，熏烟渗透更少，因此可能具有更厚的熏烟附着。可温熏的产品包括鲑鱼、鲭鱼等鱼类产品。热熏在 40～60℃时可以发生，随着烟房温度升高至 90～100℃的温度下也可以持续进行，温度的变化取决于所需的产品口味，相对湿度从 60%到 85%不等，烟熏时间最久可达 4h。由于烟熏时间较短，此产品必须在熏制之后冷藏或完全将它煮熟，否则烟熏不会显著增加食品的储藏时间。热熏制还可以用来增加全熟肉制品中的色泽沉积。热熏过程一般为：首先将肉的表面进行干燥，注意温度不要升高太多或太快，否则会引起表面硬化；然后在 45～65℃对肉制品进行熏制，或者在更高的温度下（90～100℃）持续熏制。

含水量也是烟熏过程中的一个重要参数，木材和肉制品中的水分都会对烟熏过程产生很大影响。通常来说，烟熏所需的木材含水量从 20%到 30%。随着木材中含水量的增加，能够减少多环芳烃的产生，木材燃烧变得缓慢，增加了熏烟对产品表面的黏附。如果木材过于干燥，燃烧速度变快，从而不会产生足够的烟雾。如果木材过于潮湿，木材可能会将蒸汽扩散进入烟房，这将增加肉类表面的含水量。如果肉的表面太潮湿，熏烟中的水溶性成分会与肉上的冷凝物混合并从肉上滴下，有时会在表面上产生浑浊的色泽或条纹。如果肉的表面过于干燥，熏烟就不能很好地黏附在肉制品上，也不会渗透到肉制品中，使产品不能具有均匀的烟熏味道。在熟制周期结束时，肉类产品通常会用冷淋的方式快速冷却。熏烟必须附着在产品表面，并在冷淋、熟制和包装等加工环节后透过表面进入产品内部以保持产品所需的色泽和烟味。

另外，降低水分活度（A_w）可以减少产品中的微生物生长。A_w 在 0.98 或更大值时，大多数细菌可以生长繁殖。随着 A_w 的减少，流向细菌的营养物质减少，细菌的移动能力也会降低，毒素沉积，导致细菌的生存能力会降低。当食物的 A_w 在 0.5 以下，一般认为微生物的生长受到较强抑制。为了减少产品的 A_w，在整个烟熏过程中必须严格监测相对湿度。如果相对湿度过高，产品会保持水分从而阻止产品干燥。这也会在房屋内产生冷凝物，并可能积聚在产品的表面，熏烟也不会沉积。如果相对湿度过低，会造成产品表面硬化，熏烟不能很好地黏附和渗透到产品中，使产品不能产生均匀的烟熏味道。

二、　熏烟组成

目前，已经从木材熏烟中分离鉴定出了 300 多种化合物，主要包括酚、有机酸、醇、羰基化合物、烃和一些气体。这些化合物直接关系到食品的风味、货架期和营养价值。

（一）酚类物质

大约有 20 种酚类已从熏烟中分离出来，包括邻甲氧基苯酚、4-甲基愈创木酚、4-乙基愈创木酚、丁子香酚等。酚类物质具有抗氧化性、防腐性并且是熏烟味道的主要来源，熏烟中单一酚对食品的重要性还没有确实的结论，但有许多研究认为多种酚的作用要比单一酚重要。酚对于肉制品的抗氧化作用最为明显，其中高沸点酚的抗氧化性要强于低沸点酚的抗氧化性。酚对熏烟色泽的形成也有影响。熏烟色泽的深浅与烟雾浓度、温度和肉制品表面的水分含量等有关。因此，在肉制品烟熏时，适当的干燥有利于形成良好的熏烟色泽。烟熏制品的烟熏风味主要是由于熏烟气相中的酚化合物。愈创木酚、4-甲基愈创木酚和 2,6-二甲氧基酚对滋味起主要作用，而气味则主要是由于丁香酚。香草酸令人愉快的气味也与甜味有关。烟熏风味的形成是通过各种物质的混合，而非单一成分能够产生。

酚具有很强的抑菌能力。高沸点酚的抗菌能力更强。由于熏烟成分吸附在产品表面，因此，只在产品外表面有抑菌作用。酚向肉制品内部扩散深度和浓度有时被用来表示熏烟渗透的程度。此外，由于各种酚对肉制品的颜色和风味所起的作用不一样，总酚量不能完全代表各种酚所起作用的总和，所以当以烟熏肉制品的总酚量来评价烟熏肉制品风味时会与感官评价结果不完全一致。

（二）醇类物质

在木材熏烟中有许多种醇，其中最常见的是甲醇，而其他醇类如一级、二级和三级醇通常以它们的氧化形式，即以酸的形式存在。熏烟中醇的主要作用是作为挥发性物质的载体。醇对肉制品的滋味和气味影响不大，但有一定的抑菌能力。对食品烟熏来讲，醇可能是熏烟中最不重要的成分。

（三）有机酸

熏烟中存在 1~10 个碳的有机酸。通常 1~4 个碳的酸存在于熏烟的气相成分中，而 5~10 个碳的酸常存在于熏烟的微粒成分中。因此，熏烟气相中的酸主要为甲酸、乙酸、丙酸、丁酸和异丁酸；而戊酸、异戊酸、己酸、庚酸、辛酸和壬酸则主要存在于微粒成分中。有机酸对烟熏食品的风味几乎没有影响，而且只有在表面积累到呈现较高酸度时才表现出来微弱的防腐作用。

酸对肉制品表面蛋白质的凝结起重要的作用，表面蛋白质的凝结有利于肠衣的剥除，这对于生产无皮法兰克福香肠十分重要。加热也有助于蛋白质凝结，挥发性的或蒸馏出的酸也能促进蛋白质凝结。这种蛋白质凝结可在肉制品的外表形成致密、结实、有弹性的外层，可有效地防止肉制品在蒸煮过程中的开裂。

（四）羰基化合物

熏烟中含有大量的羰基化合物，与有机酸类似，其不仅存在于熏烟气相中，而且在熏烟的微粒部分中也大量存在。现已鉴别出的羰基化合物有 20 余种：2-戊酮、戊醛、2-丁酮、丁醛、丙酮、丙醛、巴豆醛（丁烯醛）、乙醛、异戊醛、丙烯醛、异丁醛、联乙酰、3-甲基-2-丁酮、α-甲基戊醛、顺式-2-甲基-2-丁烯-1-醛、3-己酮、2-己酮、5-甲基-糠醛、糠醛、甲基乙二醛等。虽然，大部分羰基化合物存在于非气相组分内，但是气相组分内的羰基化合物对烟熏制品的气味和色泽形成起到重要作用。应该说，短链的简单的小分子化合物对制品的色泽、滋味和气味最重要。

（五）烃类化合物

从烟熏食品中已分离出许多多环烃类化合物，这包括苯并（a）蒽、二苯并（a，h）蒽、苯并（a）芘、苯并（e）芘、以及 4-甲基芘。动物试验证明，这当中至少有两种化合物，苯并（a）芘和二苯并（a，h）蒽是致癌物质。喜食熏鱼制品的波罗的海渔民和冰岛人患癌症的比例比其他地区的人高可能是其佐证。

一般情况下，苯并（a）芘和二苯并（a，h）蒽在大多数食品中的含量相当低，但在烟熏鳟鱼中的含量较高（2.1mg/1000g 湿重），在烟熏羊肉中量也较高（1.3mg/1000g 湿重）。在其他熏鱼中，苯并（a）芘的含量较低，如在鳕鱼和红鱼中分别为 0.5mg/1000g 和 0.3mg/1000g。

幸运的是，这些多环烃对烟熏肉制品的防腐和感官品质无关紧要，并且这些化合物存在于熏烟的微粒相中，可以有效去除，如烟熏液的成功制备。

（六）气体

熏烟中气体主要为二氧化碳、一氧化碳、氧气、氮气、一氧化二氮（N_2O），其具体作用还不十分清楚。二氧化碳和一氧化碳容易吸附在鲜肉表面，形成羰基肌红蛋白、碳氧肌红蛋白，呈现亮红色泽，但尚未发现烟熏肉时是否也能发生这些反应。氧能与肌红蛋白反应形成氧合肌红蛋白或高铁肌红蛋白，同样也没有证据说明，这些反应在烟熏食品时能否发生。

这些气体中值得关注的是一氧化二氮，它与烟熏食品中亚硝胺（一种致癌物）和亚硝酸盐的形成有关。一氧化二氮直接与食品中的二级胺反应可以生成亚硝胺，也可以通过先形成亚硝酸盐进而再与二级胺反应间接地生成亚硝胺。如果肉的 pH 处于酸性范围，则有碍一氧化二氮与二级胺反应形成 N-亚硝胺。

三、 烟熏的作用

（一）增进食品色泽和味道

熏制食品的感官特性，主要取决于产品的类型、烟熏前原材料的制备及食品表面和内部各种熏烟成分的分布等因素。烟熏过程中，加热环节会发生美拉德反应，其对食品的色泽和风味有重要影响。美拉德反应是广泛存在于食品工业的一种非酶褐变，是羰基化合物（还原糖类）和氨基化合物（氨基酸和蛋白质）间的反应，经过复杂的历程最终生成棕色甚至是黑色的大分子物质类黑精。

烟熏食品表面的颜色是沉积的烟雾成分，加热和储存期间的变化以及它们与产品表面材料的相互作用的共同结果。烟熏增加的色调从浅黄色到深褐色，主要取决于木材的种类、工艺的温度以及产品的类型。木材种类不同，烟熏颜色也多种多样；使用山毛榉木、枫木、白腊木、梧桐树或椴木刨花有利于金黄色的形成，而橡木、坚果木和桤木烟熏则有利于形成黄褐色，用针叶木材熏制的肉类则会呈现更深的颜色。提高熏烟温度会促使产品颜色变深；美拉德反应虽然可以在较低温度下进行，但随着温度的升高，反应会越来越迅速，从而会产生更黑更重的熏烟。烟熏的着色效果根据被熏制的肉的类型不同而变化；在许多香肠和其他肉制品中，红色占主导地位，尤其在禽肉和鱼的腹部部分效果最显著。

熏制的产品风味类型是由熏烟成分决定的。其中从熏烟中沉淀出来的酚类和苯酚类化合物包括丁香醇、4-甲基丁香醇、4-烯丙基丁香酚、愈创木酚、4-甲基愈创木酚和反式异丁香酚等，为肉制品提供了一种浓郁的、刺鼻的、烧焦的特有的烟熏味道。另外，羰基化合物、呋喃和其他熏烟成分对烟熏风味也会起到一定作用。

（二）抗菌性

不同的木材在热解时会产生不同含量的酚、羰基化合物和有机酸，其中酚和有机酸是木材熏烟中主要的活性抗菌化合物，而羰基化合物的作用较小。不同种类熏烟化合物的抗菌效果不同，如果作为唯一的抗菌手段，熏烟的沉积不能够足以保证食品安全。对红木、黑胡桃、桦树、山核桃、白杨、白橡、樱桃和栗子等20种不同类型的木材中抽取的烟熏液在金黄色葡萄球菌和嗜水气单胞菌的肉汤培养抑菌实验评估中，发现来自道格拉斯冷杉的木材熏烟对细菌菌株生长都是有抑制作用的。另外，发现白红树、桃花心木的液体烟熏液可抑制金黄色葡萄球菌和大肠杆菌。红树和鸡骨常山属木材能够抑制金黄色葡萄球菌，但不能抑制大肠杆菌，这表明不仅木材的类型影响了液体烟熏剂的抗菌性能，而且致病生物对液体烟熏剂的成分有不同程度的敏感性。

（三）抗氧化性

木材烟熏或液体烟熏剂可提高肉类产品的抗氧化性。美国农业部批准液态烟熏剂作为一种抗氧化剂或抗菌剂来使用。焦酚和间苯二酚是多羟基酚类化合物。这些混合物是熏肉中最活跃的抗氧化剂。酚类物质能够在维持其结构的同时，将一个电子给氧化自由基，从而降低氧化作用。在木质素热解过程中，甲氧基酚衍生物的抗氧化活性比酚类低，因为它们的羟基较少。

第二节　烟熏的方法及装置

烟熏的方法较多。按熏室温度可分类冷熏法、温熏法、热熏法、焙熏法等。按烟熏方式可分为直接发烟式、间接发烟式和液态烟熏剂式，其中直接发烟式又可将烟熏炉设计为单层烟熏炉、多层烟熏炉，而间接发烟式又可分为间歇式和连续式。本节将重点阐述按烟熏方式分类的几种烟熏方法的特点和相关设备的基本结构。

一、　直接发烟式烟熏

直接发烟式是最简单的烟熏方法。在烟熏房内燃烧烟熏材料使其产生烟雾，并借助自然空气循环。让熏烟与肉制品接触并吸附在上面，因此，这种直接发烟式也称直火或自然空气循环式。氧气（空气）供应量是用开启炉门（或风门）进行调节的。此烟熏炉发烟材料既可以是木柴，也可以是木屑，有时还可以伴上蔗糖，以增加烟熏的风味和色泽。在熏房内还可加装加热装置，如电炉盘、远红外线电加热管以及蒸汽管、洒水器等，以便完成与烟熏相配套的干燥、加热、蒸熟、烤制等功能。

图 2-2-1 是这种烟熏炉的示意图。

直接发烟式可分为单层操作式和多层操作式两种。前者适合小批量生产；后者的产量可较大，整个烟熏炉可以设计成一个长通道状，即烟熏室为好几层，从最下面一层发烟，需要重熏的制品，如培根等放在最下层，靠近烟源；需要淡熏的制品，如法兰克福香肠等放在上层。这种烟熏设备，熏烟利用率好，一次可熏制好几种制品。烟熏室整体细而高，呈塔状，用提升机将肉制品吊挂在适当位置进行烟熏。这种烟熏设备也称为塔式烟熏炉。

但是，直接发烟式存在一些问题，如室内温度分布不均匀，熏烟的循环利用差，熏烟中的有害成分不能去除，制品的卫生条件不良，产品的烟熏质量在很大程度上取决于操作人员的技术水平，因此只适于小规模生产。不过，对此类烟熏炉略加改造，如安装温度表，湿度计等，也能控制烟熏的效果，提高烟熏的效率。

图 2-2-1　简单烟熏炉
1—熏烟发生器　2—食品挂架
3—调节阀　4—烟囱

二、　间接发烟式烟熏

目前国内外使用最多的是间接发烟式烟熏室（炉）（图 2-2-2）。这种装置的熏烟发生器放在炉外，通过管道将烟送入烟熏炉。因为送入烟熏室的烟是通过机械来完成的，因此也称为强制通风式烟熏炉。使用间接烟熏式烟熏炉不仅能控制整个烟熏过程的工艺参数（采用电器或集成电路、电脑控制），而且能控制蒸煮和干燥程度。这种专用的烟熏房可以解决直接发烟式烟熏的缺点，即温度、烟雾分布不均，原材料利用率低及操作方法复杂等问题。此外，这种烟熏炉还能调节相对湿度。

图 2-2-2 强制通风式烟熏炉

间接发烟式烟熏室（炉）的结构有多种。一般可分为间歇式和连续式。其中间歇式又可分为阿特摩斯式和盖尔摩斯式等，无论哪种方式，这类烟熏炉的结构基本相同，一般都有一个空腔，将烟熏笼或台车推入室内烟熏。

在阿特摩斯式烟熏室中（图 2-2-3）由烟雾发生器产生的烟与安装在烟熏室背面的热风发生装置发出的热风混合，通过喷嘴喷到烟熏室内，用熏烟流动方法（图 2-2-4）均衡温湿度和烟的浓度。一个熏烟发生器可以同时向几个烟熏室送烟。

图 2-2-3 阿特摩斯式全自动烟熏炉结构
1—主循环风机电动机 2—换气调节器电动机 3—排风机电动机
4—气体混合机 5—气体燃烧喷嘴 6—主循环风机
7—排风扇 8—新鲜空气调节器电动机 9—排气调节器电动机
10—新鲜空气调节器电动机 11—排气调节器 12—换气调节器
13—减速机 14—温度控制器 15—温湿度记录表
16—燃烧安全装置 17—开关板

图 2-2-4 烟雾流动方式

盖尔摩斯式是用电制造水蒸气，将高温水蒸气（180℃以上）吹到木屑上使其发烟，达到烟熏目的。此外，将熏烟用水过滤的方式也可除去熏烟中的有害成分。

连续式间接烟熏室（炉）一般是专供生产肠类制品用的烟熏室，其优点是占地面积比生产量相同的非连续式烟熏房小，生产单位重量的产品所要的劳动力也少，并能大规模地生产。图 2-2-5 所示是一种用来生产乳化型香肠的连续烟熏室的结构图。

图 2-2-5　法兰克福香肠和维也纳香肠连续烟熏室

间接发烟式烟熏室（炉）的烟雾发生器一般为两种方式：一是通过旋转和振动，使熏烟材料（木屑或木块）一点一点地落入燃烧盘产生烟雾；二是使硬木互相摩擦产生烟雾。

一般来讲，间接发烟式烟熏室（炉）带有能自动控制烟熏工艺参数的装置，因此也常称为全自动烟熏室（炉）。现在全自动烟熏炉在世界范围内已得到大力推广和广泛使用。有些全自动烟熏炉的操作已全部实现电脑控制，插入磁卡，烟熏室（炉）就可以根据制品的种类按照预先设定的程序进行操作直到完成。

三、 液态烟熏剂

液态烟熏剂，也称为烟熏液，是通过控制燃烧锯屑或木屑的最小热解温度来制成木材熏烟，再经过冷凝净化产出的呈有烟熏特殊色泽和气味的液体，常以涂抹或喷涂等方式使其附着于食品表面，以代替传统食品烟熏技术。将木材放置在巨大的蒸馏器中，施加热量，使木材闷烧，随后产生的气体在冷凝器中迅速冷却液化，然后将液体通过精炼槽过滤以去除含有多环芳烃等的有毒和致癌杂质，从而制成液态烟熏剂。使用烟熏液优点很多：不需要熏烟发生器，且成分稳定；比传统烟熏过程更环保卫生，质量安全可控性强；液熏剂的使用方便并且安全，不会发生火灾，且无空气污染；速度快，劳动效率高，短时间内可生产大量带有熏烟风味的制品。

用烟熏液处理食品的方式也是多种多样的，首先是烟熏液可以作为配料成分直接加入到食品中；其次是浸渍法，也可以使烟熏液很好地渗透进产品中；除此之外还有一些喷洒的方法也很常见，例如将烟熏液雾化喷射到烟熏室，将烟熏液置于加热器上蒸发使其覆盖在产品上，或者直接将烟熏液喷洒到制品上。还可以将以上方法组合使用。

烟熏液使用前注意一般要先用水稀释，也可以加些醋或柠檬酸。使用时熏房里要有加热装置有利于产品形成烟熏色。目前，烟熏液在国内外肉制品工厂中应用非常普遍，不但可以在乳化型香肠制品中使用，也可通过注射应用到火腿等块状制品之中。

第三节 烟熏的安全性

烟熏食品的污染物主要来自于多环芳烃（polycyclic aromatic hydrocarbons，PAH），如苯并（a）芘、二苯并（a，h）蒽等。另外，最近研究也发现烟熏食品中存在 N-硝基化合物和 β-咔啉生物碱等污染物。

一、 PAH 形成和污染机制

在熏制肉类产品中，PAH 的形成主要是由于木材的不完全燃烧或热分解而产生。生物质热解产物可分为固体（主要是炭或碳）、液体（焦油、重烃和水）和气体（CO_2、H_2O、CO、C_2H_2、C_2H_4、C_2H_6、C_6H_6等）。其中焦油，是一种黑色的油状液体，由复杂烃类夹杂大量氧气和水混合而成。因此 PAH 可以作为生物质热解过程中形成的第三级焦油产物。生物质中的纤维素、半纤维素和木质素成分的分解可产生初级焦油产物，为大量含氧的可凝结的有机化合物，如酸、糖、醇、酮、醛、酚、愈创木酚、丁香醇、呋喃等。随着温度升高到 500℃以上，初级焦油开始重新排列，形成更多的不凝结气体和次级焦油，其中酚类和烯烃是重要成分。三级焦油产物是在温度升高后（大约在 750℃）由初级焦油产物裂解。由此，可凝结的叔芳烃构成一系列不含取代基的多环芳烃（PAH）。在肉类加工过程中，焦油以气溶胶形式将 PAH 传送到被熏制的肉制品上，导致肉制品最终被污染。

但是，值得提出的是，肉类产品中 PAH 污染的来源可能不止这一种。首先，由于大气污染，原料可能是预先被 PAH 污染的。动物（猪、牛）和蔬菜（洋葱、大蒜）可以被空气、土壤或水中的多环芳烃（通过沉积）污染。环境中有许多天然和主要人为来源的 PAH，包括来自动力源（机动车辆和飞机）的废气，工业厂房，带有开放式壁炉的家庭供暖等。其次，包装，干燥，烘烤和油炸也可以增加肉制品的最终 PAH 含量。第三，烟熏室中的产品也可能交叉污染。比如，产品加热能够造成脂肪外流。一方面，一些脂肪落在或接触到火上，从而增加了烟气中 PAH 的含量。另一方面，已经被焦油污染的脂肪落在其他产品上，增加了后者的 PAH 含量。

二、 PAH 污染预防

联合国粮农组织和世界卫生组织建立的国际食品法典委员会（CAC）认识到控制和探讨生产条件以尽量减少熏制肉制品的 PAH 污染十分重要。在"减少烟熏和直接干燥过程中 PAH 污染食品的操作规范"中规定，应在烟熏过程中就通过控制变量减少食品中的 PAH 污染，包括控制燃料种类（不同的木材和其他植物材料、柴油、汽油、液体/固体废物和其他燃料），烟熏或干燥方法（直接或间接），与热解温度有关的产生熏烟的过程和在熏烟发生器中的气流，以及其他烟熏方式如通过雾化烟气冷凝物（液体烟雾）直接烟熏或再生熏烟，食物与热源之间的距离，食物相对于热源的位置，食物的脂肪含量及其在加工过程中的变化，烟熏和直接干燥的持续时间，烟熏和直接干燥期间的温度等。目前，液态烟熏剂是一种预防 PAH 污染的有效方法。另外，最近研究者报道利用水蒸气渗透（WP）袋来提高烟熏鱼制品质量安全的工艺。该工艺在已设定的温度和湿度条件下，将鱼制品在 WP 袋中同时进行烟熏和盐渍。其不仅产品的理化性质、感官品质未受到影响，而且提高了产品的安全性，是一种可替代传统冷熏鱼的优良方法。

三、 其他潜在有害化合物

各种烟雾成分与食物成分的反应可能导致形成不同种类的有害化合物，如 N-硝其化合物、杂环胺以及 β-咔啉生物碱。热处理后的食品可能含有高达约 30ng/g 的硝基多环芳烃。大多数 N-硝基化合物具有致癌性，它们能够通过烟醛与半胱胺和半胱氨酸反应形成，产生各种各样容易被硝化的噻唑烷前体。在各种烟熏肉和家禽产品中，N-硝基化合物的含量可达到几百纳克/克。烟熏香肠中，1-硝基芘、2-硝基萘和 2-硝基芴的含量在 4~20ng/g 的范围内。

在烟熏程度高的制品中，也检测到低含量的（小于 1ng/g）的杂环芳族胺，其主要是由于氨基酸和蛋白质的热解反应中以及在非酶促褐变中产生。此外，在熏制食品中，还发现了 β-咔啉生物碱。这可能是 L-色氨酸与甲醛或乙醛反应形成的。它们的含量随着温度和烟熏时间增加而增加，并且取决于烟雾中甲醛的积累量。已在香肠中发现 1，2，3，4-四氢-β-咔啉-3-羧酸（THCA）含量为 0.01~14.80μg/g。

🔍 思考题

1. 影响烟熏的主要因素有哪些？
2. 什么是液态烟熏剂？其优点是什么？
3. 烟熏的主要作用有哪些？
4. 常用的烟熏方法主要包括什么？
5. 烟熏食品的主要潜在危害物有哪些？

主要参考文献

［1］赵晋府. 食品技术原理［M］. 北京：中国轻工业出版社，2007.

［2］赵征，张民. 食品技术原理［M］. 北京：中国轻工业出版社，2014.

［3］Toldrá F, Hui Y H, Astiasaran I, et al. Handbook of fermented meat and poultry［M］. John Wiley & Sons, 2014.

［4］Hui Y H. Handbook of meat and meat processing［M］. CRC press, 2012.

［5］Lingbeck J M, Cordero P, O'Bryan C A, et al. Functionality of liquid smoke as an all-natural antimicrobial in food preservation［M］. Meat science, 2014, 97（2）：197-206.

第三章

食品防腐剂、 抗氧化剂、 酸化剂和涂膜剂

　　理解各种食品保藏剂的应用原理，掌握各种食品保藏剂的应用对象和条件，以及局限性，认识用于食品保藏的常见生物制剂的作用。

　　保藏食品，可采用罐藏、冷藏、冻藏、干制、腌制或化学保藏等。近年来又出现了一些新的食品保藏方法，如高静压处理、高强脉冲电场技术、微波保藏、超声波、振荡磁场处理等。各种方法都各具特点。但是，有些保藏方法，特别是新的非热保藏方法，尽管能够很好地保持食品的营养价值和质量，也较少有环境污染和食用安全的问题，但受到设备、成本和应用范围的限制，尚未达到大规模商业化应用。因此，简便、廉价的化学保藏仍是一个行之有效的手段。

　　食品化学保藏就是在食品生产、贮藏和运输过程中使用化学和生物制品（食品添加剂）来提高食品的耐藏性和尽可能保持食品原有质量的措施。

第一节　食品防腐剂

　　食品防腐剂主要是指能防止食品或食品原配料腐败变质，延缓或抑制微生物增殖作用的食品添加剂。因此，从抗微生物的角度出发，可更确切地将此类物质称为抗微生物剂或抗菌剂。

　　按照抗微生物的作用程度，可以将食品防腐剂分为杀菌剂和狭义范围的防腐剂。具有杀菌作用的物质称为杀菌剂，而仅具有抑菌作用的物质称为防腐剂。但是，一种化学或生物制剂的作用是杀菌或抑菌，一般是不应有严格区分的。同一种抗微生物剂，浓度高时可杀菌（即致微生物死亡），而浓度低时只能抑菌；又如作用时间长可以杀菌，短时间作用只能抑菌；还有由于各种微生物的生理特性不同，同一种防腐剂对某一种微生物具有杀菌作用，而对另一种微生物仅具有抑菌作用。所以两者并无绝对严格的界限，在食品保藏和加工中往往

统称为防腐剂。

既然是食品防腐剂，那就要符合食品添加剂的基本要求。

（1）不得对消费者产生急性或潜在危害。

（2）不得掩盖食品本身或加工过程中的质量缺陷，用量不能大于防腐目的要求的数量。

（3）不得有助于食品假冒或以任何方式欺骗消费者，使用的防腐剂必须在包装中注明。

（4）不得降低食品的营养价值，防腐剂本身应是食品级的质量标准而不能用一般工业品。

此外，作为抗微生物剂应该具有显著的杀菌或抑菌作用，而这种作用应只对有害微生物，对人体肠道内有益微生物菌群的活动应没有影响，也不妨碍胃肠道内酶类的作用。

食品防腐剂应包括化学（合成）防腐剂和生物（天然）防腐剂两大类。后者是今后食品防腐剂重点发展的方向。

一、 化学（合成）防腐剂

化学防腐剂包括有机防腐剂和无机防腐剂两类。下面将讨论几种主要的防腐剂。

（一）有机防腐剂

1. 苯甲酸及其盐、酯

苯甲酸别名安息香酸，可用邻苯二甲酸酐水解、脱羧制得。也可用甲苯氯化、水解制得。还可用甲苯液相氧化制得。苯甲酸分子式为 $C_7H_6O_2$。苯甲酸及其盐如苯甲酸钠，以及它的衍生物，如对羟基苯甲酸乙酯、对羟基苯甲酸丙酯为普遍使用的一类化学防腐剂。25%苯甲酸饱和水溶液的 pH 为 2.8。在 pH 低的环境中，苯甲酸对许多微生物有抑制作用，但对产酸菌作用较弱。在 pH 5.5 以上时对许多霉菌和酵母没有什么作用。苯甲酸最适抑菌 pH 为 2.5~4.0。

实际使用苯甲酸及苯甲酸钠时，以低于 pH 4.5~5 为宜。也就是说，食品的酸度是影响苯甲酸防腐效果的重要条件。有报道当 pH 从 7.0 下降到 3.5 时，其防腐的能力可增加 5~10 倍。表 2-3-1 是不同苯甲酸盐浓度和 pH 对多态鲁氏酵母菌活力的抑制作用。

表 2-3-1　　　　　不同苯甲酸盐浓度和 pH 对多态鲁氏酵母糖利用率的影响

苯甲酸盐质量浓度/%	糖利用率/%				
	pH 6.0	pH 5.5	pH 5.0	pH 4.5	pH 4.0
0.025	21	29	26	25	12
0.050	23	18	19	13	13
0.075	15	14	7	0	0
0.100	13	9	5	0	0

苯甲酸能非选择性地广泛抑制微生物细胞的呼吸酶系的活性，特别是具有很强的阻止乙酰辅酶 A 缩合反应的作用，此外也是阻碍细胞膜作用的因素之一。

苯甲酸对酵母的影响大于对霉菌的影响，但对细菌效力弱。苯甲酸一般在 0.05% 质量浓度时就有防腐力，而苯甲酸盐则需 0.07%~0.10%。由于苯甲酸的溶解度低，使用不便，实际生产中大多是使用其钠盐。使用苯甲酸时，一般先用适量乙醇溶解后，再添加到食品中去。有的工厂使用苯甲酸时，另加适量碳酸氢钠或碳酸钠，用90℃以上的热水溶解，使其转化成苯甲酸钠后才添加到食品中去。苯甲酸1g相当于苯甲酸钠1.18g，苯甲酸钠1g相当于苯甲酸0.847g。

苯甲酸进入机体后，大部分在9~15h内与甘氨酸化合成马尿酸而从尿中排除，剩余部分与葡萄糖醛酸化合而解毒，用示踪 ^{14}C 试验证明，苯甲酸不在机体内积蓄。以上两种解毒作用都在肝脏内进行，因此苯甲酸对肝功能衰弱的人可能是不适宜的。

$$C_6H_5COOH+CH_2NH_2COOH \longrightarrow C_6H_5CONHCH_2COOH+H_2O$$

苯甲酸   甘氨酸   马尿酸

苯甲酸、苯甲酸钠在果汁、果酱、酱油、醋、酱菜、蜜饯、面酱、山楂糕以及其他酸性食品中广泛使用。配合低温杀菌，则防腐效果更好。

苯基烷酸的烷基链增长，其防腐力也随之增强，苯丁酸的抑菌效力则为苯甲酸的四倍。在对位上引入取代的化学基团就会增加苯甲酸的防腐能力。因此，应用对羟基苯甲酸酯作为防腐剂的趋势在增长。苯甲酸的甲基、乙基和丙基酯是普遍使用的防腐剂。

2. 山梨酸及其盐

山梨酸别名花楸酸，即已二烯-[2，4]-酸，分子式 $C_6H_8O_2$。以巴豆油醛和酮为原料，以氯化锌、氯化铅为催化剂反应制得。山梨酸微溶于水，在有机溶剂中溶解度较高。山梨酸与山梨酸钾的溶解度如表2-3-2所示。如果将山梨酸磨细，可以提高其溶解度。有报道称，当山梨酸的颗粒直径为50μm以下时，添加到食品中能马上溶解。但是，这种粉状山梨酸对人体黏膜有很强的刺激作用。由于在磨细过程中具有很大的扩散性，会导致工作环境污染。

表2-3-2   山梨酸与山梨酸钾的溶解度

溶剂	温度/℃	山梨酸/%	山梨酸钾/%
水	20	0.16	138
水	100	3.8	—
95%乙醇	20	14.8	6.2
丙二醇	20	5.5	5.8
乙醚	20	6.2	0.1
植物油	20	0.52~0.95	—

山梨酸的结构简式如下：

$$CH_3—CH = CH—CH = CH—COOH$$

山梨酸能有效地控制肉类中常见的霉菌、肉毒梭菌及一些病原菌（沙门氏菌、金黄色葡萄球菌、产气荚膜梭菌），而且在蛋类制品、果蔬保鲜、饮料、调味品、蜜饯、果冻、氢化植物油、糕点等食品防腐中也普遍使用。贮藏于潮湿环境中的包装干酪，易受霉菌污染，使用山梨酸钾防霉效果好。山梨酸也可用于发酵食品生产中，如在腌制黄瓜时可用于控制乳酸发酵。

山梨酸属于酸型防腐剂，其防腐效果随pH的升高而降低，但山梨酸适宜的pH范围比苯甲酸更广。山梨酸及山梨酸钾宜在pH 5~6使用。山梨酸1g相当于山梨酸钾1.33g，山梨酸钾1g相当于山梨酸0.746g。

3. 丙酸及其盐

丙酸及其盐是人体正常代谢的中间产物，安全无毒。但其抑菌作用较弱，使用量较高。常用于面包点心类中。丙酸盐用于控制面包生霉和发黏非常有效。丙酸及其盐类在国内外广为应用。

含有 1~14 个碳原子的脂肪酸为有效的霉菌抑制剂，双键的存在增加了它的防霉能力，但支链则相反会降低它的效力。发酵食品在腌制时添加一定量的丙酸，可以防止长霉。温度对丙酸盐的防腐能力有影响，温度越低，丙酸盐的添加量越少，如表 2-3-3 所示。

表 2-3-3　　　　　　　　　温度对丙酸盐抑制霉菌生长效率的影响

温度/℃	丙酸盐/（g/kg）	温度/℃	丙酸盐/（g/kg）
低于 21	0.938	26~32	1.875
21~26	1.406	高于 32	2.188

丙酸盐为白色粉末。用于抑制霉菌生长时，可以将钙盐或钠盐直接拌入干态食品内，又因钠盐易溶于水，故也可应用于液态食品中。丙酸盐用于面包时，应先和其他配料混合均匀后在和面时加入。麸皮面包比白面包易长霉，因而前者的添加量宜增加。

丙酸盐也可以用于包装材料表面，以防止食品表面长霉。用于包装材料时，为了避免干酪表面长霉，可以将其直接浸入温度为 10℃ 以下的 10%丙酸钙溶液中。如用 5 份 10%丙酸钙和 1 份 10%丙酸的混合物，可得到更强的抑制效力。丙酸可直接用于处理果蔬，不仅可以控制霉菌生长，还有抑制细菌的作用。

4. 其他有机防腐剂

乙醇俗称酒精，分子式 CH_3CH_2OH，有酒的气味和刺激的辛辣滋味。可由乙烯直接或间接水合制成，也可用糖质原料（如糖蜜、亚硫酸废液等）和淀粉原料（如玉米、高粱、甘薯等）发酵法制造。乙醇在食品防腐方面有相当的作用。

纯的乙醇不是消毒剂，只有稀释到一定浓度后的乙醇溶液才有杀菌作用。乙醇的杀菌作用以 50%~70% 为最强。50% 以下浓度的乙醇，其杀菌效力很快减低，但尚有一定的抑菌作用。乙醇的杀菌和抑菌作用主要是由于它具有脱水能力，使菌体蛋白质脱水而变性。它是细胞蛋白质的凝固剂。因此，如果使用纯的或高浓度的乙醇，则易使菌体表面凝固，使乙醇不易进入细胞里去，导致杀菌效能极小或者全无。应当注意的是，乙醇的杀菌作用对细菌的繁殖体比较敏感，而对细菌的芽孢不很有效。

虽然啤酒、黄酒、葡萄酒等饮料酒中的乙醇含量不足以阻止由微生物引起的腐败，但它却能控制微生物的生长。白酒、白兰地等蒸馏酒中的乙醇含量足以避免微生物的生长。用酒保藏食品是我国常见的食品保存方法。

还有一些有机防腐剂，虽然没有形成大规模地使用，但在某些产品中已有应用。如乳酸、乙酸、柠檬酸及其盐类已应用于肉制品、饮料、蔬菜腌制品等食品中，特别是乳酸钠在肉及肉制品中使用已较广泛。

（二）无机防腐剂

1. 二氧化硫

二氧化硫又名亚硫酸酐。可由硫黄燃烧形成。二氧化硫易溶于水形成亚硫酸。亚硫酸不稳定，即使在常温下，如不密封，也容易分解，当加热时更为迅速地分解从而放出二氧化硫。

二氧化硫在空气中浓度较高时，对于眼和呼吸道黏膜有强烈刺激性。二氧化硫是大气环境质量监控指标之一。

二氧化硫主要用于处理植物性食品。二氧化硫为强力的还原剂，可以减少植物组织中氧的含量，抑制氧化酶和微生物的活动，从而能阻止食品腐败变质、变色和维生素C的损耗。我国传统食品果干、果脯、粉丝等的加工中采用熏硫法或应用亚硫酸盐溶液浸渍法进行漂白，防止褐变。熏硫就是燃烧硫黄产生二氧化硫。也可用液态亚硫酸对食品进行处理。

很多四价硫的化合物都可作为二氧化硫的来源。来源不同，有效的二氧化硫含量也各不相同。

二氧化硫的含量为0.01%时，大肠杆菌停止生长，酵母则在超过0.3%时才受到损害。用完好的优质原料制成的果汁如添加0.1%二氧化硫，装瓶条件又适宜，就可以在15℃下保存一年以上。如仅用于阻止氧化，加入量还可降低。在独特风味的蔬菜和果汁中添加少量二氧化硫就能保持其原有的新鲜味。

亚硫酸对微生物的毒性强度（防腐作用）与它在食品中存的状态有关。不离解的亚硫酸分子在防腐上最为有效。形成离子（HSO_3^-或SO_3^{2-}）或呈结合状态，其作用就降低。亚硫酸的离解程度决定于食品的酸度，pH 3.5以下时则保持分子状态。因此，亚硫酸在酸性食品中能较好地发挥它的防腐作用。至于对微生物作用的机理，可能与双硫键的还原，羰基化合物的形成，和酮基团的反应以及对呼吸作用的抑制等有关。

可以用熏法、浸渍法和直接加入法对食品进行二氧化硫处理。气熏法常用于果蔬干制或厂房、贮藏库消毒。浸渍法就是将原料放入一定浓度的亚硫酸或亚硫酸盐溶液中。对于酸度不足的食品应与0.1%~0.2%的盐酸或硫酸合用。直接加入法就是将亚硫酸或亚硫酸盐直接加入酿酒的果汁、保藏的果汁、果泥或其他加工品内的方法。一般用亚硫酸处理的果蔬制品，往往需要在较低的温度下贮藏，以防二氧化硫的有效浓度降低。亚硫酸不能抑制果胶酶的活性，所以有损于果胶的凝聚力。此外，如用二氧化硫残留量高的原料制作罐头时，由于简单的加热方法较难除尽二氧化硫，铁罐腐蚀会比较严重。

2. 二氧化碳

二氧化碳是一种能影响生物生长的气体之一。高浓度的二氧化碳能阻止微生物的生长，因而能保藏食品。高压下二氧化碳的溶解度比常压下大。生产碳酸饮料时二氧化碳发挥协同的防腐作用。运用二氧化碳保存食品是一种环境友好的方法，具有较大的发展前途。

对于肉类、鱼类产品采用气调保鲜处理，高浓度的二氧化碳可以明显抑制腐败微生物的生长，而且抑菌效果随CO_2浓度升高而增强。一般地讲，如要求二氧化碳在气调保鲜中发挥抑菌作用，浓度应在20%以上。有人曾将肉贮藏在可控制二氧化碳气体的环境中从澳大利亚送至英国，证明二氧化碳确能阻止微生物的生长活动。贮藏烟熏肋肉，CO_2的浓度为100%时也可行。至于用二氧化碳贮藏鸡蛋，一般认为2.5%的浓度为宜。

用二氧化碳贮藏果蔬可以降低导致成熟的合成反应；抑制酶的活动；减少挥发性物质的产生；干扰有机酸的代谢；减弱果胶物质的分解；抑制叶绿素的合成和果实的脱绿；改变各种糖的比例。二氧化碳也常和冷藏结合，同时用于果蔬保藏。通常用于水果气调的二氧化碳含量控制在2%~3%，蔬菜控制在2.5%~5.5%。过高的二氧化碳含量，会对果实产生其他不利的影响。苹果褐变就是由于贮藏环境中二氧化碳聚集过多，以致果蔬窒息而造成细胞死亡的后果。因此，不断调整气体含量是长期气调保鲜果蔬的关键。

3. 其他无机防腐剂

次氯酸钙（或钠）为常用的消毒剂，在水中会形成次氯酸，它为有效的杀菌剂和强烈的氧化剂。次氯酸钙分子中的次氯酸根（ClO^-），含有直接和氧相连的氯原子，若遇到酸就能释出游离氯，游离氯是杀菌作用的主要因素，故称为"有效氯"。氯进攻微生物细胞的酶，或破坏核蛋白的巯基，或抑制其他的对氧化作用敏感的酶类，从而导致微生物的死亡。

次氯酸钙往往与氯化钙和氢氧化钙混合成所谓的漂白粉使用。漂白粉对细菌的繁殖型细胞、芽孢、病毒、酵母及霉菌等均有杀菌作用。作用时间、浓度、温度以及 pH 等对杀菌作用效果有很大影响。如含有效氯 15mg/kg 的漂白粉溶液杀死 99% 软化芽孢杆菌（*B. macerans*）的芽孢，在 pH 6.0 时需要 8.5min，在 pH 7.0 时则需要 14.3min。

在食品加工中也有用浸透碘的包装纸来延长水果贮藏的方法。在乳制品用具清洗消毒时，常采用碘和湿润剂及酸配制而成的碘混合剂。卤素在氧化作用或直接和细胞蛋白质结合反应下才完成杀菌任务。

硝酸盐和亚硝酸盐都有抑制微生物生长的作用，在本书前边所述的食品盐制的内容中已有较详细的讨论，不再赘述。

过氧化物由于具有强氧化作用，故也有显著的杀菌效果，其中有过碳酸钠、过丙酸及过氧化氢等。但是，过氧化氢在有些国家不允许使用。

二、 生物防腐剂

植物和微生物的代谢产物中有些具有抑菌或杀菌作用，因此，可用于食品保藏中。特别是近年来，对环境友好的呼声日益增加，不少化学（合成）防腐剂被限制或禁止使用，许多国家都大力开展从植物或微生物中制备食品防腐剂的研究和应用。

（一）植物中的天然防腐剂

人们早就知道有些植物具有抗菌或药用价值。这些植物往往具有独特的风味，因此，它们也用作香料。此外，这些植物的抗氧化性已在许多文献中讨论。

植物体本身具有很强的生物合成能力，目前已知的天然化合物有 30000 多种，其中 80% 以上是来自于植物。其中有一些具有食品防腐剂或杀菌剂的功能。

植物中的防腐剂大致可以分为四类：植物抗毒素类、酚类、有机酸类和精油类。

植物抗毒素是寄主合成的、低分子质量的、广谱抗菌化合物。这些化合物由植物受到微生物侵袭诱导产生的前体合成或植物被天然的或人造化合物诱导出的前体合成。现在已经采用植物细胞培养技术来生产某些植物抗毒素。

从 20 余种不同科的植物中已鉴定出了 200 多种植物抗毒素。这些植物抗毒素一般对植物致病真菌有作用，不过，也有作用于细菌的报道，其中革兰氏阳性菌要比革兰氏阴性菌敏感。异类黄酮类（isoflavonoids）化合物是最重要的植物抗毒素中的一种。其他主要的植物抗毒素还有壳质酶等。植物抗毒素是为了防御微生物的侵入和危害而产生的，因此，植物抗毒素的杀菌作用具有高度专一性。

植物抗毒素除了在食品保藏方面有些研究外，在医药方面有更广泛的研究和应用。从刚破碎和磨碎的植物中取得的植物抗毒素具有最强的杀菌作用。

从香辛料或者中草药中分离出的精油，有些也能从水果、蔬菜中获得。有机溶剂萃取或水蒸气蒸馏是常用的制备植物精油的方法。

精油对细菌的影响已有许多报道，有些很有意义。例如，从鼠尾草、迷迭香、孜然、藏茴香、丁香和普通麝香草提取出的精油，对大肠杆菌、荧光极毛杆菌或黏质赛氏菌均具有敏感性。

有人发现，过滤过的果汁如果密封包装时，每升葡萄汁中添加 25~50mg 芥籽油就能抑制发酵；如果将芥籽油添加量降低到 1.5~2.0mg 时，仍能阻止霉菌生长，但不能抑制发酵。黑芥菜籽磨碎后要立即使用。芬兰人常用芥籽油保存糖浆水果。Kooster 等介绍在葡萄汁和苹果汁中添加 10mg/kg 芥籽油会显著降低某些霉菌和酵母的抗热性。因此，将瞬时巴氏杀菌与芥籽油的使用相结合，就能缩短热处理时间。法国、丹麦、比利时等许多国家都有用芥籽油做果汁、腌制品防腐剂的例子。芥菜籽中主要杀菌成分为硫氰酸烯丙酯。Drdak 等（1993）报道在罐装牛肉中添加 0.1% 浓度的异硫氰酸烯丙酯（烯丙酯芥子油），施以适当的热力杀菌，既不会对产品风味产生不利影响，又有较好的抗菌效果。还有报告称硫氰酸烯丙酯在 1.0% 质量浓度时能抑制果汁中的酵母发酵，但对细菌和霉菌并无影响，质量浓度为 2.0% 时就可以达到完全防腐的效果。

柠檬酸、琥珀酸、苹果酸和酒石酸在水果和蔬菜中普遍存在。这些有机酸除了作为酸味剂、抗氧化剂，还具有抗菌能力。它们对细胞壁、细胞膜、代谢酶、蛋白质合成系统以及遗传因子起作用。许多有机酸及其衍生物已用作食品防腐剂。

植物中的酚类化合物分为三类：简单酚类和酚酸类，羟基肉桂酸衍生物类和类黄酮类。对橄榄、茶叶和咖啡中的酚化合物的研究要比其他植物多，可能是它们具有较高商业价值的缘故。从香辛料中提取出来的一些酚类化合物，如辣椒素，已证明可以抑制细菌芽孢的萌发。天然植物中的酚类化合物是食品防腐的主要因子，有广谱抗菌能力。

天然植物中存在的抗真菌和抗细菌物质，杀菌有效性和大剂量使用时存在特殊气味是其不能大规模商业化使用的原因。在有效的前提下，生产气味最小的植物杀菌剂是一个要解决的重点问题。

（二）微生物中的天然防腐剂

微生物在生长时能产生一些影响其他微生物生长的物质——抗生素，这是生物"适者生存"的一个特征。乳酸菌是最重要的能够产生生物防腐剂的微生物。乳酸菌用于食品防腐已有十几个世纪的历史，如奶酪、发酵香肠和酸（泡）菜。

乳酸链球菌素（nisin），别名乳链球菌素、乳链菌肽，是由乳酸链球菌产生的小肽，由 34 个氨基酸组成。表 2-3-4 是已经使用乳酸链球菌素为抗菌剂的食品和饮料。在美国，已允许乳酸链球菌素用于高水分再制奶酪中，以防止可能出现的肉毒梭菌生长，也可用于炼乳中。它是一种对人体无害的抗生素，不会对医用抗生素产生拮抗，在人体消化道内可以被蛋白酶无害分解。它较难溶于水，但能稍溶于酸性水中，对热较稳定。按照 GB 2760—2014《食品安全国家标准　食品添加剂使用标准》规定：用于罐头、饮料类、酱油、酱及酱制品、复合调味料，最大使用量为 0.2g/kg；用于乳制品、肉制品，最大使用量 0.5g/kg；用于乳制品，如奶酪、消毒牛乳和风味牛乳等，用量 1~10 mg/kg；用于酒精饮料，如直接加入啤酒发酵液中，控制乳酸杆菌、片球菌等杂菌生长。

表 2-3-4   已用乳酸链球菌素为抗菌剂的食品和饮料

食品种类	功能与用途	食品种类	功能与用途
再制奶酪	防止梭状芽孢杆菌的生长	酸（泡）菜	提供有利于发酵的竞争物
牛乳	延长产品的货架期	啤酒	抑制由乳酸菌引起的腐败
番茄汁	满足低热加工的要求	果汁酒	控制由乳酸菌引起的腐败
罐装食品	控制由嗜热腐败菌引起的平盖酸败		

ε-聚赖氨酸是一种具有抑菌功效的多肽，这种生物防腐剂在 20 世纪 80 年代首次应用于食品防腐。ε-聚赖氨酸能在人体内分解为赖氨酸，而赖氨酸是人体必需的 9 种氨基酸之一，也是世界各国允许在食品中强化的氨基酸。因此 ε-聚赖氨酸是一种营养型抑菌剂，安全性高于其他化学防腐剂，其急性口服毒性为 5g/kg。ε-聚赖氨酸抑菌谱广，对于酵母属的尖锐假丝酵母菌、法红酵母菌、产膜毕氏酵母、玫瑰掷孢酵母；革兰氏阳性菌中的耐热脂肪芽孢杆菌、凝结芽孢杆菌、枯草杆菌；革兰氏阴性菌中的产气节杆菌、大肠杆菌等都有明显的抑制和杀灭作用。ε-聚赖氨酸对革兰氏阳性的微球菌、德氏乳杆菌保加利亚亚种、热链球菌、革兰氏阴性的大肠杆菌、沙门氏菌以及酵母菌的生长有明显抑制效果，ε-聚赖氨酸与乙酸复合制剂对枯草杆菌有明显抑制作用。

（1）ε-聚赖氨酸和甘氨酸混合能延长牛乳保质期。

（2）对方便米饭和快餐食品等提高保存期。

（3）ε-聚赖氨酸与大蒜为主要原料混合制成食品防腐剂。这种食品防腐剂使用时加入食品中或喷淋到食品表面，均具有显著的抗菌防腐作用，能杀死或抑制食品内部或表面的致病微生物。

足球菌素（pediocin）是由乳酸菌中的足球菌产生的抗生素，可以抑制胚芽乳杆菌的生长和产酸。胚芽乳杆菌是发酵腌制黄瓜中的有害竞争菌。足球菌素的产生情况似乎可以作为香肠和蔬菜发酵合适与否的指标物。

枯草杆菌素是枯草杆菌的代谢产物，也为一种多肽类物质，在酸性条件下比较稳定，而在中性或碱性条件下，即迅速被破坏。枯草杆菌素对革兰氏阳性菌有抗菌作用。对于耐热性的芽孢菌能促使它们的耐热性降低，能抑制厌氧性芽孢菌生长。因此，有人认为枯草杆菌素应用于罐装食品是合适的。同时，枯草杆菌素不是医疗上所用的抗菌药物，在消化道中可很快地被蛋白酶完全破坏，对人体无害。

第二节 食品抗氧化剂

食品抗氧化剂是指能延缓或阻止食品氧化，提高食品稳定性的物质。

氧化可以使食品中的油脂酸败，也可以使食品发生褐变、褪色、维生素破坏，从而降低质量和营养价值，甚至产生有害物质，长期食用严重氧化的食品可引起食物中毒，因此，防止食品氧化是食品科学与技术中的一个重要问题。

　　防止食品氧化的措施应从多方面加以考虑，例如，加抗氧化剂、避光、排气、充氮、密封、杀菌、降温、脱水等。如果抗氧化剂的效力大，在防止食品氧化中可以发挥明显的作用。

　　由于食品氧化的过程复杂多变，所以抗氧化剂的作用机理也存在着多种可能性。食品内部及其周围通常有氧存在着，即使采取充氮或真空包装措施，也仍可能存在着微量的氧。有一类抗氧化剂是借助于氧化还原反应，降低食品内部及其周围的氧含量。有些抗氧化剂本身极易被氧化，因而能首先消耗氧，从而保护了食品。也有些抗氧化剂可以释放出氢离子将油脂在自动氧化过程中所产生的氧化物破坏分解，使其不能形成醛或酮等产物。还有些抗氧化剂可能与所产生的过氧化物结合，使油脂在自动氧化过程中的链锁反应中断，从而阻止氧化过程的进行。此外，也有一些抗氧化剂能阻止或减弱氧化酶的活动。油脂氧化，特别是食品在实际氧化过程中，其反应机理是相当复杂的。现以油脂自动氧化为例，简单说明抗氧化剂的作用机理。

　　在第一步中，氧（O_2）与基质（不饱和脂肪酸 RH）作用，生成自由 R·，R·再与氧作用生成过氧化物（ROO·）。

① $$RH+O_2 \longrightarrow R\cdot + \cdot OH$$
② $$R\cdot + O_2 \longrightarrow ROO\cdot$$

　　以 AH 或 AH_2 表示抗氧化剂，则它们可能以③④⑤等所示的方式切断油脂自动氧化的链锁反应，从而防止了油脂继续氧化：

③ $$R\cdot + AH_2 \longrightarrow RH+AH\cdot$$
④ $$ROO\cdot + AH_2 \longrightarrow ROOH+ AH\cdot$$
⑤ $$ROO\cdot +AH \longrightarrow ROOH+A\cdot$$

　　像没食子酸酯类，BHA 及 BHT 就是以⑤的方式破坏反应链。而如生育酚则可能被氧直接氧化，抗氧化剂本身则在诱导期最后消失。上述⑤产生的基团 A· 可以以⑥⑦两种方式再结合成二聚体和其他产物。

⑥ $$A\cdot + A\cdot \longrightarrow A_2$$
⑦ $$ROO\cdot + A\cdot \longrightarrow ROOA$$

　　食品抗氧化剂的种类较多，结构、来源都较复杂，作用也不一样，本节以其溶解性加以分类阐述。

一、　脂溶性抗氧化剂

　　脂溶性抗氧化剂的主要作用是防止食品的酸败，特别是氧化型酸败。食品酸败是指油脂、含油食品、肉类食品等由于受到空气、水分、微生物、酶、热、光等的作用而氧化或水解，产生异味的现象。

　　食品中油脂酸败可以分为三种类型：

①氧化型酸败（油脂自动氧化）；
②酮型酸败（β-型氧化酸败）；
③水解型酸败。

　　食品油脂中的不饱和脂肪酸暴露在空气中，容易发生自动氧化。氧化产物进一步分解成低级脂肪酸、醛和酮，产生异味。水解型酸败和酮型酸败多数是由于污染的微生物如灰绿青霉、曲霉等在繁殖时产生的酶作用下引起的腐败变质。

通常情况下，脂溶性抗氧化剂能均匀地分散于油脂中，对油脂或含脂肪的食品发挥抗氧化作用。

（一）丁基羟基茴香醚

该抗氧化剂别名叔丁基-4-羟基茴香醚、丁基大茴香醚，简称 BHA。分子式 $C_{11}H_{16}O_2$。这是一种人工合成的抗氧化剂，是国内外常用的抗氧化剂之一。合成的抗氧化剂往往具有廉价，效力高的特点，尽管有不足之处，但仍使用。

BHA 为白色或微黄色蜡样结晶性粉末。带有特异的酚类的气味。它通常是 2-BHA（2-异构体）和 3-BHA（3-异构体）的混合物。熔点随混合比不同而异，一般为 57~65℃。不溶于水，在几种油脂中的溶解度也不一样，在花生油中为 40%，在棉籽油中为 42%，而在猪脂肪中为 30%。该产品对热相当稳定，即使在弱碱性的条件下也不容易破坏，这是它在焙烤食品中比较有效的原因之一。此外，BHA 还具有相当强的抑菌能力。

试验证明 BHA 具有良好的抗氧化效果。BHA 是高温季节油脂含量高的饼干常用的抗氧化剂之一。它还是用于延长咸干鱼类保存期的添加剂。

在饼干中使用 BHA 时，可采取直接添加法，将油脂或奶油加热到 60~70℃并充分搅拌，在油脂流动时缓缓地加入规定量的 BHA，再继续搅拌片刻，以保证其分布均匀和充分溶解。在肉类中使用时，可采用浸渍法和拌盐法。在包装材料上使用 BHA 作为抗氧化剂时，可涂抹在包装材料内面，或用喷雾法将抗氧化剂通过喷嘴呈细雾喷洒在包装纸张或纸板上。

根据 GB 2760—2014《食品安全国家标准 食品添加剂使用标准》规定：丁基羟基茴香醚作为抗氧化剂可用于脂肪、油和乳化脂肪制品、基本不含水的脂肪和油、熟制坚果与籽类（仅限油炸坚果与籽类）、坚果与籽类罐头、油炸面制品、杂粮粉、即食谷物，包括碾轧燕麦（片）、方便米面制品、饼干、腌腊肉制品类（如咸肉、腊肉、板鸭、中式火腿、腊肠）、风干、烘干、压干等水产品、固体复合调味料（仅限鸡肉粉）、膨化食品，最大使用量为 0.2g/kg；用于胶基糖果的最大使用量为 0.4g/kg。

按 FAO/WTO（1984）规定：丁基羟基茴香醚用于一般食用油脂，最大使用量为 0.2g/kg。不得用于直接消费，也不得用于调制乳及其乳制品。

酚类抗氧化剂的混合物常常显示协同作用，因此，如果 BHA 与其他酚类型抗氧化剂或金属螯合剂同时使用，效果会更好。

（二）二丁基羟基甲苯

二丁基羟基甲苯又名 2,6-二特丁基对甲酚、3,5-二叔丁基-4-羟基甲苯，简称 BHT。不溶于水及甘油，能溶于许多溶剂中。对热相当稳定，与金属离子反应不会着色。具有单酚型特征的升华性，加热时有与水蒸气一起挥发的性质。分子式 $C_{15}H_{24}O$。

$$\text{(CH}_3)_3\text{C} \quad \overset{\text{OH}}{\bigodot} \quad \text{C(CH}_3)_3$$

$$\text{CH}_3$$

BHT 稳定性高，抗氧化效果好，没有 BHA 所带有的特异的酚类的气味（受高热的油更为明显），也没有没食子酸丙酯类那样与金属离子反应着色的缺点，而价格低廉。不过 BHT 与 BHA 一样，其食用安全性也是引起人们关注的一个问题。尽管如此，BHT 和 BHA 仍是国内外大范围使用的合成抗氧化剂。BHT 在豆油（25℃）、棉籽油（25℃）和猪油（40℃）中溶解度分别为 30%、20% 和 40%。即便是加入到某些富含天然抗氧化剂的植物油中，也能显示一定的抗氧化能力。在普通烹调温度下，BHT 的抗氧化性仍很出色，用于长期保存的食品与焙烤食品中也很有效。BHT 也可加入到包装焙烤食品、速冻食品及其他方便食品的纸或塑料薄膜等材料中，以延长食品的货架期。

（三）没食子酸丙酯

没食子酸丙酯，英文名为 propyl gallate，简称 PG。没食子酸丙酯的化学名称是 3，4，5-三羟基苯甲酸丙酯，分子式 $C_{10}H_{12}O_5$。

$$\text{(CH}_3)_3\text{C} \quad \overset{\text{OH}}{\bigodot} \quad \text{C(CH}_3)_3$$

$$\text{CH}_3$$

本品也属于酚型抗氧化剂。过去 PG 的制造是从天然植物五倍子中提取，而现在，则由化学合成的方法制取，例如，可用正丙醇与没食子酸反应，以浓硫酸为脱水剂，加热（120℃）酯化。本品易溶于乙醇，难溶于水。在水（20℃）花生油（20℃）和棉籽油（30℃）中的溶解度分别为 0.35%、0.50% 和 1.2%。其水溶液的 pH 在 5.5 左右。对热比较稳定。但易与铜、铁等金属离子反应呈紫色或暗绿色，因此，在使用时，应避免接触铜和铜器皿。

没食子酸丙酯对猪油的抗氧化作用较 BHA 或 BHT 强些。PG 与增效剂柠檬酸共用时则更好，但不如没食子酸丙酯与 BHA 和 BHT 混合使用时的抗氧化作用强，混合时加柠檬酸则抗氧化效果最好。

没食子酸丙酯及其他的没食子酸酯的应用很广，根据 GB 2760—2014《食品安全国家标准 食品添加剂使用标准》规定：没食子酸酯类抗氧化剂可用于脂肪、油和乳化脂肪制品、基本不含水的脂肪和油、熟制坚果与籽类（仅限油炸坚果与籽类）、坚果与籽类罐头、油炸面制品、方便米面制品、饼干、腌腊肉制品类（如咸肉、腊肉、板鸭、中式火腿、腊肠）、风干、烘干、压干等水产品、固体复合调味料（仅限鸡肉粉）、膨化食品，其最大用量为 0.1g/kg；在胶基糖果中用量可为 0.4g/kg。使用方法一般为直接加入，也可用喷淋法。

按 FAO/WTO（1984）规定：没食子酸酯类抗氧化剂可用于食用油脂、奶油，最大使用量为 0.100g/kg。

（四）生育酚类

生育酚类是自然界中存在广泛的抗氧化剂，是植物油中显示一定自身抗氧化能力的主要成分。此外，动物脂肪中会因饲料不同而含有少量的生育酚。

生育酚即维生素 E。已知的天然维生素 E 有 α-、β-、γ-、δ- 等同分异构体。作为抗氧化剂使用的天然维生素 E 是生育酚的同分异构体的混合物，因此也称生育酚混合浓缩物。

$$R_1、R_2、R_3 = CH_3 \text{ 为 } \alpha\text{-生育酚} \quad R_1、R_3 = CH_3，R_2 = H \text{ 为 } \beta\text{-生育酚}$$

$$R_2、R_3 = CH_3，R_1 = H \text{ 为 } \gamma\text{-生育酚} \quad R_1、R_2 = H，R_3 = CH_3 \text{ 为 } \delta\text{-生育酚}$$

在工业上以小麦胚芽油、米糠油、大豆油、棉籽油等为原料，将其中的不皂化物，用冷苯处理，除去沉淀，再加乙醇去沉淀，用洋皂地黄苷处理其石油醚可溶成分，除去硬脂，用热乙醇抽提，然后真空蒸馏制得。

生育酚混合浓缩物为黄褐色几乎无臭的澄明黏稠的液体。不溶于水，可与油脂自由混合。对热稳定。以大豆为原料的生育酚混合浓缩物中的同分异构体的组成比大致为：α-型 10%~20%，γ-型 40%~60%，δ-型 25%~50%。

与其他的酚型抗氧化剂一样，生育酚靠反应来发挥作用。生育酚（TH_2）与过氧游离基（peroxy radicals）的反应如下：

$$ROO \cdot + TH_2 \longrightarrow ROOH + TH \cdot$$

由于不成对电子的离域作用，α-生育酚游离基（$TH \cdot$）相当稳定。α-生育酚游离基与过氧游离基结合可产生甲基生育醌（methyltocop heryquinone）。

α-生育酚游离基也可以与另一个 α-生育酚游离基反应生产甲基生育醌和一个生育酚：

$$TH \cdot + TH \cdot \longrightarrow T + TH_2$$

一般地讲，具有高维生素 E 活性的生育酚要比低维生素 E 活性的抗氧化性差一些。此外，不同的生育酚同分异构体的抗氧化活性的比较顺序是：$\delta > \gamma > \beta > \alpha$。不过，这些生育酚的活性与温度和光线关系很大。

在一般情况下，生育酚对动物油脂的抗氧化效果比对植物油的效果大。这是由于动物油脂中天然存在的生育酚比植物油少。生育酚对植物油的抗氧化作用有的有效，有的无效，这是由于植物油内天然存在的生育酚的同分异构体的种类和含量不同所致。一般认为在生育酚含量较低时才能发挥其最大效应，这大约相当于它们天然存在于植物油中的浓度。如添加量过多，超过需要，反而有可能成为助氧化剂。所以，必须添加适量才能达到满意的效果。

除耐高温外，生育酚的耐光、耐紫外线、耐放射线性也较强。这对用透明薄膜包装的食品来讲是很有意义的。因为太阳光，荧光灯等所产生的光能是促进食品氧化变质的因素之一。

生育酚或生育酚混合浓缩物适于各种食品，特别是婴儿食品、疗效食品及其他功能食品等的抗氧化剂，当然也可以作为营养强化剂使用，其应用与限量见 GB 2760—2014《食品安全国家标准 食品添加剂使用标准》。

（五）其他油溶性抗氧化剂

1. 愈创树脂

这是一种可从热带树中萃取出来的树脂，其主要成分是 α-愈创木脂酸与 β-愈创木脂酸，是较安全的天然抗氧化剂。在动物脂肪中使用要比在植物油中使用效果还好。愈创树脂呈红褐色，在油中微溶，对风味有些影响。

2. 正二氢愈创酸（NDGA）

既可从沙漠植物（larrea divaricata）中提取，又可用愈创木酸二甲酯加氢后脱甲基制得。在油中的溶解度仅为 0.5%～1%，但把油加热后溶解度可有较大的提高。NDGA 的耐久性差，贮藏时遇铁或高温易变黑色。NDGA 的抗氧化活性受 pH 影响较大，在高碱性条件下易破坏。有报告称 NDGA 能有效地延迟含脂食品及肉制品的羟高铁血红素催化（hematin-catalyzed）的氧化作用。

3. 特丁基对苯二酚（TBHQ）

TBHQ 油溶性良好，在水中微溶。其抗氧化效果较好，对油脂的颜色和风味不会产生负面影响。TBHQ 在油炸土豆片中的耐久性高。其熔点为 126.5～128.5℃。可单独使用或与 BHA 或 BHT 混合使用，添加量为油脂或含油食品中脂肪含量的 0.02% 以下。

二、 水溶性抗氧化剂

水溶性抗氧化剂是能溶于水中的一类抗氧化剂，它们的主要功能是在食品的护色，防止氧化变色，以及保持食品的风味和质量等方面。此外，使用某些水溶性抗氧化剂还能在罐头生产时阻止镀锡铁板腐蚀。

（一）L-抗坏血酸

L-抗坏血酸是抗坏血酸的一种异构体，抗坏血酸是 3-酮基-L-呋喃古洛糖酸内酯，具有烯醇式结构，是一种强还原性的化合物。L-抗坏血酸又称维生素 C，在生理上，具有防治坏血病的功能。其异构体 D-抗坏血酸（异抗坏血酸，erythorbic acid）几乎没有生理活性（约为 L 抗坏血酸活性的 1/20），但具有 L-抗坏血酸的还原能力。自然界存在的抗坏血酸主要是L-抗坏血酸。

除了其营养功能外，由于 L-抗坏血酸的还原和抗氧化活性，它又是常用的食品添加剂。它可以还原正醌（ortho-quinone）物质以抑制酶促褐变。此外，还具有：①在面团调理过程中的还原作用；②用其还原性来保护某些化合物免于氧化（如叶酸），是游离基清除剂、氧清除剂；③抑制腌肉中亚硝胺的形成；④还原金属离子等。

抗坏血酸的抗氧化性具有多方面的功能，抗坏血酸盐抑制脂类氧化有多种途径。这包括：①清除单线氧（singlet oxygen）；②还原中心化的氧和碳（oxygen and carbon centered）游离基，以形成活性较低的半脱氢抗坏血酸的游离基或 L-脱氢抗坏血酸（DHAA）；③抗坏血酸盐氧化的同时消耗氧；④产生其他的抗氧化剂，如还原生育酚游离基。

L-抗坏血酸是极性很强的化合物，因此易溶于水，而在油里不溶。然而，当抗坏血酸分散在油和乳浊液中时，又具有很好的抗氧化能力。抗坏血酸与生育酚混合作用于油基食品中时，其抗氧化性更为有效。

干燥状态的 L-抗坏血酸比较稳定，但在水溶液中很快被氧化分解，在中性或碱性溶液中尤甚。

　　抗坏血酸在无脂食品中的抗氧化机理是消耗氧，还原高价金属离子，把食品的氧化还原电势转移到还原的范围，并且减少产生不良的氧化产物。

　　抗坏血酸在啤酒、无醇饮料、果汁、罐头、冷冻食品等食品中广泛使用。由于抗坏血酸呈酸性，不适于添加酸性物质的食品可使用作用相同的抗坏血酸钠。1g抗坏血酸钠相当于抗坏血酸0.9g。因此，在肉制品、乳制品中一般使用抗坏血酸钠。对肉制品如香肠、火腿、培根等，作为发色助剂，同时还有利于保持肉制品的风味，增加制品的弹性。此外，抗坏血酸和抗坏血酸钠，在肉制品中有阻止产生亚硝胺的作用，在食品安全上有重要意义。

　　抗坏血酸、异抗坏血酸在生物效价方面虽然相差悬殊，但抗氧化性能基本相同。因异抗坏血酸合成的成本大大低于抗坏血酸，因此食品及其他工业上多采用异抗坏血酸作为抗氧化剂。人工合成抗坏血酸的脂肪酸酯，有6-软脂酰抗坏血酸酯、6-硬脂酰抗坏血酸酯及2,6-二软脂酰抗坏血酸酯等。它们都可用作脂肪性食品的抗氧化剂，其生物效价与L-抗坏血酸大致相同，在体内存留的时间比L-抗坏血酸长。当α-生育酚与亲油的软脂酰抗坏血酸酯（ascorbyl palmitate）结合使用时，在水包油型乳胶体中能显示较强的抗氧化能力。同样的，软脂酰抗坏血酸酯与其他的酚类抗氧化剂一同使用也具有协同效果。

（二）其他水溶性抗氧化剂

　　植酸的分子式为$C_6H_{18}O_{24}P_6$，为淡黄色或淡褐色的黏稠液体，易溶于水，对热比较稳定。

　　植酸有较强的金属螯合作用，因此具有抗氧化能力。能防止水产罐头变黑以及产生玻璃状磷酸铵镁结晶（俗称鸟粪石）的现象。

　　乙二胺四乙酸二钠（EDTA-2Na）也是一种重要的螯合剂，能螯合溶液中的金属离子。利用其螯合作用，可保持食品的色、香、味，防止食品氧化变质。

　　一般认为氨基酸既可以作为抗氧化剂，也可以作为抗氧化剂的增效剂使用，如甲硫氨酸、色氨酸、苯丙氨酸、丙氨酸等，均为良好的抗氧化增效剂。主要是由于它们能螯合促进氧化作用的微量金属。色氨酸、半胱氨酸、酪氨酸等有π电子的氨基酸，对食品的抗氧化效果较大。如鲜乳、全脂乳粉中，加入上述的氨基酸时，有显著的抗氧化效果。此外，有些肽类也是具有抗氧化能力。

　　近二十年来，从天然物质，特别是从香辛料中提取抗氧化剂的研究是热门课题，并且有些已经商业化生产。消费者愿意使用天然抗氧化剂的倾向越来越大。

　　几乎所有的植物、微生物、真菌以及动物组织中都含有各种各样的抗氧化剂。例如，从147种植物中，提取出了107种具有抗氧化活性的物质。不过，由于多种原因，如安全性、有效性、经济性，其中的大多数目前还不能用于实际生产。大多数的天然抗氧化剂是酚类化合物。天然酚类抗氧化剂一般与其他氧化抑制剂共存，如增效剂（如柠檬酸、磷酸）、单线氧猝灭剂、螯合剂。天然抗氧化剂的抗氧化机理与合成抗氧化剂的机理是基本相同的。唯一不同的是通常天然抗氧化剂是各种具有抗氧化能力物质的混合物。

　　今后，合成抗氧化剂的使用将逐步减少，而天然抗氧化剂的应用将逐步增加，这是一个趋势。

第三节 食品酸化剂

一、食品酸化剂的作用与分类

（一）酸化剂的作用

酸化剂（acidifiers）是赋予食品酸味的物质，用以维持或改变食品酸碱度的物质。酸给味觉以爽快的刺激，具有增进食欲的作用，有助于纤维素的分解，促进维生素和矿物质的吸收。酸具有一定的防腐和抑菌作用，有助于食品保藏。酸化剂在食品体系中还可以发挥螯合剂、缓冲剂、胶凝或凝聚剂的作用，以及发酵用酸类。

（1）用于调节食品体系的酸碱性 酸化剂降低了体系的 pH，可以抑制许多有害微生物的繁殖，直接干预微生物的新陈代谢。抑制不良的发酵过程，并有助于提高酸性防腐剂的防腐效果。减少食品高温杀菌温度和时间，从而减少高温对食品结构和风味的不良影响。酸化食品是指低酸性食品中加入了酸化剂或酸性食品的食品。酸化食品包括（但不限于）：豆类、黄瓜、卷心菜、花菜、香肠、辣椒、热带水果和鱼。这类食品可以是单一的，也可以是任何形式的组合。它们的水分活度（A_w）大于 0.85，最终平衡 pH 等于或低于 4.6。这类食品可称为"酸化食品"。美国食品与药物管理局（FDA）先后颁布了酸化食品 114 法规和酸化食品指南草案，该指南涵盖酸性食品、酸化食品、发酵食品的制造、包装、仓储、配送和品质控制程序。它指出，生产酸化食品的工艺应杀灭可以提高产品的 pH 至大于 4.6 的微生物，降低 pH 至 4.6 以下抑制芽孢的发芽和生长，并杀灭其他致病菌，如大肠杆菌、沙门氏菌和单核细胞增生李斯特氏菌等。

在凝胶、奶酪、果冻、软糖、果酱等产品中，为了取得产品的最佳形态和质构，必须选择合适的酸化剂及用量，果胶的凝胶、奶酪的凝固和拉伸尤其如此。

（2）用作香味辅助剂 酸化剂广泛应用于调香。许多酸化剂都构成特有的香味，如酒石酸用以辅助葡萄的香味，磷酸可以辅助可乐饮料的香味，苹果酸可以辅助许多水果和果酱的香味。酸化剂能平衡风味，修饰蔗糖或甜味剂的甜味。它们的盐类可以起到缓冲作用进而改变或缓和这些感官特性。

（3）用作螯合剂 某些金属离子如 Cr^{3+}、Cu^{2+}、Se^{2+} 等能加速氧化作用，对食品产生不良的影响，如变色、酸败、营养素的损失等。许多酸化剂具有螯合这些金属离子的能力，酸与抗氧化剂、防腐剂、还原性漂白剂复配使用，能起到增效的作用。有些酸是抗氧化增效剂，由于它们的金属螯合能力，从而延缓富含脂肪食品的酸败。酸化剂的这种螯合功能还有助于延缓水果和蔬菜的酶促褐变反应。

（4）酸化剂遇碳酸盐可以产生 CO_2 气体，这是化学膨松剂产气的基础，而酸化剂的性质决定了膨松剂的反应速度。

（5）某些酸化剂具有还原性 在水果、蔬菜制品的加工中可以以作护色剂，在肉类加工中可作为护色助剂。

（6）当食品含有抗坏血酸时，加入酸化剂可以提高稳定性。必需的营养物质如铁、钙、维生素 D 以及胆碱等经常以多种酸化剂的盐或酯的形式用作食品的补充剂。

　　酸化剂在使用时还须注意：酸化剂电离出的 H⁺对食品加工的影响，如对纤维素、淀粉等食品原料的降解作用以及同其他食品添加剂的相互影响。因此，在食品加工中需要考虑加入酸化剂的程序和时间，否则会产生不良后果。当使用固体酸化剂时，需要考虑它的吸湿性和溶解性，因此，必须采用适当的包装材料和包装容器。阴离子除影响酸化剂的风味外，还能影响食品风味，盐酸、磷酸具有苦涩味，会使食品风味变劣，而酸化剂的阴离子常常使食品产生另一种味，这种味称为副味。一般有机酸可具有爽快的酸味，而无机酸酸味不很适口；此外酸化剂有一定的刺激性，能引起消化系统的疾病。

（二）食品酸化剂的分类

　　应用于食品工业上的各种各样的酸化剂总体上可以分为两类：有机酸和无机酸。

　　作为一个整体，有机酸成为了食品行业中使用最广泛的酸化剂。有机酸可分为羧酸、氨基酸、脂肪酸、酚酸等。

　　羧酸依赖于它所携带的羧基数量，可以进一步分为单羧酸、二羧酸或三羧酸，如乙酸、苹果酸、柠檬酸。在食品中广泛使用羧酸。

　　抗坏血酸和葡萄糖酸 δ-内酯均用作酸化剂。抗坏血酸是一种很好的抗氧化增效剂，它具有螯合金属离子的能力，这些离子会加速富含油脂食品的酸败变质。

　　在无机酸中，磷酸和它的衍生物是使用最广泛的食品添加剂之一。盐酸和硫酸的特性使得其很少直接用于食品酸化剂。然而，它们可间接地用于几种食品级化学品的生产中。

　　在糖果工业，大部分的食品酸可用来调味。柠檬酸或苹果酸的酸性能够跟硬糖的风味融合到一起。酒石酸一般只能添加到具备葡萄味的糖果中。

　　用果胶或琼脂做成的胶冻类食品一般要求有酸度的控制。酸化剂在果冻的 pH 调节中有着非常重要的地位。酸化剂还为这些产品提供了理想的酸味。

　　玉米淀粉和马铃薯淀粉的磷酸酯，在食品工业中有许多的应用，可以作为糖浆、冰淇淋配料和水油两相乳化液的稳定剂，并可作为不溶物的悬浮剂等。

　　大多数酸都是食品的天然组成，特别是果蔬和其他传统发酵食品，还有些酸是哺乳类动物新陈代谢的中间产物，因此，通过良好的操作规范，可将一些酸化剂作为 GRAS（generally regarded as safe）食品添加剂使用。

二、　几种食品酸化剂

（一）柠檬酸

　　作为游离酸或是游离酸盐，柠檬酸广泛存在于动植物界中。柠檬酸在三羧酸循环或人体代谢中起着至关重要的作用。它是柑橘类水果中主要的酸性成分。工业上可采用发酵法生产。

　　柠檬酸酸味纯正，温和芳香，而且有一种令人愉快的酸味，柠檬酸可改善食品的风味，促进食欲。在所有有机酸中柠檬酸是最可口的，并能与多种香料混合产生清爽的酸味，故适用于许多食品。

　　由于柠檬酸的弱酸性，在一定 pH 范围内能抑制微生物繁殖，起到防腐作用，延长食品保质期。

　　柠檬酸分子中有三个羧基，是多元酸，因而柠檬酸可作为螯合剂，它能与金属离子相结合形成稳定的环状螯合物，从而使金属离子失去催化能力，延缓油脂的酸败、变味、果蔬的褐变等。

蔬菜、水果在加工时由于品种、产地、收获期、采后贮藏等不同会使它们的含酸量不同，给加工带来不便，为此常需要在加工中加入柠檬酸或柠檬酸盐调节溶液的 pH，用以控制溶液酸度、抑制微生物生长、降低杀菌时间及温度。

在果冻的生产中用柠檬酸调节 pH，柠檬酸羧基的正电荷中和高甲氧基果胶的负电荷，分子不带电荷，分子间斥力下降，水合程度降低，分子间缔合形成凝胶。

柠檬酸是碳酸饮料中主要的酸化剂之一，它也作为糖浆和饮料产品的防腐剂。柠檬酸钠赋予汽水中凉爽的、咸的口味。

柠檬酸可以间接用以改善发酵乳制品的风味和香气。柠檬酸是奶酪等乳制品的重要的酸化剂。柠檬酸钠也作为再制奶酪的乳化盐。

蔗糖液中添加柠檬酸可促使其转化为转化糖，以提高黏度，增大渗透压，从而有效地防止糖制品的返砂，并提高制品的保藏性。

根据 GB 2760—2014《食品安全国家标准　食品添加剂使用标准》规定：柠檬酸在婴幼儿配方食品、婴幼儿辅助食品、浓缩果蔬汁（浆）按生产需要适量使用。

（二）苹果酸

苹果酸是苹果、杏、香蕉、樱桃、葡萄、橘子皮、桃子、梨、李子、西蓝花、胡萝卜和豌豆中的主要的酸类物质。苹果酸是机体三羧酸循环的中间体，可以作为微生物生长的碳源参与微生物的发酵过程。苹果酸口感接近天然苹果的酸味，有特殊愉快的风味，与柠檬酸相比，具有酸度大、味道柔和、滞留时间长等特点，因此广泛用于食品行业。

赋予相同程度的酸性，需要的苹果酸比柠檬酸少。应用苹果酸配制的软饮料爽口，有苹果的酸味。苹果酸具有极好的控制水果褐变的特性。在净菜加工中，苹果酸可以起到降低蔬菜的 pH，抑制酚酶活力的作用，从而防止褐变。它可以作为抗氧化剂的增效剂来防止食品和油脂腐败。苹果酸在面食品中可以增强面团的持气性、弹性和韧性。

苹果酸盐，如苹果酸钠，可用于制作咸味食品，减少食盐用量。苹果酸可以用作一些食品的护色剂。GB 2760—2014《食品安全国家标准　食品添加剂使用标准》规定：苹果酸可在各类食品中按生产需要适量使用。

（三）磷酸

磷酸及其磷酸盐是一类广泛使用的无机酸或无机酸盐，商业化磷酸盐中钠盐最为重要，其次是钙盐和钾盐等。

焦磷酸盐是最简单的聚磷酸盐，含有 2 个磷原子，三聚磷酸盐含有 3 个磷原子。焦磷酸盐和三聚磷酸盐都是固体结晶。三聚磷酸钠在水溶液中可水解成焦磷酸盐和正磷酸盐，其水解速率随温度、pH 而异。与其他无机盐相似，磷酸盐过量使用对人体有害。过量的无机盐不仅会扰乱体内矿物质的平衡，而且会影响体液的渗透压。

大部分的磷酸用于碳酸饮料或相似风味的饮料。磷酸不但可用于植物油的提取，也可在制作干酪和酿酒过程中调节 pH。磷酸盐，如磷酸一钙、磷酸二钙等作为生面团中的配料或酵母促进剂，是焙粉（baking powder，碳酸氢钠、酒石酸和淀粉的混合物）和其他混合发酵剂中的成分。

在肉制品中广泛地使用三聚磷酸盐和焦磷酸盐。磷酸盐能提高肉的持水性，增加嫩度，减少肉中营养成分的损失，增加肉制品的出品率。聚磷酸盐在肉食品中所表现出来的抗氧化特性，与其螯合作用有关。

（四）其他酸化剂

抗坏血酸广泛的分布在植物和动物体中。柑橘类的植物水果、蔷薇属浆果和新鲜的茶叶中都含有大量的抗坏血酸。抗坏血酸在食品中经常用作抗氧化剂，也可以作为其他的抗氧化剂的增效剂，例如 BHA 和 BTA。在肉类腌制中，抗坏血酸或异抗坏血酸可以还原亚硝酸盐。抗坏血酸和它的钠盐和钙盐常用作营养添加剂用于功能食品中。抗坏血酸也可以用做酸化剂调节 pH，抑制多酚氧化酶引起的水果和蔬菜的褐变。

乳酸是自然界分布最广的有机酸之一，天然存在于泡菜、酱菜、酸乳和奶酪等食品中。在果酱、果胶、果冻、糕点、饮料以及腌制食品的生产中可以使用乳酸。乳酸也用于一些冷冻点心中，以提供温和的酸味。乳酸的衍生物在食品工业中有多种应用。乳酸乙酯用作风味剂。乳酸亚铁在食品中用作营养的补充剂。乳酸钙可抑制水果和蔬菜的褐变。

乙酸又称醋酸，广泛用于沙拉酱、蛋黄酱、泡菜、番茄酱、奶酪、烘焙食品、肉汁和蔬菜罐头等食品中。乙酸的添加可以降低 pH，使微生物的生长低于最佳的 pH。但是，醋酸菌和某些乳酸菌可以承受乙酸。

酒石酸在食品中可用作酸化剂、凝固剂、调味剂、pH 调节剂以及螯合剂。酒石酸可用于果冻、蜜饯、果酱和果汁雪花冰糕中。由于酒石酸的呈味效果，它广泛用在葡萄和橘橙口味饮料中。酒石酸还可用作抗氧化剂的协同剂，来防止脂肪类食品的酸败。

葡萄糖酸-δ-内酯是葡萄糖的衍生物。葡萄糖酸-δ-内酯可形成葡萄糖酸。葡萄糖酸-δ-内酯在豆腐、肉制品等食品中有所应用。在发酵香肠中可用作酸化剂，通过降低 pH 来加速腌制。

丙酸和其钠盐和钙盐主要用于焙烤产品，丙酸主要对霉菌有抑制作用。在化学疏松剂生产的产品中，一般应使用丙酸钠，因钙离子会影响疏松剂的作用。在面包中则使用丙酸钙。

琥珀酸几乎是所有植物和动物体内常见的成分。琥珀酸可作为风味增强剂、pH 调节剂。琥珀酸与蛋白质的反应常用于增强面包面团的柔软性。琥珀酸酐是发酵粉中一种理想的膨松剂。

延胡索酸是三羧酸循环中另一种常见的中间产物。延胡索酸酸味很强，能够增加食品的酸味。延胡索酸可应用于果汁饮料、餐后甜点、馅饼馅料、饼干、樱桃酒和葡萄酒。

第四节 食品涂膜剂

为了防止生鲜食品脱水、氧化、变色、腐败、变质等而在其表面进行涂膜的物质可称为涂膜剂。对生鲜食品进行表面涂膜处理并非今日才有，在我国 12、13 世纪就有用蜂蜡涂在柑橘表面，防止水分损失的记载。英国在 16 世纪就出现了用涂脂来防止食品干燥的方法。20 世纪 30 年代美国、英国、澳大利亚就开始用天然的或者合成的蜡或树脂处理新鲜水果和蔬菜的技术。在 20 世纪 50 年代后期还报道了有关用可食性涂膜剂处理肉制品的方法。此外，将可食性涂膜剂用于糖果食品已不鲜见。

一、　涂膜剂的作用

对食品进行涂膜，既可单用涂膜剂，也可将涂膜剂与其他食品添加剂混合后使用，以起到多方面的功能。在食品上使用可食性涂膜（或复合涂膜）有如下目的：

①减少食品的水分散失；

②防止食品氧化；

③防止食品变色；

④抑制生鲜食品表面微生物的生长；

⑤保持食品的风味不散失；

⑥增加食品，特别是水果的硬度；

⑦提高食品外观可接受性；

⑧减少食品在贮运过程中机械损伤。

涂膜的通透性是膜的主要性质和质量标准。涂膜材料的化学成分影响膜的通透性。非极性材料，如类脂类物质，对水分的阻隔能力强，但易于透过气体，对氧的阻隔能力也差。具有许多氢键、高度极性的材料可降低气体的渗透性，特别是低温环境中，但对水分的阻隔能力差。离子型的材料对氧的阻隔性强。加入低分子质量的塑化剂可以提高薄膜的弹性，减少碎裂和剥落并改变渗透性。形成的薄膜的结构，环境温度以及分子质量影响膜的渗透性。

水分是以气体状态从食品中散失的，因此，食品周围环境中的水蒸气压关系到膜的功能。如果在膜上有裂缝或小孔，那么在这些部位水分就会直接蒸发。此外，亲水性的材料有利于水分的透过。

表面涂层的果蔬由于保护膜的阻隔作用，减少擦伤和病菌的入侵。涂蜡柑橘要比不涂蜡柑橘保存期长。用蜡包裹奶酪可防止其在成熟过程中长霉。

涂膜材料，如树脂、玉米醇溶蛋白和蜡的乳胶体等可以使产品带有光泽，提高其商品价值。用虫胶涂成的薄膜产生的光泽较好。

二、　涂膜剂种类及其性质

（一）脂质类

脂质类涂膜剂极性弱，易于形成致密分子网状结构，所以形成的膜阻水性很强，对于易于失水的果蔬极为有效。目前常用中最常见的脂质有巴西棕榈蜡、小烛树蜡、蜂蜡、紫胶、硬脂酸和软脂酸等。

人工涂蜡是果品采后商品化处理的一个重要环节，能减缓果实失水皱缩，增加果实的光泽，改善其外观品质，且蜡液还可以与保鲜剂配合使用，更长时间地保持果蔬的良好品质。王日葵等采用果蜡涂膜伏令夏橙、锦橙的研究表明，打蜡可明显地提高其果实光滑和光洁度，降低失重率、呼吸强度及腐烂率。

紫胶是紫胶虫吸取寄主树树液后分泌出的紫色天然树脂。又称虫胶、赤胶、紫草茸等。主要含有紫胶树脂、紫胶蜡和紫胶色素，可赋予涂膜食品以明亮的光泽。紫胶在果蔬和糖果中应用较广泛。紫胶和其他树脂对气体的阻隔性较好，对水蒸气一般。

（二）蛋白质类

大豆分离蛋白（soybean protein isolate，SPI）是一种高纯度大豆蛋白产品，除具有很高的营养价值外，还有诸多加工功能，如乳化、吸水、吸油、黏结、胶凝、成膜等，大豆分离蛋白膜较多糖膜具有更好的阻隔性能和机械性能。由于大豆分离蛋白膜的透氧率太低，透水率又高，常与糖类、脂类复合用于果蔬保鲜。刘尚军等利用大豆分离蛋白淀粉复合膜液对白蘑菇进行涂膜保鲜，能够显著降低其贮藏期内的呼吸强度、开伞率、失重率，有效地抑制多酚氧化酶（PPO）的活性，明显提高白蘑菇的贮藏品质。

玉米醇溶蛋白（zein）是二硫键连接的高分子，相对分子质量为44000，分子呈棒状，长轴比为25∶1或10∶1。玉米醇溶蛋白涂膜食品具有溶解速度快、口味清淡、韧性强、透明度高等优点。涂膜对空气有较好的阻隔作用，能防止食品成分被氧化、失水及风味散失，安全无污染，可广泛应用于食品工业。使用时要添加塑化剂以抗脆裂。由于其高度光亮性、快干性、高效性，现在已可替代紫胶使用。

小麦面筋蛋白（wheat gluten，WG）俗称谷朊粉，是生产小麦淀粉的副产物，主要是由麦醇溶蛋白和麦谷蛋白组成。由于麦谷蛋白具有弹性，麦醇溶蛋白具有延伸性，能与水形成网络结构，从而具有优良的黏弹性、延伸性、吸水性、乳化性、成膜性等独特的性能，具有广阔的应用前景。陈新健（1998）采用小麦面筋蛋白涂膜处理在常温条件下进行荔枝保鲜试验，通过对贮藏期间果皮褐变、感官指标、腐烂程度和营养成分的变化评定保鲜效果时发现，这种保鲜技术可使荔枝的保鲜期由2~3d延长到7d。

乳清蛋白是原料乳中除在pH等电点处沉淀的酪蛋白外，留下来的蛋白质占乳蛋白质的18%~20%。乳清蛋白具有良好的营养特性及形成膜的能力，它可以形成透明、柔软、有弹性、不溶于水的薄膜，并且此膜在较低的湿度条件下具有优良的阻隔氧气、芳香物质和油脂的特性。国外对乳清蛋白膜的研究较多，如以乳清蛋白为原料，以甘油、山梨醇、蜂蜡、CMC等为增塑剂，研制出各种乳清蛋白可食性膜，具有透水透氧率低，强度高的特点。

胶原蛋白是动物皮、腱和结缔组织的主要成分。用酸或酶对胶原蛋白进行降解可产生可食性的胶原蛋白肠衣。胶原蛋白部分水解可形成明胶，它可以作为组成微胶囊的成分。明胶在水溶液中可溶，形成一种柔韧的、清亮的、氧可渗透的膜。

谷蛋白复合物由麦醇溶蛋白以及与类脂和碳水化合物结合的麦谷蛋白多肽组成。可溶于醇溶液，在碱性或酸性条件下才能形成均质化的成膜溶液。添加塑化剂可以增加柔韧性。谷蛋白复合物膜具有较高的水渗透性，但对氧和二氧化碳有良好的阻隔能力。

大豆浓缩蛋白（70%蛋白质）和大豆分离蛋白（90%蛋白质）加热后，形成二硫键，它们的成膜性有所提高。如要成膜，大豆蛋白溶液要远离等电点。

现在玉米醇溶蛋白、酪蛋白、乳清蛋白和大豆蛋白已用于糖果制造业、果蔬保鲜以及蛋品加工业。

（三）碳水化合物

在食品系统中，多糖用于增稠剂、稳定剂、凝胶剂和乳化剂已有多年历史。由多糖形成的亲水性的膜，有不同的黏度规格，对气体的阻隔性好，但隔水能力差。

纤维素是地球上最丰富的多糖，是植物细胞壁的主要成分。纤维素是D-葡萄糖β-1,4糖苷键相连的高分子物质。天然的纤维素不溶于水，但其衍生物，如羧甲基纤维素（CMC）可溶于水。这些衍生物对水蒸气和其他气体有不同的渗透性，可作为成膜材料。

果胶也是一种源于植物细胞壁的多糖。商品果胶多由柑橘皮或苹果渣制得，果胶物质的基本结构是D-吡喃半乳糖醛酸以α-1,4苷键结合的长键。通常以部分甲酯化状态存在的，即为果胶。天然果胶甲酯化程度的变化幅度很大。分子中的仲醇基也可能有一部分乙酯化。果胶酯化程度影响其溶解性和凝胶特性。链的长度也影响到溶解性和黏性。低甲氧基果胶，即甲酯化程度不到50%的，可以利用羧基与多价离子（常用 Ca^{2+}、Al^{3+}）的作用生成凝胶。多价离子起果胶分子交联剂的作用。用果胶制成的薄膜由于其亲水性，故水蒸气渗透性高。Miers 等曾报道甲氧基含量4%或更低以及特性黏度在 3.5 以上的果胶，其薄膜强度可以接受。看来，使用不同的甲氧基果胶，与形成不同要求的可食性薄膜关系密切。

含淀粉的材料（直链淀粉、支链淀粉、以及它们的衍生物）可用于制造可食性涂膜。有报道称这些膜对 CO_2、O_2 有一定的阻隔作用。除杂交玉米外，大多数淀粉含有25%直链淀粉和75%支链淀粉。一般杂交玉米含 50%~80% 的直链淀粉。直链淀粉是 D-葡萄糖残基以 α-1,4-糖苷键连接的多苷链。支链淀粉分子形状如高粱穗，小分支极多，各分支也都是 D-葡萄糖以 α-1,4-糖苷键成链，卷曲成螺旋，但在分支接点上则为 α-1,6-糖苷键。直链淀粉的成膜性好于支链淀粉。支链淀粉作为增稠剂合适。糊精是淀粉的部分水解产物可以作为成膜剂和微胶囊等。

从很多植物组织中可以提取出或制造出胶类物质。阿拉伯胶是阿拉伯树等金合欢属植物树皮的分泌物，多产于阿拉伯国家干旱高地，因而得名。阿拉伯胶在糖果工业中可作为稳定剂、乳化剂等，也可作为涂膜剂。海藻中的角叉菜胶，褐藻酸盐和琼脂都是良好的成膜或凝胶材料。褐藻酸盐凝胶的热稳定性较好。琼脂很容易形成凝胶，广泛用作微生物的培养基。角叉菜胶可作乳化剂、稳定剂和增稠剂。

涂膜剂也可以通过发酵工程制造，例如茁霉多糖（又称为短梗霉多糖，普鲁兰，pullulan）是由出芽短梗霉（*Aureobasidium pullulans*）产生的胞外多糖，主要是由麦芽三糖通过 α-1,6-糖苷键连接而成。由于茁霉多糖独特的结构和性质，在医药、食品等行业具有广泛的应用前景。茁霉多糖以一定比例的水配制成乳化被膜剂，涂布在水果、蔬菜上，能防止鲜度下降，减少干耗。涂在鸡蛋上能提高鸡蛋强度，增加表面洁度。

此外，在涂膜剂中常常要加入一些其他成分或采取其他一些措施，以增加薄膜的功能。如添加增塑剂（常用丙三醇、山梨醇）、防腐剂（苯甲酸盐、山梨酸盐），乳化剂（蔗糖脂肪酸酯），抗氧化剂（BHT、PG）以及浸渍无机盐溶液（$CaCl_2$）等。

三、　几丁质及壳聚糖在果蔬贮藏上的应用

可食性涂膜剂单独或与其他食品添加剂，加工助剂混合使用，能明显提高食品，特别是生鲜果蔬制品的新鲜度和耐藏性。涂膜之后可以减少脱水、氧化、脱色；增进防腐；驻留风味；保持结构。许多涂膜剂的原料可从食品工业的下脚料获得。几丁质及壳聚糖就是其中之一，在果蔬贮藏保鲜中起着越来越大的作用。

几丁质是地球上含量仅次于纤维素的多糖，又名甲壳质、甲壳素。昆虫、甲壳类（虾、蟹）等动物的外骨骼主要由甲壳素与碳酸钙所组成。此外，一些霉菌的细胞壁以及绿藻类的细胞壁也含有几丁质。它是 N-乙酰-D-氨基葡糖以 β-1,4-糖苷键连接而成的多糖。几丁质部分脱乙酰后可制成壳聚糖。几丁质可以延迟已达采收成熟期的水果的成熟。目前，我国已有许多有关几丁质和壳聚糖用于果蔬保鲜的报道。

几丁质是一种即不溶于水又不溶于酸的物质，而壳聚糖虽不溶于水但溶于酸，且具备良好的成膜性，因此，一般都使用壳聚糖，而不直接使用几丁质。通常使用质量分数为

0.5%~2%的溶液，在果蔬表面形成一层薄膜而达到保鲜效果。

果实表面的几丁质或壳聚糖薄膜可以阻碍果蔬的蒸腾作用，以减少水分损失。用壳聚糖处理的水果其硬度有所保持，对果蔬中的营养物质也有一定的影响。

几丁质或壳聚糖在果蔬表面所形成的无色透明薄膜对果蔬的采后生理有重要影响，能有效地控制果蔬的呼吸强度，对乙烯的产生、细胞的膜脂过氧化有一定的抑制作用。有提高果蔬中超氧化物歧化酶（SOD）活力的能力。壳聚糖处理有利于果实细胞的稳定。此外，几丁质或壳聚糖对果蔬的防腐能力也是显著的。

随着国内外对几丁质或壳聚糖涂膜保鲜作用及机理的认识的日益深入，这种方便、廉价、安全且效果明显的果蔬保鲜贮藏手段一定会有更大的发展和应用前途。

🔍 思考题

1. 分别简述食品防腐剂、抗氧化剂、酸化剂和涂膜剂的概念。

2. 列举重要的食品防腐剂、抗氧化剂、酸化剂和涂膜剂，并说明其使用原则和方法。

3. 说明食品防腐剂、抗氧化剂、酸化剂和涂膜剂在可能的情况下互相配合的增效作用。

主要参考文献

［1］赵晋府. 食品技术原理［M］. 北京：中国轻工业出版社，2007.

［2］孙平. 新编食品添加剂手册［M］. 北京：化学工业出版社，2017.

［3］Owen R. Fennema, Food chemistry［M］. 2nd, Marcel Dekker, Inc. 1996.

［4］M. Shafiur Rahman, Handbook of Food Preservation［M］. Marcel Dekker, Inc. 1999.

［5］James G. Brennan. Food Processing Handbook［M］. WILEY－VCH Verlag GmbH & Co. KGaA, Weinheim, 2006.

［6］Y. H. Hui. Handbook of Food Products Manufacturing［M］. Wiley & Sons, Inc., Hoboken, New Jersey, 2007.

［7］Peter Zeuthen, Leif Bùgh－Sùrensen, Food preservation techniques［M］. New York：CRC Press, 2002.

第三篇

生物技术对食品的处理

第一章

食品发酵技术

学习指导

　　本章主要介绍发酵技术的特点及发酵方式、发酵食品应用的主要微生物、食品发酵有关因素的控制、发酵食品的种类。通过本章的学习，加深对微生物学、生物化学及食品工艺学等课程的认识，扩大对微生物应用技术的理解。在食品加工、贮藏、营养等方面，不仅要采取措施抑制有害微生物，而且要利用有益微生物生产各种发酵食品。

　　公元前 6500—前 5500 年，中国人已经开始利用谷物原料酿造"酒类"。夏朝和商朝的中国人或者他们的先人就已经酿造了用于祭祀和帝王专用的含有乙醇的饮品，这也是我国发酵技术应用的最早记载。

　　发酵（fermentation）最初来自于拉丁语对"发泡"（fervere）的描述，是指酵母菌作用于果汁或谷物产生 CO_2 的现象。这一概念直到目前在酿造及发酵工业还在普遍使用。通常，人们将利用微生物在有氧或无氧条件下的生命活动来制备微生物菌体或其代谢产物的过程称为发酵。

　　历史上，人们自觉和不自觉地利用自然界中的微生物对不同食品原料的发酵作用，得到了几乎所有的传统发酵食品。正因为微生物与其自然环境的特殊相关性，使世界上不同地域、不同民族，在长期的自然历史进程中，受其自然资源、气候条件、饮食习惯等的影响，逐渐形成了不同种类或不同风格的发酵食品。如中国的馒头与欧美的面包、中国的豆豉与日本的纳豆、中国的白酒与法国的白兰地等都带有自己的民族色彩，代表人们不同的生活习性和体现具有时代特色的生产力发展水平。

　　最初，人们并不知道发酵与微生物的关系，也不清楚发酵的原因，通过口传心授发酵技艺，不自觉地利用自然环境中的微生物资源。厌气性发酵在酒类酿造中的巧妙应用，好气性发酵在食醋酿造和面包发酵中的成功等，构成了传统式发酵的主要特色。直到 1667 年荷兰人列文虎克（Antony Van Leowenhoek）发明了显微镜并观察到微生物后，才逐渐揭开了微生物世界的秘密。法国人巴斯德（Louis Pasteur，1850—1880 年）阐明了发酵原理，认识到发酵是由微生物的活动所引起。

　　随着人们对微生物及其代谢产物认识的逐渐深入，微生物的定向驯化和人工控制条件下的发酵技术更加成熟，可以通过发酵工程技术大规模地生产多种产品。

不仅如此，由于学科交叉和相关学科的不断发展，促进了现代食品发酵工业的进步。其中，微生物遗传学和生物化学的发展，促进了 20 世纪 60 年代氨基酸、核苷酸发酵工业的建立和诱变育种技术的成熟，选育出一大批优良菌株并在发酵工业得到了实际应用；经过 20 世纪 70 和 80 年代，随着细胞生物学和分子生物学研究的深入，又使杂交育种、基因工程育种技术在食品发酵工业得到应用。

目前，发酵食品的生产方式已从原始的依赖自然发酵的手工作坊，逐步发展到近代的纯种发酵、机械化生产以及现代化的大规模自动化控制的连续发酵生产方式。培养对象从细菌、酵母菌、霉菌扩大到食用菌甚至藻类。国内外单细胞发酵生产规模已趋于超大型化发展，发酵罐容积已达到数千立方米。基于现代分析测试仪器的精密检测技术、生物传感器及遥感在线分析测试技术、微机信号反馈自动调控等技术在发酵工艺的优化和过程管理上也起到了越来越重要的作用。在大型的发酵食品生产企业，如活性干酵母、啤酒、氨基酸、维生素等发酵行业，计算机自动控制系统在生产中已经得到普遍应用，今后在更多的发酵食品生产领域还会进一步得到推广。

第一节　发酵技术的特点及发酵方式

一、　发酵技术的特点

发酵技术，是指采用现代工程技术手段，利用微生物的特定功能生产有用的产品，或直接把微生物应用于工业生产的技术，其内容包括菌种选育、培养基配制、灭菌、扩大培养和接种、发酵过程和产品的分离提纯等。微生物是发酵技术的灵魂，利用微生物的以下特点进行发酵：①对周围环境的温度、压强、渗透压、酸碱度等有极大的适应能力；②有极强的消化能力；③有极强的繁殖能力。通过变异和菌种选育，可以获得高产的优良菌株并使生产设备得到充分利用，也可以因此获得按常规方法难以生产的产品。发酵所用的原料通常以淀粉、糖蜜或其他农副产品为主，加入少量的有机和无机氮源。发酵过程一般来说都是在常温常压下进行的生化反应，要求条件简单。发酵对杂菌污染的防治至关重要，需在无杂菌条件下进行。由于生物体本身所具有的反应机制，能够专一地和高度选择性地对某些较复杂化合物的特定部位进行氧化、还原等反应，也可以产生比较复杂的高分子化合物。

二、　发酵方式

微生物发酵过程复杂，尤其是大规模发酵。发酵方式通常可按如下几种方式分类。

根据微生物种类，发酵可以分为好氧发酵、厌氧发酵和兼性发酵。好氧发酵在发酵过程中需要不断地通入无菌空气，如利用黑曲霉进行柠檬酸发酵、利用棒状杆菌进行谷氨酸发酵、利用黄单胞菌进行多糖发酵。厌氧发酵在发酵时不需要供给空气，如乳酸杆菌引起的乳酸发酵、梭状芽孢杆菌引起的丙酮、丁醇发酵。兼性发酵，如酵母菌是兼性厌氧微生物，它在缺氧条件下进行厌氧发酵积累酒精，而在有氧即通气条件下则进行好氧发酵，大量繁殖菌体细胞。

按照设备类型，发酵可分为敞口发酵、密闭发酵、浅盘发酵和深层发酵。一般敞口发酵应用于繁殖快并进行好氧发酵的类型，如酵母生产，由于其菌体迅速而大量繁殖，可抑制其他杂菌生长，所以敞口发酵设备要求简单。相反，密闭发酵是在密闭的设备内进行，所以设备要求严格，工艺也较复杂。浅盘发酵是利用浅盘仅装一薄层培养液，接入菌种后进行表面培养，在液体上面形成一层菌膜。在缺乏通气设备时，对一些繁殖快的好氧性微生物可利用此法。深层发酵法是指在液体培养基内部（不仅仅在表面）进行的微生物培养过程。

根据发酵是间歇还是连续进行，分为分批发酵和连续发酵。分批发酵是指在一个密闭系统内投入有限数量的营养物质后，接入少量的微生物菌种进行发酵，整个发酵过程中菌的浓度、营养成分的浓度和产物浓度不断变化，是一种非稳态的发酵方法。该方法操作简单，周期短，染菌机会少，生产过程和产品质量容易掌握，但是产率低。连续发酵是指微生物培养到对数生长期时，在发酵罐中不断添加新鲜的培养基，同时不断放出代谢物，使微生物细胞在近似恒定状态下生长的培养和发酵方式。其特点是菌的浓度、产物浓度、限制性基质浓度均处于恒定状态，控制稀释速率可以使发酵过程最优化，发酵周期长，产量高；但是长期连续培养会引起菌种退化，降低产量，染菌机会增加。补料分批发酵是介于分批培养和连续培养之间的操作方法。根据菌体生长和初始培养基的特点，在分批培养的某些阶段适当补加培养基，使菌体或其代谢产物的生产时间延长。与分批培养相比，该方法解除了底物抑制和葡萄糖的分解阻遏效应，延长了次级代谢产物的生产时间。与连续培养相比，该方法降低了染菌，避免了遗传不稳定性；最终产物浓度较高，有利于产物的分离；使用范围广；但是由于没有物料取出，产物的积累最终导致比生产速率的下降；由于物料的加入增加了染菌机会。

根据培养基物理性状，分为固态发酵、液态发酵。使用不溶性固体基质来培养微生物的发酵工艺过程，称为固态发酵。固态培养基中水活度较低，限制了一些杂菌的生长。微生物从湿的固态基质吸收营养物，营养物浓度存在梯度，发酵不均匀，菌体的生长、对营养物的吸收和代谢产物的分泌存在不均匀。固态发酵中培养基提供的与气体的接触面积要比液体深层发酵中与气泡的接触面积大得多，供氧更充足，同时，空气通过固体层的阻力较小，能量消耗低。在发酵过程中，糖化和发酵过程同时进行，简化了操作工序，节约了能耗。高底物浓度可以产生高的产物浓度。由于产物浓度高，提取工艺简单可控，没有大量有机废液产生，但提取物含有底物成分。液态发酵是指在生化反应器中，将微生物所需的糖类、有机和无机含有氮素的化合物、无机盐以及其他营养物质溶解在水中作为培养基，灭菌后接入菌种，并控制适宜的外界条件，进行微生物大量培养繁殖的过程。

另外，根据发酵位置是表面还是深层，分为表面发酵和深层发酵；根据菌种是否固定，分为游离发酵和固定化发酵；根据所用的菌种是单一或多种，分为单一纯种发酵和混合发酵。实际上，在发酵工业生产中，各种发酵方式往往是结合进行的，选择哪种方式进行发酵，取决于菌种的特性、原料特点、产物的要求、设备的状况、技术的可行性、经济可行性等因素。现代发酵工业大多数发酵方式采用好氧、液体、深层、分批、游离、纯种发酵方式结合进行。

第二节　食品发酵的微生物利用

一、　细菌的利用

细菌在自然界分布甚广，特性各异，在这类微生物中，有的是发酵食品工业的有益菌，有的是有害菌，酒类、酱类和传统腌渍菜等产品中都有细菌的参与。

（一）乳酸杆菌属（*Lactobacillus*）

乳酸杆菌属为革兰氏染色阳性菌，它们存在于乳制品、发酵植物性食品（如泡菜、酸菜等）、青贮饲料及人的肠道中，尤其是在婴儿肠道中。在乳酸发酵、酸乳、干酪等乳制品生产中常用菌种如下。

（1）乳酸乳杆菌（*Lactobacillusc lactis*）　用于制造干酪。

（2）德氏乳杆菌（*Lactobacillus delbruckii*）　该菌在乳酸制造和乳酸钙制造工业上应用甚广。

（3）植物乳杆菌（*Lactobacillus plantarum*）　奶酒、发酵面团及泡菜中均有这种乳酸杆菌。

（4）德氏乳杆菌保加利亚亚种（*Lactobacillus bulgaricus*）　又称保加利亚乳杆菌，该菌是酸乳生产的常用菌。

（5）干酪乳杆菌（*Lactobacillus casei*）　产生 L（+）-乳酸多于 D（-）-乳酸，用于生产乳酸、干酪及青贮饲料。

（二）链球菌属（*Streptococcus*）

链球菌属细菌为革兰氏阳性菌。用于酸乳、干酪等乳制品及我国传统食品工业产品如泡菜、豆乳以及酱类发酵。

（三）明串珠菌属（*Lenconostoc*）

明串珠菌属细菌为革兰氏阳性菌。该菌是制糖工业的一种有害菌，常使糖汁发生黏稠而无法加工，但它却是生产右旋糖酐的重要菌。

（四）醋酸杆菌属（*Acetobacter*）

该属幼龄菌为革兰氏阴性菌。醋酸杆菌有较强的氧化能力，可将乙醇氧化为醋酸，是生产食醋和醋酸饮料的主要菌属。虽然它对醋酸生产有利，但对酒类饮料有害。

（五）芽孢杆菌属（*Bacillus*）

该属细菌为革兰氏阳性菌，能形成芽孢。在自然界中分布很广。在土壤中、空气中尤为常见，是食品中常见的腐败菌。它能产生淀粉酶和蛋白酶，在工业生产上得到广泛应用。如枯草杆菌 BF7658、枯草杆菌 As l. 398 目前主要分别用于生产 α-淀粉酶和蛋白酶。

二、　酵母菌的利用

自然界中存在的酵母菌种类很多，是目前在发酵食品工业中使用量最大的微生物菌属。

（一）酵母属（*Saccharomyces*）

本属的酵母能发酵多种糖类，例如酿酒酵母（*Sacchammyces cerevisiac*）为上面酵母，能发酵葡萄糖、蔗糖、麦芽糖、半乳糖、棉子糖等。卡尔斯伯酵母（*Saccharomyces carlsbergensis*）为典型的下面酵母，可发酵葡萄糖、半乳糖、蔗糖、麦芽糖及全部棉子糖。本属酵母能发酵糖产生 CO_2 和乙醇，但不能发酵乳酸。它可引起水果、蔬菜发酵，可利用它酿酒，还可供面包发酵用。

鲁氏酵母（*Saccharomyces rouxii*）、蜂蜜酵母（*Saccharomyces mellis*）能在含高浓度糖溶液的食品中生长而引起食品变质。它也能抵抗高浓度的食盐溶液，如能在酱油中生长，酱油液面即生成灰白色粉状的皮膜，时间长后皮膜增厚变成黄褐色。

下面介绍几种酵母属的酵母。

1. 酿酒酵母（*Saccharomyces cerevisiae*）

酿酒酵母是酿造啤酒典型的上面酵母。除酿造啤酒、酒精及其他饮料外，还可用于发酵面包和中国馒头。菌体中维生素、蛋白质含量高，可作食用、药用和饲料酵母，又可提取核酸、麦角固醇、谷胱甘酞、凝血素、辅酶 A、三磷酸腺苷等。啤酒酵母分布在各种水果的表面、发酵的果汁、土壤（尤其是果园土）和酒曲中。

2. 酿酒酵母椭圆变种（*Saccharomyces cerevisiae ellipsoideus*）

该菌是汉逊氏从葡萄果皮上分离出来的，一般适用于葡萄酒酿造。

3. 卡尔斯伯酵母（*Saccharomyces Carlsbergensis*）

由丹麦卡尔斯伯（Carlsberg）地方而得名，是啤酒酿造中的典型下面酵母。该酵母可供食用、药用和饲料用，其麦角固醇含量较高。

（二）毕赤氏酵母属（*Pichia*）

该属菌分解糖的能力弱，不产生酒精，可氧化酒精并能耐受高浓度的酒精。常使酒类和酱油产生变质，是饮料酒类生产中的污染菌，例如粉状毕赤氏酵母（*Pichia fisfarinosa*）。

（三）汉逊氏酵母属（*Hansenula*）

该属酵母多能产乙酸乙酯，并可从葡萄糖产生磷酸甘露葡萄糖，用于食品工业及纺织工业。它有降解核酸的能力，并能微弱利用十六烷烃。常是饮料酒类的污染菌，在其表面生成干而皱的菌醭。由于该属的大部分种能利用酒精为碳源，是酒精发酵工业的有害菌，例如异常汉逊氏酵母（*Hansenula anonmala*），但由于它可产生乙酸乙酯，对食品的风味起一定的作用。可用于无盐发酵酱油的增香；参与薯干为原料的白酒酿造，经浸香和串香法工艺，能酿造出比一般薯干白酒味道更醇厚的白酒。

（四）假丝酵母属（*Canadida*）

该属酵母细胞为球形或圆筒形。因为这些酵母菌体干物质中含有高含量的蛋白质，高的可达 60% 左右，蛋白质中含有大量赖氨酸，并含有较多的维生素和多种微量元素，故为发酵饲料的重要微生物。

（五）赤酵母属（*Rhodotorulla*）

本属酵母有产生色素的能力，色素有红色、橘色或黄色等。

（六）酵拟酵母属（*Torulopsis*）

对多数糖有分解作用。具有耐受高浓度的糖和盐的能力。例如杆状球拟酵母（*Torulopsis*

bacillaris）常在果汁、乳制品、鱼贝类等食品中出现。

三、霉菌的利用

霉菌是我国传统食品中使用范围最广、最早规范使用的微生物，工业上常用的霉菌有藻状菌纲的毛霉、根霉，子囊菌纲的红曲霉，半知菌纲的曲霉、青霉等。

1. 毛霉属（*Mucor*）

毛霉具有分解蛋白质的能力，可用于制造腐乳，如鲁氏毛霉（*Mucor rouxianus*），使腐乳产生芳香物质及具有鲜味的蛋白质分解产物。某些菌种具有较强的糖化力，可用于酒精及有机酸工业原料的糖化与发酵。另外，毛霉还常在水果、果酱、蔬菜、糕点、乳制品、肉类等食品上检出，引起食品腐败变质，如鲁氏毛霉（*Mucor rouxianus*）、总状毛霉（*Mucor recemosus*）等。

2. 根霉属（*Rhizopus*）

根霉的形态结构与毛霉类似，菌丝细胞内无横隔。根霉的用途很广，它能产生淀粉酶，使淀粉转化为糖，是酿酒工业常用的发酵菌，如米根霉（*Rhizopus oryzae*）和华根霉（*Rhizopus chinensis*），是我国酒药和酒曲的主要菌属。根霉也常会引起粮食及其制品霉变。其代表菌种有黑根霉（*Rhizopus nigricans*）、米根霉、华根霉、无根根霉（*Rhizopus arrhizus*）。

3. 红曲霉属（*Monascus*）

红曲霉能产生淀粉酶、麦芽糖酶、蛋白酶、柠檬酸、琥珀酸、乙醇等。有些种能产生鲜艳的红曲色素、洛伐他汀、红曲多糖、γ-氨基丁酸等代谢产物。红曲霉的用途很多，可用于酿酒、制醋、制豆腐乳的着色剂等。

4. 曲霉属（*Aspergillus*）

曲霉具有分解有机质的能力。可应用于酿造等方面作为糖化的菌种，如黑曲霉、宇佐美曲霉及米曲霉。它还可以引起食品的霉变，如黄曲霉。

下面介绍几种曲霉。

（1）黑曲霉（*Aspergillus niger*）　黑曲霉可用于生产多种有机酸，如抗坏血酸、柠檬酸等。

（2）宇佐美曲霉（*Aspergillus usamii*）　它属黑曲霉群。对制曲原料适应性强，是酒精厂、白酒厂广泛采用的优良菌种。

（3）米曲霉（*Aspergillus oryzae*）　含有多种酶类，其中糖化型淀粉酶（β-1,4-葡萄糖苷酶）和蛋白分解酶活力都较强。主要用作酿酒的糖化曲和酱油生产用酱曲。

5. 木霉属（*Trichoderma*）

木霉含有多种酶系。尤其是纤维素酶含量很高。因此，木霉常用于纤维素下脚料制糖、淀粉加工、食品加工和饲料发酵等方面。木霉常造成谷物、水果、蔬菜等食品霉变，同时它还可使木材、皮革及其他纤维质物品霉变。

其代表菌种有绿色木霉（*Trichoderma viride*）、康氏木霉（*Trichoderma Koningi*）等。

6. 地霉属（*Geotrichum*）

代表菌种有白地霉（*Geotrichum cndidum*）。主要用于干酪、饲料生产和污水处理等。

第三节　发酵过程的影响因素及控制

一、温度

微生物发酵食品的生产，最基本的是取决于生产菌种的性能，但有了优良的菌种还需要有最佳的环境条件即发酵工艺加以配合，才能使其生产能力得以发挥。因此，必须研究发酵食品生产的最佳工艺条件，如营养要求、培养温度、对氧的需求等，设计合理的发酵工艺，使生产菌种处于最佳生长条件下，才能达到理想的效果。

（一）温度对发酵的影响及控制

由于任何生物化学的酶促反应都与温度变化有关，因此，温度对发酵的影响及其调节控制是影响有机体生长繁殖最重要的因素之一。温度对发酵的影响是多方面且错综复杂，主要表现在对细胞生长繁殖、产物合成、发酵参数和生物合成方向等方面。

1. 温度影响微生物细胞生长繁殖

从酶促反应的动力学来看，温度升高，反应速度加快，呼吸强度增加，最终导致细胞生长繁殖加快。但随着温度的上升，酶失活的速度也越快，使衰老提前，发酵周期缩短，预期的发酵产物还没有产生，对发酵生产不利。

2. 温度影响产物的生成量及合成方向

很多发酵食品都采用混合菌种发酵，通过调节发酵温度，使不同类型的微生物生长速度得以控制，达到理想的发酵效果。

在腌渍菜生产过程中，主要有三种微生物参与将碳水化合物转化成乳酸、乙酸和其他产物。参与发酵的细菌主要有肠膜明串珠菌、黄瓜发酵杆菌和短乳杆菌等。肠膜明串珠菌产生乙酸、乳酸、乙醇和二氧化碳等产物，当肠膜明串珠菌消失后，黄瓜发酵杆菌继续发酵产生乳酸等代谢产物，黄瓜发酵杆菌消失后，则由短乳杆菌继续发酵产生乳酸等物质。在不同时期、不同发酵温度下产生的代谢产物也可发生反应，生成腌渍菜特有的风味，如乙醇和酸合成酯类。不同微生物的生长与温度关系密切，如果在发酵初期温度较高（超过21℃），则乳杆菌生长很快，同时抑制了能产生乙酸、乙醇和其他产物、适宜较低温度的肠膜明串珠菌的生长。因此，腌渍菜初期发酵温度可以较低，有利于风味物质的产生，而在发酵后期可提高发酵温度，以利于乳杆菌的生长。

3. 温度影响发酵体系的物理性质

温度除影响发酵过程中各种反应速率外，还可以通过改变发酵体系的物理性质，间接影响微生物的生物合成。例如温度对氧在发酵液中的溶解度就有很大影响，随着温度的升高，气体在溶液中的溶解度减小，氧的传递速率也会改变。另外，温度还影响基质的分解速率，例如菌体对硫酸盐的吸收在25℃时最小。

（二）最适温度的选择

最适温度是一种相对概念，是指在该温度下最适于微生物的生长或发酵目标产物的生成。选择最适温度应该考虑微生物生长的最适温度和目标产物合成的最适温度。最适发酵温度与菌种、物料（培养基）成分、培养条件和菌体生长阶段有关。

在不同发酵过程中，细胞生长和目标代谢产物产生的最适温度往往不同。至于何时应该选择何种温度，要看生长与生物合成哪一个是主要方面，在生长初期，主要考虑菌体生长，中后期则需要重点考虑目标代谢产物的生成，因此，需要在不同的发酵阶段选择不同的最适温度。

最适发酵温度的选择是相对的，还应根据其他发酵条件进行合理的调整，需要考虑的因素包括菌种、培养基成分和浓度、菌体生长阶段和培养条件等。例如，面团发酵在搅拌阶段酵母最适生长温度是 $26\sim28℃$，但面包酵母醒发时产生二氧化碳气体的最适温度是 $36\sim42℃$，在烘烤阶段，酵母淀粉酶的作用最佳温度是 $60℃$ 以上。馒头在工业化生产时，面团发酵温度控制在 $26\sim32℃$，快速发酵时温度控制在 $30℃$，发酵室的温度不宜超过 $35℃$，否则产气过快，不利于保持气体，还会产生过多的乳酸和乙酸。

工业上使用大容积发酵罐的发酵过程，一般不需要加热，因为释放的发酵热常超过微生物的最适培养温度，需要冷却的情况较多。在各种微生物培养过程中，综合多方面的因素，确定各发酵阶段的最适温度。

二、 pH

发酵过程中物料体系的 pH 是微生物在一定环境条件下进行代谢的重要发酵工艺参数。它对菌体的生长和产物的积累有很大影响。因此，必须掌握发酵过程中 pH 的变化规律，及时监测并加以控制，使其处于最佳状态。尽管多数微生物能在 3~4 个 pH 单位的 pH 范围内生长，但在发酵工艺中，为达到高生长速率和最佳产物形成，必须使 pH 在很窄的范围内保持恒定。

（一） pH 对微生物发酵的影响

微生物生长和生物合成都有其最适和能够耐受的 pH 范围，大多数细菌生长的最适 pH 在 6.3~7.5，霉菌和酵母生长的最适 pH 在 3~6，放线菌生长的最适 pH 在 7~8。有的微生物生长繁殖阶段的最适 pH 范围与产物形成阶段的最适 pH 范围是一致的，但也有许多不一致的情况。

pH 影响菌体的形态，影响细胞膜的电荷状态，引起膜的渗透性发生改变，进而影响菌体对营养物质的吸收和代谢产物的形成。

此外，pH 对某些生物合成途径有显著影响。为更有效地控制生产过程，必须充分了解微生物生长和产物形成的最适 pH 范围。

（二） 影响发酵 pH 的因素

发酵过程中，pH 的变化是微生物在发酵过程中代谢活动的综合反映，其变化的根源取决于物料体系（培养基）的成分和微生物的代谢特性。

微生物培养开始时物料体系 pH 的影响不大，因为微生物在代谢过程中，改变培养基 pH 的能力很快，自然发酵环境下，在生长初期糖类等生理酸性物质代谢占主导，pH 降低，可以起到防御外来有害菌的进入，通过后期生理碱性物质代谢，提高了环境的 pH，并维持稳定。通气条件的变化，菌体自溶或杂菌污染都可能引起发酵液 pH 的改变，所以，确定最适 pH 以及采取有效的控制措施是使菌种发挥最大生产能力的保证。当外界条件发生较大变化时，菌体就失去了调节能力，发酵液的 pH 将会产生波动。

（三）最适 pH 的选择和调控

选择最适 pH 的原则是既有利于菌体的生长繁殖，又可以最大限度地获得高产量的目标产物。在工业发酵生产中，调节 pH 的方法并不是仅仅采用酸碱中和，因为酸碱中和虽然可以中和培养基中存在的过量碱或酸，但却不能阻止代谢过程中连续不断发生的酸碱变化。即使连续不断地进行测定和调节，效果也甚微。因为发酵过程中引起 pH 变化的根本原因是微生物代谢营养物质的结果，所以，调节控制 pH 的根本措施主要应该考虑培养基中生理酸性物质与生理碱性物质的配比，其次是通过中间补料进一步加以控制。

也可以通过改变发酵环境条件（氧气）来调节 pH，例如在面包发酵过程中，由于内部空气（氧气）逐渐减少，好氧发酵程度降低，厌氧发酵速度加快，造成有机酸积累，pH 降低；通过增加搅拌，增加氧气供给，减少有机酸产生，提高 pH，可增加目标产物、二氧化碳和风味物质含量。

三、 氧的供应

在好氧微生物培养中，氧气的供应是发酵能否成功的重要因素之一。通气效率的改进可减少空气的使用量，从而减少泡沫的形成和杂菌污染的机会。

（一）溶解氧对发酵的影响

溶解氧是需氧微生物发酵控制的重要参数之一。由于氧在水中的溶解度很小，在发酵液中的溶解度也如此，需要不断通风和搅拌，才能满足不同发酵过程对氧的需求。溶解氧的大小对菌体生长和产物的形成及产量都会产生不同的影响。不论是调味品发酵还是谷氨酸发酵，供氧不足时，就会产生过量酸类物质。

需氧发酵并不是溶氧越大越好。溶解氧高虽然有利于菌体生长和产物合成，但太大有时反而抑制产物的形成。为避免发酵处于缺氧条件，需要考查各种微生物进行代谢时的临界氧浓度和最适氧浓度，并使发酵过程保持在最适浓度。

（二）影响微生物需氧量的因素

在需氧微生物发酵过程中，影响微生物需氧量的因素很多，除与菌体本身的遗转特性有关外，还和物料体系（培养基）组成、菌龄及细胞浓度、培养条件、产物的形成及积累等因素有关。

四、 二氧化碳

二氧化碳是微生物的代谢产物，也是某些合成代谢的一种基质。在发酵生产中不同微生物或其某一生长阶段对二氧化碳有着特殊的要求。通常对菌体生长有抑制作用，原因是二氧化碳作用膜脂质核心部位，改变膜流动性及表面电荷密度，影响膜运输效率，从而导致细胞生长受限制，形态改变；二氧化碳也可产生反馈作用，使 pH 下降，与其他物质反应，与生长必需金属离子形成碳酸盐沉淀，过分耗氧，引起溶解氧下降等，从而影响菌体生长和产物合成。二氧化碳可通过改变 pH 而影响发酵生产；二氧化碳含量过高、过低都会使产品产量下降。发酵液中二氧化碳浓度的影响因素主要有微生物细胞呼吸强度、发酵液流变学特性、通气搅拌程度、发酵罐压大小和设备规模，可通过调节发酵罐罐压、通气量、搅拌速度和补料等方式进行调节和控制。

五、　泡沫

充气、微生物代谢气体均会使发酵培养基中产生泡沫。泡沫的产生与培养基性质有关，蛋白质原料、蜜糖水解原料、淀粉水解不完全时易发泡。泡沫过多使发酵罐装量减少，或造成跑液，使产量降低；会通过轴封泄漏，污染设备，增加染菌机会，导致菌体黏附罐顶、罐壁，发酵液中菌体量减少，影响通气搅拌的进行，造成减产或菌体提前自溶；菌体提前自溶会促使更多泡沫形成，恶性循环；如果减风量，则会影响溶解氧浓度，影响微生物的生长和代谢；加消泡剂，又会给提取工艺带来困难。因此，泡沫的消除和防止很重要。可通过改变培养基成分，减少通气，选育新的生产菌种控制泡沫；也可通过化学法或机械法消泡。化学法应用面广，主要是添加消泡剂（油类等）消泡。由于消泡剂本身的表面张力较低，当其与气泡膜表面接触时，使气泡膜局部的表面张力降低，从而使气泡破裂。消泡剂是表面活性剂，具有一定的亲水性，溶解度较小，无毒，不干扰溶氧、pH 等测定仪表的使用，来源广，价廉。但是，添加消泡剂会消耗多种油类或化工原料，使发酵液中氧的吸收减少。机械法靠机械强烈振动，压力的变化，使气泡破裂，或借助机械力将排出气体中的液体加以分离回收。机械消泡节省原料、减少了染菌机会，但不能从根本上消除引起气泡的原因，不如化学消泡迅速可靠，无须设备，减少耗能。

六、　盐

盐分除影响食品风味、口感外，更重要的是对发酵食品微生物的影响。属于腌渍型发酵蔬菜的泡菜，是以乳酸菌群发酵为主的世界性、大众化蔬菜发酵产品，种类较多，风味也各不相同。无论是西式泡菜、朝鲜泡菜，还是中国四川泡菜，发酵过程中微生物区系的构成及变化都已有较多的研究，并已经探索出利用纯培养物制备优质发酵蔬菜的各种方法。新鲜的蔬菜含有大量的各种微生物菌群，包括许多具有潜在危害的微生物和少量的乳酸菌。收获后的蔬菜表面存在的微生物多是好氧菌，如假单胞菌属（*Psedomonas*）、黄杆菌属（*Flavobacterium*）、无色杆菌属（*Achromobacter*）、气杆菌属和芽孢杆菌属等。但蔬菜在进行发酵时，由于缺氧和高浓度盐等多种因素的存在，发酵过程受到影响，微生物类别也趋于减少。

当蔬菜在含盐量 8% 左右进行腌渍并进行自然发酵来生产泡菜时，盐溶液维持了一系列微生物的生长和发酵环境。这一过程可分为发酵起始、主发酵、二次发酵和后发酵等四个阶段，成为主要优势菌的微生物涉及细菌、酵母、霉菌等较多的微生物种属。表 3-1-1 以泡菜为例，列举了其主要优势微生物。

表 3-1-1　　　　　　　　　　　　　　泡菜中的主要微生物种属

类别	分类种
细菌类	粪链球菌（*Strept. faecalis*）、肠膜明串珠菌（*Leuc. Mesenteroides*）、植物乳杆菌（*L. plantarum*）、短乳杆菌（*L. brevis*）、布氏乳杆菌（*L. buchneri*）、弯曲乳杆菌（*L. curvitatus*）、乳酸片球菌（*P. acidilactici*）、戊糖片球菌（*P. pentosaceus*）、粪肠球菌（*Ente. faecalis*）、嗜盐四联球菌（*Tetra. halophilus*）、米酒醋杆菌（*A. sake*）、融合乳杆菌（*L. confuses*）、醋酸片球菌（*P. acetis*）、啤酒片球菌（*P. cerevisiae*）等

续表

类别	分类种
酵母类	易变酒香酵母（*T. versatilis*）、喀罗林球拟酵母（*T. caroliniana*）、霍尔姆球拟酵母（*T. holmu*）、罗斯酵母（*S. rosei*）、拜耳酵母（*S. elegans*）、德尔布酵母（*S. delbrueckii*）、亚膜汉逊酵母（*H. subpelliculosa*）、异常汉逊酵母（*H. anomala*）、球形酒香酵母（*Brett. Sphaericus*）、膜醭德巴利酵母（*D. membranaefaciens*）、奥梅尔拟内孢酵母（*Endo. ohmeri*）、盐膜接合酵母（*zygosaccharomyces halomembranis*）、克鲁斯假丝酵母（*C. Krusei*）等
霉菌类	草酸青霉（*P. oxalicum*）、黄瓜壳二孢霉（*Ascochytacucumis*）、芽孢状枝孢霉（*Cladosporium cladosporioides*）、细链格孢霉（*Alternariatenuis*）、粉红镰孢霉（*F. roseum*）、尖链孢霉（*F. oxysporum*）、腐皮链孢霉（*F. solani*）等

七、 乙醇

乙醇是人类最早的发酵食品——酒类的主要成分，以酵母菌发酵葡萄糖生成乙醇为典型代表。酵母菌等微生物在缺氧的条件下将葡萄糖分解为丙酮酸后，经丙酮酸脱羧酶催化脱羧形成乙醛，继而经乙醇脱氢酶催化乙醛还原为乙醇。其反应式为：

$$CH_3COCOOH \longrightarrow CH_3CHO + CO_2$$
$$CH_3CHO + 2H \longrightarrow CH_3CH_2OH \text{（乙醇）}$$

传统的酿酒发酵生产各种饮料酒以及近代工业发酵生产酒精，都是利用了酵母对葡萄糖发酵产生乙醇的发酵原理。

八、 发酵剂

发酵剂（starter culture），是指用于生产发酵食品的单一微生物纯培养物或不同微生物的组合。因各种发酵食品（如酸乳、面包、馒头、葡萄酒、干酪、饲料等）的特性不同，生产上使用的菌种纯培养物也不同，有酵母、霉菌和乳酸菌及其组合。常用的乳酸菌有乳酸球菌，包括嗜热链球菌、乳酸链球菌、乳脂链球菌、明串球菌等；乳酸杆菌包括嗜酸乳杆菌、德氏乳杆菌保加利亚亚种、嗜热乳杆菌、干酪乳杆菌等。

当发酵剂接种到不同的发酵食品原料中，在一定条件下进行繁殖，其代谢产物可使发酵产品具有一定酸度、滋味、香味和变稠等特性。不仅使产品延长了保藏时间，同时也改善了食品的营养价值和可消化性。例如，利用发酵剂生产酸乳，其主要作用是分解乳糖产生乳酸，产生挥发性物质（如丁二酮、乙醛等），使其具有典型的风味，具有一定的降解脂肪、蛋白质的作用，使酸乳更利于消化吸收，在酸化过程中可抑制致病菌的生长。

九、 其他因素

还有一些其他因素影响发酵过程，如菌体浓度和基质。依靠调节培养基的浓度来控制菌体浓度。首先确定基础培养基配方中的适当配比，避免产生过浓（或过稀）的菌体量。然后通过中间补料来控制，如当菌体生长缓慢、菌体浓度太稀时，则可补加一部分磷酸盐，促进生长，提高菌体浓度；但补加过多，则会使菌体过分生长，超过临界浓度，对产物合成产生抑制作用。利用菌体代谢产生的 CO_2 量来控制生产过程的补糖量，以控制菌体的生长和浓度。基质即培养微生物的营养物质，有碳源、氮源、无机盐等。在工业上，发酵培养基中常采用含迅速和缓慢利用的混合碳源、氮源。有时还要在发酵过程中补加碳源和氮源来控制浓度。磷是微生物菌体生长繁殖所必需的成分，也是合成代谢产物所必需的。磷酸盐浓度的控制，一般是在基础培养基中采用适当的浓度。

第四节　发酵食品的种类

一、啤酒、白酒和葡萄酒

（一）啤酒

啤酒是大麦或麦芽、大米等谷物经酵母发酵加工而成。大麦为酵母提供了啤酒中用于酒精发酵的糖，也提供了维持酵母生长所需要的氮源（氨基酸）。啤酒酿造工艺流程基本要通过三个阶段：制麦、糖化和发酵。在啤酒装瓶前，还需要用过滤的方法进行澄清。

1. 啤酒酵母

用于酿造啤酒的酵母在麦汁中 25℃ 培养 3d，细胞以长卵形为主，长宽比为 1∶2，酵母细胞出芽长大后不脱落，再出芽。由于在酿造过程中该类酵母易漂浮在泡沫层中，在液面进行发酵，所以，这类酵母也称为"上面发酵酵母"。啤酒酵母能发酵葡萄糖、麦芽糖、蔗糖，不能发酵蜜二糖和乳糖，棉子糖发酵 1/3。

2. 葡萄汁酵母

葡萄汁酵母是卡尔斯伯酵母（*S. carlsbergensis Hensen*）、娄哥酵母（*S. logos V. zear et Denamur*）和葡萄汁酵母的合称。该酵母在麦汁中 25℃ 培养 3d，细胞为圆形、卵形、椭圆形或长圆形。由于在发酵结束时，酵母沉于底部，又称"下面发酵酵母"。葡萄汁酵母均能全部发酵棉子糖。

在啤酒界，酵母种的分类通常按发酵特性（对棉子糖发酵）来分，菌株之间按照繁殖速率、增殖倍数、代谢产物中某些物质的多少、凝聚性、耐性、抗性等生产特性来区分，各啤酒厂都有自己独特的菌株，形成酿造技术和啤酒风味的多样化。

（二）白酒

白酒主要是用高粱、小麦、玉米等淀粉质原料经蒸煮、糖化、发酵和蒸馏而制成。根据发酵剂与工艺不同，一般可将蒸馏白酒区分为大曲酒、小曲酒、麸曲白酒及液态白酒四大类。"千年老窖产好酒"是中国传统白酒生产实践的科学总结，充分说明窖池在曲酒生产中的重要地位。

1. 酒窖窖泥微生物

中国传统白酒生产，窖池是基础，操作是关键。随着对白酒微生物的深入研究，认识到老窖泥中含有以细菌为主的多种微生物。酒醅（fermented grains）是酿造白酒的术语。一般指固态发酵法酿造白酒时，窖内正在发酵或已发酵好的固体物料。白酒生产以酒醅为营养来源，以窖泥和酒醅为活动场所，经过缓慢的生化作用，产生出以各种酯类为主体的香气成分。接近窖底和窖壁的酒醅，蒸出的酒较芳香。老窖和新窖的根本差别是它们所含的产香微生物数量和种类的不同。老窖泥中主要有己酸菌、丁酸菌等细菌类微生物以及酵母等。

窖泥微生物的生态分布随窖龄和在窖内所处的位置而不同。老窖的细菌总数一般为新窖的 3 倍左右，是中龄窖的 2 倍左右。嫌气性细菌数也是老窖明显多于新窖，大约为 4 倍。嫌气性芽孢杆菌数，老窖是新窖的 3 倍多。在芽孢细菌中，厌氧芽孢菌明显多于好氧芽孢菌，窖龄越老，差别越大。老窖泥是嫌气芽孢杆菌的主要栖息地。浓香型曲酒的酿造离不开老窖泥的原因，就在于窖泥中存在着大量的嫌气性梭状芽孢杆菌和其他厌氧功能菌。

2. 大曲发酵酒醅微生物

大曲发酵酒是用纯小麦或添加部分大麦、豌豆等原料按照传统工艺经自然发酵制成。酒醅经过清蒸或混蒸，酒醅中的微生物已被杀灭，但在摊凉、下曲或堆集、入窖以后，又使窖内酒醅中形成了混杂的微生物体系。大曲酒发酵是较为粗放的多菌种混合发酵，参与发酵的微生物种类很多，数量巨大，它们相互依存、密切配合，形成一个动态的微生物群系。正是这些复杂的微生物群体进行生化作用，形成了大曲酒多达 200 多种的风味成分，并且相互协调、烘托、关联，使大曲酒成为独具中国特色的饮料酒。

发酵酒醅的微生物主要来源于酒曲。加曲不但使大量有益的酿酒微生物菌种直接转移到发酵酒醅，而且还给酒醅提供了以淀粉酶、蛋白酶为主的各种酶类。通过这些酶的作用，为酒醅微生物的生长繁殖提供了大量营养和能源，特别是在前发酵和主发酵阶段，为以酵母菌等为主的各类微生物的大量增殖和发酵提供了充分的糖类。大曲还给酒醅带来了数量可观的、多种多样的代谢产物，主要是淀粉和蛋白质的分解产物以及它们的转化物质，在大曲酒的口味和香气方面起着重要作用。

从大曲微生物优势类群变化情况来看，低温期以细菌占绝对优势，其次为酵母菌，再次为霉菌。在肉汁琼脂上尚有一定数量的放线菌存在。其中曲皮部分的酵母菌与霉菌数量远高于曲心部分，细菌数量相差不多。

大曲具有以下特点。

（1）载有大量的具有一定特殊性的微生物　大曲中存在的微生物主要有形成淀粉酶类的糖化菌类、进行酒精发酵的酵母菌类以及形成多种有机酸的生酸菌类等生理类群。

（2）载有各种丰富的酶类　由于各类微生物强烈活动的结果，使得大曲富含各种酶类。它们或被分泌到基质中，或依然存在于菌体内。其中以淀粉酶、蛋白酶类最为重要。

（3）累积种类繁多、数量可观的前体物质　大曲中的前体物质是指大曲原料淀粉、蛋白质、脂肪、芳香族化合物等成分经多种微生物分解与再合成之后，累积于大曲之中的各种代谢产物。它们是构成大曲酒特有的色、香、味成分的前体。主要有芳香族化合物、多元醇及氨基酸等。

以大曲酿造的蒸馏白酒香味浓，口味悠长，风格特征突出；其缺点是用曲量大，耗粮多，出酒率低，生产周期长。

3. 小曲微生物

小曲酒与大曲酒相比，无论在生产方法上还是在成品酒的风格特征上都有所不同；其特点在于用曲量小，发酵期短，出酒率高。

小曲又名药曲，因曲胚形小而取名为小曲，是用米粉、米糠和中草药接入隔年陈曲经自然发酵制成。近年来有不少厂家已采用纯种根霉代替传统小曲。但在名优酒酿造中仍采用传统小曲作为接种剂。而在小曲中加入中草药是为了抑制杂菌的生长。

小曲中的优势微生物种类主要是根霉和少量毛霉、酵母等。此外，还有乳酸菌、醋酸菌以及污染的一些杂菌。如芽孢杆菌、青霉、黄曲霉等。各种小曲中分离得到的根霉菌株其性能各异，糖化力、酒精发酵力和蛋白质分解力等性能依种类不同而异。有些根霉能产生有机酸。如米根霉能产生乳酸，黑根霉能产生延胡索酸和琥珀酸。有些种类则能产生芳香的酯类物质。

小曲在小曲酒的酿造中起发酵剂的作用。它为酒醅接入糖化菌种（根霉和毛霉）和发酵菌种（酵母菌）。这就是小曲酿酒用曲量小的原因。用小曲酿造的酒一般香味较淡薄，属于米香型白酒。

4. 麸曲白酒酿造和相关的微生物

采用麸曲加酒母代替传统大曲所酿制的蒸馏白酒称麸曲白酒。其质量、风味和大曲酒虽有显著区别，但它仍具有传统白酒固有的香气与滋味。各地所产麸曲白酒，因原料品种不同而各有特色。

麸曲又名糖化曲，它是用以进行淀粉糖化的霉菌制品，利用麸曲中的霉菌淀粉酶水解淀粉产生麦芽糖或葡萄糖的生产过程称为糖化过程。麸曲是用麸皮、酒糟及谷壳等原辅材料加水配制成曲料，经常压蒸汽杀菌后，接入纯菌种培养制得，不需用粮食，生产周期短，又名块曲。麸曲中的糖化菌以曲霉为主。常用的有黑曲霉、米曲霉、黄曲霉及甘薯曲霉等。用麸曲酿酒具有节约粮食，出酒率高，能机械化生产，生产周期短，适用于多种原料酿酒等优点。麸曲白酒风味稍差，不及大曲和小曲酒，但若菌种搭配得当，操作精湛也能制得优质酒。

在普通蒸馏白酒酿造中，除使用麸曲外，还需要加入酒母，它是酒精发酵的发酵剂，其作用是将可发酵性糖转化为酒精和二氧化碳，酒母是纯种酵母的扩大培养物。近年来有些厂家常随酒精酵母一起加入一些产酯能力强的生香酵母，以改善普通蒸馏白酒的风味。

（三）葡萄酒

葡萄酒是新鲜葡萄或葡萄汁通过酵母发酵作用经后处理而成。

1. 葡萄酒酿造微生物

葡萄酒酿造的微生物主要是葡萄酒酵母。有时还采用苹果酸-乳酸发酵细菌。

（1）葡萄酒酵母 用于葡萄酒酿造的葡萄酒酵母在植物学分类上为子囊菌纲、酵母菌属、啤酒酵母种。优良葡萄酒酵母通常具有以下特性：除葡萄本身果香外，酵母也产生果香和酒香。能将糖分全部发酵完，残糖在 4g/L 以下。具有较高的对二氧化硫的抵抗力。具有较高的发酵能力，一般可使酒精含量达到 16% 以上。有较好的凝集力和较快沉降速度。能在低温（15℃）或果酒适宜温度下发酵，以保持果香和新鲜清爽的口味。

（2）苹果酸-乳酸发酵细菌 苹果酸-乳酸发酵可以使葡萄酒中的苹果酸转化为乳酸和二氧化碳，降低葡萄酒的酸度，改善口味和香气。某些乳酸菌能进行苹果酸-乳酸发酵。

2. 葡萄酒酿造中的主要污染微生物

葡萄酒酿造中的主要污染微生物有葡萄酒醭酵母（*Mycodema Vini*）、醋酸菌、苦味菌（*Bacillus amaracrylus*）和乳酸菌等。

（1）葡萄酒醭酵母 葡萄酒醭酵母俗称酒花菌，大小为（3~10）μm×（2~4）μm，不产生孢子，也不使糖发酵成酒精和二氧化碳，该菌感染葡萄酒时，酒表面先产生一层灰白色或暗黄色的膜，开始时光滑，随后逐渐增厚，膜上产生许多皱纹，当膜破裂后，分成无数白色小片或颗粒下沉使酒混浊，口味变坏。主要防治措施有减少空气接触，充二氧化碳或二氧化硫气体，提高酒精含量等。

（2）醋酸菌 污染葡萄酒的醋酸菌主要是醋酸杆菌。该菌污染葡萄酒时，酒面上产生一层淡色的薄膜，最初透明，随后变暗，有时会出现皱纹，当薄膜部分沉入桶底时，形成一种黏性物质，俗称醋蛾或醋母。防治措施有加入较大剂量二氧化硫、充二氧化碳、杀菌等。

（3）苦味菌 污染葡萄酒的苦味菌为杆状，多枝、多节、互相重叠，该菌污染葡萄酒后，葡萄酒变苦，苦味来源是丙烯醛或没食子酸乙酯。主要防治措施是采用二氧化硫杀菌及防止酒温很快升高。

（4）乳酸菌 污染葡萄酒的乳酸菌为乳酸杆菌和纤细杆菌，大小为（0.5~0.7）μm×（0.7~1.5）μm，单个或链状，污染葡萄酒后产生沉淀和具有酸白菜和酸牛乳的风味。

二、 酸乳和干酪

凡以动物乳为原料，经微生物发酵而成的乳产品通称为发酵乳制品。发酵乳制品具有营养丰富、易消化、适口性好和便于保藏等优点，深为广大消费者所喜爱。酸乳、酸奶油等是通过向液体乳中接种乳酸细菌后，经发酵而制得的产品。有些产品除细菌外，还有酵母和霉菌参与发酵，如蓝纹干酪有娄地青霉（*P. roqueforti*），卡门培尔干酪有卡门培尔青霉（*P. camemberti*）参与发酵（成熟）；开菲尔中存在多种酵母菌。这些微生物不仅会改善产品外观和理化特性，而且丰富发酵产品的风味。

（一）发酵乳制品中风味化合物的形成与微生物

乳糖的乳酸发酵是所有发酵乳制品所共有和重要的乳糖代谢方式，乳酸则是发酵乳制品中最基本的风味化合物。一般乳液中含4.7%~4.9%的乳糖。它是乳液中微生物生长的主要能源和碳源。因此，只有那些具有乳糖酶的微生物才能在乳液中正常生长，并在与其他菌类的竞争生长中成为优势类群。常见种类有乳链球菌、嗜热链球菌和乳杆菌等。在发酵乳制品生产中，乳酸发酵所累积的乳酸酸度可达1.5%~3%，产生1.5%的乳酸仅能利用牛乳中乳糖的30%左右。将柠檬酸转变为双乙酰，是发酵乳制品生产中的另一重要代谢变化。双乙酰是一种重要的风味化合物，可使发酵乳制品具有奶油和类似坚果的风味。在发酵乳制品生产中应用的重要风味细菌有乳脂明串珠菌（*Leuconostoc cremoris*）、乳链球菌丁二酮亚种（*Streptococcus lactis* subsp. *diacetylactis*）。乳脂明串珠菌在牛乳中生长很慢，不能利用乳糖，即使能利用牛乳中的乳糖产酸，也是极其微量的；生产中常用加入葡萄糖和酵母膏的方法促进其生长。其另一特性是，只有当乳液中有足够的酸时，明串珠菌才能发酵牛乳中的柠檬酸生成双乙酰。牛乳的pH一般为6.6~6.7，这就要求它必须与产酸的乳酸菌共同生长。乳链球菌丁二酮亚种具有利用乳糖的能力，可以在牛乳中良好生长，并发酵乳糖生成乳酸，在30℃，24h能积累0.4%~0.65%的乳酸。产酸量因菌株不同而异。此外，它也能利用乳液中的柠檬酸生成双乙酰。在发酵乳制品中，由风味细菌形成的双乙酰数量有限。特别是当柠檬酸的含量降低到临界值时，丁二酮就很快转变为无香味的乙偶姻。

双乙酰转变为乙偶姻由双乙酰还原酶催化。该酶广泛分布于风味细菌中。为防止因双乙酰还原成乙偶姻而使发酵乳制品失去所要求的风味，通常采用添加柠檬酸或柠檬酸钠的方法强化牛乳，以确保合成的双乙酰。其次，在达到要求的酸度和风味后，立即冷却发酵产品以抑制双乙酰还原酶的活性，减少双乙酰的破坏。

在发酵乳制品的各种代谢产物中，乙醛也是一种重要的风味化合物，主要由乳糖生成。它在酸乳和有关产品中是非常重要的风味成分。生产中多选用能很好产生乙醛的嗜热链球菌和德氏乳杆菌保加利亚亚种，以提高酸乳的风味。但在发酵奶油、酸性酪乳和酸性稀奶油中，乙醛的存在则是有害的。它会给产品带来一种"生的"和"酸牛乳"味的不良风味。某些乳链球菌和绝大多数乳链球菌丁二酮亚种菌株，都能产生高浓度的乙醛，故在上述产品的生产中禁用这些菌株。而乙醇脱氢酶活性较强的乳脂明串珠菌则能将乙醛转变为乙醇。所以在制造不需要乙醛的发酵乳制品时，多使用乳脂明串珠菌，可得到较好的风味。

乙醇是某些发酵乳制品中的重要风味化合物之一，风味细菌如明串珠菌在异型乳酸发酵中可形成少量乙醇。在开菲尔（kefir）中，酒精是由开菲尔酵母（*Saccharomyces kefir*）和开菲尔圆酵母（*Torula kefir*）产生的，其含量可达1%。在马奶酒（koumiss）中，酒精则是由圆酵母产生的，其含量一般为0.1%~1.0%。

甲酸、乙酸和丙酸等挥发性脂肪酸也是构成发酵乳制品风味的重要化合物。参与发酵的细菌可形成足够的挥发性酸。赋予发酵乳制品的风味。特别是风味细菌中的乳链球菌丁二酮亚种，利用酪蛋白水解物形成挥发性脂肪酸的能力更强。挥发性脂肪酸有益于成熟干酪风味的形成。

在酸性酪乳、开菲尔和马奶酒中，异型乳酸菌或酵母菌发酵乳糖，生成二氧化碳，可使这些发酵产品起泡，赋予这些产品以清凉、刺激性的口感。

在上述各种代谢产物中，那些较次要的代谢产物，即使数量很少，甚至是微量的，在保持发酵乳制品的风味平衡方面都是很重要的。风味平衡一旦失调，就会有异味的感觉。

（二）酸乳

酸乳是以牛乳或乳粉为原料进行有控制的乳酸发酵所制得的产品。用于酸乳制造的乳酸细菌主要有嗜热链球菌、德氏乳杆菌保加利亚亚种、嗜酸乳杆菌、双歧杆菌等，它们各具有生理生化特性。

1. 嗜热链球菌（*Streptococcus thermophilus*）

该菌为革兰氏阳性菌，微需氧；最适生长温度为40~45℃；能发酵葡萄糖、果糖、蔗糖和乳糖；在85℃下能耐受20~30min；蛋白质分解能力微弱；对抗生素极敏感；细胞呈卵圆形，成对或形成长链。细胞形态与培养条件有关。在30℃乳中培养时，细胞成对，而在45℃时呈短链；在高酸度乳中细胞呈长链；液体培养时，细胞呈链状；平板培养时细胞膨胀变粗，有时会呈杆菌状，形成针尖状菌落。嗜热链球菌的某些菌株在平板移接时，如中间不经过牛乳培养，往往得不到菌落。这些菌株是典型的牛乳菌。嗜热链球菌为同型乳酸发酵菌，产生L-(+)-乳酸；代谢过程中有风味物质双乙酰产生。

2. 德氏乳杆菌保加利亚亚种（*Lactobacillus delbrueckii* subsp. *Bulgaricus*）

该菌为革兰氏阳性菌，微厌氧；最适生长温度为40~43℃；能发酵葡萄糖、果糖、乳糖，但不能利用蔗糖；对热的耐受性差，个别菌株在75℃条件下能耐受20min；蛋白质分解能力弱；对抗生素不如嗜热链球菌敏感；细胞两端钝圆，呈细杆状，单个或成链，频繁传代会变形。培养基和培养温度对细胞形态影响很大。在20℃乳中培养，细胞可成为长的纤维状菌；在50℃下培养，细胞停止生长，如在该温度下继续培养，细胞形状变得不规则。在冷凉的酸乳中，由于温度和高酸度的影响，会有异常杆菌出现。在琼脂平板上培养时，细胞形状不规则。属同型乳酸发酵菌，产生 D-(-) -乳酸；将嗜热链球菌和德氏乳杆菌保加利亚亚种混合培养，两者的生长情况都比各自单独培养时好。

3. 嗜酸乳杆菌（*Lactobacillus aciditicphilus*）

该菌为革兰氏阳性菌，微厌氧；最适培养温度为 35~38℃；能发酵葡萄糖、果糖、蔗糖和乳糖，此外，还能利用麦芽糖、纤维二糖、甘露糖、半乳糖和水杨苷等作为生长的碳源；对热的耐受性差，蛋白质分解力弱，对抗生素比嗜热链球菌更敏感；细胞两端钝圆，呈杆状，单个、成双或成短链；属同型乳酸发酵，产 D、L-乳酸。嗜酸乳杆菌的最适生长 pH 为 5.5~6.0，对培养基营养成分要求较高。用牛乳培养时，一般都添加酵母膏、肽或其他生长促进物质，使用合成培养基时需添加西红柿汁或乳清，能耐胃酸和胆汁，在肠道中可存活。

4. 双歧杆菌（*Bifidobacterium*）

该菌为革兰氏阳性菌，专性厌氧，但目前用于生产的菌株有不同程度的耐氧性，有的甚至可以在有氧环境下培养，经多次传代后，革兰氏染色反应转为阴性。最适培养温度为 37℃，能发酵葡萄糖、果糖、乳糖和半乳糖。除两歧双歧杆菌（*B. bifidum*）仅缓慢利用蔗糖外，短双歧杆菌（*B. breve*）、长双歧杆菌（*B. longom*）和婴儿双歧杆菌（*B. infantis*）等均能发酵蔗糖。对热耐受性差，蛋白质分解力微弱，对抗生素敏感。细胞形状多样。不同菌种、不同培养条件，细胞的形态很不一样。有棍棒状、勺状、V 字形、弯曲状、球杆状和 Y 字形等，属异型乳酸发酵。除产生 L-(+)-乳酸外，还有乙酸、乙醇和二氧化碳等生成，抗酸性弱，对营养要求复杂。含有水苏糖、棉子糖、乳果糖、异构化乳糖、聚甘露糖和 N-乙酰-α-D-氨基葡萄糖苷中的一种或几种的培养基有助于双歧杆菌的生长。在培养基中添加还原剂抗坏血酸和半胱氨酸对培养双歧杆菌有好处。

用上述乳酸菌作为酸乳发酵剂时，应采用适当的方法对发酵剂进行调制。用来制作酸乳的发酵剂有两种：一是从市场购买的冷冻干燥发酵剂。使用这种发酵剂有以下优点：不必进行菌种的保存与管理；省去了逐级扩大和培养过程；可减少杂菌污染的机会；嗜热链球菌和德氏乳杆菌保加利亚亚种两者的比例固定，对保持酸乳质量有很大的好处。二是经逐级扩大培养制得的发酵剂。无论制作哪一类发酵剂，所使用的牛乳或由乳粉复原乳中不得含有抗生素等阻碍乳酸菌生长的物质。制作种子培养基时，一般在 110~115℃条件下将牛乳加热 30min。母发酵剂和工作发酵剂培养基所使用的牛乳，需经 90~95℃加热灭菌 30~35min。牛乳经加热灭菌处理后，在 37℃下空白培养 24h，检查无异常变化时，再进行接种操作。

当嗜热链球菌与德氏乳杆菌保加利亚亚种配合使用时，生产酸乳的凝固时间比使用单一菌株缩短，因为二者之间存在共生关系，德氏乳杆菌保加利亚亚种能使各种氨基酸从酪蛋白中游离出来，促进嗜热链球菌生长，在此后的发酵过程中，因受乳酸的影响，乳球菌的生长受到抑制。而在此期间，嗜热链球菌产生甲酸，可促进德氏乳杆菌保加利亚亚种的生长，菌数接近球菌。当酸乳的滴定酸度为 28°T 时，嗜热链球菌与德氏乳杆菌保加利亚亚种的菌数之比为 0.18；酸度为 91°T 时，二者比值为 0.78；而酸度上升到 120°T 时，二者比值为 1.28。

（三）干酪

干酪的主要成分是蛋白质和脂肪。它是一种营养丰富、风味独特、较易消化的食品。干酪是由牛乳或其他动物乳的凝块制成。其制作过程大致如下：在巴氏杀菌的牛乳中加入乳酸菌和凝乳酶，凝固乳中的酪蛋白而制得凝乳，然后经加热、分离乳清、加压、加盐和存放成熟。不论何种类型的干酪都从制凝乳开始，随后对凝乳或乳清进行各种不同的处理。

根据干酪的质地和成熟的基本方式，可将干酪区分为硬质干酪、半硬干酪和软质干酪三类。它们可用细菌或霉菌成熟，或者不经成熟。在硬质干酪中，有的细菌产生气体，使干酪形成气孔，如瑞士干酪；有的则不产生气体，因而不形成气孔，如帕弥散。在软质干酪中，林堡干酪主要用细菌成熟，卡门培尔干酪用霉菌成熟，农家干酪则不经成熟。

1. 干酪微生物次生菌群

大量微生物繁殖生长在成熟干酪的表面和干酪基质的内部，它们随干酪种类和制作工艺的不同而异。大多数情况下会形成复杂的多种微生物的混合体。商业化开发的微生物能够控制和改善干酪的风味及其质构，并可以用巴氏灭菌的乳制作出有"生乳"风味的干酪。目前已分离到的一些重要的干酪次生菌群有以下几种。

（1）霉菌　卡门贝尔干酪青霉是霉菌成熟干酪的主要菌种。它分为两个种：产生灰白色表面菌丝的卡门贝尔干酪青霉（*P. camemberti*）和产生纯白表面菌丝的酪生青霉（*P. candidum*）。还有成熟蓝纹干酪的娄地青霉（*P. roqueforti*）。

（2）酵母　酵母是许多霉菌成熟干酪的微生物群的重要组成部分，特别是蓝纹干酪、软质霉菌成熟干酪。克鲁维酵母、假丝酵母、德巴利酵母和糖酵母是最常见酵母。

（3）细菌　在干酪次生菌群中特别重要的细菌有微球菌、乳杆菌、片球菌、棒状杆菌和丙酸杆菌。微球菌是好氧的耐盐细菌，生长温度为 $10 \sim 20\,^{\circ}\!C$。在硬、半硬和霉菌成熟的干酪基质中也发现有微球菌存在。近年的研究表明，微球菌在干酪的成熟过程中发挥着重要作用。另外，现已分离出了具有高蛋白质水解和脂类水解活力的菌株。在干酪中发现的微球菌有溶酪微球菌和变异微球菌等。许多硬干酪、半硬干酪的次生菌群中主导菌是嗜温的乳杆菌。

2. 干酪微生物次生菌群的功能

次生菌群的生长、代谢活性及蛋白质水解酶与脂类水解酶的分泌可以改变干酪的质构和风味。卡门贝尔青霉利用蛋白酶以及肽酶分解酪蛋白，生成肽和氨基酸，接着氨基酸被降解成一系列的风味成分，如氨、醛、胺、甲硫醇。霉菌对乳中脂肪的水解同样很活跃，5% ~ 20%的三酸甘油酯可以被降解成游离脂肪酸和其他的风味成分如甲基酮。这种水解脂肪的能力远比在大多数干酪中的要高。霉菌的脱酸活性以及蛋白质水解活性能明显改善成熟干酪的质构，可将成熟干酪从硬实的质构变为典型的霉菌成熟软干酪的半流体质构。硫在风味改进方面也起着重要的作用，特别是在细菌表面成熟的干酪中。这些成分主要由扩展短杆菌（*Brevibacterium linens*）产生。扩展短杆菌产生的蛋白酶和肽酶可强烈地分解酪蛋白，形成高浓度的氨基酸，并继续分解含硫的芳香物质。扩展短杆菌可以分泌出脂肪酶、羧酸酯酶和甘油酯水解酶，具有水解脂肪的能力。

非发酵剂乳酸菌是硬和半硬干酪的主要次生菌群。它们主要是嗜温乳杆菌。目前，非发酵剂乳酸菌的单独应用并没有像霉菌、酵母和棒状杆菌那样广泛。非发酵剂乳酸菌具有蛋白酶、肽酶，包括氨肽酶、脯氨酸亚氨肽酶和羧肽酶。

三、面包

面包是以小麦面粉为主要原料，与酵母和其他辅料一起加水调制成面团，再经发酵、整形、成型、烘烤等工序加工制成的发酵食品。最简单的面包制作方法是一次发酵法。我国最流行的面包烘焙工艺是二次发酵法，也称中种法。该方法是先将部分面粉（30% ~ 70%）、部分水和全部酵母调成的面团（酵头，sponge），在 $28 \sim 30\,^{\circ}\!C$ 下发酵 3 ~ 5h，然后与其余原辅料相混合，调制成成熟面团（dough），静置醒发 30min，使面团松弛，再分块、成型、醒发和烘烤。中种法生产的面包柔软、蜂窝壁薄、体积大、老化速度慢，不受时间和其他条件的影响，缺点是生产时间较长。

面包生产一个重要的工序是发酵，发酵的目的除了要产生面包风味物质以外，还要产生气体使面团膨胀，以保证面包的外形体积。控制二氧化碳气体产生的数量、速度以及和面团保持气体的能力相平衡是面团发酵的关键。酵母产气时间和数量最好与面团的保持气体能力相平衡，既能保证足够的发酵进程，又能保证有一定量的气体，保证面包体积。在面包发酵过程中，除纯种接种的面包酵母等微生物之外，操作环境、食品配料中固有的微生物等都有可能进入发酵面团，如面包房里常常存在的果实酵母、少孢酵母等。另外，在传统面包制作工艺中，由于老面团的使用，微生物种类更加丰富。西式面包及发酵面团中的主要微生物种属详见表 3-1-2。另外，在面包成品中也能找到假丝球拟酵母等酵母，其数量甚至可以占到酵母菌群的 50%。有些菌种成为优势菌种，甚至完全可以取代啤酒酵母在发酵中的作用，如少孢酵母在一些面包生产厂家，已经作为单一菌种或优势菌种得到了使用。除酵母菌外，乳酸菌群也是许多面包如黑麦面包中必需的微生物组成部分，但其在数量上并不太多。乳酸菌群主要来源于原料的配料，其对食品风味的形成作用很大。在发酵过程中，乳酸菌通常是 3~4 种菌依次出现，其中 1~2 种菌成为优势菌，如旧金山乳杆菌、桥乳杆菌、巴伐利亚乳杆菌、戊糖片球菌、植物乳杆菌、约氏乳杆菌、短乳杆菌等，通过产酸降低 pH，分泌细菌素，以抑制其他微生物的生长繁殖。

表 3-1-2　　　　　　　　　西式面包及发酵老面团中的主要微生物种属

类别	分类种
细菌类	旧金山乳杆菌（*L. sanfrancisco*）、桥乳杆菌（*L. pontis*）、巴伐利亚乳杆菌（*L. bavaricus*）、戊糖片球菌（*P. pentosaceus*）、植物乳杆菌（*L. plantarum*）、约氏乳杆菌（*L. johnsonii*）、短乳杆菌（*L. brevis*）、食果糖杆菌（*L. fructivorans*）、发酵乳杆菌（*L. fermentati*）、嗜淀粉乳杆菌（*L. amylophilus*）、肠膜明串珠菌（*Leuc. mesenteroides*）、粪链球菌（*Strept. faecalis*）、啤酒片球菌（*P. cerevisiae*）、阴沟肠细菌（*E. cloacae*）、德氏乳杆菌（*L. delbrueckii*）等
酵母类	果实酵母（*S. fructuum*）、少孢酵母（*S. exiguous*）、克鲁斯假丝酵母（*C. crusei*）、星型假丝酵母（*C. stellatoidea*）、霍氏假丝酵母（*C. holmii*）、假丝球拟酵母（*T. candida*）等

四、　调味品

（一）酱油

酱油是一种常用的咸味调味品。它是以蛋白质原料和淀粉质原料为主，经米曲霉、酵母菌、乳酸菌等多种微生物共同发酵而成。酱油中含有多种调味成分，有酱油的特殊香味、食盐的咸味、谷氨酸钠盐的鲜味及其他醇甜物质的甜味、有机酸的酸味、酪氨酸等爽适的苦味，还有天然的红褐色色素。可谓咸、酸、鲜、甜、苦五味调和，色香俱备的调味佳品。

在酱油酿造过程中，利用微生物产生的蛋白酶将原料中的蛋白质水解成多肽、氨基酸，成为酱油的营养成分以及鲜味的来源。另外，部分氨基酸的进一步反应与酱油香气、色素的形成有直接关系。因此，蛋白质原料对酱油色、香、味、体的形成至关重要，是酱油生产的主要原料。酱油酿造一般选择大豆、脱脂大豆作为蛋白质原料，也可选用其他蛋白质含量高的代用原料，例如蚕豆、豌豆、绿豆、花生饼、葵花子饼、芝麻饼、脱毒的菜籽饼和棉籽饼等。

酱油酿造是半开放式的生产过程，环境和原料中的微生物都可能参与到酱油的酿造中。在酱油酿造的特定工艺条件下，并非所有的微生物都能生长，只有那些人工接种的或适合酱油酿造微生态环境的微生物才能生长繁殖并发挥作用。主要有米曲霉、酵母、乳酸菌及其他细菌。它们具有各自的生理生化特性，对酱油品质的形成有重要作用。

1. 米曲霉

米曲霉（*Aspergillus oryzae*）是曲霉的一种。由于它与黄曲霉（*Aspergillus flavus*）十分相似，所以过去很长一段时间归属于黄曲霉群，甚至直接就称黄曲霉。后来证明，酿造酱油用的黄曲霉不产黄曲霉毒素，为了与产黄曲霉毒素的黄曲霉相区分，特冠以米曲霉。

米曲霉可以利用的碳源是单糖、双糖、淀粉、有机酸、醇类等。氮源如铵盐、硝酸盐、尿素、蛋白质、酰胺等。磷、钾、镁、硫、钙等也是米曲霉生长所必需的元素。由于米曲霉分泌的蛋白酶和淀粉酶是诱导酶，在制备酱油曲时要求配料中有较高的蛋白质和适当的淀粉，以便诱导酶的生成。大豆或脱脂大豆富含蛋白质，小麦、麸皮含有淀粉，这些农副产品也含有较丰富的维生素、无机盐等营养物质，以适当的配比混合做制曲的原料，能满足米曲霉繁殖和产酶需要。

用于酱油酿造用的米曲霉菌株应符合如下基本要求：不产黄曲霉毒素；蛋白酶、淀粉酶活力高，有谷氨酰胺酶活力；生长速度快，培养条件粗放、抗菌能力强；不产生异味，酿制的酱油香气好。目前国内常用的菌株有：AS3.863，其蛋白酶、糖化酶活力强，生长繁殖快速，制曲后生产的酱油香气好。AS3.951（沪酿3.042），以AS3.863为出发菌株，经紫外线诱变得到，蛋白酶活力比出发菌株高，用于酱油生产蛋白质利用率可达75%。生长繁殖快，对杂菌抵抗力强，制曲时间短，生产的酱油香气好。但该菌株的酸性蛋白酶活力低。UE328、UE336，以AS3.951为出发菌株，用快中子、^{60}Co、紫外线、乙基磺酸甲烷、氧化锂等诱变剂处理得到，酶活力是出发菌株的170%~180%。UE328适用于液体培养，UE336适用于固体培养。UE336的蛋白质利用率为79%，但制曲时孢子发芽较慢，制曲时间延长4~6h。渝3.811是从曲室泥中分离出菌株后经紫外线3次诱变得到的新菌株，芽孢发芽率高，菌丝生长快速旺盛，孢子多，适应性强，制曲易管理，酶活力高。酱油曲霉（*Aspergillus sojae*）是日本学者坂口从酱曲中分离出来，用于酱油生产。酱油曲霉分生孢子表面有小突起，孢子柄表面平滑，与米曲霉相比，其碱性蛋白酶活力较强。在分类上酱油曲霉属于米曲霉系。

2. 酵母菌

从酱醪中分离出的酵母菌有7个属23个种。其中有的对酱油风味和香气的形成有重要，它们多属于鲁氏酵母（*Saccharomyces rouxii*）和球拟酵母（*Torulopsis*）。

鲁氏酵母是酱油酿造中的主要酵母菌。是一种耐盐性强的酵母，抗高渗透压。在含食盐5%~8%的培养基中生长良好，在18%食盐浓度下仍能生长，在24%食盐浓度下生长弱。生物素、肌醇、胆碱、泛酸能促进它在高盐浓度下生长。在高食盐浓度下，其生长pH范围很窄，为4.0~5.0。酱醪中典型的鲁氏酵母是大豆接合酵母（*Zygosacharomyces*）和酱醪接合酵母（*Zygosaccharomyces major*）的菌株。它们都能利用葡萄糖、麦芽糖及果糖发酵，不能发酵乳糖，不能利用硝酸盐。在酱醪发酵前期，由于酱醪中糖含量高，pH 适宜，酵母的酒精发酵旺盛，酱醪中酒精的含量达到 2.0% 以上，同时生成少量甘油、琥珀酸以及其他多元醇。

球拟酵母在酒醪发酵后期，随着糖浓度降低和 pH 下降，鲁氏酵母发生自溶，而球拟酵母的繁殖和发酵开始活跃。球拟酵母是醇香型酵母；能生成酱油的重要芳香成分，如 4-乙基苯酚、4-乙基愈创木酚、2-苯乙醇、酯类等，因此，认为球拟酵母与酱醪的香味成熟有关。另外，球拟酵母还产生酸性蛋白酶，在发酵后期酱醪 pH 较低时，对未分解的肽链进行水解。

酱醪中重要的球拟酵母如下。

（1）易变球拟酵母（*Torulopsis versatilis*）　细胞呈圆形或卵圆形，大小为（2~8）μm×（3~10）μm，生长最适温度 25~30℃。35℃生长弱，最适 pH 4~4.5，pH>5 时生长弱，食盐浓度 8%~12% 以下时生长良好，食盐浓度 18% 时能生长，但需要维生素 B_1、肌醇、胆碱等生长因子，食盐浓度 24% 时生长弱。无盐条件下能发酵麦芽糖和乳糖。食盐浓度 18% 时不能发酵乳糖。

（2）埃契氏球拟酵母（*Torulopsis etchellsii*）　细胞呈圆形或卵圆形，大小为（2~4）μm×（3~5）μm，生长最适温度为 25~30℃。35℃生长弱，37℃不生长；最适 pH 4~4.5，pH>5 时生长弱，食盐浓度 8%~12% 时生长良好，食盐浓度 18% 时能生长，但需要维生素 B_1 作为生长因子，环胺和泛酸也能促进生长。食盐浓度 18% 时不能发酵乳糖。

（3）蒙奇球拟酵母（*Torulopsis mogii*）　细胞呈圆形。极少数为卵圆形，生长最适温度为 30~35℃。在 10% 食盐浓度的酱醪中生长旺盛，18% 食盐浓度下能生长。在固体培养基上，菌落为乳白色，表面光滑有光泽，边缘整齐。

在发酵后期的酱醪中，由于糖分较少，已生成一定量的乙醇，氨基酸浓度增高，而且有高浓度的食盐存在，球拟酵母不会过度繁殖，但在采用添加人工培养酵母工艺时，加进过量鲁氏酵母也不会造成不良影响。球拟酵母添加过量，会使酱醪香味恶化。这是因为球拟酵母生成过量乙酸、烷基苯酚等刺激性强的香味物质的缘故。

3. 乳酸菌

酱油酿造过程中的乳酸菌是生长在酱醪这一特定生态环境中的特殊乳酸菌，在该环境中生长的乳酸菌耐盐。代表性的菌有嗜盐片球菌（*Pediococcuus halophilus*）、酱油微球菌（*Tetracoccus sojae*）、植物乳杆菌（*Lactobacillus plantanum*）。这些乳酸菌耐乳酸的能力不太强，不会因产过量乳酸使酱醪 pH 过低造成酱醪质量下降。适量的乳酸是构成酱油风味的重要因素之一。不仅乳酸本身具有特殊的香味而对酱油有调味和增香作用，而且与乙醇生成的乳酸乙酯也是一种重要的香气成分。一般酱油中乳酸的含量在 15mg/mL。在发酵过程中，由嗜盐片球菌和鲁氏酵母共同作用生成的糠醇，赋予酱油独特香气。酱油乳酸菌的另一个作用是使酱醪的 pH 下降到 5.5 以下，促使鲁氏酵母繁殖和发酵。

嗜盐片球菌耐盐性强，18% 食盐浓度中繁殖良好，24%~26% 食盐浓度中生长未完全抑制，在高盐浓度时需要维生素 B、胆碱为生长促进因子。硝酸盐还原性、过氧化氢反应、亚甲基蓝还原性为阴性。

植物乳杆菌在含 10% 食盐的培养基上生长良好。沪酿 1.08 植物乳杆菌适用于酱油生产，在固态低盐发酵后期，添加该菌株和沪酿 2.14 蒙奇球拟酵母培养液，由于它们的协同作用，可使酱油的风味明显改善。此外，在酱醪中也存在属于链球菌的乳酸菌，其中耐盐性的菌株也具有增加酱油风味的作用。

4. 其他微生物

在酱油酿造中除上述优势微生物外，还有其他一些微生物存在。如酱油四联球菌，在耐盐性、所需生长因子和发酵糖类方面与嗜盐片球菌相同。

从酱油曲和酱醅中分离的微生物还有毛霉、青霉、根霉、产膜酵母、圆酵母、枯草杆菌、小球菌、粪链球菌等。当制曲条件控制不当或种曲质量差时，这些菌会过量生长，不仅消耗曲料营养成分，使原料利用率下降，而且使成曲酶活力降低，产生异臭，曲发黏，使酱油浑浊、风味不佳。

（二）食醋

食醋是一种国际性的重要调味品，我国人民自古以来就有酿醋和食用醋的传统。从总体上讲，食醋的酿造工艺可分为固态发酵和液态发酵两大类。我国的传统食醋多数采用固态发酵法，产品风味好，品质优良，色香味俱佳。但生产周期长、原料利用率低。目前，很多企业采用各种液态发酵法制醋。

食醋的酿造以及风味的形成是各种微生物代谢过程中进行的一系列生物化学反应的结果。食醋酿造工艺就是为这种生命活动创造良好的环境条件，使生化过程朝着人们的生产目标进行，以获得最佳结果。

酿造食醋的有关微生物有曲霉、酵母菌和醋酸菌等。曲霉能使淀粉水解成糖，使蛋白质水解成氨基酸。酵母菌将糖在厌氧条件下发酵生成乙醇。醋酸菌将乙醇氧化成乙酸。食醋发酵就是这些微生物参与并协同作用的结果。食醋酿造主要微生物包括醋酸菌、霉菌和酵母菌等。

1. 醋酸菌

食醋生产中常用和常见醋酸菌如下。

（1）奥尔兰醋酸杆菌（*A. orleanense*）　它是法国奥尔兰地区用葡萄酒生产醋的主要菌株。生长最适温度为30℃。该菌能产生少量的醋。产醋酸能力弱，能由葡萄糖产5.3%葡萄糖酸，耐酸能力较强。

（2）许氏醋酸杆菌（*A. schutzenbachii*）　它是国外有名的速酿醋菌株，也是目前制醋工业重要的菌种之一。在液体中生长的最适温度为28~30℃，最高生长温度为37℃。该菌产酸高达11.5%。对醋酸无进一步的氧化作用。

（3）恶臭醋酸杆菌（*A. rancens*）　它是我国醋厂使用的菌种之一。该菌在液面形成菌膜，并沿容器壁上升，菌膜下液体不浑浊。一般能产酸6%~8%。有的菌株产2%的葡萄糖酸，能将醋酸进一步氧化为二氧化碳和水。

（4）攀膜醋酸杆菌（*A. scendens*）　它是葡萄酒、葡萄醋酿造过程中的有害菌，在醋中常能分离出来。最适生长温度为31℃，最高生长温度44℃。在液面形成易破碎的膜，菌膜沿容器壁上升得很高，菌膜下液体很浑浊。

（5）胶膜醋酸杆菌（*A. xylinus*）　它是一种特殊的醋酸菌，若在酿酒醪液中繁殖，会引起酒酸败、变黏。该菌生成醋酸的能力弱，又会氧化分解醋酸，因此，是酿醋的有害菌。在液面上，胶膜醋酸杆菌会形成一层皮革状类似纤维样的厚膜。

（6）AS1.41醋酸菌　它属于恶臭醋酸杆菌，是我国酿醋长期使用的菌株之一。该菌细胞呈杆状，常呈链状排列，单个细胞大小为（0.3~0.4）μm×（1~2）μm，无运动性，无芽孢。在不良条件下，细胞会伸长，变成线形或棒形，管状膨大。平板培养时菌落隆起。表面平滑，菌落呈灰白色；液体培养时则形成菌膜。该菌生长适宜温度为 28～30℃，生成醋酸的最适温度为 28～33℃，最适 pH 为 3.5～6.0，耐受乙醇浓度为 8%（体积分数）。最高产醋酸 7%～9%，产葡萄糖酸能力弱。能氧化分解醋酸为二氧化碳和水。

（7）沪酿 1.01 醋酸菌　它是从丹东速酿醋中分离得到的，是我国食醋工厂长期使用的菌种之一。该菌细胞呈杆形，常呈链状排列，菌体无运动性，不形成芽孢。在含乙醇的培养液中，常在表面生长，形成淡青灰色薄层菌膜。在不良条件下，细胞会伸长，变成线形或棒状，有的呈膨大状，有分支。该菌由乙醇产醋酸的转化率平均达到 93%～95%。

2. 食醋酿造用其他微生物

传统工艺制醋是利用自然界中野生菌制曲、发酵，涉及的微生物种类繁多。如根霉、曲霉、毛霉、犁头霉；酵母属中的汉逊氏酵母、假丝酵母以及芽孢杆菌、乳酸菌、醋酸菌、产气杆菌等。在众多微生物中，有对酿醋有益的，也有对酿醋有害的菌种。新法酿醋，均采用经人工选育的纯培养菌株，进行制曲、乙醇发酵和醋酸发酵。其优点是酿醋周期短，原料利用率高，可带来显著的经济效益。

（1）曲霉菌　曲霉菌有丰富的淀粉酶、糖化酶、蛋白酶等酶系，因此，常用曲霉菌制糖化曲。糖化曲是水解淀粉质原料的糖化剂，其主要作用是将制醋原料中淀粉水解为糊精，蛋白质被水解为陈肽、氨基酸，有利于下一步酵母菌的乙醇发酵以及以后的乙酸发酵。曲霉菌可分为黑曲霉和黄曲霉两大类群。黑曲霉的分生孢子穗呈炭黑色或褐黑色或紫黑色，因此，菌丛呈黑色，但也有显无色的突变种。黑曲霉最适生长温度为 30～35℃，除分泌糖化酶、液化酶、蛋白酶、单宁酶外，黑曲霉还有果胶酶、纤维素酶、脂肪酶、氧化酶、转化酶活性。黄曲霉群包括黄曲霉和米曲霉。它们的主要区别在于前者小梗多为双层，而后者小梗多为单层，很少有双层，黄曲霉的分生孢子穗呈黄绿色，发育过程中菌丛先由白色转为黄色，最后变成黄绿色，衰老的菌落则呈萤褐色，最适生长温度为 30～35℃。黄曲霉群的菌株除有丰富的蛋白酶、淀粉酶外，还有纤维素酶、转化酶、菊糖酶、脂肪酶、氧化酶等。黄曲霉中的某些菌株会产生对人体致癌的黄曲霉毒素。为安全起见，必须对菌株进行严格检测，确认无黄曲霉毒素产生者方能使用。米曲霉一般不产生黄曲霉毒素。

（2）酵母菌　在食醋酿造过程中，淀粉质原料经曲的糖化作用产生葡萄糖，通过酵母菌作用将葡萄糖转化为乙醇和二氧化碳，完成酿醋过程中的乙醇发酵阶段。除酒化酶系外，酵母菌还有麦芽糖酶、蔗糖酶、转化酶、乳糖分解酶和脂肪酶等。在酵母菌的乙醇发酵中，除生成乙醇外，还有少量有机酸、杂醇油、酯类等物质生成。这些物质对形成醋的风味有一定作用。酵母菌培养和发酵的最适温度为 25～30℃，因菌种不同稍有差异。

🔍 思考题

1. 列举与食品制造相关的有益、有害微生物。
2. 发酵技术的特点及发酵方式有哪些？
3. 与食品发酵有关的因素有哪些，如何进行控制？
4. 何谓发酵剂？发酵剂中常见的微生物菌群有哪些？

5. 简述微生物发酵产乙醇的原理。

6. 简述与白酒酿造相关的微生物特点。

7. 葡萄酒酿造微生物及主要污染微生物有哪些？

8. 简述与乳制品发酵相关的微生物及工艺特点？

9. 列举通过微生物发酵所得的调味品，简述其相关的微生物及酶系。

主要参考文献

［1］王福源．现代食品发酵技术［M］．2 版．北京：中国轻工业出版社，2004．

［2］路秀玲，欧宏宇．中外传统发酵技术对比［J］．中国食物与营养，2000（2）：19-20．

［3］马永强．传统发酵食品工艺学［M］．北京：化学工业出版社，2010．

［4］敝颜，赵辉．传统白酒发酵微生物的研究进展［J］．食品工业科技，2010，31（9）：425-427，431．

［5］黄持都，鲁绯，纪凤娣．酱油研究进展［J］．中国酿造，2009（10）：7-9，28．

［6］李里特，李风娟，王卉，等．传统发酵食品的机遇与创新［J］．农产品加工，2009（8）：61-64．

［7］张兰威．发酵食品工艺学［M］．北京：中国轻工业出版社，2011．

［8］邹晓葵．发酵食品加工技术［M］．北京：金盾出版社，2010．

［9］李约瑟．中国科学技术史［M］．北京：科学出版社，2008．

［10］Geoffrey Campbell-Platt. Food Science and Technology［M］．WILEY-BLACKWELL，2008．

［11］郝林．食品生物技术概论［M］．北京：中国林业出版社，2012．

第二章

CHAPTER 2

酶技术

学习指导

　　本章介绍了酶催化的特点及其催化机制、食品酶的种类和性质、酶在食品加工中的应用。要求掌握酶催化的特点及其催化机制，熟悉食品酶的种类以及淀粉酶、纤维素酶和半纤维素酶、果胶酶、蛋白酶、脂肪酶、多酚氧化酶、过氧化物酶、溶菌酶和谷氨酰胺转氨酶的主要性质，了解酶在粮油食品加工、果蔬食品加工、肉制品和水产制品加工、乳和蛋制品加工中的应用，以及酶的发酵法生产方法。

第一节　酶催化的特点及其催化机制

一、酶催化的特点

　　酶是生物催化剂，除少数有催化活性的 DNA 分子和 RNA 分子之外，绝大多数酶的化学本质都是蛋白质。生物体内及体外自然环境中的很多化学反应，几乎都是由酶催化的。酶所催化的反应称酶促反应。酶促反应中被酶作用的物质称作底物。经反应生成的物质称作产物。酶作为生物催化剂，与一般催化剂有相同之处，也有其自身的特点。

　　酶与一般催化剂相比的共性为：用量少而催化效率高；能催化热力学上允许进行的化学反应，而不能实现那些热力学上不能进行的反应；能缩短反应达到平衡所需的时间，而不能改变平衡点；一般情况下，对可逆反应的正反两个方向的催化作用相同。反应前后没有质和量的改变。酶的催化特点主要表现高效性、特异性、温和性、活性可调节、易变性、多样性。有些酶的催化活性与辅酶、辅基和金属离子有关，若将辅酶、辅基和金属离子除去，酶就失去催化活性。

二、酶催化的机制

　　在任何化学反应中，反应物分子必须超过一定的能阈，成为活化的状态，才能发生变化，进行反应，进而形成产物。这种提高低能分子达到活化状态的能量，称为活化能。催化剂的作用即是降低反应所需的活化能，以致相同的能量能使更多的分子活化，从而加速反应的进行。酶能显著地降低活化能，故能表现为高度的催化效率。

众所周知，底物与酶结合启动催化。酶和底物之间产生大量弱相互作用释放自由能，继而转化为结合能。这种结合能既可建立底物特异性，又能增加酶促效率。只有对应的底物才能与酶产生大多数甚至全部酶-底物相互作用，使结合能最大化。这点能够解释很多酶的底物特异性。而且，当底物转化成转化态，底物与酶之间完全互补。因此酶和底物之间的相互作用稳定转化态，从而降低反应的活化自由能。结合能对酶分子和底物的结构变化都有促进作用，使它们相互间匹配度更高（诱导匹配），有助于催化反应。酶通常采用一种或几种策略来催化特定化学反应。这些策略主要有共价催化、酸碱催化、接近催化、金属离子催化、趋近效应和定向效应、张力作用。

第二节　食品酶的种类和性质

酶是具有催化功能的大分子，绝大多数的酶是蛋白质，极少部分为 RNA。它的催化作用有高效性、选择性、反应条件温和、酶活力可调节控制等特性。酶的种类很多，根据其选择作用的底物不同，有淀粉酶、纤维素酶、果胶酶、蛋白酶、脂肪酶等。食品加工中应用的酶大部分来自特定的微生物，这些酶中60%属于蛋白水解酶类，10%属于糖水解酶类，3%属于脂肪水解酶类，其余部分为较特殊的酶类。

一、　淀粉酶

淀粉酶属于水解酶类，是催化淀粉、糖原和糊精中糖苷键水解的一类酶的统称。几乎所有植物、动物和微生物都含有淀粉酶。根据对淀粉作用方式的不同，可以将淀粉酶分成四类：α-淀粉酶、β-淀粉酶、葡萄糖淀粉酶和脱支酶。

α-淀粉酶是一种内切葡萄糖苷酶，以 Ca^{2+} 为必需因子并作为稳定因子，既作用于直链淀粉，又作用于支链淀粉，无差别地从分子内部切开 α-1,4 糖苷键。其水解特征是引起底物溶液黏度的急剧下降和碘反应的消失，因此又称为液化酶。在作用于淀粉时有两种情况：第一种情况是水解直链淀粉，首先将直链淀粉随机迅速降解成低聚糖，然后把低聚糖分解成以麦芽糖为主，此外，还有麦芽三糖及少量葡萄糖的终产物。第二种情况是水解支链淀粉，作用于这类淀粉时终产物是葡萄糖、麦芽糖和一系列含有 α-1,6 糖苷键的 α-极限糊精或异麦芽糖。不同来源的 α-淀粉酶有不同的最适温度和最适 pH。α-淀粉酶是目前最重要的工业酶制剂之一，在味精、饴糖、葡萄糖、乙醇、啤酒、乳酸、柠檬酸等工业中发挥着巨大的作用。

β-淀粉酶是一种外切型糖化酶，只能水解淀粉分子中的 α-1,4 糖苷键，不能水解 α-1,6 糖苷键。作用于淀粉时，能从 α-1,4 糖苷键的非还原性末端顺次切下一个麦芽糖单位，对于像直链淀粉那样没有分支的底物能完全分解得到麦芽糖和少量的葡萄糖。作用于支链淀粉或葡聚糖的时候，切断至 α-1,6 键的前面反应就停止了，因此生成分子质量比较大的极限糊精（amylodextrin）。由于该酶作用底物时，发生沃尔登转位反应（Walden inversion），使产物由 α-型变为 β-型麦芽糖，故名 β-淀粉酶。β-淀粉酶的热稳定性普遍低于 α-淀粉酶，但比较耐酸。作为一种糖化剂，β-淀粉酶在食品工业中主要用于制造麦芽糖浆、啤酒、面包、酱油等。在制醋工业中，常用 β-淀粉酶代替部分麸曲节省成本，在白酒和其他工业中也可以用其作糖化剂。在医药工业上，β-淀粉酶的一个重要用途是制造麦芽糖，医学上常用该酶和 α-淀粉酶一起作为消化剂使用。

葡萄糖淀粉酶又称淀粉葡萄糖苷酶或 γ-淀粉酶，简称糖化酶。糖化酶是一种具有外切活性的酶，通过水解淀粉、淀粉糊精、糖原等碳链上的 1,4 链接的非还原端，而得到终产物 β-D-葡萄糖。也可水解 α-1,6 糖苷键和 α-1,3 糖苷键连接的碳链。但对后两种键的水解速度较慢。葡萄糖淀粉酶作用于直链淀粉或支链淀粉时，终产物均是葡萄糖。糖化酶是淀粉转化为葡萄糖过程的主要酶类，因此在淀粉糖、食品、医药等工业上得以广泛地应用。

淀粉脱支酶有 2 种类型，即普鲁兰类型的淀粉脱支酶和异淀粉酶类型的淀粉脱支酶。前者也称为极限糊精酶，以极限糊精和支链淀粉为底物，但不能作用于植物和动物糖原，主要有两类：一类来源于植物，称为极限糊精酶或 R-酶；另一类来源于微生物，称为普鲁兰酶（pullulanase），属于淀粉水解酶。极限糊精酶在酿造、淀粉加工等行业有重要作用。后者能够去除支链淀粉和植物、动物糖原中的分支链，但是它却不能作用于普鲁兰。植物中存在有多种类型的异淀粉酶同工酶，在淀粉合成过程中发挥着不同的作用。

二、 纤维素酶和半纤维素酶

纤维素酶广泛存在于自然界的生物体中。细菌、真菌、动物体内等都能产生纤维素酶。一般用于生产的纤维素酶来自于真菌，比较典型的有木酶属、曲霉属和青霉属。根据催化反应功能的不同，纤维素酶可分为内切葡聚糖酶、外切葡聚糖酶、β-葡聚糖苷酶。内切葡聚糖酶随机切割纤维素多糖链内部的无定形区，产生不同长度的寡糖和新链的末端。外切葡聚糖酶作用于这些还原性和非还原性的纤维素多糖链的末端，释放葡萄糖或纤维二糖。β-葡萄糖苷酶水解纤维二糖产生两分子的葡萄糖。真菌纤维素酶产量高、活性大，在畜牧业和饲料工作中主要应用真菌来源的纤维素酶。食品工业纤维质废渣、废液可使用纤维素酶清除和净化。通过纤维素酶可将纤维素转化为乙醇、单细胞蛋白等产品。

半纤维素酶类包括内切木聚糖酶、外切木聚糖酶、纤维二糖水解酶、阿拉伯呋喃糖苷酶，以半纤维素为底物。β-甘露聚糖酶作用于甘露聚糖主链的甘露糖苷键而水解甘露聚糖；β-木聚糖酶作用于木聚糖主链的木糖苷键而水解木聚糖。这两类酶均为内切型酶，可随机切断主链内的糖苷键而生成寡糖，然后再由不同的糖苷酶（β-葡萄糖苷酶、β-甘露糖苷酶或 β-木糖苷酶）以外切型机制作用于寡糖。由于半纤维素常含有侧链取代基，如阿拉伯糖残基、半乳糖残基、葡萄糖醛酸残基和乙酰残基，所以半纤维素的复杂水解过程还需要分支酶如阿拉伯糖苷酶、半乳糖苷酶、葡萄糖苷酸酶和乙酰木聚糖酯酶以除去侧链取代基，这些酶协同作用才能最大限度地水解底物。

三、 果胶酶

果胶酶是一种复合水解酶，含有多种组分，是分解果胶质的多种酶的总称。它把高分子量的多糖降解为小分子或单体还原糖形式。因来源的不同，其种类和组分有所不同。根据分解糖苷键的反应性质或降解底物的性质，果胶酶可以分为三大类：果胶酯酶、解聚酶和原果胶酶。

　　果胶酯酶催化果胶脱去甲酯基生成聚半乳糖醛酸链和甲醇的反应。不同来源的果胶酯酶的最适 pH 不同，霉菌来源的果胶酯酶的最适 pH 在酸性范围，细菌来源的果胶酯酶在偏碱性范围，植物来源的果胶酯酶在中性附近。不同来源的果胶酯酶对热的稳定性也有差异。在一些果蔬的加工中，若果胶酯酶在环境因素下被激活，将导致大量的果胶脱去甲酯基，从而影响果蔬的质构。生成的甲醇也是一种对人体有毒害作用的物质，尤其对视神经特别敏感。在葡萄酒、苹果酒等果酒的酿造中，由于果胶酯酶的作用，可能会引起酒中甲醇的含量超标，因此，果酒的酿造，应先对水果进行预热处理，使果胶酯酶失活以控制酒中甲醇的含量。

　　解聚酶有两类。一类解聚酶专一水解底物的糖苷键，称为水解酶，可分为聚甲基半乳糖醛酸酶和聚半乳糖醛酸酶。另一类解聚酶称为裂解酶，可分为聚甲基半乳糖醛酸裂解酶（俗称果胶裂解酶）、聚半乳糖醛酸裂解酶（又称果胶酸裂解酶）。聚半乳糖醛酸酶是降解果胶酸的酶，根据对底物作用方式不同可分两类：一类是随机地水解果胶酸（聚半乳糖醛酸）的糖苷键，这是聚半乳糖醛酸内切酶；另一类是从果胶酸链的末端开始逐个切断糖苷键，这是聚半乳糖醛酸外切酶。聚半乳糖醛酸内切酶多存在于高等植物、霉菌、细菌和一些酵母中，聚半乳糖醛酸外切酶多存在于高等植物和霉菌中，在某些细菌和昆虫中也有发现。聚半乳糖醛酸酶来源不同，它们的最适 pH 也稍有不同，大多数内切酶的最适 pH 在 4.0~5.0，大多数外切酶最适 pH 在 5.0 左右。聚半乳糖醛酸酶的外切酶与内切酶，由于作用方式不同，所以它们作用时对果蔬质构影响或果汁处理效果也有差别。例如同一浓度果胶液，内切酶作用时，只要 3%~5% 的果胶酸苷键断裂，黏度就下降；而外切酶作用时，则要 10%~15% 的糖苷键断裂才使黏度下降 50%。果胶裂解酶果胶裂解酶主要存在于霉菌中，在植物中尚无发现。果胶裂解酶是催化果胶或果胶酸的半乳糖醛酸残基的 $C_4~C_5$ 位上的氢进行反式消去作用，使糖苷键断裂，生成含不饱和键的半乳糖醛酸。

　　原果胶酶将原果胶分解为水溶性的高聚合度果胶。可分为 A-型原果胶酶和 B-型原果胶酶。前者作用于原果胶内部区域的聚半乳糖醛酸部位；后者作用于与聚半乳糖醛酸链和细胞壁组份（如纤维素等）相连的多糖链。

　　果胶酶按其作用最适 pH 可分为酸性果胶酶和碱性果胶酶。碱性果胶酶是在碱性范围内具有较高活性的果胶酶。目前研究和应用较多的是酸性果胶酶，主要用于水果榨汁和果汁澄清，其酶作用最适 pH 在偏酸性范围。

四、　蛋白酶

　　蛋白酶从动物、植物和微生物中都可以提取得到，也是食品工业中重要的一类酶。生物体内蛋白酶种类很多，以来源分类，可将其分为动物蛋白酶、植物蛋白酶和微生物蛋白酶三大类。根据它们的作用方式，可分为内肽酶和外肽酶两大类。还可根据最适 pH 的不同，分为酸性蛋白酶、碱性蛋白酶和中性蛋白酶。也有根据其活性中心的化学性质不同，分为丝氨酸蛋白酶（酶活性中心含有丝氨酸残基）、巯基蛋白酶（酶活性中心含有巯基）、金属蛋白酶（酶活性中心含金属离子）和酸性蛋白酶（酶活性中心含羧基）。

（一）动物蛋白酶

　　在人和哺乳动物的消化道中存在有各种蛋白酶。如胃黏膜细胞分泌的胃蛋白酶，可将各种水溶性蛋白质分解成多肽；胰腺分泌的胰蛋白酶、胰凝乳蛋白酶、弹性蛋白酶和羧肽酶等内肽酶和外肽酶，可将多肽链水解成寡肽和氨基酸；小肠黏膜能分泌氨肽酶、羧肽酶和二肽酶等，将小分子肽分解成氨基酸。人体摄取的蛋白质就是在消化道中这些酶的综合作用下被消化吸收的。胃蛋白酶、胰蛋白酶、胰凝乳蛋白酶等先都分别以无活性前体的酶原形式存在，在消化道需经激活后才具有活性。

在动物组织细胞的溶酶体中有组织蛋白酶，最适 pH 为 5.5 左右。当动物死亡之后，随组织的破坏和 pH 的降低，组织蛋白酶被激活，可将肌肉蛋白质水解成游离氨基酸，使肌肉产生优良的肉香风味。但从活细胞中提取和分离组织蛋白酶很困难，限制了它的应用。

在哺乳期小牛的第四胃中存在凝乳酶，是由凝乳酶原激活而成，pH 5 时可由已有活性的凝乳酶催化而激活，在 pH 2 时主要由 H^+（胃酸）激活。随小牛长大，由摄取母乳改变成青草和谷物时，凝乳酶逐渐减少，而胃蛋白酶增加。凝乳酶也是内肽酶，能使牛乳中的酪蛋白凝聚，形成凝乳，用来制作干酪等。

动物蛋白酶由于来源少，价格昂贵，所以在食品工业中的应用不甚广泛。胰蛋白酶主要应用于医药上。

（二）植物蛋白酶

蛋白酶在植物中存在比较广泛。最主要的 3 种植物蛋白酶，即木瓜蛋白酶、无花果蛋白酶和菠萝蛋白酶已大量应用于食品工业。这 3 种酶都属巯基蛋白酶，也都为内肽酶，对底物的特异性都较宽。

木瓜蛋白酶是番木瓜胶乳中的一种蛋白酶，在低于 pH 3 和高于 pH 11 时，酶会很快失活。该酶的最适 pH 虽因底物不同而有不同，但一般在 5~7。与其他蛋白酶相比，其热稳定性较高。无花果蛋白酶存在于无花果胶乳中，新鲜的无花果中含量可高达 1% 左右。无花果蛋白酶在 pH 6~8 时最稳定，但最适 pH 在很大程度上取决于底物。菠萝汁中含有很强的菠萝蛋白酶，从果汁或粉碎的茎中都可提取得到，其最适 pH 在 6~8。

以上 3 种植物蛋白酶在食品工业上常用于肉的嫩化和啤酒的澄清。特别是木瓜蛋白酶的应用，很久以前民间就有用木瓜叶包肉，使肉更鲜嫩、更香的经验。现在这些植物蛋白酶除用于食品工业外，还用于医药上作助消化剂。

（三）微生物蛋白酶

细菌、酵母菌、霉菌等微生物中都含有多种蛋白酶，是生产蛋白酶制剂的重要来源。生产用于食品和药物的微生物蛋白酶的菌种主要是枯草杆菌、黑曲霉、米曲霉三种。微生物蛋白酶的分类和底物专一性如表 3-2-1 所示。

表 3-2-1　　　　　　　　　　微生物蛋白酶的分类和底物专一性

分类	抑制剂	最适 pH	优先切开的肽键（底物专一性）
丝氨酸蛋白酶 （EC3.4.21）	DFP PMSF PI	9.5~10.5	胰蛋白酶型：切开点羧基侧是碱性氨基酸残基的肽键 Lys（Arg） 碱性蛋白酶型：切开点羧基侧是芳香族或疏水性氨基酸残基的肽键 Trp（Tyr、Phe、Leu） 其他：黏细菌 γ-裂解型和葡萄球菌型

续表

分类	抑制剂	最适 pH	优先切开的肽键（底物专一性）
巯基蛋白酶 （EC3.4.22）	PCMB	7.0~8.0	木瓜蛋白酶型：切开点羧基侧是任一氨基酸残基的肽键 Phe（或 Val、Leu）、Xaa 梭状菌蛋白酶型：切开点羧基侧是碱性氨基酸残基肽键 链霉菌型：广泛氨基酸的肽键
金属蛋白酶 （EC3.2.23）	EDTA OP	7.0~9.0	中性蛋白酶型：切开点氨基端是疏水性氨基酸残基或任一 氨基酸的肽键 Leu（或 Phe 及其他） 其他：黏杆菌蛋白酶
天冬氨酸蛋白酶 （EC3.2.24）	DAN	2.0~5.0	切开点两端是芳香族或疏水性氨基酸残基的肽键 Phe（或 Tyr、Leu）、Trp（Phe、Tyr）

注：DFP—二异丙基磷酰氟；PMSF—苯甲基磺酰氟；PI—马铃薯蛋白酶抑制剂；PCMB—对氯汞苯甲酸；EDTA—乙二胺四乙酸；OP—邻菲罗啉；DAN—重氮乙酰正-DL-亮氨酸甲酯。

随着酶科学和食品科学研究的深入发展，微生物蛋白酶在食品工业中的用途将越来越广泛。在干酪生产中，由于犊牛皱胃酶（凝乳酶）来源少，价格高，大部分凝乳酶来源于霉菌凝乳酶和转基因微生物生产的凝乳酶，例如用微生物凝乳酶生产的干酪已占世界干酪总产量的 1/3 以上，美国 70% 的干酪使用转基因微生物生产的凝乳酶制造。在肉类的嫩化，尤其是牛肉的嫩化上应用微生物蛋白酶代替价格较贵的木瓜蛋白酶，可达到更好的效果。微生物蛋白酶还运用于啤酒制造以节约麦芽用量。但啤酒的澄清仍以木瓜蛋白酶较好，因为它有很高的耐热性，经巴氏杀菌后，酶活力仍还存在，可以继续作用于杀菌后形成的沉淀物，以保证啤酒的澄清。在酱油的酿制中添加微生物蛋白酶，既能提高产量，又可改善质量。除此之外，还常用微生物蛋白酶制造水解蛋白胨用于医药，以及制造蛋白胨、酵母浸膏、牛肉膏等。细菌性蛋白酶还常用于日化工业，添加到洗涤剂中，以增强去污效果，这种加酶洗涤剂对去除衣物上的奶斑、血斑等蛋白质类污迹的效果很好。

五、　脂肪酶

脂肪酶存在于含有脂肪的组织中。植物的种子里含脂肪酶，一些霉菌、细菌等微生物也能分泌脂肪酶。

脂肪酶的最适 pH 常随底物、脂肪酶纯度等因素而有所不同，但多数脂肪酶的最适 pH 在 8~9，也有部分脂肪酶的最适 pH 偏酸性。微生物分泌的脂肪酶最适 pH 在 5.6~8.5。脂肪酶的最适温度也因来源、作用底物等条件不同而有差异，大多数脂肪酶的最适温度在 30~40℃。也有某些食物中脂肪酶在冷冻到 -29℃ 时仍有活性。除了温度对脂肪酶的活性有影响外，盐对脂肪酶的活性也有一定影响，对脂肪具有乳化作用的胆酸盐能提高酶活力，重金属盐一般具有抑制脂肪酶的作用，Ca^{2+} 能活化脂肪酶并可提高其热稳定性。

脂肪酶能催化脂肪水解成甘油和脂肪酸，但是对水解甘油酰三酯的酯键位置具有特异性，首先水解 1，3 位酯键生成甘油酰单酯后，再将第二位酯键在非酶异构后转移到第一位或第三位，然后经脂肪酶作用完全水解成甘油和脂肪酸。

脂肪酶只作用于油水界面的脂肪分子，增加油水界面能提高脂肪酶的活力，所以，在脂肪中加入乳化剂能大大提高脂肪酶的催化能力。

脂肪酶不但在生物体内有催化脂类物质代谢的重要生理功能，而且在食品加工中也有重要作用。含脂食品如牛乳、奶油、干果等产生的不良风味，主要来自脂肪酶的水解产物（水解酸败），水解酸败又能促进氧化酸败。食品加工中脂肪酶作用后释放一些短链的游离脂肪酸（丁酸、己酸等），当它们浓度达到一定水平时，会产生好的风味和香气，如牛乳和干酪的酸值分别为 1.5 和 2.5 时，就会有好的风味，如果酸值大于 5，则产生陈腐气味、苦味或者类似山羊的膻味。利用特异性脂肪酶能以廉价的油脂原料生产代可可脂。脂肪酶不仅在食品工业中有广泛用途，在绢纺、皮革脱脂等轻化工及医药工业上也有重要用途。

六、 其他酶

（一）多酚氧化酶

多酚氧化酶广泛存在于各种植物和微生物中。在果蔬食物中，多酚氧化酶分布于叶绿体和线粒体中，但也有少数植物，如马铃薯块茎，几乎所有的细胞结构中都有分布。

多酚氧化酶的最适 pH 常随酶的来源不同或底物之不同而有差别，但一般在 pH 4~7。同样，不同来源的多酚氧化酶的最适温度也有不同，一般多在 20~35℃。在大多数情况下从细胞中提取的多酚氧化酶在 70~90℃下热处理短时就可发生不可逆变性。低温也影响多酚氧化酶活性。较低温度可使酶失活，但这种酶的失活是可逆的。阳离子洗涤剂、Ca^{2+} 等能活化多酚氧化酶。抗坏血酸、二氧化硫、亚硫酸盐、柠檬酸等都对多酚氧化酶有抑制作用，苯甲酸、肉桂酸等有竞争性抑制作用。

多酚氧化酶是一种含铜的酶，主要在有氧的情况下催化酚类底物反应形成黑色素类物质。在果蔬加工中常常因此而产生不受欢迎的褐色或黑色，严重影响果蔬的感官质量。

多酚氧化酶催化的褐变反应多数发生在新鲜的水果和蔬菜中，例如香蕉、苹果、梨、茄子、马铃薯等。当这些果蔬的组织碰伤、切开、遭受病害或处在不正常的环境中时，很容易发生褐变。这是因为当它们的组织暴露在空气中时，在酶的催化下多酚氧化为邻醌，再进一步氧化聚合而形成褐色素或称类黑素。

多酚氧化酶能使茶多酚物质氧化，聚合成茶黄素、茶红素和茶褐素等。红茶的加工就是利用酶的这种特性，其加工过程中的发酵激化酶的活性，促使茶多酚物质在多酚氧化酶的催化下发生氧化聚合反应，形成红茶的品质特点。

（二）过氧化物酶

过氧化物酶广泛存在于所有高等植物中，也存在牛乳中。过氧化物酶通常含有一个血红素作为辅基，催化以下反应：

$$ROOH+AH_2 \longrightarrow H_2O+ROH+A$$

其中 ROOH 可以是过氧化氢或有机过氧化物，AH_2 是供氢体。当 ROOH 被还原时，AH_2 即被氧化。AH_2 可以是抗坏血酸盐、酚、胺类或其他还原性强的有机物。这些还原剂被氧化后大多能产生颜色，因此可以用比色法来测定过氧化物酶的活性。由于过氧化物酶具有很高的耐热性，而且广泛存在于植物中，测定其活性的比色测定法既灵敏又简单易行，所以可以作为考查热烫处理是否充分的指示酶。当食物进行热处理后，如果检测证明过氧化物酶的活性已消失，则表示其他的酶一定受到了彻底破坏，热烫处理已充分了。

从营养和风味方面来看，过氧化物酶也是很重要的，如过氧化物酶能催化维生素 C 氧化而破坏其生理功能；能催化不饱和脂肪酸的过氧化物裂解，产生不良气味的羰基化合物，同时破坏食品中的许多其他成分；还能催化类胡萝卜素漂白和花青色脱色。

（三）溶菌酶

溶菌酶是一种专门作用于细菌细胞壁肽聚糖的细胞壁水解酶，按照作用方式不同可以大致分为作用于糖苷键与作用于肽和酰胺两大类，其中糖苷键型是主要的溶菌酶。它通过肽键上的第 35 位的谷氨酸和第 52 位的天冬氨酸构成的活性部位，水解切断 N-乙酰胞壁酸与 N-乙酰葡萄糖胺间以及甲壳质中 N-乙酰葡糖胺残基间的 β-1,4-糖苷键，破坏微生物细胞壁肽聚糖支架。溶菌酶不管以何种方式作用于细菌，都会使细菌细胞壁出现部分缺失，形成 L 型细菌而失去对细胞的保护作用，在内部渗透压的作用下，细胞膜破裂，内容物外溢而使细菌溶解，导致细菌死亡，从而可防止细菌导致的食品腐败。溶菌酶是一种碱性蛋白质，在中性环境中带大量的正电荷，可与带负电荷的病毒蛋白直接结合，与 DNA、RNA、脱辅基蛋白形成复盐，使病毒失活。另外，溶菌酶还有抗肿瘤及增强免疫力等功能。

（四）谷氨酰胺转氨酶

谷氨酰胺转氨酶（TGase）是一种催化酰基转移反应的转移酶，最初是从豚鼠肝中分离获得，后来从其他动物、酵母、霉菌中相继也发现了 TGase。微生物 TGase 种类多，它的最适作用 pH、温度和底物专一性等具有广泛多样性，而且具有生产成本低、产酶周期短等优点。

TGase 可催化蛋白质以及肽键中谷氨酰胺残基的 γ-羧酰胺基和伯胺之间的酰胺基转移反应，利用该反应可以将赖氨酸引入蛋白质以改善蛋白质的营养特性；当蛋白质中赖氨酸残基的 γ-氨基作为酰基受体时，蛋白质在分子内或分子间形成交联，改变食品以及其他制品的质构，从而赋予产品特有的质构特性和黏合性能；当不存在伯胺时，水会成为酰基的受体，谷氨酰胺残基脱去氨基，该反应可以用于改变蛋白质的等电点及溶解度。

第三节　酶反应的影响因素

酶反应的影响因素主要有温度、抑制剂、激活剂、pH 等。

温度对酶促反应速度的影响有两个方面：①提高温度，加快反应速度；②提高温度，酶变性失活。这两种因素共同作用，在小于最适温度时，前一种因素为主；在大于最适温度时，后一种因素为主。最适温度就是这两种因素综合作用的结果。

凡是能降低酶促反应速度，但不引起酶分子变性失活的物质统称为酶的抑制剂。使酶变性失活（称为酶的钝化）的因素如强酸、强碱等，不属于抑制剂。很多抑制剂结构类似于底物，可用于研究酶的结构信息，有助于揭示酶的催化机理。按照抑制剂的抑制作用，可将其分为不可逆抑制作用和可逆抑制作用两大类。又可分为竞争性抑制、非竞争性抑制、产物抑制、底物抑制。酶的不可逆抑制指抑制剂与酶的活性中心发生了化学反应，抑制剂共价地连接在酶分子的必需基团上，阻碍了底物的结合或破坏了酶的催化基团，不能用透析或稀释方法使酶活性恢复。溶液中不可逆抑制剂的作用相当于失活的酶浓度，在酶和不可逆抑制剂作用完全后加入底物，则其动力学行为符合米氏动力学性质。酶的不可逆抑制作用包括专一性抑制和非专一性抑制两种。抑制剂以非共价键与酶分子可逆性结合造成酶活性的抑制，且可采用透析等简单方法去除抑制剂而使酶活性完全恢复的抑制作用就是可逆抑制作用。酶的可逆抑制可分为简单的可逆抑制、部分抑制、底物抑制、产物抑制。简单的可逆抑制作用包括竞争性、反竞争性和非竞争性抑制几种类型。抑制剂与底物竞争与酶的同一活性中心结合，从而干扰了酶与底物的结合，使酶的催化活性降低，这种作用就称为竞争性抑制作用。抑制剂不能与游离酶结合，但可与酶–底物（ES）复合物结合并阻止产物生成，使酶的催化活性降低，称酶的反竞争性抑制。抑制剂既可以与游离酶结合，也可以与 ES 复合物结合，使酶的催化活性降低，称为非竞争性抑制。在给定的酶浓度下，酶催化反应的速度随底物浓度的增加而加快，至极限。有时，在极高的底物浓度下，初速度仍低于最大值，有时认为测定系统与过量底物之间有相互作用，但在有些情况下，的确发现高浓度的底物会抑制自身转化为产物。一般地，当一分子底物与酶的一个位点结合，另一个底物与酶上分开的位点结合时，往往会形成死端复合物。过量的底物分子可视为反竞争性抑制剂。产物对酶反应的抑制作用在生物体中较为常见。在细胞内，酶反应的产物虽然不断地为另外的酶所作用，但底物和产物总是同时存在的。因此，考虑产物对反应速度的影响，可能具有一定的意义。

能使酶活性提高的物质，都称为激活剂，其中大部分是金属或者简单有机化合物。如 Mg^{2+} 是多种激酶和合成酶的激活剂，动物唾液中的 α–淀粉酶则受 Cl^- 的激活。通常，酶对激活剂有一定的选择性，且有一定的浓度要求，一种酶的激活剂对另一种酶来说可能是抑制剂，当激活剂的浓度超过一定的范围时，它就成为抑制剂。激活剂作用包括两种情况：一种是由于激活剂的存在，使一些本来有活性的酶活性进一步提高，这一类激活剂主要是离子或简单有机化合物。另一种是激活酶原，使酶由无活性变成有活性，这一类激活剂可能是离子或蛋白质。许多金属离子是酶的辅助因子，是酶的组成成分，参与催化反应中的电子传递。有些金属离子可与酶分子肽链上侧链基团结合，稳定酶分子的活性构象。有的金属离子通过生成螯合物，在酶与底物结合中起桥梁作用。无机离子的激活作用具有选择性，不同的离子激活不同的酶；不同离子之间有拮抗作用，如 Na^+ 与 K^+、Mg^{2+} 与 Ca^{2+}，但 Mg^{2+} 与 Zn^{2+} 常可替代；激活剂的浓度要适中，过高往往有抑制作用。

大多数酶的活性受 pH 影响显著，在某一 pH 下表现最大活力，高于或低于此 pH，酶活力显著下降。酶表现最大活力的 pH 称为酶的最适 pH。典型的酶速度–pH 曲线是较窄的钟罩形曲线，但有的酶速度–pH 曲线并非一定呈钟罩型。pH 对酶促反应速度的影响机理表现在两个方面：①pH 影响酶和底物的解离。酶的活性基团的解离受 pH 影响，底物有的也能解离，其解离状态也受 pH 的影响，在某一反应 pH 下，二者的解离状态最有利于它们的结合，酶促反应表现出最大活力，此 pH 称为酶的最适 pH；当反应 pH 偏离最适 pH 时，酶促反应速度显著下降。②pH 影响酶分子的构象。过高或过低 pH 都会影响酶分子活性中心的构象，或引起酶的变性失活。

第四节　酶在食品加工中的应用

自古以来，酶和食品就有着天然的联系，人们在生产很多食品时，有意无意就利用酶。

近50年来，酶科学得到了飞速发展，目前人类发现的酶已超过3000种。随着酶技术的发展，酶在食品加工中得到了广泛的应用。

一、　酶在粮油食品加工中的应用

（一）焙烤食品加工中的应用

焙烤食品加工业是一个传统的工业，虽然谷物面粉中含有多种酶，主要是淀粉酶和蛋白酶，它们有助于焙烤，但含量一般仍显不足，必须额外添加酶以利于焙烤食品加工。淀粉酶和蛋白酶用于焙烤工业已有几百年的历史，近年来，细胞壁分解酶的应用持续增加，而氧化还原酶的添加成为研究的重点。在焙烤过程中使用酶可以改善面团操作性，增加面包等制品体积，改良质地结构，还可延长产品储存期。

α-淀粉酶在焙烤食品中的应用相当高，其主要功能是把淀粉分解为糊精，更有助于面粉内源性β-淀粉酶作用，使面团中酵母可利用的糖增加，促进酵母代谢。同时，由于α-淀粉酶的作用，产生的还原糖有利于增加面包等制品风味、表皮色泽，并改善内部组织纹理结构，增大制品体积，还能延缓面包等制品老化，延长储存期。应用于焙烤业的α-淀粉酶的来源主要有三种：麦芽、真菌和细菌，以真菌α-淀粉酶在焙烤食品中应用最广泛。这三种来源的淀粉酶作用机理并无差异，主要区别在于它们对热的稳定性不同，热稳定性的顺序为细菌α-淀粉酶>麦芽α-淀粉酶>真菌α-淀粉酶。实际应用时，需根据面粉基质、加工条件及产品要求的不同，选择一种或几种α-淀粉酶复配使用。

蛋白酶可以分解面筋性蛋白质，切断蛋白质分子肽键，降解蛋白质，弱化面筋，使面团变软，改善面团黏弹性、延伸性、流动性和面团处理性能，从而影响焙烤食品的品质。而且，它还能缩短面团混合时间，这有利于采取自动化大规模的生产设备。目前，在焙烤工业中使用的蛋白酶有：霉菌蛋白酶、细菌蛋白酶和植物蛋白酶，其中以霉菌蛋白酶应用最为广泛。面包生产中使用蛋白酶有利于缩短调粉时间，有助于改进面包体积和组织，研究发现还能改善面包的香味，但要注意蛋白酶用量与种类选择，如植物蛋白酶可使面筋性蛋白质产生严重水解，导致面团变软或发黏，使面包质量变差。此外，蛋白酶已大部分取代亚硫酸钠，用于硬脆饼干生产中，它改善面团黏弹性，使面团具有在不撕裂的情况下压成很薄的片状，同时，使面团在烘焙时保持平整而不会卷曲。

细胞壁分解酶尤其是半纤维素酶在焙烤食品的应用日益受到重视，半纤维素酶水解戊糖聚合物。小麦面粉仅含2%~3%的戊糖聚合物，而全麦面粉或黑麦面粉中含量则分别高达5%和8%。戊糖聚合物除会妨碍面筋性蛋白质的伸展性外，还可与相当于自身质量近10倍的水相结合，面粉的保水能力有1/3是由戊糖聚合物造成的，因此，稍稍改变戊糖聚合物的量或组成，就会对面粉的保水性有很大的影响，进而影响面团或面包制品的品质。添加半纤维素酶，可使面团变得更柔软更易操作，增大面包体积，改进面包芯质地，延缓面包老化。

对氧化还原酶的研究，发现它可提高面筋蛋白的强度，如脂肪氧合酶、葡萄糖氧化酶。脂肪氧合酶能催化面粉中的不饱和脂肪酸发生氧化，生成芳香的羰基化合物而增加面包风味，此外，这种酶氧化不饱和脂肪酸产生的氢过氧化物进一步氧化蛋白质分子中的巯基（—SH），形成二硫键（—S—S—），并能诱导蛋白质分子聚合，使蛋白质分子变得更大，从而增加面团的搅拌耐力，改善面团结构。另外，脂肪氧合酶还能使面粉中的胡萝卜素氧化而褪色，从而使面包芯变白，这有利于制造白色面包。葡萄糖氧化酶可氧化面筋蛋白中的—SH，从而加强面筋网状结构，强化面筋，生成更强、更具有弹性的面团，对机械冲力有更强的承受力，更好的入炉急涨特性以及更大的面包体积，从而提高烘焙质量。它在面团中起作用，在烘焙过程中失活。对于某些面筋较弱的小麦面粉，如大部分国产小麦，其作用更为明显。

在焙烤食品中应用研究表明，含有 TGase 的酶制剂通过共价交联作用使面筋网络结构的冻融稳定性提高，提高冷冻面团制成的面包质量。共价交联能稳定面筋的结构，使网络结构的强度增大，从而降低冰晶损害的敏感度。在某些焙烤工艺中，TGase 可以代替乳化剂和氧化剂。含 TGase 的酶制剂代替乳化剂能改善面团的稳定性，提高焙烤产品的质量，使面包颜色较白，内部结构均一，且面包体积较大。TGase 是一种天然的蛋白质，因具有独特的共价交联作用可以代替化学氧化剂，从而降低氧化剂的用量。TGase 还可用于其他焙烤制品，例如蛋糕、蓬松油酥点心、饼干和面包糠。通过添加 TGase 可以防止蛋糕在焙烤后的塌陷，改进了蛋糕的体积和质构。

（二）制糖工业中的应用

酶在制糖工业的应用历史悠久。约 3000 年前，我国首先开始淀粉制糖，麦芽水解稻米的淀粉成为麦芽糖，用作食品甜味料，这就是酶技术的应用。20 世纪 60 年代初期，酶法技术发展，先是酸酶法，之后是双酶法，不同酶法逐步代替了酸法制糖技术。1967 年，又采用了异构化酶转变甜度较低葡萄糖成甜度更高的果糖，生产果葡糖浆，大大促进了淀粉制糖工业的发展。酶不仅用于生产葡萄糖、麦芽糖、果葡糖浆，还用于生产高麦芽糖浆、麦芽糊精、环状糊精、麦芽糖醇、功能性低聚糖等。在这些产品的酶法生产过程中应用的酶有 α-淀粉酶、β-淀粉酶、葡萄糖淀粉酶、脱支酶和葡萄糖异构酶、环状糊精葡萄糖基转移酶等。21 世纪出现的一些新型糖类如海藻糖也通过酶转化法生产。表 3-2-2 为应用酶技术生产的低聚糖品种、原料及所应用的酶。

表 3-2-2　　　　　　　　　　低聚糖生产品种、原料及应用的酶

低聚糖	原料	酶
低聚果糖	砂糖	β-果糖转移酶
低聚乳糖	砂糖、乳糖	β-果糖转移酶
低聚木糖	砂糖、木糖	β-果糖转移酶
帕拉金糖	砂糖	α-杂糖基转移酶
耦合糖	砂糖、淀粉	环糊精葡萄糖基转移酶（CGTase）
龙胆低聚糖	葡萄糖	β-葡糖苷酶
异麦芽低聚糖	麦芽糖	α-葡糖苷酶
低聚半乳糖	乳糖	β-半乳糖苷酶

（三）油脂生产中的应用

在油脂生产中应用的酶主要是脂肪酶。脂肪酶是分解天然油脂的酶，水解发生的位置是油脂的酯键。脂肪酶的底物三酸甘油酯的醇部分是甘油，而酸部分是水不溶性的 12 个碳原

子以上的长链脂肪酸。脂肪酶催化天然油脂水解制取脂肪酸方法与高温高压蒸汽裂解方法相比，具有耗能少、设备投资低、脂肪酸色泽浅和质量高，水解率较高等优点。特别是一些含有不饱和键较多，易氧化和产生副反应的油脂水解更为适宜。利用各种不同酶可开发不同产品，如无位置选择性的脂肪酶可完全水解油脂最终得到脂肪酸和甘油，而利用有位置选择的脂肪酶可部分定向水解得到高含量 β-甘油单酯。用脂肪酶催化油脂的甘油水解生产甘油单酯是一种非常有效的方法。此方法可以实现连续操作。利用酯交换、合成反应，使用不同底物专一性的脂肪酶和底物可以合成多种结构特点的结构化油脂。利用脂肪酶的催化酯化反应能力，可以合成有生物活性的固醇酯，合成用作食用香料的薄荷醇和香茅醇酯等。也可以用脂肪酶的底物专一性进行手性合成和旋光拆分。利用脂肪酶可以催化皂脚和木焦油中的脂肪酸与脂肪醇酯化合成可生物降解的燃料，代替石油，从而减少污染。在油脂提取过程中，应用细胞壁降解酶（如半纤维素酶、纤维素酶和果胶酶）的混合物分解细胞壁上的组织结构，可以对油的提取有很大帮助，特别是能在温和的条件下作用。另外，磷脂酶与脂肪氧化酶在油脂生产中也有应用。

二、 酶在果蔬食品加工中的应用

很多水果、蔬菜加工，比如苹果汁、猕猴桃汁、黑加仑汁、葡萄汁、山楂汁等果汁和葡萄酒、苹果酒等果酒生产，在生产过程中设法提高出汁率，要求加快澄清速度和提高澄清度，以提高设备利用率，改善产品质量。然而果胶质的存在影响了出汁率，并使汁液浑浊，不易过滤，难以澄清，因此果胶成了阻碍加工的物质。果胶酶则可以分解这些果胶物质，提高出汁率和澄清效果。由于果蔬细胞壁是由果胶质、纤维素和木聚糖等半纤维素组成的网状结构，阻止细胞内容物的渗出。果胶酶与木聚糖酶、纤维素酶的合理搭配，复合使用可更有效地破坏果蔬的细胞结构，更明显提高出汁率。

在果蔬加工与贮藏过程中，经常会发生褐变等变色现象，这些现象许多都是由酶促产生的。绝大多数酶促褐变不利于食品贮藏加工，影响食品贮藏加工中的效果和质量的稳定。为了保证产品质量，必须抑制酶促褐变。酶促褐变也有一些正面的作用，如酶促褐变是形成红茶、乌龙茶、咖啡、可可的色泽和风味所必需的反应。

三、 酶在肉制品和水产制品加工中应用

肉类食品营养物质丰富，现在的肉制品品种越来越多，其中不少肉制品的加工过程利用酶的作用来改善产品品质。酶在肉制品中的主要用途是改善组织、嫩化肉类及转化废弃蛋白质使其成为供人类食用或作为饲料的蛋白质浓缩物。

蛋白酶嫩化肉类的主要作用是分解肌肉结缔组织胶原蛋白。在动物屠宰前，把酶的浓缩液注射到动物颈静脉血管中，随着血液循环，使酶在肌肉中得到均匀分布，达到嫩化效果。从无花果中提取的无花果蛋白酶和从菠萝中得到的菠萝蛋白酶对肉的嫩化非常有效。但是粗制木瓜蛋白酶由于安全和廉价的原因在肉制品行业应用最为广泛。利用木瓜蛋白酶，Ca^{2+} 作激活剂嫩化处理牛肉，牛肉的色泽、口感、风味都得到了一定程度的改善。利用菠萝蛋白酶结合一些无机盐来处理猪肉，用此原料生产的火腿肠肉质细嫩、弹性好、风味独特。TGase能利用肉制品蛋白质肽链上的转谷氨酰胺残基的甲酰胺基为供体，赖氨酸残基的氨基为受体，催化转氨基反应，从而使蛋白质分子内或分子间发生交联，改善蛋白质的凝胶性、持水

性、塑性等性质。TGase 在肉制品加工中的应用日益广泛。溶菌酶应用于肉制品中，具有防腐效果，应用于冷却肉保鲜、加工香肠和其他低温软包装肉制品等。

　　酶在水产品加工中也有广泛的应用。如酶法生产水解鱼蛋白，生产鱼露等调味品，用 TGase 改善鱼糜制品质构，采用酶法富集鱼多不饱和脂肪酸，酶法脱鱼鳞、脱卵膜、脱腥、去异味；采用酶法水解虾、蟹壳，既得到了蛋白质水解液，滤渣又可成为提取甲壳质、色素的原料，同时减少了酸、碱的用量，对环保有利；用双酶水解法水解贻贝，制备具有一定功能的海鲜调味料等。利用酶技术可以提高水产品的质量，改善水产品的营养价值，提升水产品的加工利用率。随着酶技术的发展，酶在水产品精深加工中的应用将会越来越广泛。

四、　酶在乳、蛋制品加工中的应用

　　酶在乳品中的应用由来已久。很久以前，人们就利用犊牛皱胃酶来生产干酪。随着酶学研究的深入，酶在乳品中的应用扩展到了更广的领域。当前在乳制品生产中最常用、最重要的几种酶为：蛋白酶（主要为凝乳酶）、乳糖酶、乳过氧化物酶、脂肪酶等。微生物生长周期短，产量大，受气候、地域、时间限制小，生产成本较低、酶提取方便、经济效益高。微生物来源和转基因微生物来源的凝乳酶是干酪生产必不可少的凝结剂，脂肪酶和蛋白酶和脂肪酶可加速干酪成熟并可用于生产酶改性干酪，使制品缩短成熟时间，更具浓郁的香味。脂肪酶在霉菌成熟干酪中用于风味改良，使干酪更具辛辣和刺激味。乳糖酶用于乳制品中可提高乳制品的消化性和乳清制品的利用率，减少浓缩乳制品中乳糖结晶，分解乳糖以提高患有乳糖不耐受症的消费者对乳制品的消化力等；乳过氧化物酶是天然抑菌剂，在乳品工业中用于原乳的储存和运输，用于处理牛乳来制作不同软硬程度的干酪。乳过氧化物酶作为一种对热稳定的酶，有可能用于食品热加工，以延长货架期。TGase 用于干酪和酸乳的加工，改善了产品的质构、外观和口感。

　　在干蛋制品的制造和保藏中，发生两种类型的非酶褐变。其一是由葡萄糖和蛋白质中氨基或蛋清中游离氨基酸通过美拉德反应产生的褐变，产生不良的色泽，同时影响制品所需要的功能性质，如烘烤性、抽打性、溶解性及蛋糕体积等。其二是由于葡萄糖与蛋黄中的脑磷脂反应，不仅产生褐色产物，而且带来不良风味。在干制蛋白中发生的非酶褐变导致产品质量下降。从理论和实际两方面考虑，最理想的防止美拉德反应的方法是除去一个反应物或使一个反应物失活。在食物中除去美拉德反应的一个反应物——蛋白质，显然不现实，然而在干制蛋品加工中已采用微生物发酵和酶法除去蛋制品中的约占总质量 1% 的还原糖，其中大多数是葡萄糖。这样就消除了美拉德反应中另一个反应物——还原糖。除去葡萄糖的蛋粉在贮藏性和功能性方面均得到改善。

第五节　酶的发酵法生产

　　酶的发酵法生产是指在人工控制的条件下，有目的地利用微生物培养来生产所需的酶，其技术包括培养基和发酵方式的选择、发酵条件的控制管理、酶的分离纯化等方面的内容。

　　微生物种类很多，根据产生的酶是否被分泌到细胞外分为产胞内酶的微生物和产胞外酶的微生物。作为生产商品酶制剂的优良微生物的基本要求是：①繁殖快，产酶量高，有利于缩短生产周期；②能在便宜的底物上良好生长；③产酶性能稳定，菌株不易退化，不易受噬菌体侵袭；④最好是产生胞外酶的菌种，产生的酶容易分离纯化；⑤不是致病菌及产生有毒、有害物质的微生物。对医药和食品用酶，还应考虑安全性。凡从可食部分或食品加工中传统使用的微生物生产的酶，是安全的。由非致病微生物制取的酶，需做短期毒性实验。非常见微生物制取的酶，需做广泛的毒性实验，包括慢性中毒实验。

　　酶的发酵生产方式有固体发酵和液体深层发酵两种。固体发酵主要是用于真菌来源的商业酶生产。液体深层发酵主要适合于细菌和酵母菌。培养不同的微生物须采用不同的培养条件；培养目的不同，原料的选择和配比不同；不同阶段，培养条件也有所差异。不管怎样的培养基，都应该具备微生物生长所需要五大营养要素：水、碳源、氮源、无机盐、生长因子。其中，水是微生物最基本的组成成分（70%～90%），也是细胞质组分，直接参与各种代谢活动，并调节细胞温度和保持环境温度的稳定。碳源构成细胞物质或代谢产物中碳架，为其生命活动提供能量。氮源构成细胞物质和代谢产物中氮素。无机盐参与酶的组成，构成酶活性基，激活酶活性维持细胞结构的稳定性，调节细胞渗透压，控制细胞的氧化还原电位，有时可作某些微生物生长的能源物质。生长因子是指某些微生物不能用普通的碳源、氮源物质进行合成，而必须另外加入少量的生长需求的有机物质，它以辅酶与辅基的形式参与代谢中的酶促反应。

　　发酵条件的控制对微生物发酵产酶至关重要。培养基的 pH 必须控制在一定的范围内，以满足不同类型微生物的生长繁殖或产生代谢产物。为了维持培养基 pH 的相对恒定，通常在培养基中加入 pH 缓冲剂，或在进行工业发酵时补加酸、碱。微生物发酵产酶的最适 pH 与生长最适 pH 往往有所不同。其生产某种酶的最适 pH 通常接近于该酶催化反应的最适 pH。有些微生物可以同时产生若干种酶，在生产过程中，通过控制培养基的 pH，往往可以改变各种酶之间的产量比例。对于微生物来说，温度直接影响其生长和合成酶。有些微生物发酵产酶的最适温度与其生长最适温度有所不同，而且往往低于生长最适温度。这是由于在较低的温度条件下，可以提高酶所对应的 mRNA 的稳定性，增加酶生物合成的延续时间，从而提高酶的产量。在酶的发酵生产过程中，处于不同生长阶段的细胞，其细胞浓度和细胞呼吸强度各不相同，致使耗氧速率有很大的差别。因此必须根据耗氧量的不同，不断供给适量的溶解氧。

　　为了提高酶产量，除了采用优良的微生物菌种、适宜的培养基，以及正确控制培养条件外，还可通过调加添加诱导物，控制阻遏物的浓度，添加表面活性剂和产酶促进剂等方法实现。对于诱导酶的发酵生产，在发酵过程中的某个适宜的时机，添加适宜的诱导物，可以显著提高酶的产量。对于受代谢途径末端产物阻遏的酶，可以通过控制末端产物的浓度的方法使阻遏解除。为了减少或者解除分解代谢物阻遏作用，应当控制培养基中葡萄糖等容易利用的碳源的浓度。表面活性剂可以与细胞膜相互作用，增加细胞的透过性，有利于胞外酶的分泌，从而提高酶的产量。产酶促进剂是指可以促进产酶、但是作用机理未阐明清楚的物质。

🔍 思考题

1. 什么是酶工程？
2. 酶催化的特点及其催化机制有哪些？
3. 食品酶的主要种类及其主要性质有哪些？
4. 酶反应影响因素有哪些？
5. 酶在食品加工中主要有哪些应用？

主要参考文献

[1] 刘欣. 食品酶学［M］. 北京：中国轻工业出版社，2007.

[2] John M. deMa. Principles of Food Chemistry［M］. 3rd. Aspen Publishers, Inc., Gaithersburg, Maryland, 1999.

[3] 姜锡瑞，段钢. 酶制剂应用技术问答［M］. 北京：中国轻工业出版社，2008.

[4] 何国庆，丁立孝. 食品酶学［M］. 北京：化学工业出版社，2006.

[5] 郭勇. 酶工程［M］. 北京：科学出版社，2009.

[6] Geoffrey Campbell – Platt. Food Science and Technology［M］. A John Wiley & Sons, Ltd, Publication, 2009.

[7] P J Fellows. Food processing technology – Principles and practice［M］. 2nd. Woodhead Publishing Limtted, 2000.

[8] G. A. Tucker, L. F. J. Woods. 酶在食品加工中的应用［M］. 2 版. 北京：中国轻工业出版社，2002.

[9] 姜锡瑞. 酶制剂应用手册［M］. 北京：中国轻工业出版社，1999.

[10] 彭志英. 食品生物技术［M］. 北京：中国轻工业出版社，1999.

[11] 罗贵民. 酶工程［M］. 北京：化学工业出版社，2002.

[12] 郭勇. 酶的生产与应用［M］. 北京：化学工业出版社，2003.

[13] 姜锡瑞. 酶制剂应用技术［M］. 北京：中国轻工业出版社，1997.

[14] 彭志英. 食品酶学导论［M］. 北京：中国轻工业出版社，2002.

[15] 居乃琥. 酶工程手册［M］. 北京：中国轻工业出版社，2011.

[16] 梅乐和，岑沛霖. 现代酶工程［M］. 北京：化学工业出版社，2006.

[17] 胡爱军，郑捷. 食品工业酶技术［M］. 北京：化学工业出版社，2014.

[18] 王岁楼. 食品生物技术［M］. 北京：科学出版社，2013.

第三章

现代食品生物技术

本章主要介绍基因工程、细胞工程概况，基因工程、细胞工程在食品工程中的应用，利用现代食品生物技术生产的典型产品等内容。通过本章的学习，扩大学生对现代生物技术在食品加工、贮藏、营养等方面进行应用的理解，重视应用基因工程、细胞工程等生物技术进行食品加工与贮藏。

第一节　基　因　工　程

近年来，随着现代生物技术突飞猛进的发展，生物技术在食品工业中的应用日益广泛和深入，食品生物技术的发展对于解决人类食物短缺，缓解人口增长带来的压力，丰富食品种类，满足不同消费需求，开发新型功能性食品具有重要意义。

一、　基因工程及其发展

（一）基因工程定义

基因工程（gene engineering），狭义指用体外重组 DNA 技术去获得新的重组基因；广义指按人们意愿设计，通过改造基因或基因组而改变生物的遗传特性。基因工程术语还未很好地统一，常用的还有遗传工程（genetic engineering）、基因操作（gene manipulation）、重组 DNA 技术（recombinant DNA technique）、基因克隆（gene cloning）和分子克隆（molecular cloning）等。基因工程可以跨越物种间的屏障，把来自任何一种生物的基因转移到另一种生物中去进行表达，这样，人们就有可能按照自己的愿望定向改造某种生物的某一性状，创造出新的生物类型。此外，通过基因工程还可以实现 DNA 小片段的大量扩增，为分子生物学研究创造必要的条件。

DNA 重组（DNA recombination）指 DNA 分子内或分子间发生的遗传信息重新组合的过程，包括同源重组、特异位点重组和转座重组等类型，广泛存在于各类生物中。通过体外人工 DNA 重组可获得重组体 DNA，是基因工程的关键步骤。目的基因、载体和受体称为基因工程的三大要素。

（二）基因工程的发展历史

基因工程是在分子生物学和分子遗传学综合发展的基础上逐步发展起来的，在现代分子生物学领域，理论上的三大发现和技术上的系列发明对基因工程的诞生起了决定性作用。

1857—1864 年，孟德尔（G. Mendel）通过豌豆杂交试验，提出生物体的性状是由遗传因子控制的。1909 年，丹麦生物学家约翰逊（W. Johannson）首先提出用"基因"来代替孟德尔的遗传因子。1910—1915 年，美国遗传学家摩尔根（T. H. Morgan）通过果蝇试验，首次将代表某一性状的基因同特定的染色体联系起来，创立了基因学说。1944 年，美国微生物学家埃弗利（O. T. Avery）等通过细菌转化研究，证明基因的载体是 DNA 而不是蛋白质，从而确立了遗传的物质基础。1953 年，美国遗传学家沃森（J. Watson）和英国生物学家克里克（F. Crick）揭示出 DNA 分子双螺旋模型和半保留复制机理，解决了基因的自我复制和传递问题，开辟了分子生物学研究的新时代。1958 年，克里克确立了中心法则（1971 年修改），1961 年雅各布（F. Jacob）和莫诺德（J. Monod）提出了操纵子学说以及对所有 64 种密码子进行的破译，成功地揭示了遗传信息的流向和表达问题，为基因工程的发展奠定了理论基础。

20 世纪 70 年代，限制性核酸内切酶和 DNA 连接酶的发现和应用，使人们可以对 DNA 分子进行体外切割和连接，该技术是基因工程研究中的重大突破，并成为基因工程的核心技术。另一个难题是基因克隆载体问题。人们通过研究发现，病毒、噬菌体及质粒具有分子小，易于操作和具有筛选标记等优点，是外源 DNA 片段的理想载体。

除上述 DNA 分子的切割与连接、基因的转化技术之外，还有诸如核酸分子杂交、凝胶电泳、DNA 序列结构分析等分子生物学实验方法的进步也为基因工程的创立和发展奠定了技术基础。

1972 年，美国斯坦福大学的 P. Berg 构建了世界上第一个重组 DNA 分子，获得了 1980 年度诺贝尔化学奖。1973 年，斯坦福大学 S. Cohen 等人也成功地进行了体外 DNA 重组实验并实现细菌间性状的转移，这是基因工程发展史上第一次实现重组转化成功的例子，基因工程从此诞生。1982 年美国一家公司成功地把细菌抗卡那霉素的基因转入向日葵。1997 年 2 月 23 日，克隆羊"多利"在英国诞生，世界为之震动，这是基因工程技术上划时代的突破。

二、基因重组的主要类型

基因重组是指一个基因的 DNA 序列是由两个或两个以上亲本 DNA 组合起来，它是遗传的基本现象，病毒、原核生物和真核生物都存在基因重组现象。减数分裂可发生基因重组，其特点是 DNA 双链间进行物质交换。在真核生物中，重组发生在同源染色体的非姊妹染色单体间减数分裂期，细菌可发生在转化或转导过程中，通常称这类重组为同源重组（homologous recombination），即只要两条 DNA 序列相同或接近，重组可在此序列的任何一点发生。但在原核生物中，有时基因重组依赖于小范围的同源序列的联会，重组只限于该范围内，只涉及特定位点的同源区，把这类重组称作位点特异性重组（site-specific recombination），此外，还有一种重组方式，完全不依赖于序列间的同源性，使一段 DNA 序列插入到另一段中，在形成重组分子时依赖于 DNA 复制完成重组，称此类重组为异常重组（illegitimate recombination），也称复制性重组（replicative recombination）或非特异重组（general recombination）。

　　DNA 重组技术的重大突破是基因克隆。这意味着可以单独从生物体的染色体组（生物体的全部基因信息）提取出某个目的基因。通常，将一个基因片段转移到载体上进行基因克隆。如图 3-3-1 所示。

图 3-3-1　将 DNA 片段克隆到质粒载体的过程

　　载体可以将 DNA 片段从一个生物体转移到另一个生物体。质粒是最常用的载体，它是小的环状双链 DNA，可以在宿主细胞内进行复制。一个质粒载体可以插入到另一个细胞中，则该细胞就含有所需要的目的基因，并能够与其他含非目的基因的细胞相分离。

　　基因克隆的基本技术是 20 世纪 70 年代中期发展起来的。从一个细菌分离出的基因可以转移到其他细菌、植物或动物中去。在某些情况下，基因转移很容易；而在另一些情况下（例如将一个基因转移到多细胞动物中）则较为复杂。基因转移的直接产物称为重组体，用特殊的媒介得到的产物称为基因改良生物体（GMO）。

三、　基因工程在食品中的应用

　　运用基因工程技术对动物、植物、微生物的基因进行改良，不仅为食品工业提供营养丰富的动植物原材料、性能优良的微生物菌种以及高活性且价格适宜的酶制剂，而且还可以赋予食品多种功能，优化了生产工艺，开发出新型的功能性食品。基因工程正在使食品工业发生着深刻变革。

（一）　改良食品原料品质和加工性能

　　目前，在植物源食品的品质改良上，基因工程技术得到了广泛的应用，并取得了丰硕成果。主要集中于改良蛋白质、碳水化合物及油脂等食品原料的产量和质量。

1. 蛋白质类食品

蛋白质是人类赖以生存的营养素之一，蛋白质原料中有 65% 来自植物。与动物蛋白相比，植物蛋白的生产成本低，而且便于运输和贮藏，但其氨基酸组成不平衡，特别是谷类蛋白质中赖氨酸（Lys）和色氨酸（Trp），豆类蛋白质中甲硫氨酸（Met）和半胱氨酸（Cys）等一些人类所必需的氨基酸含量较低。通过采用基因导入技术，即通过把人工合成基因、同源基因或异源基因导入植物细胞，可获得高产蛋白质或高产氨基酸的作物。

植物体中有一些含量较低，但氨基酸组成却十分合理的蛋白质，如能把编码这些蛋白质的基因分离出来，并重复导入同种植物中去使其过量表达，理论上就可以大大提高蛋白质中必需氨基酸含量及其营养价值。小麦中有一富含赖氨酸（Lys）的蛋白质，在其 270 位到 370 位区间有富含赖氨酸（Lys）片段，Singh 在 1993 年成功地克隆了编码该蛋白质的 DNA，并把该基因确定为小麦蛋白质工程的内源目的基因。目前，同源基因的研究工作尚停留在目的基因的分离和鉴定阶段。

2. 油脂类食品

人类日常生活及饮食所需油脂 70% 来自植物。高等植物体内脂肪酸的合成由脂肪合成酶（FAS）的多酶体系控制，因此，改变 FAS 的组成就可以改变脂肪酸的链长和饱和度，以获得高品质、安全及营养均衡的植物油。目前，控制脂肪酸链长的几个酶的基因和控制饱和度的一些酶的基因已被克隆成功，并用于研究改善脂肪的品质。如通过导入硬脂酸-ACP 脱氢酶的反义基因，可使转基因油菜籽中硬脂酸的含量从 2% 增加到 40%。而将硬脂酸-CoA 脱饱和酶基因导入作物后，可使转基因作物中的饱和脂肪酸（软脂酸、硬脂酸）的含量下降，而不饱和脂肪酸（油酸、亚油酸）的含量则明显增加，其中油酸含量可增加 7 倍。除改变油脂分子的不饱和度外，基因工程技术在改良脂肪酸的链长上也取得了实效。高油酸含量的转基因大豆及高月桂酸含量的转基因油料作物油菜在美国已经成为商品化生产的基因工程油料作物品种。

3. 碳水化合物类食品

利用基因工程来调节淀粉合成过程中特定酶的含量或几种酶之间的比例，从而达到增加淀粉含量或获得独特性质、品质优良的新型淀粉。高等植物体内涉及淀粉生物合成的关键性酶类主要有：葡萄糖焦磷酸化酶（ADP Glupyrophosphorylase，AGPP），淀粉合成酶（starch synthase，SS）和淀粉分支酶（starch branching enzyme，SBE），其中淀粉合成酶又包括颗粒凝结型淀粉合成酶（granule-bound starch synthase，GBSS）和可溶性淀粉合成酶（soluble starch synthase，SSS）。

对不同作物来说，增加或减少淀粉含量都有价值。增加淀粉含量，就可能增加干物质，使其具有更高的商业价值。减少淀粉含量，减少淀粉合成的碳流，可生成其他贮藏物质，如贮藏蛋白的增加。目前，在增加或减少淀粉含量的研究方面已有成功的报道。

（二）改善酶及发酵制品的品质并降低成本

酱油风味的优劣与酱油在酿造过程中所生成氨基酸的数量和种类密切相关，而参与此反应的羧肽酶和碱性蛋白酶的基因已克隆并转化成功，在新构建的基因工程菌株中，碱性蛋白酶的活力可提高 5 倍，羧肽酶的活力可提高 13 倍。酱油酿造中，和过滤有关的多聚半乳糖醛酸酶、葡聚糖酶和纤维素酶、果胶酶等的基因均已被克隆，当用高纤维素酶活力的转基因米曲霉生产酱油时，可明显提高酱油产率。另外，在酱油酿造过程中，木糖可与酱油中的氨基酸反应产生褐色物质，影响酱油的风味。而木糖的生成与酿造酱油用曲霉中木聚糖酶的含量与活力密切相关。目前，已经成功克隆了米曲霉中的木聚糖酶基因。利用反义 RNA 技术构建的抑制该酶表达的工程菌株来酿造酱油，可显著地减少这种情况，从而酿造出颜色浅、口味淡的酱油，适应特殊食品加工的需要。

在正常啤酒酿造过程中，由酿酒酵母细胞产生的 α-乙酰乳酸经非酶促的氧化脱羧反应会产生双乙酰。当啤酒中双乙酰含量超过阈值（$0.02 \sim 0.10 mg/L$）时，就会产生一种令人不愉快的馊饭味，严重破坏啤酒的风味与品质。去除啤酒中双乙酰的有效措施之一就是利用 α-乙酰乳酸脱羧酶。但由于酵母细胞本身没有该酶，利用转基因技术将外源 α-乙酰乳酸脱羧酶基因导入啤酒酵母细胞并使其表达，是降低啤酒中双乙酰含量的有效途径之一。

（三）开发功能性保健食品配料

目前在保健食品中很多功能性食品配料提取、纯化步骤复杂，成本高，原料容易受产地和季节等的条件限制。利用基因工程技术可以研制特种保健食品的有效成分。通过基因工程手段，将这些有效成分的基因进行异源表达，能够有效降低成本，提高生产效率。如花青素、低聚糖、生物碱、生物活性酮醇等多种功能成分目前都已通过基因工程手段进行了成功的调控和表达。

（四）改进食品加工工艺

利用基因工程技术，可以改进食品原料或者添加剂的功能特性，从而对食品加工工艺进行改进，促进食品品质的改善。如牛乳中酪蛋白分子的丝氨酸磷酸化后，将使酪蛋白表面带有大量阴离子，易与钙离子结合而沉淀。用丙氨酸代替丝氨酸，降低磷酸化作用后，可使酪蛋白不易与钙离子结合，从而提高了牛乳的热稳定性，防止牛乳杀菌后产生沉淀。在利用酵母生产酒精的过程中，利用基因工程技术将霉菌的淀粉酶基因转入大肠杆菌，再将此基因导入酵母中，就可以直接利用淀粉生产酒精，省却了将原料高压蒸煮的工序，同原工艺相比，节约 60% 能源，缩短生产周期，降低生产成本。另外，还有研究在啤酒酵母中导入能够降解多聚糖的酶的表达基因，使葡萄酒在加工中显著缩短过滤步骤的时间。把糖化酶基因引入酿酒酵母，构建能直接利用淀粉的酵母工程菌并用于酒精工业，能改变传统酒精工业生产中的液化和糖化步骤，实现淀粉质原料的直接发酵，达到简化工艺、节约能源和降低成本的目的。

第二节　细胞工程

细胞工程（cell engineering）是指应用细胞生物学方法，根据人们预先设计，有计划的保存、改变和创造遗传物质的技术，是在细胞水平研究、开发、利用各类细胞的工程。

细胞工程是现代生物技术的重要组成部分，也是现代生物学研究的重要技术工具。细胞工程涉及的范围非常广，按实验操作对象的不同可以分为细胞与组织培养、细胞融合、细胞核移植、染色体操作和转基因生物等；按生物类型的不同可分为动物细胞工程、植物细胞工程及微生物细胞工程。在细胞工程的基础之上，衍生出不少新的领域如组织工程、胚胎工程、染色体工程等。作为生物工程重要分支的细胞工程，近年来取得了令人瞩目的发展，这不仅由于它在理论上具有重要的意义，而且在工农业生产及食品、医药方面也具有广泛的应用前景。

一、 细胞工程基本技术

（一） 无菌操作技术

细胞工程的所有实验都必须在无菌条件下进行，无菌操作的概念和意识必须贯穿于整个实验过程之中。实验操作应该在无菌室内进行。无菌室内和超净工作台必须定期进行紫外线或/和化学试剂消毒；所有的实验器械都应该以适当的方式消毒和灭菌；实验人员必须按照一套严格的消毒和着装程序才能进入无菌实验室。

（二） 细胞培养技术

大多数动植物细胞，只要保证其适宜的条件，就能够在体外的培养器中成活和分裂，并表现出分化的特征。所谓细胞培养（cell culturing），就是将生物有机体的某部分组织取出一小块，在体外经表面消毒处理后，使其分散成单个游离的细胞，并放置在人工配置的培养基中进行培养，使之生长分裂的技术。由于生物体的一种组织往往包含两种或两种以上的细胞，如叶片组织至少包括叶肉细胞、维管束鞘细胞和表皮细胞等，在培养过程中不易分开，所以细胞培养有时又叫组织培养，或统称为细胞与组织培养。

（三） 细胞融合技术

细胞融合（cell fusion）又称体细胞杂交（somatic hybridization）或细胞杂交（cell hybridization），是指在离体条件下用人工方法将不同种生物或同种生物不同类型的单细胞通过无性方式融合成一个杂合细胞的技术。细胞融合是研究细胞间遗传物质和信息传递、基因在染色体上定位、创建具有双亲优良特征的新型细胞的有效手段。

（四） 细胞器移植和细胞重建技术

细胞是生命活动的基本单位，其内部有各种功能的细胞器。细胞学家可以对细胞器进行移植，获得远缘杂种，为改造老品种、创造新品种开辟新途径。细胞核、细胞质分离技术与细胞融合技术的联合应用，建立了细胞重建技术，在融合因子的介入下使细胞质与细胞完全合并，构成核质杂种，即重建后的细胞。这类重建后的新细胞不但能成活，且能继续分裂、繁殖和成长。

二、 微生物细胞工程在食品加工中的应用

在食品生物工程领域，可利用各种微生物发酵生产蛋白质、酶制剂、氨基酸、维生素、多糖、低聚糖及食品添加剂等产品。为了使其优质高产，除通过各种化学、物理方法诱变育种外，采用细胞融合技术或原生质体融合技术也是一种有效的方法。

（一） 微生物细胞工程在氨基酸生产菌育种中的应用

在氨基酸生产菌育种研究中，第一个研究的是 L-谷氨酸生产菌。该棒杆菌自 1956 年首次从自然界分离后，经过几十年采用各种方法的人工诱变或多重的营养缺陷型菌株筛选，高产谷氨酸生产菌 FM84-415 已推广于我国味精企业。由于该菌仍不太稳定，易被噬菌体感染，赵广铃等人选用 FM48-415 和 FM242-4 作为出发菌株进行原生质体融合，共挑取在 HMM 平板上生长的菌落 5000 个，点种于 CM 平板和含噬菌体的双层平板上培养，检出抗性

菌株 63 株，融合频率为 1.26×10^{-4}。抗性菌株经初筛后再进行复筛，筛选出产酸能力比出发菌株高，而且对噬菌体有抗性的谷氨酸发酵生产菌株。

（二）微生物细胞工程在酶制剂生产菌育种中的应用

枯草杆菌是蛋白质、淀粉酶等酶制剂的生产菌，也是细胞融合技术研究的最多的一类菌种。诸葛健等已对蛋白酶产生菌枯草杆菌进行过系统的育种研究，成功地得到了枯草杆菌和地衣芽孢杆菌的种间融合子，融合频率为 $2.28 \times 10^{-5} \sim 7.47 \times 10^{-4}$，其中一株融合子产中性蛋白酶的能力较亲株高出 30%。在获得种间融合子后，又进行了融合子细胞和原生质体的诱发突变比较，筛选一株产酶较出发菌株高 20%~30% 的突变株。为提高 α-淀粉酶生产菌的稳定性，凌晨等进行了 α-淀粉酶生产菌的原生质体融合研究，采用地衣芽孢杆菌（*B. iichemiformis*）变异菌 A. 4041-E 和地衣芽孢杆菌 PF1093 两个亲株，于 30℃，在聚乙二醇（PEG）助融下，进行原生质体融合，其融合频率为 3.07×10^{-5}。将选择培养基上得到的初步融合子点植于含有淀粉的完全培养基上，选定淀粉水解圈大的菌株进行摇瓶发酵并测定其酶活力，选出 18 株酶活力高于亲株的菌株，其酶活力比亲株高 50%~75%，同时融合子弥补了亲株不易保藏的缺点。

（三）微生物细胞工程在酵母菌育种中的应用

目前，生产乙醇的酿酒酵母，经过物理、化学方法诱发突变选育的菌种，虽然具有生长快、耐乙醇等优点，但不分解淀粉或糊精，也不发酵乳糖。而乳酸克鲁维酵母（*Kluyveromyces lactis*）和糖化酵母（*S. diastaticus*）分别能发酵乳糖或分解淀粉或糊精。将酿酒酵母分别与克鲁维酵母和糖化酵母融合，融合子可以直接发酵乳糖或淀粉。工业用的酿酒酵母不耐高渗，而蜂蜜酵母（*S. mellis*）能耐 40% 以上葡萄糖。Legmann 把这两种作为亲株进行原生质体融合，得到的融合子在 40% 葡萄糖培养基中产乙醇的速度（以释放 CO_2 计）分别是亲本的 3 倍和 7 倍。提高酿酒酵母的絮凝性是改良酿酒工业生产工艺的技术关键之一。

（四）微生物细胞工程在酱油曲霉育种中的应用

酱油是利用米曲霉等微生物进行生产的，酱油的品质与曲霉菌所产的蛋白酶、肽酶、谷氨酰胺酶及其分泌息息相关。据报道，采用原生质体融合技术，在产黄青霉（*P. chrysogenun*）和总状毛霉（*M. racernosus*）等微生物的同一种内或种间进行细胞融合，可选育出蛋白酶分泌能力强，发育速度快的优良菌株。

（五）微生物细胞工程在功能性配料生产中的应用

目前，很多功能性配料是由动植物原料中提纯所得，提取步骤复杂，产品成本高、纯度低，而利用细胞工程，通过微生物细胞控制技术，可以按照预定要求生产所需的功能性食品配料。例如，黄酮类化合物具有抗衰老、抗氧化等多种生物活性，很多黄酮类化合物是由植物中提取，造成产品成本高且纯度不够，通过细胞培养技术控制微生物细胞可以生产价廉质优的黄酮类化合物。目前有研究通过筛选黄酮合成酶 FNSⅡ基因表达水平高的水母雪莲细胞系，发现通过调控细胞培养基种类和有机添加物可加快雪莲细胞的生长和黄酮积累。

三、植物细胞工程及其应用

植物细胞工程是以植物组织培养为基础、具有广泛应用前景和实用价值的生物技术。目前，根据人们的需要已经相继完善和发展了一些具有特色的实用技术，包括植物细胞培养技术、无性快繁技术、制备转基因植物、单倍体育种及胚胎培养等。这些技术的发展和应用，使植物细胞工程在人类的现代生活中的地位更加突出，并在经济植物快繁、植物新品种选育和有用次级代谢产物的生产方面发挥了重要作用。

（一）培养植物细胞获得生物产品

植物次级代谢产物是优良的食品添加剂原料，有些甚至是生物毒素的主要来源，可用于杀虫、杀菌，对环境和人畜无害。植物细胞培养作为重组蛋白的生产系统，集合了微生物发酵、动物细胞培养和完整植株培养系统的很多优点。可利用植物细胞悬浮培养、固定化培养及各种生物反应器实现次级代谢产物尤其是药用植物成分的大量生产。目前，我国的药用植物细胞培养技术取得了很大进展。以细胞培养技术为主要手段的商品化生产药用植物天然产物的工业正在崛起。如人参、洋地黄、萝芙木、紫草、黄连等已实现了工业化生产。但由于技术上的原因，与人类所需相比仅有少数的物质可用细胞培养的方法来生产，主要困难是在一些培养的组织细胞中次级代谢产物的含量极低。因此，开展旨在提高药用有效成分的细胞培养及次级代谢调控工作是一项具有应用前景的工作。

（二）植物无性快繁技术

植物无性快繁技术是指利用离体培养技术，将来自优良植株的茎尖、腋芽、叶片、鳞片等器官、组织和细胞进行离体培养，在短期内获得大量遗传性状一致的个体的方法。植物快繁速率很高。如大花蕙兰的快速繁殖，在适宜的条件下，一个大花蕙兰的圆球茎在一个半月里可以增殖出 6 个圆球茎，每年可继代培养 8 次，一年之内就可以繁殖出 $8^5 = 2097152$ 个圆球茎，这些圆球茎又可以进一步长成有商品价值的试管苗。植物快速繁殖技术在园艺和农业上有广泛的应用。首先，可应用于杂合植物材料的大量繁殖，许多优良观赏植物和经济植物的所谓"品种"都是杂交品种，一旦有性繁殖，后代性状分离则不能得到性状均一的植株，通过无性繁殖能够保持杂合性，并大量生产性状均一的商品苗。其次，可应用于脱病毒种苗生产。长期营养繁殖的农作物和果树往往感染和积累了许多病毒，通过茎尖培养可以脱除病毒，并进行无毒苗的大量生产。近年来，我国出现了许多脱毒试管苗工厂。草莓、苹果、柑橘、葡萄等经济作物也都已建立了脱毒苗技术。随着快繁技术的发展及细胞工程与发酵工程的结合应用，出现了植物快繁生物反应器，为植物快繁技术带来了根本性变革，成为快繁技术发展的新方向。

（三）植物遗传转化技术

植物遗传转化是植物细胞工程中的一项重要技术。它是指在人工控制条件下通过某种外源基因转移技术，将含有目的基因和标记基因的重组质粒或 DNA 片段导入植物不同生活状态的细胞、组织或器官中去，再经过适宜条件的筛选，获得带有特殊遗传性状的细胞株或转基因再生植株的一套系统工程技术。植物遗传转化技术是目前建立转基因再生植株的重要方法。可以通过农杆菌转化法、基因枪法、PEG 介导转化法、电孔击穿法、激光微束转化技术、植物生殖细胞转化法、超声波转化法、脂质体介导转化法、病毒介导转化法等方法建立多种转基因再生植株。

（四）单倍体育种

高等植物的孢子一般都是二倍体，而高等植物的配子体，如被子植物的花粉和胚囊，其细胞中只含有一套染色体，为单倍体。在特定情况下，被子植物的花粉或卵细胞未经受精作用也可发育为植株，是单倍体植株。单倍体植株经过染色体加倍后就成为加倍单倍体（DH系）或者纯合二倍体，不仅可育，而且在遗传上是纯合的。由于 DH 系或纯合二倍体在遗传上是高度纯合的，如果在育种工作中把单倍体植株作为一个环节，就能够很快获得纯系，加快育种速度，并能创造出植物的新类型。传统育种杂种自交 5 代以后可以产生一些同质配子结合的纯合植株，6~8 代才可选育出新品系。将单倍体技术应用于常规育种，如花药培养或远源花粉授粉诱导孤雌生殖的方法，产生单倍体植株，再经过染色体加倍，就可以得到纯合二倍体。这样从杂交到获得不分离的纯系，有些只需要 2 年时间，大大缩短了育种年限。我国是最早利用花药培养和加倍花粉单倍体育成新品种的国家之一，育成了数十种烟草、水稻、小麦、玉米和辣椒新品种。如中国农业科学院李梅芳教授通过花药培养培育出一系列水稻新品种，具有高产、抗病和优质特性。

（五）胚胎培养

1. 胚胎拯救

在种间杂交和属间杂交时，杂种的合子和胚乳核均包含两个遗传结构不同的基因组。在形成胚和胚乳过程中两个基因组的表达不协调，导致杂种胚乳和胚发育不正常，不能形成有萌发能力的种子。在多种情况下是杂种胚乳最先败育，而胚仍是健康的，此时进行离体胚培养，可将杂种幼胚培养成植株，称为胚胎拯救。胚胎拯救已被广泛应用于各种经济植物的远源杂交育种，获得了许多用常规方法难以获得的稀有杂种。禾谷类植物远源杂交在作物育种中具重要作用，然而，其不孕率和败育率都很高，因此，近年来胚胎培养已经成为和谷类远源杂交必不可少的环节。如小麦属与冰草属、小麦属与披碱草属、小麦属与早麦草属、小麦属与赖草属等都借助胚胎培养获得了杂种植株。胚胎拯救培养在豆科杂种植物的获得中也有广泛的应用。胚胎培养的方法在其他植物杂交育种方面也起到重要作用，获得了许多运用其他杂交方法未能得到的杂种植株。

2. 胚乳培养

胚乳培养是研究胚乳的功能、胚乳与胚的关系以及获得三倍体植株的一种手段。胚乳培养再生的植株理论上是三倍体，实际上，由于胚乳细胞分裂的不规则性，胚乳植株中既有三倍体，又有非整倍体。即使如此，胚乳培养作为一种产生三倍体的手段，仍受到持续关注。三倍体植株在经济上有重要价值，如可产生无子果实、生长速度快、生物量高等。产生三倍体的常规方法是先用秋水仙素诱导二倍体染色体加倍，形成四倍体，然后再用四倍体和二倍体杂交产生三倍体。但在有些情况下四倍体和二倍体杂交不能成功，因而三倍体种子的来源就没有保障。对于木本植物来说，四倍体经过多年的生长发育才能开花，需用多年时间才能配制三倍体，通常这样做是行不通的。在这种情况下，就可以尝试改用胚乳培养的途径产生三倍体植株。目前，已有 40 多种植物的胚乳培养达到了不同程度的细胞分化和器官分化，不少植物已得到再生植株。随着现代农业的不断拓展，植物细胞工程技术应不断开拓新的应用领域，推动植物细胞工程技术与空间技术的结合，发展空间细胞融合技术，加强海洋生物技术的应用，利用植物细胞工程技术培育海藻新品种，开拓植物细胞工程在环境保护中的应用等。

（六）植物细胞工程在天然香精香料生产中的应用

利用植物细胞、组织和器官大规模培养技术，可以大量培养香料植物，获得高附加值的香料物质。食用香料植物组织培养在天然香料工业中的研究主要集中在快速繁殖、种植保存、品种改良、新品种培养和脱病毒等方面。在植物组织培养中，从外植体诱导产生愈伤组织，再由愈伤组织产生不定芽后生根壮苗产生突变的可能性较大，可达到改良品种的目的。

在以繁殖优良品种为目的时，还可以不经过愈伤组织阶段而由外植体直接出芽并进行试管内扦插。该方法同样适合草本植物和多年生木本植物，且能进行快速繁殖。组织培养的香料及香气分类的分布如表 3-3-1 所示。

表 3-3-1　　　　　　　　　　　组织培养的香料及香气分类的分布

科名	数量/种	香气分类	数量/种
唇形科	10	花香–清韵	3
芸香科	6	花香–鲜韵	3
伞形科	5	花香–甜韵	2
菊科	3	非花香–蜜甜	3
木兰科	2	非花香–辛香	11
木樨科	2	非花香–豆香	1
姜科	2	非花香–草香	4
蔷薇科	1	非花香–清滋香	4

第三节　现代食品生物技术典型产品

一、氨基酸

（一）氨基酸生产概述

用微生物发酵法生产氨基酸具有很高的经济利益。据估算，全世界的氨基酸产品每年至少 166 万 t。氨基酸除作为营养成分外，还有以下功能。

（1）增强风味　谷氨酸作为风味增强剂在食品加工和烹饪中广泛应用，2010 年我国谷氨酸及其盐产量达 220 万 t，占世界总产量的 70%以上，位居世界第一。

（2）饲料添加剂　许多动物饲料中的必需氨基酸含量很低，如赖氨酸和甲硫氨酸。微生物发酵法生产的氨基酸作为添加物，是一种可以提高饲料质量的相对廉价可靠的方法。2009 年末全国赖氨酸总产量已达 70 万 t，目前我国赖氨酸总产量约占全球赖氨酸市场的 40%。甲硫氨酸主要用作动物饲料添加剂，在我国饲养业规模和产量均居全球第一的背景下，专家预测，2015 年我国甲硫氨酸总需求量将增至 24 万 t。

（3）作为配料　阿斯巴甜是饮料加工中一种普遍应用的甜味剂，是天冬氨酸和苯丙氨酸来合成的天冬酰胺甲烷基酯化的化合物。

（4）非消化道营养（如静脉注射）　这已经成为无法摄食的人获取氨基酸的途径。

利用有机化学方法可以合成氨基酸，但氨基酸以 D 型和 L 型存在（图 3-3-2），很难合成一种特定立体结构的氨基酸。

D-氨基酸存在于所有细胞中，但不构成蛋白质。在氨基酸作为原料添加或者输液的情况下，如果最终目的是提供氨基酸给人或动物来合成蛋白质，必须是 L-氨基酸。氨基酸的立体结构对于人的味觉也不同，例如，L-谷氨酸是一种有效的风味增强剂，但是 D-谷氨酸完全没有作用。用微生物或者微生物酶可以严格地控制氨基酸的旋光性，更适合用来生产多种氨基酸。

图 3-3-2　氨基酸构型

（二）微生物的选择

在发酵过程中只需提供充足的底物和适宜的环境，微生物就可以产生大量的发酵最终产物（如乙醇）。但用这种方法大量生产氨基酸却遇到一定困难，由于不同微生物发酵的中间或最终代谢产物既可以通过细胞膜向外扩散，又可以通过营养运输等方式从细胞内流向细胞外，想要从细胞中分离产物并不难。但正常情况下，微生物并不能过度积累或产生中间代谢产物的氨基酸，因此，必须严格控制非目的氨基酸的生产。所以，微生物学家必须通过代谢控制或各种育种手段来控制氨基酸的代谢及大量生产。

在氨基酸生产中，微生物菌种的选择至关重要。大肠杆菌是适合大量繁殖的较理想的微生物菌种，但大肠杆菌不适于生产很多种氨基酸（也有例外，如苯丙氨酸）。大肠杆菌生产氨基酸的过程需要控制酶活性，脯氨酸和谷氨酸的生产如图 3-3-3 所示。

1. 通过反馈抑制来调控酶活性

大多数酶都有一个变构位点，它与酶的活性位点在空间上是分开的，底物与酶的变构位点结合使酶的构型发生改变即可逆性地灭活酶。酶一般是在反应开始时发生这种变化，这样就可以终止反应，不会产生中间产物。

2. 转录的调控

转录的阻遏作用与抑制反应类似，不同的是酶的活性不受影响，但转录酶的活性受到抑制。氨基酸合成的最终产物常与辅阻遏蛋白连接，这种可逆性连接使其成为一种有活性的阻遏复合物，并连接到类似于操纵子的操纵单元上。在细菌中，氨基酸合成途径相关基因通常由一个启动子控制，途径中所有酶一起合成，这种基因的排列顺序就是操纵子。只要辅阻遏蛋白与操纵单元结合，操纵子上没有一个基因表达，没有一种酶合成，当细胞质中的氨基酸含量降低时，阻遏复合物就会脱离，启动子与 RNA 聚合酶结合开始转录（图 3-3-4）。

图 3-3-3　脯氨酸和谷氨酸的生产

3. 衰减作用

原核生物中通过翻译前导肽而实现控制 DNA 的转录的调控方式称为衰减作用。这是一种复杂的翻译调控方式。在该机制中，核糖体沿着 mRNA 分子移动的速度决定了转录是进行还是终止。如果某种氨基酸在细胞质中含量很高，那么这种氨基酸的转运 RNA（tRNA）含量也很高，核糖体沿着前导 RNA 移动很快，衰减子序列（启动子与操纵子第一个结构基因

图 3-3-4　氨基酸合成的调控

（1）足量的脯氨酸存在　　（2）低水平的脯氨酸

间）形成终止子发夹结构，这将特异性地破坏负责该氨基酸合成的操纵子的翻译。反之，当缺少某种氨基酸时，前导肽翻译停滞在相应的氨基酸密码子中，使得衰减子序列形成不同的发夹结构，该氨基酸操纵子转录继续进行。在大肠杆菌中，只要能控制所有的调控水平，就能实现氨基酸的过量生产，但在很多情况中，用其他菌种可以得到更好的效果。

相对于大肠杆菌，灵杆菌更容易成为氨基酸的过量生产者。灵杆菌是肠杆菌科中的一种微生物，其最大特点是具有明显的红色素沉淀，该菌种反馈抑制作用是最重要的氨基酸合成调控机制。

为什么大肠杆菌有如此复杂的调控机制，而灵杆菌仅仅通过控制酶的活性就如此有效？原因在于它们的生长环境不同。大肠杆菌寄生在哺乳动物体内的胃肠道，胃肠道是一种氨基酸含量不断变化的环境，如果寄主要消耗氨基酸，那它体内寄生的微生物则得不到供应，所以它们必须能快速调节它所需的氨基酸量。相反，灵杆菌生长在土壤中，一般土壤中没有游离的氨基酸，除非微生物能生长在富含蛋白质的土壤，所以它必须合成自己需要的氨基酸。合成氨基酸的速率与生长速率相关，通过反馈抑制很容易做到。如果细胞不再生长，就不需要氨基酸，氨基酸在细胞质中积累并抑制合成途径；而如果细胞处在生长状态，它就会消耗它所贮藏的氨基酸，并且不再阻遏合成途径。

（三）谷氨酸生产

谷氨酸是比较受关注的氨基酸之一，它是第一个通过发酵方式并用于工业化生产的氨基酸。同时，谷氨酸的经济价值非常重要，作为一种受欢迎的风味调料已广泛地应用到世界各国的食品工业中。

1907 年，日本科学家池田菊苗发现海带汤蒸发后留下呈鲜味的棕色晶体，即谷氨酸。20 世纪 50 年代获得了突破性的发现：从土壤中分离出的微生物能生产大量谷氨酸，这一方法沿用至今并已投入工业化生产。

常用谷氨酸棒杆菌（*C. glutamicum*）生产谷氨酸。该微生物的细胞膜对谷氨酸有选择性地渗透，是微生物缺乏生物素而导致的。生物素是合成脂肪酸的必要条件之一，缺乏生物素就会影响膜的合成。谷氨酸棒杆菌的呼吸方式很特殊，在需氧条件下，糖通过乙醛酸途径完全进入呼吸系统，可改变三羧酸循环；在厌氧条件下，进入发酵途径；但在厌氧分压条件下不会产生发酵，如图3-3-5所示。

核苷酸是乙醛酸的正常代谢产物，可能是因为只有很少量的氧不足以氧化核苷酸（如 NADN），乙醛酸的转化量很少。大量碳源的转化是由乙酰辅酶 A 到 α-酮戊二酸转化成丁二酰辅酶 A 再产生 NADH，但能催化此反应的酶在谷氨酸棒杆菌中的活性很低，故细胞将 α-酮戊二酸转化成谷氨酸并分泌出来。

谷氨酸存在专门通道，提示谷氨酸棒杆菌从分泌谷氨酸的过程中获得能量。可能在厌氧条件下，没有足够的氧将糖完全氧化成 CO_2，但这些氧还是足够去氧化少量的 NADH。谷氨酸被分泌的同时，丙酮酸形成乙酰辅酶 A，产生 NADH。谷氨酸大量产生和分泌的环境条件（如生物素和氧分压低）很容易控制。培养基和糖蜜含有生物素，但很快会消耗尽，氧分压会很快降低，结果是普通培养微生物的方法就能提供大量积累谷氨酸的环境。

（1）有氧条件下的丙酮酸代谢

（2）低氧条件下的丙酮酸代谢

图 3-3-5 *C. glutamicum* 的糖代谢

注：①在有氧条件下，谷氨酸棒杆菌通过乙醛酸代谢，进行了三羧酸循环。

②在氧分压低的条件下，糖转变成谷氨酸并分泌到胞外。

（四）天冬氨酸生产

阿斯巴甜，是天冬氨酰磷酸的甲烷基酯，是一种十分受欢迎的软饮料和很多食品中的甜味剂。在工业上，将天冬氨酸和苯丙氨酸作为反应物人工合成阿斯巴甜（如不用酶和细胞）。所有这些氨基酸都是利用微生物进行工业化生产，只不过方法不同。常用大量特殊的土壤微生物来生产苯丙氨酸，获得这些菌的方法与获得脯氨酸生产菌的方法类似（如诱变后分离那些缺失了反馈抑制作用的变种），苯丙氨酸也能用固定化酶的方法从大肠杆菌中获得，但酶底物的售价很高，因此，经济上不可行。

采用固定化酶法生产大量的阿斯巴甜是经济可行的，这一过程用的酶是天冬氨酸酶，该酶能催化天冬氨酸转化成氨和延胡索酸。大肠杆菌用天冬氨酸酶分解环境中的天冬氨酸作为碳源和能源，但如果延胡索酸和氨的含量很高，此酶就使延胡索酸转变为天冬氨酸。大多数的化学反应是双向的，反应朝哪个方向进行受反应的平衡常数和反应物、生成物的浓度影响，如果开始时天冬氨酸的浓度很低，而延胡索酸和氨的浓度很高，反应就会朝着延胡索酸转变为天冬氨酸的方向进行。

纯化的天冬氨酸酶同样可以固定在载体上（如卡拉胶），固定大肠杆菌的技术更简单，效果也相同。把大肠杆菌细胞放入已融化的卡拉胶中，然后冷却，以颗粒形式填充到柱子里，一般几天后细胞会自体消化，酶从细胞中释放出来，进入卡拉胶中，再经过几天的稳定，延胡索酸和氨从柱的上端加入，而在底部收集天冬氨酸。利用该方法工业化生产天冬氨酸的原因有三个：一是原料（延胡索酸和氨）相对便宜；二是生产的天冬氨酸浓度高，便于提纯；三是不需要很复杂的培养基，柱的流出物中没有废物，简化了提纯过程。

工业生产中还用固定化酶法来生产 L-丙氨酸、L-半胱氨酸、D-p-甘氨酸、L-二羟基-苯丙氨酸和其他氨基酸及其衍生物。

二、 核酸

核酸（nucleic acids）系存在于动植物细胞中的天然大分子多肽物质。研究证实，核酸是遗传的物质基础，它对控制细胞分裂、生长与代谢过程起重要作用。核酸通常与蛋白质一起形成"核蛋白"。早在 1868 年，德国生理学家冯·米歇尔博士已从动物细胞中分离出核酸。经米歇尔测定，核酸的主要成分为嘌呤、嘧啶碱、糖苷与磷酸。限于当时的技术条件，米歇尔并未将核酸开发成为产品。

20 世纪 90 年代，国内外的大量研究报道表明：实验动物给予外源性核酸可使其红细胞的数量增加，血红蛋白含量升高，提高巨噬细胞吞噬功能，特异抗体生成等。核酸不仅有生长促进作用，还有明显的抗疲劳作用。

核酸在国外早已被开发成为保健食品（膳食补充剂）。此外，核酸还被广泛用于基因工程研究的重要工具。正在开发中的核酸疫苗是另一类热门药品。国外正在研制中的核酸疫苗，对付钩端螺旋体的疫苗，治疗 T 淋巴瘤的疫苗，免疫疗法用核酸疫苗以及应对其他一些病毒性疾病的疫苗。核酸与寡核苷作为治疗药的应用范围十分广阔，其中包括作为抗癌药、抗艾滋病药以及其他难治疾病的药物，其市场前景令人乐观。

核酸与寡核苷的生产技术已趋成熟。最早科学家从血液、人或动物胎盘及其他生物器官中制备核酸。近年来从来源易得、价格低廉的酵母中提取核酸的技术已成熟，并已投入工业化生产。据报道，嫩茶叶中含大量的氨基酸，可作为提取核酸的原料。研究人员已从水产品加工业的大量废弃物——虾壳中提取出可作为食品调味品用的核酸产品。大豆蛋白以及人参、黄芪、山楂等药用植物也可作为提取核酸的原料。关于核酸的医药和保健用途，学者们趋向于一致的观点是：具有抑制肿瘤细胞生长的作用；可治疗瘫痪、脑功能衰退和阿尔茨海默病；可减肥、降脂；抗衰老和用于皮肤美容；治疗肝病（尤其因酗酒引起的肝硬化等症），能溶解胆结石。

日本已开发的核酸保健产品包括核酸豆腐、核酸饼干、核酸酱油、核酸冷饮、核酸儿童早餐和核酸牛乳等，形成了核酸类产品从研究-生产-销售的良性循环。

我国原卫生部在《关于印发核酸类保健食品评审规定的通知》（卫法监发〔2002〕27号）中指出，核酸类保健食品系指以核酸（DNA 或 RNA）为原料，辅以相应的协调物质，表明具有特定保健功能的食品。明确增强免疫力是其申报的保健功能，规范了核酸类保健食品的生产与销售。

三、　有机酸

（一）柠檬酸

食用有机酸是很重要的食品添加剂。常用的有柠檬酸、乙酸（醋酸）、乳酸、苹果酸、丙酮酸和酒石酸。这些有机酸都可以需要通过微生物发酵法获得。其中以柠檬酸的产量和用量最大。柠檬酸在食品工业中的用途广泛，如饮料、糖果、果酱的生产以及水果保存等。我国的柠檬酸年总产量已超过 4 万 t，它是以糖蜜为原料，通过黑曲霉（*Aspergillus niger*）发酵而生产的。其他有机酸分别利用了醋酸杆菌（*Acetobacter*）、德氏乳杆菌（*Lactobacillus delbrukii*）、葡糖杆菌（*Gluconobacter*）、曲霉（*Aspergillus*）和根霉（*Rhizopus*）等发酵而成。

（二）L-乳酸

近年来，乳酸工业发展很快。特别是 L-乳酸，越来越引起关注。这不仅是它广泛用于食品工业，更因为它是可降解塑料的原料，有巨大的商机。研究表明，聚乳酸在空气、水和普通细菌存在下，可完全分解为水和 CO_2，形成良好的生态循环，是一种很好的绿色材料。聚乳酸的出现，为目前塑料工业资源的再生和防治白色污染问题，提供了一条较为圆满的解决途径。

（三）丙酮酸

丙酮酸是生物体的重要中间代谢产物，作为一种重要的精细化工中间体，主要应用于医药、农药和日化工业。近年来，丙酮酸的开发应用成了国内外研究的热点，新的用途被不断开发出来，世界上对其商业需求持续增长。此外，丙酮酸具有醋酸香气和愉快酸味，是很有发展潜力的食品酸味剂，而且，丙酮酸作为饲料和食品添加剂，具有很好的防腐保鲜功能。

（四）L-苹果酸

目前，发达国家消费者对化学合成产品普遍持谨慎和怀疑态度。作为发酵产品的 L-苹果酸在食品和医药领域的应用范围不断扩大。苹果酸在生理功能及味觉方面与柠檬酸明显不同。与柠檬酸相比，其产生热量更低，是一种低热量的理想食品添加剂。L-苹果酸酸味刺激缓慢，且在达到最高酸味后可以保留较长时间。利用 L-苹果酸配制的软饮料更加酸甜可口，当 50% L-苹果酸与 20%柠檬酸共用时，可呈现强烈的天然果实风味，受到食品工业的青睐。

🔍 思考题

1. 什么是基因工程，基因工程的操作步骤有哪些？
2. 什么是转基因食品？为什么要对转基因食品进行安全性评价？
3. 细胞工程的概念及其分类。
4. 细胞工程的基本操作技术有哪些？
5. 细胞培养的概念是什么？
6. 简述细胞融合技术。
7. 植物细胞工程在香料香精生产中与哪些应用？试举例说明。
8. 简述谷氨酸的生产方法和生产流程。

主要参考文献

［1］邓毛程．氨基酸发酵生产技术［M］．北京：中国轻工业出版社，2007.

［2］王镜岩．生物化学教程［M］．北京：高等教育出版社，2008.

［3］P. A. Chapman，A. T. Cerdan Malo，M. Ellin，et al. UK. Int. J . Food Microbiol. 64（1-2）：139-150，2001.

［4］孙明．基因工程［M］．北京：高等教育出版社，2006.

［5］普雷斯科特，沈萍，彭珍荣．微生物学［M］．北京：高等教育出版社，2003.

［6］罗志英．食品生物技术导论［M］．北京：中国轻工业出版社，2008.

［7］姜毓君，包怡红，李杰．食品生物技术理论与实践［M］．北京：科学出版社，2009.

［8］王向东，赵良忠．食品生物技术［M］．南京：东南大学出版社，2007.

［9］P. Duncanson，D. R. Wareing，O. Jones. Application of an automated immunomagnetic separation-enzyme immunoassay for the detection of *Salmonella spp.* during an outbreak associated with a retail premises［J］. Letters in Applied Microbiology. 2003，37（2）．

［10］孙建全，张倩，马建军，等．基因工程技术在食品工业中的应用［J］．山东农业科学，2008（2）：106-108.

［11］Nordlee J. A.，Taylor S. L.，Town J. A.，et al. Investigation of the allerge nicity of Brazil nut 2S seed storage protein in transgenic soybean. Food Safety Evaluation［J］. Paris：OECD Publicatios，1996：196-202.

［12］周卫东．转基因作物的安全性与发展前景．生物学教学，2005，30（8）：5-7.

［13］Batista R.，Oliveira M. M. Facts and fiction of genetically engineered food［J］. Trends in Biotechnology，2009，27（5）：277-286.

［14］庞俊兰．细胞工程［M］．北京：高等教育出版社，2007.

［15］Turner S.，Krauss S. L.，Bunn E.，et al. Genetic fidelity and viability of Anigozanthos viridis following tissue culture，cold storage and cryopreservation［J］. Plant Sci，2001，161：1099.

［16］Saarela M. Functional Dairy Products［M］. Vol. 2，Woodhead Publishing，Cambridge，2007.

［17］罗云波，生吉萍．食品生物技术导论［M］．北京：化学工业出版社，2006.

［18］Kalidas Shetty，Gopinadhan Paliyath，Anthony Pometto. Food Biotechnology［M］. Taylor & Francis Group，2006.

［19］王守伟，陈曦，曲超．食品生物制造的研究现状及展望［J］．食品科学，2017，38（9）：287-292.

［20］申梦雅，张永清，王德国，等．基因工程在食品工业中的应用［J］．广东化工，2016，43（10）：99-100.

第四篇

食品的包装与保藏

第一章

CHAPTER

食品包装概论

1

学习指导

　　本章介绍了食品包装的概念，基于不同角度对食品包装进行分类，阐述了食品包装的主要功能，提出了食品包装的设计要求，解释了食品包装的造型设计与结构设计要求。

　　食品包装对食品具有贮藏、保护、运输等功能，是食品保藏和流通的有效手段。

　　包装起源于人类生存对食物贮藏的需要，我国早在 5000 年前就开始制造陶器，埃及人很早就懂得制造褐色玻璃瓶，并用于盛装、保藏、运输各种粮食及其他食物。19 世纪初，马口铁罐和玻璃瓶罐的发明，使得食品得以长期贮藏。经济的发展和科学技术的进步极大地推动了食品包装新材料、新技术和新设备的研发，食品包装已成为食品工业不可分割的重要组成。

第一节　食品包装的概念及分类

一、　食品包装的概念

　　食品包装是指采用适当的包装材料、容器和包装技术，把食品包裹起来，以使食品在运输贮藏流通过程中保持其原有品质状态和价值。通常所指的食品包装是以销售为主要目的，与食品一起达到消费者手中的销售包装，也包括作为食品工业或其他行业用的工业包装。

　　食品包装的设计，应掌握被包装食品的生物、化学、物理学特性及其敏感因素，确定其要求的保护条件，才能正确选用包装材料、包装工艺技术进行操作。

　　食品包装材料种类繁多，性能各异，只有了解各种包装材料和容器的包装性能，才能根据包装食品的防护要求选择能既保护食品风味和质量，又能体现其商品价值，并使综合包装成本合理的包装材料。

　　包装设计的内容包括容器形状、耐压强度、结构形态、尺寸、封合方式等，应根据食品所需要的保护性要求、包装成本、包装量等诸方面因素进行合理的包装设计，尽量使包装结构合理、节省材料、节约运输空间，避免过分包装和欺骗性包装。

食品标签是指在食品包装容器上或附于食品包装容器上的一切附签、吊牌、文字、图形、符号及其他说明物。标签必须注有以下内容：食品名称、配料表、净含量及固形物含量、厂名、批号、日期标志和贮藏指南、食用方法、质量等级、产品标准代号、商标等。

二、 食品包装的分类

食品包装因分类角度不同形成多种分类方法。

（一）按流通过程分类

1. 运输包装

运输包装又称为大包装，是较大单元的包装形式，具有很好的保护商品、方便贮运及装卸功能，例如纸箱、木箱、桶、各种托盘、中间性散货容器、集装箱等属于运输包装。通常体积较大，外形尺寸标准化程度高，坚固耐用，广泛采用集合包装，表面印有明显的识别标志和贮运注意事项。

2. 销售包装

销售包装又称为小包装或商业包装，其特点是包装件一般较小，要求美观、安全、卫生、新颖、易于携带。不具有对商品的保护作用，而且更注重包装的促销和增值功能。瓶、罐、盒、袋及其组合包装一般属于销售包装。

（二）按包装材料和容器性质分类

如表 4-1-1 所示。

表 4-1-1　　　　　　　　　　包装按包装材料和容器分类

包装材料	包装容器类型
纸与纸板	纸盒、纸箱、纸袋、纸罐、纸杯、纸质托盘、纸浆模塑制品、中间性散货容器等
塑料	塑料薄膜袋、中空包装容器、编织袋、周转箱、片材热成型容器、热收缩膜包装、软管、软塑箱、钙塑箱、中间性散货容器等
金属	镀锡薄板、无锡钢板等制成的金属罐、桶等，铝、铝箔制成的罐、软管、软包装袋、中间性散货容器等
复合材料	纸、塑料薄膜、铝箔等组合而成的复合软包装材料制成的包装袋、复合软管等
玻璃陶瓷	瓶、罐、坛、缸等
木材	木箱、板条箱、胶合板箱、花格木箱等
其他	麻袋、布袋、草或竹制包装容器等

（三）按包装结构形式分类

（1）贴体包装　是将产品封合在用塑料片制成的，与产品形状相似的型材和盖材之间的包装形式。

（2）泡罩包装　是将产品封合在用塑料制成的泡罩与盖材之间的包装形式。

（3）热收缩包装　是将产品用热收缩薄膜裹包或袋装，通过加热、使薄膜收缩而形成产品包装的包装形式。

（4）可携带包装　是在包装容器上制有提手或类似装置，以便于携带的包装形式。

（5）托盘包装　是将产品或包装件堆码在托盘上，通过捆扎、裹包或黏结等方法固定而形成的包装形式。

（6）组合包装　是将同类或不同类商品组合在一起进行适当包装，形成一个搬运或销售单元的包装形式。

（7）中间性散货包装（intermediate bulk container，IBC）　是柔性的集装运输工具，把装有干式散货或液体散货的集装容器放入集装箱内作为中间媒介以达到多式联运的包装形式。

此外，还有悬挂式包装、可折叠式包装、喷雾式包装等。

（四）按包装技术分类

可分为真空和充气包装、气调包装、脱氧包装、防潮包装、冷冻包装、软罐头包装、无菌包装、热成型包装、热收缩包装、缓冲包装等。

（五）按销售对象分类

可分为出口包装、内销包装、军品专用包装和民用包装等。

第二节　食品包装的功能

一、保护商品

食品在贮运、销售、消费等流通过程中常会受到各种不利条件及环境因素的破坏和影响，这些破坏因素通常分为两类：一类是自然因素，包括光线、氧气、温湿度、水分、微生物等，可引起食品氧化、变色、腐败变质和污染；另一类是人为因素，包括冲击、振动、跌落、承压载荷等，可引起内装物变形、破损和变质，采用科学合理的包装可使食品免受或减少破坏因素的影响。

不同食品、不同流通环境对包装保护功能的要求不同。例如，采用隔气（汽）性能好的密封包装材料或其他防湿包装，可防止干燥或焙烤食品吸收水分而变质；采用隔绝性能好的包装，配合其他杀（抑）菌保藏方法，可限制或抑制包装内残存微生物的生长繁殖；为维持生鲜食品的生鲜状态，要求包装具有适度的 O_2、CO_2 和水蒸气的透过率；选用隔氧性能高，遮挡光线和紫外线的包装材料，可减缓或防止食品中的营养成分在直射光、高温、有氧环境中发生各种化学反应；通过合理的包装设计和采用合适的包装材料，可以避免或防止食品在贮运、销售过程中发生因摩擦、振动、冲击等机械力所造成的损坏。

二、方便贮运、销售和使用

合理的包装具有多种方便功能，如便于装填密封、方便运输、装卸、堆码、陈列、销售、携带、开启、使用和处理回收等。

（一）便于贮运

方便物流过程的搬运装卸、存贮保管和陈列销售，也方便消费者的携带、取用和消费。现代包装还注重包装形态的展示方便、自动售货及消费开启和定量取用的方便。

（二）促进销售

包装是提高商品竞争能力、促进销售的重要手段。随着市场竞争由商品内在质量、价格、成本竞争转向更高层次的品牌形象竞争，包装成为传递商品信息的重要媒介，担负着传达商品牌号、性质、成分、容量、使用方法、生产单位等职能。包装形象将直接反映品牌和企业的形象。食品作为商品所具有的普遍和日常消费性特点，使得其通过包装来传达和树立企业品牌形象更为重要。

三、提高食品的商业价值

包装是食品生产的继续，食品通过包装才能免受各种损害而避免降低或失去其原有的价值。因此，投入包装的价值不但在食品出售时得到补偿，而且能增加食品的商业价值。包装的增值作用不仅体现在包装直接给商品增加价值，而且更体现在通过包装塑造名牌所体现的品牌价值。

第三节　食品包装的设计

食品包装设计是指对食品包装的全盘策划，可分为技术设计和商品形象设计两大方面。技术设计主要解决保护商品、方便贮运、节省资源与保护环境等问题，例如确定包装技术与方法、选用合适的包装材料、容器和辅助材料，设计合理的技术结构等；商品形象设计主要解决美化商品、传递信息、促进销售等问题，包括商品包装的造型、结构、装潢设计等。

一、食品包装设计的基本要求

优良的食品包装设计必须考虑食品的性质、食品的运输及贮藏要求，食品的市场销售要求。

（一）食品性质的要求

食品的种类很多，从形态上，有固体的、液体的、膨松的、酥脆的；从包装的保质措施上，有需阻氧的、需透氧的、需气调的、需真空的、需巴氏杀菌或商业灭菌的等；从使用的方式上，有可直接食用的、需进行再加工的等；从封装方式上，有热封的、旋盖的等。因此，食品的包装设计必须首先了解该食品的物理、化学特性，根据食品的易腐性、吸湿性、挥发性、黏结性、脆性以及化学稳定性等性质，选择合适的包装材料和封装方式，才能对产品进行有效的保护和营销宣传。

（二）食品运输及贮藏的要求

食品运输、贮藏过程需确保食品的销售包装不受损坏。食品运输的类型、运输过程控制等级、运输方式、贮运分配、销售过程、机械力与环境气候危害的性质与程度、贮运过程装卸条件及贮藏条件对其质量的影响，是食品包装容器形态和结构设计、运输包装设计的基本依据。

（三）食品市场销售的要求

食品要在市场上流通销售，包装应具有良好的商业销售宣传和广告功能。食品进行流通环节，需要有严谨、周密的包装策划和设计，包括针对特定商品、不同的消费群体、流通环境、销售地域等，以选择不同的包装材料、容器造型、装潢设计、封装开启方式等，提高产品的市场竞争力。

二、 食品包装造型与结构设计

（一）食品包装造型设计

食品包装造型设计是应用艺术手段，使选用的包装材料具有实用功能和符合美学原则的三维立体设计。

食品包装容器与使用目的有直接关系。例如，用玻璃、陶瓷、塑料制作的容器多用于酒、饮料、调味品的包装，这些产品对容器外观造型要求很高。容器造型格调的高低、线条优美与否、与产品内涵配合是否恰当及其使用功能的优劣，都会影响包装食品的销售情况。

包装材料对食品包装造型设计影响显著，不同材料有着不同功能和肌理质感。有的透明，如玻璃和某些塑料；有的圆浑古雅，如陶瓷；有的质朴，如木材；有的光洁富丽，如金属；有的华贵，如丝绸、皮革等。即使同一种材料，施加不同工艺，也将产生不同的功能和质感。因此，设计时要注意及时采用新材料、新技术，要充分利用材料特点和科学原理进行设计。

食品包装造型设计还应考虑如何使手触包装容器时产生舒适感。包装容器的直径一般由所要盛装的容量而决定，但食品消费包装直径最小不应小于25mm，太小就不便盛装内容物，当直径超过90mm时，拿取过程中容器很容易从手中滑落。如果容器直径超过手所能承受的范围，就要考虑在容器适当部位留有手握的地方，以方便拿取及开启。由于年龄层次的差别，抓握的力度也大不相同，故在设计不同年龄对象的包装容器时，不可忽视这一点。

在造型设计时，平面上的立体图案与模型尽管尺寸相同，可视觉效果却往往不一致，存在错觉问题。因此，设计时要注意避免或利用错觉来达到预期的效果。

（二）食品包装结构设计

食品包装结构设计是根据被包装产品的特征、环境因素和用户要求等，选择一定的材料，采用一定的技术方法，科学地设计出内外结构合理的容器或制品，包括材料结构、工艺结构和容器结构三部分。材料结构指材料的组合方式；工艺结构指为完成某一特定的保护功能或目的而确定的包装形式，如缓冲结构、防震包装结构等；容器结构是指包装容器的形态和性能等。

食品包装结构必须依照包装力学原理和专业技术要求进行设计，以保证包装具有足够强度抵抗各种外界因素的侵扰，使包装食品在流通贮藏和销售过程中保持完好。食品包装结构应满足以下要求。

（1）容装性　包装必须能够可靠地容装所规定的内装物数量、不得有任何泄漏或渗漏。

（2）保护性　包装必须保证内装物在经过一系列的装卸、运输、仓储、陈列、销售直至消费者在有效期限内启用时不被破坏。

（3）方便性　包装必须要方便装填（灌装）、方便运输、方便装卸、方便堆码、方便陈列、方便销售、方便携带、方便开封、方便使用、方便处理。

（4）显示性　包装必须具有明显的辨别性。

（5）陈列性　包装必须在充分显示的前提下具有良好的展示效果。

三、 食品包装装潢设计

食品包装装潢设计是应用美学原则和视觉原理，通过绘画、摄影、图案、文字、色彩、商标及印刷等进行的外观设计，它运用视觉语言传递商品信息，引起消费者的心理感应和思维判断，产生购买食品的欲望。至于消费者能否长期对该食品感兴趣，则主要取决于食品的内在质量。

（一）定位设计

定位设计的基本思想是站在销售角度，根据市场调查研究得到的信息来考虑包装设计，确定设计因素和格局，强调把准确的信息传递给消费者，确定自己的市场位置。

1. 品牌定位

品牌即商标，是食品生产者或经营者用以区别同类食品的标记，具有显著的特征，给人以较强的标记感，以便识别、记忆。品牌定位要求在包装上鲜明地突出商标，可以将色彩、图形、艺术字结合成统一的形象。经注册的食品商标还受注册国家的法律保护，应注意在包装装潢上突出注册商标。

2. 产品定位

产品定位表明产品名称、品种、特色、用途、使用时间、档次等内容，即食品标签要求标注的基本内容，表达方式可以是文字、图片或照片的形式，目的就是更直观、更准确地体现产品特点、原料及性能。

3. 消费者定位

在包装中应反映出产品的消费者群体、性别、年龄等，此外还应表明产品是否适用于家庭、企业、事业单位或其他特殊需要等，增强包装的心理影响力，提高消费者的购买意识。

定位设计应综合考虑品牌、产品、消费者三因素，由于包装的视觉容量是有限的，所以在设计实践中总是以其中一项因素作为主要导向，其余两项因素可采取缩小或放置于包装背、侧面的处理手法与之相配合呼应，三者是一个配合默契的完美整体。

（二）构图设计

食品包装构图就是将设计诸要素进行合理的、巧妙的组合，力求获得理想的表现形式。包装设计自始至终都要注意整体感，要将品名、商标、净含量、公司名、图形、用途说明、广告用语等都安排得当，从整体上把握图中主次、大小、前后、疏密、比例、位置、角度、空间的关系，要考虑4个乃至6个面的连续关系，不可有孤立或烦琐之感。整体效果好的包装设计才具有良好的货架陈列效果。

（三）色彩的运用

包装装潢的色彩是影响视觉感受最活泼的因素，由于色彩的抽象性和感觉性，通过研究色彩原理、色彩的象征意义和色彩心理学的普遍规律，依据产品、品牌、消费对象或企业精神理念的表现需要，塑造醒目而有个性的包装，使其具有良好的视觉识别功能。

色彩的感情作用因人而异，由于区域传统、文化信仰等方面的不同，对于同一种色彩的象征含义也有所不同，这是食品包装用色时应考虑的问题，尤其要注意各国和地区对色彩的爱好和禁忌。此外，要注意色彩搭配的协调，符合消费者的审美心理。把握概括简洁、以少胜多的用色原则，突出色彩对产品的烘托作用，注意合理运用流行色和时尚元素。

（四）文字设计

包装中的文字能够更为直接地传达商品信息，同时也扮演着装饰构图的作用。文字设计要与包装设计风格一致，体现包装商品的属性特点，强调易读性、识别性、生动性，应体现一定的风格和时代特征。

（五）形式构成设计

包装装潢设计中涉及的构图、色彩、文字等因素必须加以合理组织，将其纳入到整体秩序中，才能形成整体包装形象。这就需要充分发挥设计人员的形象思维和逻辑思维能力，采用不同构成形式，将食品包装设计成为一个和谐的整体。

第二章　　CHAPTER

食品包装材料及容器

2

学习指导

认识金属、玻璃、陶瓷、纸等传统食品包装材料的特点、性能及其容器制品的应用领域。掌握用于食品包装的塑料材料及其制品的分类、性能，以及食品包装塑料薄膜、复合软包装材料、热收缩和热成型包装的分类、工艺特点及应用领域，学习中型散货食品包装容器的组成、结构与应用。

食品包装材料是指用于制造食品包装容器和构成食品包装的材料的总称，包括木材、纸与纸板、玻璃、陶瓷、金属、塑料、复合材料以及辅助包装材料等。食品包装材料应满足以下要求：食品包装材料应具有对被包装食品的保护性，合适的阻隔性，即阻气、遮光、防湿、阻隔紫外线以及防止食品芳香散失及异味渗入、防虫蛀、防鼠咬等；一定的稳定性，即耐水、耐油、耐有机溶剂、耐腐蚀、耐光照、耐热、耐寒等；足够的机械强度，如拉伸强度、撕裂强度、破裂强度、抗折强度、抗冲击强度、抗穿刺强度、摩擦强度、延伸性等。

食品包装材料必须具有良好的加工适应性：便于机械化操作，易于加工成型，具有良好的封合性和印刷适应性。

食品包装材料应该具有足够的卫生与安全性：包装材料无毒，与食品成分不发生反应，不含有毒加工助剂。

食品包装材料和容器应该具有显著的方便性：不仅要求质量轻、携带运输方便、开启食用方便，还要有利于回收，减少环境污染。

第一节　传统包装材料及容器

一、金属包装材料及容器

金属包装材料的应用历史已有 200 年，在食品包装材料中占有非常重要的地位。金属包装材料对光、气、水及水蒸气等具有完全的阻隔性，为内装食品提供优良的保护性能；金属材料加工适应性好，具有良好的抗拉、抗压、抗弯强度、韧性及硬度，作为食品包装容器可适应工业生产和流通中的各种机械振动和冲击，有利于加工和包装过程的机械化操作和控制；金属材料良好的耐高低温性和导热性，能够满足包装食品的冷热加工、高温杀菌等加工需要。金属作为包装材料也存在缺点，如化学稳定性差，不耐酸碱腐蚀，易锈蚀，不透明，价格较高等。

食品包装容器制造常用的金属材料主要有镀锡薄钢板、镀铬薄钢板、铝合金板和铝箔等。

（一）镀锡薄钢板

镀锡薄钢板也称镀锡板，镀锡薄板，是两面镀有纯锡的低碳薄钢板，大量用于制造包装食品的各种容器，也可为由其他材料制成的容器配制容器盖或底。

1. 镀锡薄钢板的结构

镀锡板是将低碳钢（C含量<0.13%）轧制成约2mm厚的钢带，然后经酸洗、冷轧、电解清洗、退火、平整、剪边加工，再经清洗、电镀、软熔、钝化处理、涂油后剪切成镀锡板材成品。镀锡层也可用热浸镀法涂敷，此法所得镀锡板锡层较厚，用锡量大，镀锡后不需进行钝化处理。

镀锡板结构由五部分组成，如图4-2-1所示。由内向外依次为钢基板、锡铁合金层、锡层、氧化膜和油膜。镀锡板各构成部分的厚度、成分和性能如表4-2-1所示。

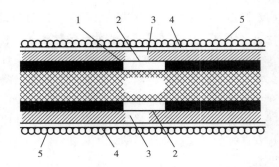

图 4-2-1　镀锡薄钢板断面图
1—钢基板　2—锡铁合金层　3—锡层　4—氧化膜　5—油膜

表 4-2-1　　　　　　　镀锡板各层的厚度、成分及性能

结构名称	厚度		结构成分		包装性能特点
	热浸镀锡板	电镀锡板	热浸镀锡板	电镀锡板	
油膜	$20mg/m^2$	$2 \sim 5mg/m^2$	棕榈油	棉籽油或癸二酸二辛酯	润滑和防锈
氧化膜	$3 \sim 5mg/cm^2$（单面）	$1 \sim 3mg/m^2$（单面）	氧化亚锡	氧化亚锡、氧化锡、氧化铬、金属铬	电镀锡板表面钝化膜是经化学处理生成的，具有防锈、防变色和防硫化斑作用

续表

结构名称	厚度		结构成分		包装性能特点
	热浸镀锡板	电镀锡板	热浸镀锡板	电镀锡板	
锡层	22.4~44.8g/m²	5.6~22.4g/m²	纯锡	纯锡	美观、易焊、耐腐蚀，且无毒害
锡铁合金层	5g/m²	<1g/m²	锡铁合金结晶	锡铁合金结晶	耐腐蚀，如过厚，加工性能和可焊性不良
钢基板	制罐用0.2~0.3mm	制罐用0.2~0.3mm	低碳钢	低碳钢	加工性能良好，制罐后具有必要的强度

2. 镀锡薄钢板的性能指标

（1）机械力学性能　影响镀锡板机械力学性能的因素很多，如钢基板成分，冶炼、轧制方法及质量，制板加工的退火处理及平整加工工艺质量等。工业上通常采用调质度作为镀锡板综合力学性能的指标，包括强度、硬度、塑性、韧性等。镀锡板的调质度以其表面洛氏硬度 HR30T 表示，按照 HR30T 的大小，将调质度分为几个等级，等级符号以大写字母 T 以及数字组成，如 T50。镀锡板的硬度与调质度等级成正对应关系，调质度越大，硬度越大，相应的镀锡板的韧性和调质度成负对应关系。镀锡板的具体调质度等级与其机械力学的关系及用途如表 4-2-2 所示。

表 4-2-2　　　　　　　常用镀锡板调质度类别及其力学性能和用途

生产方法		ISO 国际标准		美国 AISI 标准		极限抗拉强度/MPa	性能及用途
		类别	HR30T	类别	HR30T		
一次冷轧	箱式退火	T50	≤52	T1	≤52	330	可塑性很好，适于深度拉伸或多次拉伸容器
		T52	48~56	T2	50~60	350	拉伸性能中等，稍有刚性
		T57	53~61	T3	54~60	370	一般用途，随硬度提高，用于浅的拉伸三片罐罐身、罐头底盖、大直径瓶盖
		T61	57~65	T4	58~64	415	一般用途，刚性稍高，用于刚性好的三片罐罐身、罐底盖较大的容器
		T65	61~68	T5	62~68	450	刚性高，用于刚性好的三片罐罐身、罐底、罐盖
		T70	66~73	T6	67~73	530	刚性很强，用于啤酒或充气罐罐底、罐盖
	连续退火	CA61	57~65	T.4 CA	58~64	410	拉伸性能中等，综合性能好，用于瓶盖、三片罐罐身、罐底、罐盖

续表

生产方法		ISO 国际标准		美国 AISI 标准		极限抗拉强度/MPa	性能及用途
		类别	HR30T	类别	HR30T		
一次冷轧	连续退火	CA65	61~70	T. 5 CA	62~68	425	一般用途，用于三片罐罐身、罐底、罐盖
		CA70	66~73	T. 6 CA	67~73	530	刚性很高，用于啤酒或充气饮料罐罐底、罐盖
二次冷轧		DR550	70~76	DR-8	73	550±70	小直径三片罐罐身、罐底、罐盖
		DR620	73~79	DR-9	70	620	强度大、硬，用于大直径三片罐罐身、罐底、罐盖
		DR660	74~80	CD-9M	77	660±70	啤酒或充气饮料罐的罐底、罐盖

注：一次冷轧镀锡板的抗拉强度及二次冷轧镀锡板的表面硬度均为近似值，不是标准中的项目；二次冷轧板的抗拉强度系指 $\sigma_{0.2}$（屈服强度）。

（2）耐腐蚀性能　镀锡板的耐腐蚀性能与构成镀锡板每一结构层的耐腐蚀性都有关。

①钢基板：钢基板的耐腐蚀性能主要取决于钢基板的成分、表面状态和非金属杂质的含量。一般情况下，减少钢基板中非金属杂质的含量、提高表面纯净度，可以提高钢基板的耐腐蚀性。

酸浸时滞值是评价钢基板耐腐蚀性的指标，即钢基板浸入盐酸时至溶解反应速度恒定时所需要的时间。酸浸时滞值越小，钢基板的耐腐蚀性越好。通常耐腐蚀性好的镀锡板，酸浸时滞值应小于 10s。

②锡层：锡层的耐腐蚀性主要与锡层的连续性有关，要求镀锡完全覆盖钢基板表面，但实际镀锡层存在许多暴露出钢基板的孔隙，即露铁点。镀锡板上的露铁点在有腐蚀性溶液存在的条件下将发生电化学腐蚀。

锡的纯度和锡层晶粒大小也会对锡层的耐腐蚀性有影响，一般情况下锡层晶粒越大，镀锡板的耐腐蚀性越好。

③锡铁合金层：处于钢基板和锡层之间的锡铁合金层的主要成分是锡铁金属化合物 $FeSn_2$，提高锡铁合金层的连续性和致密性可以有效提高镀锡板的耐腐蚀性能。

④氧化膜：镀锡板表面的氧化膜有两种，一种是锡层本身氧化形成的 SnO_2 和 SnO，另一种是镀锡板钝化处理后形成的含铬化合物钝化膜。SnO_2 比 SnO 稳定，因此两者形成量的多少将影响镀锡板的耐腐蚀性。合理控制温度，形成 SnO_2 层可提高镀锡板的耐腐蚀性。

⑤油膜：镀锡板表面的油膜将板与腐蚀性环境隔开，防止锡层氧化锈蚀。此外，油膜的镀锡板使用过程中起润滑剂作用，可有效防止加工、运输过程中的锡层擦伤破损。

3. 镀锡板的技术规格

（1）镀锡板的尺寸和厚度　镀锡板长、宽尺寸均制定有标准规格，常用板宽系列为 775mm、800mm、850mm、875mm、900mm、950mm、975mm、1000mm、1025mm、1050mm；

板长可在允许范围内任选，以满足各种罐型用料最省的要求，一般长、宽之差不超过 200mm。

镀锡板的厚度及厚度的偏差对容器的加工成型和使用性能有很大影响，我国规定板厚系列为 0.2mm、0.23mm、0.25mm、0.28mm 四种，并规定板厚偏差一般不超过 0.015mm，同一张板厚偏差不超过 0.01mm。

国际上镀锡板厚度采用质量/基准箱（符号 b/BB，即磅/基箱）表示，规定 112 张 20 英寸×14 英寸或 56 张 20 英寸×28 英寸的镀锡板为一基准箱，即：

$$1 基准箱 = 20in×14in×112 张$$
$$= 28in×20in×56 张$$
$$= 31360in^2$$
$$= 20.2324m^2$$

根据 1 基准箱镀锡板的质量表示板厚的厚度，质量/基准箱与镀锡板厚度成正相关关系。

（2）镀锡板的镀锡量　镀锡量是衡量镀锡层厚度的指标，是选用镀锡板的重要参数。镀锡量以单位面积上所镀锡的质量（g/m^2）表示。另一种表示方法是以 1 基准箱镀锡板两面镀锡总量（磅）乘 100 后所得数字为镀锡量的标号，如 1 磅/1 基准箱的镀锡量标为 #100（相当于 $11.2g/m^2$）。标号数值越大，镀锡层越厚。对两面镀锡量不等的镀锡板，用两种数据分别表示两面的镀锡量，如 #100/#25 即 $11.2/2.8g/m^2$。

4. 镀锡板的分类及代号

镀锡板的分类方法及产品代号如表 4-2-3 所示。

表 4-2-3　　　　　　　　　　　镀锡板分类及代号

分类方法	类别	符号
按镀锡量	等厚镀锡 E1、E2、E3、E4	E
	差厚镀锡 D1、D2、D3、D4、D5、D6、D7	D
按硬度等级	T50、T52、T61、T65、T70	T
按表面状况	光面	G
	石纹面	S
	麻面	M
按钝化方式	低铬钝化	L
	化学钝化	H
	阳极电化学钝化	Y
按涂油量	轻涂油	Q
	重涂油	Z
按表面质量	一组	I
	二组	II

（二）无锡薄钢板

锡为贵金属，故镀锡板成本较高，为降低产品包装成本，开发无锡薄钢板替代镀锡板用于食品包装，主要品种有镀铬薄钢板、镀锌薄钢板和低碳薄钢板。

1. 镀铬薄钢板（tin-free-steel，TFS）

（1）镀铬板的结构　镀铬板是由钢基板、金属铬层、水合氧化铬层和油膜构成，各结构层的厚度、成分及特性如表 4-2-4 所示。

表 4-2-4　　　　　　　　　　　镀铬板各层结构及性能特点

各层名称	成分	厚度	性能特点
油膜	癸二酸二辛酯	22mg/m²	防锈、润滑
水合氧化铬层	水合氧化铬	7.5~27mg/m²	保护金属铬层，便于涂料和印铁，防止产生孔眼
金属铬层	金属铬	32.3~140mg/m²	有一定耐腐蚀性，但比纯锡差
钢基板	低碳钢	制罐用 0.2~0.3mm	提供板材必需的强度，加工性良好

（2）镀铬板的技术规格　镀铬板的机械性能与镀锡板相差不大，其综合机械性能也以调质度表示，各等级调质度镀铬板的相应表面硬度如表 4-2-5 所示。

表 4-2-5　　　　　　　　　　镀铬板的调质度及相应的洛氏硬度

调质度	HR30T	调质度	HR30T	调质度	HR30T
T-1	46~52	T-4-CA	58~64	DR-9	73~79
T-2	50~56	T-5-CA	62~68	KR-10	77~83
T-2.5	52~58	T-6-CA	67~73		
T-3	54~60	DR-8	70~76		

镀铬板的规格尺寸如表 4-2-6 所示。

表 4-2-6　　　　　　　　　　　　镀铬板的规格尺寸

规格尺寸	成张镀铬板	成卷镀铬板
厚度/mm	0.16~0.38	0.16~0.38
宽度/mm	508~940	508~940
长度/mm	480~1100	—

（3）镀铬板的使用性能　镀铬板的耐腐蚀性比镀锡板稍差，铬层和氧化层对柠檬酸、乳酸、醋酸等弱酸以及弱碱有很好的抗蚀作用，但不能抗强酸、强碱的腐蚀，所以镀铬板通常施加涂料后使用。

镀铬板的加工成型性能与镀锡薄板大致相同，但由于镀铬层韧性较差，在冲拔、盖封加工时表面铬层易损伤破裂，故不能适应冲拔、减薄、多级拉伸加工。镀铬板不能焊锡，制罐时接缝需采用熔接或粘接。镀铬板表面涂料施涂加工性好，涂料在板面附着力强，比镀锡板表面涂料附着力高 3~6 倍，适用于制造罐底、盖和二片罐，而且可采用较高温度烘烤。

2. 镀锌薄钢板

镀锌薄钢板俗称白铁皮，是在低碳钢基板上镀 0.02mm 以上厚度的锌层而成。致密的锌层使钢基板的防腐能力大大提高。根据镀锌工艺不同分为热镀锌板和电镀锌板两种。

（1）热镀锌板　钢基板通过熔融锌液而镀锌的镀锌薄板。热镀锌板的锌层厚度范围较广，普通厚皮的单面为 $30\mu m$ 左右，特薄的为 $10\sim20\mu m$，特厚的为 $50\sim70\mu m$。一般锌层越厚，其耐腐蚀能力越强，但锌层过厚会影响容器焊接接头强度。

（2）电镀锌板　以钢基板作阴极，锌板作阳极，在酸性（硫酸）或碱性（氰化物）含锌电解液中电镀制成的镀锌薄板，锌层较薄，约 $5\mu m$，其可焊性和成型性较好，单独使用其耐腐蚀性能不佳，一般在镀锌后要以涂料或涂塑处理。

3. 低碳薄钢板

低碳薄钢板指含碳量小于 0.25%，厚度为 $0.25\sim4.00mm$ 的普通碳素钢或优质碳素结构钢的钢板。塑性性能好，易于容器的成型加工和接缝的焊接加工，制成的容器具有较好的强度和刚性，而且价格较低。低碳薄钢板表面涂料后可用于罐装饮料或其他食品包装。

（三）铝质包装材料

铝质包装材料主要是指铝合金薄板和铝箔。工业上把铝含量在 99.00% 以上的称为纯铝，由于其强度低且价格昂贵，在包装上只用于制造铝箔。包装用铝材一般采用铝合金薄板，其机械力学性能和化学性能取决于组成铝材的合金类型，其中所含的金属元素主要有锰、镁、铜、锌、铁、硅、铬等。

（四）金属罐的制造与封口

1. 三片罐（three-piece can）的制造

三片罐的制造主要包括罐身制造、罐盖制造、罐身与罐底盖卷封等工序。罐身纵缝加工采用高频电阻熔焊法、压接法和粘接法。

（1）电阻焊三片罐　将待焊接的两层金属薄板重叠置于连续转动的两滚轮电极之间，通电后靠高频电阻产生的高热使滚轮之间的搭接缝金属接近熔化状态，并在滚轮碾压下连成一体而形成焊缝。电阻焊的优点在于可以避免锡焊带来的铅、锡等重金属对罐内食品的污染；焊缝薄、平直、光滑，密封性好且强度高；焊缝重叠宽度不超过 1mm，节约原材料，而且便于翻边和卷封。

（2）压接三片罐　这类罐大都是手工或半自动化方式生产，罐形态有方形、圆形、椭圆形、多边形等多种。由于采用整版印刷制罐，罐面图案完整美观。

（3）粘接三片罐　无锡钢板的焊接性差，可用有机黏结剂（主要是耐高温的聚酰胺树脂系列黏结剂）黏结罐身纵缝，这是一种具有很好发展前景的制罐方法，与电阻焊制罐工艺相比，粘接罐外观更为美观，包装成本较低，但粘接罐不能用于高温杀菌食品的包装，为保证足够的强度，罐身搭接缝宽度较大（约 5mm）。

2. 二片罐（two-piece can）的制造

二片罐的罐身与罐底为一体，没有罐身纵缝和罐底卷边。二片罐生产周期短，工艺简单，密封性好，广泛应用于啤酒及含气饮料的包装。由于罐身成型工艺不同，目前二片罐主要包括变薄拉伸罐（冲拔罐 DWI）和拉伸罐（深冲罐 DRD）两种。

（1）冲拔罐（DWI 罐，draw and wall ironed can）　冲拔罐的制作要经过预冲压和多次变薄拉伸，故称变薄拉伸罐。冲拔罐的最大特点是罐的长径比很大（一般为 2：1，最大可达

5∶1），罐壁经多次拉伸后变薄，因此，这种罐身结构很适合含气饮料的包装，由于内压的存在而支承罐壁。冲拔罐的制罐材料主要为铝或马口铁板材，只能成型圆形罐而不适合制作异形罐。

图 4-2-2 二重卷边结构

t_c—罐盖板厚　t_b—罐身板厚　T—卷边厚度

W—卷边宽度　CH—盖钩长度　BH—身钩长度

UC—盖钩空隙　LC—身钩空隙　C—埋头度

$g_1 \sim g_4$—罐身、罐盖板间间隙　OL—叠接长度

（2）深冲罐（DRD 罐，drawn and redrawn can）　深冲罐是将板材经连续多次变径冲模而成的二片罐。制罐时几次连续冲杯使罐身越来越小（一般为 2 次），如果冲模一次成型，即称浅拉深罐。

深冲罐的特点是壁厚均等，强度刚性好，适应的包装范围广。深冲罐的长径比一般为 1.5∶1，适用的材料主要是镀铬薄钢板和马口铁板，罐形规格尺寸多样，主要用于加热杀菌食品的包装。

3. 金属罐的封口

金属罐普遍采用二重卷边封口，二重卷边结构如图 4-2-2 所示。

二重卷边外观应平整、光滑，不允许出现波纹、折叠、快口、切罐、突唇、牙齿、假卷、断封、密封胶挤出等现象（图 4-2-3），以免影响罐的密封性及外观。

图 4-2-3　卷边封口常见的几种外观缺陷

（1）波纹　（2）折叠　（3）牙齿　（4）突唇　（5）切罐　（6）断封　（7）假卷　（8）断封

二、 玻璃容器和陶瓷容器

（一）玻璃容器

玻璃发明于 3000 年前的埃及，玻璃容器大多制成瓶罐的形式。作为传统的包装材料，玻璃具有光亮透明、化学稳定性好、阻隔性优良、易成型的优点，但也存在质量大、易破碎的缺点。

1. 玻璃包装材料

玻璃的种类很多，用于食品包装的是氧化物玻璃中的钠-钙-硅系玻璃，常见食品包装用玻璃的化学组成如表 4-2-7 所示。

表 4-2-7　　　　　　　　　几种食品包装玻璃瓶罐的化学组成

组分质量/%	SiO_2	Na_2O	K_2O	CaO	Al_2O_3	Fe_2O_3	MgO	BaO
棕色啤酒瓶（硫碳着色）	72.50	13.23	0.07	10.40	1.85	0.23	1.60	—
绿色啤酒瓶	69.98	13.65	13.65	9.02	3.00	0.15	2.27	—
香槟酒瓶	61.38	8.51	2.44	15.76	8.26	1.30	0.82	—
汽水瓶（淡青）	69.00	14.50	14.50	9.60	3.80	0.50	2.20	0.20
罐头瓶（淡青）	70.50	14.90	14.90	7.50	3.00	0.40	3.60	0.30

2. 玻璃容器的发展

（1）轻量化　玻璃包装的轻量化是指在保证强度的条件下，减轻玻璃瓶质量，轻量化程度用重容比表示，即容器的质量 m（g）与其容量 V（mL）之比，轻量瓶的重容比一般在 0.15～0.8。容器的重容比越小，则其壁厚越薄，通常轻量瓶的壁厚为 2～2.5mm。

玻璃容器的轻量化可降低运输费用、减少食品杀菌时的能耗、提高生产效率、增加包装品的美感。为保证轻量瓶的强度及生产质量，要求原辅料的质量必须特别稳定，同时对轻量瓶的造型设计、结构设计要求更高，并采取一系列的强化措施以满足轻量瓶的强度和综合性能要求。

（2）强化　为提高玻璃容器的抗张强度和冲击强度，采取一些强化措施使玻璃容器的强度得以明显提高，若强化措施用于轻量瓶，则可获得高强度轻量瓶。

①物理强化：即玻璃容器的钢化淬火处理，适用于有一定厚度的玻璃容器。将成型的玻璃容器放入钢化炉内加热到玻璃软化温度以下后，再在钢化室内采用风冷急速冷却，使容器壁厚方向因冷却速度不同而在表层产生一定的均匀压应力，当容器承受外加拉应力时，首先要抵消此压应力，从而提高容器的实际承载能力。

②化学强化：即化学钢化处理，适用于薄壁玻璃容器的强化处理。将玻璃容器浸在熔融的钾盐中，或将钾盐喷在玻璃容器表面，使半径较大的钾离子置换玻璃表层内半径较小的钠离子，从而使玻璃表层形成压应力层，由此提高玻璃容器的抗张强度和冲击强度。

③表面涂层强化：玻璃表面的微小裂纹对玻璃强度影响很大，采用表面涂层处理可防止瓶罐表面的划伤和增大表面的润滑性，减少摩擦，提高强度，用于轻量瓶的增强处理。

表面涂层强化分为热涂、冷涂。热涂即在瓶罐成型后送入退火炉之前，用液态 $SnCl_2$ 或 $TiCl_4$ 喷射到热的瓶罐上，经分解氧化使其在瓶罐表面形成氧化锡或氧化钛层。冷涂即在瓶罐退火后，将单硬脂酸、聚乙烯、油酸、硅烷、硅酮等用喷枪喷成雾状覆盖在瓶罐上，形成抗磨损及具有润滑性的保护层。也可同时采用冷热双重涂覆，使瓶罐性能更佳。

（二）陶瓷容器

陶瓷是以黏土、长石、石英等天然矿物为主要原料，经粉碎、混合和塑化，按用途成型，并经装饰、涂釉，然后在高温下烧制而成的制品。

　　陶瓷包装容器具有耐火、耐热、隔热、耐酸、阻隔性好等特点，可制成形状各异的瓶、罐、缸、坛等，主要用于酒类、咸菜以及传统食品和风味食品的包装。但陶瓷容器与玻璃一样具有较大的重容比，且易破碎，运输和携带难度较大。

　　陶瓷容器的卫生安全性主要体现在釉陶瓷表面釉层中重金属铅或镉的溶出，我国对陶瓷容器铅、镉溶出量允许极限按照 GB 4806.4—2016《食品安全国家标准　陶瓷制品》相关规定，具体如表 4-2-8 所示。

表 4-2-8　　　　　　　　我国对陶瓷包装容器铅、镉溶出量的允许极限

项目	指标					
	扁平制品/（mg/dm²）	储存罐/（mg/L）	大空心制品/（mg/L）	小空心制品（杯类除外）/（mg/L）	杯类/（mg/L）	烹饪器皿/（mg/L）
铅（Pb）≤	0.8	0.5	1.0	2.0	0.5	3.0
镉（Cd）≤	0.07	0.25	0.25	0.30	0.25	0.30

三、　纸类包装材料及容器

　　纸类包装材料的原料丰富，成本低廉，加工性能好，便于回收利用，在包装材料及容器制造中占有非常重要的地位。

　　纸类包装材料分为纸和纸板两大类，通常情况下，凡定量在 225g/m² 以下称为纸，定量在 225 g/m² 以上的则称纸板。

（一）包装用纸

　　常用的食品包装用纸主要有以下几种。

　　1. 牛皮纸（kraft paper）

　　牛皮纸因其坚韧结实似牛皮而得名，是用硫酸盐木浆抄制的高级包装用纸，具有高施胶度，机械强度高，富有弹性、抗水性、防潮性，定量在 30~100g/m²。根据其外观有单面光、双面光和条纹等品种。

　　2. 羊皮纸（parchment paper）

　　羊皮纸又称植物羊皮纸或硫酸纸，定量为 45g/m²、65g/m²，是用未施胶的高质量化学浆纸，在 15~17℃ 浸入浓度为 72% 的硫酸中处理后，经洗涤并用浓度为 0.1%~0.4% 碳酸钠碱液中和残留酸，再用甘油浸渍塑化，形成质地紧密坚韧的半透明乳白色双面平滑纸张。羊皮纸具有良好的防潮性、气密性、耐油性，适用于油性食品、冷冻食品、糖果点心等的包装。

　　3. 鸡皮纸（wrapping paper）

　　鸡皮纸是一种单面光的平板薄型包装纸，其生产过程和单面光牛皮纸相似，定量为 40g/m²，有较高的耐破度和耐折度，且具有一定的抗水性。用于食品包装的鸡皮纸不得使用对人体有害的化学助剂。

　　4. 半透明纸（semitransparent paper）

　　半透明纸是一种柔软的薄型纸，定量为 31g/m²，用漂白硫酸盐木浆、经长时间的高黏度打浆及特殊压光处理而制成的双面光纸。质地坚韧，具有半透明、防油、防水、防潮等性

能，可用于土豆片、糕点等脱水食品的包装，也可作为奶油、糖果等油脂食品的包装。

5. 茶叶袋滤纸（tea bag paper）

茶叶袋滤纸是一种低定量专用包装纸，用于袋泡茶的包装，要求纤维组织均匀，无折痕皱纹，无异味，具有较大的湿强度和一定的过滤速度，耐沸水冲泡，同时应有适应袋泡茶自动包装机包装的干强度和弹性。

（二）包装用纸板

1. 白纸板（white board）

白纸板可分为单面白纸板和双面白纸板，是一种高级的销售包装材料，具备良好的印刷性能、加工性能和包装性能，可制成各种类型的纸盒、箱，起着保护商品、装潢美化的促销作用，也可用作制作吊牌、衬板和吸塑包装的底板。

2. 标准纸板（standard board）

标准纸板是一种经压光处理，适用于制作精确特殊模压制品以及重要制品的包装纸板，颜色为纤维本色。

3. 箱纸板（case board）

箱纸板是以化学草浆或废纸浆为主的纸板，以本色居多，表面平整、光滑，纤维紧密、纸质坚挺、韧性好，具有较好的耐压、抗拉、耐撕裂、耐刺穿、耐折叠和耐水性能，印刷性能好。

4. 瓦楞纸板（corrugated board）

瓦楞纸板是由瓦楞原纸轧制成屋顶瓦片状波纹，然后将瓦楞纸与两面箱板纸黏合制成。瓦楞波纹相互并列支撑形成类似三角的结构体，既坚固又富有弹性，能承受一定的压力。

瓦楞形状一般可分为 U 形、V 形和 UV 形 3 种。U 形瓦楞的圆弧半径较大，缓冲性能好，富有弹性，当压力消除后，仍能恢复原状，但抗压力稍弱；黏合剂的施涂面大，容易黏合。V 形瓦楞的圆弧半径较小，缓冲性能差，抗压力强；黏合剂的施涂面小，不易黏合，成本低。UV 形是介于 U 形和 V 形之间的瓦楞形状，其圆弧半径大于 V 形，小于 U 形，因而兼有两者的优点，目前广泛使用。

瓦楞的型号种类以楞型表示，按 GB/T 6544—2008《瓦楞纸板》规定，所有楞型的瓦楞形状均采用 UV 形，其分类如表 4-2-9 所示。

表 4-2-9　　　　　　　　　　　我国瓦楞纸板楞形标准及其用途

瓦楞楞型	名称	瓦楞高度/mm	瓦楞个数（每 300mm）/个	特性
A	大瓦楞	4.5~5	34±2	缓冲性能强，适于包装较轻的易碎物品
B	小瓦楞	2.5~3	50±2	刚性好，适于包装较重和较硬物品，如罐头、瓶装食品等
C	中瓦楞	3.5~4	38±2	足够的刚度，缓冲性能良好，适于包装易碎制品、柔软的产品等

续表

瓦楞楞型	名称	瓦楞高度/mm	瓦楞个数（每300mm）/个	特性
E	微小瓦楞	1.1~2	96±4	表面平坦，平面刚度大，适用于高质量的印刷和装潢，大量用于食品的销售包装

瓦楞纸按其材料的组成可分为单面瓦楞纸板（瓦楞芯纸的一侧贴有面纸），常用作缓冲材料和固定材料；双面瓦楞纸板（瓦楞芯纸的两侧均贴以面纸，又称单瓦楞纸板），目前多使用这种纸板；双芯双面瓦楞纸板（双层瓦楞芯纸贴以面纸制成，又称双瓦楞纸板），多用于制造易损、重且需要长期保存的食品，如新鲜果蔬等的包装纸箱；三芯双面瓦楞纸板（三层瓦楞纸芯制成，又称三瓦楞纸板），用以包装重物品以代替木箱，一般与托盘或集装箱配合使用。

（三）纸制包装容器

纸箱与纸盒是主要的纸制包装容器，主要包括纸箱、纸盒、纸罐等，纸盒、纸罐一般体积较小，多用于销售包装，纸箱体积较大，多用于运输包装。

1. 瓦楞纸箱

瓦楞纸箱由瓦楞纸板制作而成，纸板结构60%~70%中空，具有良好的缓冲减震性能，大量用于商品运输包装。

通用瓦楞纸箱国家标准为 GB/T 6543—2008《运输包装用单瓦楞纸箱和双瓦楞纸箱》。按照使用不同瓦楞纸板种类、内装物最大质量及纸箱内径尺寸，瓦楞纸箱可分为三种型号，如表4-2-10所示。其中，一类箱主要用于出口及贵重物品的运输包装；二类箱主要用于内销产品的运输包装；三类箱主要用于短途、价廉商品的运输包装。

表4-2-10　　　　　　　　　　瓦楞纸箱的分类

种类	内装物最大质量/kg	最大综合尺寸/mm	代号			
			纸板结构	一类	二类	三类
单瓦楞纸箱	5	700	单瓦楞	BS-1.1	BS-2.1	BS-3.1
	10	1000		BS-1.2	BS-2.2	BS-3.2
	20	1400		BS-1.3	BS-2.3	BS-3.3
	30	1750		BS-1.4	BS-2.4	BS-3.4
	40	2000		BS-1.5	BS-2.5	BS-3.5
双瓦楞纸箱	15	1000	双瓦楞	BD-1.1	BD-2.1	BD-3.1
	20	1400		BD-1.2	BD-2.2	BD-3.2
	30	1750		BD-1.3	BD-2.3	BD-3.3
	40	2000		BD-1.4	BD-2.4	BD-3.4
	55	2500		BD-1.5	BD-2.5	BD-3.5

2. 包装纸盒及其他纸制包装容器

纸盒包装一般用于商品的销售包装，在缓冲减震方面没有类似运输包装的严格要求，但其结构应根据不同商品的特点，采用适当的纸制包装材料，适当包装结构设计、美观的造型以保护美化商品、方便使用和促进销售。

此外，纸制包装容器还包括纸桶、纸罐、纸袋、纸杯、纸质托盘等，均在食品包装行业中得到广泛应用。

第二节　塑料包装材料及容器

塑料用作包装材料是现代包装技术发展的重要标志。作为食品包装材料，塑料具有质量轻、阻隔性好、化学稳定性好、加工成型性能和装饰性能优良等优点，大量取代了玻璃、金属、纸类等传统包装材料，成为食品销售包装的主要材料。随着科学技术的发展，以塑料为主要原料开发的新型复合包装材料，大大提高了食品包装的保护商品和促进销售功能。虽然塑料包装材料用于食品包装存在着某些安全与卫生方面的问题，以及包装废弃物回收处理困难造成环境污染等问题，但塑料包装材料仍是 21 世纪需求增长最快的食品包装材料之一。

一、　食品包装常用塑料

（一）聚乙烯（polyethylene，PE）

聚乙烯树脂是由乙烯经加成聚合而成的高分子化合物，为无臭、无毒、乳白色蜡状固体，大分子呈线型结构，简单规整无极性，因而柔顺性好，易于结晶。根据其聚合方法和密度不同分为低密度聚乙烯（LDPE）、高密度聚乙烯（HDPE）、线型低密度聚乙烯（LLDPE）。

1. 低密度聚乙烯（low density polyethylene，LDPE）

LDPE 具有分支较多的线型大分子结构，结晶度较低，密度为 $0.91 \sim 0.94 \mathrm{g/cm^3}$，阻气阻油性差，机械强度低，但延伸性、抗撕裂性和耐冲击性好，透明度高，热封性和加工性能好，主要以薄膜形式应用于包装要求较低的食品。利用其透气性好的特点，可用于生鲜果蔬的保鲜包装，也可用于冷冻食品包装，但不宜单独用于有隔氧要求的食品包装。由于其热封性、卫生安全性好，常用作复合包装材料的热封层。

2. 高密度聚乙烯（high density polyethylene，HDPE）

HDPE 大分子呈直链线型结构，分子结合紧密，结晶度高达 $85\% \sim 95\%$，密度为 $0.94 \sim 0.96 \mathrm{g/cm^3}$，阻隔性、强度和耐热性均高于 LDPE，但柔软性、透明性、热成型加工性能有所下降。大量用于食品包装薄膜，也可制成瓶、罐容器和中间性散货容器。与 LDPE 相比，相同包装强度条件下可节省原材料。由于其耐高温性较好，也可作为复合材料的热封层用于高温杀菌（110℃）食品的包装。

3. 线型低密度聚乙烯（linear low density polyethylene，LLDPE）

LLDPE 大分子的支链长度和数量均介于 LDPE 和 HDPE 之间，抗拉强度比 LDPE 高 50% 左右，且柔韧性比 LDPE 好，可不加增塑剂吹塑成型。主要制成薄膜，用于包装肉类、冷冻食品和乳制品，但其阻气性较差，不能满足较长时间的保质要求。

（二）聚丙烯（polypropylene，PP）

聚丙烯由丙烯单体聚合而成，为线型结构，密度为 $0.90 \sim 0.91 g/cm^3$，是目前最轻的食品包装用塑料。PP 的阻隔性优于 PE，水蒸气透过率和氧气透过率与 HDPE 相似，但阻气性仍较差。机械性能好，强度、硬度、刚性都高于 PE，化学稳定性良好，耐高温性优良，可在 $100 \sim 120℃$ 长期使用，耐低温性比 PE 差。成型加工性能良好，制品收缩率较大，热封性比 PE 差。

PP 主要制成薄膜材料包装食品，适宜包装含油食品，还可制成热收缩膜进行热收缩包装，以及制成透明的瓶、罐等。

（三）聚苯乙烯（polystyrene，PS）

PS 由苯乙烯单体加聚合成，因大分子主链上带有苯环侧基，结构不规整，不易结晶，柔顺性很低。PS 阻湿、阻气性能低于 PE，机械性能好，具有较高的刚性，但脆性大，耐冲击性能很差。化学稳定性差，只能耐受一般酸、碱、盐、有机酸、低级醇的腐蚀，易受有机溶剂如烃类、酯类的侵蚀甚至溶解。透明度高达 $88\% \sim 92\%$，耐热性差，而低温性能良好。在食品包装中主要用于制作透明食品盒、水果盘、小餐具等，以及热收缩包装材料。PS 制成的发泡材料还可用于包装中的保温及缓冲材料。

（四）聚氯乙烯（polyvinyl chloride，PVC）

聚氯乙烯是以聚氯乙烯为主体，添加增塑剂、稳定剂等混合组成，PVC 大分子具有较强极性，柔顺性差且不易结晶。根据增塑剂的加入量不同可获得不同品种的 PVC 塑料，增塑剂量达树脂量的 $30\% \sim 40\%$ 时构成软质 PVC，增塑剂量小于 5% 时构成硬质 PVC。

PVC 的阻气阻油性优于 PE 塑料，硬质 PVC 优于软质 PVC；阻湿性比 PE 差，化学稳定性优良。机械性能好，硬质 PVC 有很好的抗拉强度和刚性，软质 PVC 相对较差，但其柔韧性和抗撕裂强度比 PE 高；有低温脆性，着色性、印刷性和热封性较好。

PVC 树脂本身无毒，但其中残留的单体氯乙烯有麻痹和致畸致癌作用，对人体安全限量为小于 $1mg/kg$ 体重。因此 PVC 用作食品包装应严格控制材料中的氯乙烯单体残留量。影响 PVC 塑料卫生安全性的另一重要因素是增塑剂，用作食品包装的 PVC 应使用如邻苯二甲酸二辛酯、二癸酯等低毒增塑剂，使用剂量应在安全范围内。软质 PVC 增塑剂含量大，卫生安全性较差，一般不用于直接接触食品的包装，但可制成弹性拉伸膜和热收缩膜；硬质 PVC 中不含或少量含有增塑剂，可直接用于食品包装。

（五）聚酰胺（polyamide，PA）

PA 又称尼龙（nylon），是分子主链上含有大量酰胺基团结构的线型结晶型高聚物，为极性分子，分子间结合力强，大分子易结晶。PA 塑料化学稳定性良好，具有很高的强度和阻气性，但阻湿性差，吸水性强。机械性能良好，强韧而耐磨，但热封性较差。PA 薄膜制品大量用于食品包装，为提高其包装性能，可使用拉伸 PA 薄膜，并与 PE、PVDC 等复合，以提高防潮阻湿和热封性能，可用于无菌包装和深度冷冻包装。

（六）聚酯（polyethylene terephthalate，PET）

PET 是聚对苯二甲酸和乙二酯的简称，因其大分子主链含有苯环而具有高强韧性，因有柔性醚键而仍有较好的柔顺性。PET 的透明度高，光泽度好，具有优良的阻气、阻湿、阻油和保香功能。机械性能好，抗拉强度是 PE 的 5~10 倍，是 PA 的 3 倍，抗冲击强度也很高，还具有良好的耐磨和耐折叠性。且能在较宽的温度范围内保持其优良的物理机械性能，正常使用温度范围为−70℃~120℃，短期使用可耐受 150℃ 的高温。化学稳定性好，卫生安全，但不易成型加工，热封性差。

　　PET 塑料薄膜用于食品包装主要有四种形式：一是无晶型未定向透明薄膜，其抗油脂性很好，可包装含油食品，也可作食品桶、罐等容器的内衬；二是双向拉伸收缩膜，具有突出的强度和良好的热收缩性，可用作肉制品的收缩包装；三是结晶型定向拉伸膜，具有综合包装性能；四是以 PET 为基材的复合膜用于高温杀菌食品的包装。PET 制作的成型容器，大量用于饮料包装。

（七）聚碳酸酯（polycarbonate，PC）

　　聚碳酸酯是分子链中含有碳酸酯的一类高分子材料，具有很好的低温抗冲击性能，又具有优良的耐热性和透明性，是非常优良的包装材料，但价格高使其应用受到一定限制。

　　PC 可注塑成型为盆、盒，吹塑成型为瓶、罐，吸塑成型为各种容器，这些制品或材料的突出优点是冲击韧性高，透明性好，耐热又耐寒，可在 100~120℃ 下高温杀菌处理。PC 薄膜具有极好的透明度和光泽性，拉伸强度高，耐高温也耐低温，耐油性好，透气、透湿性大于 PET 膜，且保香性优良，适用于高温蒸煮杀菌和微波杀菌。

（八）聚偏二氯乙烯（polyvinylidene chloride，PVDC）

　　PVDC 塑料由 PVDC 树脂添加少量增塑剂和稳定剂制成，为一种高阻隔性包装材料。PVDC 大分子结合力强，结构对称、规整，结晶性高，加工性能较差，制成薄膜材料时一般需加入稳定剂和增塑剂。PVDC 树脂用于食品包装具有许多优异的包装性能，如阻隔性高，化学稳定性好，受环境温度的影响小，耐高低温性良好，适用于高温杀菌和低温冷藏包装。制成收缩薄膜后的收缩率可达 30%~60%。但其热封性较差，常与其他材料复合制成高性能复合包装材料。

（九）聚乙烯醇（polyvinyl alcohol，PVA）

　　PVA 是由聚乙酸乙烯酯经碱性醇液醇解而成，是一种分子极性较强且有高度结晶的高分子化合物。PVA 薄膜透明度高，有很好的光泽，还具有优良的阻气性能，特别是对有机溶剂蒸汽和惰性气体及芳香气体具有很好的阻隔作用，但因为其为亲水性物质，阻湿性差，透湿能力是 PE 的 5~10 倍，吸水性强，在水中可溶胀甚至溶解，随着吸湿量的增加，其强度和阻气性会急剧下降。化学稳定性好，除水外不受烃类、醇、酮、油等普通溶剂侵蚀，印刷性好。机械性能好，抗拉强度、韧性、延伸率均较高，但会因为吸湿量和增塑剂量的增加而使强度降低。耐高温性较好，耐低温性较差。PVA 无毒、无味，符合食品包装的要求。PVA 薄膜可直接用来包装含油食品和风味食品，不适合用于防潮包装，但与其他薄膜复合后，可以避免易吸潮的缺点，提高其阻气性，能广泛应用于肉制品、黄油、干酪及快餐食品包装。

二、食品包装塑料薄膜

　　目前大多数国家对塑料薄膜和片材的区分是以厚度为标准，厚度<0.25mm 者为薄膜，厚度>0.25mm 者为片材。塑料薄膜主要包括：①由单一种类塑料制成的薄膜材料；②由不同种类塑料复合而成的复合薄膜材料；③以塑料为主体，与其他材料（如纸、铝箔等）复合而成复合薄膜材料。

（一）普通塑料薄膜

普通塑料膜是指采用挤出吹塑成型、T 型模法成型、溶液流涎法成型及压延法成型的未经拉伸处理的一类薄膜，其包装性能取决于树脂品种。常用单一塑料薄膜性能如表 4-2-11 所示。

表 4-2-11　　　　　　　　　　　常用单一塑料薄膜性能比较

种类	透明性	光泽度	拉伸强度	延伸率	撕裂强度	阻气性	阻湿性	耐油性	耐化学性	耐低温性	耐高温性	耐热变形性	防静电性	机械适应性	印刷性	热封合性
LDPE	△	△	○	☆	○	×	○	×	○	☆	×	☆	×	×	△	☆
HDPE	△	△	○	△	△	×	☆	○	△	○	☆	○	×	×	△	☆
CPP	○	○	○	☆	☆	×	○	△	○	△	○	△	×	△	△	○
OPP	☆	☆	☆	△	×	○	○	○	○	○	○	☆	△	☆	△	×
PVC（软）	☆	☆	△	☆	☆	△	△	△	○	△	○	○	☆	×	○	○
PVC（硬）	☆	☆	☆	×	△	○	○	○	○	△	○	△	○	△	○	×
PS	☆	☆	☆	×	×	×	○	×	△	○	△	○	×	○	○	×
OPS	☆	☆	☆	△	×	○	○	○	○	○	△	○	×	☆	○	×
PET	☆	☆	☆	○	○	☆	○	○	☆	○	○	☆	△	☆	☆	×
OPET	☆	☆	☆	×	○	○	☆	○	☆	☆	○	☆	△	☆	☆	×
NY$_6$	○	○	☆	○	☆	☆	×	○	☆	○	○	☆	△	☆	☆	○
ONY$_6$	☆	○	☆	×	☆	○	○	○	☆	○	○	☆	△	☆	☆	☆
PVDC	○	○	☆	☆	△	☆	☆	○	○	○	△	☆	×	×	×	△
EVA	○	○	○	○	○	×	○	○	△	○	△	☆	×	☆	△	○
PVA	☆	○	△	☆	☆	☆	×	☆	☆	×	○	○	△	☆	☆	×
PT	☆	☆	○	×	×	×	☆	☆	☆	○	○	○	△	☆	☆	×
KPT	☆	☆	☆	△	×	☆	○	☆	△	☆	○	△	☆	☆	△	○
Al（箔）	×	×	○	×	△	☆	☆	☆	☆	☆	☆	☆	×	○	△	×
纸	×	×	○	×	○	×	×	×	×	○	○	○	☆	△	☆	×

注：☆—优；○—良；△—尚可；×—差。

（二）定向拉伸塑料薄膜

定向拉伸塑料薄膜是将普通塑料薄膜在其玻璃化至熔点的某一温度条件下拉伸到原长度的几倍，然后在拉伸紧张状态下，在高于其拉伸温度而低于熔点的温度区间某温度内保持几秒进行热处理定型，最后急速冷却至室温制得。经过定向拉伸的薄膜，其抗拉强度、阻隔性能、透明度等都有很大提高。

定向拉伸薄膜的包装性能除取决于塑料品种、相对分子质量大小、结晶度等材料因素外，与拉伸程度、拉伸和热处理温度、时间等工艺条件密切相关。拉伸薄膜的机械力学性能、阻透性能和耐寒耐热性能随拉伸率的增大、分子定向程度的提高而增大；双向拉伸薄膜的机械强度强于单向拉伸薄膜。

定向拉伸薄膜的延伸率较低，热封性能差，独立使用时不易封口，需要与其他热封性能好的薄膜复合。

食品包装上目前使用的单向拉伸薄膜有 OPP、OPS、OPET、OPVDC 等，双向拉伸薄膜有 BOPP、BOPE、BOPS、BOPA 等。

（三）热收缩薄膜

未经热处理定型的定向拉伸薄膜称热收缩薄膜。拉伸薄膜聚合物大分子的定向分布状态是不稳定的，在高于拉伸温度和低于熔点温度的条件下，分子热运动使大分子从定向分布状态恢复到无规则线团状态，导致拉伸薄膜沿拉伸方向收缩还原。热收缩薄膜对被包装食品具有很好的保护性、商品展示性和经济实用性。目前使用较多的热收缩薄膜有 PVC、PE、PP、PVDC、PET、EVA 等。

（四）弹性（拉伸）薄膜

弹性（拉伸）薄膜具有较大的延伸率而又有足够的强度，其包装过程是利用包装机回绕物品将薄膜拉伸，通过其弹性使之缠绕物品，其接头可自黏，主要用于托盘、瓶、罐、管等物品的弹性包装。弹性薄膜耐低温性较好，但耐热性能差，在日光直接暴晒或环境温度较高时，因聚合物大分子热运动而使薄膜松弛，导致包装松动。

目前用于食品包装的弹性薄膜主要有 EVA、PVC、LDPE、LLDPE，其中 EVA 和 LLDPE 薄膜弹性和自黏性好，是理想的材料。

三、复合软包装材料

所谓复合软包装材料是指由两层或两层以上不同品种的挠性材料，通过一定技术组合而成的"结构化"多层材料，所用复合基材有塑料薄膜、铝箔、纸等。

食品包装复合材料应满足如下结构要求：①内层要求无毒、无味、耐油、耐化学性好，具有热封性和黏合性，常用的有 PE、CPP、EVA 及离子型聚合物等热塑性塑料；②外层要求光学性能好、印刷性好、耐磨、耐热，具有较高的强度和刚性，常用的有 PA、PET、BOPP、PC、铝箔及纸类等材料；③中间层要求具有高阻隔性，常用铝箔和 PVDC。

（一）常用复合包装薄膜

食品包装常用复合薄膜的构成及用途如表 4-2-12 所示。

表 4-2-12　　　　　　　　　食品包装用复合薄膜的构成及用途

复合薄膜构成	特性										用途
	防湿性	阻气性	耐油性	耐水性	耐煮性	耐寒性	透明性	防紫外线	成型性	封合性	
PT/PE	☆	☆	○	×	×	×	☆	×	×	☆	方便面、糕点
OPP/PE	☆	○	○	☆	☆	☆	☆	×	○	☆	干菜、方便面、糕点、冷冻食品

续表

复合薄膜构成	特性										用途
	防湿性	阻气性	耐油性	耐水性	耐煮性	耐寒性	透明性	防紫外线	成型性	封合性	
PVDC 涂 PT/PE	☆	☆	○	☆	☆	○	☆	○~×	×	☆	豆酱、腌菜、火腿、饮料粉、鱼类加工品
OPP/CPP	☆	○	☆	☆	○	○	☆	×	○	☆	糕点
PT/CPP	☆	☆	☆	×	×	×	☆	×	×	☆	糕点
OPP/PT/PP	☆	☆	☆	☆	☆	☆	☆	×	×	☆	豆酱、腌菜、酱制品
OPP/K 涂 PT/PE	☆	☆	○	☆	☆	○	☆	○~×	×	☆	肉类食品、豆制品、汤料
OPP/PVDC/PE	☆	☆	☆	☆	☆	☆	☆	○~×	×	☆	火腿、红肠、鱼糕
PET/PE	☆	☆	☆	☆	☆	☆	☆	○~×	○	☆	蒸煮食品、冷冻食品、饮料粉、汤料
PET/PVDC/PE	☆	☆	☆	☆	☆	☆	☆	○~×	☆	☆	豆酱、鱼糕、冷冻食品、熏制食品
Ny/PE	○	○	☆	☆	☆	☆	☆	×	○	☆	鱼糕、汤料、冷冻食品、饮料粉
Ny/PVDC/PE	☆	☆	☆	☆	☆	☆	☆	○~×	○	☆	鱼糕、汤料、冷冻食品、饮料粉
OPP/PVA/PE	☆	☆	☆	☆	○	○	☆	×	○	☆	豆酱、饮料
OPP/EVOH/PE	☆	☆	☆	☆	○	○	☆	×	○	☆	气密性小袋（饮料粉）
PC/PE	○	×	○	☆	☆	☆	☆	○~×	○	☆	切片火腿、饮料粉
Al/PE	☆	☆	☆	☆	○	○	×	☆	×	☆	糕点
PT/Al/PE	☆	☆	☆	×	×	○	×	☆	×	☆	糕点、茶叶、方便食品
PET/Al/PE	☆	☆	☆	☆	☆	☆	×	☆	×	☆	蒸煮食品、焖制食品
PT/纸/PVDC	☆	☆	☆	×	×	○	×	☆	×	☆	干菜、茶叶、干制品
PT/PE/纸/PE	☆	☆	○	×	×	○	×	☆	×	☆	茶叶、汤料、豆粉、乳粉

注：☆—好；○——一般；×—差。

（二）高阻隔性薄膜

所谓高阻隔性薄膜是指厚度在 25.4μm 以下，22.8℃ 条件下的透气度为 $10mL/(654cm^2 \cdot 24h \cdot 0.1MPa)$ 以下的薄膜，按此规定，目前只有 EVOH、PVDC 和聚丙烯腈可称为高阻隔性材料，但实际上 PA 和 PET 通常也称作高阻隔材料。

1. EVOH 薄膜

EVOH（日本称 EVAL）称乙烯-乙烯醇共聚物膜，最为突出的性能是其具有极好的阻气性，用以包装食品可大大提高包装的保香性和延长保质期。EVOH 膜具有高的机械强度及耐磨、耐气候性，且有好的光泽和透明度，具有高度耐油、耐有机溶剂能力，是所有高阻性材料中热稳定性最好的一种。由于 EVOH 分子结构中有亲水基团，易吸附水分而影响其高阻气性，故一般用作复合膜的中间层。

2. 涂硅膜

涂硅膜是透明的蒸涂 SiO_2 或 SiO 的高阻隔薄膜材料。适合涂硅的基材有 PET、OPP、BOPA 等，涂层厚度为 4~10μm，光和微波可通过，适合微波加热，且高温、高湿下不脱层，故可用于有特殊气密性要求的高温蒸煮杀菌食品的包装。涂硅层不耐弯曲，易出现针孔，一般与其他材料复合或采用涂层来弥补这一缺点。涂硅膜比 PVDC 具有更高的阻隔性和耐高温特性。

3. K 涂膜

K 涂膜一般采用各种双向拉伸薄膜作为基材，涂布 PVDC 或偏二氯乙烯与丙烯腈共聚胶乳薄层，使其具有良好的阻气、阻湿、保香性及低温热封性而成为高阻隔性包装膜，广泛应用于食品、香烟和药品包装。

4. 镀铝膜

镀铝膜即真空镀铝膜，除具有高阻隔性外，还具有遮光特性，能较好地保护食品避免光、氧的综合腐败作用。

（三）高温蒸煮袋用复合薄膜

高温蒸煮袋是一类具有特殊耐高温要求的复合包装材料，按其杀菌时使用的温度可分为高温蒸煮袋（121℃ 杀菌 30min）和超高温蒸煮袋（135℃ 杀菌 30min）。制作高温蒸煮袋的复合薄膜有透明和不透明两种，透明复合薄膜可用 PET 或 PA 等薄膜为外层（高阻隔型透明袋使用 K 涂 PET 膜），CPP 为内层，中间层可用 PVDC 或 PVA；不透明复合薄膜中间层为铝箔，其典型薄膜结构为 PET（12μm）或 PA6（12μm）/Al（9μm）/PO（70μm），其中，PO 为聚乙烯或聚丙烯，总称为聚烯烃薄膜。

高温蒸煮袋应能承受 121℃ 以上的加热灭菌，对气体、水蒸气具有高的阻隔性且热封性好，封口强度高，如用 PE 为内层，仅能承受 110℃ 以下的灭菌温度。所以高温蒸煮袋一般采用 CPP 作为热封层。由于透明蒸煮袋杀菌时传热较慢，适用于内容物 300g 以下的小型蒸煮袋，而内容物超过 500g 的蒸煮袋应使用有铝箔的不透明蒸煮袋。

四、 常用食品包装塑料容器及制品

塑料通过各种加工手段，可制成具有各种性能和形状的包装容器及制品，食品包装上常用的有塑料中空容器、热成型容器、塑料箱、钙塑瓦楞箱、塑料包装袋等。

（一）塑料瓶

目前食品包装上应用的塑料瓶品种及其特性如表4-2-13所示。

表4-2-13　　　　　　　　　　各种塑料瓶使用性能比较

项目	聚乙烯		聚丙烯		PC瓶	PET瓶	PS瓶	PVC瓶
	LDPE瓶	HDPE瓶	拉伸PP瓶	普通PP瓶				
透明性	半透明	半透明	半透明	半透明	透明	透明	透明	透明
水蒸气透过性	低	极低	极低	极低	高	中	高	中
透氧性	极高	高	高	高	中~高	低	高	低
CO_2透过性	极高	高	中~高	中~高	中~高	低	高	低
耐酸性	○~★	○~★	○~★	○~★	★	○~☆	○~☆	☆~★
耐乙醇性	○~★	☆	☆	☆	○	☆	○	☆~★
耐碱性	☆~★	☆~★	★	★	×~○	×~○	☆	☆~★
耐矿物油性	×	○	○	○	☆			
耐溶剂性	×~○	×~○	×~○	×~☆	×~☆	○	×	×~☆
耐热性	○	○~☆	☆	☆	★	×~○	○	×~○
耐寒性	★	★	×~○	★	☆	☆	×	
耐光性	○	○	○~☆	○~☆	☆	☆	×~○	×~☆
热变形温度/℃	71~104	71~121	121~127	121~127	127~138	38~71	93~104	60~65
硬度	低	中	中~高	中~高	高	中~高	高~中	高~中
价格	低	低	中	中~高	极高	中	中	中
主要用途	小食品	牛乳、果汁、食用油	果汁、小食品	饮料、果汁	婴儿奶瓶、牛乳、饮料	碳酸饮料、食用油	调料、食用油	调料、食用油

注：★—极好；☆—好；○——一般；×—差。

（二）塑料周转箱

塑料周转箱所用材料大多是PP和HDPE。HDPE周转箱的耐低温性能较好；PP周转箱的抗压性能较好，更适于需长期堆垛贮藏的食品。由于周转箱经日晒雨淋以及受到环境的影响，易老化脆裂，制造时应对原料进行选择并选用适当的添加剂，另外需加入抗氧剂、颜料、紫外线吸收剂等改性，以提高周转箱的使用年限。

（三）钙塑瓦楞箱

钙塑材料是在PP、PE树脂中加入大量填料如碳酸钙、硫酸钙、滑石粉等，及少量助剂而形成的一种复合材料（一般含树脂50%和$CaCO_3$等50%）。具有防潮防水、高强度等优点，可在高湿环境下用于冷冻食品、水产品、畜肉制品的包装，体现出质轻、美观整洁、耐用及尺寸稳定的优点。但钙塑材料表面光洁易打滑，减震缓冲性较差，且堆叠稳定性不佳，成本也相对较高。用于食品包装的钙塑材料助剂应满足食品卫生要求，即无毒或有毒成分应在规定的范围剂量内。

（四）塑料袋

1. 单层薄膜袋

由各类 PE、PP 薄膜制成。LDPE 吹塑薄膜具有柔软、透明、防潮性能好、热封性能良好等优点；HDPE 吹塑薄膜的力学性能优于 LDPE 吹塑薄膜，且具有挺括、易开口的特点，但透明度差；LLDPE 吹塑薄膜具有优良的抗穿刺性和良好的焊接性，即使在低温下仍具有较高的韧性；PP 吹塑薄膜透明度高。

2. 复合薄膜袋

为满足食品包装对高阻隔、高强度、高温灭菌、低温保存保鲜等方面的要求，可采用多层复合塑料膜制成的包装袋。

3. 挤出网眼袋

挤出网眼袋是以 HDPE 为原料，经熔融挤出、旋转机头成型，再经单向拉伸而成的连续网束，只需按所需长度切割，将一端热熔在一起，另一端穿入提绳即可挤出网袋，适合于水果、罐头、瓶装酒的外包装，美观大方。

五、 热收缩和热成型包装

（一）热收缩包装

热收缩包装（heat shrink packaging）是用热收缩塑料薄膜裹包产品或包装件，然后加热至一定温度使薄膜自行收缩紧贴包裹住产品或包装件的一种包装方法。

1. 热收缩包装的特点

（1）包装的适应性好　能适应各种大小及形状的物品包装，尤其适用于一般方法难以包装的异形物品，如蔬菜、水果、整体的肉类食品及带盘的快餐食品或半成品的包装。

（2）密封性和保护性良好　热收缩包装的密封性能较好，可实现对食品的密封、防潮、保鲜包装，具有良好的保护性；收缩时塑料薄膜紧贴在物品上，能排除物品表面的空气，延长食品的保存期。

（3）具有良好的捆束性　能实现多件物品的集合包装或配套包装，为自选商场及其他形式的商品零售提供方便；包装紧凑，材料轻，用量少，方便包装物的储存和运输。

（4）提高装潢效果　热收缩薄膜一般透明，包装时紧贴产品的表面，对产品的色、形有很好的展示，增加包装的外观光泽和透明度，提高商品的装潢效果，强化促销功能。

（5）包装工艺及使用的设备简单，通用性强，便于实现机械化快速包装。

2. 热收缩包装的形式

按照包装后包装体的形态特点，热收缩包装分为 3 种包装形式。

（1）两端开放式的套筒收缩包装　将包装件放入管状收缩膜或用对折薄膜挤接热封成套筒状，套筒膜两端比包装件长出 30~50mm，收缩后包装件两端留有一圆形小孔。

（2）一端开放式的罩盖式收缩包装　用收缩膜覆盖在装有食品的盒或托盘容器口上，其边缘比容器口部边缘长出 20~50mm，经加热收缩，紧紧地包裹容器口部边缘。

（3）全封闭式收缩包装　可满足包装品的密封、真空、防潮等包装要求。

3. 常用热收缩膜的种类及特性

收缩包装在加热收缩前，需要对裹包薄膜搭接边进行热压封合，因此要求收缩薄膜具有良好的热封性能，即低的热封温度和足够的热封强度。

热收缩薄膜具有的热收缩性、收缩温度范围及热封性能主要取决于收缩薄膜的种类、制膜工艺及质量的影响。表 4-2-14 为几种常用热收缩膜的热收缩性能。

表 4-2-14　　　　　几种收缩薄膜的典型收缩率、收缩温度和热封温度

薄膜类型	典型收缩率/%	收缩温度/℃（空气）	热封温度/℃
PET	35	171	135
PE	30	177	135
PP	60	218	177
PVC	60	163	107
氯化橡胶	45	149	121
PVDC	45	177	138
PS	50	149	121

（1）聚氯乙烯（PVC）　收缩温度较低且范围广，收缩力强，收缩速度快，透明美观，封口干净漂亮，透氧率小，透湿度较大，适用于生鲜果蔬的保鲜包装。缺点是冲击强度低，低温易发脆，封口强度差，过热封口时会分解产生异味。

（2）聚乙烯（PE）　热封性好，封口强度高，抗冲击强度大，价格低，防潮性能好。缺点是光泽与透明度比 PVC 差，收缩温度比 PVC 高 20~50℃。

（3）聚丙烯（PP）　透明性与光泽最好，黏着性、耐油性及防湿性能好，收缩力强。缺点是收缩温度高且范围窄。

（4）其他　聚苯乙烯（PS）薄膜主要用于包装信件等；聚偏二氯乙烯（PVDC）薄膜主要用于肉食灌肠类包装；乙烯-乙酸乙烯共聚物（EVA）抗冲击强度大，透明度高，软化点低，收缩温度宽，热封性能好，收缩力小，尤其适合带突起异形物品的包装。

（二）热成型包装

热成型包装（heat forming packaging）是指用热塑性塑料片材热成型制成容器，并定量充填灌装食品，然后用薄膜覆盖容器口并封合的包装方法。

1. 热成型包装的特点

（1）适用范围广　可用于冷藏、微波加热、生鲜、快餐等各类食品的包装，可满足食品贮藏和销售对包装的密封、半密封、真空、充气、高阻隔等各种要求，也可实现无菌包装。

（2）生产效率高　容器成型、食品充填、灌装封口可用一机或几机连成生产流水线连续完成，包装生产效率高，而且避免包装容器运转可能带来的容器污染问题，节约包装材料、容器运输和消毒费用。

（3）包装成本低　热成型包装设备投资少，加工用模具成本只为其他成型加工方法用模具成本的 10%~20%。制成的容器壁薄，可减少材料用量，且生产方法简单、周期短，可连续送料、连续成型，无须事先制盒，节约了制盒费用及相应的储存费用。

（4）卫生安全性高　热成型包装机从制盒、装填到封口均不需手工操作，减少了过渡性污染，若采用耐高温包装材料还可进行高温灭菌处理，延长食品的保存期和提高卫生条件。

（5）展示效果好　容器形状大小按包装需要设计，不受成型加工的限制，特别适应形状不规则的物品包装需要，且可以满足商业销售美化商品的要求设计成各种异形容器，制成的容器外形美观。

2. 常用热成型包装材料及特性

热成型包装用塑料片材按厚度一般分为 3 类：厚度小于 0.25mm 为薄片，厚度在 0.25~0.5mm 为片材，厚度大于 1.5mm 为板材。塑料薄片及片材用于连续加热成型容器，如泡罩、浅盘、杯等小型食品包装容器。板材热成型容器时要专门夹持加热，主要用于成型较大或较深的包装容器。

热成型塑料片材厚度应均匀，否则加热成型时塑料片材因温度不均匀、软化程度不一而使成型容器存在内应力，降低使用强度或使容器变形。通常塑料片材的厚薄公差不应大于 0.04~0.08mm。目前常用于热成型包装的材料主要有如下几种。

（1）聚乙烯（PE）　由于其卫生和价廉在食品热成型包装上应用广泛，其中 LDPE 刚性差，在刚性要求较高或容器尺寸较大时可使用 HDPE，但其透明度不高。

（2）聚丙烯（PP）　具有良好的成型加工性能，适合于制造深度与口径比较大的容器，容器透明度高，除耐低温性较差以外，其他均与 HDPE 相似。

（3）聚氯乙烯（PS）　硬质 PVC 片材具有良好的刚性和较高的透明度，可用于与食品直接接触的包装，但是因拉伸变形性能较差，因此难以形成结构复杂的容器。

（4）聚苯乙烯（PS）热成型加工时常用 BOPS 片材，这种材料刚性和硬度好，透明度高，表面光泽。但热成型时需要严格控制片材加热温度，也不宜做较大拉伸，同时应注意成型用的框架应有足够的强度，以承受片材的热收缩作用。

（5）其他　PA 片材热成型容易，包装性能优良；PC/PE 复合片材可用于深度口径比不大的容器，可耐较高温度的蒸煮杀菌；PE、PP 涂布纸板热成型容器可用于微波加工食品的包装；PP/PVDC/PE 片材可成型各种形状的容器，经密封包装快餐食品，可经受蒸煮杀菌处理。

（6）封盖材料　热成型包装容器的封盖材料主要是 PE、PP、PVC 等单质塑料薄膜，或者使用铝箔、纸与 PE 的复合薄膜片材、玻璃纸等材料，一般在盖材上事先印好商标和标签，所用印刷油墨能耐 200℃温度。

六、　软塑包装容器的热压封合

软塑料包装主要是指用各种塑料薄膜、复合薄膜及塑料片材制成的袋、盒、筒状容器，这类容器的密封封合方法主要有热压封合、压扣封合、结扎封合等。

热压封合（heat seal）是用某种方式加热容器封口部材料，使其达到黏流状态后加压使之封合，一般用热压封口装置或热压封口机完成。热封头是热压封合的执行机构，通过控制调节装置可以调整热封头的温度和压力以满足不同的封合要求。根据热封头的结构形式及加热方法不同，热压封口方法可分为多种。

（一）普通热压封合

如图 4-2-4 所示，主要有以下几种。

1. 板封

将加热板加热到一定温度，把塑料薄膜压合在一起即完成热封。此法结构和原理都很简

图 4-2-4　普通热压封合

（1）板封（1—加热板　2—薄膜　3—绝热层　4—承压台）

（2）辊封（1—加热辊　2—薄膜　3—耐热橡胶圆盘）

（3）带封（1—钢带　2—薄膜　3—加热部　4—冷却部）

（4）滑动夹封（1—加热板　2—薄膜　3—加压辊　4—封接部分）

单，热合速度快，应用很广，适合于聚乙烯薄膜，但对于遇热易收缩或分解的聚丙烯、聚氯乙烯等薄膜不适用。

2. 辊封

能高效连续封接，适用于复合材料及不易热变形薄膜材料的封合。为了防黏，可以的热辊外表面涂一层聚四氟乙烯。

3. 带封

钢带夹着薄膜运动，并在两侧对薄膜加热、加压和冷却，实现封口。这种装置结构较复杂，可对易热变形的薄膜进行连续封接，专门用于袋的封口。

4. 滑动夹封

薄膜先从一对加热板中间通过，进行加热，然后由加压辊压合。特点是结构简单，能连续封接热变形大的薄膜，适用于自动包装机。

（二）熔断、脉冲、超声波和高频封合

如图 4-2-5 所示。

图 4-2-5　其他几种形式的封合

（1）熔断封合（1—热刀　2—薄膜　3—薄膜引出辊　4—胶辊）

（2）脉冲封合（1—镍铬合金电热丝　2—薄膜　3—绝热层　4—橡胶缓冲层）

（3）高频封合（1—压板　2—高频电极　3—焊缝　4—薄膜　5—承压台）

（4）超声波封合（1—振动头　2—尖端触头　3—薄膜　4—橡胶辊）

1. 熔断封合

利用热刀把薄膜切断，同时完成封接，因没有较宽的封合带，强度低。

2. 脉冲封合

在薄膜和压板之间置一扁形镍铬合金电热丝，并瞬间通以大电流，使薄膜加热黏合，然后冷却，防黏材料一般用聚四氟乙烯织物。这种封接方法的特点是封口强度高，适用于易热变形的薄膜，但冷却时间长，封接速度慢。

3. 高频封合

薄膜被压在上、下高频电极之间，当电极通过高频电流时，薄膜因有感应阻抗而发热熔化。由于是内部加热，中心温度高，薄膜表面不会过热，封口强度高，适用于聚氯乙烯之类感应阻抗大的薄膜。

4. 超声波封合

由磁致换能器发出的超声波，经指数曲线形振幅扩大输出棒传到薄膜上，使之从内到外发热，薄膜内部温度较高，适用于易热变形薄膜的连续封接。

第三节　食品包装辅助材料

一、　缓冲材料

缓冲材料是指能吸收外力产生的能量，然后在较长时间内缓慢释放，以防止产品遭受损坏而使用的保护材料。按材料来源可分为普通缓冲材料和合成缓冲材料，一般都具有高度的压缩性能和复原性能。

（一）泡沫塑料

合成树脂经过发泡处理可以制成不同性能的泡沫塑料，主要有聚乙烯泡沫塑料、聚氯乙烯泡沫塑料、聚苯乙烯泡沫塑料、聚氨酯泡沫塑料、聚丙烯泡沫塑料等热塑性树脂泡沫塑料。同时各种热固性酚醛树脂、脲醛树脂、环氧树脂等也能制成泡沫塑料。泡沫塑料的性能除决定于其本身材质外，主要取决于发泡程度和泡沫性质。

（二）气泡塑料薄膜

气泡塑料薄膜是在两层塑料薄膜之间封入空气形成多个气泡，一般采用聚乙烯薄膜，利用封入气泡内空气的弹性来吸收冲击能量。这种缓冲材料的相对密度很小，在 $0.008 \sim 0.030 g/cm^3$，具有良好的防潮性能，但不宜包装质量较大，负荷集中的尖锐产品。

（三）蜂窝纸板

蜂窝纸板也称蜂窝夹层纸板，是根据蜂巢结构原理制作的，其材料是以牛皮纸、再生纸等为原料，通过专用设备制成类似蜂窝状的网芯，并在其两面黏合面纸而成的纸制板材。与瓦楞纸板相比，具有质量轻、强度高、用材少的优点，在包装上主要用于缓冲衬垫、托盘、角撑、护棱、隔衬、夹衬挡板和包装箱等方面。

二、　包装用涂覆材料

包装用涂覆材料即包装涂料，是一种含颜料或不含颜料，用树脂及油等制成的黏状物质，涂覆在包装材料或容器表面而形成牢固附着的连续、均匀的薄层保护膜。

（一）金属罐外壁涂料

金属罐外壁涂料一般根据食品加热温度的不同而采用不同品种。不需加热的金属罐外涂料可选用普通的油墨，如饼干桶、糖果罐等。需加热杀菌的罐头要求选用耐热外涂料。100℃以下杀菌的罐头其底涂料采用环氧氨基醇树脂涂料，罩光涂料采用氨基醇酸树脂涂料；100℃以上高温杀菌罐头，其底涂料也采用环氧氨基醇酸树脂涂料，罩光涂料则采用耐热不泛黄，适当高温杀菌的丙烯酸树脂涂料。这种涂料干燥性能好，光泽、硬度适宜，附着力强，耐污染性好。

（二）塑料包装用涂料

1. 防静电涂料

塑料易带静电，如不清除，在包装操作中会造成开口困难，而且在包装干燥粉状食品时会因静电而使袋口吸附粉尘。防静电涂料能吸附空气中的水分子而在涂层表面形成极薄的水膜以利导电。

可制作防静电涂料的物质多为有机表面活性剂或高极性聚合物，用于食品包装的防静电剂有：烷基胺环氧乙烷加聚物；烷基苯酚环氧乙烷加聚物；硬脂酸聚乙二醇酯；山梨糖醇酐月桂酯的环氧乙烷加聚物。

2. 防雾滴涂料

防雾滴涂料由甘油单脂肪酸酯、三乙醇胺脂肪酸盐、聚氧化乙烯型表面活性剂等制成，涂布在塑料膜表面，增大塑料膜的表面张力，使之与水相接近，当水蒸气遇冷凝结时，在塑料表面形成连续的、极薄的水膜而非水滴，从而达到防止产生雾滴的目的。

（三）涂蜡包装材料

用石蜡或液体石蜡涂覆纸、纸容器、塑料薄膜及其复合材料，具有防潮、防水、耐油的优点，目前已广泛应用于食品包装上。蜡本身是性能良好的封缄材料，还可用作食品的被膜剂和复合包装材料的黏合剂等。

（四）树脂涂料

树脂涂料成膜物质只有树脂，广泛用于纸与纸板，也用于塑料薄膜、金属包装材料包括铝箔及玻璃等的涂覆，以增加其防潮阻隔性、耐腐蚀性、热封性、印刷性和机械强度等性能。

三、 其他辅助包装材料

（一）封缄材料

包装或包装件的封闭过程称为封缄，是包装的最后一道工序。不同的包装对封缄保护性的要求也不一样，有的只是一般性要求封闭内装物，有的要求阻气性密封，有的要求防盗式密封等。常用的包装封缄材料有胶带、盖类、钉类、黏合剂等。

（二）捆扎材料

捆扎是用挠性带状材料将产品或包装件扎紧、固定或增强的操作。常用的捆扎材料包括：①金属捆扎带。采用碳素钢、合金钢等轧制而成，抗拉强度极高，持续拉伸应力最好，但易生锈，多用于重型包装件的捆扎及固定。②非金属捆扎带。如聚丙烯捆扎带、聚酯捆扎带、尼龙捆扎带以及拉伸薄膜和收缩薄膜等。

（三）流体密封材料

为提高瓶盖及罐头的密封性能，一般在罐盖沟槽及瓶盖内施涂流体密封材料，干燥后形成对金属有一定附着力的弹性膜，不仅可以起到密封作用，而且具有防腐蚀作用。罐头食品密封胶常采用硫化乳胶。

用于食品包装容器的液体密封胶的要求为：不得含有对人体有害的成分，化学性质稳定，耐老化性能好；有一定的流动性，黏度稳定，便于施涂，但又不能产生流胶；对金属有良好的附着力，并能耐受加工、贮运过程中的冲击和振动；有一定的耐温性，用于高温杀菌的罐头用液体密封胶必须能耐受高温。

第四节 中型散货包装容器（IBC）

一、IBC 的概念与分类

中型散货包装容器（intermediate bulk container, IBC）又称复合中型散装容器，是指用于装运液体，带有刚性塑料内容器的复合式中型散装容器，通常带有金属外框保护，是为满足机械化装卸、节省堆放空间，根据集装箱的构造特点专门设计的新一代工业包装容器，主要应用于各种液体产品的包装，也可用于干散货的包装。

1975 年，IBC 由工业包装容器生产商——德国舒驰公司（Schuetz GmbH & Co. KgaA）推向市场，在 20 世纪 90 年代得到迅速发展，到 2008 年，IBC 的国际包装市场份额已占到用于包装液体的中型散装容器产品总量的 90% 以上，远远超过金属中型散装容器，IBC 已成为复合中型散装容器的专有名词，可实现海上、公路、铁路等多种运输方式。

IBC 自重 90~1200kg，高度一般为 700~2000mm，其长度和宽度取决于相关国家托盘的尺寸，某些 IBC 具有利于叉车运输的托盘状的底部。大多数 IBC 可以垂直堆放。

IBC 通常分为刚性和柔性两类。

（一）刚性 IBC

1. 塑料 IBC

塑料 IBC，由高密度聚乙烯注塑成型，大型的塑料 IBC 需要外加钢制护栏，如图 4-2-6 所示。

2. 钢制 IBC

钢制 IBC 采用碳钢制造，内涂 314 或 316 树脂，常具有较大容量（如 200L 等），主要用于流态食品或某些干食品（常有内包装）的运输包装。容量 200L 的钢桶，一般直径 500mm，高度 900mm。

3. 不锈钢 IBC

不锈钢 IBC，主要用于食品和药品的

图 4-2-6 塑料 IBC

散货包装，如制造酸乳所使用的果粒、果酱等水果制品。

（二）柔性 IBC

柔性中间性散货容器（flexible intermediate bulk container，FIBC）是用于储存和运输干燥，可流动散货的大型袋状容器，常用于淀粉、谷物、油料作物等的包装。FIBC 以厚聚乙烯或聚丙烯的无纺布制造，根据需要可以涂覆塑料。标准直径为 110cm，高度 100~200cm，容量为 1000kg，也可设计更大的包装。

二、 IBC 的组成、特点与灌装物料

（一）IBC 容器的组成

IBC 容器是由框架、桶体、桶盖总成、排液阀、托盘、标牌 6 个部分组成。

1. 框架

框架是一个焊接件，材料处理要求热镀锌，主要起支撑作用，其堆积负载质量为 4300kg。

2. 桶体

桶体用于盛装液体物料，是 IBC 容器的关键部件之一。桶体、桶口及底口的加工要求较高，特别是在做低温跌落试验时不允许内装物有损失。

3. 桶盖总成

总体而言包括大盖（有 Φ140mm、Φ220mm 两个规格，可适合不同的灌装物）、大盖密封圈、保险盖、小盖密封圈、小盖、减压阀、缓冲盖等 7 个零件组成。其中减压阀要求具有双向排气功能，以防止内部气压增大或热灌装时桶体变形。

4. 排液阀

有球阀 DUN50 和蝶阀 DN50/80/180 两种规格。球阀主要用于排放液体，蝶阀适用于排放黏滞型物质或含颗粒物料。

（二）IBC 容器的特点

1. 适用领域广泛

桶体采用高密度聚乙烯（HDPE）原料，具有刚性大、耐蠕变、抗磨损、安全性好、耐环境应力开裂的特点，可广泛应用于石油、医药、建筑、化工、食品等行业的液体包装、储存、周转。

2. 节省包装原材料

包装同样数量的液体产品，IBC 所用的塑料原料和钢材只是相同容积塑料桶或钢桶的 60% 和 80%。

3. 装载效率高

IBC 容器一般为立方体，在同样的面积下可以比圆柱体的容器运输更多的物料，能够充分利用集装箱的容积，装载效率比通常规格的 200L 圆桶提高 15% 以上，同时 IBC 附有托盘，方便机械化装卸，节省堆放空间。

4. 组装式结构设计

IBC 容器采用生产配件进行组装，结构合理、牢固，可用铲车直接装卸，构件更换方便，可反复使用，大大降低包装成本。

5. 生产复杂性高

　　IBC 的生产包含塑料加工和金属加工两个行业，生产工艺复杂，特别是金属配件，生产难度较大。

　　6. 安全性好

　　桶盖内装的高效减压阀，既可适合各类易产生气体物质的装运，也可适合热灌装要求，使用安全可靠。

　　7. 使用方便

　　桶体底部设计排液槽，且与排液阀相通，确保液体残留量少于 3%，使排放液体不但方便、迅速、彻底，更便于清洗与反复使用。

（三）IBC 容器常见灌装物料种类

　　1. 非危险品

　　如水、食品添加剂等，灌装温度≤70℃。

　　2. 危险品

　　（1）有机酸类　质量分数为 98% 的甲酸、质量分数为 98% 的乙酸、质量分数为 98% 的丙酸、质量分数为 98% 的丁酸、质量分数为 98% 的戊酸、质量分数为 5% 及 15% 的过氧乙酸。

　　（2）无机酸类　质量分数为 98% 的硫酸、质量分数为 36% 的盐酸、质量分数为 60% 的氢氟酸、质量分数为 50% 的氟硼酸、浓度为 55% 的硝酸。

　　（3）碱液　质量分数为 50% 的氢氧化钠或氢氧化钾、质量分数为 1% 的过氯酸钾、质量分数为 20% 的液态氨。

　　（4）氧化物　质量分数为 60% 的双氧水、质量分数为 15% 的过氧乙酸等。

　　所有灌装危险品必须做化学反应试验，该项试验由生产内装物厂家申请，并且应得到相关部门认可。

食品包装与食品质量的关系

　　理解环境因素，如光照、氧、温度、湿度、微生物等对包装食品质量的影响，掌握包装食品的质量变化及控制措施，学习智能包装技术的概念、特点及其在食品包装领域的应用。

第一节　环境因素对包装食品质量的影响

　　食品从加工出厂到消费的整个流通环节复杂多变，受到诸多环境因素的影响而导致包装食品质量的变化。

一、　光照对包装食品质量的影响

　　光照能促进食品内部发生一系列的变化是因为光具有很高的能量。光照下食品中对光敏感的成分能迅速吸收并转换光能，从而激发食品内部发生变质的化学反应。食品对光能吸收量越多、转移传递越深，食品变质越快、越严重。

　　减少或避免光线对食品品质影响的防护方法主要是通过包装将光线遮挡、吸收或反射，减少或避免光线直接照射食品；同时防止某些有利于光催化反应因素，如水分和氧气透过包装材料，从而起到间接的防护效果。不同材料的透光率不同，且在不同光波波长范围内也有不同的透光率。大部分紫外光可被包装材料有效阻挡，而可见光能大部分透过包装材料。同一种材料内部结构不同时透光率也不同。材料越厚，透光率越小，遮光性能越好。

　　食品包装时，可根据食品和包装材料的吸光特性，选择一种对食品敏感的光波具有良好遮光效果的材料作为该食品的包装材料，可有效避免光对食品质变的影响。也可以对包装材料进行必要的处理来改善其遮光性能，如采用加色处理或在包装材料表面涂覆遮光层的方法改变其遮光性能。

二、　氧对包装食品质量的影响

　　食品因氧气发生的品质变化程度与食品包装及贮藏环境中的氧分压有关，例如，油脂氧化速率随氧分压的升高而加快。在氧分压和其他条件相同时，食品与氧的接触面积越大，氧化速度越高。某些新鲜果蔬在贮运流通过程中仍在呼吸，以维持其正常的代谢作用，故需要吸收一定的氧而放出二氧化碳和水。因此，除某些食品需要一定氧气以满足特定要求外，多数食品特别是对氧气敏感的食品，都要求采取脱氧和隔氧包装以达到保藏目的。

三、 温度和湿度对包装食品质量的影响

（一） 温度的影响

引起食品变质的原因主要是生物和非生物两个方面的因素，温度对这两方面都有非常重要的影响。一般情况下，在一定温度（10~38℃）范围内，食品在恒定水分条件下温度每升高10℃，许多酶促和非酶促的化学反应速率加快1倍，其腐败变质的速度加快4~6倍。过度受热也会破坏食品的组织结构，以及造成营养成分的损失。

采用食品冷藏技术和食品流通中的低温防护技术，可以有效减缓温度对食品品质的不良影响，但温度并非越低越好，过度低温和冻结也会破坏食品组织结构和品质。

（二） 水分和湿度的影响

食品中的自由水含量在某种程度上决定了微生物对某种食品的侵袭而引起食品变质的程度，用水分活度（A_w）表示。通常，食品可根据 A_w 分为三大类：$A_w > 0.85$ 的食品称为湿食品，$A_w = 0.6 \sim 0.85$ 的食品称为中等水分食品，$A_w > 0.6$ 的食品称为干食品。食品具有的 A_w 值越低，相对地越不易发生由水带来的生物生化性变质，但吸水性越强，对环境湿度越敏感，因此，控制包装食品环境湿度是保证食品品质的关键。

四、 微生物对包装食品质量的影响

作为食品原料的动植物在自然界的生活环境中，本身已经带有微生物，这就是微生物的一次污染。食品原料的运输、加工、贮藏、流通和销售过程中所受到的微生物污染，称为食品的二次污染。由于大气环境中存在着大量的游离菌，这些微生物很容易污染食品，大部分食品根据其来源、化学成分、物理性质及加工处理的条件，分别形成各自独特的微生物相，并在食品贮藏期间，因微生物群中某一特定菌种有适合其繁殖的环境条件而使食品腐败变质。

光、氧、水分、温度及微生物对食品品质的影响是相辅相成、共同存在的，采用科学有效的包装技术和方法避免或减缓不良影响，保证食品在加工流通过程中的质量稳定，更有效地延长食品保质期，是食品包装科学研究的主要内容。

第二节 包装食品的品质变化及其控制

一、 包装食品贮运中的品质变化

（一） 包装食品的褐变及变色

食品色泽的变化往往伴随着食品中维生素、氨基酸、油脂等营养成分及香味的变化，因此食品包装必须能有效地控制食品色泽的变化。

食品褐变包括食品加工或贮藏时，食品或原料失去原有色泽而变为褐色或发暗，分为酶促褐变和非酶促褐变。影响食品褐变及变色的主要因素有光线、氧气、水分、温度、pH、金属离子等。

1. 光线

光线对包装食品的变色和褪色具有明显的促进作用，特别是紫外线的作用更为显著。天然色素中叶绿素和类胡萝卜素是在光线照射下较易分解的色素。玻璃和塑料包装材料虽能阻挡大部分的紫外线，但所透过的光线也会使食品变色和褪色，缩短食品保质期。

2. 氧气

色素容易氧化，类胡萝卜素、肌红蛋白、血红色素、醌类、花色素等都是易氧化的天然色素。在多酚化合物中，如苹果、梨、香蕉中含有绿原酸、白花色等单宁成分，还原酮类中的维生素 C、氨基还原酮类、羰基化合物中的油脂、还原糖等，这些物质的氧化都会引起食品的褐变、变色或褪色，随之而来的是风味降低、维生素等微量营养成分的破坏。

3. 水分

褐变是在一定水分条件下发生的，一般认为，多酚氧化酶的酶促褐变是在 $A_w = 0.40$ 以上，非酶褐变在 $A_w = 0.25$ 以上，反应速度随 A_w 上升而加快，在 $A_w = 0.55 \sim 0.90$ 的中等水分中反应最快。若水分活度再增加时，其基质浓度被稀释而不易引起反应。

4. 温度

温度会影响食品的变色，温度越高，变色反应越快。由美拉德反应引发的非酶促褐变，温度升高 10℃ 其褐变速度提高 $2 \sim 5$ 倍。高温能破坏色素和维生素类物质，若长期贮藏，应关注环境温度的影响。

5. pH

褐变反应一般在 pH 3 左右最慢，pH 越高，褐变反应越快。从中等水分到高水分的食品中，pH 对色素的稳定性影响很大，叶绿素和氨苯随 pH 下降，分子中 Mg^+ 和 H^+ 离子换位，变为黄褐色脱镁叶绿素，色泽变化显著；花色素系和蒽醌系色素，pH 对色素稳定性的影响各异，因此包装食品的色泽保护应考虑 pH 的影响。

6. 金属离子

通常，Cu、Fe、Ni、Mn 等金属离子对色素分解起促进作用，如番茄中的胭脂红、橘汁中的叶黄素等类胡萝卜素，只要有 $1 \sim 2mg/kg$ 的铜、铁离子就能促进色素氧化。

（二）包装食品的香味变化

包装食品香味变化的原因非常复杂，图 4-3-1 显示了包装食品异味产生的主要途径。

1. 包装食品在贮运过程中的气味变化

包装食品贮运过程中，由于油脂、色素、碳水化合物等食品成分的氧化，或羰氨反应褐变等化学变化产生的异味会导致食品风味劣化。微生物的滋生与繁殖使食品腐败变质也会产生异臭。

包装材料本身的异臭是引起食品风味劣变的严重问题，特别是塑料及其复合包装材料的异味。应严格控制直接接触食品的包装材料质量，并控制包装操作过程中由于塑料过热分解所产生的异味异臭污染食品。

2. 塑料包装材料渗透性引起的食品异味

塑料包装材料都具有不同程度的透氧性，由于氧气的渗入，会引起食品氧化和褐变等化

图 4-3-1　包装食品风味变化示意图

学变化而产生异味。

　　不同品种的塑料薄膜对挥发性物质的渗透性存在很大差异,采用塑料薄膜把香精包装后,利用人体器官功能判断气味的残留情况,可以测定各种塑料薄膜对各种香精的渗透性(表 4-3-1),可见,PE 及 PA 薄膜对香气的渗透性很大,而 PET、PC 薄膜保香性较好。

表 4-3-1　　　　　　　　　　　　各种薄膜的香气透过性

香精种类	LDPE	HDPE	PP	氯化乙烯基	PA	PET	PC	PVC	防潮玻璃纸
华尼拉(香草)香精	○	○	★	△	○	●	★		○
熏制香精	○	○	★	★	○	●	●	★	○
杨梅(草莓)香精	○	○	★	★	○	△	★	★	
橘子香精	○	○	★	★	○	○	★	○	○
柠檬香精	○	○	★	★	○	★	●	○	○
咖喱香精	○	○	△	△	○	△	●	△	△
姜香精	○	★	△	△	○	★	●	★	○
大蒜香精	○	○	○	△	○	●	●	★	★
咖啡香精	○	○	★	★	○	●	●	△	●
可可茶香精	★	★	△	△	○	●	●		●
辣椒油香精	○	○	★	△	○	△	★	★	
酱油香精	○	○	★	★	○	△	★	★	○
咸辣椒	○	○	○	★	○	●	△	★	★

　　注:○—1h 内;★—1d 内;△—1 周内;●—2 周以上。

渗透性物质和塑料薄膜间的亲和性不同，其渗透的难易程度也有差别。例如，PE 和 PP 等疏水性薄膜容易渗透酯类疏水性分子；相反，尼龙、PA 等亲水性薄膜就容易渗透乙醇等亲水性物质而不易透过酯类等疏水性物质。

3. 异臭的侵入和香味的逸散

包装食品受环境的异臭影响也是由薄膜对挥发性物质的渗透性造成的。若食品附近有异臭源，或者把包装食品放置在有异臭的仓库、冷库、货车等场所，常常会由于异臭成分的侵入和香味的逸散而引起食品风味下降。

（三）包装食品的油脂氧化

包装食品中的油脂氧化，不仅使食品产生异臭和失去食用价值，而且其氧化生成物对人体具有一定毒害作用。

根据氧化的条件和机理，油脂氧化可分为自动氧化、热氧化和酶促氧化。自动氧化是油脂常温下放置在空气中的氧化现象；热氧化是油脂在与空气中氧接触状态下进行加热时所产生的氧化现象；酶促氧化是由于酶的作用产生的特异氧化现象，所涉及的氧化酶为脂肪氧化酶。油脂的氧化与油脂种类、氧气、光线、水分、温度、金属离子及放射线密切相关。

1. 光线与温度

光线能够明显促进油脂的氧化，波长 500nm 以下的光线对油脂氧化的影响极大，其中以紫外线影响最为显著。对于包装食品，直接暴露在阳光下的机会较少，主要是受到橱窗和商店内部荧光灯产生的紫外线照射。

油脂的氧化速度随着温度的升高而加快，低温贮藏能明显减缓食品中油脂的氧化。

2. 氧气和水分

氧浓度对包装食品油脂氧化影响很大，如果降低包装内氧的浓度，则可明显减少油脂的氧化。多孔状油炸食品与氧气的接触面积大，因此极易发生氧化变质。

一定水分含量能够抑制油脂的氧化，但水分的增加又会加速油脂分解而使游离脂肪酸增加，并且会使霉菌和脂肪氧化酶增殖。水分对油脂氧化的影响是复杂的，对油脂食品的包装，一般以严格控制包装的透湿度为保质措施，即不论包装外部的湿度如何变化，采用的包装材料必须使包装内部的相对湿度保持稳定。

（四）包装食品的物性变化

包装食品的物性变化主要是因水分变化而引起，食品脱湿或吸湿，其物性就会发生变化，干燥时出现开裂和破碎现象，吸湿时发生潮解和固化现象，两者都会引起食品的品质风味下降。

1. 食品的吸湿

每一种食品各有其平衡相对湿度，即在既定温度下食品在周围大气中既不失去水分又不吸收水分的平衡相对湿度。若环境湿度低于平衡相对湿度，食品就会进一步散失水分而干燥，若高于这个湿度，则食品从环境气氛中吸收水分。

水溶性物质在相对湿度达到一定值之前，其试样完全不吸湿或吸湿很少，如果相对湿度超过某一定值，则开始急剧吸湿。粉末食品或固体食品一般由蛋白质、碳水化合物、脂肪及其他诸如砂糖、食盐、谷氨酸钠等组成，这些食品因其组织成分不同，各有不同的吸湿平衡特征。例如乳粉、肉汁汤料等吸湿性强的食品，其低湿度条件下的吸湿性较低，而高湿度环境中的吸湿性则急剧增加。再如脱脂乳粉使其吸湿后再干燥制成的速溶乳粉，其吸湿性比原料乳粉的吸湿性小得多。

2. 食品的脱湿

食品通常含有一定水分，只有保持食品一定水分条件下，食用时才会有较好的风味和口感。蔬菜、鱼肉等生鲜食品，其水分含量一般在70%~90%，贮藏过程中因水分的蒸发，蔬菜会枯萎，肉质会变硬，组织结构劣变；加工食品中，中等水分含量食品也会因水分散失而使其品质劣变。

图4-3-2表示了蛋糕水分蒸发与品质及商品价值的关系：在30℃温度条件下，无包装放置3d，其水分蒸发率为6%，表面出现裂纹和碎块，蛋糕失去商品价值；用防潮玻璃纸包装，在30℃温度条件下放置12d失去商品价值；用PVDC包装在30℃温度条件下放置20d，仍保持其完好状态。若蛋糕水分蒸发4%~5%时，因表面出现裂纹而丧失其商品价值。

一般情况下，含35%以上水分的食品，会因脱湿产生物性变化而使食品品质劣变。如采用包装材料进行包装，可在一定时间内保持食品原有水分含量和新鲜状态。

图4-3-2　蛋糕的水分蒸发率与商品价值的关系

二、 包装食品的质量控制措施

针对包装食品在贮运过程中可能发生的品质变化，采用适宜的包装技术可以有效防止包装食品的品质劣变。

（一）防潮包装

防潮包装是采用具有一定隔绝水蒸气能力的防潮包装材料对食品进行包封，隔绝外界湿度对产品的影响，同时使食品包装内的相对湿度满足产品的要求。

防潮性能最好的材料是玻璃、陶瓷和金属包装材料，这些材料的透湿度可视为零。塑料包装材料中适用于防潮包装的单一材料品种有PP、PE、防潮玻璃纸等。在食品包装中常用复合薄膜材料进行防潮包装，复合薄膜比单一材料具有更优越的防潮及综合包装性能，能满足各种食品的防潮和高阻隔要求。表4-3-2列出了几种常用复合薄膜的透湿度。

表4-3-2　　　　几种常用防潮复合薄膜的透湿度（40℃、相对湿度90%）

序号	复合薄膜组成	透湿度/[g/(m²·24h)]
1	玻璃纸（30g/m²）/聚乙烯（20~60μm）	12.0~35.3
2	防潮玻璃纸/聚乙烯	10.5~18.6
3	拉伸聚乙烯（18~20μm）/聚乙烯（10~70μm）	4.3~9.0
4	聚酯（12μm）/聚乙烯（50μm）	5.0~9.0

续表

序号	复合薄膜组成	透湿度/［g/（m²·24h）］
5	聚碳酸酯（20μm）/聚乙烯（27μm）	16.5
6	玻璃纸（30g/m²）/纸（70g/m²）/聚偏二氯乙烯（20g/m²）	2.0
7	玻璃纸（30g/m²）/铝箔（7μm）/聚乙烯（20μm）	<1.0

当防潮包装要求高时，必须采用透湿度小的防潮包装材料，并在包装内封入吸潮剂。

（二）避光包装

利用包装材料对一定波长范围内光波的阻隔性，防止光线对包装食品的影响，选用的包装材料既不失内装食品的可视性，又能阻挡紫外线等对食品的影响。例如，能阻挡400nm以下光的包装材料，适用于油脂食品包装，用于含有类胡萝卜素及花色素类的食品也有效。对于长时间暴露于光照下的食品，可对包装材料着色或印刷红、橙、黄褐色等色彩，可有效阻挡光线对食品品质的影响。采用阻光阻氧阻气兼容的高阻隔包装材料，如铝箔、金属罐等防止光、氧对食品的联合影响，可大大延长食品保质期。

（三）真空包装和充气包装

1. 真空包装

真空包装是把被包装食品装入气密性包装容器，在密闭之前抽真空，使密封后的容器内达到预定真空度的包装方法，目的在于减少包装内氧气的含量，防止包装食品的腐败变质，保持食品原有的色、香、味。真空包装常用的包装容器有金属罐、玻璃罐、塑料及其复合薄膜等软包装容器。

2. 充气包装

充气包装是在包装内充填一定比例理想气体的包装方法，通过破坏微生物赖以生存繁殖的条件，减少包装内部的含氧量及充入一定量理想气体来减缓包装食品的生物生化变质。充气包装既有效保全包装食品的质量，又能解决真空包装的不足，使内外压力趋于平衡而保护内装食品，并使其保持包装形体美观。

充气包装常用的充填气体主要有二氧化碳、氮气、氧及其混合气体。根据包装食品的性能特点，可选用单一气体或由不同气体组成的理想气体充入包装内，以达到理想的保质效果。一般情况下，氮气的稳定性最好，可单独用于食品的充气包装而保持干燥食品的色、香、味；对于那些有一定水分活度、易发生霉变等生物性变质的食品，通常采用二氧化碳和氮气的混合气体充填包装；对于有一定保鲜要求的生鲜食品，则需用一定氧气浓度的理想气体充填包装。

氧常与二氧化碳和氮混合成理想气体用于生鲜果蔬的充气包装，即果蔬气调保鲜包装（CAP）技术，其作用是维持生鲜食品内部细菌一定的活性，延缓其生命过程，保持一定程度的生鲜状态。

（四）脱氧包装

脱氧包装是指在密封的包装容器内封入能与氧起化学作用的脱氧剂，从而除去包装内的氧气，使被包装食品在氧浓度很低，甚至在几乎无氧的条件下保存的包装技术。常用的脱氧剂种类有铁系脱氧剂、亚硫酸盐系脱氧剂、葡萄糖氧化酶有机脱氧剂和铂、钯、铑等加氢脱氧剂等。

目前封入脱氧剂包装主要用于对氧敏感的易变质食品，如点心、茶叶、咖啡粉，水产加工品和肉制品等的保鲜包装。食品在接近无氧环境中贮藏，可有效抑制油脂、色素、维生素、氨基酸、芳香物质等成分的氧化，较好地保持产品原有的品质。

用于封入脱氧剂包装的材料要求具有很高的气密性，特别是对氧的隔绝性能要好，在25℃时其透氧度要小于 $20mL/(m^2 \cdot 0.1MPa \cdot 24h)$，多采用复合薄膜，如 KOPP/PE、KONy/PE、KPET/PE、PETP/Al 箔/PE 等，以及金属、玻璃、陶瓷等包装容器。

第三节　食品智能包装

一、　智能包装的概念及类型

智能包装是一种可以感应或测量环境和包装食品质量变化并将信息传递给消费者或管理者的包装新技术。用于食品包装的智能化技术可分成两类：一类是诊断或检测技术，包括时间-温度指示标签，新鲜度指示标签、包装泄漏指示标签、二氧化碳指示标签、致病菌指示标签等；另一类是信息技术，包括无线射频识别电子标签、防盗窃电子监视标签、电磁识别标签等。表 4-3-3 是检测类指示标签的类型、机理和应用。

表 4-3-3　　　　　　　　　　检测类智能包装类型、机理及应用

类型和形式	机理和反应物	取得信息	应用
时间-温度指示标签（包装外）	机械、化学、酶	贮藏环境条件信息	冷冻和冷藏食品
氧指示标签（包装内）	氧化还原染料、pH 染料、酶	贮藏环境条件信息包装泄漏	降低包装食品氧化程度
二氧化碳指示标签	化学	贮藏环境条件信息包装泄漏	气调包装食品
新鲜度指示标签	pH、染料	贮藏环境条件信息包装泄漏	鱼、肉、家禽等易腐食品
致病菌指示标签	生物芯片、化学物质	特定致病菌	易腐食品

二、　时间-温度指示标签（TTIs）

时间-温度指示标签（time-temperature integrators/indicators，TTIs）为一种黏附在食品包装上，用于观测产品质量变化的指示标签。目前，国外 TTIs 标签已在医药和食品中得到广泛应用，各国发表的 TTIs 标签专利已有上百个。

（一）TTIs 工作原理

TTIs 标签一般的工作原理是物理的、酶学的或者化学的反应，都遵循与反应速率和温度相关的阿伦尼乌斯（Arrhenius）方程。TTIs 标签的反应可以根据颜色的移动、变化或发展来观察，其中一个关键变量是反应开始或者开始反应所需要的激活能量。TTIs 标签通常的变化反应是可以观测到的机械变形、色泽的不可逆变化。因此，可以从 TTIs 标签上所观测到的反应变化得到贮藏或销售条件的信息。

（二）TTIs 分类

1. 临界温度指示标签（critical temperature indicators，CTI）

CTI 是指示食品环境温度是否高于或低于某参考温度，即食品暴露在某误差温度的时间足以使得产品的质量和安全发生关键性质的变化，适用于指示冷冻食品解冻后食品组织发生的不可逆变化，也适用于指示高于临界温度后的蛋白质变性等。

2. 临界温度-时间指示标签（critical time-temperature indicators，CTTI）

CTTI 反映暴露高于参考临界温度的时间与温度的累积效应，并转换为临界温度以下的等值的时间。适用于指示冷链中断后高于临界温度的情况下，产品发生的重要质量与安全反应。

3. 时间-温度指示标签（time-temperature indicators，TTI）

TTI 可连续得到反映产品贮藏与销售期间全部的时间-温度历史，它以一个指标表述全部的时间-温度历史记录，指示产品流通过程的"平均温度"，反映由于连续温度变化所造成食品质量损失的反应。

（三）TTIs 的工作原理

1. 扩散型 TTI 标签

扩散型 TTI 标签应用黏弹性物质向一种具有光漫射特性的多孔介质移动，从而引起这种多孔性介质的光透射率的逐渐改变。由于物料的黏度与温度有关，因而黏弹性物质的移动速度随温度变化。移动速度与温度的相关性受标签结构、扩散型化学物质的浓度及其玻璃态转变温度的控制。

2. 聚合物型 TTI 标签

聚合物型 TTI 标签的工作原理基于聚合物反应，例如，二取代丁二炔（R—C≡C—C≡C—R）在晶格固态聚合物反应过程经过 1,4-加成聚合作用，形成有色的聚合物，通过检测标签的颜色变化反映产品贮运和销售过程中的质量变化。

3. 酶型 TTI 标签

酶型 TTI 标签是利用脂肪的酶解作用产生颜色变化，基于控制脂肪类基质的酶水解使 pH 降低产生色泽变化。

三、 包装泄漏指示标签

食品产品在流通过程中如果受到强的机械作用力将会使包装的密封性受到破坏而造成泄漏，利用包装泄漏指示标签可以反映真空包装或气调包装是否处于良好的密封状态。目前开发的包装密封性指示标签主要是氧指示标签和 CO_2 指示标签。

（一）色标氧指示标签

典型色标氧指示标签含有氧化还原染料如亚甲基蓝，其还原状态是白色而氧化时呈蓝色。其他用于氧指示标签的原料有 2,6-二氯靛酚、$N,N,N',N'-P-$苯二胺。氧指示标签加入还原成分，使染料在包装过程保持还原状态。常用的还原成分是还原糖类。在标签中加入碱性成分可使 pH 保持碱性，防止染料氧化反应过快。

（二）无色标氧指示标签

附在包装内无色标氧指示标签是通过氧使发光染料熄灭来检测氧含量。例如，根据金属–有机荧光染料熄灭原理将荧光固定在一种聚合物上，通过脉冲激发染料后染料发射荧光，荧光强度与含氧量成一定比例。

（三）CO_2指示标签

CO_2指示标签主要用于反映气调包装的密封性，其原理是利用 CO_2 敏感成分如阴离子和亲脂性四元阳离子在一定浓度 CO_2 环境中所产生的颜色变化。由于泄漏导致包装内 CO_2 浓度下降时，通常伴随着微生物繁殖造成的 CO_2 积聚浓度增加，因此 CO_2 作为包装泄漏指示标签不如氧指示标签可靠。

🔍 思考题

1. 简述食品包装的概念及主要功能。
2. 列举常见的食品传统包装材料及容器，对比各自的材料特性和使用特性。
3. 食品包装设计应遵循哪些基本原则，请举例说明。
4. 常见应用于食品包装的塑料材料有哪些种类？举例说明复合包装材料的组成及其在食品包装中的应用。
5. 影响包装食品质量的主要因素有哪些？如何有效控制包装食品的质量安全？

主要参考文献

［1］赵晋府. 食品技术原理［M］. 北京：中国轻工业出版社，2007.

［2］李代明. 食品包装学［M］. 北京：中国计量出版社，2008.

［3］张琳，黄俊彦，王鑫，等. 食品包装［M］. 北京：印刷工业出版社，2009.

［4］R.J. 赫恩南德兹，S.E.M. 塞尔克，J.D. 卡尔特尔. 塑料包装：性能，加工，应用，条例［M］. 北京：化学工业出版社，2004.

［5］Emeritus. Food Science and Technology［M］. A John Wiley & Sons, Ltd., Publication, 2008.

第五篇

食品货架期及其预测技术

第一章

食品货架期

通过本篇的学习，掌握食品货架期、保质期与保存期的概念，了解保质期与保存期的区别与联系；分析并掌握影响食品货架期的各因素及条件；了解食品货架期基本数学模型，掌握温度效应方程及加速货架期实验的方法，熟悉分子移动性理论在食品货架期中的研究与应用，了解食品货架期预测技术。

第一节　食品货架期的概念

一、　食品货架期的概念

人们希望所购得的食品在购买后直至消费前这段时间内能维持较高的质量，要求食品能安全食用，而且食品的感官特性基本不变，因而产生了食品货架期的概念。

货架期（shelf-life），又称保质期、有效期等。英国食品科学与技术学会（Institute of Food Science & Technology，IFST）定义食品货架期为：食品自出厂之日起，经过各流通环节直至到达消费者手中，它所能保持质量不变的时间段。这个概念包含了如下多层含义。

（1）食品是安全的。

（2）在此期间，该食品的理化指标、感官特性、微生物含量必须保持在一个可接受的范围内。

（3）这个时间段应与商品标签上所标明的保质期相吻合。

食品货架期是指当食品被贮藏在推荐的条件下，能够保持安全；确保理想的感官、理化和微生物特性；保留标签声明的任何营养值的一段时间。

二、　保质期与保存期

我国有两个与"食品货架期"相对应的术语，即"保质期"与"保存期"。GB/T 15091—1994《食品工业基本术语》做出如下规定。

保质期（date of minimum durability）：同义词为最佳食用期，指在标签上规定的条件下，保持食品质量（品质）的期限。在此期限，食品完全适于销售，并符合标签上或产品标准中所规定的质量（品质）；超过此期限，在一定时间内，食品仍然是可以食用的。

保存期（use-by date）：同义词为推荐的最终食用期，指在标签上规定的条件下，食品可以食用的最终日期。超过此期限，产品质量（品质）可能发生变化，因此食品不再适于食用。

保质期与保存期二者虽一字之差，但本质概念和含义完全不同，其法律意义和作用效应也大相径庭。由于食品的成分比较复杂，较难确定严格准确的保质期和保存期，有的根据经验或实验确定，所以一般作为推荐的期限，通常食品保存期的时限比保质期要长。GB 7718—2011《食品安全国家标准　预包装食品标签通则》取消了保存期的定义，直接提供给消费者的预包装食品标签和非直接提供给消费者的预包装食品标签上只出现保质期，原则上由生产企业提供（附注在食品标签或标志上随食品转移），并对此负责、承担由此而引起的相关法律责任。

因为保存期难以直接与食品质量挂钩，只能间接反映食品质量，而保质期本身直接体现食品质量，使用起来更直接、一目了然。当前国际上许多国家对食品采用保质期而不采用保存期，在食品监管过程中采用保质期明显比保存期更恰当、规范和科学。

第二节　食品货架期的影响因素

食品货架期的长短取决于产品的类型、如何使用以及如何存储。食品在贮藏过程中所发生的质量变化极其复杂，主要有以下几种。

（1）食品成分发生化学变化或不同成分之间发生化学反应引起质量变化。

（2）食品中酶促反应引起质量变化。

（3）鲜活食品因呼吸作用引起多种变化。

（4）微生物在食品中活动引起多种变化。

（5）食品中水分因蒸发、吸附、解吸、转移、凝结等引起质量变化。

（6）因食品相变化而引起质量变化。

发生上述各种变化，不仅会引起食品色、香、味、形、质的变化，还会导致食品营养价值和卫生质量的变化，从而影响食品货架期。这些变化归纳为以下几类。

一、微生物的影响

在食品贮藏过程中，微生物的生长主要依赖于以下因素：食品贮藏的初始阶段微生物的原始数目；食品的理化性质，例如水分活度（A_w）、pH；食品所处的外在环境，如温度、湿度；食品加工过程中使用的处理方法等。表5-1-1列出了一些关键的内在和外在因素对常见致病菌和腐败菌的影响。值得注意的是，在表5-1-1中所反映的影响效果只是单个因素对某微生物产生的效果。当多种因素存在时，它们的相互作用可能改变这些数值。

表 5-1-1 常见微生物的最低生长条件

微生物类型	最低 pH	最低 A_w	厌氧生长	培养温度/℃
沙门氏菌	4.0	0.94	是	6
金黄色葡萄球菌	4.0	0.83	是	6
蜡样芽孢杆菌	4.4	0.91	是	<4
单核细胞增生李斯特氏菌	4.3	0.92	是	0
大肠杆菌	4.4	0.95	是	7.0
副溶血性弧菌	4.8	0.94	是	5
小肠结肠炎耶尔森菌	4.2	0.96	是	-2
大肠杆菌 O157	4.5	0.95	是	-6.5
假单胞菌	5.5	0.97	否	<0
产气肠杆菌	4.4	0.94	是	2
乳酸菌	3.8	0.94	是	4
微球菌	5.6	0.90	否	4
酵母菌	1~5	0.80	是	-5
霉菌	<2.0	0.60	否	<0

二、 物理作用的影响

在对食品品质产生影响的物理作用中，水分迁移是比较大的影响因素。由于水分的丢失，可以很容易观察到由它引起的变化。例如，干面包片、饼干等脆性食品会因外界环境的水分迁移而失去它们的脆性。沙拉食品同样可以由于水分从蔬菜到拌料的迁移作用而发生品质改变。冷冻食品贮藏中发生的干耗也是由于冻结食品在贮藏过程中，因食品中水分蒸发及升华而造成的食品质量劣变现象。对于包装食品，随着时间的延长，外界气体和水分因渗透作用渗入包装材料内，从而改变包装内部的气体的成分和相对湿度，引起食品的化学变化和微生物变化。另外，包装材料的化学物质也可迁移到食品表面，而引起食品的污染。以上情况都会对食品的货架期产生严重的不良影响，缩短食品的保质期。

三、 化学作用的影响

食品品质会随着食品内部化学反应的加剧而发生变化。食品中脂肪的变化就是一个典型的例子。脂肪在贮藏过程中会发生一些反应机理非常复杂的反应。例如，水解、脂肪酸的氧化、聚合等变化，其反应生成的低级醛、酮类物质会使食品发生变色、酸败、发黏等现象，致使滋味和气味恶化。

此外，在食品贮藏过程中，酶的作用是缩短货架期的重要原因。非酶反应也可以导致食品发生褐变。光线的照射破坏某些维生素，特别是维生素 A、维生素 B_2、维生素 C，而且还能使某些食品中的天然色素褪色，改变它们的色泽。

众多的影响因素可分为内在因素和外在因素。内在因素有：水分活度、pH 和总酸度、酸的类型、氧化还原电势、有效含氧量、菌落总数、在食品配方中使用防腐剂等；外在因素有：在贮藏和分配过程中的相对湿度、温度、微生物控制、在加工过程中的时间–温度曲线关系、包装过程中的气体成分、消费者的处理操作和热处理的顺序等。

在影响食品货架期的诸多因素中，温度是最重要的影响因素之一，它不仅影响食品中发生的化学变化和酶催化的生物化学变化，包括鲜活食品的呼吸作用（例如未加控制的低温引起果蔬的"冷害"）和后熟作用、肌肉的僵直和解僵过程、微生物的生长繁殖、食品中水分变化及其他物理变化，简而言之，温度影响着食品在贮藏过程中的质量变化，从而影响食品货架期。

第二章

食品货架期的预测技术

第一节 食品货架期的基本数学模型

在食品行业，货架期是十分重要的质量指标。一方面，食品生产企业为了提高市场竞争力、增加效益，会大力开发新产品，利用新工艺、新配方或者是新的包装等来延长食品的货架期。另一方面，随着消费者对食品质量要求的不断提高。在原来必须满足安全的基础上，还提出了食品在货架期内应保留营养价值、感官变化最小等新的要求。因此，对食品货架期的研究，包括食品在货架期内的品质变化、如何延长食品货架期和快速预测食品货架期的方法等都成为近年来的研究热点。

建立食品货架期的数学模型需要考虑食品降解的机制、环境因素及包装（包装材料机械特性、质量传递特性及密封性等）的影响等，这些因素的多种组合使建模过程十分复杂。因此，现有的大多数模型均是针对某些食品或某几类食品有效。尽管如此，描述特定食品劣变机制的模型只需要进行合理的修正，即可用于预测类似食品的贮藏稳定性。

一、 食品质量变化的数学模型

食品质量劣变的数学模型是预测食品货架期的基础。对于食品品质在加工贮藏过程中的变化，有许多学者进行了研究，Saguy 和 Karel 曾指出对食品品质劣变降解的分析研究应包括动力学数学模型，此模型包括质量与能量平衡方程、热力学方程、传递方程、物性数据及一些系数。此模型是一组非线性的、耦合的偏微分方程组，其分析解或是不存在，或是非常复杂。他们提出动力学研究可用过程速率来表示，并将其简化为与环境因素及组分因素相关，从而简化该方程组，这样，描述食品体系质量劣变的一般化方程为：

$$R_Q = -\frac{\mathrm{d}Q}{\mathrm{d}t} = \mathrm{f}(C_i,\ E_j) \tag{5-2-1}$$

式中　Q——某种质量指标（参数）；

$\quad t$——时间；

$\quad C_i$——组分因素（$i=1,\ \cdots,\ m$）；

$\quad E_j$——环境因素（$j=1,\ \cdots,\ n$）。

在此，C_i 为组分因素，如反应物浓度、无机催化物、酶、反应抑制剂、pH、水分活度，以及微生物量等；E_j代表环境因素，如温度、相对湿度、总压力和不同气体分压，以及光照等。为便于分析，先暂不考虑或忽略环境因素，假定各环境因素均保持不变，仅用组分因素来表达式（5-2-1），则得：

$$-\frac{\mathrm{d}Q}{\mathrm{d}t} = kc_1^{n_1}c_2^{n_2}\cdots c_i^{n_i}(i = 1, \cdots, m) \tag{5-2-2}$$

式中　k——反应速率常数。

环境因素为定值时，k为常数。c_i为i组分的浓度，n_1，n_2，$\cdots$，n_i是指数，表示反应级数，如$n_1=1$表示反应对c_1而言是一级反应。总的反应级数n是各指数的和，即$n = \sum n_i$。在食品质量变化中，往往有几种反应同时进行，但一种反应是主要的，其余的是次要的。这时可舍去次要反应而集中于一个主要反应的简化处理：

$$-\frac{\mathrm{d}Q}{\mathrm{d}t} = kc^n \tag{5-2-3}$$

式中　c——反应物浓度，如食品中营养成分的浓度；

　　　k——反应速率常数；

　　　n——反应级数。

反应级数是根据实验结果确定的常数，通常为正整数，如0、1、2、$\cdots$，但也有分数如1/2、3/2、$\cdots$，甚至负数。反应级数与其对应的动力学方程及半衰期如表5-2-1所示。

表5-2-1　　　　　　　　　　　质量损失速率方程及半衰期

反应级数	动力学方程微分式	动力学方程积分式	半衰期
0	$\dfrac{-\mathrm{d}Q}{\mathrm{d}t} = k$	$c = c_0 - kt$	$\dfrac{C_0}{2k}$
1	$\dfrac{-\mathrm{d}Q}{\mathrm{d}t} = kc$	$\ln c = \ln c_0 - kt$	$\dfrac{\ln 2}{k}$
2	$\dfrac{-\mathrm{d}Q}{\mathrm{d}t} = kc^2$	$\dfrac{1}{c} = \dfrac{1}{c_0} + kt$	$\dfrac{1}{(kc_0)}$
n ($n \neq 1$)	$\dfrac{-\mathrm{d}Q}{\mathrm{d}t} = kc^n$	$c^{1-n} = c_0^{1-n} + (n-1)kt$	$\dfrac{(2^{n-1} - 1)c_0^{1-n}}{[k(n-1)]}$

注：表中动力学方程积分式是指k与t无关的情况。

对零级反应，反应速率与浓度无关，将反应物浓度c对时间t作图是一条直线，其斜率即为k。典型的零级反应包括非酶褐变及许多冷冻食品的质量损失。

对一级反应，反应速率与浓度的一次方成正比，将浓度c对时间t作图是一条曲线，而$\ln c$对t标绘则为直线，直线的斜率即为k。典型的一级反应包括维生素的损失、微生物生长/死亡以及氧化褐色反应等。

对n级反应（$n \neq 1$），将c^{n-1}对t作图是一条直线，直线的斜率即为k。

必须指出，所谓的一级反应和零级反应并不是真正意义上的单分子反应和"零分子反应"，它们实际上有相对复杂的机理，而只是在总反应上表观的呈现出一级和零级。如零级反应只表明反应物浓度c作为时间t的函数标绘成直线时相关性系数很高，存在统计意义上的关系。

反应级数的确定是十分重要的，它反映了浓度如何影响反应速率，从而通过调整浓度来控制反应速率，而且有助于探讨反应的机理，了解反应的真实过程。确定反应级数的方法有如下几种：微分法、半衰期法、积分法（作图试差法、积分方程式试差法）。

有时用作图法确定反应级数比较困难，只有当浓度的变化量大于50%时，零级与一级反应之间才有足够的差别，此时才方便使用作图法确定反应级数。当浓度的损失低于20%~30%时，用零级和一级来标绘数据几乎没有区别或区别很小，换言之，此时零级反应和一级反应都可以用于预测食品的货架期。

二、 温度效应方程

到目前为止，食品质量变化动力学模型是在环境因素保持不变，仅考虑食品组分因素的情况下建立的。实际上，食品在贮藏过程中，环境因素是十分重要的影响因子，很多环境因素很难保持为恒定的常数，它们显著影响反应速度，从而食品的货架期。环境因素变化时，式（5-2-3）中的反应速率常数 k 不再是定值，它是 E_j 的函数，即：$k=f(E_j)$。

前面提及的温度、相对湿度、总压力及不同气体分压，以及光照等环境因素中，温度是研究最多，也是最重要的环境因素。因为温度因素不像其他环境因素，在某种程度上可通过包装进行控制，温度不仅显著地影响反应速率，而且是唯一不受包装的控制而直接影响食品货架期的因素。研究人员已经找到多种适合反映温度与食品品质变化的关系模型，阿伦尼乌斯方程是其中之一。

（一）温度对食品质量变化速度的影响

常使用 Q_{10} 和阿伦尼乌斯（Arrhenius）方程来表示温度与反应速度之间的关系。

1. 范特霍夫（Van't Hoff）定律

反应温度每升高10℃，化学反应的速度增加2~4倍。在生物和食品科学中，范特霍夫定律常用 Q_{10} 表示，并称为温度系数（temperature coefficient），即：

$$Q_{10} = \frac{v_{(T+10)}}{v_T} \tag{5-2-4}$$

式中 $v_{(T+10)}$、v_T——反应在（$T+10$）和 T 温度时的反应速率。

由于温度对反应物的浓度和反应级数没有影响，仅影响反应的速度常数，故式（5-2-4）又可写为：

$$Q_{10} = \frac{k_{(T+10)}}{k_T} \tag{5-2-5}$$

式中 $k_{(T+10)}$、k_T——反应在 $T+10$ 和 T 温度时的反应速度常数。

食品在贮藏过程中所发生的化学变化，其 Q_{10} 的数值一般在2~4，有些生化反应 Q_{10} 则大得多，如蛋白质的热变性 Q_{10} 可达600左右。

如果温度变化范围不是很大，Q_{10} 可看成常数。$T+10n$ 和 T 温度时的反应速度常数之比为：

$$Q_{10}^n = \frac{k_{(T+10n)}}{k_T} \tag{5-2-6}$$

式（5-2-6）可用来估计食品在不同温度下贮藏所发生化学变化程度上的差异和贮藏期

的长短。

例如，富含脂肪的食品常因脂肪氧化酸败而变质，其贮藏期取决于脂肪的氧化速度。设在实验温度范围内，脂肪氧化的 Q_{10} 为定值，若高温（T_1）试验贮藏期为 t_1，则在室温（T_2）中的贮藏期 t_2 可用下式作粗略估算：

$$t_2 = t_1 Q_{10}^{\frac{(T_2 - T_1)}{10}}$$

（5-2-7）

2. 阿伦尼乌斯（Arrhenius）方程

k 与温度有关，T 增大，一般 k 也增大。阿伦尼乌斯（Svante August Arrhenius）总结出反应速率对温度的依赖关系——阿伦尼乌斯方程，其指数形式如式（5-2-8）所示：

$$k = k_0 e^{-\frac{E_a}{RT}}$$

（5-2-8）

式中　k——反应速率常数；

　　　k_0——指数前因子（频率因子）；

　　　E_a——活化能，J/mol；

　　　T——绝对温度，K；

　　　R——理想气体常数，8.314J/（mol·K）。

阿伦尼乌斯方程是反映化学反应速率常数随温度变化关系的经验公式，应用十分广泛。其中，k_0 和 E_a 都是与反应系统物质本性有关的经验常数。可见 k 与 T 的关系不是线性的。

将式（5-2-8）两边同时取对数，得到：

$$\ln k = \ln k_0 - \frac{E_a}{RT}$$

（5-2-9）

由式（5-2-9）可见，$\ln k$ 与 $1/T$ 呈线性关系，直线的斜率为 $-E_a/R$，截距为 $\ln k_0$。

由阿伦尼乌斯方程可定义活化能（activation energy）E_a，其表达式为：

$$\frac{\mathrm{d}\ln k}{\mathrm{d}T} = \frac{E_a}{RT^2}$$

（5-2-10）

则：

$$E_a = RT^2 \frac{\mathrm{d}\ln k}{\mathrm{d}T}$$

（5-2-11）

活化能 E_a 与水分活度、固形物含量、pH 及其他因素相关。当反应机理随温度改变时，活化能也随之改变。文献报道维生素 B_1 的 E_a 为 83.86 ~ 123.00kJ/mol，其他维生素的活化能值均在 125.52 kJ/mol 左右。表 5-2-2 给出了大多数食品中劣变反应的活化能。

表 5-2-2　　　　　　　　　　　食品中劣变反应的活化能

	反应类型					
	酶	水解	脂肪氧化	颜色和质地改变	非酶褐变	蛋白质变性
活化能 E_a/（kJ/mol）	10~30	15	10~15	10~30	25~50	80~120

Labuza 和 Riboh 列举了产生非线性阿伦尼乌斯曲线的可能原因，它们包括：物理状态的变化（如相变化）、水分活度或水分的变化、温度对关键反应的影响、pH 随温度而变化、由于温度升高导致氧气溶解量减少（减缓氧化反应）、反应物在两相间的分配、冷却时反应物

的浓缩。故在使用阿伦尼乌斯方程时要考虑这些因素。

由温度对反应速度常数的影响可知，降低温度可显著降低反应的速度。而食品在贮藏过程中的质量逐渐下降，与食品的营养成分及风味物质发生一系列化学变化密切相关。因此，降低贮藏食品的环境温度，就可显著降低食品中的化学反应速度，从而延长食品货架期。即使是罐头食品，虽然它在生产过程中经过高温杀菌不仅达到商业杀菌要求，而且破坏了酶的活性，在一般情况下，不会因为微生物的活动和酶促反应引起不良的变化，但是它在贮藏过程中还会发生化学变化而引起质量改变，如脂肪的酸败、罐内壁腐蚀等，这些变化与环境温度密切相关。

阿伦尼乌斯方程不仅能说明温度对反应速度的影响，而且能表明温度、活化能两者与反应速度的关系，经推导可得：

$$\ln Q_{10} = \frac{E_a}{R} \frac{10}{T \cdot (T + 10)} \qquad (5-2-12)$$

以 $R = 8.314 J/(mol \cdot K)$ 代入式（5-2-12），并将自然对数转变为常用对数，可得：

$$\lg Q_{10} = \frac{2.77 E_a}{T \cdot (T + 10)} \qquad (5-2-13)$$

式（5-2-13）表明，在一定的温度下，活化能 E_a 越大，Q_{10} 就越大；并且，在不同的温度范围内，活化能不同，Q_{10} 就不相同，如表5-2-3所示。

表5-2-3　　　　　　　　　　Q_{10}与反应的活化能 E_a 和温度的关系

活化能 E_a/ (kJ/mol)	温度系数 Q_{10}			典型反应
	4℃	21℃	35℃	
50	2.13	1.96	1.85	酶促反应、水解反应
100	4.54	3.84	3.41	营养素损失、脂肪氧化
150	9.66	7.52	6.30	非酶褐变

（二）温度对食品酶活性的影响

酶是生物体内的一种特殊蛋白质，具有高度的催化活性。绝大多数食品都来源于生物，尤其是生鲜食品含有多种酶类，导致许多反应在食品中能够发生，有些酶促反应会使食品的质量劣变。

就一般情况而言，当温度低于30~40℃时，酶催化的反应和一般化学反应一样，随着温度升高而加速。当温度达到80~90℃时，几乎所有的酶都失去活性。由酶催化的生化反应最适宜的温度范围是30~40℃，食品贮藏的温度一般都低于这个温度范围。所以，食品在贮藏过程中酶促反应随着温度的升高而加速，其温度系数 Q_{10} 一般在2~3。

如肉类的成熟过程是由于体内酶的作用，蛋白质和三磷酸腺苷分解，使肉的持水性提高并产生肉的气味和滋味，这一变化与温度的关系十分密切。当温度为2~3℃时，完成牛肉的成熟需要12~13d；12℃时，需要5d；18℃时，需要2d。

（三）温度对果蔬采收后呼吸的影响

水果和蔬菜采收后的呼吸，一方面有利于其抗病能力的提高，另一方面，则消耗了其本身的营养物质。前者有利于提高果蔬的耐贮性，后者则不利于果蔬的贮藏。

呼吸的实质是有机物在呼吸酶系的作用下发生的生物氧化过程。在一定的温度范围内，随着温度的升高，酶的活性增加，反应的速度加快，果蔬的呼吸就加速。温度每升高 10℃，呼吸强度要增大到原来的 2~4 倍，它们之间的关系也用温度系数 Q_{10} 表示。表 5-2-4 为几种蔬菜在不同温度区间的 Q_{10} 值。

表 5-2-4　　　　　　　　　　几种蔬菜在不同温度区间的 Q_{10} 值

温度/℃	Q_{10}					
	菜豆	菠菜	黄瓜	豌豆	胡萝卜	马铃薯
0.5~10	5.1	3.2	4.2	3.9	3.3	2.1
10~24	2.5	2.6	1.9	2.0	1.9	2.2

在温度较低的区间里，温度系数 Q_{10} 较大的原因可由式（5-2-13）得到解释，因 $\lg Q_{10}$ 与 $[T \cdot (T+10)]$ 成反比，在活化能相同的情况下，温度低时 Q_{10} 就比较大。

在实践中，确定果蔬的贮藏温度时，既要注意到能维持果蔬正常的呼吸，以利于其抗病性的提高，又要尽量降低其呼吸强度，减少其体内营养物质的消耗，延长其贮藏期。

应该注意的是，果蔬是有生命的，而且由于种类、品种、原产地和栽培条件等因素不同，各有自己最适合的贮藏温度，温度高了会加速呼吸，温度过低则会造成冻害或冷害，因此果蔬贮藏必须在不干扰其正常新陈代谢的前提下，尽可能选择较低的温度。

（四）温度对微生物生长繁殖的影响

微生物的生命活动是在酶催化下各种物质代谢的结果，而酶的活性受温度的影响，因此微生物要进行正常的代谢必须有最适宜的温度，体内的各种生化反应才能协调进行。由于不同的酶催化不同的生化反应，其活化能（E_a）不同，根据式（5-2-13），温度系数 Q_{10} 也不相同。因此，环境温度下降，不同生化反应按照各有的温度系数减慢，由于减慢的速度不同，破坏了各生化反应原有的协调性和一致性，导致了微生物生理活动失调，温度下降的幅度越大，失调就越严重，从而破坏了微生物的新陈代谢，使其生长繁殖受到抑制。

在一定的温度范围内，微生物的生长速度与温度的关系也以温度系数 Q_{10} 表示，定义为温度每升高 10℃，微生物的生长速度与原来生长速度的比值。多数微生物的 Q_{10} 在 1.5~2.5。

综上所述，在贮藏过程中，降低环境温度就能减慢在食品中可能发生的化学反应和酶促反应的速度，并且能够抑制微生物的生长繁殖，有效地保持食品的食用品质，因此低温贮藏技术在食品流通领域中得到广泛的应用。低温只能抑制微生物和酶的活性，杀灭微生物则必须利用高温，微生物的原生质和酶都是蛋白质组成的，在高温下，蛋白质的变性作用具有很大的温度系数。在等电点时 Q_{10} 可达 600 左右，食品的热杀菌就是利用了这一原理。

三、食品货架期的预测模型

温度是引起食品质量损失的最主要的环境因素，由式（5-2-8）可知，指数因子或频率因子（k_0）与温度无关，结合食品质量变化，即式（5-2-3），可得：

$$-\frac{\mathrm{d}Q}{\mathrm{d}t} = \left[k_0 \mathrm{e}^{-\frac{E_a}{RT}} \right] c^n \tag{5-2-14}$$

准确地预测食品的货架期需要精确估计式（5-2-14）中的参数。可采用两种方法估计这些参数。一种是二步线性最小二乘法，这是传统方法也是应用最广泛的方法。第一步是在每个温度下，回归估算质量损失速率方程（表5-2-1）中反应速率常数 k 和初始浓度 c_0，由

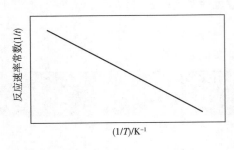

c_0 的估算偏差可以侧面说明模型的准确度。第二步是将由第一步得到的不同温度下的反应速率常数 k，通过 $\ln k$ 对 $1/T$ 进行回归（线性拟合），得到一条斜率为 $-E_a/R$、常数项为 $\ln k_0$ 的直线，即得到了反应速率与温度的关系。速率常数对绝对温度的倒数作图（采用半对数坐标）通常称为阿伦尼乌斯图，如图5-2-1所示。

图5-2-1 典型阿伦尼乌斯图

这种直线图表明该系统遵循阿伦尼乌斯动力学方程，可以采用式（5-2-8）和式（5-2-14）。在货架期研究中，可以在高温条件下采集数据，然后用外推的方法求得在较低温度下的货架期。即可以结合货架期加速试验（accelerated shelf-life test，ASLT），利用高温作为加速条件，预测得到常温或低温条件下产品的货架期。阿伦尼乌斯方程在食品货架期研究中已有很多应用，如温度对桑葚汁褐色反应动力学的影响、马铃薯的贮藏时间-温度与其质量品质变化动力学模型的建立、预测温度对几种澳大利亚蜂蜜的流变学特性的影响等。

另一种估算方法为非线性最小二乘法，即所有实验数据进行一次非线性回归以估算 E_a/R 和 c_0，而不必计算各温度下的反应速率，也称为一步法。

收集食品在不同贮藏温度下品质变化数据，采用不同模型回归分析数据，确定模型的可适用性，并在此基础上开发能够表明具有相同质量的等值图，建立等值图与温度和贮藏时间的关系，从而预测食品货架期。

第二节　食品货架期的加速试验

尽管食品体系非常复杂，但是通过对食品劣变机制的系统研究，仍可以找到确定食品货架期的方法。一般可采用两种基本的方法来预测货架期，一种方法是把食品置于某种特别恶劣的条件下贮藏，然后每隔一定时间进行品质检验（可采用感官评定的方法检验品质），重复几次，最后，将试验结果外推（合理的推测）以预测正常贮藏条件下的货架期。另一种方法是根据适用于食品体系的反应动力学原理，科学地设计和实施有效的货架期试验，达到以最少的时间、最小的花费获得最大量信息的目的。这可以通过应用 Labuza 和 Schmidl 提出的货架期加速试验方法来实现。

货架期加速试验就是针对货架期预测时间长、效率低、耗资大的实际问题而发展起来的一种方法。通过应用加速手段在短期内预测出产品的真正货架期。在食品上使用的加速手段主要有：提高温度、增加湿度和光照等。其中温度加速试验使用的较为广泛。最广泛使用的加速预测模型是阿伦尼乌斯模型，用来描述温度对反应速度的影响（Labuza 和 Schmidl，1985）。通常，货架期加速试验主要应用在以下两个方面：一是在产品开发阶段，通过货架

期加速试验快速估计出该产品的货架期；二是在产品投入市场时，为实际的货架期预测收集动力学参数。当然，也可以利用货架期加速试验，达到改进加工工艺、改善包装及贮藏条件的目的。

一、 货架期加速试验基本步骤

要进行食品货架期加速实验，首先应了解研究对象食品的性质，了解预测食品的货架期内主要发生的变化和因素影响；然后选择合适的方法和模型进行预测。因此，设计货架期加速试验是一个深刻理解食品相关机理，需要综合应用食品工程、食品化学、食品微生物学、分析化学、物理化学以及食品相关法律法规等多方面知识的实验技术。其基本步骤如下。

（1）评估影响食品微生物安全性的各因素，全面分析食品各组分、贮藏的过程与条件，确定显著影响食品货架期的生物或物化反应及其影响因素。通过分析，如果还没有进行实验就发现食品存在严重安全隐患而达不到所要求的货架期，则必须考虑改进产品设计以提升产品品质，如改进配方或工艺过程。

（2）为货架期试验选择合适的包装。冷藏、冷冻和罐头食品可在其最终产品实际包装所用的容器中进行试验，脱水食品应贮藏于密封玻璃罐或不能透过水蒸气的包装袋中进行试验，保持产品特定的湿度和 A_w。

（3）确定实验用贮藏温度条件，包括测试组温度和对照组温度，根据不同食品类型进行选择，可参照表 5-2-5 进行。

表 5-2-5　　　　　　　　　可选加速贮藏实验温度条件

产品	测试温度/℃	对照温度/℃
罐藏食品	25、30、35、40	4
脱水食品	25、30、35、40、45	−18
冷藏食品	5、10、15、20	0
冷冻食品	−5、−10、−15	<−40

（4）根据食品预期货架期、处理温度以及 Q_{10} 等这些有用的信息，计算所选各温度下的测试时间。若没有 Q_{10} 的可靠资料，应该选择至少三个温度进行试验。

（5）确定测试方法以及在每个温度下的测试频率。在低于最高试验温度的任何温度下，两次测试之间的时间相隔不应超过：

$$f_2 = f_1 Q_{10}^{\Delta T/10} \tag{5-2-15}$$

式中　f_1——最高试验温度 T_1 时每次测试之间的时间间隔（如天数，周数）；

f_2——较低试验温度 T_2 时每次测试之间的时间间隔；

ΔT——$T_1 - T_2$，℃。

这样，如果一种罐藏食品在40℃贮藏时每月必须测试一次，那么根据上式的计算，在35℃（即 $\Delta T = 5$℃）和 $Q_{10} = 3$ 贮藏时，应每隔1.73个月测试一次。在不能确切知道 Q_{10} 时需要多次测试。每个贮藏条件至少要有6个数据点，以最大限度地减少统计上的误差。

（6）针对每个实验贮藏条件，收集数据作图确定反应级数。

（7）由各实验贮藏条件下的反应级数和反应速率，制作恰当的阿伦尼乌斯图，估算 E_a/R

和 k_0，并预测食品在预期贮藏条件下的货架期。当然，也可以将食品贮藏在预期贮藏条件下，确定货架期并验证预测模型的有效性。不过，在食品工业上，由于时间与成本的限制，很少这样做。

需要注意的是，应用 ASLT 预测食品在一个波动的时间–温度内的质量损失，这个预测基于以下两个假设：

（1）时间–温度的变化引起的食品质量损失是累积的，与其所经历的顺序无关。

（2）温度的作用不会使主要的质量变化方式发生改变。

此外，应用货架期加速试验，可以将实验结果外推至一般贮藏条件。某种食品最有价值的货架期信息可隐藏在通过 ASLT 得到的货架期预测模型中，经推算获得。对冷冻食品而言，零售冷冻食品是 -18℃，流通冷冻食品是 -23℃。应用阿伦尼乌斯关系式建立货架期预测模型的主要好处是可以在较高温度下收集数据，然后用外推方法求得在较低温度下的货架期。

考虑水分活度（A_w）影响因子，添加 A_w 参数的数学模型可用于水分敏感食品货架期预测。Mizrahi 等仍采用货架期加速试验方法，收集食品在高温度、高湿度贮藏条件下的数据预测食品货架期（Mizrahi et al.，1970）。Weissman 等提出一种新的货架期加速试验方法，该法不仅考虑外部温度等条件，还选择反应物或催化剂浓度提高反应速率来加速贮藏实验，显著缩短实验时间（Weissman et al.，1993）。

二、 货架期加速试验应用实例

该例以 Bell 和 Labuza（1994）的实验数据为基础，评价经商业杀菌的脱脂乳饮料中阿斯巴甜（aspartame，APM）的稳定性，说明货架期加速试验应用过程。市场需求高营养低热量乳制品，与饱受争议的糖精相比，阿斯巴甜是较理想的甜味剂，然而，在乳的固有 pH（6.6）条件下阿斯巴甜的甜度退化迅速，导致产品感官货架期明显下降。有必要量化并建立该产品中阿斯巴甜稳定模型，以优化产品配方并预测产品货架期。为此，在商业灭菌脱脂乳中添加 200mg/kg 阿斯巴甜（APM_0）作为甜味剂，同时，用柠檬酸盐或磷酸盐缓冲液调整产品 pH 在 6.38~6.67，研究阿斯巴甜甜度退化情况。产品样品分别贮藏于 0~30℃ 的 5 个温度条件下，按式（5-2-15）计算取样间隔（根据文献，阿斯巴甜的平均 $Q_{10}=4$），用 HPLC 方法测定样品中阿斯巴甜含量，测定结果如表 5-2-6 所示（每次测定三个平行样品，结果均列出，用"/"隔开）。

表 5-2-6 　　　　　　　　　阿斯巴甜乳饮料中阿斯巴甜的降解（pH 6.67）

时间/h	阿斯巴甜的含量/（mg/kg）				
	30℃	20℃	10℃	4℃	0℃
10	181/175/182	—	—	—	—
23	168/166/171	186/172/181	—	—	—
38	130/127/141	—	—	—	—
48	120/101/108	152/160/162	—	—	—
78	—	172/154/153	—	—	—
95	—	—	175/173/175	—	—

续表

时间/h	阿斯巴甜的含量/（mg/kg）				
	30℃	20℃	10℃	4℃	0℃
121	—	—	168/168/167	189/180/186	198/195/194
143	—	146/129/150	—	—	—
262	—	63/73/94	140/134/160	165/165/167	—
455	—	—	114/96/118	132/117/121	159/152/155
599	—	—	93/87/91	110/104/88	136/136/134
694	—	—	—	80/95/86	130/119/113
767	—	—	—	—	115/109/103

收集所有实验数据，每次测定的三个平行样品也没有取平均值，将 5 个贮藏温度下所测定阿斯巴甜含量对时间关系作图，如图 5-2-2（1）所示。$Q(c) = \ln(c/c_0) = kt$ 拟合最好，即为一级反应，如图 5-2-2（2）所示。计算反应速率常数及其 95% 置信区间，结果如表 5-2-7 所示。

(1)　　　　　　　　　　　　　　(2)

图 5-2-2　不同温度下贮藏的乳饮料中阿斯巴甜的降解图（pH 6.67）

表 5-2-7　　　　　　　　　5 个温度下阿斯巴甜的降解速率常数及其置信区间

速率常数	30℃	20℃	10℃	4℃	0℃
$-k$/（1/h）	0.01250	0.00356	0.00138	0.00121	0.00079
95% 置信区间	±0.00130	±0.00046	±0.00010	±0.00009	±0.00006

由 $\ln(-k)$ 对 $1/T$（T 为绝对温度，K）作图，得到阿伦尼乌斯图（图 5-2-3），线性回归估算参数 $k_0 = 3.163×10^8$/h，$E_a = 60.92$ kJ/mol。相关系数 $R^2 = 0.952$。

得到这些动力学参数后，就可计算在任一温度下贮藏的乳饮料中阿斯巴甜的降解速率，从而预测产品货架期。假定产品中阿斯巴甜含量允许降至一半，那么可以计算该产品在 4℃

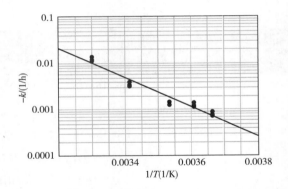

图 5-2-3   不同温度下贮藏的乳饮料中阿斯巴甜的降解阿伦尼乌斯图（pH 6.67）

下的贮藏时间约为 4 周（670h），还能够计算产品剩余货架期。例如，将甜乳饮料贮藏 10d，期间经历的温度条件如图 5-2-4 所示，这 10d 的平均温度为 7.1℃，可以算得产品中阿斯巴甜在经历这 10d 后剩余量是原来量的 71.8%。该产品在 4℃ 下的剩余贮藏期是 321.8h（13.4d）。如果产品最初的 10d 也是在 4℃ 下贮藏，而不是经历平均温度 7.1℃ 过程，那么，该产品在 4℃ 下的剩余贮藏期是 434.4h（18.1d）。

图 5-2-4   阿斯巴甜乳饮料贮藏前 10d 经历的温度

第三节   食品货架期的其他预测技术

一、   微生物生长预测模型

对于主要由微生物引起腐败变质的食品来说，货架期预测的核心是确定特定腐败菌（specific spoilage organism，SSO），并建立相应的生长模型。在此基础上，通过预测 SSO 的生长趋势就可以成功预测食品的货架期。

目前，世界上已开发了多种食品微生物生长模型预测软件。美国农业部开发的病原菌模型程序 PMP（pathogen modeling program）包括了嗜水气单胞菌（*Aeromonas hydrophila*）、蜡样芽孢杆菌（*Bacillus cereus*）、肉毒梭菌（*Clostridium botulinum*）、产气荚膜梭菌（*Clostridium perfringens*）、大肠杆菌 O157：H7（*Escherichia coli* O157：H7）、单核细胞增生李斯特氏菌（*Listeria monocytogenes*）、沙门氏菌（*Salmonella* spp.）、弗氏志贺氏菌（*Shigella flexneri*）、金黄色葡萄球菌（*Staphylococcus aureus*）、小肠结肠炎耶尔森氏菌（*Yersinia enterocolitica*）10 种重要的食源性病原菌的生长、失活、残存、产毒、冷却、辐射等 38 个预报模型，每个预报模型包括温度、pH、A_w、添加剂等影响因子，其预测结果具有较高的精确度。

英国农业、渔业和食品部开发的食品微生物模型 FM（food micromodel）含有二十几种数学模型，对 12 种食品腐败菌和致病菌的生长、死亡和残存进行了数学的表达。该系统具有数据库信息量大、数学模型成熟完善以及预测结果误差小的特点。

在 2003 年第四届国际预测性食品模型会议上，美、英两国宣布在互联网上共同建立的世界最大预测微生物学信息数据库 ComBase，目前已拥有了 40489 个有关微生物生长和存活的数据档案。使用者可以模拟一种食品环境，通过输入相关数据（例如温度、酸度和湿度），搜索到所有符合这些条件的数据档案。这种方法可以显著减少无谓的重复试验，改进模型，并且实现数据来源的标准化。

在我国，中国水产科学研究院东海水产研究所开发了 FSLP（fish shelf life predictor）系统，南京农业大学肉品加工与质量控制教育部重点实验室建立了冷却猪肉微生物预测软件。

二、　水分敏感型食品防潮包装模型

对于水分敏感的食品来说，预测货架期需要建立等温吸湿模型。等温吸湿模型取决于食品中水分的状态，可以划分为三个范围，如表 5-2-8 所示。这三个范围的存在导致各种等温吸湿曲线方程的不同，食品吸湿研究中常见的方程如表 5-2-9 所示。

表 5-2-8　　　　　　　　食品中水分活度与水的物理状态之间的关系

A_w	食品中水的状态	A_w	食品中水的状态
0.00~0.35	单分子层吸收	0.60~1.00	伴随可溶性成分溶解水凝结到毛细孔中
0.35~0.60	多分子层吸收		

表 5-2-9　　　　　　　　食品吸湿研究中常见的方程

名称	等温吸湿曲线	注释
BET	$\dfrac{A_w}{(1-A_w)M} = \dfrac{1}{M_m k_1} + \dfrac{A_w(k_1-1)}{M_m k_1}$	通常适用范围是 $0.05 \leqslant A_w \leqslant 0.45$
Halsey	$A_w = e^{\left[\dfrac{-k_1}{RT\left(\frac{M}{M_m}\right)^{k_2}}\right]}$	通常适用范围是 $0.1 \leqslant A_w \leqslant 0.8$
Henderson	$1-A_w = e^{-(k_1 M k_2)}$ $\ln[-\ln(1-A_w)] = k_2 \ln M + \ln k_1$	经验等式，给出的直线 $\ln[-\ln(1-A_w)]$ 对应水吸收量
Iglesias and Chirife	$\ln(M + \sqrt{M^2 + M_{0.5}}) = k_1(A_w) + k_2$	经验等式，从高糖食品发展而来
Mizrahi	$A_w = \dfrac{k_1 + M}{k_2 + M}$	从脱水甘蓝得来，适用于 $0.05 \leqslant A_w \leqslant 0.55$

续表

名称	等温吸湿曲线	注释
GAB	$M = \dfrac{k_1 k_2 M_m A_w}{(1 - k_2 A_w)(1 - k_2 A_w + k_1 k_2 A_w)}$ $k_1 = k_{01} e^{\left(\frac{\Delta H_1}{RT}\right)}$ $k_2 = k_{02} e^{\left(\frac{\Delta H_2}{RT}\right)}$ $\Delta H_1 = H_m - H_n$ $\Delta H_2 = H_1 - H_n$	通常适用范围是 $0 \leqslant A_w \leqslant 0.9$

注：M_m 为单分子层湿含量，$M_{0.5}$ 为当 $A_w = 0.5$ 时的湿含量，H_m 为单分子层吸湿热，H_1 为蒸汽冷凝热，H_2 为多层吸附的剩余热。

需要注意的是，不同水分活度（A_w）的食品，要使用不同的模型来描述各自的吸湿等温特性。如 BET（brunauer-emmett-teller）模型适合 A_w 在 $0.05 \sim 0.45$ 的食品，GAB（guggenhein-anderson-de-boer）模型适合 A_w 在 $0.1 \sim 0.9$ 的食品。

文献中研究了 200 多种食品的各种等温曲线，并表明使用 GAB 方程能够获得较广泛的应用和较高的准确度。食品中水分的变化可以采用一般的动力学方程如式（5-2-3）或恰当的吸湿等温模型预测。然而，大多数食品体系的复杂性要求根据食品的实验数据，修正基本动力学模型。

三、 应用统计学方法的预测模型

由于一些食品体系的复杂性或者指标的多样性，往往会遇到多个指标反而更难清晰地反映食品在贮藏过程中的品质变化的问题。这时，需要借助统计学的方法。例如，采用相关矩阵分析（correlation matrices）的方法来研究两组及两组以上变量间的相关程度；采用主成分分析（factor analysis）的方法，将繁杂的多指标问题转化成少数几个独立变量的问题，从而简化问题的分析过程等。并且，这些分析方法大多都可以通过计算机软件完成。

另外，威布尔危险值分析方法（Weibull hazard analysis，WHA）是一种能够直接预测食品货架期的统计学方法。1975 年，Gacula 等将失效的概念引入了食品，认为随着时间的推移，食品将发生品质下降的过程，并最终降低到人们不能接受的程度，这种情况称为食品失效（food failure），失效时间则对应着食品的货架期。同时，Gacula 等还在理论上验证了食品失效时间的分布服从威布尔模型（Weibull Model），从而提出了一种新的预测食品货架期的方法，即威布尔危害值分析方法。

假设用 $k = 1, 2, \cdots\cdots n$ 来对一组食品按照失效时间从后到前倒序计数，t_k 表示相应的失效时间。威布尔模型中 $h(t)$ 称为危害函数，且 $h(t) = 100/k$，危害函数还可表示为：

$$h(t) = \frac{\beta}{\alpha^\beta} \times t^{\beta-1} \tag{5-2-16}$$

累积危害函数 $H(t) = \Sigma h(t_k)$，则累计危害方程为：

$$H(t) = \left(\frac{t}{\alpha}\right)^\beta \tag{5-2-17}$$

两边求对数得：

$$\lg(t) = \frac{1}{\beta}\lg(H) + \lg\alpha \tag{5-2-18}$$

式中　α——尺度参数；

β——形状参数。

它们分别影响概率密度函数图形的散布程度和陡峭程度。在双对数坐标图上利用 Statistics 软件进行线性拟合，得到累积危害值与时间变化的关系曲线，进而分析得到相应条件下食品的货架期。

目前 WHA 方法已应用于肉制品、乳制品、其他食品等货架期的预测研究。

四、　分子移动性理论模型

分子移动性（molecular mobility，Mm）也称分子流动性，是分子的旋转移动和平动移动的总度量（不包括分子的振动）。物质处于完全而完整的结晶状态下，其 Mm 值为 0；物质处于完全的玻璃态（无定形态）时，其 Mm 值接近于 0；物质处于其他状态时（除晶态和玻璃态），其 Mm 值大于 0。食品是由各种分子组成的，大部分食品含有无定形组分，并且是以介稳定或非平衡状态（即玻璃态）存在。虽然平衡态（热力学平衡）可使食品具有最大的稳定性，但食品的很多品质是取决于食品的介稳状态，而不是食品稳定的平衡状态。食品加工和贮藏的主要目标就是使加工的食品在非平衡状态的条件下能达到可接受的稳定性，而最大限度地使食品具有期望的品质。因此，对很多食品，可利用分子移动性理论来预测加工食品的货架期，这是一种预测食品货架期的新思路、新方法。

以食品中常见的水-溶质二元体系为例，测试该体系在经历冷冻、干燥、冷冻干燥过程的温度变化，可得图 5-2-5。如图所示，T'_m 为熔点曲线，T_E 为低共融温度，T^s_m 为溶解度曲线，T_g 玻璃化相变温度，T'_g 最大冷冻浓缩溶液的特殊玻璃化转变温度，粗虚线代表介稳定状态，所有其他的线代表平衡状态。当温度低于不存在冰时的玻璃化转变温度（图中玻璃态区域）和存在冰时具有最大冷冻浓缩效应的玻璃化转变温度（即 T'_g）时，即食品分子移动性接近于 0，即产品的物理性质和由扩散限制的化学性质一般十分稳定；当温度高于凝固点

图 5-2-5　二组分体系冷冻、干燥、冷冻干燥可能经过的途径

T'_m—熔点曲线；T_E—低共融温度；T^s_m—溶解度曲线；T_g—玻璃化相变温度

T'_g—最大冷冻浓缩溶液的特殊玻璃化转变温度。粗虚线代表介稳定状态，所有其他的线代表平衡状态。

（或熔点）时，分子流动性较大，此时食品的性质是较不稳定的，而且随着温度的升高，食品稳定性相应下降。当食品处于液态溶液区域及 T_m-T_g 区域时，其品质变化往往符合 WLF（Willams-Landel-Ferry）动力学方程，即食品的稳定性随着食品温度的提高或水分含量的增加而大大下降。

WLF（Williams-Landel-Ferry）模型用来描述温度高于玻璃化温度时的无定形食品体系中温度对化学反应速率的影响。对于大分子食品体系，常用 WLF 方程来描述体系黏度与温度的关系，如式（5-2-19）所示。

$$\lg\left(\frac{\eta}{\eta_g}\right) = -\frac{C_1(T - T_g)}{C_2 + (T - T_g)} \tag{5-2-19}$$

式中　η_g——在 T_g 时的物质黏度；

　　　η——表观黏度，随着测量条件而改变；

　　　T——热力学温度；

C_1、C_2——特定体系中为由物质所决定的常数，与温度无关，对于许多合成的、纯的（无稀释剂）、完全无定形聚合物，它们的平均值分别为 17.44 和 51.6，并随水分含量和物质种类而呈显著的变化。

与 Arrhenius 方程相比，WLF 方程的符合程度相对较好。但是，由于化学反应对 Mm 的依赖性随着反应物的类型会有显著的变化，因此，WLF 和 Arrhenius 方程都不能在 T_m-T_g 区内应用于所有的化学反应。

此外，在 T_m-T_g 区内，物质的性质对温度有很大的依赖性。如果不存在冰和物质温度 < T_g 时，加热会导致黏度（1/Mm）发生一系列变化：①在从玻璃态向过饱和液体的等温度转变期间，黏度大约下降为原来的 $1/10^3$，而 Mm 大约提高为原来的 10^3 倍；②在温度高于 T_g 时，立即加热使温度升高 20℃，此时，黏度大约下降为原来的 $1/10^5$，而 Mm 大约提高为原来的 10^5 倍；③加热使温度从 T_g 升高至 T_m，黏度大约下降为原来的 $1/10^{12}$，而 Mm 大约提高为原来的 10^{12} 倍。在 T_m-T_g 区内，T-T_g（或 T-T_g'）和 T_m/T_g 具有特别的重要性，因为 T-T_g（其中 T 为产品的温度）规定了食品在 WLF 区中的位置，而 T_m/T_g（按照绝对温标计算）提供了在 T_g 时对产品黏度的一个大概估计。

分子移动理论可以应用于水果和蔬菜的冷藏。由于大多数水果具有很低的 T_g'，而保藏的温度一般又高于 T_g'，因此，水果质构的稳定性在冷冻保藏时往往较差。蔬菜的 T_g' 一般很高，也许可以预料它们的保藏期长于水果。但也并非总是如此，因为限制蔬菜（或任何种类的食品）保藏期的质量特性将随其品种而异。

分子移动理论可以应用于冷冻食品的保藏。一般情况下，在一个指定的低于冰点的保藏温度，高 T_g'（通过加入水溶性大分子达到）和低水分质量分数（W_w'）可使产品具有坚硬的冷冻结构和良好的保藏稳定性；反之，低 T_g' 和高 W_w'（通过加入单体物质达到）可导致产品具有柔软的冷冻结构和较差的保藏稳定性。

五、　预测食品货架期的其他方法

近年来，国际食品界出现了 TTI 技术，即时间-温度积分器（time-temperature integrator）或时间-温度指示器（time-temperature indicator）。这是一种易于测量和观察的、与时间-温度变化相关的简单装置。其反应原理是利用一些与温度相关并且是连续累积的变化，包括机械的、化学的、电化学的、酶反应、微生物等不可逆的变化，变化的结果最后以可见的物化现象如颜色变化等反映出来。这种技术应用于对温度比较敏感的冷藏、冷冻食品上，如鲜牛乳、冷鲜肉、海鲜产品等，可以作为货架期预报装置。

新鲜度指示器（freshness indicator）已经面市。英国的一些超级市场，在肉类和肉类半成品上试用了可以检验食品新鲜程度的新型标签。这种粘贴标签由黄色背景和一个绿色圆环组成，绿色圆环中间涂有特殊的热敏颜料，热敏颜料在正常情况下为黄色，但过了固定的时间后或温度上升到一定值时，颜料会由黄色变成比周围绿色圆环更暗的深绿色。消费者根据这一颜色变化可以直观地判断食品是否已过货架期。

美国发明了 Soleris 微生物实时光电检测系统，该系统主要包括 Soleris 生物实时光电检测仪、基于 Windows 系统的 Soleris 分析软件及各种特异性 Soleris 微生物检测试剂三部分。Soleris 试剂基于传统的微生物培养理论与染色技术，在预制的 Soleris 试剂瓶中放置特异性的培养基与专有的指示剂，当微生物在培养瓶中生长时发生代谢产物改变培养基 pH，或释放 CO_2 等生化反应，从而引起指示剂的颜色变化。试剂瓶中的培养基在底部以胶体栓形式存在，可防止样品基质中某些物质的干扰；Soleris 系统利用光电检测仪器监测试剂瓶底部胶体栓的颜色变化，Soleris 软件将监测到的数据收集并传输到计算机进行分析统计，即可得到准确的检测结果。这种技术可以在 38h 内准确预测巴氏灭菌乳的货架期，其效率是传统测试方法的 5 倍，并且 Soleris 技术在表明牛乳货架期方面比传统使用的 Moseley 质量保证测试方法更加有效。

近年来，出现了分析、识别和检测复杂嗅味和挥发性成分的仪器——电子鼻（E-nose）。电子鼻常用于检测果蔬成熟度，分析和识别茶叶及白酒等饮品，检测肉制品。在此基础上，研究人员结合食品的货架期研究，利用电子鼻预测了苹果的采后货架期，并准确地区分了不同货架期的牛乳。

货架期对食品生产企业和消费者至关重要。目前，国内外对食品货架期预测的研究，建立接近实际的预测产品货架期的数学模型，还开发了多种简便、快速的预测方法。因此，未来对食品货架期预测的研究，可能会更多地借助仪器和计算机，向着数据采集迅速合理、分析模式接近实际、预测结果快速准确的方向发展。

🔍 思考题

1. 说明食品货架期概念。
2. 说明保质期与保存期的区别与联系。
3. 讨论影响食品货架期的因素。
4. 举例说明温度如何影响食品货架期，主要表现在哪些方面？
5. 说明预测食品货架期基本数学模型及主要影响因素。
6. 解析食品品质变化的动力学模型。
7. 说明货架期加速试验（ASLT）方法的主要步骤。
8. 收集文献，了解食品货架期其他预测技术。

主要参考文献

［1］赵晋府. 食品技术原理［M］. 北京：中国轻工业出版社，2007.

［2］赵征，张民. 食品技术原理［M］. 2版. 北京：中国轻工业出版社，2014.

［3］David Kilcast，Persis Subramaniam. The stability and shelf-life of food［J］. England：Woodhead publishing limited，2000：6-13.

［4］Kenneth J. Valentas，Enrique Rotstein，R. Paul Singh. Handbook of Food Engineering Practice［M］. CRC Press，1997.

［5］曹悦，陆利霞，熊晓辉. 食品货架期预测新技术进展［J］. 食品研究与开发，2009，30（5）：165-168.

［6］Theodore P，Labuza. The search for shelf life［J］. Food Testing and Analysis，2000，6（2）：26-36.

［7］曹平，于燕波，李培荣. 应用Weibull Hazard Analysis方法预测食品货架寿命［J］. 食品科学，2007，28（8）：487-491.

［8］王璋. 食品化学［M］. 3版. 北京：中国轻工业出版社，2003.

［9］Hagiwara T，Hartel R. W. Effect of sweetener，stabilizer，mad storage temperature on ice recrystallization in ice cream［J］. Journal of Dairy Science，1996（79）：735-744.

［10］刘宝林，华泽创，许建俊. 草莓冻结玻璃化保存的实验研究［J］. 上海理工大学学报，1999（2）：180-183.

［11］Fujikawa. H，Hob. T. Thermal inactivation analysis of mesophiles using the Arrhenius model and Z-value models［J］. J. Food. Prot，1998，61（7）：910-912.

［12］Jonsson V，Sngag B. G. Testing models for temperature dependence of the inactivation rate of bacillus spores［J］. J. Food. Sci.，1997，42（5）：1251-1252.

［13］Nourian F，Ramaswamy H. S.，Kushalappa A. C. Kinetics of quality change associated with potatoes stored at different temperatures［J］. Leben smittel-Wissenschaftundtechnologic，2003，36（1）：49-65.

［14］张晓华，张东星，刘远方，等. 电子鼻对苹果货架期质量的评价［J］. 食品与发酵工业，2007，33（6）：20-23.

［15］郭奇慧，白雪，康小红. 应用电子鼻区分不同货架期的纯乳［J］. 乳业科学与技术，2008，31（2）：68-69.

［16］汪东风. 高级食品化学［M］. 北京：化学工业出版社，2009.

［17］李娟，张丽萍，张蕾. 动力学理论预测食品包装货架寿命模型的研究［J］. 包装工程，2009，30（12）：118-120.

［18］佟懿，谢晶. 时间-温度指示器响应动力学模型的研究［J］. 安徽农业科学，2008，36（22）：9341-9343，9348.